U0352201

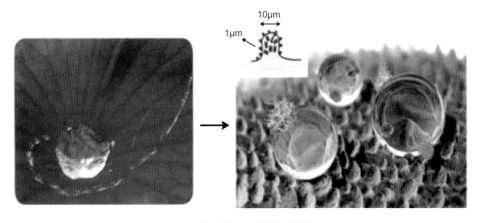

图1-3 荷叶表面及其微观结构

图1-4 壁虎的脚及其微观结构

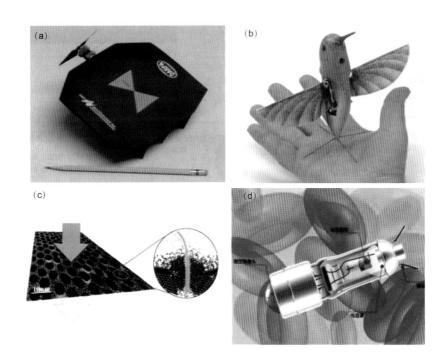

图1-6 纳米材料的几种应用举例

（a）纳米微型飞机；（b）纳米蜂鸟侦察机；（c）世界上最薄的纳米滤膜；（d）纳米机器人

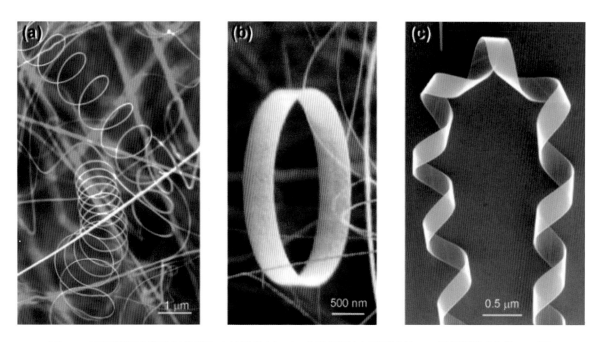

图2-1　采用蒸发冷凝法制备的ZnO纳米带(a)，ZnO纳米环(b)及刚性的ZnO纳米螺旋(c)的SEM图

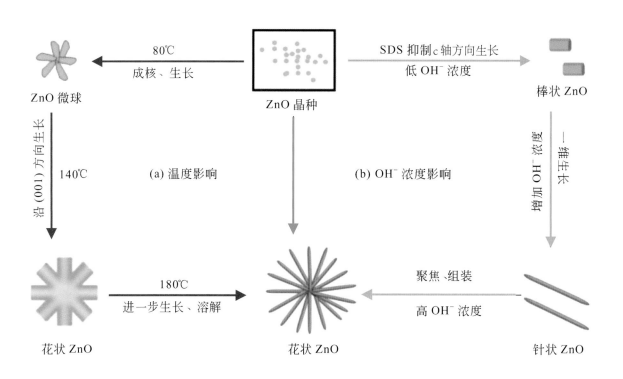

图2-15　不同形貌纳米ZnO的生长机理图

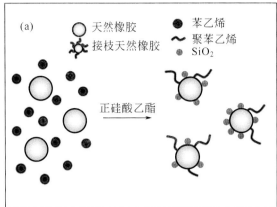
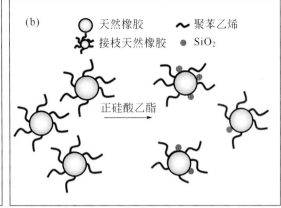

图3-1 溶胶-凝胶法制备二氧化硅改性苯乙烯接枝天然橡胶示意图

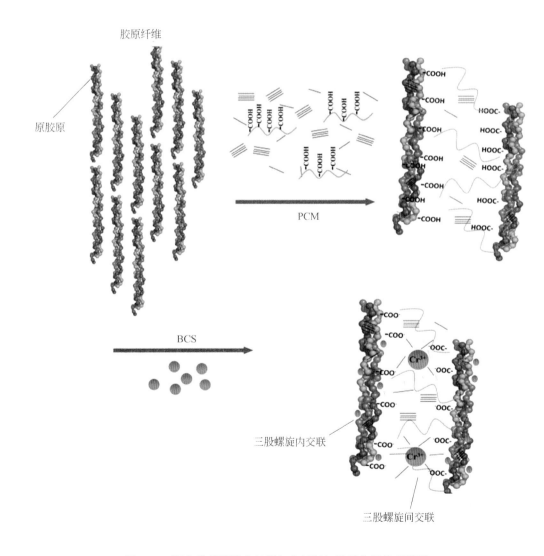

图4-69 聚合物基蒙脱土纳米复合材料与胶原作用机理模型

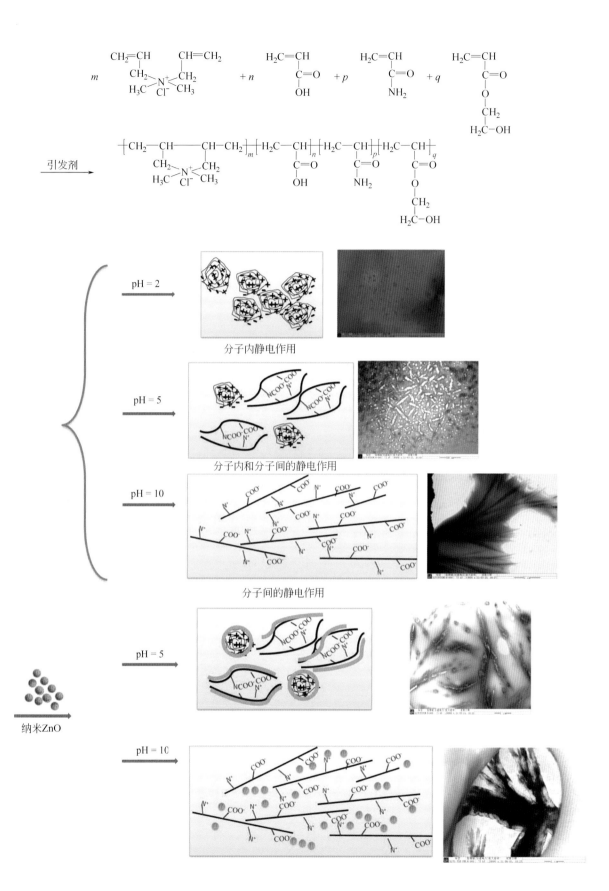

图4-82　PDM/ZnO-I合成示意图

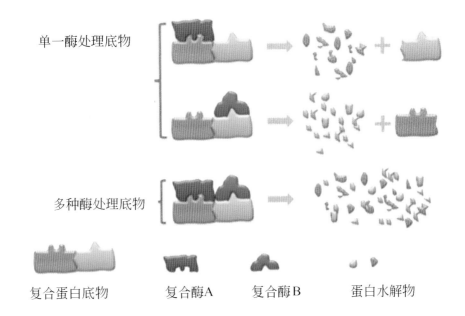

単一酶处理底物

多种酶处理底物

复合蛋白底物　　　复合酶A　　　复合酶B　　　蛋白水解物

图4-105　多种酶水解复合底物协同作用示意图

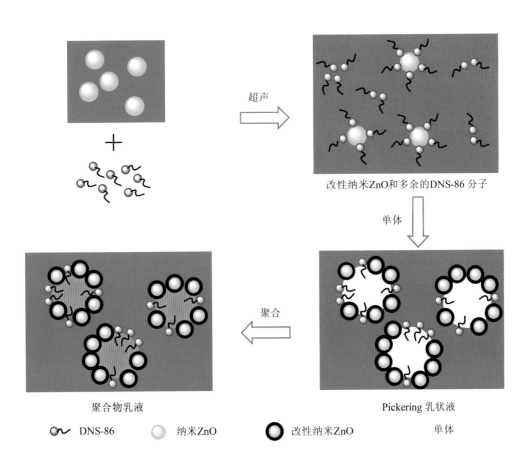

超声

改性纳米ZnO和多余的DNS-86分子

单体

聚合

聚合物乳液　　　　　　　　　　　　　Pickering 乳状液

DNS-86　　　纳米ZnO　　　改性纳米ZnO　　　单体

图5-4　采用纳米ZnO与反应型表面活性剂通过Pickering乳液聚合法制备复合乳液的示意图

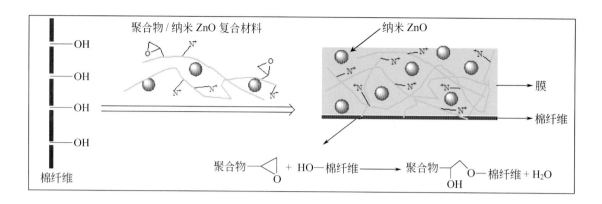

图5-20　PDMDAAC-AGE-MAA/纳米ZnO复合材料在棉纤维表面作用的示意图

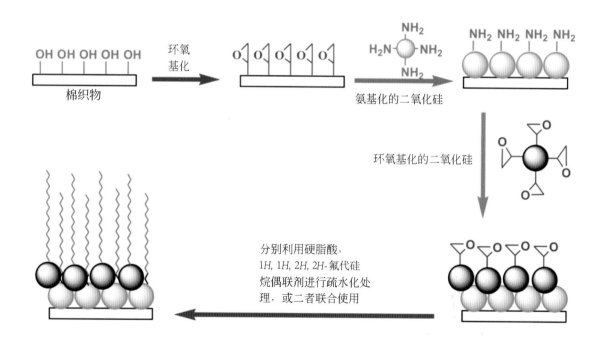

图5-52　共价键层层组装法制备纤维基超疏水表面流程示意图

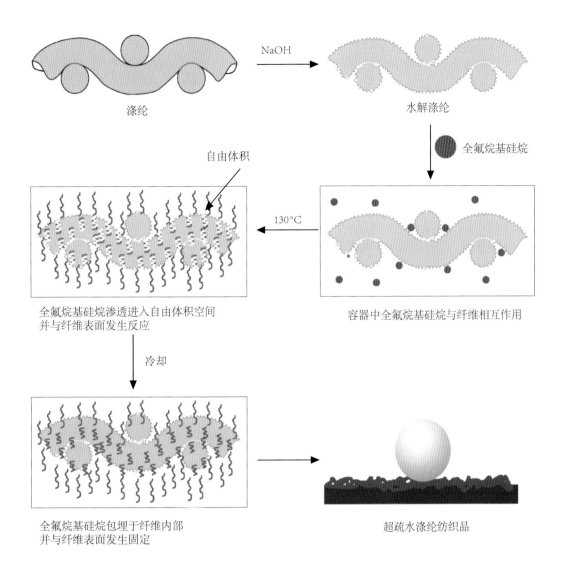

图5-63 耐用超疏水功能纺织品制备原理示意图

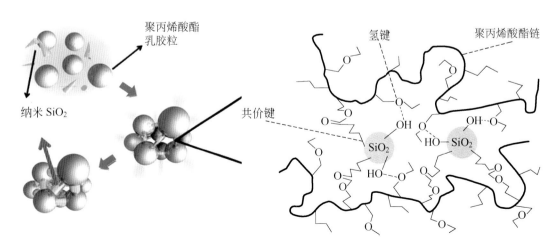

图6-20 聚丙烯酸酯/纳米SiO₂复合乳液的理想结构示意图

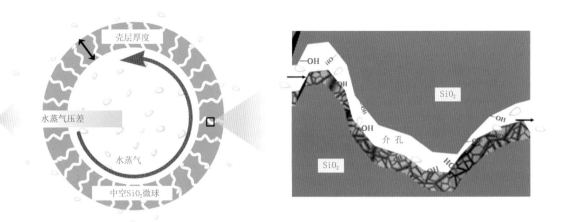

图6-37　中空SiO₂微球透水汽机理图

图7-6　四氧化三铁包覆的纤维素纤维的光学显微镜照片（a）、扫描电镜照片（b）和铁元素分布图（c）

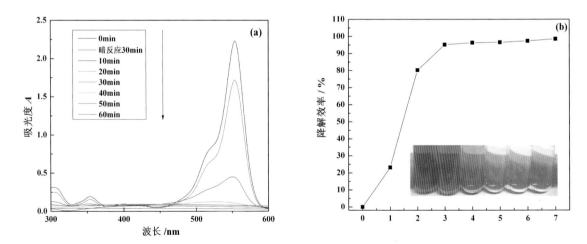

图8-11　花状ZnO/Ag复合粒子光催化降解罗丹明B溶液在不同时间的紫外吸光度（a）
及降解速率（b）

0—反应前，1—暗反应30min，2—10min，3—20min，4—30min，5—40min，6—50min，7—60min

轻纺化学产品工程中的纳米复合材料
——合成与应用

Nanocomposites in Chemical Product Engineering of Light and Textile Industries
—— Synthesis and Application

马建中　鲍　艳　高党鸽　等编著

化学工业出版社

·北京·

本书主要内容包括纳米粒子的合成原理与表征、高分子基纳米复合材料的合成原理及表征、纳米材料在制革湿加工中的应用、纳米材料在功能性纺织品中的应用、纳米材料在涂层类成膜物质中的应用、纳米材料在其他轻纺行业中的应用、纳米材料在废水处理中的应用等。

本书作者对近二十年的研究结果进行归纳、总结和提炼，并结合国内外纳米复合材料的研究进展编写，对于从事轻纺化学产品工程的研究人员具有较好的参考价值。

图书在版编目（CIP）数据

轻纺化学产品工程中的纳米复合材料：合成与应用/马建中
等编著. —北京：化学工业出版社，2015.2
ISBN 978-7-122-22745-4

Ⅰ.①轻…　Ⅱ.①马…　Ⅲ.①纳米材料-复合材料-应用-化
学纤维纺织-合成-研究　Ⅳ.①TS15

中国版本图书馆 CIP 数据核字（2015）第 007162 号

责任编辑：仇志刚　　　　　　　文字编辑：刘志茹
责任校对：边　涛　　　　　　　装帧设计：刘丽华

出版发行：化学工业出版社（北京市东城区青年湖南街 13 号　邮政编码 100011）
印　　刷：北京永鑫印刷有限责任公司
装　　订：三河市胜利装订厂
787mm×1092mm　1/16　印张 26½　彩插 4　字数 659 千字　2015 年 3 月北京第 1 版第 1 次印刷

购书咨询：010-64518888（传真：010-64519686）　售后服务：010-64518899
网　　址：http://www.cip.com.cn
凡购买本书，如有缺损质量问题，本社销售中心负责调换。

定　　价：98.00 元　　　　　　　　　　　　　　　　版权所有　违者必究

编写人员名单

马建中　鲍　艳　高党鸽　徐群娜

薛朝华　周建华　吕　斌　刘俊莉

序

纳米技术是 20 世纪 80 年代末诞生并正在日益崛起的新科技。其基本涵义是通过直接操作和安排原子、分子而创制新物质，在纳米尺度（$10^{-9} \sim 10^{-7}$ m）范围内认识和改造自然。与传统材料相比，纳米材料具有特殊的表面效应、小尺寸效应、量子尺寸效应和宏观量子隧道效应，因而拥有许多独特的性质。如今，作为一种新兴的交叉学科，纳米技术已风靡全球，成为全世界材料、物理、化学、生物等多学科最受关注的研究热点及前沿学科之一，并渗透到各行各业。

中国是世界轻纺大国。轻纺工业是我国国民经济传统的支柱产业和重要的民生产业。轻纺工业及轻纺产品的先进程度很大程度上依赖于轻纺化学品的发展水平。长期以来，我国轻纺工业使用的高档轻纺化学品很大程度上依赖于进口，这已成为制约我国轻纺工业发展及成为轻纺强国的瓶颈。

在这种形势下，突破传统思路，通过技术创新，利用先进的纳米技术和纳米材料改造传统轻纺工业，研制具有自主知识产权的高品质绿色轻纺化学品，将为推动行业的技术创新、提升行业的未来竞争力、促进行业的可持续发展起到举足轻重的作用。围绕此问题，行业内相关专家和学者开展了一些工作，并取得了阶段性成果。在皮革和纺织领域，近 20 年来，本书作者马建中教授带领的研究团队围绕纳米技术和纳米材料在高品质、功能型和环保型皮革化学品、纺织化学品等方面展开了系统而深入的研究工作，取得了丰硕的成果。例如，他们将纳米技术引入皮革涂饰材料制备高分子基纳米复合皮革涂饰剂，显著提高了涂层的强度、韧性、赋予产品一定的功能性，在很大程度上提高了产品的附加值。其所取得的研究成果获得了行业的高度认可，并得到了国际国内同行的肯定与好评。

由马建中教授等编写的《轻纺化学产品工程中的纳米复合材料——合成与应用》一书以轻纺化学产品工程中的纳米复合材料为主线，系统、科学地综合集成了国内外在该研究方向的最新研究成果，分别从纳米粒子的合成原理与表征、高分子基纳米复合材料的合成原理及表征、纳米材料在制革湿加工中的应用、纳米材料在功能性纺织品中的应用、纳米材料在涂层类成膜物质中的应用、纳米材料在其他轻纺行业中的应用、纳米材料在废水处理中的应用等视角，对轻纺化学产品工程中纳米复合材料的结构与性能关系以及如何构筑特定功能的产品结构或产品进行了全面解析，特别是将作者近 20 年围绕纳米复合皮革/纺织化学品的合成原理与应用技术的研究成果融入其中，一并呈现在读者眼前，内容丰富而翔实，充分体现了纳米材料在轻纺化学产品工程中的应用价值。相信本书的出版将有助于人们理解和掌握纳米复合轻纺化学产品的合成与应用技术，使读者从中获得启迪，同时也将为提升我国传统轻纺化学产品工程的技术水平产生重要的推动作用。

中国工程院院士　石碧

2015 年 1 月

前言

随着纳米技术的飞速发展，一场改变人类生活的纳米革命正悄然到来。作为纳米技术的核心，纳米材料与同质的块状材料相比，表现出特殊的光学、电学、热学、磁学、力学等性能，因而引起国内外科学工作者的特别关注，并已渗透到生物、医疗、能源、环境、宇航、交通、农业、轻纺、国防等各个领域。

轻纺工业是国民经济的重要组成部分，包括纺织、皮革、食品、造纸等行业。轻纺产品不仅是人民的基本生活资料，也广泛应用于国防、重工业、文教卫生等方面。"重工业强国、轻工业富民"已成为人们的共识。化学产品工程是指以产品需求为导向，开发满足最终使用性能的化学品，其核心研究内容是产品的结构与性能关系以及如何构筑特定功能的结构。化学品被誉为轻纺化学产品工程中的"烹调品"，决定着最终轻纺产品的性能和风格。纳米复合材料是纳米材料的一类重要组成，通常是以一种基体为连续相，纳米粒子为分散相，通过适当方法形成一相中含有纳米尺寸材料的复合体系。该类材料不仅具有纳米材料的小尺寸效应、表面界面效应、量子尺寸效应、宏观量子隧道效应等特性，还将基体的众多优异性能糅合在一起，从而产生了许多特异的性能。因此，其作为轻纺化学产品工程中的化学品使用具有广阔的发展前景和应用空间。

本书作者在国家高技术研究发展计划（863计划）、国家重点基础研究发展计划（973计划）前期研究专项、国家国际科技合作专项项目、国家自然科学基金等项目的资助下，从事轻纺化学产品工程中纳米复合材料的研究已有近二十年的历史，特别是对皮革和纺织工程中纳米复合材料的合成方法与途径、结构与性能、应用机理等进行了系统研究。相关研究成果获国家技术发明二等奖、国家科学技术进步二等奖、陕西省科学技术一等奖、中国轻工业联合会科学技术发明一等奖和科学技术进步一等奖等多项奖励，发表学术论文400余篇，其中被国际权威四大检索期刊收录150余篇，出版专著和教材8本，申请国家发明专利120余项，国际发明专利2项，已授权80余项。基于此，作者对近二十年的研究结果进行归纳、总结和提炼，并结合国内外纳米复合材料的研究进展编著了本书。本书主要内容包括纳米粒子的合成原理与表征、高分子基纳米复合材料的合成原理及表征、纳米材料在制革湿加工中的应用、纳米材料在功能性纺织品中的应用、纳米材料在涂层类成膜物质中的应用、纳米材料在其他轻纺行业中的应用、纳米材料在废水处理中的应用等，旨在为从事轻纺化学产品工程的研究人员提供思路和借鉴，起到抛砖引玉的作用。

全书的策划、结构编排、目标确定及主要负责人为马建中教授。马建中教授、鲍艳教授、高党鸽副教授、徐群娜博士、薛朝华教授、周建华教授、吕斌博士和刘俊莉博士负责相关章节的编著。全书的统稿与审校工作由马建中教授负责，鲍艳教授、高党鸽副教授和徐群娜博士协助完成。张文博博士生、高建静博士生及张帆博士生负责校对。四川大学石碧院士在百忙之中对本书进行了审阅并撰写序言，华南理工大学陈克复院士对本书进行了审阅及指导。与此同时，本书的相关研究得到了国家及省部级多项研究项目的资助（详见后记），本书的出版得到了国家国际科技合作专项项目（2011DFA43490）及陕西省重点科技创新团队项目（2013KCT-08）的资金支持和化学工业出版社的支持，在此一并表示衷心的感谢。

应该指出，由于纳米材料所涉及的学科与知识面非常广，纳米材料的合成与表征技术也在不断发展，作为专业性较强的研究性著作，由于条件所限，一些参考文献未能列入，加之作者水平有限，全书在结构及内容上都融入了作者的理解及观点，疏漏之处在所难免，敬请读者不吝指正。

马建中于陕西科技大学

2015 年 1 月

目录

第3章
高分子基纳米复合材料的合成原理及表征
59

第 4 章
纳米材料在制革湿加工中的应用 ——— 87

第 5 章
纳米材料在功能性纺织品中的应用 ——— 182

第 6 章
纳米材料在涂层类成膜物质中的应用   255

第1章 ◀◀◀◀◀

绪论

长期以来，人类对自然界的认识一直沿着宏观宇宙的大尺度和基本粒子的微观尺度两个方向发展。20世纪最伟大的科学家爱因斯坦曾预言："未来科学的发展将继续向宏观世界和微观世界挺进！"正如他所预言，在宏观世界里，人类陆续通过飞向太空、发射卫星、建造空间站、登上月球、探索火星等途径观测到了几百亿光年以外的物质；与此同时，奇妙的微观世界也在不断地吸引并激发着人类深入到物质内部去探索。

从20世纪中期开始，人们逐渐发现介于宏观与微观之间的尺度——介观尺度也具有重要的意义。在这一尺度上，人们希望通过控制原子、分子，在微小的空间营造一个崭新的王国。于是，20世纪90年代诞生了处于这一介观世界的"纳米技术"（见图1-1）。

科技的发展总是迎合和改善人类基本生活的需求，任何一种新技术最终都是为改善人类生活质量而服务的。纳米技术发展至今，部分产品已经投入生产，随着科技的不断进步，更多的纳米产品走进了人们的生活，一场改变人们生活的纳米革命正悄然到来。目前，纳米技术已成为新世纪科学发展的主流，并成为全世界材料、物理、

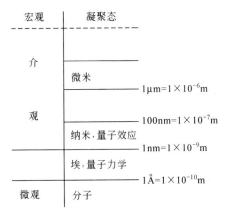

图 1-1 宏观、介观及微观体系示意图

化学、生物等多学科的研究热点及前沿之一。纳米技术推动了信息、能源、环境、生物、农业、国防等领域的技术创新，成为了继工业革命以来三次主导技术引发产业革命之后的第四次浪潮的基础。毫不夸张地说，纳米技术正在席卷整个自然科学界，并对社会科学、人类文明产生着深远影响。

作为纳米技术领域的基本和核心组成部分，纳米材料正在逐步走进我们的生活。由于具有宏观材料所不具备的特殊性质，纳米人造纤维、纳米涂层、纳米电子器件、纳米包装材料等新型材料已渗透到生物、医疗、能源、环境、宇航、交通、农业、轻纺、国防等领域。其中，轻纺工业作为我国传统的支柱产业和重要的民生产业，其发展离不开涉及人类衣、食、住、行等方方面面的化学产品。在这种情况下，扑面而来的纳米技术及纳米材料，无疑为轻纺化学品的升级换代、性能提升提供了宝贵契机。利用纳米技术，突破传统思路，调整产品

结构，增加科技含量，将为促进传统支柱产业的进一步发展起到举足轻重的作用。

1.1 纳米与纳米技术

1.1.1 纳米

我们知道，介观领域包括了从微米、亚微米、纳米到团簇尺寸的范围。因此，纳米是属于介观领域的一个概念。"纳米"是个音译词，英文是 nanometer。"纳米"中的"纳"（nano）来源于希腊文 ναος，本意为矮子。纳米（nm）和米（m）、微米（μm）等一样，是一种几何尺寸的度量单位，$1nm=10^{-3}\mu m=10^{-9}m$，为十亿分之一米，相当于头发丝直径的十万分之一。人们用肉眼能观察到的最小粒子至少是纳米粒子的 10000 倍。1 个直径约 4nm 的纳米颗粒相对于足球的比例相当于一个足球相对于地球的比例（见图 1-2）。由于该微尺度空间约等于或略大于分子的尺寸上限，恰好能体现分子间强烈的相互作用，因此具有这一尺度的物质粒子的许多性质与常规物质有些差异，甚至发生质变。正是这种性质特异性引起了人们对纳米粒子的广泛关注。

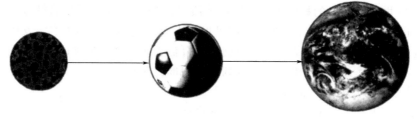

图 1-2 纳米颗粒、足球和地球的尺寸对比

纳米是一个长度单位，用于计量长度，本身并没有任何"价值"可言，但是相关的纳米材料、纳米技术则不然。随着人们对介观层面物质和现象探索的不断深入，纳米尺度下的材料所展现出来的众多新颖特性被不断发现，越来越多的新技术被开发。"纳米"一词所代表的意义也早已不再局限于长度单位，它更代表着一种具有划时代意义的科学——"纳米技术"（nanotechnology）。

1.1.2 纳米技术及其发展历程

纳米技术的研究对象涉及众多领域。根据纳米技术与传统学科的结合，可以将其细分为纳米物理学、纳米化学、纳米材料学、纳米测量学、纳米加工学、纳米电子学、纳米机械学、纳米生物学等。在这些学科领域中，纳米物理学和纳米化学研究纳米尺度物质的基本物理与化学性质，是各种纳米技术的知识基础；纳米材料是纳米技术的核心，纳米技术很大程度上是围绕着纳米材料科学展开的；纳米测量学和纳米加工学是纳米技术的支柱，是人们研究纳米科学，实现纳米产品的手段；纳米电子学、纳米机械学和纳米生物学等则是纳米技术的具体应用科学。这些学科之间相互交叉、渗透，形成了一张纳米技术的复杂学科网络。

早在一千多年前，我们的祖先就有了制造和使用纳米材料的历史。如我国古代利用燃烧蜡烛的烟雾制成炭黑，以其作为墨的原料以及用于着色的染料，就是最早的纳米材料。这个时期人们对于纳米材料的利用是处于无意识状态的。

1860 年，胶体化学诞生，人们开始对粒径 1~100nm 的胶体粒子开始研究。

1940 年，Ardeume 首次利用透射电子显微镜（TEM）对纳米尺寸的金属氧化物烟状物进行观测和研究。

1959 年末，诺贝尔物理奖获得者 Richard Feynman 在美国物理学会年会的发言中曾言："如果我们按照自己的愿望一个一个地排列原子，将会出现什么呢？这些物质将会有什么性质？这是十分有趣的问题。虽然我现在不能精确地回答它，但我绝不怀疑当我们能在如此小的尺寸上进行操纵时，将得到具有大量独特性质的物质。"该预言是最早具有现代纳米概念的思想。

1974 年，日本学者 Norio Taniguchi 提出了"nanotechnology"一词。

1981 年，德国科学家，纳米材料的先驱者 H. Gleiter 提出了"nanostructure of solids"的概念，并发展了具有纳米晶粒尺寸和大量界面具有各种特殊性能的材料。

1989 年，有文献提出了纳米结构材料的新概念，它包括了零维、一维、二维和三维材料。

20 世纪 80 年代末至 90 年代初，出现了表征纳米尺度的重要工具——扫描隧道显微镜（STM）和原子力显微镜（AFM），促进了人们在纳米尺度上认识物质的结构以及结构与性质的关系，出现了纳米技术术语，形成了纳米技术。

1990 年 7 月，在美国巴尔的摩召开了第一届国际纳米科学技术会议，在会上对纳米科技按四个领域：纳米电子学、纳米机械学、纳米生物学和纳米材料学进行了探讨，正式将纳米材料科学作为材料科学的一个新的分支公布于世，这标志着纳米科技的正式诞生。同年，美国国际商用机器公司在镍表面用 36 个氙原子排出"IBM"字样。

1991 年，碳纳米管被人类发现，它的质量是相同体积钢的 1/6，强度却是钢的 10 倍，成为纳米技术研究的热点，诺贝尔化学奖得主 R. E. Smalley 教授认为，碳纳米管将是未来最佳纤维的首选材料，也将广泛用于超微导线、超微开关以及纳米级电子线路等。

1993 年，中国科学院北京真空物理实验室自如地操纵原子成功写出"中国"二字，标志着中国开始在国际纳米科技领域占有一席之地。

1999 年，巴西和美国科学家在进行碳纳米管实验时发明了世界上最小的"秤"，它能够称量十亿分之一克的物体，即相当于一个病毒的质量；此后不久，德国科学家研制出能称量单个原子质量的秤，打破了美国和巴西科学家联合创造的纪录；同年，纳米技术逐步走向市场，全年基于纳米产品的营业额达到 500 亿美元。

2000 年，美国政府公布了一项名为"国家纳米技术倡议"的报告。该报告是在美国国家科学技术理事会主持下，由技术委员会及各个部门组成的纳米科学、工程与技术分委员会执行完成的。这份报告把发展纳米技术放在了科学技术发展的最优先地位。

2001 年，一些国家纷纷制定相关战略或者计划，投入巨资抢占纳米技术战略高地。美国以 4.95 亿美元强力支持纳米科技计划；随之，日本和欧洲都制订和实施了相应的计划；中国在当年也制订了《国家纳米科技发展纲要》，并将纳米科技列为中国的"973 计划"，其间涌现出了一系列以纳米科技为代表的高科技企业。

目前，纳米技术已经成为世界上发达国家竞相开发的项目，很多国家都在这一领域研究上投入了大量资金，并制定了长远的研究规划。我国的纳米科学也在不断地发展，并逐步迈向国际领先水平。纳米技术与传统学科的交汇融合、深入发展也使得众多新兴的学科如雨后春笋般地涌现，如纳米物理学、纳米化学、纳米材料学、纳米生物学、纳米医学等。

1.1.3　纳米技术概念的提出

"纳米技术"一词最早由日本东京理科大学的 Norio Taniguchi 教授在 1974 年的一次国

际会议上定义。他将纳米技术定义为"在原子和分子层面对材料进行处理、分离、强化和变形"的技术。

美国国家纳米技术计划将纳米技术定义为"对纳米尺度，1～100nm 大小的物质的理解和控制的技术。在该尺度下，物质的独特性能使新奇的应用成为可能"。

中国科学院院士白春礼认为：纳米科技是"在纳米尺度上研究物质（包括原子、分子的操纵）的特性和相互作用，以及利用这些特性的多学科交叉的科学和技术"。

概括来讲，纳米技术是指在纳米尺寸范围内认识和改造自然，研究纳米尺度物质组成体系的运动规律和功能特性，及其在实际生产和生活中的应用技术，它是以许多现代先进科学技术为基础的科学技术，涉及量子力学、分子生物学、微电子学技术、计算机技术、高分辨显微技术等学科。

1.2 纳米材料的定义与分类

在地球漫长的演化过程中，纳米材料和它的形成过程早已存在于自然界的生物中，只是之前人们不认识而已。在现代科学技术发展起来之后，人们才对自然界中的纳米材料和现象有了更多的认识。例如：荷叶不沾水，因为荷叶上有纳米尺度的绒毛。通过电子显微镜，人们观察到荷叶表面覆盖着无数尺寸约 $10\mu m$ 的突包，而每个突包的表面又布满了直径约为几百纳米的更细的绒毛。这种特殊的纳米结构，使得荷叶表面不沾水滴（见图 1-3，见彩插）；壁虎神奇的爬墙功夫自古以来就吸引了人们的注意，与蟑螂、蚂蚁等昆虫不同，后者的爬行机制是用脚毛卡进有微小凹凸不平的表面，如同细针卡进小缝一般，从而支撑身体的重量，但一旦遇到光滑无缝的表面，这种方法就无能为力了。壁虎却可以在光滑的垂直表面，甚至是水中或真空中等任何特殊表面爬行，这是因为它的脚底存在一种特殊的纳米结构（见图 1-4，见彩插），使其可以轻而易举地做到"飞檐走壁"。

图 1-3　荷叶表面及其微观结构

图 1-4　壁虎的脚及其微观结构

1.2.1　纳米材料的定义

纳米材料（nano materials）的命名出现在 20 世纪 80 年代，它是指三维空间中至少有一维处于 1~100nm 或由它们作为基体单元构成的材料。纳米粒子处在原子簇和宏观物体交界的过渡区域，从通常的微观和宏观的观点看，这样的系统既非典型的微观系统亦非典型的宏观系统，而是一种典型的介观系统。它具有表面效应、量子尺寸效应、小尺寸效应和宏观量子隧道效应等特殊效应。当人们将宏观物体细分成超微颗粒（纳米级）后，它将显示出许多奇异的特性，即它的光学、热学、电学、磁学、力学以及化学方面的性质和大块固体时相比将会有显著的不同。纳米尺度和性能的特异变化是纳米材料必须同时具备的两个基本特征。

1.2.2　纳米材料的分类

纳米材料的分类方法很多。

依据其结构可分为：①零维的纳米粉体、纳米微粒或者颗粒等，如 C_{60}；②一维的纳米线、纳米丝、纳米管及纳米晶须，如碳纳米管；③二维的层状、片状、带状结构纳米材料，如石墨烯；④三维的柱状、块体纳米结构材料，包括纳米玻璃、纳米陶瓷、纳米介孔材料。不同结构的纳米材料举例如图 1-5 所示。

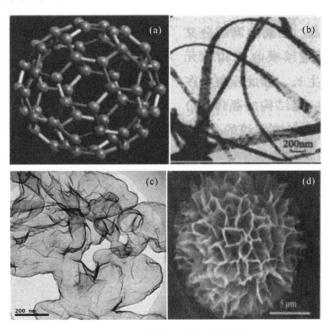

图 1-5　不同结构的纳米材料举例
(a) 零维；(b) 一维；(c) 二维；(d) 三维

依据其化学组成可分为：①纳米金属材料，Au、Ag、Cu 等；②氧化物纳米材料，TiO_2、Fe_2O_3、SiO_2、ZnO 等；③硫化物纳米材料，CdS、ZnS、AgS 等；④碳（硅）化合物纳米材料，$CaCO_3$、高岭石等；⑤氮（磷）等化合物纳米材料，Si_3N_4、TiN 等；⑥含氧酸盐纳米材料，$CaCO_3$、$ZrSiO_4$ 等；⑦复合纳米材料，ZnO/SiO_2、Ag/ZnO 等。

依据其功能可分为：①半导体型纳米材料，ZnO、CdS、SnO_2、$ZnAl_2O_4$ 等；②光敏型纳米材料，TiO_2、W_2O_5 等；③增强型纳米材料，SiO_2、$CaCO_3$、Si_3N_4、SiC、MnO

等；④磁性纳米材料，Au、Fe_3O_4 等。

1.3 纳米材料的性能

1.3.1 纳米材料的基本特性

纳米微粒是由数目极少的原子或分子组成的原子群或分子群，微粒具有壳层结构。由于微粒的表面层占很大比重，所以纳米材料实际上是晶粒中原子的长程有序排列和无序界面成分的组合，纳米材料具有大量的界面，晶界原子达 $15\%\sim50\%$，这些特殊的结构使得纳米材料具有独特的性质。归纳来讲，纳米材料具有以下四个基本效应：小尺寸效应、量子尺寸效应、表面效应、宏观量子隧道效应。

(1) 小尺寸效应　当纳米微粒尺寸与光波的波长、传导电子的德布罗意波长以及超导态的相干长度或穿透深度等的物理特征尺寸相当或更小时，晶体周期性的边界条件将被破坏；如果是非晶态纳米微粒，其颗粒表面层附近原子密度减小，结果导致声、光、电、磁、热等特性呈现与普通非纳米材料不同的新效应。例如，光吸收显著增加，并产生吸收峰的等离子共振频移；磁有序态向磁无序态转变、超导相向正常相转变；熔点显著变化；声子谱发生改变等。

(2) 量子尺寸效应　纳米微粒的尺寸小到某一值时，会出现费米能级附近的电子能级由准连续变为离散能级的现象，和纳米半导体微粒存在不连续的最高被占据分子轨道和最低未被占据的分子轨道能级的现象，以及能隙变宽现象均称为量子尺寸效应。纳米微粒的声、光、电、磁、热以及超导性与宏观特性有着显著的不同，即为量子尺寸效应所致。例如颗粒的磁化率、比热容与所含电子的奇、偶数有关，相应地会产生光谱线的频移，介电常数和催化性质的变化、特异的催化性质等。

(3) 表面效应　表面效应是指纳米粒子表面原子与总原子数之比随着粒径的变小而急剧增大后所引起的性质上的变化。纳米微粒由于尺寸小，表面积大，表面能高，位于表面的原子占相当大的比例（见表 1-1）。这些表面原子处于严重的缺位状态，因此其活性极高，极不稳定，很容易与其他原子结合，最常见的纳米颗粒极易相互团聚的情况就是一个明显的例证。同时，表面原子的活性也会引起表面原子自旋构象和电子能谱的变化，从而赋予纳米粒子低密度、低流动速度、高吸气性、高混合等特性。

表 1-1　粒子直径与表面原子数的关系

粒子直径/nm	粒子中的原子数	表面原子的比例/%
20	2.5×10^5	10
10	3.5×10^4	20
5	4.0×10^3	40
2	2.5×10^2	80
1	30	99

(4) 宏观量子隧道效应　微观粒子具有贯穿势垒的能力，称为隧道效应。人们发现，像微颗粒的磁化强度，量子相干器件中的磁通量等一些宏观量亦具有隧道效应，故称其为宏观量子隧道效应。宏观量子隧道效应的研究对基础研究及使用都有着重要意义，它限定了磁带、磁盘进行信息储存的时间极限。当微电子器件进一步细微化时，必须考虑量子效应。用此概念可定性解释超细镍微粒在低温下保持超顺磁性等。

1.3.2　纳米材料的物理化学性能

研究表明，当微粒尺寸小于 100nm 时，由于小尺寸效应、表面与界面效应、量子尺寸效应、宏观量子隧道效应等纳米微粒基本特征的存在，物质的很多性能将发生质变，从而呈现既不同于宏观物体，又不同于单个独立原子的奇异现象。人们可以在不改变材料化学组成的条件下即可获得熔点、磁性、颜色等发生变化的特殊材料。也就是说，这一系列纳米效应导致了纳米材料在熔点、蒸气压、光学性质、化学反应性、磁性、超导及塑性形变等许多物理和化学方面都显示出特殊的性能。它使纳米材料呈现出许多特殊的光学、力学、热学、磁学、化学、电学及生物学性能等。

1.3.2.1　光学性质

当纳米粒子的粒径与波尔半径及电子的德布罗意波长相当时，处于表面态的原子、电子与处于小粒子内部的原子、电子的行为有很大差别，这种表面效应和量子效应对纳米粒子的光学特性有很大的影响，甚至使纳米粒子具有同样材质的宏观大块物体所不具备的新的光学特性。纳米材料的光学性质主要有光谱迁移性、光学吸收性、光学发光性、光学催化性和线性非线性光学效应。

1.3.2.2　力学性质

与传统材料相比，纳米材料的力学性能有显著的变化，尤其表现在强度和韧性方面。例如，传统的陶瓷材料很脆，韧性和强度较差，而引入纳米颗粒烧结而成的纳米陶瓷材料则具有很高的硬度和良好的韧性、耐磨性等力学性能。

1.3.2.3　热学性质

纳米粒子的熔点、开始烧结温度和晶化温度均比常规粉体低得多。由于颗粒小，纳米粒子的表面能高、比表面原子数多，这些表面原子近邻配位不全，活性大，且体积远小于普通的块体材料。这就使得纳米粒子熔化时所需增加的内能小得多，因此纳米粒子的熔点急剧下降。

1.3.2.4　磁学性质

纳米粒子具有常规粗晶粒材料所不具备的磁特性。对用铁磁性金属制备的纳米粒子，粒径大小对磁性的影响十分显著，随粒径的减小，粒子由多畴变为单畴粒子，并由稳定磁化过渡到超顺磁性。这是由于在小尺寸下，当各向异性能减少到与热运动能可相比拟时，磁化方向就不再固定在一个易磁化方向上，磁化方向作无规律的变化，结果导致超顺磁性的出现。与此同时，纳米材料还具有磁致性，即磁致冷和磁致电阻。

1.3.2.5　化学活性

纳米粒子的比表面积很大，表面原子数很多，这使得纳米材料具有较高的化学活性。许多纳米金属颗粒室温下在空气中就会被强烈氧化而燃烧；无机纳米粒子暴露在大气中会吸附气体，形成吸附层，利用这一原理可制备气敏原件，对不同的气体进行检测。纳米材料化学活性的另一个直接表现就是催化活性。纳米粒子具有无细孔、无其他成分、使用条件温和等优点，因此，利用纳米材料自身的特殊结构和性质促使其他物质快速进行化学变化或者其本身为催化剂的性质可以进行热催化、光催化等。

1.3.2.6　电学性能

纳米材料在电学性能方面也有许多独特的表现。可以利用纳米材料制作导电浆料、绝缘浆料、电极、超导体、量子器件、静电屏蔽材料、压敏和非线性电阻及热电和介电材料等。例如碳纳米管、纳米线等可作为纳米连接导线，使电子器件进一步微细化并有较高的效率。

1.3.2.7 生物学性能

纳米材料一般比生物体细胞要小得多，所以可以利用纳米材料进行细胞分离、细胞染色及利用纳米颗粒制成特殊药物或信息抗体进行局部定向治疗等。用纳米材料可以将血样中极少量的胎儿细胞分离出来，方法简便，成本低廉，并能准确判断胎儿细胞是否有遗传缺陷。同样地，该技术也可以用来检查早期血液中的癌细胞，实现癌症早期诊断和治疗。

1.4 纳米材料的应用

借助于纳米材料的各种特殊性质，科学家们在各个研究领域都取得了突破，这也促进了纳米材料在催化、生物、医药、能源、环保、轻纺等领域应用的越来越广泛（见图1-6，见彩插）。

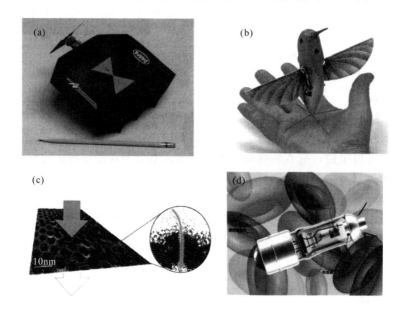

图1-6　纳米材料的几种应用举例
（a）纳米微型飞机；（b）纳米蜂鸟侦察机；
（c）世界上最薄的纳米滤膜；（d）纳米机器人

1.4.1 纳米材料在催化领域的应用

催化剂在许多化工领域起着举足轻重的作用，它可以控制反应时间、提高反应效率和反应速率。传统的催化剂不仅催化效率低，对环境也易造成污染。由于纳米粒子表面积大、表面活性中心多，所以是一种极好的催化材料。将纳米材料用作催化剂可大大提高反应效率，控制反应速率，甚至使原来不能进行的反应也能进行。将普通的铁、钴、镍、钯、铂等金属催化剂制成纳米微粒，可大大改善催化效果，与一般催化剂相比，纳米微粒作催化剂反应速率可提高10~15倍。例如：在石油化学工业采用纳米催化材料，可提高反应器的效率，改善产品结构，提高产品附加值、产率和质量。

1.4.2 纳米材料在生物医药领域的应用

很多生物现象发生在纳米水平，因此生物医学领域是纳米技术应用的重要方面。生物医药纳米材料的研究，不仅涉及材料的结构与功能，包括识别、结合、相变、特殊因子的释放、信号的产生与传导生物力学与热力学特征，还涉及新技术工具的开发。目前，纳米材料在生物医药领域的应用主要包括仿生纳米材料、基于纳米材料的快速诊断材料、组织工程修复用纳米材料和纳米药物及载体等。

纳微米级金磁复合微粒具有磁响应性、LSPR 光学特性、易于生物功能化等特点，一直是研究热点，在磁性分离、生物传感、MRI 成像及靶向输送等领域有着广泛的应用。随着生活水平的提高，人们对健康的日渐关注，即时检测这种简便、快捷、价廉及目视化检测模式具有巨大的市场潜力，而我国的体外诊断产业化发展还较滞后，且目前体外诊断试剂几乎被几大国外品牌垄断。笔者基于 GoldMag® 金磁纳米复合微粒，制备了分散稳定性好、易于表面功能化、兼具超顺磁性与独特光学性质的核壳 Fe_3O_4/Au 纳米粒子，实现免疫层析系统中的定性及定量检测，研究结果有利于推进金磁纳米复合微粒在生物检测中更深入的应用。

药物纳米载体技术则是以纳米颗粒为载体，将药物分子包裹在纳米颗粒之间或吸附在其表面，同时也在颗粒表面偶联特异性的靶向分子，通过靶向分子与细胞表面特异性受体结合，在细胞摄取作用下进入细胞内，实现安全有效的靶向性给药。作者基于核壳技术，将纳米 SiO_2 与酪素进行复合，制备了对布洛芬具有缓释作用的复合薄膜。

1.4.3　纳米材料在能源领域的应用

纳米材料在能源方面的应用主要包括两个方面：一方面是能源的产生，如锂离子电池、燃料电池、储氢材料等；另一方面是能源的节约，如节能玻璃、润滑油等。

传统锂离子电池正极材料镍酸锂和钴酸锂等存在合成困难、循环性能差、热稳定性差等造成的成本高、安全性差、寿命短、充放电时间长等问题。而纳米磷酸铁锂是一种环保、价廉、热稳定性好，且性能优异的材料，将正极材料做成纳米级颗粒，可以显著提高放电功率、循环次数，而稳定性和循环数基本不变。燃料电池可以将燃料的化学能直接转化为电能，其理论效率可达 80%，实际效率 50%～60%，且很少产生废气和噪声，高效而清洁。与此同时，碳纳米管、石墨烯及其他纳米材料可以通过形貌控制、缺陷结构和掺杂等提高储氢容量，降低活化温度，提高充/释速度。

传统润滑油占据着当今市场的主导地位，但是其在高承载能力、高温及环境友好等方面的应用受到局限。纳米材料可以在摩擦表面形成一层易剪切的薄膜，降低摩擦系数，同时可对摩擦表面进行一定程度的填补修复，其作为润滑油添加剂日益显现出其优异的性能，实验表明，纳米润滑添加剂可以有效地提高润滑油的最大无卡咬负荷、烧结负荷，降低从低负荷到高载荷全范围的长时磨损值。常用的纳米材料有金属纳米颗粒，金刚石纳米微粒，纳米硫化物、硼化物、氧化物，纳米稀土化合物等。

1.4.4　纳米材料在环保领域的应用

当前全球面临着严重的环境污染，主要涉及废水、有毒气体和有害固体废弃物等，对其进行治理和控制已经成为国际社会关注的热点。由于纳米材料具有常规材料所不具备的特殊性能，因此运用纳米材料来解决环境污染的问题将给环境保护带来开创性的发展。通常将纳米材料用于废水治理、空气净化和固体垃圾处理等方面。例如：针对现行水处理技术中效率低、成本高、操作复杂、低浓度废水难以处理的缺点，利用纳米材料来处理废水，主要包括纳米过滤材料、纳米光催化材料和纳米吸附材料。纳米吸附材料包括层状黏土纳米复合吸附材料、纳米粒子吸附材料和纳米级净水剂。例如：纳米二氧化钛（TiO_2）可以加速城市生活垃圾的降解，其降解速率是大颗粒状 TiO_2 的十倍以上，从而可以解决大量生活垃圾给城市带来的压力，避免焚烧处理带来的二次污染。该纳米粒子也能够吸收太阳光中的紫外线，产生很强的光化学活性，可用于光催化降解工业废水中的有机污染物，其具有除净度高、无二次污染、适用性广泛等优点。

1.4.5 纳米材料在轻纺领域的应用

轻纺工业是一个巨大的工业领域，该领域产品数量繁多，用途广泛，直接影响到人类生活的方方面面。随着科学技术的进步和人们生活水平的提高，常规的轻纺化学品已很难满足生产的需求。因此，亟须新型的高性能材料来代替或改进传统的材料。纳米材料的优越性无疑给轻纺工业的发展带来了福音。由于具有增强增韧、光催化、气体阻隔、抗紫外、磁学性能等各种优异的性能，纳米材料在皮革、纺织、橡胶、食品、塑料、涂料等领域都发挥着重要作用。例如：在食品包装材料中引入纳米粒子可以防止微生物的入侵，提高材料的使用寿命，还可提升食品的质量，保证食品的安全；在纺织品中添加纳米粒子，可使织物具有除臭、抗菌、超疏水等作用；在橡胶中加入纳米粒子，可以提高橡胶的抗紫外线辐射和红外线反射等性能；在皮革中引入纳米粒子，可赋予皮革制品特殊的强度、韧性和其他功能特性；在涂料中加入纳米粒子，涂料的耐老化性、耐洗刷性等性能会大幅提高。

1.5 本书的主要内容

(1) 纳米粒子的合成原理与表征 纳米粒子的制备方法很多，包括蒸发冷凝法、球磨法、化学气相法、化学沉积法、溶胶-凝胶法、水热合成法、模板法、微乳液法等。由于纳米粒子极易发生团聚（软团聚和硬团聚），因此通常需要对其进行改性。改性的方法主要有表面包覆改性、表面偶联改性和表面接枝改性。为了保证纳米粒子在液相介质中分散并均匀分布，需要采用物理分散或化学分散的方法对其进行分散处理。纳米材料的表征涵盖了纳米粒子粒径及分布的表征、纳米粒子结构的表征、纳米粒子化学组成和晶态分析、纳米粒子的表面分析等，涉及的表征方法包括扫描电子显微镜、透射电子显微镜、原子力显微镜、原子光谱分析法、质谱法、红外光谱法、拉曼光谱法、比表面积法、压汞法等。

(2) 高分子基纳米复合材料的合成原理及表征 按照纳米粒子和复合方式的不同，高分子基纳米复合材料有不同的分类。其制备方法包括溶胶-凝胶法、插层复合法、原位聚合法、共混法、模板法、γ 射线辐射法、电化学合成法等。由于兼具高分子和无机粒子的特性，高分子基纳米复合材料展现着优异的力学性能、光学性能、电学性能、催化性能、阻燃性能、抗菌性能等特性。该类材料的结构表征主要包括粒子尺寸及分散状况的表征、表面与界面的表征、纳米粒子形态结构的表征、纳米粒子生长动态过程的表征等，涉及的表征手段主要有扫描隧道电子显微镜、透射电子显微镜、原子力显微镜、X 射线光电子能谱法、差示扫描量热法、动态光散射法、红外光谱法、俄歇电子能谱法、紫外-可见吸收光谱等。

(3) 纳米材料在制革湿加工中的应用 主要介绍了纳米材料在制革湿加工鞣剂、加脂剂及酶制剂中的应用研究。在鞣剂与复鞣剂研究中，涉及的纳米材料主要包括蒙脱土、纳米氧化锌、纳米二氧化硅、纳米三氧化二铬、纳米银等。作者分别通过插层环化聚合法、负载引发剂法、物理共混和原位聚合法等方法将蒙脱土、纳米氧化锌、纳米二氧化硅等引入高分子基体中，制备了具有增强增韧、促进铬吸收等特性的纳米复合鞣剂与复鞣剂；为进一步提升革制品的性能，纳米粒子引入加脂剂的研究也逐渐成为热点。作者以天然油脂（如菜籽油、蓖麻油等）为基体，通过原位法在其中引入蒙脱土、氧化锌、二氧化钛等，获得了具有耐黄变、阻燃等功能的加脂剂；皮革用酶制剂大多是水解酶类，其主要作用是水解去除皮中的纤维间质。酶在制革中的应用工序有浸水、脱毛、脱脂、浸灰、软化以及鞣制后酶处理、染色酶处理等多个工序。然而，在制革中发挥其优势的同时，其自身容易受外界环境变化的影响而失去活性，导致酶活力不稳定，进而影响酶制剂产品的稳定性。为解决该问题，作者将纳米二氧化硅引入皮革用酶制剂，并获得了纳米粒子对酶的稳定机制。

（4）纳米材料在功能性纺织品中的应用　主要介绍了纳米材料在涂料印花纺织品、抗菌功能纺织品、防水防油功能纺织品、超疏水功能纺织品及防紫外功能纺织品中的应用研究。在涂料印花纺织品制备中，作者通过原位法与 Pickering 乳液聚合法将纳米氧化锌、纳米二氧化硅等引入聚丙烯酸酯中，获得了高牢度的聚丙烯酸酯基纳米粒子复合乳液；纳米粒子在抗菌功能纺织品应用中可采用的方法主要包括：直接采用溶胶抗菌整理、通过聚硅氧烷或黏合剂在织物表面成膜将纳米粒子负载到织物表面，以及反应型聚合物基纳米粒子复合抗菌剂；在织物防水防油剂的研究方面，开发性能优异的环保型含氟防水防油整理剂正在成为方向和热点。作者将无皂乳液聚合技术和纳米技术相结合，制备了纳米二氧化硅改性含氟聚丙烯酸酯无皂乳液，并将其应用于织物整理；在超疏水功能纺织品的研究中，其重点在于构筑微观粗糙结构或疏水化处理。其中，微观粗糙结构构筑方法主要包括层层组装法、溶胶-凝胶法、纳米微粒负载法、化学气相沉积法、纤维表面刻蚀法。在疏水化处理中，常使用反应性低表面能物质。作者将纳米微粒负载法与低表面能物质有机硅烷的使用相结合，获得了超疏水纺织品，并制备了基于二氧化钛紫外线吸收性能的防紫外线功能纺织品和基于氧化锌紫外线吸收性能的防紫外线功能纺织品。

（5）纳米材料在涂层类成膜物质中的应用　主要介绍了纳米材料在皮革涂饰剂、织物涂层剂、油墨连接料及建筑涂料中的应用研究。在涂层研究中较多的是通过纳米二氧化硅的引入赋予涂层高强度、韧性及卫生性能；通过纳米氧化锌、纳米二氧化钛的引入获得防紫外、抗菌、自清洁的革制品等。作者分别采用物理共混、原位聚合、双原位法等方法，将纳米二氧化硅、中空二氧化硅、双尺寸二氧化硅、不同形貌的氧化锌等引入到聚丙烯酸酯或酪素基材中，所得的复合乳液应用于皮革涂饰可赋予成革增强增韧、透水汽、耐黄变、抗菌等功能；采用物理共混法、乳液聚合法以及原位乳液聚合法三种方法分别将二氧化硅溶胶与聚丙烯酸酯乳液复合制备聚丙烯酸酯基二氧化硅纳米复合乳液，并将其用于织物的防水透湿涂层整理，有利于改进聚丙烯酸酯涂层剂的防水透湿性能；将纳米二氧化硅与改性酪素进行复合制备油墨连接料，获得了较低固含量的复合油墨连接料，该材料的使用可大幅度增加印刷适性；纳米二氧化硅引入聚丙烯酸酯墙体乳液可赋予墙体涂料较优的综合性能。

（6）纳米材料在其他轻纺行业中的应用　主要介绍了纳米材料在造纸、食品、塑料及鞋材等领域中的应用。纳米材料在造纸行业中的应用涉及其在加工纸涂料、助留助滤剂、表面施胶剂、功能纸、纤维改性等方面，采用的纳米材料主要包括纳米碳酸钙、二氧化钛、氧化锌、三氧化二铁、二氧化锡等；在食品领域，纳米材料在食品加工、食品保鲜、食品检验、纳米食品等方面均有着广泛的应用；将纳米材料与树脂基体相结合形成纳米塑料，可赋予材料一般工程材料所不具备的优异性能；纳米技术在鞋材行业中的应用最广泛的是聚合物/黏土纳米复合材料。作者主要将蒙脱土引入聚合物，制备了具有密度低、质量轻的聚合物/黏土纳米复合鞋底发泡材料。

（7）纳米材料在废水处理中的应用　主要介绍了纳米材料在制革综合废水、染料综合废水、重金属废水及其他废水中的应用研究。例如对于制革废水，突破传统处理技术，引入纳米材料制备纳滤膜、光催化降解纳米材料和高性能吸附树脂将提供高效、丰富的解决方案，且对于环境保护、维持生态平衡、实现可持续发展具有重要意义；通过制备纳米过滤材料、纳米光催化材料和纳米吸附材料也可实现对染整综合废水、染料废水、重金属废水和其他废水进行高效、低成本、操作简单的处理。

参 考 文 献

[1] 姜山，鞠思婷．纳米：Nanoscience and technology．北京：科学普及出版社，2013.

[2] Mohamed Heikal, Ali A I, Ismail M N, et al. Behavior of composite cement pastes containing silica nano-particles at elevated temperature. Construction and Building Materials, 2014, 7: 339-350.

[3] 何丹农．纳米制造．上海：华东理工大学出版社，2011.

[4] 孙玉绣，张大伟，金政伟．纳米材料的制备方法及其应用．北京：中国纺织出版社，2010.

[5] Homayon Ahmad Panahi, Sara Nasrollahi. Polymer brushes containing thermosensitive and functional groups grafted onto magnetic nano-particles for interaction and extraction of famotidine in biological samples. International Journal of Pharmaceutics, 2014, 476: 70-76.

[6] 徐云龙，赵崇军，钱秀珍．纳米材料学概论．上海：华东理工大学出版社，2008.

[7] Pacheco-Torgal F, Jalali S. Nanotechnology: advantages and drawbacks in the field of construction and building materials. Construction and Building Materials, 2011, 25: 582-590.

[8] 纳米世界的奥秘编写组．纳米世界的奥秘．上海：上海科学技术文献出版社，2010.

[9] Mohammad G Mahfouz, Ahmed A Galhoum, Nabawia A Gomaa et al. Uranium extraction using magnetic nano-based particles of diethylenetriamine-functionalized chitosan: Equilibrium and kinetic studies. Chemical Engineering Journal, 2015, 262: 198-209.

[10] Mohammad G. Mahfouz, Ahmed A Galhoum, Nabawia A Gomaa, et al. Miniaturized microDMFC using silicon micmsystems techniques: performances at low fuel flow rates. Journal of Micromechanics and Microengineefing, 2008, 18: 125019-125024.

[11] Jarrod A Hanson, Connie B Chang, Sara M Graves, et al. Nanoscale double emulsions stabilized by single—component block copolypeptides. Nature, 2008, 455: 85-90.

[12] Wang X, Zhuang J, Peng Q, et al. A general strategy for nanocrystal synthesis. Nature, 2005, 437: 121-124.

[13] Hall L J, Coluci V R, Galvao D S, et al. Sign change of poison's ratio for carbon nanotube sheets. Science, 2008, 320: 504-509.

[14] Cansen Liu, Fenghua Su, Jizhao Liang, et al. Facile fabrication of superhydrophobic cerium coating with micro-nano flower-like structure and excellent corrosion resistance. Surface and Coatings Technology, 2014, 258: 580-586.

[15] Qin Y, Wang X D, Wang Z L. Microfiber-nanowire hybrid structure for energy scavenging. Nature, 2008, 451: 809-812.

[16] Pan J W, Gasparoni S, Ursin R, et al. Experimental entanglement purification of arbitrary Unknown states. Nature, 2003, 423: 417-420.

[17] 陈新江，马建中等．纳米材料在制革中的应用前景．中国皮革，2002, 31 (1): 6-10.

[18] 范浩军，石碧，栾世方等．（蛋白质）有机/无机纳米杂化复合材料——制革新概念．中国皮革，2002, 31 (1): 1-2.

[19] Islan G A, Cacicedo M L, Bosio V E, et al. Development and characterization of new enzymatic modified hybrid calcium carbonate microparticles to obtain nano-architectured surfaces for enhanced drug loading. Journal of Colloid and Interface Science, 2015, 439: 76-87.

[20] 贺鹏，赵安赤．聚合物改性中纳米复合新技术．高分子通报，2001, 1: 74-75.

[21] 刘珍，梁伟，许并社等．纳米材料制备方法及其研究进展．材料科学与工艺，2000, 8 (3): 103-106.

[22] 方云，杨澄宇，陈明清等．纳米技术与纳米材料（Ⅰ）——纳米技术与纳米材料简介．日用化学工业，2003, 33 (1): 55-59.

[23] Jianzhong Ma, XiujuanLv, Dangge Gao, et al. Nanocomposite-based green tanning process of suede leather to enhance chromium uptake. Journal of Cleaner Production, 2014, 72: 120-126.

[24] 徐群娜，马建中，吕斌．第32届IULTCS大会皮革科技发展势趋．中国皮革，2014, 43 (5): 41-53.

[25] 赫丽华，宁荣昌，孔杰．纳米粒子在聚合物增强增韧中的应用．工程塑料应用，2002, 30 (4): 53-55.

[26] 张金柱，汪信，陆路德等．纳米无机粒子对塑料增强增韧的"裂缝与银纹相互转化"机理．工程塑料应用，2003, 31 (1): 20-22.

[27] Qunna Xu, Jianzhong Ma, Jianhua Zhou, et al. Biodegradable core-shell casein based silica nano-composite latex via double-in-situ polymerization: synthesis, characterization and mechanism. Chemical Engineering Journal, 2013, 228: 281-289.

[28] 鲍艳，杨宗邃，马建中．乙烯基类聚合物鞣剂的鞣制机理及新进展．中国皮革，2004, 33 (21): 1-4.

[29] 唐伟家，吴汾．国外聚合物纳米复合材料．国外塑料，2002, 20 (3): 11-18.

[30] Jianzhong Ma, Yihong Liu, Yan Bao, et al. Research advances in polymer emulsion based on "core-shell" structure particle design. Advances in Colloid and Interface Science, 2013, 197-198: 118-131.

[31] 张立德，解思深．纳米材料和纳米结构．北京：化学工业出版社，2005.

[32] Saihua Jiang, Zhou Gui, Chenlu Bao, et al. Preparation of functionalized graphene by aimultaneous reduction and surface modification and its polymethyl methacrylate composites through latex technology and melt blending. Chemical Engineering Journal, 2013, 226: 326-335.

［33］ Stankovich S，Dikin D A，Dommett G H B，et al. Graphene-based composite materials. Nature，2006，442 (7100)：282-286.

［34］ 江贵长，官文超. 高分子基纳米复合材料的研究进展. 化工新型材料，2004，23 (2)：3-7.

［35］ 成会明. 碳纳米管. 北京：化学工业出版社，2002.

［36］ 白春礼. 纳米科技——现在与未来. 成都：四川教育出版社，2002.

［37］ Novoselov K S，Geim A K，Morozov S V，et al. Electric field effect in atomically thin carbon films. Science，2004，306：666-669.

［38］ Jianzhong Ma，Junli Liu，Yan Bao，et al. Morphology-photocatalytic activity-growth mechanism for ZnO nano-structures via microwave-assisted hydrothermal synthesis. Crystal Research and Technology，2013，48 (4)：251-260.

［39］ 朱静. 纳米材料和器件. 北京：清华大学出版社，2003.

［40］ 白春礼. 纳米科技及其发展前沿 (在国际华人纳米科技会上的报告)，2001.

［41］ http：//www.zyvex.com/nanotech/feyrtman.html.

［42］ David Tolfree，Jackson M J. Commercializing micro-nanotechnology products. Taylor&Francis Group：CRC Press，2008.

［43］ Mahalik N P. Micromanufacturing and nanotechnology. Heidelberg：Springer-Verlag Berlin，2006.

［44］ Park J T，Koh J H，Seo J A，et al. Synthesis and characterization of TiO_2/Ag/polymer ternary nanoparticles via surface-initiated atom transfer radical polymerization. Applied Surface Science，2011，257 (20)：8301-8306.

［45］ Jackson M J. Microfabrication and nanomanufacturing. Taylor&Francis Group：CRC Press，2006.

［46］ Jeremy Rarnsden. Applied nanotechnology. Elsevier Inc，2009.

［47］ 任红轩，黄进，黄行九等. 纳米科技产品及应用——纳米产业揭秘. 北京：科学出版社，2010.

［48］ 李群，张霞，李庆余等. 纳米材料的制备与应用技术. 北京：化学工业出版社，2008.

［49］ Coronado E，Mingotaud C. Hybrid organic/inorganic Langmuir-Blodgett films. A supramolecular approach to ultra-thin magnetic films. Advanced Materials，1999，11 (10)：869-872.

［50］ Ferchichi A，Calas-Etienne S，Smaihi M，et al. Relation between structure and mechanical properties (elastoplastic and fracture behavior) of hybrid organic-inorganic coating. Journal of Materials Science，2009，44 (20)：2752-2758.

［51］ Jun Woo Lim，Minkook Kim，Young Ho Yu，et al. Development of carbon/PEEK composite bipolar plates with nano-conductive particles for High-Temperature PEM fuel cells (HT-PEMFCs). Composite Structures，2014，118：519-527.

［52］ Montero B，Ramírez C，Rico M，et al. Mechanism of thermal degradation of an inorganic-organic hybrid based on an epoxy-POSS. Macromolecular Symposium，2008，267 (12)：74-78.

［53］ Ni C，Ni G，Zhang L，et al. Syntheses of silsesquioxane (POSS) -based inorganic/organic hybrid and the application in reinforcement for an epoxy resin. Journal of Colloid and Interface Science，2011，362 (1)：94-99.

［54］ Kim B Y，Hong L Y，Chung Y M，et al. Solvent-resistant PDMS microfluidic devices with hybrid inorganic/organic polymer coatings. Advanced Functional Materials，2009，19 (23)：3796-3803.

［55］ Wight A，Davis M. Design and preparation of organic-inorganic hybrid catalysts. Chemical Reviews，2002，102 (10)：3589-3614.

［56］ Sadat-Shojai M，Atai M，Nodehi A，et al. Hydroxyapatite nanorods as novel fillers for improving the properties of dental adhesives：synthesis and application. Dental Materials，2010，26 (5)：471-482.

［57］ Vallet-Regí M，Colilla M，González B. Medical applications of organic－inorganic hybrid materials within the field of silica-based bioceramics. Chemical Society Reviews，2010，40 (2)：596-607.

［58］ Su-Jin Lee，Jong-Pil Won. Flexural behavior of precast reinforced concrete composite members reinforced with structural nano-synthetic and steel fibers. Composite Structures，2014，118：571-579.

［59］ Holder E，Tessler N，Rogach A L. Hybrid nanocomposite materials with organic and inorganic components for opto-electronic devices. Journal of Materials Chemistry，2008，18 (10)：1064-1078.

［60］ Chang C S，Ni H S，Suen S Y，et al. Preparation of inorganic－organic anion-exchange membranes and their application in plasmid DNA and RNA separation. Journal of Membrane Science，2008，311 (1-2)：336-348.

［61］ Bergna H E，Roberts W O. Colloidal silica fundamentals and applications：Surfactant Science Series. Florida：CRC Press，2006：62-69.

［62］ Dale W Schaefer，Ryan S Justice. How Nano Are Nanocomposites? Macromolecules，2007，40 (24)：8501-8510.

［63］ Shokrieh M M，Akbari S，Daneshvar A. 13 - Reduction of residual stresses in polymer composites using nano-additives. Residual Stresses in Composite Materials，2014，350-373.

［64］ B Li，Zhang S，Xu Q，Wang B. Preparation of composite polyacrylate latex particles with in situ-formed methylsilsesquioxane cores. Polymers for Advanced Technologies，2009，20 (12)：1190-1194.

［65］ Mingzhu Pan，Changtong Mei，Jun Du，et al. Synergistic effect of nano silicon dioxide and ammonium polyphosphate on flame retardancy of wood fiber - polyethylene composites. Composites Part A：Applied Science and Manufacturing，November 2014，66：128-134.

［66］ Iler R K. The Chemistry of Silica. Solubility，polymerization，colloid and surface properties，and biochemistry. New York：Wiley，1979：125-135.

［67］ Sto ber W，Fink A，Bohn E. Controlled growth of monodisperse silica spheres in the micron size range. Journal of Colloid and Interface Science，1968，26 (1)：62-69.

［68］ Mao X P，Huang J F，Leung M F，et al. Novel core-shell nanoparticles and their application in high-capacity immobilization of enzymes. Applied Biochemistry and Biotechnology，2006，135 (3)：229-239.

［69］ Oláh A，Hillborg H，Vancso G J. Hydrophobic recovery of UV/ozone treated poly (dimethylsiloxane)：adhesion studies by contact mechanics and mechanism of surface modification ［J］. Applied Surface Science，2005，239 (3-4)：410-423.

［70］ 柯扬船，［美］皮特・斯壮. 聚合物-无机纳米复合材料. 北京：化学工业出版社，2003.

［71］ Jianzhong Ma，Qunna Xu，Jianhua Zhou，Jing Zhang，Limin Zhang，Huiru Tang，Lihong Chen. Synthesis and Biological Response of Casein Based Silica Composite Film as Drug Carrier. Colloids and Surfaces B：Biointerfaces，2013，111：257-263.

［72］ Dong Yang，Jianzhong Ma，Qinlu Zhang，Mingli Peng，Yanling Luo，Wenli Hui，Chao Chen and Yali Cui. Polyelectrolyte coated gold magnetic nanoparticles for immunoassay development：toward point of care diagnositics. Analytical Chemistry. 2013，85 (14)，6688-6695.

［73］ Dong Yang，Jianzhong Ma，Min Gao，Yanling Luo，Wenli Hui，Mingli Peng，Chao Chen，Zuankai Wang and Yali Cui. Suppression of composite nanoparticle aggregation through steric stabilization and ligand exchange for colorimetric protein detection. RSC Advances. 2013，3，9681-9686.

［74］ Dong Yang，Jianzhong Ma，Mingli Peng，Qinlu Zhang，Yanling Luo，Wenli Hui，Tianbo Jin and Yali Cui. Building nanoSPR biosensor systems based on gold magnetic composite nanoparticles. Journal of Nanoscience and Nanotechnology. 2013，13 (8)，5485-5492.

第2章 ◀◀◀◀◀
纳米粒子的合成原理与表征

纳米材料并不神秘和新奇，自然界中广泛存在着天然形成的纳米材料，如蛋白石、陨石碎片、动物的牙齿、海洋沉积物等都是由纳米粒子构成的。纳米粒子按照其维度的不同，可分为零维、一维、二维和三维纳米粒子。在当前研究中，其制备方法占有极其重要的地位，新的制备工艺与过程控制对纳米粒子的微观结构和性能具有重要影响。另外，纳米粒子使用过程中如何克服团聚，最大限度地发挥其优异性能是实现纳米粒子应用的关键。因此，本章主要介绍纳米粒子的合成原理、纳米粒子的改性及分散、纳米粒子的表征手段。

2.1 纳米粒子的制备方法

纳米粒子的制备方法很多，目前尚无确切的分类标准。如果按照物质的状态分类，制备方法可以分为固相法、液相法和气相法。固相法一般限于机械合金化制造技术，在一定条件下，常规固体材料经粉碎可得到纳米材料；液相法是以水或有机溶剂为介质，一般情况下存在化学变化，产生新的物质，当控制适当的反应条件时可得到纳米材料，是目前主要发展的纳米粒子合成方法；气相法一般用于制备金属纳米材料，金属块体受热气化，在惰性气体中冷却、凝聚得到纳米粒子，借助一定的技术手段，可得到表面修饰的稳定性好的纳米粒子。按照制备过程所涉及的学科分类，可分为物理方法和化学方法。按照具体实施过程的不同，物理方法和化学方法中又包括多种不同的方法，如物理方法包括了蒸发冷凝法和球磨法，化学方法包括化学气相法、化学沉淀法、溶胶-凝胶法、水热合成法、燃烧合成法、模板法和微乳液法等。

2.1.1 蒸发冷凝法

这种方法又称为物理气相沉积法（PVD），在整个纳米材料形成过程中没有发生化学反应，是借助各种物理方法如真空蒸发、激光、电弧高频感应、电子束照射等方法使常规材料气化或形成等离子体，然后在介质中骤冷使之凝结，从而强制性地达到纳米粒子的程度，主要用于制备各种金属纳米微粒。根据加热源的不同，该方法又分为：真空蒸发-冷凝法、激光加热蒸发法、等离子体法、电子束照射法等。

(1) 真空蒸发-冷凝法 其原理是对蒸发物质进行真空加热蒸发，然后在高纯度惰性气氛中冷凝形成超细微粒。该方法仅适用于制备低熔点、成分单一的物质，是目前制备纳米金属粉末的主要方法。

(2) 激光加热蒸发法 以激光为快速加热源，使气相反应物分子内部很快地吸收和传递能量，在瞬间完成气相反应的成核、长大和终止。但由于激光器的出粉效率低，电能消耗较大，投资大，故该方法难以实现规模化生产。

(3) 等离子体法 用等离子体将金属、化合物原料熔融、蒸发和冷凝，从而获得纳米微粒。该方法制得的纳米粉末纯度高、粒度均匀。

(4) 电子束照射法 利用高能电子束照射母材，表层的金属-氧被高能电子"切断"，蒸发的金属原子通过瞬间冷凝、成核、长大，最后形成纳米金属粉末。

Wang 等采用蒸发冷凝法在管式炉中直接加热蒸发 ZnO 粉末成功制备了 ZnO 纳米带，其蒸发温度为 900～1300℃，沉积区温度为 500～600℃，整个过程中无需添加任何催化剂，制备出的 ZnO 纳米带呈弹簧状均匀卷绕［见图 2-1(a)，见彩插］；制备的 ZnO 纳米带沿同轴卷曲方向，在表面极性电荷及弹性变形等的作用下，通过短程化学键自卷绕成 ZnO 纳米环［见图 2-1(b)］；当两种交替并周期分布的 ZnO 纳米带沿 c 轴相互垂直的方向取向生长时，就会形成刚性的 ZnO 纳米螺旋［见图 2-1(c)］。Lee 等以 Ar 作为载气，直接加热 ZnO 粉到 1450℃，通过对蒸发时间和气体流量的精确控制，在两个硅衬底间成功地制备出 ZnO 纳米桥，整个过程无需任何催化剂和其他昂贵的沉积技术。

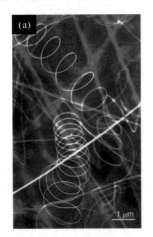

图 2-1 采用蒸发冷凝法制备的 ZnO 纳米带（a）、ZnO 纳米
环（b）及刚性的 ZnO 纳米螺旋（c）的 SEM 图

采用蒸发冷凝法制备纳米粒子，工艺过程简单，无需担心由于催化剂的引入而导致的晶体污染，但对于源材料的蒸发往往需要很高的温度，能源消耗较大，设备防护性能要求高。同时，由于沉积区温度相对较高，导致这种方法的使用范围受限。

2.1.2 球磨法

球磨法是利用介质和物料间的相互研磨和冲击，并辅以助磨剂或大功率超声波粉碎，使物料粒子粉碎。球磨法最早用于制备氧化物分散增强的超合金，目前，此技术已扩展到生产各种非平衡结构，包括纳米晶、非晶和各种准晶材料。该方法工艺简单、制备效率高，但材料在球磨过程中易受到污染。

高能球磨法制备纳米晶需要控制以下几个参数和条件，即正确选用硬球的材质，控制球磨温度和时间，原料一般选用微米级粉体或小尺寸的条带碎片。球磨过程中颗粒尺寸、成分和结构变化通过不同时间球磨粉体的 X 射线衍射、电镜观察等方法进行监视。高能球磨与传统低能球磨的不同之处在于磨球的运动速度较大，使粉末产生塑性形变及固相形变，而传统的球磨工艺只是对粉末起均匀混合的作用。高能球磨法已经成功制备出以下几种纳米晶材料：纯金属纳米晶、互不相溶体系的固溶体、纳米金属间化合物及纳米金属-陶瓷粉复合材料。

2.1.3　化学气相法

该方法利用挥发性金属化合物蒸气的化学反应来合成所需粉末，是典型的气相法，适用于氧化物和非氧化物粉末的制备。特点是产物纯度高、粒度可控、粒度分布均匀且窄、无团聚。但设备投资大、能耗高、制粉成本高。

化学气相法中应用最多的是化学气相沉积法（CVD），它是指原料以气体方式在气相中发生化学反应形成化合物微粒。CVD 法不同于蒸发冷凝法的是在气相过程中会涉及化学反应，通过改变温度、压力、流量、催化剂、源材料等工艺参数，可以对纳米粒子的形貌、尺寸和取向等进行有效控制，工艺灵活，控制手段丰富多样。

Yan 等将 Zn 粉加热到 520℃，通过化学气相沉积法在硅片表面生长出如图 2-2 所示的 ZnO 纳米结构，发现在生长过程中 ZnO 纳米棒直径方向的生长主要受到气相中 Zn 蒸气饱和度（正比于气体压力）的限制。在加热初期，气相中 Zn 蒸气浓度处于一个较高值，直径方向的生长速度相对较快，生长的纳米棒直径较大；随着反应的进行，生成的部分 ZnO 沉积在 Zn 粉表面形成一层 ZnO 壳，限制了 Zn 的挥发，导致气相中 Zn 的浓度较低，ZnO 沿直径方向的生长速度相对降低，生长的纳米棒直径减小；当 ZnO 壳内部的 Zn 蒸气压达到一定值时，就会冲破 ZnO 壳的限制挥发出去，导致气相中 Zn 浓度瞬间达到最大值，便形成了顶部的纳米盘结构（见图 2-3）。Kong 等将 ZnO 粉、铟氧化物和碳酸锂的混合物加热到1400℃，使用带状 Zn 单晶作为基材，利用化学气相沉积法在其表面外延生长了一层厚度约为 5nm 的 ZnO，得到了具有异质结构的核壳型 Zn-ZnO 纳米带，进一步加热将核心部分的 Zn 升华，便得到了 ZnO 纳米管。

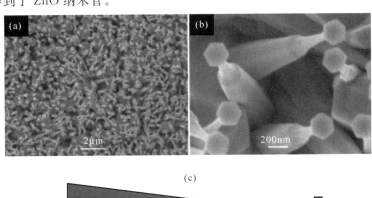

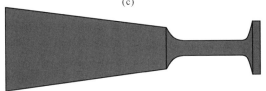

图 2-2　采用 CVD 法制备 ZnO 纳米棒的俯视（a）、侧视（b）的 SEM 图及轮廓图（c）

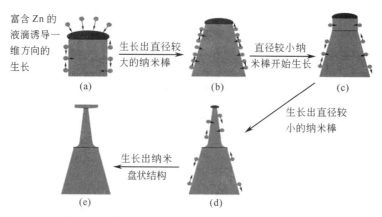

图 2-3　采用 CVD 法制备 ZnO 纳米棒的生长机理

Park 等利用金属有机气相外延生长技术（MOCVD），加热乙基锌到 $400 \sim 500 \, ℃$，然后与 O_2 反应，使用 Ar 做载气在 Al_2O_3 衬底上成功制备了长度和密度均匀分布的 ZnO 纳米棒（见图 2-4），整个反应过程无需任何催化剂。

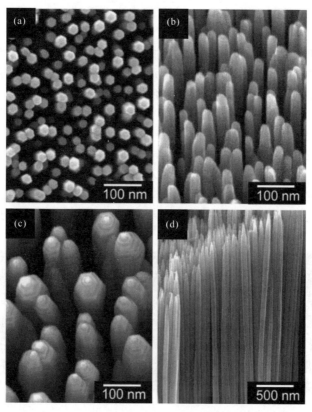

图 2-4　采用 MOCVD 法制备直径为 25nm 的 ZnO 纳米棒的俯视（a）、
斜视（b）及直径为 70nm 的 ZnO 纳米棒的斜视（c）、侧视（d）的 SEM 图

普通 CVD 法获得的粉末一般较粗，颗粒存在再团聚和烧结现象。而等离子体增强的化学气相沉积法是利用等离子体产生的超高温激发气体发生反应，同时利用等离子体高温区与其周围环境形成的巨大温度梯度，通过极冷条件获得纳米微粒。Barreca 等加热锌的有机前驱体到 $145 \, ℃$ 左右，保持沉积区温度为 $200 \sim 300 \, ℃$，利用 $Ar-O_2$ 等离子体增强的化学气相

沉积法成功地在 Al_2O_3 衬底上制备出高纯度的一维 ZnO 纳米组装。

2.1.4 化学沉淀法

化学沉淀法通常是在溶液状态下将不同化学成分的物质混合，在混合溶液中加入适当的沉淀剂制备纳米粒子的前驱体沉淀物，再将此沉淀物进行干燥或煅烧，从而得到相应的纳米粒子。生成粒子的粒径通常取决于沉淀物的溶解度，沉淀物的溶解度越小，相应粒子的粒径越小。化学沉淀法主要分为共沉淀法和均相沉淀法。

(1) 共沉淀法 将沉淀剂加入混合金属盐溶液中，使各组分混合均匀后沉淀，再将沉淀物过滤、干燥、煅烧，即得纳米粉末。为了防止形成硬团聚，一般还采用冷冻干燥或共沸蒸馏对前驱物进行脱水处理。

(2) 均相沉淀法 一般的沉淀过程是不平衡的，但如果控制溶液中沉淀剂的浓度，使之缓慢地增加，则溶液中的沉淀会处于平衡状态，且沉淀能在整个溶液中均匀地出现，这种方法称为均相沉淀法。通常是通过溶液中的化学反应使沉淀剂缓慢生成，从而克服了由外部向溶液中加沉淀剂的局部不均匀性，导致最终沉淀不能在整个溶液中均匀出现的缺点。

2.1.5 溶胶-凝胶法

溶胶-凝胶法又称胶体化学法。其基本原理为：将金属有机醇盐或无机盐溶液经水解直接形成溶胶，或经解凝形成溶胶，然后使溶质聚合凝胶化，再将凝胶干燥、焙烧去除有机成分，最后得到无机材料。

溶胶-凝胶法包括以下几个过程。

(1) 溶胶的制备 主要有两种方法：一是先将部分或全部组分用适当沉淀剂沉淀出来，经解凝，使原来团聚的沉淀颗粒分散成原始颗粒，由于这种原始颗粒的大小一般在溶胶体系中胶核的大小范围，因此可制得溶胶；另一种方法是由盐溶液出发，通过控制沉淀过程，直接形成细小的颗粒，从而得到胶体溶液。

(2) 溶胶-凝胶转化 溶胶中含有大量的水，凝胶化过程中，体系失去流动性，形成一种开放的骨架结构。实现溶胶-凝胶转化的途径有两个：一是化学法，通过控制溶胶中的电解质浓度，实现胶凝化；二是物理法，迫使胶粒间相互靠近，克服斥力，实现胶凝化。

(3) 凝胶干燥 一定条件下，如加热，使溶剂蒸发，得到粉料。干燥过程中凝胶结构变化很大。

通常溶胶-凝胶过程根据原料的不同可分为有机途径和无机途径两类，在有机途径中，通常以金属有机醇盐为原料，在无机途径中原料一般为无机盐。

Jiang 等通过溶胶-凝胶法，以二乙胺为添加剂，制备出直径为 $20\sim200nm$，长度为 $0.2\sim1.5\mu m$ 的棒状 ZnO。对比不同添加剂（如二乙胺、柠檬酸、酒石酸钠）对 ZnO 形貌的影响，发现二乙胺的加入对制备棒状 ZnO 起到至关重要的作用。首先，二乙胺与 Zn^{2+} 之间稳定的配位作用使其自组装为链状结构，随后在高温煅烧过程中，生成的 ZnO 纳米粒子沿链状方向进行组装，最终形成棒状结构的纳米 ZnO，二乙胺在整个过程中扮演着导向剂的角色。Huang 等使用传统的溶胶-凝胶法通过控制衬底在溶胶中的提拉速度和预处理温度，成功地在玻璃片表面制备出具有高取向度的 ZnO 纳米棒阵列。研究发现在预处理阶段形成具有一定结晶度的膜对于后期煅烧过程中形成高取向度的 ZnO 阵列具有至关重要的作用，而低的提拉速度可获得较薄的溶胶膜，更易于预处理阶段 ZnO 的结晶。Kumar 等采用溶胶-凝胶法制备出 4% 铝掺杂的 ZnO 纳米棒阵列，使用扫描纳米压痕技术对制备的 ZnO 纳米棒的机械强度进行测试，发现使用溶胶-凝胶法制备的 ZnO 纳米棒具有更高的机械强度，有助于其应用范围的拓展。

作者以正硅酸乙酯为硅源,采用溶胶-凝胶法制备了纳米 SiO_2。其反应过程可分为以下两个步骤,式(2-1)表示 TEOS 的水解过程,式(2-2)和式(2-3)表示水解后 TEOS 的不同缩聚方式,随着缩聚反应的不断进行,最终形成纳米二氧化硅溶胶。

$$Si(C_2H_5O)_4 + 4H_2O \longrightarrow Si(OH)_4 + 4C_2H_5OH \tag{2-1}$$

$$Si(OH)_4 + Si(OH)_4 \longrightarrow (OH)_3Si\text{-}O\text{-}Si(OH)_3 + H_2O \tag{2-2}$$

$$Si(OH)_4 + Si(C_2H_5O)_4 \longrightarrow (HO)_3Si\text{-}O\text{-}Si(C_2H_5O)_3 + C_2H_5OH \tag{2-3}$$

球形 SiO_2 溶胶的粒径和单分散性是考察球形 SiO_2 溶胶制备条件是否得当的指标。研究中对球形 SiO_2 溶胶制备过程中选用的溶剂种类、催化剂用量及外加水用量进行了系统的考察。

分别选用甲醇、乙醇、异丙醇、异丙醇/甲醇、异丙醇/乙醇为溶剂,考察溶剂对球形纳米 SiO_2 粒子形貌的影响。图 2-5 为采用不同溶剂制备的球形纳米 SiO_2 粒子的 SEM 照片。采用以上几种溶剂制备的球形纳米 SiO_2 粒子单分散性均较好。其中,采用甲醇为溶剂制备的球形纳米 SiO_2 粒子尺寸最小,乙醇的次之,异丙醇的最大。

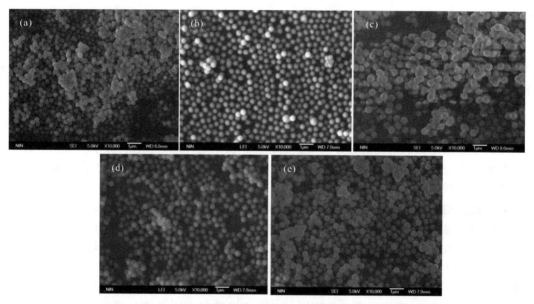

图 2-5 采用不同溶剂制备的球形纳米 SiO_2 粒子的 SEM 照片
(a) 甲醇;(b) 乙醇;(c) 异丙醇;(d) 异丙醇/甲醇;(e) 异丙醇/乙醇

氨水作为溶胶-凝胶法制备球形纳米 SiO_2 粒子的催化剂,对于纳米 SiO_2 粒子的成核、生长具有较大的影响。图 2-6 为采用不同氨水用量制备的球形纳米 SiO_2 粒子的 SEM 照片。可知球形纳米 SiO_2 粒子的粒径随氨水用量的增加先增大后基本不变。这是由于在碱催化系统中水解速率远大于聚合速率,且 TEOS 的水解较完全,因此可认为聚合是在水解已基本完成的条件下进行的。当体系中氨水用量增大时,TEOS 的水解速率增大,缩聚反应可提前发生,即延长了纳米 SiO_2 粒子的生长时间,从而球形纳米 SiO_2 粒子粒径逐渐增大;但当氨水用量增大到一定量时,TEOS 水解速率达到最大,且由于 TEOS 和水的量均固定,TEOS 水解产生正硅酸的总量未变,因此最终制备的球形纳米 SiO_2 粒子粒径不再增大。

图 2-7 为采用不同外加水用量制备的球形纳米 SiO_2 粒子的 SEM 照片。图 2-7(a)为外加水用量为 0 时制备的球形纳米 SiO_2 粒子的 SEM 照片,结果表明该条件下制备的球形纳

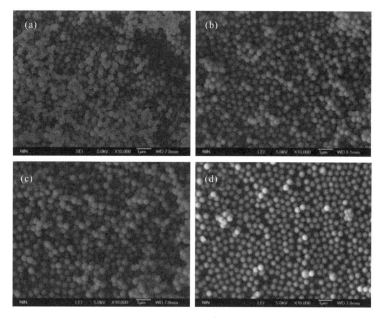

图 2-6　采用不同氨水用量制备的球形纳米 SiO_2 粒子的 SEM 照片

(a) 0.5mL；(b) 1.0mL；(c) 1.5mL；(d) 2.0mL

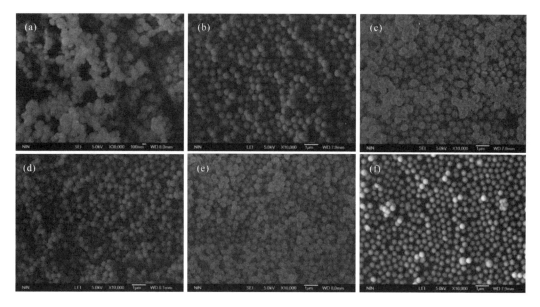

图 2-7　采用不同外加水用量制备的球形纳米 SiO_2 粒子的 SEM 照片

(a) 0mL；(b) 1mL；(c) 2mL；(d) 3mL；(e) 4mL；(f) 5mL

米 SiO_2 粒子形貌不规整且不呈单分散性。由反应式(2-1)可知，水作为反应物之一，1mol 的 TEOS 完全水解需要 4mol 的水，当反应体系中水量极少时，TEOS 水解反应不完全，部分已完全水解的 TEOS 发生缩聚反应，导致形成的球形纳米 SiO_2 粒子的单分散性较差。除此之外，当外加水用量为 1~5mL 时，均可得到单分散性良好的球形纳米 SiO_2 粒子，且球形纳米 SiO_2 粒子的粒径随着外加水用量的增加而略微减小。这是由于当反应体系中水的用量可满足前躯体 TEOS 完全水解的要求时，TEOS 水解反应完全，形成的纳米 SiO_2 粒子单分散性提高；但当反应体系中水量继续增大时，催化剂浓度逐渐降低，TEOS 水解速率降低，最终形成的纳米 SiO_2 粒子粒径逐渐减小。

2.1.6 水热合成法

水热法是一种在密闭容器内完成的湿化学方法，与溶胶-凝胶法、共沉淀法等其他湿化学方法的主要区别在于温度和压力。水热法研究的温度范围在水的沸点和临界点（100～374℃）之间，但通常使用的是 130～250℃ 之间，相应的水蒸气压是 0.3～4MPa。与溶胶-凝胶法和共沉淀法相比，其最大优点是一般不需高温烧结即可直接得到结晶粉末，从而省去了研磨及由此带来的杂质。据不完全统计，水热法可以制备包括金属、氧化物和复合氧化物在内的 60 多种粉末，所得粉末的粒度范围为几个微米到几个纳米，且一般具有结晶好、团聚少、纯度高、粒度分布窄以及多数情况下形貌可控等特点。

Cheng 等以 $TiCl_4$ 为钛源，水热合成了均匀的锐钛矿和金红石纳米 TiO_2。研究了水热条件的变化对 TiO_2 粒度、形貌、晶相的影响，得出制备锐钛矿和金红石 TiO_2 的最佳工艺条件。结果表明，增加 $TiCl_4$ 的浓度和增加体系的酸度，有利于形成金红石 TiO_2；提高水热温度可降低 TiO_2 颗粒间的聚集；加入 $SnCl_4$ 和 NaCl，可有效降低颗粒的尺寸，并易于形成金红石 TiO_2；而加入 NH_4Cl 容易引起颗粒之间的聚集。

Vantomme 等以 $CeCl_3 \cdot 7H_2O$ 为铈源，氨水为沉淀剂，十六烷基三甲基溴化铵为表面活性剂，在高压反应釜中 80℃ 反应 4h 后经 60℃ 烘干，于 550℃ 下在氮气和空气中分别煅烧 12h 和 6h，得到了直径为 10～25nm、长 150～400nm 具有立方萤石晶型的氧化铈纳米棒。

Wahab 等采用乙酸锌二水合物和氢氧化钠溶液，在 90℃ 条件下反应 30min 得到了具有纳米棒结构的花状 ZnO，纳米棒的直径为 300～350nm。进一步的结构分析表明，所制备的 ZnO 具有沿 c 轴方向生长的六方纤锌矿结构。杨合情等以水和乙二醇为混合溶剂，醋酸锌为锌源，在 100℃ 的条件下水热反应 12h，制备了粒径为 2～5μm 的中空 ZnO 微球。结果表明：当水与乙二醇的体积比为 1∶20 时，中空 ZnO 微球的结构较为规整。

作者分别以乙酸锌和硝酸锌为锌源，氢氧化钠为碱源，采用微波水热法制备纳米 ZnO。图 2-8 所示 XRD 测试结果表明：采用乙酸锌、硝酸锌两种原料所得产物在衍射角 $2\theta = 31.77°$、$34.42°$、$36.25°$ 和 $56.62°$ 处有明显的衍射峰，分别与六方纤锌矿结构 ZnO 的 (100)、(002)、(101) 和 (110) 晶面相对应，没有其他杂质峰出现。表明所得产物为单一的纤锌矿 ZnO。通过计算得到采用乙酸锌和硝酸锌所制备的纳米 ZnO 在 (101) 晶面的晶粒尺寸分别为 21.8nm 和 39.1nm，说明以硝酸锌为锌源所制备的纳米 ZnO 尺寸略高于以乙酸锌为锌源所制备的纳米 ZnO。

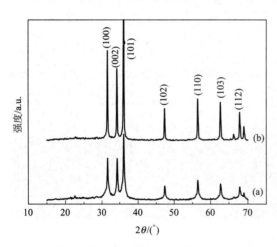

图 2-8 采用不同锌源所制备 ZnO 样品的 XRD 谱图
(a) 采用 $Zn(Ac)_2 \cdot 2H_2O$ 为锌源所制备的 ZnO；
(b) 采用 $Zn(NO_3)_2 \cdot 6H_2O$ 为锌源所制备的 ZnO

图 2-9 为采用乙酸锌和硝酸锌为锌源所制备的纳米 ZnO 样品的 SEM 照片。采用乙酸锌所制备的纳米 ZnO 多为棉花状，尺寸为 2～4μm，而采用硝酸锌所制备的纳米 ZnO 大多为直径 100nm、长度 4μm 左右的长棒状 ZnO，但是仍有少量团簇状纳米 ZnO 存在。由于

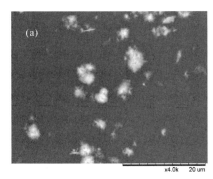

图 2-9　采用不同锌源所制备 ZnO 样品的 SEM 照片

（a）采用 Zn(Ac)$_2$·2H$_2$O 为锌源所制备的 ZnO；

（b）采用 Zn(NO$_3$)$_2$·6H$_2$O 为锌源所制备的 ZnO

（001）晶面是 ZnO 能量最低的密排面，通常情况下，ZnO 易沿其（001）面即长度方向生长，但当溶液中锌盐阴离子的吸附使得（001）晶面生长受阻时，ZnO 晶体会在能量第二低的（011）晶面继续生长，也就是沿着直径方向生长。由于 CH$_3$COO$^-$ 的离子半径大于 NO$_3^-$ 的离子半径，因此，CH$_3$COO$^-$ 对 ZnO（001）晶面的生长阻力要大于 NO$_3^-$。所以，采用乙酸锌制的纳米 ZnO 多为棉花状。

研究中通过改变微波水热法制备纳米 ZnO 的反应温度、反应时间、表面活性剂种类、碱源种类、碱源用量、锌源用量等，考察了反应条件对纳米 ZnO 形貌及尺寸的影响。图 2-10 为不同反应温度下所制备纳米 ZnO 的 SEM 照片。随着反应温度的升高，体系中出现了棒状 ZnO，且棒状 ZnO 逐渐聚集形成了团簇状结构。当反应温度为 80℃时，ZnO 开始生长成球形晶核，晶核有大有小，直径为 1～2μm，球形晶核由片状 ZnO 组成［见图 2-10(a)］。随着反应温度的进一步升高，晶核逐渐聚集、溶解，当反应温度达到 100℃时，球形晶核消失，无定形态 ZnO 出现。而当温度升高到 120℃时，无定形态 ZnO 周围出现了直径为 100～200nm、长度为 3μm 左右的棒状 ZnO［见图 2-10(c)］。随着反应温度的继续升高，无定形态 ZnO 及片状 ZnO 逐渐消失，体系中出现单根棒状 ZnO 以及由棒状 ZnO 聚集成的 ZnO 团簇［见图 2-10(d)］。当反应温度达到 160～180℃时，棒状 ZnO 的尖端变细，体系中出现了尺寸为 2～3μm 的针状 ZnO 自组装成的花状 ZnO 团簇结构［见图 2-10(e)、(f)］。表明纳米 ZnO 在低温下生长、高温下聚集。所得 ZnO 的尺寸、聚集度随着反应温度的升高而增大。该结果与纳米 ZnO 的结构和晶体生长特性密切相关。当反应温度较低时，ZnO 生长基元和基团的稳定性均较高，晶体的成核速度快，成核数量多。因此，反应温度较低时所制得的 ZnO 晶粒尺寸较小。当反应温度进一步升高时，由于（001）面和（002）面是纤锌矿结构纳米 ZnO 晶体的密集面，生长所需能量最小，因而晶体在［001］和［002］方向的生长速度较快，即长度方向的生长速度远远大于直径方向的生长速度，最终形成长棒状纳米 ZnO。随着反应温度的继续升高，体系能量随之增大，活性分子数目增多，使得溶液中生成 ZnO 的趋势变大，而生长顺序上又要遵循长度方向上增长速度比直径方向上快的规律，因此获得长棒状 ZnO 和片状 ZnO 的混合物。然而，当反应温度超过 140℃时，体系压力超过 2.0MPa，这样一种高温高压的环境使得小尺寸纳米 ZnO 不断溶解，棒状纳米 ZnO 顶端变细形成针状 ZnO。最后，纳米 ZnO 不断聚集形成花状 ZnO 团簇。

图 2-11 是 180℃下反应不同时间所制备 ZnO 的 SEM 照片。由图 2-11(a) 可知：微波水热反应 5min 时，体系中已经出现了长度为 2～3μm、直径为 200nm 的长棒状 ZnO，但是

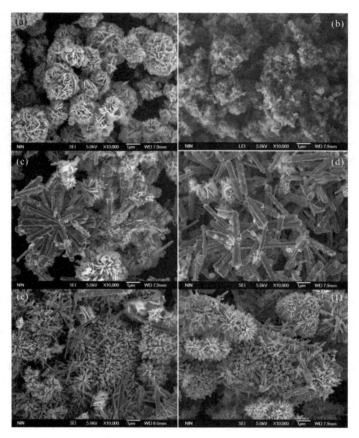

图 2-10　不同反应温度下所制备纳米 ZnO 的 SEM 照片
(a) 80℃；(b) 100℃；(c) 120℃；(d) 140℃；(e) 160℃；(f) 180℃

ZnO 表面存在着一些"片状"结构的"毛刺"；随着反应时间的延长，体系中"毛刺"数量逐渐减少［见图 2-11(b)］；当反应时间达到 1h 时，棒状 ZnO 表面变得光滑［见图 2-11(c)］。表明反应时间对纳米 ZnO 的形貌影响不大，但是反应时间的延长可以促进棒状 ZnO 表面"毛刺"的生长。

　　图 2-12 为添加不同种类表面活性剂所制备纳米 ZnO 的 SEM 照片。加入非离子型表面活性剂聚乙烯吡咯烷酮（PVP）［见图 2-12(d)］、阳离子型表面活性剂十六烷基三甲基溴化铵（CTAB）［见图 2-12(e)］所得 ZnO 的形貌与未加入表面活性剂所得 ZnO［见图 2-12(a)］的形貌相差不大，均为长棒状 ZnO 自组装成的团簇状 ZnO，单个棒状 ZnO 的长度为 4～5μm，直径为 100～200nm；而加入阴离子型表面活性剂十二烷基硫酸钠（SDS）［见图 2-12(b)］所得纳米 ZnO 团簇结构的直径变小，长径比增大，单根 ZnO 的直径约为 100nm、长度为 5～6μm；加入柠檬酸钠［SC］所得产物为细长的 ZnO 纳米线［见图 2-12(c)］。

　　图 2-13 为采用不同碱源所制备 ZnO 的 SEM 照片。在未加碱源的条件下，所得产物为较粗的短棒状 ZnO，ZnO 的长度、直径均为 2～3μm，且其截面为六角边形。当向体系中加入尿素时，所得产物为长度 5～7μm、宽窄不一的薄片状 ZnO，片状 ZnO 周围还夹杂着形貌不规则的球形颗粒。向体系中加入六亚甲基四胺时，所得产物既有长度为 300～400nm、直径为 200nm 左右的短棒状 ZnO，还有 100nm 左右的球形 ZnO。然而，当向体系中加入三乙醇胺时，产物为大小均匀的球形 ZnO，单个 ZnO 的直径为 100nm 左右。向体系中加入氢氧化钠时，所得产物为长度 1μm 左右、直径 100nm 左右的针状 ZnO 自组装成的花状 ZnO

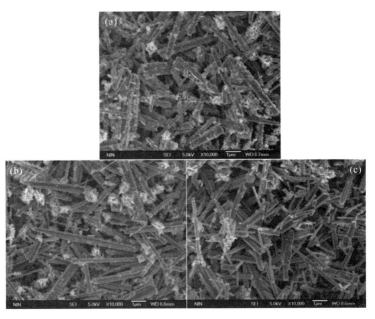

图 2-11 不同反应时间下所制备 ZnO 的 SEM 照片

(a) 5min；(b) 10min；(c) 1h

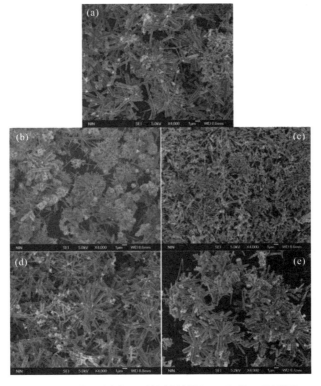

图 2-12 添加不同表面活性剂所制备 ZnO 的 SEM 照片

(a) 无表面活性剂；(b) SDS；(c) SC；(d) PVP；(e) CTAB

团簇。采用几种不同碱源所制备的 ZnO 形貌完全不同。这主要是因为碱源不同导致体系中生长基元 $[Zn(OH)_4]^{2-}$ 的数目不同。在未添加碱源以及加入六亚甲基四胺时，反应初期体

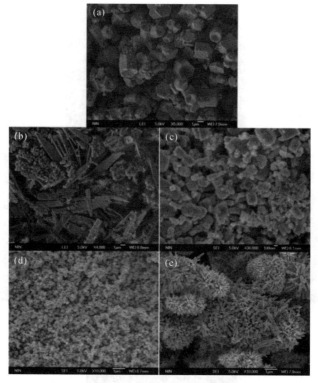

图 2-13　采用不同碱源所制备 ZnO 的 SEM 照片

(a) 无碱；(b) 尿素；(c) 六亚甲基四胺；(d) 二乙醇胺；(e) 氢氧化钠

系中生长基元 $[Zn(OH)_4]^{2-}$ 的数目较少，ZnO 晶核的生长速度较慢。因此，产物多为短棒状或颗粒状的小尺寸 ZnO。然而，当以氢氧化钠为碱源时，反应初期体系中产生了大量的生长基元 $[Zn(OH)_4]^{2-}$，ZnO 晶粒的生长速率较快；另外，此时溶液碱度较强，所以产物多为针状 ZnO 自组装成的花状 ZnO 团簇。然而，以三乙醇胺为碱源可成功获得小尺寸的球形 ZnO。这是因为三乙醇胺表面的氮原子上有未成键的电子，可以结合质子，所以水溶液呈弱碱性。体系中 Zn^{2+} 首先与 OH^- 结合，形成最初的生长单元 $Zn(OH)_2$。由于三乙醇胺本身为有机配位剂，它可以与 $[Zn(OH)_2]_n$ 配位形成稳定的配合体 $[Zn(OH)_2TEA]_n$，进而阻止了纳米 ZnO 沿各个方向的生长。随着温度的升高，$[Zn(OH)_2TEA]_n$ 分解释放出 H_2O，得到 $[ZnO-TEA]_n$，通过离心洗涤，ZnO 表面残留的有机物逐渐被去除，最终得到了形貌均一的 ZnO 纳米球。

图 2-14 是不同 NaOH 用量下所制备 ZnO 的 SEM 照片。由图 2-14(a) 可知，当 Zn^{2+} 与 NaOH 的摩尔比为 1:1 时，由于反应前混合溶液偏酸性，体系 pH 值为 4.98，因此所得产物既有厚度为 100nm 左右、长度为 200～300nm 的片状 ZnO，又有直径为 500nm 左右、长度为 $1\mu m$ 左右的棒状 ZnO 以及棒状 ZnO 自组装成的花状 ZnO 团簇结构，且 ZnO 横截面为六边形。当 Zn^{2+} 与 NaOH 的摩尔比为 1:1.5 时，反应前混合溶液 pH 值为 5.86，所得产物为长径比 1:1 的短棒状 ZnO，单个 ZnO 的长度、直径均为 100～200nm，ZnO 分散均匀 [见图 2-14(b)]；当 Zn^{2+} 与 NaOH 的摩尔比为 1:2 或 1:2.5 时，体系中出现了无定形态的纳米 ZnO [见图 2-14(c)、(d)]，且其相互聚集，团聚较为严重。然而，当 Zn^{2+} 与 NaOH 的摩尔比达到 1:5 时，体系中出现了不规则的片状 ZnO [见图 2-14(e)]。随着 NaOH 浓度的继续增加，当 Zn^{2+} 与 NaOH 的摩尔比达到 1:10 时，片状 ZnO 逐渐聚集，

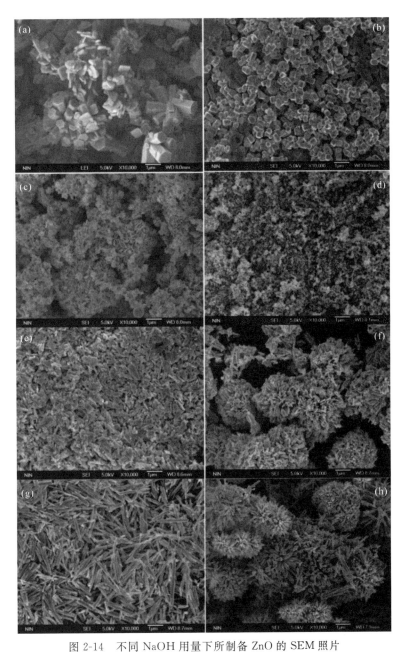

图 2-14　不同 NaOH 用量下所制备 ZnO 的 SEM 照片

(a) $Zn^{2+}/NaOH=1:1$；(b) $Zn^{2+}/NaOH=1:1.5$；(c) $Zn^{2+}/NaOH=1:2$；(d) $Zn^{2+}/NaOH=1:2.5$；

(e) $Zn^{2+}/NaOH=1:5$；(f) $Zn^{2+}/NaOH=1:10$；(g) $Zn^{2+}/NaOH=1:15$；(h) $Zn^{2+}/NaOH=1:20$

形成片状 ZnO 自组装成的花状 ZnO 团簇结构，其直径约为 $2\sim3\mu m$ [见图 2-14(f)]。然而，当 Zn^{2+} 与 NaOH 的摩尔比为 1：15 时，所得 ZnO 多为针状，针状 ZnO 中间部分直径为 100nm、长度为 $1.5\mu m$ [见图 2-14(g)]。随着体系中 OH^- 数目的继续增加，当 Zn^{2+} 与 NaOH 的摩尔比为 1：20 时，针状 ZnO 相互聚集形成了针状 ZnO 自组装成的花状 ZnO 团簇结构。由此可知，NaOH 浓度在纳米 ZnO 由棒状结构向花状结构的转变过程中起着重要的作用。

　　由上述结果可知，反应温度、OH^- 浓度对纳米 ZnO 的形貌有较大影响。图 2-15（见彩

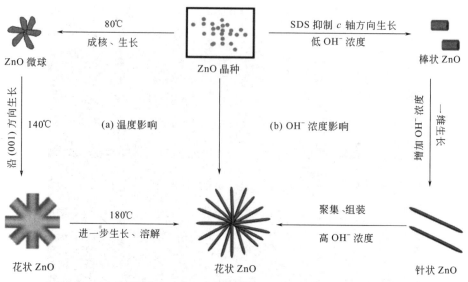

图 2-15　不同形貌纳米 ZnO 的生长机理图

插）是不同形貌纳米 ZnO 的生长机理图。由图 2-15(a) 可知，反应开始时体系温度较低，ZnO 晶核逐渐形成；当反应温度达到 80℃ 左右，伴随着 ZnO 晶核的形成与生长，体系中出现了许多片状 ZnO 自组装成的 ZnO 微球。随着反应温度的不断提高，所得 ZnO 的尺寸不断增加，最终获得了棒状 ZnO 自组装成的花状 ZnO 微球。当反应温度达到 180℃ 时，ZnO 的生长与溶解同时进行，因此在该温度下所得产物为尖端较细的针状 ZnO 自组装的花状 ZnO 微球。而 OH^- 浓度对纳米 ZnO 形貌的影响如图 2-15(b) 所示。当 OH^- 浓度较低时，SDS 分子数目相对较多，可迅速包围在 ZnO 晶核表面，抑制 ZnO (001) 面的生长。由于 OH^- 易于吸附在 ZnO 晶核的 (001) 面，随着 OH^- 浓度的增加，SDS 分子对 ZnO 晶粒 (001) 面生长的抑制作用降低。因此，ZnO 晶粒易沿 c 轴生长，形成了针状 ZnO。随着反应的继续进行，当 OH^- 浓度较高时，体系碱度较大，ZnO 晶核数量越来越少。且当溶液中碱性较强时，ZnO 晶核要想稳定存在，新形成的晶核尺寸需大于该初始 pH 值条件下的临界晶核尺寸。因此，针状 ZnO 逐渐聚集形成花状 ZnO 团簇结构。

图 2-16 是不同三乙醇胺（TEA）用量下所制备 ZnO 的 SEM 照片。由图 2-16 可知，TEA 用量对 ZnO 形貌的影响不大，所得产物均为 100～300nm 的球形 ZnO。但是，球形 ZnO 的尺寸有一定差别。当 TEA 用量为 12mmol 时，所得球形 ZnO 尺寸大约为 150nm。当 TEA 用量为 24～48mmol 时，球形 ZnO 大小不一，大球尺寸为 300nm，而小球尺寸为 100nm。然而，当 TEA 用量增加为 60mmol 时，所得球形 ZnO 均为 100nm 左右，尺寸较为均一。这是因为当体系中 TEA 用量较小时，溶液中 OH^- 数目有限，此时体系中 Zn^{2+} 数目过量，TEA 作为碱源提供 OH^-，保证了纳米 ZnO 的生长，但是 TEA 对纳米 ZnO 的生长几乎没有抑制作用，所得粒子尺寸均匀。但是，当 TEA 用量为 24～48mmol 时，体系中一部分 TEA 作为碱源提供 OH^-，另一部分 TEA 作为有机模板剂，可与 $Zn(OH)_2$ 配合抑制部分纳米 ZnO 的生长。因此，在该条件下所得球形 ZnO 大小不一，大球尺寸为 300nm，而小球尺寸为 100nm。当 TEA 用量为 60mmol 时，体系中 TEA 过量，TEA 不但提供了纳米 ZnO 生长所需的碱源，而且过量的 TEA 有效地抑制了纳米 ZnO 的生长。因此，所得 ZnO 尺寸较小，均为 100nm 左右。

图 2-17 为不同 $Zn(NO_3)_2 \cdot 6H_2O$ 用量下制备 ZnO 的 SEM 照片。由图 2-17 可知，产

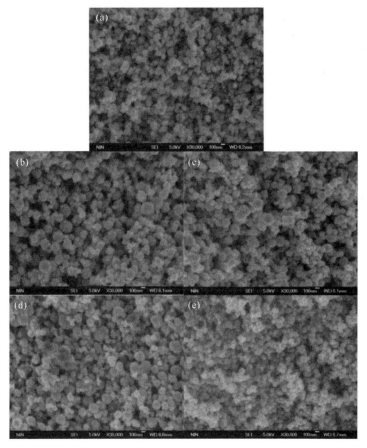

图 2-16 不同 TEA 用量所制备 ZnO 的 SEM 照片

(a) 12mmol；(b) 24mmol；(c) 36mmol；(d) 48mmol；(e) 60mmol

物的直径随着 $Zn(NO_3)_2 \cdot 6H_2O$ 用量的增加而增大。当 $Zn(NO_3)_2 \cdot 6H_2O$ 用量为 0.5mmol 时，所得球形 ZnO 大小均一，平均直径为 100nm 左右；当 $Zn(NO_3)_2 \cdot 6H_2O$ 用量增加到 1mmol 时，球形 ZnO 的平均直径为 200nm 左右，但是体系中仍有 100nm 左右的球形 ZnO 存在；当 $Zn(NO_3)_2 \cdot 6H_2O$ 用量为 2mmol 时，所得球形 ZnO 有大有小，大球形 ZnO 的直径为 400nm 左右，小球形 ZnO 仍为 100~200nm；随着 $Zn(NO_3)_2 \cdot 6H_2O$ 用量的继续增加，当其为 3mmol 时体系中出现了直径为 600nm 左右的大球形 ZnO，而小球形 ZnO 直径依然为 100nm 左右。这是因为当硝酸锌用量较大时，体系中 TEA 数目相对较少，这样吸附在纳米 ZnO 生长基元表面的 TEA 分子数较少，故 TEA 对纳米 ZnO 生长的抑制作用减弱。因此，当硝酸锌用量较多时，所得 ZnO 尺寸增加，且 ZnO 有大有小。

图 2-18 是球形 ZnO 的生长机理图。在球形 ZnO 的制备过程中，三乙醇胺具有双重作用：一方面三乙醇胺作为碱源，可提供纳米 ZnO 生长所需的 OH^-；另一方面三乙醇胺本身为有机模板剂，可有效地抑制纳米 ZnO 沿 (001) 面的生长。反应开始时，三乙醇胺首先与水分子作用形成 OH^-，即反应 (1)；然后，生成的 OH^- 与 Zn^{2+} 相互作用形成 $Zn(OH)_2$，即反应 (2)；随着反应的进行，$Zn(OH)_2$ 逐渐分解生成 ZnO 种子，即反应 (3)；此时，体系中剩余的三乙醇胺可与 ZnO 种子发生离子键作用，使得 ZnO 种子被三乙醇胺包覆；另外，三乙醇胺分子之间本身存在氢键作用，使得 ZnO 种子相互聚集，最终形成球状 ZnO。

(a)
(b)
(c)
(d)

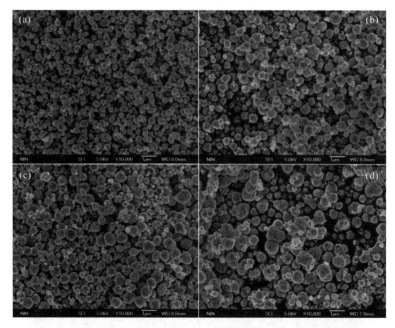

图 2-17 不同 $Zn(NO_3)_2 \cdot 6H_2O$ 用量下所制备 ZnO 的 SEM 照片

(a) 0.5mmol；(b) 1mmol；(c) 2mmol；(d) 3mmol

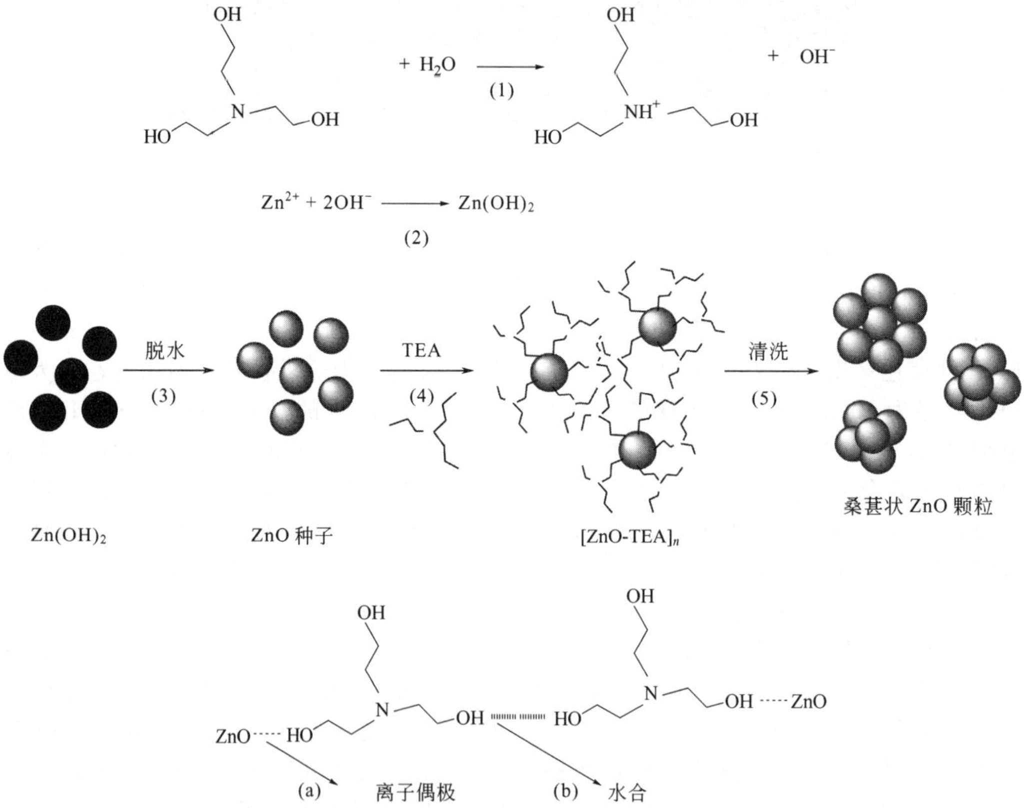

OH
HO
N
OH
+ H2O
(1)
OH
NH+
HO
OH
+ OH-
Zn2+ + 2OH- → Zn(OH)2
(2)
脱水
(3)
TEA
(4)
清洗
(5)
Zn(OH)2
ZnO 种子
[ZnO-TEA]n
桑葚状 ZnO 颗粒
ZnO
HO
N
OH
HO
N
OH
ZnO
(a) 离子偶极
(b) 水合

图 2-18 球形 ZnO 的生长机理图

　　图 2-19 是不同尺寸球形 ZnO 的生长机理图。在球形 ZnO 的生长过程中，TEA 分子的存在状态以及生长基元 $[Zn(OH)_4]^{2-}$ 的数目直接影响着 ZnO 的尺寸。图 2-19(a)、(b) 是 TEA 存在状态对球形 ZnO 尺寸的影响。通常情况下 TEA 分子呈舒展状态，TEA 分子易包覆在 ZnO 种子及生长基元 $[Zn(OH)_4]^{2-}$ 表面，使生长基元 $[Zn(OH)_4]^{2-}$ 难以接近 ZnO 种子，有效地抑制了纳米 ZnO 的生长，获得了小尺寸球形 ZnO [见图 2-19(a)]。然而，由于受到溶剂极性、电性等因素的影响，TEA 分子会发生卷曲，其对 ZnO 种子及生长基元 $[Zn(OH)_4]^{2-}$ 的包覆作用减弱，球形 ZnO 不断增长聚集，最终获得了大尺寸球形 ZnO [见图 2-19(b)]。此外，生长基元 $[Zn(OH)_4]^{2-}$ 的数目对球形 ZnO 的尺寸也有巨大影响。这是因为生长基元 $[Zn(OH)_4]^{2-}$ 的数目越多越有利于纳米 ZnO 生长，获得大尺寸球形 ZnO；而生长基元 $[Zn(OH)_4]^{2-}$ 的数目越少，结果刚好相反，获得了小尺寸球形 ZnO，如图 2-19(c)、(d) 所示。

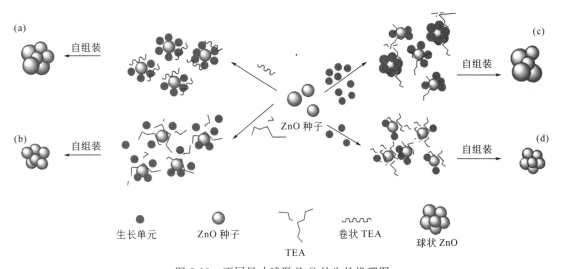

图 2-19　不同尺寸球形 ZnO 的生长机理图

2.1.7　燃烧合成法

　　燃烧合成法是指当反应物达到放热反应的点火温度时，以某种方式点燃，随后的反应由放出的热量来维持，得到的燃烧物即为所需样品。根据燃烧温度的不同，燃烧合成法有低温和高温之分。

　　(1) 低温燃烧合成法　以有机物为反应物的燃烧合成。有机盐凝胶或有机盐与金属硝酸盐的凝胶在加热时发生强烈的氧化还原反应，燃烧产生大量气体，可自我维持，并合成出氧化物粉末，又称溶胶-凝胶燃烧合成、凝胶燃烧等。这种燃烧反应的特点是点火温度低 (150～200℃)，燃烧火焰温度低 (1000～1400℃)，产生大量气体，可获得高比表面积的粉体，已用于单一氧化物和复杂氧化物粉末的制备，因此同燃烧温度通常高于 2000℃ 的自蔓延高温合成相比，可称为低温燃烧合成法。低温燃烧法合成纳米粉体具有工艺简单，产品纯度高、粒度小、形态可控及活性高等优点，并可提高产物的反应能力。

　　(2) 高温燃烧合成法　利用外部提供必要的能量诱发高放热化学反应，体系局部发生反应形成化学反应前沿，化学反应在自身放出热量的支持下快速进行，燃烧波蔓延整个体系。反应热使前驱物快速分解，导致大量气体放出，避免了前驱物因熔融而粘连，减小了产物的粒径。体系在瞬间达到几千度的高温，可使挥发性杂质蒸发除去。

2.1.8　模板法

以聚合物为模板的组装方法，可以将纳米微粒限制在聚合物的基体结构中，从而提高纳米微粒的稳定性。作为模板的聚合物有两类：①仅作为分散剂，不含有效的官能团，在纳米粒子的形成过程中，与纳米粒子只产生物理作用；

②含有有效的官能团，合成的纳米粒子分散在这类聚合物中，利用纳米粒子表面的官能团与聚合物有效基团的键接作用，使纳米粒子受到保护。

Wang 等利用单层分布的聚苯乙烯（PS）微球做模板，分别使用磁控溅射和热蒸发的方法在蓝宝石衬底表面沉积一层蜂窝状、六边形的 Au 催化剂，最后通过化学气相沉积过程成功制备出具有对应图案的 ZnO 纳米棒阵列。Zeng 等将单层分布的 PS 微球加热至玻璃化转变温度附近，通过控制微球的形变，形成一层具有一定间隙的 PS 微球阵列，然后利用其作模板通过电化学沉积在阵列缝隙中生长出具有一定尺寸、密度和分布的 ZnO 纳米棒和纳米线（见图 2-20 和图 2-21）。Zhang 等结合低温水浴生长和电子光刻（EBL）技术，首先在预先制备好的晶种表面旋涂一层 320nm 厚的聚甲基丙烯酸甲酯（PMMA）抗蚀剂，然后使用 DY-2000A 电子束光刻系统在 PMMA 表面刻蚀出一定的图案，再进行低温水浴生长，最后去除 PMMA 膜便得到了具有特定图案形貌的一维 ZnO 纳米阵列（见图 2-22 和图 2-23）。

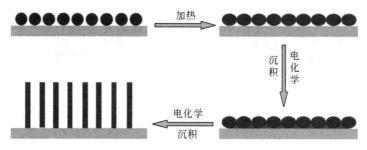

图 2-20　采用 PS 微球做模板制备 ZnO 纳米阵列示意图

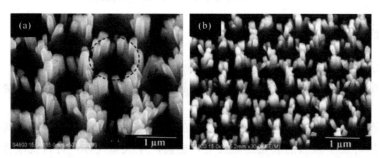

图 2-21　加热 PS 模板 0min（a）及 1.5min（b）制备的 ZnO 纳米阵列的 SEM 图

Deng 等以硫酸化的 PS 微球为模板，通过 Zn^{2+} 与 NaOH 的醇溶液作用生成 ZnO 并吸附于硫酸化的 PS 球表面形成核壳结构，同时利用过量的 NaOH 将硫酸化的 PS 球溶解，从而制备了中空 ZnO 微球，其机理如图 2-24 所示。

Wu 等采用蜂蜡作为模板，制备了银（Ag）中空结构。首先，将蜂蜡在 75℃ 的 CTAB 和溴化钾（KBr）溶液中熔融（蜂蜡的熔融温度为 62~67℃），在超声波作用下，体系中存在的 CTAB 对蜡滴表面进行改性，蜂蜡形成单分散性较好的蜡乳液滴（由于温度的降低，蜡乳液滴从液态转变为固态）。然后，向体系中滴加 $AgNO_3$ 形成带负电的 AgBr 种子，并通过静电引力吸附在带正电的蜡滴表面，然后 AgBr 种子被还原为 Ag 纳米粒子附着在固化的蜡滴表面。由于蜂蜡

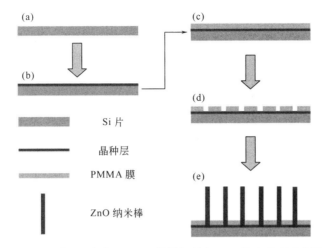

图 2-22　采用图案化 PMMA 做模板制备 ZnO 纳米阵列示意图

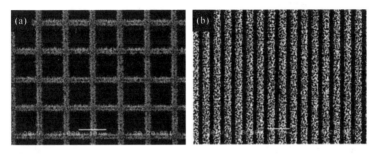

图 2-23　采用 PMMA 做模板制备的方格状（a）和
条形（b）ZnO 纳米阵列的 SEM 图

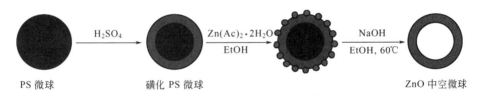

图 2-24　中空 ZnO 微球的形成机理

表面的银纳米粒子具有催化和加速还原反应的作用，而连续相中 AgBr 的还原反应又非常缓慢，因此，随着 AgNO₃ 的不断加入，蜂蜡表面的 Ag 层不断加厚，从而形成蜂蜡为核银为壳的核壳结构。最后，将体系加热至 70℃，并向体系中加入乙醇，蜂蜡便不断熔融并从壳层渗出到溶液中，被乙醇溶解，最终获得结构比较规则的 Ag 中空结构。

　　Xue 等以聚苯乙烯（PS）为模板，采用聚乙烯吡咯烷酮（PVP）对 PS 微球进行改性，在醇/水混合溶剂中，以正硅酸乙酯（TEOS）为硅源，使 TEOS 水解生成 SiO₂ 包覆在 PS 表面，形成 PS/SiO₂ 核壳结构，在 450℃下，将核壳结构煅烧 1h 去除模板，最终获得了结构规整的 SiO₂ 中空微球。Liu 等采用聚苯乙烯-聚乙烯基吡咯烷酮-聚氧乙烯（PS-PVP-PEO）三元嵌段共聚物作为模板制备了 SiO₂ 中空微球。利用聚苯乙烯-聚乙烯基吡咯烷酮-聚氧乙烯三元嵌段共聚物的苯乙烯端在四氢呋喃（THF）中发生聚合形成聚苯乙烯球，而 PVP-PEO 链段伸展在体系中形成类似于聚合物刷的结构，其中 PVP 和 PEO 类似于改性剂，容易和 SiO₂ 发生偶合作用，从而使 SiO₂ 包覆在核的表面，最后将模板去除得到 SiO₂

中空微球。

作者以 PS 微球为模板制备中空纳米 SiO_2 微球，研究了 PS 微球粒径、硅源用量对中空纳米 SiO_2 微球形貌的影响。图 2-25 是采用 PS 为模板制备的中空 SiO_2 微球的 TEM 照片。由图可以看出，采用 PS 微球为模板，TEOS 为硅源可成功制备结构规整的中空 SiO_2 微球。由图 2-25(a) 可以看出，以采用 PVP 为表面活性剂制备 PS 微球为模板获得的中空 SiO_2 微球，结构规整，浑圆度高，分散性良好，粒径分布窄，壳层厚度大约为 20.7nm（黑色区域），空腔大小为 150nm（白色区域）。由图 2-25(b) 可以看出，以采用 CTAB 为表面活性剂制备的 PS 微球为模板获得的中空 SiO_2 微球，其粒径较小，粒径大约为 20nm，壳层厚度大约为 3nm，空腔大小为 14nm，由于该微球粒径较小，比表面能高，团聚现象较为严重。无论以何种 PS 微球为模板所制备的中空 SiO_2 微球的空腔大小均与 PS 微球的粒径基本吻合。表明采用 THF 作为溶剂，可以成功地将 PS 微球溶解，且溶解完全，也表明所获得的中空 SiO_2 微球纯度较高。

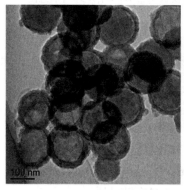

(a) 以采用 PVP 为表面活性
剂制备的 PS 微球为模板

(b) 以采用 CTAB 为表面活
性剂制备的 PS 微球为模板

图 2-25   中空 SiO_2 微球的 TEM 照片

图 2-26 是中空 SiO_2 微球及 PS/SiO_2 核壳结构复合微球的 FT-IR 表征结果。由图 2-26 可以看出，所有谱图在 $3419cm^{-1}$ 和 $1622cm^{-1}$ 处均出现了强烈的 O—H 反对称伸缩振动吸收峰和表面结合水的 H—O—H 弯曲振动吸收峰，这是由于 PS 微球和中空 SiO_2 微球具有高的比表面积，在空气中易于和水汽结合，从而在其表面生成羟基的缘故。同时，所有谱图在 $1113cm^{-1}$ 和 $619cm^{-1}$ 处均出现了吸收，该吸收主要是 Si—O—Si 的伸缩振动引起的吸收峰。相较谱图（a），谱图（b）在 $1493cm^{-1}$、$1451cm^{-1}$、$754cm^{-1}$ 和 $698cm^{-1}$ 处出现的吸收峰主要是由 PS 微球中所含的苯环引起的。上述结果表明，采用 THF 可以有效地溶解 PS 微球，且所获得的中空 SiO_2 具有较高的纯度，这一结果与中空 SiO_2 微球的 TEM 表征结果是吻合的。同时，谱图（a）和（b）在 $2927cm^{-1}$ 和 $2858cm^{-1}$ 处均出现了吸收，该吸收主要是由 PVP 分子内

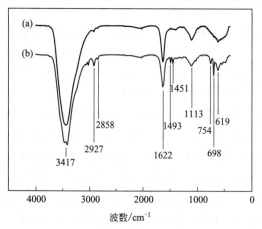

图 2-26   中空 SiO_2 微球（a）及 PS/SiO_2
核壳结构复合微球（b）的红外光谱

的 C ══O 发生不对称伸缩振动吸收引起的。这一结果表明，所获得的中空 SiO₂ 微球内部分布 PVP 分子，且采用 THF 未能将其去除。

为了更进一步地了解中空 SiO₂ 微球的形貌，采用 SEM 对其进行观察。图 2-27 是采用模板法制备的中空 SiO₂ 微球的 SEM 照片（以采用 PVP 为表面活性剂制备的 PS 微球为模板）。由图可以看出，中空 SiO₂ 微球单分散性良好，中空结构明显，其壳层由许多小 SiO₂ 颗粒组装而成。这是由 TEOS 在水中的水解特性决定的。在酸性条件下，TEOS 发生水解反应，首先生成 SiO₂ 种子颗粒，在静

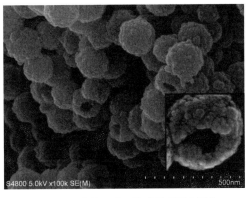

图 2-27　中空 SiO₂ 微球的 SEM 照片

电引力的作用下，SiO₂ 种子颗粒被 PS 微球模板吸引至其表面，SiO₂ 种子之间发生脱水缩合反应，形成一层 SiO₂ 壳层。随着 TEOS 的不断水解，SiO₂ 种子颗粒不断生成，SiO₂ 壳层也不断加厚，直至 TEOS 水解完全。

为了更进一步了解中空 SiO₂ 微球的壳层结构，采用比表面（BET）分析对中空 SiO₂ 微球的比表面积和孔体积分布进行了表征。图 2-28 是中空 SiO₂ 微球（a）、（c）及 PS/SiO₂ 核壳结构复合微球（b）、（d）的氮气吸附-脱附曲线及其对应的孔径分布图。从图中可以看出，依据 IUPAC，中空 SiO₂ 及其核壳结构的氮气吸附-脱附曲线均属于 Ⅳ 型吸附等温线，且都具有明显的滞后环，这表明中空 SiO₂ 及其核壳结构都具有多孔结构。由图也可看出，滞后环大致可以分为两个部分，p/p_0 在 0.5～0.8 范围内的滞后环，主要是由于氮气分子被多孔结构吸附所引起的，$p/p_0 = 0.9$ 处主要是由于纳米粒子团聚所引起的氮气分子吸收。插图是中空 SiO₂ 微球及其核壳结构的孔径分布图（BJH 法），由图可看出，中空 SiO₂ 及其核壳结构在 2nm 处都出现特征峰，这表明中空 SiO₂ 及其核壳结构表面都存在直径大约为 2nm 的微小孔道结构。但是在中空 SiO₂ 的孔径分布图中，于 5nm 处出现新的特征峰。表明 PS 微球在溶解-溶出过程中对 SiO₂ 壳层产生了影响，使其微小孔道直径增加。另外，

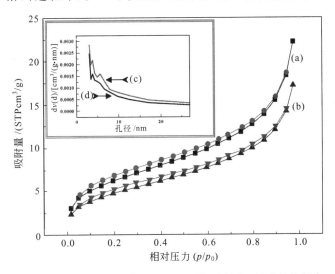

图 2-28　中空 SiO₂ 微球（a）、（c）及 PS/SiO₂ 核壳结构复合微球（b）、（d）的氮气吸附-脱附曲线及其对应的孔径分布图

从表 2-1 可以看出，中空 SiO_2 的比表面积为 $22.52m^2/g$，其核壳结构为 $17.78m^2/g$，这表明中空 SiO_2 具有较大的比表面积。

表 2-1　中空 SiO_2 及 PS/SiO_2 核壳结构复合微球的比表面积

BET 比表面积/(m^2/g)	样品	
	PS/SiO_2 核壳微球	中空 SiO_2 微球
测试值	17.78	22.52

采用不同粒径的 PS 微球为模板，制备不同空腔粒径的中空 SiO_2 微球。图 2-29 是不同空腔大小的中空 SiO_2 微球的 SEM 照片，其中（a）、（b）、（c）、（d）和（e）为采用粒径分别为 150nm、200nm、300nm、400nm 和 500nm 的 PS 微球作为模板，TEOS 为硅源合成的具有不同空腔大小的中空 SiO_2 微球。由图 2-29 可以看出，采用粒径为 150nm、200nm、300nm、400nm 的 PS 微球为模板成功制备了中空 SiO_2 微球，且中空微球结构规整，形貌完美。但是采用粒径为 500nm 的 PS 微球为模板却未能得到中空 SiO_2 微球。这是由于当 PS 微球的粒径增大，TEOS 用量不变时，SiO_2 包覆层的厚度变薄。当采用 THF 溶解时，PS 核发生溶胀，致使 SiO_2 壳层破裂，未能形成中空 SiO_2 微球。图 2-29（e）为中空 SiO_2 微球

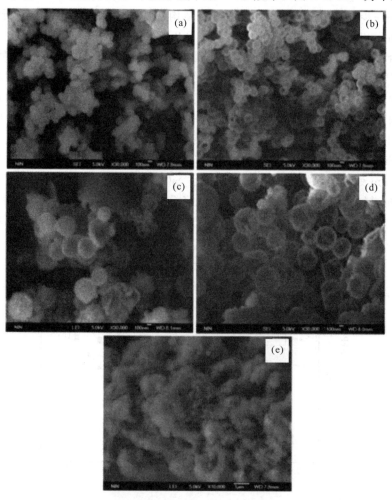

图 2-29　不同空腔大小的中空 SiO_2 微球的 SEM 照片

（a）150nm；（b）200nm；（c）300nm；（d）400nm；（e）500nm

的碎片。

　　为了获得不同壳层厚度的中空 SiO$_2$ 微球，以 150nm 大小的 PS 微球为模板，改变 SiO$_2$ 硅源 TEOS 用量分别为 0.44g、0.66g、1.33g、1.995g 和 3.22g，制备不同壳层厚度的中空 SiO$_2$ 微球，采用 TEM 对其结构和形貌进行表征。图 2-30(c) 是 TEOS 用量为 3.22g 制备的中空 SiO$_2$ 微球的 TEM 照片。由图可以看出，中空 SiO$_2$ 微球的粒径大约为 246nm，壳层厚度大约为 48.1nm，空腔大小为 150nm。对比图 2-30(c) 和图 2-30(b)（TEOS 用量为 1.33g）可以看出，随着 TEOS 用量的增加，中空 SiO$_2$ 微球的壳层厚度逐渐增加，且壳层厚度与 TEOS 用量成正比（20.7nm/48.14nm≈1.33g/3.22g）。这一结果表明，TEOS 在体系中几乎全部水解生成 SiO$_2$，包覆在 PS 微球的表面。由这一结果亦可以推测，当 TEOS 用量分别为 0.44g、0.66g 和 1.995g 时，对应的中空 SiO$_2$ 微球的壳层厚度为 6.7nm、10nm 和 30nm。由图 2-30(a) 可以看出，当 TEOS 用量为 0.44g 时，中空 SiO$_2$ 微球壳层破裂。这是由于中空 SiO$_2$ 壳层厚度较薄，PS 核被 THF 溶胀溶解时，导致其壳层破裂，未能形成较为完整的中空 SiO$_2$ 微球结构。但是从图中的碎片可以看出，壳层厚度大约为 6nm，表明通过调节硅源用量可以获得不同壳层厚度的中空 SiO$_2$ 微球。

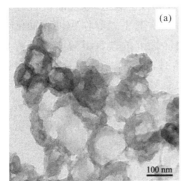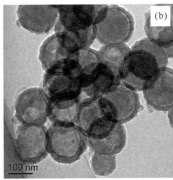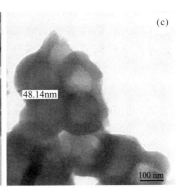

图 2-30　不同壳层厚度的中空 SiO$_2$ 微球的 TEM 照片
(a) TEOS 用量 0.44g；(b) TEOS 用量 1.33g；(c) TEOS 用量 3.22g

　　采用模板法制备纳米粒子具有以下的特点：①模板制备容易，合成方法简单；②根据模板孔隙的不同，可以制备出具有不同尺寸和分布的单分散结构；③所制备的纳米粒子容易从模板中分离出来。但模板法的缺点也相当明显，那就是在模板去除时可能存留一定的杂质。

2.1.9　微乳液法

　　利用两种互不相溶的溶剂在表面活性剂的作用下形成一个均匀的乳液，从乳液中析出固相，使得成核、生长、聚结、团聚等过程局限在一个微小的球形液滴内，由于颗粒之间的团聚受到限制，从而制得纳米微粒。

　　微乳液通常是由表面活性剂、助表面活性剂（通常为醇类）、油（通常为碳氢化合物）和水（或电解质水溶液）组成的透明的、各向同性的热力学稳定体系，微乳液中微小的"水池"被表面活性剂和助表面活性剂所组成的单分子层界面所包围而形成微乳颗粒，其大小可控制在几十至几百埃之间。微小的"水池"尺度小且彼此分离，因而不构成水相，通常称之为"准相"，这种特殊的微环境，称为"微反应器"。

　　微乳颗粒在不停地做布朗运动，不同颗粒在互相碰撞时，组成界面的表面活性剂和助表面活性剂的碳氢链可以互相渗入。与此同时，"水池"中的物质可以穿过界面进入另一颗粒中。微乳液的这种物质交换的性质使"水池"中进行的化学反应成为可能。

利用微乳液法制备纳米微粒通常是将两种反应物分别溶于组成完全相同的两份微乳液中，然后在一定条件下混合。两种反应物通过物质交换而彼此相遇，发生反应，生成的纳米微粒可在"水池"中稳定存在。通过超速离心，或将水和丙酮的混合物加入反应完成后的微乳液中等方法，使纳米微粒与微乳液分离。再以有机溶剂清洗去除附着在纳米微粒表面的油和表面活性剂，最后在一定温度下进行干燥处理，即可得到纳米微粒的固体样品。

适于制备纳米微粒的微乳液应符合下列条件：在一定组成范围内，结构比较稳定；界面强度应较大；所用表面活性剂的亲水/疏水平衡常数（HLB值）应在3～6范围内。

通常配制微乳液的步骤是先将一定量的表面活性剂、油和水混合，然后慢慢地将醇加入混合液中至刚出现澄清透明的微乳液为止。可以采用稀释法求出界面醇的含量，然后计算出颗粒的结构参数。

微乳颗粒界面强度对纳米微粒的形成过程及最后产物的质量均有很大影响，如果界面比较松散，颗粒之间的物质交换速率过大，则产物的大小分布不均匀。影响界面强度的因素主要有：含水量、界面醇的含量和醇的碳氢链长。微乳液中，水通常以缔合水（或束缚水）和自由水两种形式存在（在某些体系中，少量水在表面活性剂极性头间以单分子态存在，且不与极性头发生任何作用）。前者使极性头排列紧密，而后者与之相反。随水与表面活性剂的摩尔比增大，缔合水逐渐饱和，自由水的比例增大，使得界面强度变小。醇作为助表面活性剂，存在于界面表面活性剂分子之间。通常醇的碳氢链比表面活性剂的碳氢链短，因此界面醇含量增加时，表面活性剂碳氢链之间的空隙变大。颗粒碰撞时，界面也易相互交叉渗入，可见界面醇含量增加时，界面强度下降。一般而言，微乳液中总醇含量增加时，界面醇含量也增加，但界面醇与表面活性剂摩尔比存在一最大值。超过此值后再增加醇，则醇主要进入连续相。如前所述，界面中醇的碳氢链较短，使表面活性剂分子间存在空隙，醇的碳氢链越短，界面空隙越大，界面强度越小；反之，醇的碳氢链长越接近表面活性剂的碳氢链长，则界面空隙越小，界面强度越大。

Wang 等以环己烷为油相、聚乙二醇辛基苯基醚为乳化剂，采用反相微乳液聚合法制备了核壳型 ZnO/SiO$_2$ 纳米复合颗粒，同时通过添加聚乙烯基吡咯烷酮制备出无壳的 ZnO 颗粒和无核的 SiO$_2$ 空心球。唐二军等采用微乳液法制备了粒径为 20nm 左右的球形和类球形纳米 ZnO 粒子。施利毅等将分别含有 NH$_3$·H$_2$O 和 TiCl$_4$ 的微乳液充分混合，得到水合TiO$_2$，洗涤、离心、干燥后，在 650℃下煅烧 2h 得到锐钛矿 TiO$_2$，平均粒径为 24.6nm，在 1000℃下煅烧 2h 得到金红石型 TiO$_2$，平均粒径为 53.5nm。

2.2 纳米粒子的改性

由于纳米粒子单位体积内的表面原子数所占比例很大，如图 2-31 所示，粒子总表面能随着整体表面积的变大而增加，因此纳米粒子具有很大的表面能，处于热力学不稳定状态或亚稳态。从热力学角度、能量最低原理可知任何材料都倾向于以能量最低的稳定态存在，由于多个纳米粒子聚集在一起之后的比表面积远小于单个粒子组成的表面积之和，因此纳米粒子极易发生团聚。由此可知，纳米粒子的团聚是一个自由能减少的过程，粒子团聚是自发进行的。根据团聚过程的不同，纳米粒子的团聚可分为两种：一种是自团聚，形成的团聚物称为一次团聚物；另一种是一次团聚物在流化过程中进一步团聚，形成一种松散的流体力学团聚物，称为二次团聚物。二次团聚物粒径一般约几百微米。根据纳米粒子聚集机理的不同，纳米粒子的团聚可分为软团聚和硬团聚两类。

软团聚主要是由于粒子之间的范德华力和库仑力或因团聚体内液体的存在而引起的毛细

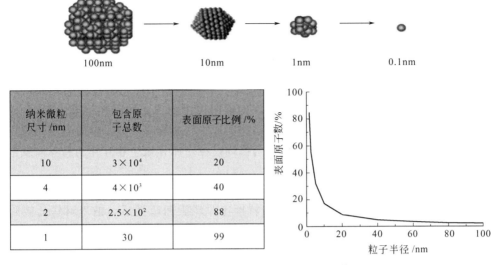

纳米微粒尺寸 /nm	包含原子总数	表面原子比例 /%
10	3×10^4	20
4	4×10^3	40
2	2.5×10^2	88
1	30	99

图 2-31　纳米粒子尺寸及其表面原子数

管力所致，相互作用力较小，这种团聚可以通过化学方法或机械作用加以消除。对于机械球磨法制备纳米粒子而言，纳米粒子的团聚通常以软团聚为主。机械球磨法实际上是固体材料在外力作用下，颗粒粒径不断减小和细化的过程。颗粒在超细化过程中，受到冲击摩擦作用同时粒径减小，在新生的纳米颗粒表面会积累大量的正电荷或负电荷。由于新生颗粒形状各异，极不规则，新生粒子的表面电荷容易集中在颗粒的拐角及凸起处。这些带电粒子极不稳定，为了趋于稳定，它们相互吸引，尖角处互相接触连接，从而使粒子产生团聚。此过程的主要作用力是静电库仑力。当材料超细化到一定粒径以下时，粒子间的距离极短，范德华力远远大于粒子自身的重力，这也使得粒子间相互团聚。

硬团聚的形成除了静电力和范德华力之外，还存在化学键作用以及粒子间液相桥或固相桥的强烈结合作用，这种团聚由于作用力强，因此很难被破坏，需要采取一些特殊的方法进行控制。湿化学法制备的纳米粒子通常以硬团聚为主。这是由于纳米粒子制备过程中不但含有大量的结构吸附水，而且含有大量的物理吸附水，且粒子表面存在的大量羟基易于形成氢键，从而在相邻粒子间架桥使其相互结合在一起。当发生脱水时，这些氢键就转化成强度更高的桥氧键，从而使颗粒形成硬团聚；另一方面，水分脱除过程中，沉淀物凝胶网络之间将产生巨大的毛细管力，使颗粒收紧重排，也是造成颗粒团聚的一个重要原因。

由于纳米粒子的团聚降低了纳米材料的活性，使纳米材料应有的特性难以充分发挥。另一方面纳米材料与表面能低的基体亲和性差，二者在相互混合时不能相溶，导致界面出现空隙，存在相分离现象。要使新生成的纳米材料以原级粒子状态稳定存在，并能均匀、稳定地分散到聚合物基体中，产生纳米尺度的相容或键合的复合物，对纳米材料表面进行修饰是解决纳米材料"团聚"，即表面原子"失活"的关键手段。如气相法生产白炭黑工艺过程中，所得 SiO_2 产品原级粒子为纳米级，但到终端产品，已不是纳米级 SiO_2。这主要是原级纳米 SiO_2 合成出后，产生粒子团聚（不是软团聚，而是硬团聚）。若要使终端产品为纳米级 SiO_2，一是从工艺方面进行修改，使生产出的 SiO_2 表面带相同电荷，防止微粒的团聚；另一方面，在合成工艺过程中对纳米 SiO_2 表面进行修饰，如采用硅烷偶联剂与纳米 SiO_2 表面的活性基团发生键合。表面改性后的纳米材料，分散性大大提高，同时增加无机纳米材料和有机基体间的相容性，减少界面问题，因此，纳米材料的表面改性成为纳米材料研究的重要内容。

所谓表面改性是指采用物理、化学方法对纳米材料表面进行处理。纳米材料进行表面修饰时，在均匀、稳定地分散到表面修饰剂的过程中，与表面修饰剂发生某种程度的相互作用，形成相对稳定的界面。界面是一层有一定厚度（纳米以上），结构随表面修饰剂和纳米材料而异，与表面修饰剂有明显差别的新相——界面相（界面层）。它是纳米材料与修饰剂相容的"纽带"，也是应力及其他信息传递的桥梁。界面是纳米粒子与修饰剂相互作用的结果。影响界面的因素很多，纳米粒子与表面修饰剂所形成的界面与两相材料间吸附、分散、相容等热力学因素有关，与两相材料自身的结构、形态以及物理、化学性质有关，与界面形成时所诱导发生的界面附加的应力有关，还与修饰过程中两相发生相互作用和界面发生键合程度有密切关系。

纳米材料表面改性可有目的地改变材料表面的物理化学性质，如表面原子层的结构和官能团、表面疏水性、电性、化学吸附和反应特性等。经表面改性后，纳米材料的吸附、润湿、分散等一系列表面性质都将发生变化，有利于纳米材料的保存、运输及使用。通过改性纳米材料表面，可以达到以下目的。

① 保护纳米材料，改善其分散性。经过表面改性的纳米颗粒，其表面存在一层包覆膜，阻隔了周围环境，防止纳米颗粒的氧化，消除颗粒表面的带电效应，防止团聚。同时，在纳米颗粒之间形成一个势垒，使得纳米颗粒在合成烧结过程中不易长大。

② 改善纳米材料表面的润湿性，增强纳米材料与其他物质的界面相容性，使纳米颗粒容易在有机化合物或水介质中分散，提高纳米粉体的应用性能。

③ 提高纳米颗粒的表面活性。改性后的纳米颗粒表面覆盖着表面活性剂的活性基团，大大提高了纳米颗粒与其他试剂的反应活性，为纳米颗粒的偶联、接枝创造条件。

④ 表面改性还可以在纳米材料表面引入具有独特功能的活性基团，通过这些基团可以实现与基体材料的复合，从而赋予材料特殊的光、电、磁等功能。

⑤ 在纳米材料表面的特定位置选择性地连接某些具有特殊功能的分子在纳米制备、自组装、纳米传感器、生物探针、药物运输、涂料和光催化等方面有着重要的应用。纳米颗粒改性后，颗粒表面形成一层有机包覆层，包覆层的极性端吸附在颗粒的表面，非极性长链则指向溶剂，在一定条件下，有机链的非极性端结合在一起，形成规则排布的二维结构。

根据纳米微粒与表面修饰层作用力性质的不同，纳米微粒表面改性可分为包覆改性法、表面偶联改性法、沉积化学改性法等。

2.2.1 纳米粒子的表面包覆改性

表面包覆改性是利用无机化合物或有机化合物（水溶性或油溶性高分子化合物及脂肪皂等）包覆在纳米颗粒表面，形成与颗粒表面无化学结合的异质包覆层，对纳米颗粒的团聚起到减弱或屏蔽作用。而且由于包覆物的存在，产生了空间位阻斥力，使纳米粒子的再团聚十分困难，从而达到表面改性的目的。包覆机理可以是吸附、附着、简单化学反应或者沉积现象的包膜等。根据包覆方式的不同，可分为表面活性剂法和无机包覆等。

表面活性剂是一种具有亲水亲油结构，可降低表面张力、减小表面能，并能对溶液进行乳化、润湿、成膜等功能的有机化合物。根据纳米颗粒表面电荷的性质，可采用加入阳离子或阴离子表面活性剂的方法，它们在纳米颗粒表面形成一层有机分子膜，阻碍颗粒之间的相互接触，增大颗粒间的距离，避免架桥羟基和化学键的形成。表面活性剂还可降低表面张力，减少毛细管的吸附力。高分子表面活性剂还有一定的空间位阻作用。利用表面活性剂分子中的亲水基对纳米颗粒表面的吸附性、化学反应活性及其降低表面张力的特性，可以控制纳米粉体的亲水性、亲油性和表面活性。因此，表面活性剂的作用有：亲水基团与表面基团结合生成新结构，赋予纳米材料表面新的活性；降低纳米颗粒的表面能，使纳米材料处于稳定状态；表面活性剂的亲油基团在粒子表面形成空间位阻，防止纳米颗粒的再团聚，由此改善纳米粉体在不同介质中的分散性、纳米颗粒的表面反应活性和表面结构等。采用三乙醇胺、聚丙烯酸钠、十二烷基苯磺酸钠、聚乙二醇等四种表面活性剂对纳米 TiO_2 进行表面改性，改善了纳米 TiO_2 的分散状态，并有效阻止了其团聚。在制备纳米 TiO_2 时，引入羟丙基纤维素改性剂，改性剂大分子吸附在 TiO_2 颗粒上起到了空间位阻作用，有效地阻止颗粒进一步聚集长大，改善 TiO_2 水合粒子的分散性和均匀性。与此同时，纳米 TiO_2 颗粒表面吸附了这些大分子，将粒子之间的非架桥羟基和吸附水彻底"遮蔽"，以降低其表面张力，使之不易发生聚集。在制备纳米金属氧化物时，加入聚乙烯醇（PVA），PVA 中包含大量自由的强极性羟基基团，在水溶液中这些基团与金属离子之间形成螯合键，紧密包覆在金属离子周围，形成一个有 PVA 链限制形状的有限结构，使合成的纳米粒子的大小被限制，从而达到改性的目的。在制备纳米银粒子时，加入聚乙烯吡咯烷酮，聚乙烯吡咯烷酮分子通过 N 和 O 原子与纳米银粒子的表面原子配位，留下 C—H 长链伸向四周，阻止纳米银粒子之间的相互团聚，可制备分散性好，粒径分布均匀，平均粒径为 25nm 的银粉。

用无机物作改性剂时，无机物与纳米颗粒表面不发生化学反应，改性剂与纳米颗粒间依靠物理方法或范德华力结合。一般利用无机化合物在纳米颗粒表面进行沉淀反应，形成表面包覆，再经过一系列处理，使包覆物固定在颗粒表面，可以改变纳米材料在不同介质中的分散性和稳定性，提高其耐候性，降低纳米颗粒的活性并阻止其团聚。沉淀反应表面改性的基本反应是金属离子的水解，水解反应可发生在溶液中或直接在纳米颗粒表面。通过调节反应体系温度、蒸发溶剂等物理方法来增大沉淀生成物的过饱和度，以及改变体系 pH 值控制金属离子的水解反应，对纳米颗粒进行无机包覆。沉淀法包覆的关键在于控制溶液中的离子浓度和沉淀剂的释放速度和剂量，使反应生成的改性剂在体系中既有一定的过饱和度，又不超过临界饱和浓度，从而以被包覆颗粒为核沉淀析出。否则将导致大量沉淀物生成，而不是均匀包覆于颗粒表面。以沉淀方式的不同，可分为共沉淀法、均相沉淀法、水解法和水热法等。通常用 SiO_2、Al_2O_3 等金属氧化物对无机纳米粉体进行表面改性。李志杰采用共沉淀法合成二氧化硅改性的纳米二氧化钛，研究发现，添加二氧化硅提高了纳米二氧化钛颗粒的热稳定性和光催化活性，同时具有粒径小和比表面积高的特点。

也可以利用溶胶实现对无机纳米颗粒的包覆，改善纳米颗粒的性能。溶胶法中，二氧化硅是应用最为广泛的一种调节表面和界面性质的表面修饰剂。选择 SiO_2 作为纳米颗粒表面包覆层的原因有两个：一是 SiO_2 粉体即使在等电点 pH 值等于 2 左右也不容易聚集；二是它在中性 pH 值及较高的盐浓度条件下也有很高的稳定性。因此，用 SiO_2 包覆在纳米颗粒表面可以使纳米材料具有很高的稳定性，而且这种稳定性不受 pH 值和盐浓度的影响。另外，表面包覆 SiO_2 的纳米颗粒通过硅烷化可以具有憎水性，易于分散在玻璃、聚合物、薄膜及非水介质中，具有很好的界面相容性。如用正硅酸乙酯为原料，通过优化水解条件可以在 Fe_2O_3 表面均匀包覆一层 SiO_2，使其易于分散在非水介质中。利用同样的方法，在碱性碳酸钇的表面包覆 SiO_2 层，可有效阻止颗粒的团聚并防止其水解。Mine 采用柠檬酸钠还原氯金酸，制备金纳米颗粒，再加入一定量的氨水和正硅酸乙酯，经过水解制备出表面包覆 SiO_2 的金纳米颗粒。研究发现，正硅酸乙酯先于氨水加入溶胶中有利于 SiO_2 包覆在单个金纳米颗粒上。经过透射电镜观察表明，SiO_2 包覆层厚度与所用的硅源浓度有很大的关系，包覆层厚度随溶液中的正硅酸乙酯浓度增加而增大。李艳群等采用醇盐水解法为基础生长硅溶胶的方法，制备出粒径 200nm 的单分散二氧化硅球形颗粒，并将其作为核心物质，利用常温连续进料钛酸丁酯水解多步法，在二氧化硅颗粒外经过多层包覆形成二氧化钛，在正硅酸乙酯的水解和陈化环境下，将上述 SiO_2/TiO_2 复合颗粒外再包覆一层二氧化硅，形成一种高折射率、可用于组装光电子晶体的多层复合微球。

2.2.2 纳米粒子的表面偶联改性

偶联剂是具有两性结构的化学物质，主要用作高分子复合材料的助剂。其分子中的一部分基团可与粉体表面的各种官能团反应，形成强有力的化学键合，另一部分基团可与有机高聚物发生某些化学反应或物理缠绕。因此，偶联剂被称作"分子桥"，用于改善无机物与有机物之间的界面作用，从而大大提高复合材料的性能，如物理性能、电性能、热性能、光性能等。经偶联剂处理后的粉体，既抑制了粉体本身的团聚，又增强了纳米粉体在有机介质中的可溶性，使其能较好地分散在有机基体中，增大了粉体填充量，从而改善制品的综合性能，特别是抗张强度、冲击强度、柔韧性和挠曲强度。

偶联剂的种类繁多，主要有硅烷偶联剂、钛酸酯偶联剂、铝酸酯偶联剂、双金属偶联剂、磷酸酯偶联剂、硼酸酯偶联剂、铬配合物、锆偶联剂等。目前应用范围最广的是硅烷偶联剂和钛酸酯偶联剂。

硅烷偶联剂是研究最早、应用最早的偶联剂。由于其独特的性能及新产品的不断问世，使其应用领域逐渐扩大，已成为有机硅工业的重要分支。硅烷偶联剂的通式为 $RSiX_3$，其中 X 为与硅原子结合的水解性基团，有氯基、烷氧基、乙酰氧基、异丙烯氧基、氨基等。其中以乙酰氧基、异丙烯氧基、氨基为水解性基团的硅烷反应活性强、水解反应速率快、储存稳定性低、使用不便，做偶联剂较少。

R 是含有能与有机基质反应的有机官能团的烷基链，其上典型的有机官能团有乙烯基、环氧基、甲基丙烯酰氧基、氨基、巯基等，由于 R 通过 Si—C 键与硅原子结合，因此有良好的化学稳定性和热稳定性。

硅烷偶联剂由于在分子中具有这两类化学基团，因此既能与无机物中的羟基反应，又能与有机物中的长分子链相互作用起到偶联的功效，其作用机理大致分为以下三步：X 基水解为羟基；羟基与无机物表面存在的羟基生成氢键或脱水成醚键；R 基与有机物相结合。其反应机理示意图见图 2-32 所示。

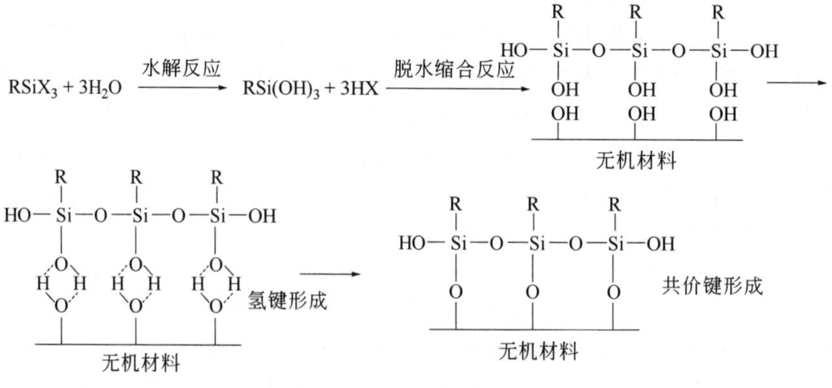

图 2-32　硅烷偶联剂反应机理示意图

水解反应是硅烷偶联剂偶联作用的基础，偶联剂水解后才能与填料表面上的羟基发生反应。因此，在使用硅烷偶联剂时常用水做稀释剂配成硅烷溶液使用，大部分硅烷经水解后都具有良好的可溶性。

应用硅烷偶联剂的方法有两种：一种方法是将硅烷配制成水溶液，用它处理无机粉体后再与有机高聚物或树脂类混合，即预处理方法；另一种方法是将硅烷与无机粉体及有机高聚物基料混合，即迁移法。前一种方法的处理效果好，是常用的表面改性方法。

Li 等在硅酸钠水解的过程中加入硅烷偶联剂（KH-550、KH-560、KH-570）制备出表面改性的纳米 SiO_2 颗粒。首先，在盐酸存在下，硅酸钠水解形成硅酸，并聚合反应形成 SiO_2 纳米颗粒，其表面存在大量的羟基。同时，硅烷偶联剂水解产生大量的羟基。这些羟基和甲氧基与纳米 SiO_2 颗粒表面羟基进行缩合反应，将高分子连接到纳米颗粒表面。高分子链的存在阻碍了纳米颗粒的进一步长大和团聚。透射电镜观察表明，没有添加硅烷偶联剂的纳米 SiO_2 粒子，团聚得比较严重。而加入硅烷偶联剂的纳米 SiO_2 颗粒，粒径较小，在 $15\sim20nm$ 之间，且颗粒大小均匀，具有较好的分散性和稳定性。

钛酸酯偶联剂最早出现于 20 世纪 70 年代，钛酸酯偶联剂分为四种类型：单烷氧基型、单烷氧基焦磷酸酯型、螯合型和配位型。钛酸酯偶联剂的作用机理较为复杂，到目前为止人们已进行了相当多的研究，提出了多种理论，如单分子层理论、化学键理论、浸润效应和表面能理论、可变形层理论、约束层理论、酸-碱反应理论等，但至今尚无完整统一的认识。

陶杰等采用钛酸酯偶联剂对纳米 ZnO 粒子进行有机改性，它与颗粒表面的反应可用图 2-33 表示。

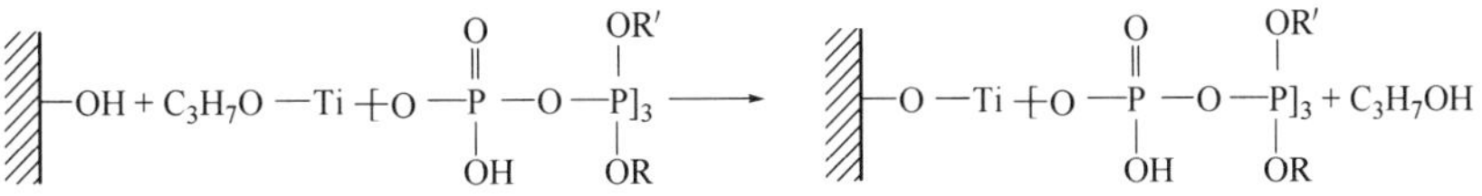

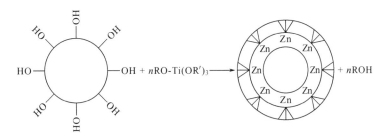

图 2-33　钛酸酯偶联剂作用的单分子模型

钛酸酯偶联剂含有一个异丙氧基和 3 个较长的有机长链，异丙氧基可与颗粒表面的羟基反应，形成化学键，生成异丙醇，从而在颗粒表面覆盖一层单分子膜，使颗粒表面特性发生根本性改变。钛酸酯偶联剂分子在 ZnO 颗粒表面的作用机理可用图 2-34 表示。

图 2-34　钛酸酯偶联剂与纳米 ZnO 颗粒作用机理

通过在 ZnO 颗粒表面形成新的 Ti—O 键，把钛酸酯偶联剂分子与 ZnO 颗粒结合成一体，形成单分子层包覆在纳米颗粒表面。由于包覆了高分子链，使纳米 ZnO 粒子表面由亲水性变为疏水性。钛酸酯偶联剂与纳米 ZnO 粒子表面包覆层形成牢固的化学键合，使其能够在熔融的聚丙烯中充分分散，从而制备出性能优良的纳米 ZnO/聚丙烯复合材料。

蒋红梅等用钛酸酯偶联剂对纳米 MgO 进行表面改性，表面改性后的纳米氧化镁粒子呈疏水性，在有机溶剂中分散性变好，团聚程度降低。

2.2.3　纳米粒子的表面接枝改性

聚合物表面接枝也是常用的表面改性方法。利用无机纳米微粒的表面活性基团，与可反应有机化合物产生化学键接，形成有机接枝化合物。将聚合物长链接枝在纳米颗粒表面，聚合物中含亲水基团的长链通过水化伸展在水介质中起立体屏蔽作用。这样纳米颗粒在介质中的分散稳定性除了依靠静电斥力外又依靠空间位阻，效果十分明显。使得接枝前团聚程度大的纳米颗粒，接枝以后团聚程度显著降低，不易再团聚，分散稳定性增加。纳米颗粒表面接枝后，大大提高了其在有机溶剂和高分子中的分散性。同时，无机颗粒表面接枝聚合物后，可以将无机物的优异性质与高分子的优异性能相结合，形成具有新功能的有机、无机复合材料。

纳米粉体的接枝改性可分为三种类型。

(1) 聚合与表面接枝同步进行法　即颗粒表面的接枝反应。这种接枝的条件是，无机纳米粒子表面有较强的自由基捕捉能力。单体在引发剂作用下完成聚合的同时，立即被无机纳米粒子表面强自由基捕获，使高分子的链与无机纳米粒子表面化学连接，实现了颗粒表面的接枝，这种边聚合边接枝的修饰方法对炭黑等纳米粒子特别有效。

(2) 纳米粉体表面聚合生长接枝法　即由颗粒开始的接枝聚合。此法是单体在引发剂作用下直接从无机粒子表面开始聚合，诱发生长，完成了颗粒表面分子包覆，接枝率较高。

(3) 纳米粉体偶联接枝法　此法是通过纳米粒子表面的官能团与高分子的直接反应实现接枝，其优点是接枝的量可进行控制，效率高。

Chen 首先将纳米 TiO_2 和硅烷偶联剂 γ-甲基丙烯酰氧基丙基三甲氧基硅烷反应。通过纳米 TiO_2 表面的羟基和硅烷反应，将硅烷连接到纳米颗粒表面。硅烷分子中的双键能与甲基丙烯酸甲酯和丁基丙烯酸酯发生共聚反应，从而在 TiO_2 纳米颗粒表面包覆一层有机薄壳（见图 2-35）。

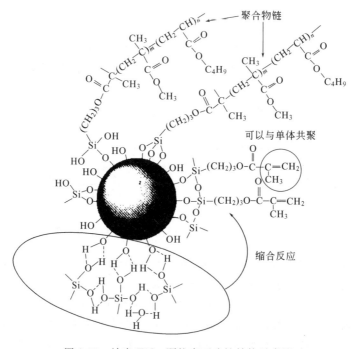

图 2-35　纳米 TiO_2 颗粒表面改性结构示意图

作者采用聚丙烯酸改性纳米 ZnO 粒子，由于纳米 ZnO 表面带正电，聚丙烯酸分子带负电，在机械作用下，通过正、负电荷之间的静电吸引作用，聚丙烯酸分子链可迅速包覆在 ZnO 表面，获得分散性能良好的改性纳米 ZnO，其分散机理见图 2-36 所示。

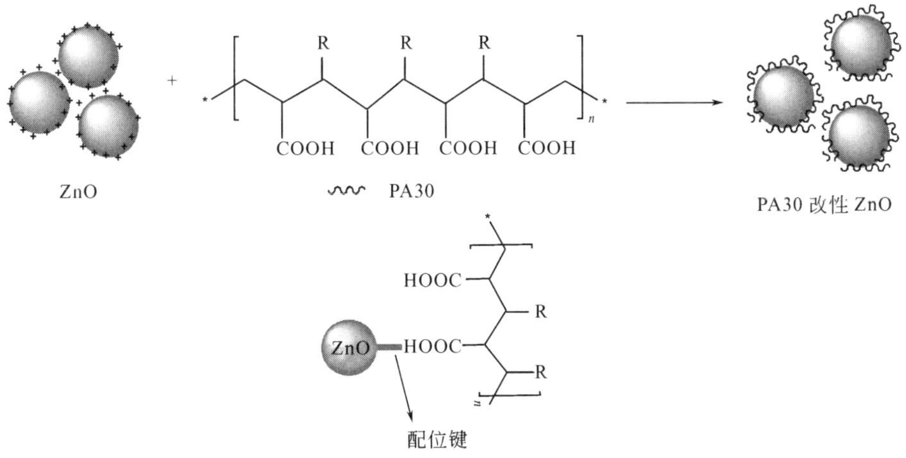

图 2-36　聚丙烯酸改性纳米 ZnO 的反应机理

2.3 纳米粒子的分散

纳米粒子分散是近年发展起来的新兴边缘学科。纳米微粒分散是指粉体微粒在液相介质中分离散开并在整个液相中均匀分布的过程，分为三个阶段：①液体润湿固体粒子；②通过外界作用力使较大的聚集体分散为较小的微粒；③稳定分散粒子，保证粉体微粒在液相中保持长期均匀分散，防止已分散的粒子重新聚集，即分散体稳定化。实际上，这几个过程几乎是同时发生的。

(1) 润湿过程　润湿过程是指微粒表面吸附液相介质，微粒与微粒之间的界面被微粒与溶剂、分散剂等液相介质的界面所取代的过程。微粒在介质中的润湿程度可用润湿角来表示。

(2) 分散过程　纳米微粒的分散过程是指通过外加机械力作用，利用球磨、砂磨、平磨、辊压、高速搅拌、超声分散等手段将纳米微粒团聚体打开，使其分散为更小粒子的过程。

纳米粒子分散的理想状态是纳米微粒团聚体全部变成原级粒子，但在实际应用体系中是很难实现的。在常规分散过程中，纳米粉体粒径逐步变小，表面积逐步增加，分散纳米粒子的机械能部分地传递给新生表面，从而使粉体表面能上升。而表面能的上升在热力学上是不稳定的，粒子又有重新团聚的倾向，最终达到分散与团聚的动态平衡。在分散体系中引入润湿分散剂，可以改变这一过程的平衡常数，使粒子粒径朝小的方向变化，并往往使粒径分布变窄。

(3) 稳定化过程　稳定化过程是指原级粒子或较小的团聚体在静电斥力、空间位阻斥力作用下屏蔽范德华引力，使微粒不再聚集的过程，即使经机械力作用分散后的粉体，在外力撤出后仍然保持稳定悬浮状态，维持已经获得的粒径及粒径分布，而分散体系不出现结块、沉降或漂浮现象。

影响分散体系稳定性的因素有很多，其中主要包括表面自由能、奥氏熟化作用、范德华引力、重力作用、布朗运动、表面电荷、表面吸附层等。前四者为分散体系的失稳因素，后两者为分散体系的稳定化因素。而布朗运动对分散体系的稳定性具有双重作用：一方面布朗运动会导致微粒之间的相互碰撞，给微粒之间的重新团聚提供机会；另一方面布朗运动会使粒子扩散，减弱因重力作用产生的浓度差。分散体系对外所表现出来的稳定性是上述所有因素共同作用的结果。

2.3.1 纳米粒子的分散机理

2.3.1.1 双电层静电稳定机理

双电层静电稳定理论是由前苏联学者 Darjaguin 和 Landon，以及荷兰学者 Verwey 和 Overbeek 分别独立地在 20 世纪 40 年代提出的，故称 DLVO 理论。该理论主要通过粒子的双电层理论来解释分散体系稳定的机理以及影响稳定性的因素。

静电稳定指粒子表面带电，在其周围会吸附一层相反的电荷，形成双电层，通过产生静电斥力实现体系的稳定。根据 DLVO 理论，带电胶粒之间存在着两种相互作用势能：双电层静电排斥能和范德华吸引能，双电层静电排斥能由粒子双电层之间的相互排斥引起。

当两个粒子趋近而离子氛尚未重叠时，粒子间并无排斥作用；当粒子相互接近到离子氛发生重叠时，处于重叠区中的粒子浓度显然较大，破坏了原来电荷分布的对称性，引起了离子氛中电荷的重新分布，即粒子从浓度较大区间向未重叠区间扩散，使带正电的粒子受到斥力而相互脱离，这种斥力是通过粒子间距离表示的。当两个这样的粒子碰撞时，在它们之间产生斥力，从而使粒子保持分离状态。

可通过调节溶液 pH 值，增加粒子所带的同性电荷，加强它们之间的相互排斥；或加入一些在液体中能电解的物质，电解质电解后产生的离子对纳米微粒产生选择性吸附，使得粒子带上同一正电荷或同一负电荷，从而在布朗运动中，两粒子碰撞时产生排斥作用，阻止凝聚发生，实现粒子分散；也可加入与微粒表面电荷相同的离子型表面活性剂，因为它们的吸附会导致表面电位增大，从而使体系稳定性提高。

2.3.1.2 空间位阻稳定理论

DLVO 理论对水介质和部分非水介质的粒子分散体系是适用的，但对另一部分非水性介质中粒子的分散则不适用。其重要原因是忽略了吸附聚合物层的作用，胶体吸附聚合物后产生了一种新的排斥能——空间排斥势能。空间排斥势能对体系稳定性有重要作用，故称为空间位阻稳定机理。

当吸附了高分子聚合物的粒子在互相接近时，将产生两种情况：①吸附层被压缩而不发生互相渗透；②吸附层发生互相渗透、互相重叠。这两种情况都导致体系能量升高，自由能增大。第一种情况由于高分子失去结构熵而产生熵斥力势能；第二种情况由于重叠区域浓度升高，导致产生渗透斥力势能和混合斥力势能。因而，吸附了高分子的纳米粒子再发生团聚将十分困难，从而实现了粒子的分散。

2.3.1.3 空缺稳定机理

由于微粒对聚合物产生负吸附，在微粒表面层，聚合物浓度低于溶液的体相浓度。这种负吸附现象导致微粒表面形成一种"空缺层"，当空缺层发生重叠时就会产生斥力能或吸引能，使物系的势能曲线发生变化。在低浓度溶液中，吸引能占优势，胶体稳定性下降。在高浓度溶液中，斥力能占优势，使胶体稳定。由于这种稳定依靠空缺层的形成，故称空缺稳定机理。

分散剂由于能显著改变悬浮微粒的表面状态和相互作用而成为研究的焦点。分散剂在悬浮液中吸附在微粒表面，提高微粒的排斥势能而阻止微粒的团聚。但分散剂在粉体表面的吸附有一最佳值，只有在分散剂达到饱和吸附量时，悬浮液的黏度才最小，体系才稳定。同时，研究发现溶液的酸碱性能显著影响分散剂在粉体表面的吸附状况。

2.3.2　纳米粒子的物理分散处理

物理分散方法主要有机械搅拌分散法、超声波分散法、干燥分散和高能处理法等。

2.3.2.1　机械搅拌分散法

机械搅拌分散法通常被认为是简单的物理分散，主要是借助外界剪切力或撞击力等机械能，使纳米颗粒在介质中充分分散的一种方法，也是一种目前应用最为广泛的分散方法。机械分散的必要条件是机械力应大于纳米粉体间的黏着力。事实上，这是一个非常复杂的分散过程，是通过对分散体系施加机械力，而引起体系内物质的物理、化学性质变化以及伴随的一系列化学反应来达到分散目的，这种特殊现象称为机械化学效应，又叫机械力化学作用。机械搅拌分散的具体形式有研磨分散、普通球磨分散、振动球磨分散、胶体磨分散、空气磨分散、砂磨分散、高速搅拌等。但是机械搅拌分散存在的问题是一旦颗粒离开机械搅拌产生的湍流流场外部环境，它们又有可能重新团聚，而且搅拌会造成溶液飞溅，使反应物损失。

机械搅拌分散不用添加界面改性剂或偶联剂，不考虑材料组成，是在低于高分子材料玻璃化温度下，通过边粉碎、边混合、边反应，使高分子与其他化学结构不同、性质不同的材料强制混合形成复合材料的方法。在机械搅拌下，纳米粉体的特殊表面结构容易产生化学反应，形成有机化合物支链或保护层，使纳米粉体更易分散。

机械分散较易实现，但由于它是一种强制性分散方法，相互粘接的超微粉体尽管可以在分散器中被打散，但是粉体间的作用力依然存在，没有改变，停止搅拌又可能重新粘接团聚。

2.3.2.2　超声波分散法

超声波分散法是降低纳米颗粒团聚的有效方法之一。超声波是声音频率范围在 $20\sim5000kHz$ 之间的声波。超声波可产生强烈的震动及对介质的空化，并由此诱导热、光、电、化学和生物现象，甚至使材料的特性和状态发生变化。空化是超声波的扩展圈通过液体介质时，声波使液相分子产生剧烈的震动，在液体中形成许多微小的气泡，形成"空化效应"，液体中空气泡的快速形成和突然崩溃，产生能量极大的冲击波，形成短暂的高能微环境。利用超声空化产生的局部高温、高压或强冲击波和微射流等，大幅度地弱化纳米颗粒间的作用，有效地防止纳米颗粒团聚而使之分散。但存在的问题是一旦停止超声波作用，仍有可能使颗粒再度团聚，超声波处理一定时间后，颗粒的粒度不能再进一步减小，继续超声波处理也会重新引起颗粒的团聚。超声波对极小的微粒，其分散效果并不想理，因为超声波分散使颗粒共振加速运动，使颗粒碰撞能量增加，可能导致团聚。在超声分散中，分散时间及超声发生器的功率是影响分散效果的两大因素。

2.3.2.3　干燥分散

在潮湿的空气中，纳米粉体间形成液桥是纳米粉体团聚的主要原因，液桥力往往是分子力的 10 倍或者几十倍，因此杜绝液桥产生或消除已形成的液桥作用是保证纳米粉体分散的主要手段。通常通过加温干燥破坏液桥，减少颗粒间的作用力，使颗粒分散均匀。干燥处理是一种简单易行的分散方法。在使用前，对纳米粉体进行干燥处理是非常必要的。干燥是将热量传给含水物料，并使物料中的水分发生相变转化为气相而与物料分离的过程。固体物料的干燥包括两个基本过程：首先是对物料加热并使水分汽化的传热过程；然后是汽化的水扩散到气相中的传质过程。水分从物料内部借助扩散等作用输送到物料表面的过程则是物料内部的传质过程，因此，干燥过程中传热和传质是同时共存的，两者既相互影响又相互制约。

2.3.2.4　高能处理法

高能处理法是一种新的纳米粉体分散方法，此法并不是直接分散纳米粉体，而是通过高能粒子作用，在纳米颗粒表面产生活性点，增加表面活性，使其易与其他物质发生化学反应或附着，对纳米颗粒表面进行改性而达到分散目的。高能粒子包括电晕、紫外线、微波、等离子体射线等。

尽管物理方法可较好地实现纳米颗粒在液相介质中的分散，特别是在纳米颗粒制备过程中，结合上述方法，可以取得较好的效果。但是一旦外界作用力停止，粒子间由于分子间力的作用，又会相互聚集。要想从根本上解决分散问题，还需要对纳米颗粒进行化学改性处理。

2.3.3 纳米粒子的化学分散处理

化学分散是指通过改变微粒表面性质，使微粒与液相介质、微粒与微粒间的相互作用发生变化，增强微粒间的排斥力，将产生持久抑制絮凝团聚的作用。因此，实际过程中，应将物理分散和化学分散相结合，用物理手段解团聚，用化学方法保持分散稳定，以达到较好的分散效果。

化学分散实质上是利用表面化学方法加入表面处理剂来实现分散的方法。可通过纳米微粒表面与处理剂之间的化学反应或化学吸附，改变纳米微粒的表面结构、状态和电荷分布，达到表面改性的目的，通过产生双电层静电稳定作用和空间位阻稳定作用来提高分散效果。常用的化学分散处理方法有偶联剂法和分散剂分散法，其中偶联剂法在纳米材料改性一节中已进行了详细的介绍，此处仅对分散剂分散处理进行介绍。

根据DLVO理论，分散剂对纳米粉体的分散作用是源于它在粉体颗粒表面上的吸附，极大地增强颗粒间的排斥作用能。分散剂的添加使得双电层重叠、空间位阻排斥能增大，但不同的分散剂增大值不同。

分散剂包括无机电解质和有机高聚物两类，如水玻璃、聚磷酸钠、氢氧化钠及碳酸氢钠和聚丙烯酰胺系列、聚氧化乙烯系列及单宁、木质素等天然高分子。无机电解质分散剂主要用于极性表面颗粒在水中的分散，加入无机电解质，一方面可以提高颗粒表面电位的绝对值，从而产生强的双电层静电排斥力；另一方面，无机电解质可增强颗粒表面对水的润湿程度，从而防止颗粒在水中的团聚。而有机高聚物分散剂随其特性不同在水中或在有机介质中均可使用。

分散剂分散主要是通过分散剂吸附改变粒子的表面电荷分布，产生静电稳定和空间位阻稳定作用来达到分散效果。主要有三种机制：静电稳定机制、空间位阻稳定机制和空间位阻分散机制。

分散剂分散法可用于各种基体纳米粉体复合材料制备过程中的分散，但应注意，当加入分散剂的量不足或过大时，可能引起絮凝。因此，在使用分散剂分散时，必须对其用量加以控制。也就是说，分散剂有一个最佳用量，此时溶液的黏度最低。

近年来出现的超分散剂，可以说是分散技术的一个飞跃。超分散剂克服了传统分散剂在非水体系中的局限性，与传统分散剂相比，它有以下特点：在颗粒表面可形成多点锚固，提高了吸附牢度，不易被解析；溶剂化亲油链比传统分散剂亲油链长，可起到有效的空间稳定作用；形成极弱的胶束，易于活动，能迅速移向颗粒表面，起到润湿保护作用；不会在颗粒表面导入亲油膜，从而不致影响最终产品的应用性能。

超分散剂的主要作用：快速充分地润湿颗粒，缩短达到合格颗粒细度的时间；大幅度提高研磨基料中固体颗粒含量，节约加工设备与加工的能耗；分散均匀，稳定性好，显著提高分散体系的最终使用性能。

超分散剂的作用机理主要包括锚固机理和稳定机理。锚固机理是对具有强极性表面的无机微纳米粉体粒子而言，超分散剂只需单个锚固基团，此基团可与粒子表面的强极性基团以离子对的形式结合起来，形成所谓的"单点锚固"。稳定机理是由分散体系的颗粒、分散介质、分散剂等组分间的各种相互作用共同决定的，两颗粒间相互作用的总能量包括范德华相吸能、电斥能、熵斥能等。

2.4 纳米粒子的表征

2.4.1 纳米粒子的粒径及分布

颗粒大小称为颗粒度。颗粒形状通常很复杂，难以用一个尺度来表示。球形颗粒以其直径为颗粒尺寸，不规则颗粒的颗粒尺寸常为等当直径，大多数情况下所说的颗粒度以等当直径表示。采用的测定方法主要是激光动态光散射法。粒子受光照射后，能发生吸收、散射、反射等多种形式。在粒子周围形成不同角度光强度的分布取决于粒径和光的波长。通过记录光的平均强度的方法一般只能表征一些颗粒表面较大的材料。对于纳米粒子，需要利用光子相关光谱来测量粒子的尺寸。以激光作为相干光源，通过探测由纳米颗粒的布朗运动所引起的散射光的波动速度来测定粒子的大小分布。这种方法称为动态光散射法。

其特点是：测定速度快，而且一次可得到多个数据；能在分散性最佳的状态下进行测定，可获得精确的粒径分布。但是由于激光动态光散射法分析的理论模型是建立在颗粒为球形、单分散条件上的，而实际中被测颗粒多为不规则形状并呈多分散性，因此颗粒的形状、粒径分布特性对最终粒度分析结果影响较大，而且颗粒形状越不规则，粒径分布越宽，分析结果的误差就越大。同时，这种分析方法对样品的浓度有较大限制，不能分析高浓度体系的粒度及粒度分布，分析过程中需要稀释，从而带来一定的误差。

除激光动态光散射法外，纳米颗粒的粒径还可以采用透射电子显微镜进行观察，具体见2.4.2.1部分对透射电子显微镜的介绍。

2.4.2 纳米粒子的结构表征

2.4.2.1 透射电子显微镜

透射电子显微镜是一种高分辨率、高放大倍数的显微镜。透射电子显微镜检测的对象是对电子束透明的纳米材料，它是以聚焦电子束为光源，以透射电子为成像信号。

通过透射电子显微镜获得一幅图像分为以下几个步骤：①电子源形成一束电子，通过正电加速器到达样品；②通过金属俘获装置和磁性长镜头，俘获电子并形成狭长且聚焦的单电子束；③电子束通过磁镜头在样品表面聚焦；④被轰击的样品内部发生相互作用，反过来影响电子束；⑤这些相互作用和影响以图像形式在荧光屏上显现或以其他形式反映。

在荧光屏上将电子像转换成具有一定衬度的可见光图像，图像中较黑的部分反映的是样品中电子穿透数目较少的部分（样品中较厚或较致密的部分），而较亮的部分反映的是样品中电子穿透数目较多的部分（样品中较薄或较疏松的部分）。透射电子显微镜入射电子强度可以改变样品中穿透电子的相对强度，此特性可用于获取三维图像。

目前透射电子显微镜的最高分辨率可达 0.1nm，成为观察和分析纳米颗粒、团聚体的最有力的方法。对于纳米颗粒，透射电镜不仅可以观察其大小、形状，还可根据像的衬度来估计颗粒的厚度，是空心还是实心；通过观察颗粒的表面复型还可了解颗粒表面的细节特征。对于团聚体，可利用电子束的偏转和样品的倾斜从不同角度进一步分析、观察团聚体的内部结构，从观察到的情况可估计团聚体内的键合性质，由此也可判断团聚体的强度。

透射电镜的样品制备是一项较复杂的技术，它对能否得到好的透射电镜照片是至关重要的。透射电镜是利用样品对入射电子的散射能力的差异而形成衬度的，这要求制备出对电子束"透明"的样品，并要求保持高的分辨率和不失真。

电子束穿透固体样品的能力主要取决于加速电压、样品的厚度以及物质的原子序数。一般来说，加速电压越高，原子序数越低，电子束可穿透的样品厚度就越大。对于 $100\sim200kV$ 的透射电镜，要求样品的厚度为 $50\sim100nm$，做透射电镜高分辨像，样品厚度要求约 15nm（越薄越好）。

透射电镜样品可分为：粉末样品和薄膜样品。不同的样品有不同的制备手段。

粉末样品：因为透射电镜样品的厚度一般要求在 100nm 以下，如果样品厚于 100nm，则先要用研钵把样品的尺寸磨到 100nm 以下，然后将粉末样品溶解在无水乙醇中，用超声分散的方法将样品尽量分散，然后用支撑网捞起即可。

薄膜样品：绝大多数的透射电镜样品是薄膜样品，薄膜样品可做静态观察，如金相组织；析出相形态；分布、结构及与基体取向关系、位错类型、分布、密度等；也可做动态原位观察，如相变、形变、位错运动及其相互作用。制备薄膜样品分为四个步骤。

① 将样品切成薄片（厚度 $100\sim200\mu m$），对韧性材料用线锯将样品割成 $<200\mu m$ 的薄片；对脆性材料可用超薄切片法直接切割。

② 切割成直径 3mm 的圆片，用超声钻将直径 3mm 薄圆片从材料薄片上切下来。

③ 预减薄，使用凹坑减薄仪可将薄圆片磨至 $10\mu m$ 厚。

④ 终减薄，对导电的样品采用电解抛光减薄，这种方法速度快，没有机械损伤，但可能改变样品表面的电子状态，使用的化学试剂可能对身体有害。

对非导电的样品采用离子减薄，用离子轰击样品表面，使样品材料溅射出来，以达到减薄的目的。离子减薄会产生热，使样品温度升至 $100\sim300℃$，故最好用液氮冷却样品。样品冷却还可以减少污染和表面损伤。离子减薄是一种普适的减薄方法，可用于陶瓷、复合物、半导体、合金、界面样品，甚至纤维和粉末样品也可以离子减薄（把它们用树脂拌和后，装入直径 3mm 的金属管，切片后，再离子减薄）。

对于软的生物和高分子样品，可用超薄切片方法将样品切成 $<100nm$ 的薄膜。这种技术的特点是样品的化学性质不会改变，缺点是会引起形变。

选区衍射提供确定单个纳米材料如纳米晶体和纳米棒以及样品中不同部位晶体结构的独特能力。图 2-37 是电子衍射所产生的衍射谱。如果样品是单晶（指整块晶体的结构是由一种空间点阵贯穿和决定的），则所得的衍射谱为规则排列的斑点，如图 2-37(a) 所示。如果样品是多晶（有许多相同的小单晶合成的，但其相对趋向依然是规则的），则所得的衍射谱为一系列不同半径的同心圆环，如图 2-37(b) 所示。从图中可见，衍射谱中除了由透射束

(a) 单晶电子衍射谱   (b) 多晶电子衍射谱

图 2-37 电子衍射产生的衍射谱

形成的中心亮斑外，尚有与透射束偏离一定角度的衍射束所形成的一系列的亮斑（或亮环）。

2.4.2.2 扫描电子显微镜

扫描电子显微镜发展较晚，但应用却很广泛。这是因为：用于扫描电子显微镜的被测样品制作比较简单；图像清晰度更高；可以获得清晰的三维图像。此外，扫描电子显微镜还具有景深大、焦距长，可获取大面积的图像及范围非常宽的放大倍数等优点。

扫描电子显微镜主要用于块状材料的表面形貌分析和对样品表面进行化学成分分析。表面形貌分析的一个主要应用是观察断口的形貌，不同材料有不同的性质，这些性质会反映在断口的形貌上，根据断裂面的形貌，可观察材料的晶界，有无范性形变，塑性如何？

观察断口的形貌，只要将样品折断（不可将断口磨平，否则破坏了断面），将断面放到扫描电镜下观察即可。扫描电镜样品可以是粉末状的，也可是块状的，只要能放到扫描电镜样品台上即可。

导电样品不需要特殊制备，可直接放到扫描电镜下看。对非导电样品，在电镜观察时，电子束打在试样上，多余的电荷不能流走，形成局部充电现象，干扰了电镜观察。因此，要在非导电材料表面喷涂一层导电物质，涂层厚 $0.01\sim0.1\mu m$，并使喷涂层与试样保持良好的接触，使累积的电荷可流走。

2.4.2.3 原子力显微镜

原子力显微镜是通过控制固定在悬臂轴上的约 $2\mu m$ 长的针尖精密移动，在空气或液体中对样品表面进行扫描，而取得测量图像。样品无需经过特殊制备。压电晶片的延展度是针尖在样品表面移动能力的关键。当针尖与样品足够近时，针尖和样品之间产生的作用力使悬臂弯曲，利用光学干涉法测量悬臂弯曲程度。

选择悬臂与样品表面的距离是非常重要的，当悬臂与样品表面非常接近时，悬臂的原子与表面原子之间产生微弱的范德华力。当悬臂进入表面，由于悬臂的原子试图取代样品的表面原子，这些力将变成斥力。上述这些力都可以通过悬臂的变化得到样品的表面信息。

原子力显微镜是利用样品表面与探针之间力的相互作用这一物理现象进行测试的，因此不受要求样品表面能否导电的限制，对于不具有导电性的组织、生物材料和有机材料等绝缘体，原子力显微镜同样可得到高分辨率的表面形貌图像，因而它的适应性更强，应用范围更广。原子力显微镜可以在真空、超高真空、气体、溶液、电化学环境、常温和低温等环境下工作，可供研究时选择适当的环境。原子力显微镜已被广泛地应用于表面分析的各个领域，通过对表面形貌的分析、归纳、总结，以获得更深层次的信息。

纳米粉体材料应尽量以单层或亚单层形式分散并固定在基片上，应注意以下 3 点。

① 选择合适的溶剂和分散剂将粉体材料制成稀的溶胶，必要时采用超声分散以减少纳米粒子的聚集，以便均匀地分散在基片上。

② 根据纳米粒子的亲疏水特性、表面化学特性等选择合适的基片。常用的有云母、单晶硅片、玻璃、石英等。

③ 样品尽量牢固地固定到基片上，必要时可以采用化学键合、化学特定吸附和静电相互作用等方法。如金纳米粒子，用双硫醇分子作连接层可以将其固定在镀金基片上。

纳米薄膜材料，如金属或金属氧化物薄膜、高聚物薄膜、有机-无机复合薄膜、自组装单分子膜等，一般都有基片的支持，可以直接用于原子力显微镜研究。

2.4.3 纳米粒子的化学组成和晶态分析

化学组成对纳米材料的制备及纳米材料的性能有极大影响，也是决定纳米材料应用特性的最基本因素。因此，对化学组分的种类、含量，特别是微量添加剂，杂质的含量、分布等进行表征，在纳米材料的研究中都是必需和非常重要的。化学组成包括主要成分、次要成分、添加剂及杂质等。化学组成的表征方法可分为化学分析法和仪器分析法。用仪器进行化学分析根据实际需求可采用原子光谱法、光电子能谱法、质谱法等。

2.4.3.1　化学分析法

化学分析法是常规的对材料化学组成分析的方法，是根据物质间相互的化学作用，如中和、沉淀、配位、氧化还原等测定物质含量及鉴定元素是否存在的一种方法。化学分析法的准确性和可靠性都比较高，但对于纳米材料来说，还是有较大的局限性。

2.4.3.2　原子光谱分析法

原子光谱分析主要根据纳米材料物质的发射、吸收电磁辐射以及物质对电磁辐射的相互作用来进行分析的。光谱分析以识别被测元素的特征光谱来确定元素的存在（定性分析）。这些光谱线的强度与试样中该元素的含量有关，因此又可利用这些谱线的强度与试样中该元素的含量定量分析。

原子光谱分为吸收光谱与发射光谱两类。

原子吸收光谱是物质的基态原子吸收光源辐射所产生的光谱。基态原子吸收能量后，原子中的电子从低能级跃迁至高能级，并产生与元素的种类与含量有关的吸收线。根据共振吸收线可对元素进行定性和定量分析。原子吸收光谱的缺点是：由于样品中元素需逐个测定，故不适于定性分析。

原子发射光谱是指构成物质的分子、原子或离子受到热能、电能或化学能的激发而产生的光谱，该光谱由于不同原子的能态之间的跃迁不同而不同，同时随元素的浓度变化而变化，因此可用于测定元素的种类和含量。

2.4.3.3　质谱法

质谱分析的基本原理是使所检测的样品形成离子然后按质荷比 m/z 进行分离。也就是说：利用具有不同质荷比的离子在静电场和磁场中所受的作用力不同，因其运动方向不同，导致彼此分离。经过分别捕获收集，确定离子的种类和相对含量，由此对样品进行成分定性及定量分析。

质谱分析的特点是可作全元素分析，适于无机、有机成分的分析和测量。被分析和测量的样品可以是气体，固体或液体，对各种物质都有较高的分析灵敏度和较高的分辨率，对于性质极为相似的成分也都能分辨出来。这种分析方法所用的样品要求不多，一般只需 $10^{-6} \sim 10^{-9}g$ 样品就可得到足以辨认的信号。这种方法分析速度快，可实现多组分同时检测。

2.4.3.4　红外光谱

红外吸收光谱又称分子振动转动光谱。红外光谱在化学领域中的应用，大体上可分为两个方面：用于分子结构的基础研究和用于化学组成的分析。前者应用红外光谱可以测定分子的键长、键角，以此推断分子的立体构型，根据所测得的力学常数可以知道化学键的强弱，用来计算热力学函数等。红外光谱最广泛的应用是对物质的化学组成进行分析。用红外光谱法可以根据光谱中吸收峰的位置和形状来推断待测物的结构，依照特征吸收峰的强度来测定混合物中各组分的含量。此法具有快速、灵敏度高、测试样品量少、能分析各种状态的试样等特点，因此它已成为现代结构化学、分析化学最常用和不可缺少的工具。

红外线能激发分子内振动和转动能级的跃迁，所以红外吸收光谱是振动光谱的重要部分。红外光谱主要是通过测定这两种能级跃迁的信息来研究分子结构的。习惯上，往往把红外区按波长分为三个区域，即近红外区、中红外区和远红外区。

化学键的振动的倍频和组合频多出现在近红外区，所形成的光谱为近红外光谱。最常用的是中红外区，绝大多数有机化合物和许多无机化合物的化学键振动的跃迁出现在此区域，因此在结构分析中非常重要。另外，金属有机化合物中金属有机键的振动、许多无机物键的振动、晶格振动以及分子的纯转动光谱均出现在远红外区。

在红外光谱图中，纵坐标一般用线性透光率表示，称为透射光谱图；也有用非线性吸光度表示的，称为吸收光谱图。在红外光谱图中，横坐标一般用红外辐射光的波数为标度。在解释红外光谱时，要从谱带的数目、吸收带的位置、谱带的形状和谱带的强度等方面来考虑。

红外光谱是使用很广的表征手段，在纳米材料的结构分析中显得非常重要，其应用包括两方面，即分子结构的研究和化学组成研究。这两个方面都可用在纳米材料的表征中，但应用较多的为后一种，即根据谱的吸收频率的位置和形状来判别物质的种类，并根据其吸收的强度来测定它们的含量。

红外光谱一般用于作定性分析，定量分析较困难。用有机物对纳米材料进行改性或包覆时，红外光谱能有效地判断有机物的吸附以及成键情况。另外，在研究纳米粉体的分散和吸附时，红外光谱也是一种广为采用的方法。

对于纳米材料，由于晶粒尺寸小到了纳米量级，使材料的结构特别是晶界结构发生了根本的变化，进而导致其红外吸收发生明显变化。对纳米材料红外光谱的研究近年来有很多报道，主要集中在纳米氧化物、氮化物和半导体纳米材料上。对大多数纳米材料而言，其红外吸收将随着材料粒径的减小主要表现出吸收峰的蓝移和宽化现象，但也有的材料由于晶格膨胀和氢键的存在出现蓝移和红移同时发生的现象。导致纳米材料红外吸收蓝移的因素可归因于小尺寸效应和量子尺寸效应。这种观点主要建立在键的振动基础之上。由于纳米材料的尺寸很小，表面张力较大，颗粒内部发生畸变使键长变短，这就导致键的振动频率升高，使光谱发生蓝移。另一种观点是由于量子尺寸效应导致能级间距加宽，利用这一观点也可以解释同样的吸收带为何在纳米态下发生蓝移。在纳米材料的制备过程中，很难控制材料的粒径一致。由于颗粒的大小有一个分布，使得各个纳米粒子表面张力有差别，晶格畸变程度也不相同，因此纳米材料的键长也有一个分布，这是引起红外吸收带宽化的原因之一。另外，界面效应也可以引起纳米材料吸收带的宽化。这是因为纳米材料表面原子数很大，在界面处存在大量的缺陷，原子配位数不足，失配键较多，使得界面和纳米粒子内的键长不一样，还有界面上原子的排列有一定差异等导致整个纳米材料的键长有一个很宽的分布。

2.4.3.5 拉曼光谱

当光子与物质分子发生相互碰撞后，光子的运动方向要发生变换，如果光子仅改变运动方向而在碰撞过程中没有能量的交换，这种散射称为瑞利散射；如果光子在碰撞过程中不仅改变了运动方向，而且发生了能量的交换，这种散射现象被命名为"拉曼效应"，相关的散射光谱称为"拉曼光谱"。同红外光谱一样，拉曼光谱也是用来研究分子转动和能级振动的。具有红外活性的振动分子有偶极矩的变化，而产生拉曼光谱的条件是拉曼活性，即需要分子有极化率的变化，这与红外光谱不同。因此，红外和拉曼光谱研究分子结构及振动模式是相互补充的。

目前，用拉曼光谱表征纳米颗粒受到越来越多的关注，很多纳米颗粒的红外光谱并没有表现出尺寸效应，但它们的拉曼光谱却有显著的尺寸效应。纳米颗粒尤其是粒径小于 10nm 的纳米颗粒的拉曼光谱的特点主要表现在：低频的拉曼峰向高频方向移动或出现新的拉曼峰；拉曼峰的半高宽明显宽化。拉曼位移的原因是复杂的，表面效应是造成其尺寸效应的主要原因，另外，非化学计量比以及光子限域效应也可能是重要原因。

2.4.3.6　X射线衍射法

X射线衍射法是利用X射线在晶体中的衍射现象来探测晶态的。其基本原理是布拉格公式：

$$n\lambda = 2d\sin\theta$$

式中，θ、d、λ分别为布拉格角、晶面间距、X射线波长。测量时，射线满足布拉格公式时，可得到衍射角。根据试样的衍射线的位置、数目及相对强度等确定试样中包含有哪些结晶物质以及它们的相对含量，即进行物相的定性分析和定量分析。

正确制备试样是获取准确衍射角、峰形和强度的先决条件。由于样品的颗粒度对X射线的衍射强度以及重现性有很大影响，因此制样方式对物相的定量分析也存在较大的影响。一般样品的颗粒越大，参与衍射的晶粒数就越少，还会产生初级消光效应，使得强度的重现性较差。为了达到样品重现性的要求，一般要求粉体样品的颗粒度大小在 0.1～10μm 范围。可以采用压片、胶带粘贴以及石蜡分散的方式进行制样。具有片状或柱状完全解离的样品，其粉末一般都呈细片状，在制作样品过程中易形成择优取向，从而引起各衍射峰之间的相对强度发生明显变化，对于此类物质，制样时需对粉末进行长时间的研磨，使之尽量细碎，可一定程度上减少样品的择优取向。对于薄膜样品需要注意的是薄膜的厚度。由于XRD分析中X射线的穿透能力很强，一般在几百微米的数量级，所以适合比较厚的薄膜样品的分析。表面粗糙的样品对入射光的散射能力较强，特别是在比较小的角度范围内，会引起较大的背景噪声，所以应尽可能使用表面粗糙度较小的样品。因此，在薄膜样品制备时，要求样品具有比较大的面积，薄膜比较平整以及表面粗糙度要小，这样获得的结果才具有代表性。

2.4.4　纳米粒子的表面分析

纳米材料中，由于颗粒很小，因此在单位体积中总颗粒的表面异常巨大，在很大程度上决定了纳米材料的许多特性。可以通过对颗粒尺寸的测量计算出比表面，也可以通过比表面积法和压汞法对纳米材料的比表面进行测量。

2.4.4.1　比表面积法（BET）

球形颗粒的比表面积 S_w 与其直径 d 的关系为：

$$S_w = \frac{6}{\rho d}$$

式中，S_w 为质量比表面积；d 为颗粒直径；ρ 为颗粒密度。根据此式求得的为颗粒的一种等当粒径，即表面积直径。

测定比表面公认的标准方法是低温氮吸附BET法。测定纳米微粒比表面积的标准方法也是利用这种方法。使气体分子吸附于纳米微粒表面，通过测量气体吸附量，再换算颗粒比表面积。该方法的理论认为气体在颗粒表面吸附是多层的，且多分子吸附键合能来自于气体凝聚相变能。这个方法的基础是在低温（-195℃）下令样品吸附氮气，并按经验在 N_2 的相对压力 p/p_0 为 0.05～0.35 范围内，测定 5～8 个不同 p/p_0 下的平衡吸附量 mL/g。BET方法遵循的公式是：

$$\frac{p}{V(p_0-p)} = \frac{1}{V_m c} + \frac{(c-1)p}{V_m c p_0}$$

式中，p 为吸附平衡时吸附气体的压力；p_0 为吸附气体的饱和蒸气压；V 为平衡吸附量；c 为常数；V_m 为单分子层的饱和吸附量。在 V_m 已知的前提下，可求得样品的比表面积 S_w：

$$S_w = \frac{V_m N \sigma}{M_v W}$$

式中，N 为阿伏伽德罗常数；W 为样品质量；σ 为吸附气体分子的横截面积；V_m 为单分子层的饱和吸附量；M_v 为气体摩尔质量。

氮吸附法还可以通过测定作为相对压力函数的气体吸附量或气体脱附量来确定纳米材料坯体中细孔的孔径分布。其基本原理是：蒸汽凝胶时的压力取决于孔中凝聚液体弯月面的曲率。Kelvin 方程给出了蒸气压随一端封闭的毛细管中表面曲率的变化：

$$\ln \frac{p}{p_0} = \frac{-2\sigma V_m \cos\theta}{r_K RT}$$

式中，p 为曲面上的液体蒸气压；p_0 为平面上的液体蒸气压；σ 为液体吸附质的表面张力；V_m 为液体吸附质的摩尔体积；θ 为接触角；r_K 为曲率半径；R、T 分别为气体常数和热力学温度。在氮吸附的条件下，孔径的半径 r_c 可表示为：

$$r_c = \frac{-2\sigma V_m}{RT \ln \frac{p}{p_0}} + t$$

式中，t 为吸附层厚度。氮吸附法测定的最小孔尺寸直径为 $1.5 \sim 2nm$，最大可达 300nm 左右。对于更小或更大孔径的测定误差较大。

2.4.4.2　压汞法

压汞法是指通过对材料中孔结构的测量推算出颗粒比表面积的检测方法。由于汞对一般固体不润湿，所以汞滴大于孔径而不能进入。欲使汞进入纳米材料的孔结构中，必须对汞加压，由获得的加压的数值确定孔径尺寸。

如果液体和固体之间的接触角 $\theta > 90°$，则界面张力反抗液体进入孔中。假定孔能以圆筒来代表，则反抗液体进入孔的力是沿周界起作用的，并等于 $-2\pi r\rho\cos\theta$。反抗这个力的外界压力作用于整个孔截面积上，并等于 $\pi r^2 p$。平衡时两力相等，故

$$r = \frac{-2\sigma\cos\theta}{p}$$

式中，r 为气孔的半径；σ 为表面张力；p 为所加的外压。从式中可知，汞压入的情况下孔半径与压力成反比，所以用此方法所能测出的最小孔尺寸与在特定的装置中汞所能承受的压力有关。在一般的低压下，压汞仪法通常只能测定几个到几百个微米大小的孔径，要测定纳米材料坯体中的气孔分布，必须在高压下进行测定，在几百兆帕的压力下，压汞仪法可测定直径仅为数纳米的气孔。

2.4.4.3　表面能谱分析

纳米材料颗粒小，表面积大，对其进行表面分析具有特殊的意义。这里的表面是指固体最外层的 $1 \sim 10$ 个原子的表面层和吸附在其上面的原子、分子、离子或其他覆盖层，其深度为一到几个纳米。表面分析的原理是当一定能量的电子、X 射线或紫外线作用于样品时，与样品的表面原子相互作用后激发出二次粒子（电子、离子）。这些粒子带有样品表面的信息，并具有特征能量，收集这类粒子，研究它们的能量分布，就是能谱分析。

目前，常用于纳米粉体的表面分析方法主要有光电子能谱和俄歇电子能谱等。

光电子能谱或 X 射线电子能谱（XPS）也称电子能谱化学分析，是用 X 射线作激发源轰击出样品中元素的内层电子，然后直接测量二次电子的能量。这个能量为元素内层电子的结合能 E_b。各个元素的 E_b 不同，因此有较高的分辨力，它不仅可以得到原子的第一电离能，而且可以得到从价电子到 K 壳层的各级电子的电离能，有助于了解粒子的几何构型和

轨道成键特性。

被测样品中各配位中心原子的化学环境有所不同，会影响光电子的能量，谱图中将出现峰位的变化。价态不同，也会有类似的影响。用这种方法可以分析纳米粉体或纳米块体材料的成分和价态等。

俄歇电子能谱是用一定能量的电子束激发样品，从众多的二次电子能量分布中获得俄歇电子的信号，以俄歇电子能量的测试分析来推测固体表面元素成分的一种表面分析方法。俄歇电子能谱灵敏度高，在实际测量中灵敏度可达 0.1％单原子层。俄歇电子能谱可用于所有材料的定性和定量分析。在作元素定性分析时，只要把记录到的俄歇电子峰的能量和已经测到的各种元素各类俄歇跃迁的能量加以对照，就能确定元素种类；在定量分析中用得最多的是相对测量，因为俄歇电流近似正比于被激发的原子数目，把样品的俄歇电子与标准样品的信号在相同条件下比较，有以下近似的关系式：

$$c = c_s \frac{I}{I_s}$$

式中，c 和 c_s 分别为样品和标样的浓度；I 和 I_s 分别为样品和标样的俄歇电流。

俄歇电子能谱具有分析速度快的特点，而且由于作为激发源的电子易于实现扫描，所以只要进行适当的配置就能做二维扫描分析和对样品做三维元素分析。

有关纳米材料的表征这里仅列出了一些主要的测试方法，并不全面，且在介绍相关表征方法时并没有对其测试原理进行详细描述，如需详细了解，建议读者参考相应的专业书籍。

参 考 文 献

[1] 董星龙译. 纳米结构和纳米材料. 合成、性能及应用. 北京：高等教育出版社，2011.
[2] Kong X Y，Ding Y，Yang R S，et al. Single-Crystal Nanorings Formed by Epitaxial Self-Coiling of Polar-Nanobelts. J. Science，2004，303：1348-1351.
[3] Pan Z W，Dai Z R，Wang Z L. Nanobelts of Semiconducting Oxides. J. Science，2001，291：1947-1949.
[4] Gao P X，Ding Y，Mai W J，et al. Conversion of Zinc Oxide Nanobelts into Superlattice-Structured Nanohelices. J. Science，2005，309：1700-1704.
[5] Lee J S，Islam M S，Kim S. Photoresponses of ZnO nanobridge devices fabricated using a single-step thermal evaporation method. J. Sensors and Actuators B，2007，126：73-77.
[6] Yan Y，Zhou L，Han Y，et al. Growth Analysis of Hierarchical ZnO Nanorod Array with Changed Diameter from the Aspect of Supersaturation Ratio. J. Phys. Chem. C，2010，114（9）：3932-3936.
[7] Kong X Y，Ding Y，Wang Z L. Metal-Semiconductor Zn-ZnO Core-Shell Nanobelts and Nanotubes. J. Phys. Chem. B，2004，108（2）：570-574.
[8] Park W I，Kim D H，Jung S W，et al. Metalorganic vaporphase epitaxial growth of vertically well alligned ZnO nanorods. Appl Phys Lett，2002，80（22）：4232-4234.
[9] Barreca D，Bekermann D，Comini E，et al. 1D ZnO nano-assemblies by Plasma-CVD as chemical sensors for flammable and toxic gases. J. Sensors and Actuators B，2010，149：1-7.
[10] Jiang X P，Liu Y Z，Gao Y Y，et al. Preparation of one-dimensional nanostructured ZnO. J. Particuology，2010，8：383-385.
[11] Huang N，Zhu M W，Gao L J，et al. A template-free sol—gel technique for controlled growth of ZnO nanorod arrays. J. Applied Surface Science，2011，257：6026-6033.
[12] Kumar A，Huang N，Staedler T，et al. Mechanical characterization of aluminum doped zinc oxide（Al：ZnO）nanorods prepared by sol-gel method. J. Applied Surface Science，2013，265：758-763.
[13] Wahab R，Ansari S G，Kim Y S，et al. Low temperature solution synthesis and characterization of ZnO nano-flowers. J. Materials Research Bulletin，2007，42：1640-1648.
[14] Ma J Z，Liu J L，Bao Y. Morphology-photocatalytic properties-growth mechanism for ZnO nanostructures. J. Cryst. Res. Technol.，2013，48（4）：251-260.
[15] Cheng B，Samulski E T. Hydrothermal synthesis of one-dimensional ZnO nanostructures with different aspect ratios. J. Chem. Comm.，2004，8：986-987.
[16] Jiang X P，Liu Y Z，Gao Y Y，et al. Preparation of one-dimensional nanostructured ZnO. J. Particuology，2010，8：383-385.

［17］ Huang N，Zhu M W，Gao L J，et al. A template-free sol－gel technique for controlled growth of ZnO nanorod arrays. J. Applied Surface Science, 2011，257：6026-6033.

［18］ Kumar A，Huang N，Staedler T，et al. Mechanical characterization of aluminum doped zinc oxide (Al：ZnO) nanorods prepared by sol-gel method. J. Applied Surface Science，2013，265：758-763.

［19］ Wang X D，Summer C J，Wang Z L. Large-Scale Hexagonal-Patterned Growth of Aligned ZnO Nanorods for Nano-optoelectronics and Nanosensor Arrays. J. Nano Lett.，2004，4 (3)：423-426.

［20］ Zeng H B，Xu X，Gautam U K，et al. Template Deformat ion-Tailored ZnO Nanorod/Nanowire Arrays：Full Growth Control and Optimiz ation of Field-Emission. J. Adv. Funct. Mater.，2009，19：3165-3172.

［21］ Zhang D B，Wang S J，Cheng K，et al. Controllable Fabrication of Patterned ZnO Nanorod Arrays：Investigations into the Impacts on Their Morphology. J. ACS Appl. Mater. Interfaces，2012，4 (6)：2969-2977.

［22］ Li L，Ding J，Xue J M. Macroporous silica hollow microspheres as nanoparticle collectors. Chemistry of Materials，2009，21：3629-3637.

［23］ Liu D，Sasidharan M，Nakashima K. Micelles of poly (styrene-b-2-vinylpyridine-b-ethylene oxide) with blended polystyrene core and their application to the synthesis of hollow silica nanospheres. Journal of Colloid and Interface Science，2011，358：354-359.

［24］ Wang Z X，Chen M，Wu L M. Synthesis of monodisperse hollow silver spheres using phase-transformable emulsions as templates. Chemistry of Materials，2008，20 (10)：3251-3253.

［25］ Wang J F，Tsuzuki T，Sun L，et al. Reverse Microemulsion-Mediated Synthesis of SiO_2-Coated ZnO Composite Nanoparticles：Multiple Cores with Tunable Shell Thickness. Applied materials and interfaces，2010，2 (4)：957-960.

［26］ 唐二军. 微乳液法制备纳米氧化锌粒子. 河北化工，2008，31 (11)：31-33.

［27］ Deng Z W，Chen M，Gu G X，et al. A facile method to fabricate ZnO hollow spheres and their photocatalytic property. J. Phys. Chem. B，2008，112：16-22.

［28］ 倪星元，沈军，张志华等. 纳米材料的理化特性与应用. 北京：化学工业出版社，2006.

［29］ 朱屯，王福明，王习东等. 国外纳米材料技术进展与应用. 北京：化学工业出版社，2002.

［30］ 尹邦跃. 纳米时代——现实与梦想. 北京：中国轻工业出版社，2001.

［31］ 黄慧忠. 纳米材料分析. 北京：化学工业出版社，2003.

［32］ 李凤生，崔平，杨毅等. 微纳米粉体后处理技术及应用. 北京：国防工业出版社，2005.

［33］ 徐国财，张立德. 纳米复合材料. 北京：化学工业出版社，2002.

［34］ 李群. 纳米材料的制备与应用技术. 北京：化学工业出版社，2008.

［35］ 王中林. 纳米材料表征. 北京：化学工业出版社，2005.

［36］ 刘国杰. 纳米材料改性涂料. 北京：化学工业出版社，2008.

［37］ 陶杰，季学来. 聚合物纳米复合材料的研究进展. 机械制造与自动化，2006，35 (1)：13-17.

［38］ Roy R，Komaoeni S，Roy DM. Gel adsorption processing for wastesolidification in "NZP" ceramics. Mater ResSoc Symp Proc，1984，32：347.

［39］ 王颖石，赵金辉，李青山. 纳米材料的应用及新进展. 化工纵横，2001，(10)：9-11.

［40］ Ray S S，Okamoto M. Polymer/layered silicate nanocomposites：a review from preparation to processing. Prog. Polym. Sci，2003，28：1541.

［41］ 潘兆橹. 结晶学及矿物学：下册. 北京：地质出版社，1984：165.

［42］ 陈新江，马建中，杨宗邃. 纳米材料在制革中的应用前景. 中国皮革，2002，31 (1)：6.

［43］ 陈武，季寿元. 矿物学导论. 北京：地质出版社，1985：230-1235.

［44］ 严满清，王平华，朱亚辉. 纳米粒子的表面修饰与纳米复合材料的制备. 合肥工业大学学报，2002，25：894-897.

［45］ YANG He-Qing，LI Li，SONG Yu-Zhe，et al. Synthesis of nano-sheet ZnO hollow microspheres via self-assembled template-free hydrothermal and its luminescence properties. Science in China Series B：Chemistry，2007，37 (5)：417-425.

［46］ Tsutomu M，Koji A，Masatoshi M. Application of silica-containing nano-composite emulsion to wall paint：a new environmentally safe paint of high performance. Progress in Organic Coatings，2006，55：276-283.

［47］ Yan Bao，Yongqiang Yang，Jianzhong Ma. Fabrication of monodisperse hollow silica spheres and effect on water vapor permeability of polyacrylate membrane. Journal of Colloid and Interface Science，2013，407：155-163.

［48］ Jianzhong Ma，Junli Liu，Yan Bao，Zhenfeng Zhu，Hui Liu. Morphology-Photocatalytic Activity-Growth Mechanism for ZnO Nanostructures via Microwave-assisted Hydrothermal Synthesis. Crystal Research and Technology，2013，48 (4)：251-260.

［49］ Jianzhong Ma，Junli Liu，Yan Bao，Zhenfeng Zhu，Xiaofeng Wang，Jing Zhang. Synthesis of Large-scale Uniform Mulberry-like ZnO Particles with Microwave Hydrothermal Method and Its Antibacterial Property. Ceramics International，2013，39 (3)：2803-2810.

［50］ 鲍艳，杨永强，马建中. 模板法制备中空结构材料的研究进展. 无机材料学报，2013，28 (5)：459-468.

［51］ Yan Bao，Yonghui Zhang，Jianzhong Ma，Controllable Fabrication of One-dimensional ZnO Nanoarrays and Its Application in Constructing Silver Trap Structures. *RSC Advances*，2014，4 (63)，33198-33205.

［52］ Yan Bao，Yongqiang Yang，Chunhua Shi，Jianzhong Ma. Fabrication of hollow silica spheres and their application in polyacrylate film forming agent，Journal of Materials Science，DOI 10. 1007/s10853-014-8530-7.

［53］ 鲍艳，杨永强，马建中，刘俊莉．氧化锌为模板制备中空二氧化硅微球及其对聚丙烯酸酯薄膜性能的影响．硅酸盐学报，2014，42（7）：95-101.

［54］ Junli Liu，Jianzhong Ma，Yan Bao，John Wang，Zhenfeng Zhu，Huiru Tang，Limin Zhang. Nanoparticle morphology and film-forming behavior of polyacrylate/ZnO nanocomposite. Composites Science and Technology，2014，98：64-71.

［55］ Junli Liu，Jianzhong Ma，Yan Bao，John Wang，Huiru Tang，Limin Zhang. Polyacrylate/Surface-modified ZnO Nanocomposite as Film-forming Agent for Leather Finishing. International Journal of Polymeric Materials，2014.

［56］ 马建中，张永辉，鲍艳．一种在金属或金属合金表面大规模生长 ZnO 纳米阵列的方法．实审专利：201310626703.0，2013-12-02.

［57］ 鲍艳，张永辉，马建中等.一维纳米氧化锌的制备及应用研究进展.材料工程，2015，43（2）：103-112.

［58］ 刘俊莉.抗菌型聚丙烯酸酯基纳米复合乳液的合成与性能研究.西安：陕西科技大学博士论文，2013.

［59］ 杨永强.聚丙烯酸酯/中空二氧化硅纳米复合皮革涂饰剂的制备及应用研究.西安：陕西科技大学硕士论文，2014.

［60］ 鲁娟.基于"粒子设计"的超疏水型皮革涂饰材料结构及性能研究.西安：陕西科技大学硕士论文，2013.

第**3**章 ◄◄◄◄◄

高分子基纳米复合材料的合成原理及表征

  高分子材料科学涉及非常广泛，其中一个重要方面就是改变单一聚合物的凝聚态，或添加填料来实现高分子材料使用性能的大幅提升。当材料进入纳米量级时，会具有与传统材料截然不同的性质。因此纳米粒子的特异性能使其顺应了高分子复合材料对高性能的需求，对高分子材料科学突破传统理念发挥重要的作用。纳米材料科学与高分子材料科学的交融互助就产生了高分子基纳米复合材料。

  高分子基纳米复合材料，是指用具有纳米尺寸的其他材料与高分子材料以各种方式复合成型的一种新型复合材料。从广义上来说，高分子基纳米复合材料，只要其组分中的某一相，至少有一维的尺寸处在纳米尺度范围，就可以将其视为高分子基纳米复合材料。纳米材料粒子由于尺寸小，表面非配对原子多，与高分子基体结合能力强，并且对高分子基体的物理、化学性质产生特殊的作用，将使复合材料的综合性能有极大的提高。复合材料既有高分子材料本身的优点，又兼备了纳米粒子的特异属性，因而使其具有众多的功能特性。这种复合材料可以将无机材料的刚性、尺寸稳定性和热稳定性与高分子材料的韧性、可加工性及介电性能完美地结合起来，开辟了复合材料的新时代。高分子基纳米复合材料是在皮革、造纸、纺织工业领域使用较多的一类纳米复合材料。本章将对高分子基纳米复合材料的分类、制备方法、性能及结构表征进行阐述。

3.1 高分子基纳米复合材料的分类

3.1.1 按照纳米粒子分类

  高分子纳米复合材料所采用的纳米单元按成分分，可以是金属，也可以是陶瓷、高分子等；按几何条件分，可以是球状、片状、柱状纳米粒子，甚至是纳米丝、纳米管、纳米膜等；按相结构分，可以是单相，也可以是多相，涉及的范围很广。

3.1.2 按照复合方式分类

  对通常的高分子基纳米复合材料按其复合的类型大致可分为三种：0-0 型复合、0-2 型复合和 0-3 型复合。0-0 型复合即复合材料的两相均为三维纳米尺度的零维颗粒材料，是指将不同成分、不同相或者不同种类的纳米粒子复合而成的纳米复合物。0-2 型复合即把零维纳米粒子分散到二维的薄膜材料中。纳米粒子在高分子基体中可以均匀分散，也可以非均匀分散；可能有序排布，也可能无序排布，甚至粒子聚集体形成分形结构。0-3 型复合即把零维纳米粒子分散到常规的三维固体材料中，例如把金属纳米粒子或纳米陶瓷粒子分散到高分子材料中。

3.2 高分子基纳米复合材料的制备方法

高分子基纳米复合材料的制备方法有溶胶-凝胶法、插层复合法、共混法、原位聚合法、模板法等。各种制备纳米复合材料方法的核心思想都是要对复合体系中纳米单元的自身几何参数、空间分布参数和体积分数等进行有效的控制，尤其是要通过对制备条件的控制，例如空间限制条件、反应动力学因素、热力学因素等，来保证体系的某一组成相至少一维尺寸在纳米尺度范围内（即控制纳米单元的初级结构），以避免具有极高表面活性的纳米颗粒与其他原子结合而导致团聚，形成较大的纳米微粒团聚体，从而失去纳米材料的小尺寸效应。同时控制纳米相的形成以及与聚合物之间的相容性，以及考虑控制纳米单元聚集体的次级结构。

3.2.1 溶胶-凝胶法

溶胶-凝胶法是纳米粒子制备中应用最早的一种方法，自 20 世纪 80 年代开始应用于制备聚合物无机纳米复合材料，现在已成为制备高分子无机纳米粒子复合材料的一种重要方法。通常的方法是在有机金属化合物或含硅的有机物前驱体溶液中引入有机相聚合物，在适当的条件下（如水解）形成稳定的溶胶，然后经过蒸发干燥转变成凝胶，或在无机物溶胶中加入单体，然后进行聚合形成高分子基纳米复合材料。

有机溶液中的分子前驱体可以使得有机和无机物质在分子水平上结合，但有机、无机物质的化学反应是极为不同的，这样在聚合过程中有机无机物质的相分离就会发生。为了避免相分离的出现，就得在有机、无机物间形成一定的结合力。溶胶-凝胶法可以在聚合物和无机材料之间形成这种结合力，这种结合力可能是较弱的范德华力、氢键，也可能是共价键。在两相间引入化学键可通过以下方法实现：一是在聚合物链中引入硅烷、硅醇和其他功能性基团，这些功能基团可以在一定条件下发生水解，然后和水解后的烷氧化合物发生共缩聚反应；二是利用聚合物链上已经存在的功能基团；三是在溶胶-凝胶过程中加入硅氧烷，如 $R'Si(OR)_3$，其中有机基团 R 为可聚合基团。

图 3-1（见彩插）所示为溶胶-凝胶法制备二氧化硅改性苯乙烯接枝天然橡胶的示意图，一种方案是将纳米二氧化硅的前驱体正硅酸乙酯加入到天然橡胶和苯乙烯中，直接生成二氧化硅改性苯乙烯接枝天然橡胶 [见图 3-1(a)]；另一种方案是先采用苯乙烯接枝天然橡胶，进而加入正硅酸乙酯，生成二氧化硅改性苯乙烯接枝天然橡胶 [见图 3-1(b)]。由于苯乙烯的空间位阻作用，正硅酸乙酯向苯乙烯接枝天然橡胶大分子的扩散速度小于向天然橡胶分子中的扩散速度，因此在苯乙烯接枝天然橡胶的同时加入正硅酸乙酯有利于在天然橡胶表面水解生成纳米二氧化硅。

该方法的特点在于可在温和反应条件下进行，且两相分散均匀。有机、无机相可以从没有化学键结合到氢键、共价键结合。材料的形态可以是互穿网络、半互穿网络、网络间交联。该方法目前存在的最大问题是凝胶干燥过程中，由于溶剂、小分子、水的挥发可能导致

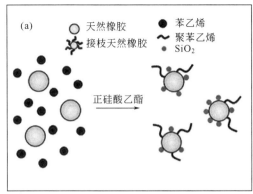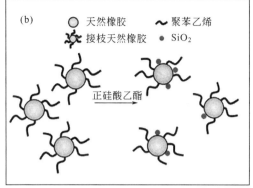

图 3-1　溶胶-凝胶法制备二氧化硅改性苯乙烯接枝天然橡胶示意图

材料收缩脆裂。尽管如此，该法仍是目前应用最多和比较完善的方法之一，在制造功能材料方面具有广泛的应用前景。

3.2.2　插层复合法

在自然界中，许多无机化合物如硅酸盐类黏土、石墨、金属氧化物等都具有典型的层状结构，每片层的厚度在 1nm 左右。黏土层间有可交换性阳离子，可与有机金属离子、有机阳离子型表面活性剂和阳离子染料等进行阳离子交换，通过离子交换作用使黏土层间间距由几个埃增加到几十埃。在适当的聚合条件下，单体在片层之间聚合使层间距离进一步增大，进而破坏硅酸盐的片层结构，甚至剥离成厚度为 1nm、长宽均为 100nm 左右的单层状硅酸盐基本单元，使片层以纳米级厚度均匀分散于聚合物中，从而实现了高分子与黏土类层状硅酸盐在纳米尺度上的复合。插层复合法是目前制备聚合物基层状纳米复合材料的主要方法。

插层法合成复合材料的关键是如何将层状硅酸盐剥离成纳米级的片层结构，而且如何克服亲水性的硅酸盐片层与亲油性高聚物的不相容性。高分子基层状硅酸盐纳米复合材料包括普通型复合物（conventional composite）、插层型纳米复合材料（intercalatd nanocomposite）和剥离型纳米复合材料（exfoliated nanocomposite）三种类型。由于高分子链运动特性在层间的受限空间与层外自由空间有很大差异，插层型纳米复合材料可作为各向异性的功能材料，而剥离型纳米复合材料具有很强的增强效应，是理想的强韧型材料。

插层复合法可分为三类：插层聚合法、溶液插层法和熔体插层法。

插层聚合法是先将单体分散、插入到层状无机物（硅酸盐等）片层中（一般是将单体和层状无机物分别溶解到某一溶剂中），然后单体在外加条件（如氧化剂、光、热等）下发生原位聚合（见图 3-2）。利用聚合时放出的大量热量。克服硅酸盐片层间的库仑力而使其剥离，从而使纳米尺度硅酸盐片层与高分子物基体以化学键的方式结合。

蒙脱土是广泛使用的层状硅酸盐黏土，它的化学成分是 $Al_2O_3 \cdot 4SiO_2 \cdot 3H_2O$，理论上各组分的质量分数为：$SiO_2$ 88.7%，Al_2O_3 5.3%，H_2O 5%。蒙脱土为 2:1 型层状硅酸盐，每个单位晶胞由两个硅氧四面体中间夹带一层铝氧八面体构成，两者之间靠共用氧原子连接，结构极为牢固。每层的厚度约为 1nm，长、宽各约 100nm。层间距大约为 1nm。由于蒙脱土铝氧八面体上部分三价铝被二价镁同晶置换，使层内表面具有负电荷，过剩的负电荷通过层间吸附的阳离子来补偿，如 Na^+、K^+、Ca^{2+} 等，图 3-3 为蒙脱土的理想结构示意图。1987 年，日本首先利用插层复合法制备尼龙 6/黏土纳米复合材料。中国科学院化学

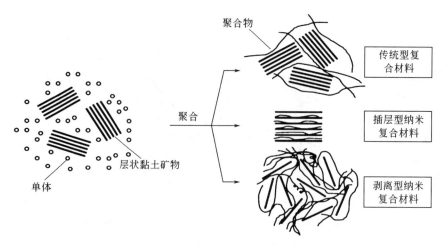

图 3-2　插层聚合法示意图

研究所对尼龙 6/蒙脱土体系进行了研究，并首创了"一步法"复合方法，即将蒙脱土层间阳离子交换、单体插入层间以及单体聚合在同一步中完成。

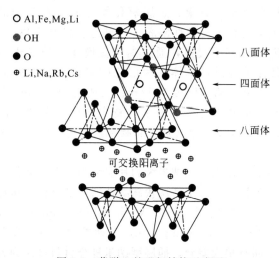

图 3-3　蒙脱土的理想结构示意图

溶液插层法是高分子链在溶液中借助于溶剂而插层进入无机物层间，利用力学或热力学作用使层状硅酸盐剥离成纳米尺度的片层并均匀分散在聚合物基体中形成纳米复合材料。

熔体插层法是将高分子物加热到熔融状态下，在静止或剪切力的作用下直接插入片间，制得高分子基纳米复合材料。对大多数很重要的高分子来说，因找不到合适的单体插层或找不到合适的溶剂同时溶解高分子和分散料，因此上述两种方式都有其局限性，采用熔体插层法即能很方便地实现。熔体插层法是美国 Cornell 大学的 Vaia 和 Giannelis 等首先采用的一种创新方法。他们通过熔体插层法制备了 PS/黏土、PEO/黏土高分子基纳米复合材料。由于熔体插层法不使用溶剂，工艺简单，并且可以减少对环境的污染，因而已引起广泛重视。

由于高分子基黏土纳米复合材料具有纳米相分散、强界面作用等性质，与常规聚合物/无机填料复合材料相比具有更优异的力学、热学和气体阻隔性能，因而用插层聚合法制备纳米复合材料备受关注。

高分子基蒙脱土纳米复合材料在制革工业湿加工工段的研究较多，主要采用插层聚合法和溶液插层法制备（具体内容详见 4.1.2 节）。由于熔体插层法主要用于固体材料的成型加工，因此在轻纺工业中的使用较少。

3.2.3　原位聚合法

原位聚合法与插层聚合法有一定的相似处，而原位聚合法的概念更广，是指首先使用纳米尺度的无机填料（如 SiO_2、ZnO 等）在单体中均匀分散，然后用类似于本体聚合的方法进行聚合反应，从而得到纳米复合材料，通过这一方法，无机粒子能够比较均一地分散于聚合物基体中。这一方法制备的复合材料的填充粒子分散均匀，粒子的纳米特性完好无损，同时原位填充过程只经过一次聚合成型，不需热加工，避免了由此产生的降解，保持了基体性能的稳定性。

作者以纳米 SiO_2 粉体、丙烯酸酯类单体为原料，通过超声处理使纳米二氧化硅分散均匀，然后引发丙烯酸酯类单体进行乳液聚合，通过原位聚合法制备聚丙烯酸酯/纳米 SiO_2 复合涂饰剂。由于二氧化硅表面带有一定的活性基团，这些活性基团在乳液聚合条件下可与聚丙烯酸酯链段发生作用，从而使聚丙烯酸酯的线型结构转变为网状结构（具体内容详见 6.1.2.2）。

3.2.4 共混法

共混法即纳米粒子直接分散法。该方法是首先合成出各种形态的纳米粒子，再将其与有机聚合物混合。为防止粒子团聚，有时在共混前要对纳米粒子表面进行处理。

共混法的优点是纳米粒子的制备与材料的合成分步进行，可控制纳米粒子的形态、尺寸。不利之处是纳米粒子在与聚合物的混合过程中都同时存在着"分散过程"和"聚积过程"，由于纳米粒子粒径小、比表面积大和比表面能极大，同时聚合物体系黏度大，因此纳米粒子很容易团聚，共混时实现粒子的均匀分散有一定的困难。因此，共混前对纳米粒子表面进行处理，或在共混时加入分散剂，或表面活性剂，或通过超声波处理，以使其在基体中以原生粒子的形态均匀分散，这是应用该法的关键。

不同的分散剂在分散体系中所起的作用不尽相同。分散剂包括无机电解质和有机高聚物两类，无机电解质分散剂主要用于极性表面颗粒在水中的分散，而有机高聚物分散剂随其特性不同在水中或在有机介质中均可使用。表面活性剂的分散作用主要表现在它对颗粒表面润湿性的调整上，按分子的大小可分为低分子表面活性剂和高分子表面活性剂，按其极性可分为阴离子性、阳离子性和非离子性表面活性剂。适当浓度的表面活性剂可以引起颗粒的分散和团聚。通过在颗粒悬浮体中加入无机电解质、有机高聚物及表面活性剂能使其在颗粒表面吸附，改变颗粒表面的性质，改变颗粒与液相介质、颗粒与颗粒间的相互作用，从而使体系分散。作者将纳米二氧化硅与聚丙烯酸酯通过物理共混的方式复合在一起，考察了不同类型表面活性剂对复合涂饰剂成膜性能的影响（具体内容详见 6.1.2.1）。

3.2.5 模板法

模板合成法可获得各种理想形貌的纳米、微米材料。广义上讲，模板可定义为具有一定内在网孔的框架结构材料，当另一种材料在模板内部或周围原位生长时，采用某种方法除去模板后，得到由模板结构和形貌控制的纳米材料。模板法就是将具有纳米结构，形状容易控制的物质作为模板，通过物理或化学的方法将相关材料沉积到模板的孔中或表面，得到具有模板规范形貌与尺寸的纳米材料的过程。

模板法通常有两种，一种是在有机的模板中形成无机纳米结构，另一种是单体在无机的模板中聚合得到聚合物纳米结构，制备有机无机纳米复合材料。Susann Schachschal 等用 β-二酮官能团修饰的聚苯乙烯亚微米粒子为模板，在其表面生长羟基磷灰石纳米晶，从而得到聚合物为核的杂化粒子。刘欣萍等在氧化钙变化成氢氧化钙的过程中，采用苯酚和甲醛反应生成的酚醛树脂原位包覆在 $Ca(OH)_2$ 表面，形成胶囊氢氧化钙。模板聚合的关键问题是单体向纳米空间内的扩散、填充以及单体在纳米空间内的受限聚合，需要寻求和开发新的技术和方法。

模板合成纳米结构是一种物理、化学等多种方法集成的合成策略，使人们在设计、制备、组装多种材料纳米结构及其阵列体系上有了更多的自由度，在纳米结构制备科学中占有极其重要的地位和具有广阔的应用前景。利用模板可以制备各种材料，例如导电高分子、金属、合金、半导体、氧化物、碳及其他材料的纳米结构；适用于多种制备方法，如电沉积、溶胶-凝胶、气相沉积等沉积手段；可以合成分散性好的纳米结构材料以及它们的复合体系，例如 p-n 结、多层管和丝等；可以获得其他手段难以得到的直径极小的纳米管和纳米纤维，还可以通过改变模板柱形孔径的大小来调节纳米管和纳米纤维的直径；可以根据改变模板内被组装物质的成分以及纳米管和纳米纤维的纵横比对纳米结构性能进行调节。

3.2.6 自组装技术

自组装技术是建立在静电相互作用原理上，其最大的特点是对沉积过程或膜结构的分子进行控制，且可利用连续沉积不同组分的方法，实现层间分子对称或非对称的二维甚至三维的超晶格结构。1983 年，Netzer 首次用自组装法在处理过的硅板上以 $CH_2 =\!\!= CH(CH_2)_{14}SiCl_3$ 为原料制备了多层硅氧烷薄膜，1992 年，Decher 首次利用自组装的方法制备聚合物纳米复合膜，1995 年，Kofov 等首次利用自组装法合成了稳定性记号的半导体纳米离子/聚电解质纳米复合膜。自组装技术成为材料科学研究的前沿和热点。

所谓自组装是指分子及纳米颗粒等结构单元在平衡条件下，通过非共价键作用自发地缔结成热力学上稳定的、结构上确定的、性能上特殊的聚集体的过程。自组装归属于基于分子间非共价键弱作用的超分子化学，有机分子及其他结构单元在一定条件下自发地通过非共价键缔结成为具有确定结构的点、线、单分子层、多层膜、块、囊泡、胶束、微管、小棒等各种形态的功能体系的物理化学过程都是自组装。自组装的最大特点是，自组装过程一旦开始，将自动进行到某个预期的终点，分子等结构单元将自动排列成有序的图形，即使是形成复杂的功能体系也不需要外力的作用。自组装技术主要包括 Langmuir-Blodgett 膜法（L-B膜法）、逐层自组装和仿生合成等技术。

3.2.6.1 L-B 膜法

单分子膜也称 Langmuir 膜，一种将气/液界面上的单分子膜转移到固体表面所组装的薄膜称为 Langmuir-Blodgett 膜，此技术也称为 L-B 技术。L-B 膜是利用分子间的相互作用力，人为建立起来的特殊分子体系，是分子水平上的有序组装体系。L-B 膜是利用具有疏水端和亲水端的两亲性分子在气-液（一般为水溶液）界面的定向性质，在侧向施加一定的压力（高达数十个大气压）的条件下，形成分子紧密定向排列的分子膜，这种定向排列可通过一定的挂膜方式有序、均匀地转移到固定载片上。

要形成单分子膜，要求成膜物质具有两亲性，即分子既要具有与水有一定亲和力的亲水头基，又要具有足够长的疏水脂肪链（一般要求在 16~22 个碳之间），使得分子能在水面上铺展而不溶解。20 世纪 60 年代，Kuhn 等人首先用 L-B 技术将一些不具有典型两亲性分子结构的功能性分子组装到多层膜中并构造分子有序体系，推动了 L-B 膜的研究。现在各种类型的染料分子、聚合物、生物小分子、生物大分子蛋白和酶、无机纳米粒和荧光化合物等均能组装到 L-B 膜中。

用 L-B 膜法制备的纳米复合材料，除具有纳米粒子特有的量子尺寸效应外，还具有 L-B 膜分子层次有序、膜厚可控、易于组装等优点。目前通过改变纳米粒子的种类及制备条件，来改变所制得材料的光电性能，从而使得该类材料在微电子、光电子、非线性光学和传感器等领域得到了广泛的应用。

3.2.6.2　逐层自组装法

逐层自组装法是人们继 L-B 膜技术后开发出的一种新的逐层自组装技术。逐层自组装法是以阴、阳离子的静电相互作用为驱动力,采用与纳米微粒具有相反电荷的双离子或多聚离子化合物,与纳米微粒进行交替沉积生长,可制备出复合纳米微粒的有机-无机复合膜。其特殊的驱动力保证了交替膜以单分子层结构进行有序生长。该方法是利用有机或无机阴、阳离子之间的静电相互作用为成膜驱动力,通过相反离子体系的交替分子沉积制备成的一种层状有序超薄膜。这种有序膜层间以强的分子间相互作用离子键结合,是一种平衡态的沉积过程,而且每层沉积后的表面都是活性离子体系,可以连续沉积形成多层有序的自组装超薄膜。

逐层自组装法具有制备工艺简单,不需要昂贵仪器设备,热稳定性和长期稳定性好,不受基体形状和面积的限制等优点。此外,分子的功能性部分高密度填充,可定向排列,膜厚可达分子级,能一次性大面积制作,容易得到不同结构的膜层等。

逐层自组装法是构筑纺织品超疏水表面一种常见的方法,在环氧基化改性的棉织物上通过共价键组装表面氨基化和环氧基化的二氧化硅纳米颗粒,形成双重粗糙结构。然后利用含氟化合物对织物进行疏水化处理,获得超疏水功能的纺织品(具体内容详见 5.4.2.1)。

3.2.6.3　仿生合成

仿生合成是受生物矿化过程启示而发展起来的新方法,它是将无机先驱物在有机自组装体与溶液相的界面处发生化学反应,在自组装体的模板作用下,形成具有一定形状、尺寸、取向和结构的无机/有机复合体。由于表面活性剂在溶液中可形成胶束、微乳、液晶、囊泡等自组装体,因此,往往用作模板。

3.2.7　γ射线辐射法

γ射线辐射法是新近发展起来的用于制备纳米材料的方法。其基本方法是聚合物单体与金属盐在分子水平上混合均匀后进行辐照。该制备方法按体系的不同分为:水体系和非水体系辐射制备。目前研究较多的是水体系辐射制备。水体系中的制备方法常分为两类:水溶液体系和微乳液体系。而微乳液体系又包括油包水、水包油和双连续相三种。

目前,在水溶液体系中利用辐射法可以制备出聚丙烯酰胺-银纳米复合材料。微乳液体系中由于水、油、乳化剂的参数不同,其水滴可以呈球状、棒状、片状等,理论上可以制备特殊形貌的纳米材料。采用常规化学法在引发反应的同时会影响微乳液的微相结构,而辐射法因为是使用γ射线(非外加反应物)来引发反应,一般不会影响微结构,对制备特殊微相结构的纳米复合材料很有意义。不仅在水体系中能制备复合材料,在非水体系中也取得一定成果。

γ射线辐射法与其他制备聚合物-无机纳米复合材料的方法相比有无可比拟的优越性,因为它提供了一种简便有效的一步制备法。在辐射法中,聚合物单体与金属盐在分子水平上混合均匀后进行辐照,辐射产生的初级产物可同时引发单体聚合和金属离子的还原。聚合物的生成速度远远大于金属原子的团聚速度,从而限制了已形成的金属纳米小颗粒的进一步团聚,因此可得到分散相粒径小、分布均匀的复合材料。

3.2.8　电化学合成法

电化学合成法有很多种,包括电化学聚合、高压电纺等。电化学聚合是以电极电位为引发力和驱动力,使单体在电极表面直接聚合制备膜。反应通常在有 1、2 或者 3 个隔槽的三电极（工作、参比和辅助电极）电化学反应池中进行，将单体、金属离子、溶液和电解质分散后，在外加电压作用下，聚合反应在电极表面发生并逐步推进。

电化学聚合法比较简单，有一些独特的优点：一是掺杂和聚合同时进行；二是通过改变聚合电位和电量能方便地控制膜的氧化还原态和厚度；三是产物无需分离，可以直接应用。缺点是电化学法生产批量小，产品电导率不高。这种方法可以直接制备各种功能型聚合物复合薄膜，简单实用，因此受到人们的广泛关注。

除了电化学聚合，还有电纺法制备聚合物-无机复合电纺纤维。静电纺丝是将 2000～20000V 高电压加在有高分子溶液的喷嘴前端和基盘之间，从喷嘴前端喷射出带电荷的高聚物，高聚物呈直线式喷出，喷洒沉积在基盘上，期间溶剂挥发。

高分子基无机纳米复合材料与单一相材料相比，其中无机纳米组分与高分子基体的相互作用产生新的效应，实现两者的优势互补，产生更加优异的性能，所以在轻纺产品中有着广泛应用。其中溶胶-凝胶法、插层复合法、原位聚合法、共混法在轻纺产品的制备中采用较多。

3.3 高分子基纳米复合材料的性能

当材料或它的特性产生的机制被限制在小于某些临界长度尺寸的空间之内时，特性就会改变。纳米材料的尺寸被限制在 100nm 以下，在这个尺寸范围内，各种限域效应引起的各种特性有相当大的改变。当纳米颗粒材料添加到材料中，根据不同的需要选择适当的材料和添加量，会给复合材料引入新的材料性能。首先，纳米粒子本身具有量子尺寸效应、小尺寸效应、表面界面效应和宏观量子隧道效应等特殊的材料特性，这会给复合材料带来光、电、热、力学等方面的奇异特性；其次，纳米颗粒增强复合材料所具有的特殊结构，即高浓度界面、特殊界面结构、巨大的表面能等必然会大大影响复合材料的性能。采用纳米材料与其高分子基体材料（如树脂、橡胶等）制成的纳米复合材料具有独特的性能，例如力学性能、热学性能、电学性能等。

3.3.1 力学性能

加入少量的纳米粒子，可使高分子基聚合物复合体系的强度和韧性大幅度提高，而传统的无机矿物、纤维填充复合材料要达到同样的性能需要加入大量的填料，而且在提高强度的同时会使体系的韧性下降。聚合物基纳米复合材料中，纳米微粒的粒径很小，大大增加了分散相和基体之间的界面面积，两相的相互作用较强，界面黏合良好，因而具有很好的强度。如果分散相和基体之间以化学键相连，则可进一步提高强度。另一方面，当纳米复合材料受冲击时，填料粒子脱黏，基体产生空洞化损伤，若基体层厚度小于临界基体层厚度时，则基体层塑性变形大大加强，从而使材料的韧性大大提高。

由于纳米粒子的同步增强增韧效应，使得聚合物的力学性能显著提高。聚合物/MMT 纳米复合材料是主要的高分子基纳米复合材料之一，主要有聚酰胺/MMT、热固性树脂/MMT、热塑性树脂/MMT、聚氨酯/MMT、橡胶/MMT 等体系。由于纳米效应和独特结构，与传统材料相比，聚合物/MMT 纳米复合材料有优良的力学性能。

表 3-1 是 PA6/MMT（nc_PA6）纳米复合材料与尼龙 6 性能比较。从表中可以看出，nc_PA6 的热变形温度近乎是 PA6 一倍，这么显著的变化主要是由于 PA6/MMT 纳米复合材料内部独特的微观结构和 PA6 分子链与 MMT 片层间强烈的界面相互作用，使 MMT 片层可以有效地帮助基体分子在高温下保持良好的力学稳定性。拉伸强度和弯曲模量也有很大的提高，这些都是由于纳米 MMT 具有较高的厚径比导致的结果。

表 3-1　PA6/MMT（nc_PA6）纳米复合材料与尼龙 6 性能比较

性能	25℃特性黏数	熔点/℃	拉伸强度/MPa	断裂伸长率/%	热变形温度(1.85MPa)/℃	弯曲强度/MPa	弯曲模量/MPa
PA6	2.0～3.0	215～225	75～85	30	65	115	3.0
nc_PA6	2.4～3.2	213～223	95～105	10～20	120～150	130～160	3.5～4.5

3.3.2　光学性能

纳米粒子的量子效应使许多半导体型纳米颗粒具有强的荧光性质，通过一定方式使纳米粒子复合到聚合物中，利用聚合物良好的光学透明性，可制备聚合物复合的光学材料和发光材料。

粒子间相互作用引起的协同效应对光学性能影响显著，局域场强烈起伏也造成复合材料非线性光学效应的增强。例如当纳米粒子分散在高聚物基体中时，由于介电局域效应，即高聚物基体（通常折射率较低）和半导体或金属粒子（通常折射率较高）折射率不同，在光照射下，粒子表面附近（包括内、外层）的场强由于折射率变化造成的边界效应而增大，从而引起高分子纳米复合材料特异的光学物理性能。通过改变粒子的含量、尺寸、形状及表面化学性质，改变复合材料的光学性质，包括光敏性、透光性、光学密度、非线性光学系数等。

例如纳米 CdSe 粒子/聚合物纳米复合材料不论粒子含量高低都呈高光电导性，可以用于电子照相和光热塑记录介质。Zhang 等利用聚对苯乙烯磺酸钠（PSS）和聚二丙烯基二甲基氯化铵（PDDA）基体中的磺酸基和氨基与 Cd^{2+} 的吸附配位作用引入 Cd^{2+}，再与硫代乙酰胺作用得到了 CdS/PDDA 和 CdS/PSS 的复合材料。以三聚氰胺甲醛（MF）微球为模板，采用静电层自组装的方法，制得聚电解质 CdS/PDDA 和 CdS/PSS 为壳层，MF 微球为核，具有稳定荧光性能的 CdS/聚电解质核壳式复合微球。

纳米材料具有强烈的表面效应和体积效应，对各种波长的光具有强烈的屏蔽能力。如纳米 ZnO 对紫外线具有强烈的吸收能力，因此被用作抗紫外剂。利用纳米 TiO_2 对各种波长光的吸收带宽化和蓝移的特点，将 30～40nm 的 TiO_2 分散到树脂中制成薄膜，可以制成对 400nm 波长以下的光有强烈吸收能力的防紫外线材料。将某些纳米粒子对红外光波吸收的特性添加至纤维后，可以对人体释放的红外线起到很好的屏蔽作用，且可以增加保暖作用，减轻衣服的质量。

纳米粒子对包括红外线、雷达波的光波有强烈的吸收作用，且其尺寸远小于红外线和雷达波波长，透射率较高，所以反射信号强度大大降低，达到隐身作用，且粒子密度小，利于在航空方面的应用。例如纳米氧化铝、氧化铁、氧化硅等对中红外波段的吸收；纳米磁性粒子既有优良的吸波特性，又有良好的吸收和耗散红外线的性能；纳米级的硼化物、碳化物，包括纳米纤维，能应用在隐身材料方面。利用半导体高分子和纳米粒子复合材料的光诱导电化学反应，可以制备光致变色材料、彩色显示材料等。

3.3.3　电学性能

因导电高分子基纳米复合材料集高分子自身的导电性与纳米颗粒的功能性于一体，具有极强的应用背景，从而迅速地成为纳米复合材料领域的一个重要研究方向。将绝缘高聚物、导电高聚物和高聚物电解质等高聚物与绝缘体、半导体、离子导体等不同电学特性的层状无机物复合，制得的高聚物/无机物层插型纳米复合材料，具有多种新的电学性能，可以作电气、电子及光电产品的材料。

纳米颗粒尺寸越小，电子平均自由程就越短，偏离理想周期场越严重，导致其具有特殊的导电性。当晶粒尺寸达到纳米量级时，金属会显示非金属特征。例如：60nm 的氧化锌压敏电阻、非线性阈值电压为 100V/cm，当氧化锌的尺寸减少至 4nm，阈值电压为 4kV/cm。通过添加少量的纳米材料，可以将阈值电压调制在 100V～30kV 之间，根据需要设计具有不同阈值电压的新型纳米氧化锌压敏电阻。将纳米 TiO_2、Cr_2O_3、Fe_2O_3、ZnO 等掺入树脂中有良好的静电屏蔽性能。纳米材料添加到塑料中使其抗老化能力增强，寿命提高，添加到橡胶中可以提高介电和耐磨特性。

美国 Sussex 大学的 Armes 研究小组首先以无机纳米微粒 SiO_2 作为分散剂制备出呈胶体状态分散的聚苯胺/纳米二氧化硅（$PANI/SiO_2$）的复合材料，以此改善导电高分子的加工性。日本松下公司研制出具有良好静电屏蔽的纳米涂料，利用具有半导体特性的纳米氧化物粒子 Fe_2O_3、TiO_2、ZnO 等做成涂料。由于该涂料具有较高的导电特性，因而能起到静电屏蔽作用。

3.3.4 催化性

高分子基纳米复合材料催化剂是以聚合物为载体，以纳米粒子为催化活性中心的高效催化复合体系，既能发挥纳米粒子催化的高效性和高选择性，又能通过高聚物的稳定作用使之具有长效稳定性。高分子基纳米复合材料作为光催化剂有许多优点。首先是其中的纳米粒子粒径小、比表面积大、光催化效率高、化学反应活性高；其次，纳米粒子分散在介质中往往具有透明性，容易运用光学手段来观察界面间的电荷转移、质子转移、半导体能级结构与表面态密度的变化；第三，纳米粒子以高聚物作为基体，既能发挥纳米粒子的高催化活性和选择催化性，又能通过高聚物的稳定作用使之具有长效稳定性。

常用的纳米粒子催化剂主要是金属粒子，有贵金属（Pt、Rh、Ag、Pd 等）和非贵金属（Ni、Fe、Co 等）。另外一些金属氧化物，如 TiO_2 等具有光催化性能，这些粒子可以负载在多孔树脂上或沉积在聚合物膜上，从而得到纳米粒子/聚合物复合材料催化剂，如 Ni/PEO 用作烯烃催化加氢等。

Nafion 树脂是一种 Perfluorinated 离子交换高分子，常用作多相强酸催化剂，但由于高分子珠子的表面积太小，通常小于 $0.02m^2/g$，催化活性受到很大的限制。一种夹在疏松的多孔 SiO_2 骨架上的 Nafion 树脂作为强酸性催化剂，可大大改善酸性基团参与反应的能力。Mark A. Harmer 等将粒子直径为 20～60nm 的 Nafion 树脂加入到多孔硅胶中形成纳米复合材料，由于复合材料的表面积增加到 $150～500m^2/g$，使复合材料的催化活性比原高分子提高了 100 倍。

3.3.5 阻隔性能

插层型高分子基纳米复合材料引人注目的性能之一是其高阻隔性，这种特性来源于其特殊的结构。例如高分子基蒙脱土纳米复合材料可大大提高材料的气体阻隔性，这是因为 MMT 本身对气体的阻隔作用导致的。在复合材料中存在分散的、大尺寸比的 MMT 层片，这些层片与合成纳米复合材料的聚合物薄膜表面取向平行，且不能透过气体分子，这就迫使其要通过围绕 MMT 粒子的弯曲路径才能透过薄膜，提高扩散的有机通道长度，使扩散阻力上升，透过率下降，如图 3-4 所示，图中 d 表示薄膜厚度；s 表示气体渗透距离；L 表示 MMT 长度；W 表示 MMT 片层厚度。因此

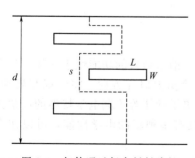

图 3-4 气体通过复合材料路径

这类材料具有较高的气密性、耐水性、耐溶剂性和隔热性等优良的特性。

在尼龙 6 和环氧树脂中分散少量层状蒙脱土，并暴露在氧等离子体中，可形成均匀钝态和自恢复无机表面。由于纳米复合物中表面高分子的氧化使层状硅酸盐的含量相对增多，从而形成一层无机表面层。此无机区域是湍层的，层状硅酸盐之间的平均距离为 1～4nm。这类陶瓷硅酸盐提供了一种纳米复合物的涂层，可以阻止氧气离子的渗入，从而提高了高分子材料在氧环境中的生存寿命。Mueller Chad 等人将聚酰胺、乙烯乙烯醇共聚物、乙烯乙烯酯共聚物、马来酸酐共聚的聚酯，分别与纳米蒙脱土、叶硅酸形成热塑性的纳米复合物后可提高复合物的阻隔与力学性能。

3.3.6　阻燃性能

聚合物/无机物纳米复合材料开辟了阻燃高分子材料的新途径。当基体中无机物组分含量为 5%～10% 时，由于纳米材料极大比表面积而产生的一系列效应，使它们具有较常规聚合物/填料复合材料无法比拟的优点，如密度小、机械强度高、吸气性和透气性低等，特别是这类材料的耐热性和阻燃性也大为提高。因此，以聚合物/无机物纳米复合材料作为阻燃材料，不仅可达到很多使用场所要求的阻燃等级，而且能保持甚至改善聚合物基材原有的优异性能。添加纳米材料得到的阻燃复合材料是一种新型的聚合物阻燃体系，被誉为阻燃技术的革命，主要是通过添加蒙脱土、碳纳米管、层状氧化石墨、纳米碳纤维等材料来实现。

1976 年，日本学者 Fujiwara 等首次提出黏土在聚合物复合材料的阻燃方面存在应用潜力。1998 年，美国国家标准和技术研究所（National Institute of Standard and Technology, NIST）的建筑和火灾实验室 Gilman 等率先开展了聚合物/黏土纳米复合材料的阻燃性能的系统研究。聚合物/黏土纳米复合材料的阻燃性能的研究近几年来受到广泛关注。研究表明，阻燃技术与聚合物/黏土纳米复合技术相结合，以相对较少的阻燃剂添加量，形成纳米复合协同高效阻燃体系，能有效地提高阻燃性能，达到相关的阻燃标准，火灾危险性较低，并能保持或提高材料的其他性能，从而达到使用要求。因此阻燃聚合物/黏土纳米复合材料有可能是一种具有相当潜力的新型阻燃材料。实验证明只需要很少的黏土填料（质量分数为 5%），PCN 较原聚合物的阻燃性能有较大改善，如 PA6 在加入 5% 的黏土后，其热释放速率的峰值由 $1011kW/m^2$ 变为 $378kW/m^2$，同时具有相当高的强度、弹性模量、韧性和阻隔性能。

其他研究较多的层状无机物有层状双氢氧化物，由水镁石结构中的二价阳离子（M^{2+}）被三价阳离子（M^{3+}）取代而形成，层上产生的剩余正电荷与被吸附在层间的阴离子到达平衡。金属双氢氧化物具有片层结构，可与聚合物大分子链实现纳米复合。

在 2002 年的第 13 届 BBC 阻燃会议上，Bayer 首次提出将多壁碳纳米管（MWCNT）作为高分子基纳米复合材料的阻燃剂。由于碳纳米管（CNT）是典型的富勒烯（笼形原子簇），实际上是由石墨片卷曲而成的无缝纳米管，其壁厚仅为几纳米，直径为几纳米至几十纳米，轴向长度为微米至厘米量级，长径比达 100～1000。CNT 结构与球烯和石墨类似，为杂化碳构成的弯曲晶面，最短的 C—C 键长 0.142nm。将 MWCNT 作为高分子基纳米复合材料的阻燃剂，具有一系列优点：①较大的长径比；②MWCNT 与很多聚合物有很好的相容性；③聚合物/MWCNT 纳米复合材料不会缩短引燃时间；④当在聚合物中的质量分数为 2.0%～5.0% 时，MWCNT 在降低材料释热速率及质量损失速率方面优越性明显。

聚合物/POSS 纳米复合材料是近几年新兴的一种纳米复合材料。POSS 是一种分子结构为 $RSiO_{1.5}$ 的寡聚倍半硅氧烷，R 可为 H、烷基、亚烃基、芳基、亚芳基或这些基团的取代基。POSS 具有由 Si—O 键组成的六面体的笼状结构,在六面体的八个顶角上带有有机基团。POSS 本身具有纳米尺寸,其分子尺寸约 1.5nm。聚合物/POSS 纳米复合材料以 POSS 为无机成分,无机相与有机相间通过强的化学键结合,不存在无机粒子的团聚和两相界面结合力弱的问题,从而提高了聚合物的耐热性、氧气渗透性、硬度和耐热阻燃性能。

3.3.7 抗菌性

纳米抗菌材料是近几年研制开发的一类新型保健抗菌材料,是抗菌技术研究的重点。随着人们健康意识的提高,纳米抗菌产品不断进入人们的日常生活。如市场上出现的纳米抗菌洗衣机、抗菌冰箱、抗菌保暖内衣、抗菌鞋袜等风靡市场,极大地丰富了人们的物质生活,提高了人们的生活质量。

可用作抗菌剂的无机材料主要为 n 型半导体材料,如 TiO_2、ZnO、CdS、SnO_2、ZrO_2 等。TiO_2 是目前最常见的光催化型抗菌剂,尤其是锐钛型 TiO_2。该材料毒性低,对人体安全,对皮肤无刺激,抗菌能力强,抗菌谱广,具有即效的抗菌效果。光催化型抗菌剂无毒、无特殊气味、无刺激性,本身为白色,而且颜色稳定性好,高温下不变色、不分解,价格低廉,资源丰富。TiO_2 是建筑用涂料的一种很好助剂,一方面,它赋予涂料具有长效、广谱的抗菌、杀菌性能;另一方面,由于它的光催化降解性能,使涂料在净化空气上具有很好的功效。目前这方面已取得了一定的经济效益。医院等公共场所是细菌传播的主要场所,利用掺杂有 TiO_2 的涂料涂覆在内外墙表面,能很好地抑制大肠杆菌、金黄色葡萄球菌和沙门菌等细菌的传播。日本在抗菌涂料方面的研究和应用比较早,我国在这方面起步较晚,但近年发展迅速。青岛益群美亚新型涂料有限公司、北京化工大学研制出了具有抗菌防霉性能的纳米 TiO_2 内墙涂料,杀菌率都在 99% 以上。江苏河海纳米科技股份有限公司研制出了具有抗菌性能的纳米 TiO_2 多功能丙烯酸外墙涂料并已建成了该涂料中试生产线。

无机的纳米 SiO_2 粒子作为塑料中的掺杂相,被塑料包裹不易向外迁移,将高分子季铵盐共价接枝到纳米 SiO_2 表面后再添加到塑料中,被树脂包裹在一起,不易迁移和析出,抗菌塑料具有良好的抗菌长效性。在纳米 SiO_2 表面共价接枝高分子季铵盐,制备出抗菌纳米 SiO_2 粉体,抗菌效果与载银无机抗菌剂相比抗菌效果相当,两种抗菌剂对沙门菌和大肠杆菌的抗菌率都达到 90% 以上,接枝高分子抗菌剂的纳米 SiO_2 粉体对革兰阳性菌的抗菌效果要高于载银的无机抗菌剂,后者对革兰阴性菌的抗菌效果较好。将接枝高分子季铵盐的纳米 SiO_2 与不同基材树脂共混后得到的抗菌塑料,抗菌性能存在较大差异。与加工温度在 200℃ 以下的 PE 和 PVC 树脂共混后制备出抗菌塑料的抗菌效果非常明显,对金黄色葡萄球菌和大肠杆菌的抗菌率均超过了 95%;与加工温度在 200℃ 以上的 PP 和 HIPS 等树脂制备出的抗菌塑料的抗菌效果很差,对细菌的抗菌率小于 50%。使用季铵盐接枝 SiO_2 制备的抗菌剂中,最高加工温度不得高于 200℃。

3.3.8 生物特性

高分子纳米复合材料用于仿生材料有大量研究,实际上自然界生物的某些器官就是天然的高分子纳米复合材料。简单的牙齿替代材料是由有机聚合物基体、无机填充材料和界面偶联剂组成的,常用的无机填料是 SiO_2 粉体,利用溶胶-凝胶技术开发的无定形粉体 SiO_2 开始用于牙齿替代材料。

美国 Arizona 材料实验室和 Princeton 大学选用聚二甲基丙烯酸甲酯和聚偏氟乙烯共混物作为基体,通过钛的醇盐水解在基体中原位生成长形的纳米 TiO_2 粒子,通过沉淀过程中拉伸来控制堆垛取向制备人造骨头。采用无机纳米粒子与高沸点多官能低聚物(UDMA、

Bis-GMA、Bis-PMEPP 等）混合成型，所得材料的硬度高、耐磨性好、吸水性低、透明性高，可用于制备人工牙齿。另外，高分子纳米复合材料还可用于医用材料，如医用纱布中加入纳米银粒子可以消毒杀菌；还可用于环保材料，例如负载纳米粒子的多孔树脂可用于废气、废水等的处理；还可用作耐摩擦、耐磨损材料和高介电材料。

3.3.9　磁学性质

纳米材料与常规材料在磁结构方面的巨大差异，必然在磁学性能上表现出来。当晶粒尺寸减小到临界尺寸时，常规的铁磁性材料会转变为顺磁性，甚至处于超顺磁状态。纳米材料的尺寸达到某一临界值时进入超顺磁状态，如 Fe_3O_4 和 $\alpha\text{-}Fe_2O$ 的临界值分别为 16nm、20nm。在小尺寸条件下，当各项性能减小到与热运动可比拟时，磁化方向就不再固定在一个易磁化方向上，易磁化方向无规律的变化，结果导致超顺磁的出现。

纳米磁性材料始发现于 20 世纪 70 年代的巨磁电阻效应的发现，随后得到迅速发展。目前磁性纳米材料可分为三类：纳米微粒、纳米微晶和纳米结构材料等。将半导体纳米微粒与聚合物复合，在磁性材料、打印、数据存储等方面具有广阔的应用前景。

作为数据记录采集材料，由于磁性纳米微粒尺寸小，具有单磁畴结构、矫顽力很高的特性，用它可以做记录数据的器件，如录像磁带的磁体就是用磁性材料做成，它不仅记录信息量大，而且具有信噪比高、图像质量高等优点。

磁记录薄膜可以用来存储数据，用过度金属制成的磁记录薄膜，因自身的饱和磁化强度较高，而且不含任何胶黏物，所以允许采用磁性介质厚度更小，这对于提高数据的记录密度和成本的降低都非常有利。用此种材料可以做成磁头，磁头使用电磁感应原理制作而成，磁头可以作为读出和写入的工具。用高磁导率制成的磁头具有很好的软磁性能和耐磨性。用巨磁阻材料制作而成的磁头具有信号灵敏度高，信号强度不受偶磁头运动速度的影响，不需要制备感应线圈等特点。此外，采用纳米微晶磁材料，可以制作功率变压器、脉冲变压器、高频变压器、互感器、磁屏蔽、磁开关、传感器等。

磁纳米粒子是目前生物利用纳米材料异常活跃的研究对象之一，利用纳米粒子巨大的表面能，有多个结合位点，经表面改性后的颗粒能与生物体结合或发生反应的特点，通常磁性纳米粒子（如铁、镍、钴）为核，有机物或无机物为壳，通过表面修饰、包覆或组装等作用形成具有独特功能的复合粒子。这些复合粒子具有磁性能、悬浮稳定性、功能基团特性、生物相容和生物可降解性等特点。例如大多数酶在生物催化中起着重要作用，但因回收率和产率低，有限的重复使用率及在溶解状态下失效限制了其使用。酶分子具有多官能团，可以通过物理吸附、交联、共价耦合固定在磁性纳米粒子的表面。用磁性纳米颗粒固定化酶易于将酶与底物和产物分离，可提高酶的生物相容性和免疫活性，提高酶的稳定性，且操作简单、成本较低。作为酶的固定化载体，磁性高分子颗粒有利于固定化酶从反应体系中分离和回收，还可以利用外部磁场控制磁性材料固定化酶的运动和方向，从而代替传统的机械搅拌方式，提高固定化酶的催化效率。

3.4　高分子基纳米复合材料的结构表征

为了在纳米尺度上研究高分子基纳米复合材料的结构及性能，发现新现象，发展新方法，创造新技术，从原子尺度和纳米尺度对高分子基纳米复合材料进行表征是非常必要的。高分子纳米复合材料的表征技术可分为结构表征和性能表征。结构表征主要指对复合体系纳米相结构形态的表征，包括粒子初级结构和次级结构（纳米粒子自身的结构特征、粒子的形状、粒子的尺寸及其分布、粒间距分布等，对分形结构还有分形维数的确定等），以及纳米粒子之间或粒子与高分子基体之间的界面结构和作用。性能表征则是对复合体系性能的描述，并不是仅限于纳米复合体系。只有在准确地表征纳米材料的各种精细结构的基础上，才能实现对复合体系结构的有效控制，从而可按性能要求，设计、合成纳米复合材料。随着现代精密分析测试技术的飞速发展，为高分子基纳米复合材料的结构表征提供了越来越丰富的技术手段。第 2 章已对一些现代仪器分析方法及其在纳米颗粒的表征方面进行了介绍，对于前面已介绍的分析方法，本章将主要从其在高分子基纳米复合材料结构表征方面的应用进行介绍。

3.4.1 粒子尺寸及分散状况的表征

高分子基纳米复合材料中纳米粒子的尺寸和分散多采用透射电子显微镜进行观察，这对于观察纳米粒子的分散状况、测量和评估纳米粒子的尺寸具有重要的意义。对于很小的颗粒度，特别是仅由几个原子组成的团簇，就只能用扫描隧道电子显微镜和原子力显微镜来分析。同时，也可以利用透射电子显微镜与图像处理技术的结合来测定粒子的尺寸及其分散状况。

3.4.1.1 透射电子显微镜

透射电镜的分辨率在纳米级，可用于观察纳米粒子在高分子基体中的分散状况及测量和评估纳米粒子的尺寸，因此可以很好地应用于高分子基纳米复合材料的表征中。图 3-5 为聚乙二醇分散纳米 SnO_2 的 TEM 照片，可以观察到在高分子链中分散包裹着大量 SnO_2 纳米微晶，并且少见地观察到高分子材料成圆环链状形态。在高分子材料中包裹的微晶的大小约为 10nm，其晶格点阵清晰可见，晶颗之间相对分散，无大量团聚现象。

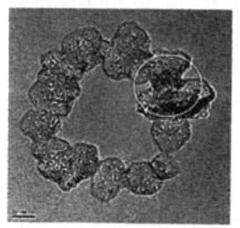

图 3-5 聚乙二醇分散纳米 SnO_2 的 TEM 照片（图中标尺为 50nm）

层状纳米粒子的分散性是影响聚合物基纳米复合材料性能的关键因素。主要通过对分散的均匀性以及片层的剥离状态进行定性的描述。通过 TEM 对纳米复合材料的超薄切片进行观察可以直观、有效地研究纳米粒子的分散性。图 3-6 为聚乳酸/石墨烯超薄切片的 TEM 照片，图中的深色条纹为石墨烯片层的侧视影像。图 3-6(a) 中，大多数石墨烯形成了均匀、良好的分散，少数呈一定程度的堆叠状态。图 3-6(b) (c) 为图 3-6(a) 的局部放大照片。图 3-6(b) 中，3～5 片石墨烯片层堆叠在一起，每片石墨烯片层的厚度约为 1.0nm。单原子层石墨烯的理论厚度为 0.34nm，研究所用石墨烯的厚度为 0.4～0.6nm，因此图 3-6(b) 中的石墨烯片层很可能是由 2～3 层单原子层石墨烯构成的。此外，片层之间的间距约为 1nm，大于石墨的层间距，这说明这些片层处于从团聚到层离的过渡状态。图 3-6(c) 中，石墨烯形成良好的分散和层离状态（分散的均匀性指石墨烯在聚合物基体中分布的均匀程度；层离状态指石墨烯片层充分剥离、失去长程有序性的状态），石墨烯片层厚度为 0.7nm，推测是由 1～2 层单原子层石墨烯构成。

图 3-7 为原位聚合法制备纳米 SiO_2/含氟丙烯酸酯共聚物复合乳液的 TEM 照片，体系中单核与多核复合粒子共存，复合粒子的粒径约为 180nm，呈现为偏心的核壳结构，纳米

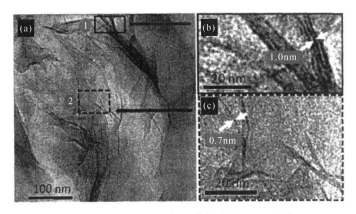

图 3-6　聚乳酸/石墨烯超薄切片的 TEM 照片

SiO₂ 粒子被包覆于聚合物中。纳米 SiO₂ 粒子粒径仅为 20nm 左右，具有极大的比表面积，表面能高，因此在反应过程中易于聚集，导致单核复合粒子与多核复合粒子共存。同时，这种发生在纳米 SiO₂ 粒子固/液界面上的聚合反应是一种非均相反应，其反应效率取决于纳米 SiO₂ 粒子固体表面上存在的 C—C 的数目；小粒径纳米 SiO₂ 粒子表面接枝的 MPS 较少，与单体共聚太少，当在其表面生长的聚合物链的尺寸远大于纳米 SiO₂ 粒子的粒径后，聚合物链在纳米 SiO₂ 粒子表面缠绕包覆，表现为缠绕包覆成核，因此得到的复合粒子是偏心的核壳结构。

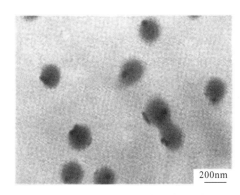

图 3-7　纳米 SiO₂/含氟丙烯酸酯
共聚物复合乳液的 TEM 照片

3.4.1.2　扫描隧道电子显微镜

20 世纪 80 年代初发展起来的扫描隧道显微镜是使人们能够直接观察和研究物质微观结构的新型显微镜。第一台扫描隧道显微镜是在 1982 年由在国际商业机器公司苏黎世研究实验室工作的宾尼（G. Binnig）和罗雷尔（H. Rohrer）研制成功的，被科学界公认为表面现象分析技术的一次革命。扫描隧道显微镜（scanning tunneling microscope，STM）的横向分辨本领为 0.1～0.2nm，纵向分辨本领（即深度分辨本领）可达到 0.01nm，是现有各类显微镜中最高者。扫描隧道显微镜的放大倍数可达几千万倍，比一般电子显微镜高几百倍，它还克服了电子显微镜中高能电子束对试样的损伤、深度分辨本领低以及试样必须处于真空中的限制，扫描隧道显微镜既可以在真空中也可以在大气下甚至在液体中无损伤地直接观察物质的表面结构。使人类第一次能够观察到原子在物质表面的排列状态。

扫描隧道显微镜的原理基于量子的隧道效应，将原子线度的极细针尖和被研究物质的表面作为两个电极，当样品与针尖的距离非常接近时（通常小于 1nm），在外加电场的作用下，电子会穿过两个电极之间的绝缘层流向另一个电极，也就是说，针尖与试样之间产生了隧道电流。当针尖在试样表面扫描时，通过一个反馈回路来保持隧道电流不变，那么，针尖将随着试样表面的形貌和电子态的变化起落而控制隧道间距，再把针尖的运动显示在荧光屏上并记录下来，便可得到反映试样表面的形态像。如果用曲率半径为 100nm 量级的针尖扫描，真正起针尖作用的是只有几个原子甚至只有一个原子宽度的微小毛刺，针尖上的几个原子与试样间产生隧道电流，便可以得到横向分辨率为 0.1nm 的图像。

运用 STM 不仅可以直接观测到材料表面的单个原子和原子在表面上的三维结构图像，而且还可以在观测材料表面原子结构的同时得到材料表面的扫描隧道谱，从而研究材料表面的化学结构和电子状态。另外，STM 实验还可以在多种环境中进行，如大气、惰性气体、超高真空或液体，包括绝缘的和低温（如液氮、液氦）液体，甚至在电解液中。工作温度可以从热力学零度到上千摄氏度。这也是以往任何一种显微技术都无法实现的。

扫描隧道显微镜的特点如下。

① 具有原子级高分辨率，STM 在平行和垂直于样品表面方向上的分辨率分别可达 0.1nm 和 0.01nm，即可分辨出单个原子。

② 可实时地得到在实空间中表面的三维图像，用于具有周期性或不具备周期性的表面结构研究。这种可实时观测的性能还可用于表面扩散等动态过程的研究。

③ 可观察单个原子层的局部表面结构，而不是体相或整个表面的平均性质。因而可直接观察到表面缺陷、表面重构、表面吸附体的形态和位置以及由吸附体引起的表面重构等。

④ 可在真空、大气、常温等不同环境下工作，甚至可将样品浸在水和其他溶液中，不需要特别的制样技术，并且探测过程对样品无损伤。这些特点适用于研究生物样品和在不同实验条件下对样品表面的评价，例如对于多相催化机理、超导机理、电化学反应过程中电极表面变化的监测等。

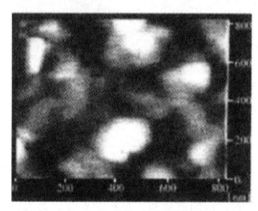

图 3-8　SiO₂ 溶胶-凝胶的 STM 图

⑤ 配合扫描隧道谱，可得到有关表面电子结构的信息，如表面不同层次的态密度、表面电子阱、电荷密度波、表面势垒的变化和能隙结构等。图 3-8 给出了 SiO_2 的 STM 结果，由图可见，该材料具有多孔状结构，平均孔径为 100nm 左右，这些小孔的存在可使聚对亚苯基亚乙烯（PPV）和聚甲基丙烯酸甲酯（PMMA）嵌入其中，并使 PPV 分子链的聚合度和伸展方向受到限制，从而对 PPV 的光学特性和电荷传输特性产生影响。

尽管扫描隧道显微镜有着诸多优点，但由于仪器本身的工作方式所造成的局限性也是显而易见的。这主要表现在以下两个方面。

① 在扫描隧道显微镜的恒电流工作模式下，有时它对样品表面微粒之间的某些沟槽不能够准确探测，与此相关的分辨率较差。只有采用非常尖锐的探针，其针尖半径应远小于粒子之间的距离，才能避免这种缺陷。在观测超细金属微粒扩散时，这一点显得尤为重要。

② 扫描隧道显微镜所观察的样品必须具有一定程度的导电性，对于半导体，观测的效果就差于导体；对于绝缘体，则根本无法直接观察。如果在样品表面覆盖导电层，则由于导电层的粒度和均匀性等问题又限制了图像对真实表面的分辨率。宾尼等人 1986 年研制成功的 AFM 可以弥补扫描隧道显微镜这方面的不足。

3.4.1.3　原子力显微镜

原子力显微镜（AFM）通过检测探针与样品间的作用力可表征样品表面的三维形貌，这是 AFM 最基本的功能，同时可以从分子或原子水平直接观察晶体或非晶体的形貌、缺陷、空位能、聚集能及各种力的相互作用。AFM 在水平方向具有 0.1～0.2nm 的高分辨率，在垂直方向的分辨率约为 0.01nm。尽管 AFM 和扫描电子显微镜的横向分辨率相似，但

AFM 和 SEM 两种技术最基本的区别在于处理试样深度变化时有不同的表征。由于表面的高低起伏状态能够准确地以数值的形式获取，AFM 对表面整体图像进行分析可得到样品表面的粗糙度、颗粒度、平均梯度、孔结构和孔径分布等参数，也可对样品的形貌进行丰富的三维模拟显示，使图像更适合于人的直观视觉。

AFM 在高分子基纳米复合材料膜技术中的应用相当广泛，它可以在大气环境下和水溶液环境中研究膜的表面形态，精确测定其孔径及孔径分布，还可在电解质溶液中测定膜表面的电荷性质，定量测定膜表面与胶体颗粒之间的相互作用力。无论在对哪个参数的测定中，AFM 都显示了其他方法所没有的优点，因此，其应用范围迅速增长，已经迅速变成膜科学技术中发展和研究的基本手段。主要包括膜表面结构的观察与测定，包括孔结构、孔尺寸、孔径分布；膜表面形态的观察，确定其表面粗糙度；膜表面污染时的变化，以及污染颗粒与膜表面之间的相互作用力，确定其污染程度；膜制备过程中相分离机理与不同形态膜表面之间的关系。

张莉将聚乙烯亚胺（PEI）-银离子溶液和磷钨酸（PTA）溶液通过静电作用交替沉积在基底上，利用磷钨酸在紫外灯照射下生成的杂多蓝既作为成膜物质，又作为还原剂和光催化剂，使聚电解质膜纳米反应器中的 Ag^+ 原位还原成 Ag 纳米粒子，制备了含有纳米 Ag 粒子的 PEI-Ag/PTA 多层膜。在 PEI-Ag^+ 配合物中，Ag^+ 沿着 PEI 的链均匀分布，在 PEI 高分子聚合物网络上原位沉积、成核，长大为银纳米粒子。高分子链上氨基分布的均匀性和高分子网眼的限制作用，阻碍纳米银长大，生成了粒径较小的 Ag 纳米粒（见图 3-9）。对膜表面的 AFM 的分析，可以直观地给出在纳米尺度范围内膜表面的形貌和均匀程度的信息。

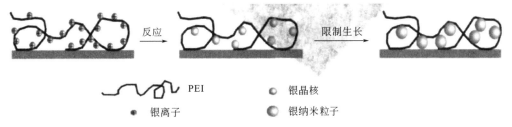

图 3-9　纳米 Ag 粒子形成示意图

图 3-10 是沉积在载玻片上的 20 层 PEI-Ag/PTA 膜（以 PTA 作为最外层）的 AFM 的二维、三维图。从图 3-10(a) 可见，多层膜的表面粗糙，表面分布有密集的球形粒子，颗粒间具有一定空隙，颗粒的粒径在 30～100nm 之间。图 3-10(b) 是图 3-10(a) 的三维图，从图中可见，薄膜表面起伏不平，具有一定的粗糙度。图 3-10(c) 是从图 3-10(a) 中选取的一个截面，图像分析表明，薄膜表面的粗糙度为 26.855nm（均方根值，RMS）。

3.4.1.4　扫描电子显微镜

纳米粒子的界面作用力和分散性是影响纳米复合材料的两个关键因素，通过扫描电子显微镜可以定性地研究分散性和界面作用力。图 3-11(a) 为纯环氧树脂断面的 SEM 照片，可见断面平整均匀，没有明显的破碎、槽皱或凸起。图 3-11(b) 为环氧树脂/改性石墨烯的断面的 SEM 照片，可见断面非常粗糙，这是由于六氯环三磷腈和环氧丙醇修饰后石墨烯与环氧树脂之间形成化学键，嵌入环氧树脂基体中，因此在材料断裂的过程中，修饰石墨烯对环氧树脂产生拉扯作用，导致断面粗糙。这一现象说明修饰石墨烯与环氧树脂之间形成了强的界面作用力。

采用不同的成核方法在聚二烯丙基二甲基氯化铵/聚丙烯酸钠（PDDA/PAA）聚电解质

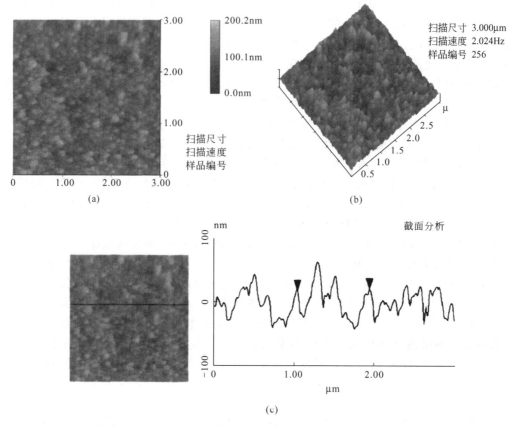

图 3-10　20 层 PEI-Ag/PTA 膜的原子力显微镜
（a）平面；（b）三维；（c）截面

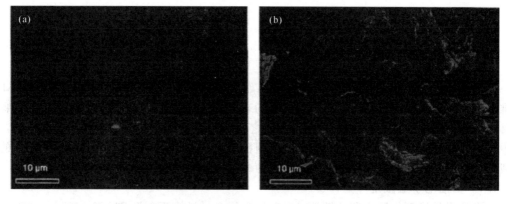

图 3-11　纯环氧树脂（a）和环氧树脂/改性石墨烯（b）断面的 SEM 照片

多层膜中制备出 Cu(OH)$_2$ 纳米微粒，图 3-12 所示为在 5、8 双层薄膜中原位生成 Cu(OH)$_2$ 纳米颗粒前后的扫描电镜图像。原位合成前薄膜表面致密光滑，没有纳米颗粒出现；原位合成后，薄膜表面出现了大量的纳米颗粒（图中白点）。5 双层薄膜中纳米颗粒单一、均匀地分散在薄膜表面；随着层数的增加，8 双层薄膜表面纳米颗粒的覆盖度增加，有些颗粒形成团簇体，且团簇体的大小均一，分布均匀。由于薄膜采用静电层接层组装，在每一层膜中掺入铜离子，可以促使多层膜发生交联，原位合成后纳米颗粒就会交错分布在薄膜内部及表

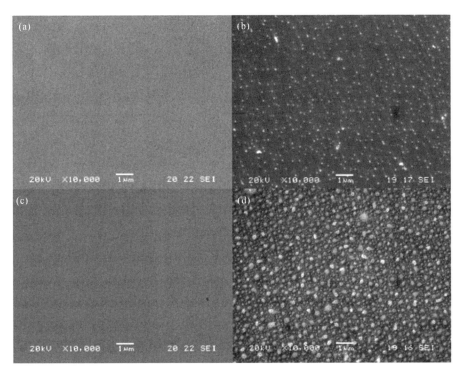

图 3-12　原位合成 $Cu(OH)_2$ 纳米颗粒前（a）、（c），后（b）、（d），
5（a）、（b），8（c）、（d）双层薄膜的 SEM 形貌图

面。聚电解质多层膜的这种交错结构可以将纳米颗粒有效地固定在薄膜中，有望提高薄膜的摩擦学性能。

3.4.2　表面与界面的表征

　　高分子纳米复合材料的表面化学组成、原子价态、表面形貌、表面微细结构及界面的结构都对宏观性质有着重要的影响。其界面具有与基体和增强体显著不同的化学成分；它是基体和增强体的过渡区，如长分子链或短分子链向填充的纳米体系扩散；它是能传递载荷，对产品的物理和化学性能有很大影响，甚至起到控制作用的微小区域。纳米粒子与聚合物间的界面结构比较复杂，通常包括界面层的厚度、化学结构、界面相容性及粗糙程度等。可采用 X 射线光电子能谱法（XPS）来分析，此外，也可采用红外光谱、俄歇电子能谱（AES）等方法来表征表面与界面的结构。

3.4.2.1　X 射线光电子能谱法

　　利用 X 射线光电子能谱法（XPS）可分析纳米材料的表面化学组成、原子价态、表面形貌、表面微细结构状态及表面能态分布等。图 3-13 是用 XPS 分析测得的纳米 ZnO/PMMA 复合微粒的元素全谱图。图中 Zn 来自于 ZnO 微粒，C 来自于聚合物，Si 来自于偶联剂 KH-570，O 主要来自于聚合物和 ZnO 微粒，当然在其他助剂中也含有 O，但相对来说，其数量很小。通过 XPS 分析得知 C、O 和 Zn 元素的原子数百比分别为 76.4%、22.5% 和 0.7%。其余的 0.4% 为来自于偶联剂 KH-570 的 Si。

3.4.2.2　红外光谱

　　除单原子分子以及同核分子以外，凡是能产生偶极矩变化的分子均可以产生红外吸收。由于每种化合物具有特征的红外吸收，尤其有机化合物的红外光谱能提供丰富的结构信息，

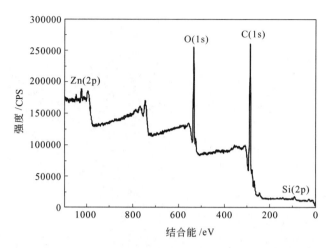

图 3-13　纳米 ZnO/PMMA 复合微粒的 X 射线光电子能谱全谱图

因此红外光谱是有机化合物结构解析的重要手段之一。除此之外，红外光谱还与晶体的振动和转动有关。随着红外光谱技术的发展，对许多无机化合物的基团、含氧键及其他键的振动吸收波长也能进行测定。

　　FTIR 是研究纳米颗粒/聚合物纳米复合材料界面结构及界面化学结构变化的有效手段。Tannenbaum 利用 FTIR 表征了纳米氧化钴/PMMA 复合材料的界面结构，根据红外吸收峰强度的变化定量测定纳米氧化钴粒子和聚甲基丙烯酸甲酯（PMMA）分子接触点的数目。当 PMMA 在纳米氧化钴表面形成锚固点时就会产生羧酸根负离子而彼此形成强相互吸附作用，导致聚合物链在纳米粒子表面运动受限制而引起构象的变化，二者相结合可以计算出每条 PMMA 高分子链在纳米粒子表面锚固点的数目。结果发现锚固点的数目会随 PMMA 相对分子质量的增加而增加，从相对分子质量为 30000 时的 912，增加到相对分子质量为 330000 时的 46611。

　　固态核磁共振技术可以在红外光谱基础上进一步证实纳米颗粒表面接枝或吸附聚合物链的结构，从聚对苯二甲酸乙二醇酯（PET）接枝 SiO_2 纳米复合材料的 ^{29}Si 固态核磁共振谱可以看到（Si-O）$_2$Si-（OH）$_2$ 和（Si-O）$_3$Si-（OH）信号在 PET 接枝 SiO_2 纳米复合材料中消失，能够直观地证明 PET 单体与纳米 SiO_2 之间发生了接枝反应。

3.4.2.3　俄歇电子能谱

　　与 X 射线光电子能谱一样，俄歇电子能谱（AES）也可以分析除氢氦以外的所有元素，现已发展成为表面元素定性、半定量分析，元素深度分布分析和微区分析的重要手段。俄歇电子能谱的应用领域已从传统的金属和合金扩展到现代迅猛发展的纳米薄膜技术和微电子技术，并大力推动了这些新兴学科的发展。目前 AES 分析技术已发展成为一种最主要的表面分析工具。

　　俄歇电子能谱仪对分析样品有特定的要求，在通常情况下只能分析固体样品，不应是绝缘体样品。原则上粉体样品不能进行俄歇电子能谱分析。由于涉及样品在真空中的传递和放置，待分析的样品一般都需要经过一定的预处理。主要包括样品大小，挥发性样品的处理，表面污染样品及带有微弱磁性的样品等的处理。

　　AES 具有很高的表面灵敏度，其检测极限约为 10^{-3} 原子单层，其采样深度为 1～2nm，比 XPS 还要浅。更适合于表面元素定性和定量分析，同样也可以应用于表面元素化学价态的研究。配合离子束剥离技术，AES 还具有很强的深度分析和界面分析能力。其深度分析的速度比 XPS 的要快得多，深度分析的深度分辨率也比 XPS 的深度分析高得多。常用来进行薄膜材料的深度剖析和界面分析。此外，AES 还可以用来进行微区分析，且由于电子束束斑非常小，具有很高的空间分辨率。可以进行扫描和微区上元素的选点分析、线扫描分析和面分布分析。因此，AES 方法在材料、机械、微电子等领域具有广泛的应用，尤其是纳米材料领域。

由于碳纳米管拉曼光谱特征峰对应力或应变环境的灵敏度高，因此拉曼光谱成为研究碳纳米管聚合物复合材料中碳纳米管和聚合物分子间相互作用的绝佳工具。基于碳纳米管拉曼光谱特征峰位的变化能够灵敏地揭示碳纳米管的轴向形变，通过拉曼光谱就能够定量评估复合材料中碳纳米管与聚合物分子之间的相互作用，反映聚合物的相变过程。通过拉曼光谱对碳纳米管复合材料的应力分析，可以粗略推算碳纳米管的杨氏模量。将拉曼技术应用到碳纳米管宏观聚集体（包括碳纳米管薄膜、碳纳米管纤维及其复合材料）时，可以分析其微观形变机制以及从宏观的碳纳米管材料到微观结构的应变传递，并实现了碳纳米管宏观聚集体杨氏模量的准确预测。

Liu 等以表面羟基化单壁碳纳米管-聚乙烯醇复合材料为对象，研究了表面功能基团对应力传递的影响。研究结果显示，在弹性变形范围内碳纳米管拉曼特征 G′峰的频率移动与外加应变之间呈现一定的线性关系，如图 3-14 所示。直线斜率的大小反映纳米复合材料中应变传递效率的差异，功能化碳纳米管复合材料在一定形变范围内，具有较高的应变传递效率。其主要原因是由于碳纳米管表面羟基与聚乙烯醇分子中的羟基形成氢键的相互作用。

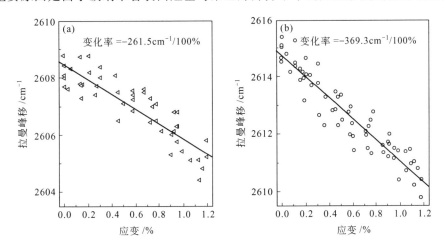

图 3-14　碳纳米管拉曼 G′峰随拉伸应变变化的关系曲线
（a）聚乙烯醇/十二烷基硫酸钠/0.5％单壁碳纳米管复合材料薄膜；
（b）聚乙烯醇/0.6％表面修饰单壁碳纳米管复合材料薄膜

Zhao 等研究结果表明，在碳纳米管-聚碳酸酯复合材料中，碳纳米管拉曼特征 G′峰的位置与温度具有一定的关系。当聚碳酸酯处于玻璃化温度以下（$T_g = 150℃$），聚合物链段表现为刚性结构，随测试温度逐步降低，聚合物基体收缩产生应力，使碳纳米管拉曼 G′峰向高频率方向移动；当测试温度处于聚合物玻璃化温度以上时，碳纳米管拉曼 G′峰位置变化不明显。因此，通过拉曼 G′峰随温度的变化趋势可以间接反映出聚合物玻璃化转变温度的范围和相变的发生。

3.4.2.4　紫外-可见分光光度分析

物质的吸收光谱本质上是物质中的分子和原子吸收了入射光中的某些特定波长的光能

量，相应地发生了分子振动能级跃迁和电子能级跃迁的结果。由于各种物质具有各自不同的分子、原子和不同的分子空间结构，其吸收光能量的情况也就不会相同，因此，每种物质就有其特有的、固定的吸收光谱曲线，可根据吸收光谱上某些特征波长处的吸光度的高低判别或测定该物质的含量，这就是分光光度定性和定量分析的基础。分光光度分析是根据物质的吸收光谱研究物质的成分、结构和物质间相互作用的有效手段。

紫外-可见分光光度法的定量分析基础是朗伯-比耳（Lambert-Beer）定律。即物质在一定浓度的吸光度与它的吸收介质的厚度呈正比，其数学表示式如下：

$$A = \varepsilon L c$$

式中，A 代表吸光度；ε 代表摩尔吸光系数；L 代表吸收介质的厚度；c 代表吸光物质的浓度。

采用紫外-可见光谱研究高分子基纳米材料的抗紫外老化性能较多。紫外线按照其辐射波长的不同，可以划分成 UVA（波长为 315～400nm）、UVB（波长为 280～315nm）、UVC（波长在 280nm 以下）三个波段，能量最高的 UVC 可以被距地面 10～50km 处的臭氧层吸收，不能到达地面，选取波长 280～350nm 的 UVA 和 UVB 为研究对象。图 3-15 是不同 ZnO 用量的聚合物基纳米 ZnO 复合成膜的紫外吸收能力，从图中可以看出，与未加 ZnO 的聚合物相比，加入 ZnO 的聚合物在整个紫外波段的透光率均有下降，特别是加入 3% ZnO 聚合物效果更为明显，这是因为当 ZnO 颗粒粒径较小时，其禁带宽度增加到大约在 4.5eV（相当于大部分紫外线的能量），尤其可以很好地吸收 280～350nm 范围内的紫外线。而当 ZnO 用量逐渐增大时，聚合物的紫外透光率明显增大，主要是由于用量增大，使得 ZnO 的分散性变差，易发生团聚现象，粒径变大造成的。

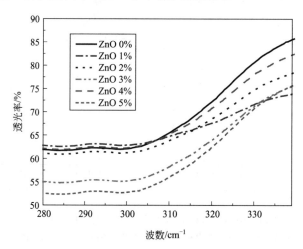

图 3-15　不同 ZnO 用量的聚合物基纳米
ZnO 复合成膜的紫外吸收曲线

3.4.3　纳米粒子形态结构的表征

可采用 X 射线衍射（XRD）和 TEM 来进行晶型、结晶度、形态结构的表征。TEM 在 3.4.1.1 部分已经介绍，此处主要介绍 XRD。

XRD 应用于测定高分子基纳米复合材料中层状化合物或者层状硅酸盐材料的层间距。通过特征衍射峰的峰位与峰的半高宽度的获取，再利用谢乐（Scherrel）公式或者布拉格（Bragg）方程计算得到晶粒度或者层间距。

Scherrel 公式为

$$D = 0.89\lambda / B\cos\theta$$

式中，D 为待测的晶粒尺寸；λ 为 X 射线波长；θ 为 X 射线衍射峰为 2θ 的一半角度；B 为宽化的 X 射线衍射线半强度处的宽化度，$B^2 = B_M{}^2 - B_S{}^2$，其中，实测宽化因子 B_M 直接从衍射峰的半高宽度得到，仪器自身的宽化度 B_S 可以通过测定标准物质得到，一般取 0.1～0.15，测量中，B_S 的测量峰应与 B_M 的实际峰位尽可能地接近。晶粒特别细小时，这种方法对于尺度达到 100nm 以下时适用，此时晶粒会引起较大的宽化。同时，所获得的宽化数值应取弧度。

Bragg 方程为

$$2d\sin\theta = \lambda$$

式中，d 表示晶体晶胞单元的面间距，对于层状化合物或者层状硅酸盐，d 是层间距，其余各参数与 Scherrel 公式中参数的意义相同。

图 3-16 是蒙脱土和 MAA（中和及不中和）改性 MMT 的 XRD 谱图。由 Bragge 方程得知：蒙脱土的层间距 $d = \lambda / 2\sin\theta$，当衍射峰出现在角度越小时，所计算出的蒙脱土的 d_{001} 层间距就越大。从图 3-16 可知，蒙脱土原土的层间距为 1.25nm，采用甲基丙烯酸改性的蒙脱土，无论是中和的还是没有中和的，其层间距相对于原土基本上变化不大，这也是预料之中的，因为甲基丙烯酸或甲基丙烯酸钠单体分子非常小，只有几个埃，比蒙脱土的层间距小很多，因此进入蒙脱土层间对其层间距影响不大。

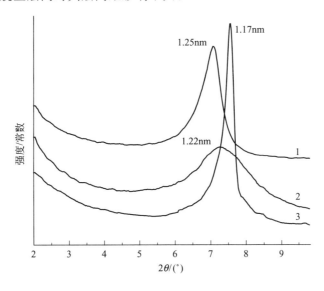

图 3-16　蒙脱土及改性蒙脱土的 XRD 谱图
1—钠基蒙脱土；2—改性蒙脱土（甲基丙烯酸未中和）；
3—改性蒙脱土（甲基丙烯酸中和 20%）

比较峰的衍射强度可以发现，改性蒙脱土（甲基丙烯酸未中和）样品峰的衍射强度较蒙脱土有所下降，改性蒙脱土（甲基丙烯酸中和 20%）样品则较之增加，这是因为改性蒙脱土（甲基丙烯酸未中和）的样品中进入蒙脱土层间的是甲基丙烯酸，甲基丙烯酸属于非晶态，进入蒙脱土层间虽然对其层间距不会造成影响，但对蒙脱土的晶态结构具有一定的破坏，结晶度降低，因此峰的衍射强度降低，而改性蒙脱土（甲基丙烯酸中和 20%）样品中具有大量的甲基丙烯酸钠，甲基丙烯酸钠属于晶态，进入蒙脱土层间，使得峰的衍射强度增加。

3.4.4 纳米粒子生长动态过程的表征

3.4.4.1 差示扫描量热

当选用结晶性聚合物作为复合材料基体时，层状黏土的引入与界面性质的改变将影响聚合物基体的结晶行为，从而影响材料最终的使用性能和加工性能，常采用差示扫描量热法（DSC）来表征纳米晶体的相转变过程及晶化过程。

差示扫描量热法是一种热分析法。在程序控制温度下，测量输入到试样和参比物的功率差（如以热的形式）与温度的关系。差示扫描量热仪记录到的曲线称 DSC 曲线，它以样品吸热或放热的速率，即热流率 $\mathrm{d}H/\mathrm{d}t$（单位 mW/s）为纵坐标，以温度 T 或时间 t 为横坐标，可以测定多种热力学和动力学参数，例如比热容、反应热、转变热、相图、反应速率、结晶速率、高聚物结晶度、样品纯度等。该法使用温度范围宽（$-175\sim725℃$）、分辨率高、试样用量少。

聚丙烯/黏土纳米复合材料的力学性能与其结晶性能密切相关，图 3-17 为不同 MMT 含量的 PP/MMT 纳米复合材料的 DSC 曲线，加入 MMT 使结晶时间大幅度减少，结晶放热峰峰宽也明显变窄。由于 MMT 的加入对聚丙烯有明显的成核作用，从而提高了结晶速率。PP/MMT 中的晶核含量大大高于纯 PP，特别是 MMT 以纳米尺度分散后，相当于成核剂的数量大幅度提高。由于 PP/MMT 的结晶过程主要以异相成核为主，而纯 PP 的结晶过程中均相成核与异相成核方式并存。均相成核中分子链在熔点下聚集折叠成核需要足够长的时间，所以纯 PP 的结晶速率要比 PP/MMT 慢。

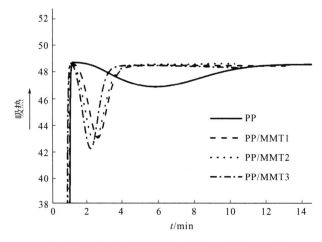

图 3-17　不同 MMT 含量 PP/MMT 的 DSC 曲线

根据 Hoffmann 的结晶生长理论，结晶生长速率可以由下式来表示：

$$G=G_0\exp\left[-\frac{\Delta F}{RT_c}\right]\exp\left[-\frac{k_g T_m^0}{T_c\Delta T}\right]$$

式中，G_0 为常数；k_g 为成核常数；R 为摩尔气体常数；ΔF 为分子穿过结晶界面的活化能，与分子结构和结晶温度有关；过冷度 $\Delta T=T_m^0-T_c$，T_m^0 为平衡熔点。

表 3-2 中列出了根据 Hoffmann 理论计算出的 PP/MMT 和纯 PP 的 σ_e 值，可以看出随着 MMT 含量的增加，σ_e 值下降。结晶表面的表面自由能越小，说明大分子链在晶核表面折叠形成结晶结构所用的能量越小，因此可以认为 MMT 的加入大大提高了 PP 的成核速率

和结晶速率 σ_e，与 Avrami 方程的计算结果一致，说明 MMT 在 PP 基体中起到了异相成核过程中的成核剂作用，晶核密度的增加大大提高了结晶速率。从 σ_e 的数值还可以看出纯 PP 晶核形成过程中，达到晶核临界尺寸需要的能量，要低于 PP/MMT。

表 3-2　根据 Hoffmann 理论计算出的 PP/MMT 和纯 PP 的 σ_e 值

样品	PP	PP/MMT1	PP/MMT2	PP/MMT3
$\sigma_e/(J/m^2)$	0.253	0.178	0.170	0.156

3.4.4.2　动态光散射

动态光散射（dynamic light scattering，DLS），也称光子相关光谱（photon correlation spectroscopy，PCS）、准弹性光散射（quasi-elastic scattering），测量光强的波动随时间的变化。DLS 技术测量粒子粒径，具有准确、快速、可重复性好等优点，已经成为纳米科技中比较常用的一种表征方法。随着仪器的更新和数据处理技术的发展，现在的动态光散射仪器不仅具备测量粒径的功能，还具有测量 Zeta 电位、大分子的分子量等能力。采用光散射法来表征粒子形态的转变、粒子的团聚和粒子的增长等动态过程。

动态光散射法是基于布朗运动的测量光强随时间起伏变化规律的一种技术。之所以称为"动态"，是因为样品中的分子不停地做布朗运动，正是这种运动使散射光产生多普勒频移。其基本原理为：被测样品颗粒以适当的浓度分散于液体介质中，一单色激光光束照射到此分散体系，被颗粒散射的光在某一角度被连续测量。由于颗粒受到周围液体中分子的撞击做布朗运动，检测器探测到的散射光强度将不断地随时间变化，进而反演出其粒径大小及分布。首先根据散射光的变化，即多普勒频移测得溶液中分子的扩散系数 D，再由 $D=KT/6\pi\eta r$ 可求出分子的流体动力学半径 r（式中，K 为玻耳兹曼常数；T 为热力学温度；η 为溶液的黏滞系数），根据已有的分子半径-分子量模型，就可以算出分子量的大小。

光在传播时若碰到颗粒，一部分光会被吸收；另一部分光会被散射掉。如果分子静止不动，散射光发生弹性散射时，能量、频率均不变。但由于分子不停地在做杂乱无章的布朗运动，所以，当产生散射光的分子朝向检测器运动时，相当于把散射的光子往检测器送了一段距离，使光子较分子静止时产生的散射光要早到达检测器，也就是在检测器看来散射光的频率增高了；如果产生散射的分子逆向检测器运动，相当于把散射光子往远离检测器的方向拉了一把，结果使散射光的频率降低。

图 3-18 是纳米 SiO_2 和二氧化硅/聚苯乙烯单分散核/壳（SiO_2/PS）复合颗粒的 DLS，150nm SiO_2 球的多分散指数为 0.0925，以其为核所得 250nm 复合颗粒的多分散指数为 0.197。一般动态光散射法测量粒

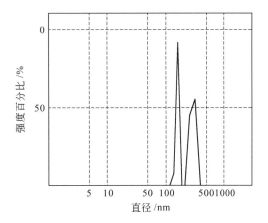

图 3-18　纳米 SiO_2 和 SiO_2/PS 复合颗粒的 DLS

度所得到的多分散指数如果小于 0.2，则表示颗粒的单分散性好；多分散指数越小，颗粒的单分散性越好。表明这种方法制备复合颗粒的尺寸分布比较窄，单分散性比较好。

动态光散射技术的优点：样品制备简单，不需特殊处理，测量过程不干扰样品本身的性质，所以能够反映出溶液中样品分子的真实状态；测量过程迅速，而且样品可以回收利用；

检测灵敏度高；能够实时监测样品的动态变化。

参 考 文 献

[1] 黄丽，郭江江，姜志国等. 纳米科学技术在高分子材料领域的现状. 化工进展，2003，22（6）：564-567.
[2] 柯扬船. 聚合物-无机纳米复合材料. 第2版. 北京：化学工业出版社，2003.
[3] 曾戎，章明秋，曾汉民. 高分子纳米复合材料研究进展（I）——高分子纳米复合材料的制备、表征和应用前景. 宇航材料工艺，1999，29（1）：6-8.
[4] 郝向阳，刘吉平，田军等. 聚合物基纳米复合材料的研究进展. 高分子材料科学与工程，2002，18（4）：38-41.
[5] 高延敏，汪萍，王绍明等. 聚合物基纳米复合材料的研究进展. 材料科学与工艺，2008，16（4）：551-554.
[6] 江贵长，官吏超. 高分子基纳米复合材料的研究进展. 化工新型材料，2004，32（2）：3-7.
[7] 曾戎，章明秋，曾汉民. 高分子纳米复合材料研究进展（II）——高分子纳米复合材料的结构和性能. 宇航材料工艺，1999，（3）：1-6.
[8] 王旭，黄锐，濮阳楠. 聚合物基纳米复合材料的研究进展. 塑料，2000，29（4）：25-30.
[9] 聂鹏，赵学增，陈芳等. 聚合物基纳米复合材料制备方法的研究进展. 哈尔滨工业大学学报，2005，37（5）：594-598.
[10] 夏和生，王琪. 聚合物纳米材料研究进展II. 聚合物/无机纳米复合材料. 化学研究与应用，2002，14（2）：127-132.
[11] Vaia R A，Krishnamoorti R. Polymer Nanocomposites：Introduction. Washington，DC：ACS Symposium Series，2001.
[12] 陈光明，马永梅，漆宗能. 甲苯-2，4-二异氰酸酯修饰蒙脱土及聚苯乙烯/蒙脱土纳米复合材料的制备与表征. 高分子学报，2000，（5）：599-603.
[13] Okada A，Kawasumi M，Kurauchi T，et al. Synthesis and Characterization of a Nylon 6-clay Hybrid. Polymer Preprint，1987，28（2）：447-451.
[14] 乔放，李强，漆宗能等. 聚酰胺/粘土纳米复合材料的制备、结构表征及性能研究. 高分子通报，1997，（3）：135-143.
[15] 李强，赵竹第，欧玉春等. 尼龙6/蒙脱土纳米复合材料的结晶行为. 高分子学报，1997，（2）：188-193.
[16] 赵竹第，李强，欧玉春等. 尼龙6/蒙脱土纳米复合材料的制备、结构与力学性能的研究. 高分子学报，1997，（5）：519-523.
[17] Vaia R A，Vasudevan S，Krawiec W，et al. New polymer electrolyte nanocomposites：Melt intercalation of poly (ethylene oxide) in mica-type silicates. Advanced Materials，1995，7（2）：154-156.
[18] Messersmith P B，Giannelis E P. Polymer-layered silicate nanocomposites：in situ intercalative polymerization of epsilon. -caprolactone in layered silicates. Chemistry of Materials，1993，5：1064-1066.
[19] Vaia R A，Ishii H，Giannelis E P. Synthesis and properties of two-dimensional nanostructures by direct intercalation of polymer melts in layered silicates. Chemistry of Materials，1993，5：1694-1696.
[20] Vaia R A，Vasudevan S，Krawiec W，et al. New polymer electrolyte nanocomposites：Melt intercalation of poly (ethylene oxide) in mica-type silicates. Advanced Materials，1995，7（2）：154-156.
[21] Vaia R A，Jandt K D，Kramer E J，et al. Kinetics of Polymer Melt Intercalation. Macromolecules，1995，28（24）：8080-8085.
[22] Wong S，Vasudevan S，Vaia R A，et al. Dynamics in a Confined Polymer Electrolyte：A 7Li and 2H NMR Study. Journal of the American Chemical Society，1995，117：7568-7569.
[23] Schachschal S，Pich A，Adler H-J. Growth of hydroxyapatite nanocrystalson polymer particle surface. Colloid and Polymer Science，2007，285：1175-1180.
[24] 刘欣萍，许兢，肖荔人等. 原位聚合法制备胶囊氢氧化钙. 华东理工大学学报（自然科学版），2006，32（10）：1221-1225.
[25] Giannelis E P，Krishnamoorti R，Manias E. Polymer-Silicate Nanocomposites：Model Systems for Confined Polymers and Polymer Brushes. Advances in Polymer Science，1999，138：107-147.
[26] 漆宗能等. 一种聚酰胺/黏土纳米复合材料及其制备方法. CN ZL96105362.3. 1996-12-25.
[27] Zhang S，Zhu Y，Yang X，et al. Fabrication of fluorescent hollow capsule with CdS-polyelectrolyte composite films. Materials Letters，2006，60（29）：3447-3450.
[28] Su S J，Kuramoto N. Processable polyaniline-itanium dioxide nanocomposites：effect of titanium dioxide on the conductivity. Synthetic Metals，2000，114：147-153.
[29] Sun Q，Harmer M A，Farneth W E. An extremely active solid acid catalyst，Nafion resin/silica composite，for the Friedel-Crafts benzylation of benzene and p-xylene with benzyl alcohol. Industrial & Engineering Chemistry Research，1997，36：5541-5544.
[30] Harmer M A，Farneth W E，Sun Q. High surface area nafion resin/silica nanocomposites：a new class of solid acid catalyst. Journal of the American Chemical Society，1996，118：7708-7715.
[31] Xu H，Goedel W A. Polymer-silica hybrid monolayers as precursors for ultrathin free-standing porous membranes. Langmuir，2002，18：2363-2367.

［32］ Mueller C，Kass R，Fillon B，et al. Thermoplastic film structures having improved barrier and mechanical proper-ties. US 6403231. 2002-06-11.

［33］ Fujiwara S，Sakamoto T. Application on Nylon-6 layered-silicate（montmorillonite）nanocomposite. JP 51109998. 1976.

［34］ Gilman J W. Flammability and thermal stability studies of polymer layered-silicate（clay）nanocomposites. Applied Clay Science，1999，15（1-2）：31-49.

［35］ 包丽萍，杨延钊，邵华等. 高聚物/黏土纳米复合材料阻燃性能的研究进展. 化工进展，2003，22（6）：597-601.

［36］ Beyer G. Short communication：Carbon nanotubes as flame rctard-ants for polymers fire and materials. Chemistry of Materials，2002，26（6）：291-293.

［37］ Xie W，Gao Z M. Thermal degradation chemistry of alkyl quaternary ammonium montmorillonite. Chemistry of Materials，2001，（13）：2979-2990.

［38］ 刘永屏，董善刚，高福安. 纳米 TiO_2 改性内墙生态涂料的研制. 装饰装修材料，2002，（10）：73-75.

［39］ 徐瑞芬，许秀艳，付国柱. 纳米 TiO_2 在涂料中的抗菌性能研究. 北京化工大学学报，2002，9（5）：45-48.

［40］ 张玉林，冯辉，马维新. 纳米多功能外墙涂料的研制. 新型建筑材料，2002，（3）：18-21.

［41］ 李斗星. 透射电子显微镜的新进展. 电子显微学报，2004，23（03）：270-272.

［42］ Mendelson M I. J Am Ceram Soc，1969，52（8）：443.

［43］ 牟季美，张立得，赵铁男. 物理学报，1994，43（6）：1000.

［44］ Volker Abertz Thorsten Goldacker. Macroml Rapid Commun，2000，21：16.

［45］ Y C KE. J Appl Polym Sci，2002，85（13）：2677-2691.

［46］ 黄世震，陈文哲，林伟. 纳米 SnO_2 材料的电子显微镜表征. 传感技术学报，2006，19（5）：2369-2370.

［47］ 包晨露. 石墨烯及其典型聚合物纳米复合材料的制备方法、结构与机理研究. 中国科学技术大学，2012，3.

［48］ Needleman A. Borders T L，Brinson L C，et al. Effect of an interphase region on debonding of a CNT reinforced polymer composite. Composite Science Technology，2010，70：2207.

［49］ Mithun Bhattacharya，Anil K Bhowmick. Polymer-siller interaction in nanocomposites：New interface area function to investigate swelling behavior and Young's modulus［J］. Polymer，2008，49：4808.

［50］ 刘世宏，王当憨，潘承璜. X 射线光电子能谱分析. 北京：科学出版社，1988：26.

［51］ 唐二军. 氧化锌/聚合物复合微粒材料的制备及抗菌特性研究. 天津大学，2005，12.

［52］ Rina Tannenbaum，Melissa Zubris，Kasi David，et al. FTIR characterization of the reactive interface of cobalt oxide nano-particles embedded in polymeric matrices. J Phys Chem B，2006，110：2227.

［53］ Yao X Y，Tian X Y，Xie D H，et al. Interface structure of poly（ethylene terephthalate）/silica nanocomposites. Polymer，209，50：1251.

［54］ 常建华，董绮功. 波谱原理及解析. 北京：科学出版社. 2001，113-118.

［55］ 伍林，欧阳兆辉，曹淑超等. 拉曼光谱技术的应用及研究进展. 光散射学报，2005，17（02）：180-186.

［56］ 宫衍香，吕刚，马传涛. 拉曼光谱及其在现代科技中的应用. 现代物理知识，2006，（01）.

［57］ 高云，李凌云，谭平恒，刘璐琪，张忠. 拉曼光谱在碳纳米管聚合物复合材料中的应用. 科学通报，2010，55（22）：2165-2176.

［58］ Zhao Q，Wood J R，Wagner H D. Stress fields around defects and fibers in a polymer using carbon nanotubes as sensors. Appl Phys Lett，2001，78：1748-1750.

［59］ Liu L Q，Barber A H，Nuriel S，et al. Mechanical properties of functionalized single-walled ca rbon-nanotube/poly（vinyl alcohol）nano-composites. Adv Func Mater，2005，15：975-980.

［60］ Zhao Q，Wood J R，Wagner H D. Using carbon nanotubes to detect polymer transitions. J Poly Sci B，2001，39：1492-1495.

［61］ 胡文杰. 紫外-可见分光光度计的应用与维修. 分析测试技术与仪器，2005，1（11）：75-78.

［62］ 孔迪，彭观良，杨建坤等. 紫外可见分光光度计主要技术指标及其检定方法. 大学物理实验，2007，4（20）：1-6.

［63］ 中华人民共和国国家计量技术规范（JJG 375-96 单光束紫外- 可见分光光度计检定规程）.

［64］ 黄忠兵，唐芳琼. 二氧化硅/聚苯乙烯单分散性核/壳复合球的制备. 高分子学报，2004，6：835-838.

［65］ 马继盛，漆宗能，李革，胡友良. 聚丙烯/蒙脱土纳米复合材料的等温结晶研究. 高分子学报，2001，5：589-593.

［66］ 姚丽，杨婷婷，程时远. 纳米 SiO_2/含氟丙烯酸酯共聚物复合乳液的制备与性能及聚合动力学研究. 高分子学报，2008，3：221-230.

［67］ 冷士良. 聚合物基纳米复合材料的制备与应用. 化工进展，2007，26（12）：1738-1742.

［68］ 黄明福，于九皋，林通. 聚合物基纳米复合材料性能及理论研究. 高分子通报，2005，（1）：38-43.

［69］ 谢兵，马永梅，李新红. 高分子纳米复合材料的功能特性. 塑料，2003，32（6）：6-9.

［70］ 许荔，江晓禹. 纳米复合材料特性分析及界面研究. 材料科学与工程，2005，23（6）：933-938.

［71］ 王利秋. 聚合物/无机物纳米复合材料的阻燃性研究. 纤维复合材料，2012，14（4）：14-19.

［72］ 赵旭，扬少风，赵敬哲等. 高等学校化学学报，2000，21（11）：1617-1620.

［73］ 钱家盛，何平笙. 功能性聚合物基纳米复合材料. 功能材料，2003，371-374.

［74］ 张莉. 有机/无机纳米复合薄膜的制备及性质研究. 安徽大学，2007，4.

［75］ H. Kuhn. Funetionalized Monolayer Assembly ManiPulation. ThinSolidFilms，1983，99（1-3）：1-16.

［76］ Torpong Sittiphan，Pattarapan Prasassarakich，Sirilux Poompradub. Styrene grafted natural rubber reinforced by in situ silica generated via solgel technique. Materials Science and Engineering B，2014，181：39-45.

[77] Byung-Wan Joa，Seung-Kook Parkb，Do-Keun Kima. Mechanical properties of nano-MMT reinforced polymer composite and polymer concrete，2008，22（1）：14-20.

[78] 王海涛. 聚合物/无机物纳米复合材料的制备和性能研究. 复旦大学，2005，4.

[79] 余海湖，周灵德，姜德生. 纳米材料与自组装技术. 自然杂志，2002，24（4）：216-218.

[80] 陈新江，马建中，杨宗邃. 纳米材料在制革中的应用前景. 中国皮革，2002，31（1）：6-9.

[81] Ma J Z，Chen X J，Yang Z S，et al. Study on the preparation and application of MMT-based nanocomposite in leather making. Journal of the Society of Leather and Chemists，2003，87（4）：131-134.

[82] Gao D G，Ma J Z，Lü B，Zhang J. Collagen Modification Using Nanaotechnologies：a Review. Journal of the American Leather Chemists Association，2013，108（10）：392-398.

[83] Ma J Z，Gao D G，Chen X J，et al. Synthesis and characterization of VP/O-MMT macromolecule nanocomposite material via polymer exfoliation-Adsorption method. Journal of Composite Materials，2006，40（24）：2279-2286.

[84] Chao-Hua Xue，Ping Zhang，Jian-Zhong Ma，Peng-Ting Ji，Ya-Ru Li and Shun-Tian Jia，Long-lived superhydrophobic colorful surfaces. Chemical Communications，2013，49（34）：3588-3590.

[85] Chao-Hua Xue，Shun-Tian Jia，Jing Zhang and Jian-Zhong Ma，Large-area fabrication of superhydrophobic surfaces for practical applications：an overview. Science and Technology of Advanced Materials，2010，11（3）：033002.

[86] Jianzhong Ma，Yihong Liu，Yan Bao，et al. Research advances in polymer emulsion based on "core-shell" structure particle design，Advances in Colloid and Interface Science，2013，197-198：118-131.

[87] Jianzhong Ma，Jing Hu，Zongsui Yang. Preparation of acrylic resin/modified nano-SiO$_2$ via sol-gel method for leather finishing agent. journal of sol-gel science and technology，2007，41：209-216.

第 4 章

纳米材料在制革湿加工中的应用

皮革是由动物皮（即生皮）经过一系列物理与化学的加工处理转变成的一种固定、耐用的物质，简称为革。它具有柔软、坚韧、遇水不易变形、干燥不易收缩、耐湿热、耐化学药剂作用等性能，尤其具有透气性、透水汽性和防老化等特殊优点。皮革的加工过程即制革，制革工艺过程通常分为准备、鞣制和整饰（理）三阶段。其中，制革准备工段和鞣制工段大多需要以水为介质，在转鼓中通过机械作用促进各种化工材料的均匀渗透，完成制革化工材料对皮的化学作用，因此，常将这两个工段称为制革湿加工工段。在制革湿加工工段，除了独立的机械操作外，每个工序都要用到几种或十几种皮革化学品，总共要用到数百种皮革化学品。因为制革湿加工用材料都是在水介质中使用的，这些材料直接影响制革废水中污染物的成分和含量。随着环境保护压力的与日俱增，以及人们对功能性皮革的需求，高性能环保型制革湿加工用皮革化学品应运而生。

2001 年，吴琪在《中国皮革》上介绍了纳米材料的概念、发展过程、与其他学科间的关系及其应用，根据纳米材料的特性，预测它在皮革行业中的研究方向。2002 年，四川大学、西北轻工业学院（现陕西科技大学）、中国皮革和制鞋工业研究院分别在《中国皮革》第 1 期中通过对纳米材料在材料、化工、建材等领域的应用分析，提出了纳米材料在制革工业中的发展前景。随后，掀起了国内制革工作者对纳米技术在制革工业中的广泛深入的研究。本章主要介绍纳米材料在制革湿加工中皮革鞣剂、皮革加脂剂、皮革酶制剂的应用。

4.1 皮革鞣剂及复鞣剂

4.1.1 概述

鞣制是将生皮转变为皮革的质变过程。鞣制过程中将生皮变为革的化学材料称为鞣剂。鞣剂之所以能改变生皮的性质，使之产生质变，是因为鞣剂渗入皮内以后利用其活性基团与胶原分子链上的各种官能团发生化学反应而形成不同的化学键，并在皮蛋白质的多肽链间形成新的交联键，从而增加了皮蛋白质结构的稳定性。铬鞣剂是最成熟、产品质量优异、国内外广泛使用的皮革化学品，三价铬配合物能够渗入胶原纤维中，与胶原纤维中的两个或两个以上的羧基形成多点配位结合，自其广泛应用以来一直在鞣制领域占统治地位。然而，在制革工业所产生的污染物中，铬的毒性备受关注，附着在革制品上的未被还原的 Cr^{6+} 或由 Cr^{3+} 氧化生成的 Cr^{6+} 会直接对人体皮肤造成损害，诱发各种疾病；同时铬粉的吸收率仅有 $60\%\sim70\%$，大量含铬废水的排放带来了严重的水体污染，有害废水不断向土壤中渗透，导致了土壤污染。低铬、无铬鞣剂的研究已成为各国制革和皮化研究领域的热点。

皮革的应用受到其强度和韧性的很大制约，由于皮革某些部位的强度和韧性无法达到要求，整张皮革的利用率较低，造成了很大的浪费。如果能够使皮革的强度和韧性有大幅度的提高，不仅使皮革在更广阔的范围内有用武之地，而且可以使皮革发挥其更大的利用价值。随着生活水平的提高，功能性皮革制品也引起了人们的关注，例如，舒适、美观、抗菌、疏水等方面。

目前，纳米技术在制革鞣制中的应用多以蒙脱土、纳米氧化锌、纳米二氧化硅制备聚合物基纳米复合材料等为主，以减少铬粉用量，赋予皮革良好的耐湿热稳定性、强韧性、功能性等。

4.1.2 聚合物基 MMT 纳米复合鞣剂

蒙脱土能够与无机或有机阳离子进行交换。有机阳离子交换后的蒙脱土呈亲油性，并且层间的距离增大。有机蒙脱土能进一步在与单体或聚合物熔体混合的过程中剥离为纳米尺度的结构片层，均匀分散在聚合物基体中，从而形成纳米复合材料。将蒙脱土引入清洁化制革用鞣剂材料中，主要通过溶液插层法、插层聚合法、插层环化聚合法、负载引发剂法制备了系列聚合物基蒙脱土纳米复合鞣剂（见图 4-1）。

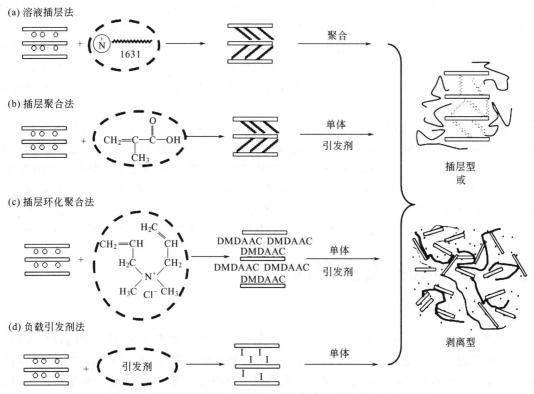

图 4-1 丙烯酸类聚合物基蒙脱土纳米复合材料制备方法示意图

4.1.2.1　制备方法及结构表征

(1) 溶液插层法　十六烷基三甲基溴化铵（1631）是一种长链季铵盐，属于阳离子型表面活性剂，可以改变蒙脱土的层间亲水亲油环境，同时，因其长烷基链的作用，在合适的实验条件下可以使蒙脱土的层间距得到扩大，为插层作准备。制备过程为：在已加入去离子水的三口烧瓶中加入蒙脱土，分散 1h，超声波处理 30min；加入离子交换容量稍过量的 1631，以 10 倍水溶解后加入分散好的蒙脱土悬浮液中，超声波处理 60min。升温至 80℃，保温剧烈搅拌 4.5h，超声波处理 30min，制得 1631 改性蒙脱土（C-MMT）。

采用制备的乙烯基聚合物（VP）进一步进入改性蒙脱土层间，通过聚合物插层法制备乙烯基聚合物/改性蒙脱土纳米复合鞣剂（VP/C-MMT）[见图 4-1(a)]。具体制备过程为：称取一定配比的丙烯酸、丙烯酰胺和丙烯酸乙酯单体以及分子量调节剂异丙醇于一滴液漏斗中；称取一定量的过硫酸铵引发剂，以 10 倍的水溶解加入另一滴液漏斗中；将一半混合单体首先加入已加有计量水的三口烧瓶中，升温至一定的温度，同时滴加剩余单体和过硫酸铵溶液引发溶液聚合。滴加结束后升温至 90℃保温反应 2h。反应结束后滴加 40% 的氢氧化钠水溶液，以调整体系的 pH，制得 VP。将 VP 与 C-MMT 以一定比例混合，于烧杯中超声波处理一定时间；将超声波处理后的混合物转移入三口烧瓶，于适宜温度下剧烈搅拌一定时间，打开瓶塞保温蒸发 5~10min，调节 pH，出料即得 VP/C-MMT。

从理论上看，1631 中疏水烷基链的存在会导致其水溶性差及难以与乙烯基聚合物很好相溶的问题。然而，从复合试验结果来看，虽然 1631 的长烷基链具有一定的疏水性，但实验中并没有产生乙烯基聚合物与 1631 改性蒙脱土的相分离问题，这可能有两种可能：一方面，乙烯基聚合物的主链是碳链，它是亲油性的，虽然其侧基上具有亲水性基团，但整个聚合物仍具有一定的亲油能力，和 1631 具有一定的相容性；另一方面，作为插层剂的 1631 在蒙脱土的层间采取以蒙脱土片层为中心，向外平行或辐射状排列，也可以形成双边层或更多边层结构，使亲油基相互靠近，亲水基团留在了外侧，这样不仅可以防止蒙脱土片层团聚，同时也使 1631 改性后蒙脱土的亲水性大大提高。

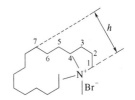

图 4-2　1631 结构示意图

在蒙脱土层间排列的 1631 分子链与蒙脱土的片层方向成 36°，1631 分子链模型如图 4-2 所示。

C—C 单键的键长 $l=0.154$nm，各键与基线的夹角为 60°。于是有

$$h = \sum_{i=1}^{6} l_{i,i+1} = l_{1,2} \times \sin 60° + l_{2,3} \times \sin 60° + l_{4,5} \times \sin 60° + l_{6,7} \times \sin 60° \qquad (4-1)$$
$$= 4 \times l \times \sin 60° = 0.5334 \text{nm}$$

当 1631 在蒙脱土层间形成双边层结构时，其在蒙脱土层间的堆积厚度

$$H = 2 \times h \times \sin 36° = 0.6270 \text{nm} \qquad (4-2)$$

可见，当 1631 在蒙脱土层间形成双层排布时，其堆积厚度仅为 0.6270nm，而被 1631 改性后的蒙脱土的层间距可达 1.9620nm，是 1631 双层堆积厚度的 3 倍。1631 作为蒙脱土插层剂的插层模型如图 4-3 和图 4-4 所示。

从 1631 改性蒙脱土的插层模型图可以看出，1631 在蒙脱土的片层上形成了双层堆积模式，使亲水基团分别伸向蒙脱土的片层和层间，在改性后的蒙脱土层间仍然存在较大的空隙，其中可能填有水合的离子或其他水溶性物质，这样使得 1631 改性后的蒙脱土仍具有一定的亲水性能。但是，在 1631 改性蒙脱土干燥以后，层间水分的挥发会导致两层的 1631 极性基团相互靠近、结合，从而使层间的亲水性环境改变，导致 1631 改性后的蒙脱土在干燥

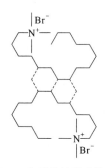

图 4-3 1631 分子之间形成的缔合结构

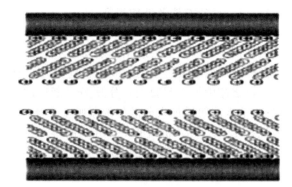

图 4-4 1631 与蒙脱土的插层模型

后较难被水所分散。

合成的乙烯基聚合物/1631 改性蒙脱土纳米复合鞣剂的性能如表 4-1 所示。

表 4-1 VP/C-MMT 复合鞣剂的基本性能

项目	固含量/%	pH	密度/(g/mL)	黏度/Pa·s
指标	16.05	5.40	1.08	0.6060×10^3

注：密度的检测方法：取 50mL 试样于 50mL 量筒中，用测量范围为 1.000~1.100 的比重计在室温时测定试样的密度。

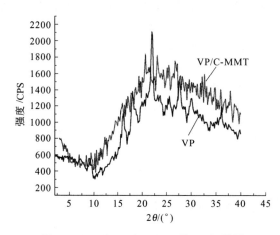

图 4-5 VP 和 VP/C-MMT 的 XRD 谱图

由乙烯基聚合物和乙烯基聚合物/1631 改性蒙脱土纳米复合鞣剂的 XRD 谱图 4-5 可以看出，在衍射角小于 10°时，蒙脱土的衍射峰消失，如图中的实线所示。由 Bragge 方程 $\lambda = 2d\sin\theta$ 可知：蒙脱土的层间距 $d = \lambda/2\sin\theta$，当衍射峰越出现在小角度的位置，所计算出的蒙脱土的 d_{001} 层间距越大。在实验所扫描的角度范围内（$2° < 2\theta < 10°$），没有出现衍射峰。从曲线的变化趋势可以看出，衍射峰的出现可能在很小的角度位置，此时，$\sin\theta$ 趋近于 0，所以 d 趋近于无穷大，也就是说蒙脱土在乙烯基聚合物中以单一的片层分散的形式存在。

在乙烯基聚合物/蒙脱土的复合物中，要使蒙脱土以片层形式分散于聚合物基体中，解决蒙脱土片层的团聚和剥离过程中蒙脱土片层的充分剥离是非常重要的问题。剥离型乙烯基聚合物/1631 改性蒙脱土纳米复合材料制备时，采用 1631 作为插层剂，1631 是一种长链季铵盐，它具有 16 个亚甲基，可以很好地使蒙脱土的片层撑开，为后续的乙烯基聚合物的插层创造了条件；同时，1631 还属于阳离子表面活性剂，可以保护蒙脱土的片层，使其不发生团聚而以片层形式稳定分散在聚合物的溶液中。长碳链的有机化试剂在蒙脱土的片层周围可以形成双层甚至多层平行排列，使蒙脱土片层具有一定的亲水性能，从而保证了改性后蒙脱土良好的亲水性能。这样，乙烯基聚合物很容易和蒙脱土进行剥层复合，剥离后的蒙脱土片层被 1631 所保护，不易团聚，最后形成了剥离型的纳米复合材料。

从 DSC 图 4-6 上可以看出，乙烯基聚合物/1631 改性蒙脱土纳米复合鞣剂的玻璃化转变温度和晶体熔融吸热峰均向较高的温度方向移动，纯乙烯基聚合物的玻璃化转变温度为 133.4℃，晶体熔融吸热峰发生在 158.3℃，且峰的面积为 75.58J/g，而乙烯基聚合物/改性蒙脱土纳米复合鞣剂的玻璃化转变温度为 161.0℃，比纯乙烯基聚合物的玻璃化转变温度升高了 26.6℃，晶体熔融吸热峰发生在 183.4℃，比纯乙烯基聚合物的熔融温度升高了 35.1℃，且晶体熔融峰的吸热面积为 88.54J/g，比乙烯基聚合物的吸热面积增加了 12.69J/g。

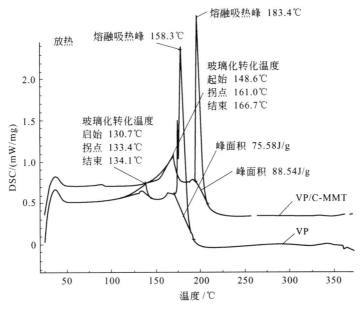

图 4-6　VP 和 VP/C-MMT 的 DSC 图

蒙脱土片层具有较好的隔绝性能，当聚合物和蒙脱土形成剥离型材料以后，蒙脱土片层均匀分布于聚合物基体中，这样片层分散的蒙脱土就可以提高复合物的热稳定性，使复合物的熔融峰向高温方向移动。同时，插层进入蒙脱土层间的聚合物分子，其排列必然受到蒙脱土片层的限制，从而使聚合物的分子在一定的空间内呈现出有序排布，增加了聚合物的结晶性，从而提高了聚合物的玻璃化转变温度。乙烯基聚合物/1631 改性蒙脱土纳米复合鞣剂玻璃化转变温度的提高和熔融吸热峰向高温方向的移动说明了蒙脱土对于提高聚合物的耐热稳定性做出了贡献。DSC 图上出现了小于 50℃的吸热峰，可能是由于聚合物和复合物中存在的小分子物质如聚合时所用的分子量调节剂所导致的结果。

（2）插层聚合法　实验选用水溶性聚合单体甲基丙烯酸和丙烯醛在钠基蒙脱土层间直接原位插层聚合制备水溶性聚甲基丙烯酸/蒙脱土（PMAA/MMT）纳米复合材料和聚甲基丙烯酸-丙烯醛/蒙脱土（PMAA-AL/MMT）纳米复合材料［见图 4-1(b)］。

① 聚甲基丙烯酸/蒙脱土纳米复合材料（PMAA/MMT）　甲基丙烯酸首先进入蒙脱土层间，再加入过硫酸铵对蒙脱土层间的甲基丙烯酸引发聚合，制得 PMAA/MMT。其具体制备方法为：将 2g 蒙脱土加入盛有蒸馏水的三口烧瓶中快速搅拌，得到蒙脱土的水分散液，静置 24h，中速搅拌加入一定量的甲基丙烯酸，超声波处理，转入三口烧瓶中继续搅拌，水浴加热，待升至一定温度后，搅拌一定时间，超声波处理，滴加过硫酸铵、水和异丙醇的混合液，保温反应，即得聚甲基丙烯酸/蒙脱土纳米复合材料。

PMAA/MMT 纳米复合材料及蒙脱土的红外光谱见图 4-7 所示。比较纳米复合材料与

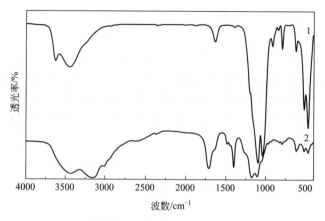

图 4-7   PMAA/MMT 纳米复合材料及蒙脱土的红外光谱

1—蒙脱土；2—PMAA/MMT 纳米复合材料

蒙脱土的红外光谱可知，纳米复合材料的红外光谱在 1709cm^{-1} 处出现了—COO$^-$ 的特征吸收峰，3164cm^{-1} 出现了亚甲基的特征吸收峰，但并未出现碳碳双键的特征吸收峰，这些现象表明甲基丙烯酸发生了聚合反应。1031～1039cm^{-1} 处蒙脱土晶格中 Si—O—Si 的伸缩振动吸收峰向高波数方向移动，796cm^{-1} 附近蒙脱土晶格中 Si—O—Al 的伸缩振动，522cm^{-1} 和 468cm^{-1} 处 Si—O—Al 和 Si—O—Si 的弯曲振动吸收峰也均发生了轻微的移动，且这些特征吸收峰的强度明显减弱，表明蒙脱土的结构遭到了一定程度的破坏。

图 4-8 是 PMAA/MMT 纳米复合材料的 TEM 照片。灰色的部分是 PMAA；黑色的线条是 MMT 片层。可知蒙脱土片层已发生剥离，无规分散在聚合物基体中，所形成的纳米复合材料属于剥离型纳米复合材料。

由于 MAA 在常温常压下是液体，因此，对 MAA 的钠盐进行固体 NMR 分析。图 4-9 为 MAA 钠盐的 NMR 谱及各信号峰归属，MAA 在 MMT 层间原位聚合后形成的纳米复合材料的固体 NMR 谱及各

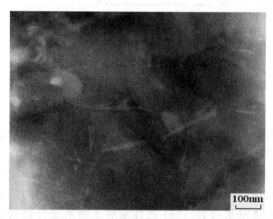

图 4-8   PMAA/MMT 的 TEM 照片

信号峰归属见图 4-10 所示。比较图 4-9 及图 4-10 可知：图 4-10 中没有出现双键碳，表明聚合反应已完全发生。同时整个谱带宽化，b$_1$ 碳及 b$_4$ 碳的峰形不对称，表明聚合物与 MMT 之间具有一定的相互作用。

PMAA/MMT 纳米复合材料及相应聚合物 PMAA 的热失重（TG）曲线见图 4-11，DSC 见图 4-12，表 4-2 是根据图 4-11 及图 4-12 所得的分解温度及玻璃化转变温度数据。可知 PMAA/MMT 纳米复合材料的分解温度及玻璃化转变温度较 PMAA 均有所提高。分解温度的显著提高主要是由于无规分散的纳米尺度的硅酸盐片层阻碍了分解产物向材料外部的扩散而引起的。玻璃化转变温度的升高主要是由于聚合物受限在硅酸盐片层间，聚合物的链段运动受到限制，同时，在纳米结构的杂化体中硅酸盐表面与聚合物间产生了相互作用的结果。纳米复合材料的玻璃化转变温度高于纯聚合物的玻璃化转变温度，这在大多数有关剥离型纳米复合材料的文献中也都有所报道。

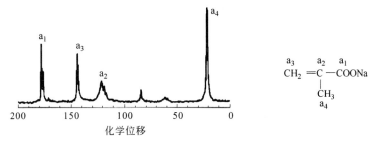

图 4-9　甲基丙烯酸钠的 ^{13}C-NMR 谱

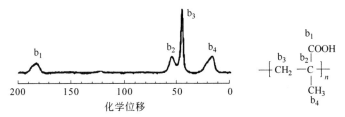

图 4-10　纳米复合材料的 ^{13}C-NMR 谱

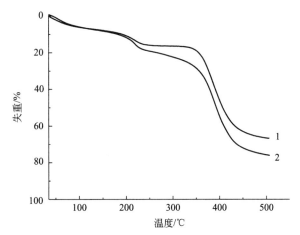

图 4-11　PMAA/MMT 纳米复合材料及相应聚合物的 TG 曲线

1—PMAA；2—PMAA/MMT 纳米复合材料

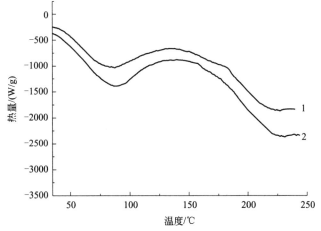

图 4-12　PMAA/MMT 纳米复合材料及相应聚合物的 DSC 曲线

1—PMAA；2—PMAA/MMT 纳米复合材料

表 4-2　PMAA/MMT 纳米复合材料及相应聚合物的热稳定性

样品	起始分解温度/℃	最大分解温度/℃	玻璃化转变温度/℃
PMAA	342.35	436.60	178.35
PMAA/MMT 纳米复合材料	350.25	441.85	189.90

② 聚甲基丙烯酸-丙烯醛/蒙脱土（PMAA-AL/MMT）纳米复合材料　在 PMAA/MMT 纳米复合材料的聚合物基体中引入醛基，以增加该复合材料与胶原纤维的相互作用基团。具体制备方法为：称取一定量的蒙脱土，在缓慢搅拌下加入到盛有蒸馏水的 250mL 三口烧瓶中，1000r/min 搅拌 30min，静置 24h，500r/min 搅拌 30min，加入一定量的甲基丙烯酸，500r/min 搅拌 20min，倒入烧杯中超声波处理 20min，再转入三口烧瓶中，水浴加热，待升温至 60℃后，搅拌 5h，超声波处理 10min，冷水浴中加入一定量的 NaHSO$_3$ 和 AL，以 500r/min 搅拌 30min，一次性加入过硫酸铵和异丙醇的水溶液，并升温至 50℃，在 50℃下反应 3h，冷却，出料。所得产物即为 PMAA-AL/MMT 纳米复合材料。

PMAA-AL/MMT 纳米复合材料及蒙脱土的红外光谱如图 4-13 所示。比较两者可知纳米复合材料的红外光谱图中 3600～3400cm^{-1} 处蒙脱土晶格中结构水及层间吸附水—OH 的伸缩振动峰发生明显宽化，强度增加，且向低波数方向移动，同时蒙脱土晶格中 Si—O 和 Al—O 振动峰的强度下降，峰形发生变化，并有一定程度的移动，表明聚合物与蒙脱土表面的羟基形成了氢键及配位键结合，蒙脱土的结构发生了一定的变化。另一方面，2940cm^{-1} 和 2850cm^{-1} 处出现了亚甲基的非对称及对称振动吸收峰，1740～1700cm^{-1} 出现了羧酸羰基和醛羰基的特征吸收峰，同时没有发现碳碳双键的吸收峰，表明甲基丙烯酸与丙烯醛发生了聚合反应。

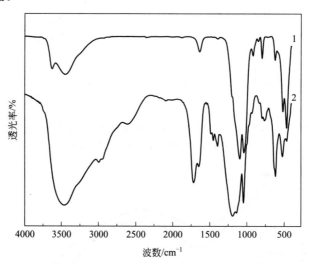

图 4-13　蒙脱土及 PMAA-AL/MMT 纳米复合材料的红外光谱
1—蒙脱土；2—PMAA-AL/MMT 纳米复合材料

图 4-14 为 PMAA-AL/MMT 纳米复合材料及蒙脱土的 XRD 谱图，可以看到蒙脱土 d_{001} 面强烈的特征衍射峰，而纳米复合材料的 XRD 谱图中观测不到蒙脱土的特征衍射峰，表明蒙脱土可能以单片层形式无规分散在聚合物基体中，所形成的纳米复合材料可能属于剥离型纳米复合材料。

图 4-15 是纳米复合材料的透射电镜照片。由图可见：灰色的部分是醛酸共聚物；黑色的线条是 MMT 片层。可以验证蒙脱土片层的确已发生剥离，无规分散在聚合物基体中，所

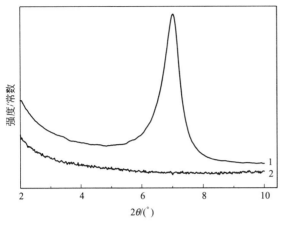

图 4-14　蒙脱土及 PMAA-AL/MMT 纳米
复合材料的 XRD 谱图

1—蒙脱土；2—PMAA-AL/MMT 纳米复合材料

图 4-15　PMAA-AL/MMT 纳米复
合材料的透射电镜照片

形成的纳米复合材料属于剥离型纳米复合材料。

　　PMAA-AL/MMT 纳米复合材料及相应聚合物 PMAA-AL 的热分解性能见图 4-16 所示，可知聚合物及纳米复合材料的起始分解温度分别为 310.2℃ 和 335.8℃。通过 DSC 研究了聚合物及纳米复合材料的热转变（见图 4-17 和表 4-3），聚合物的玻璃化转变温度为 195.5℃，而纳米复合材料的玻璃化转变温度则向更高的方向移动，这与前面 PMAA/MMT 纳米复合材料热性能的提高是一致的。

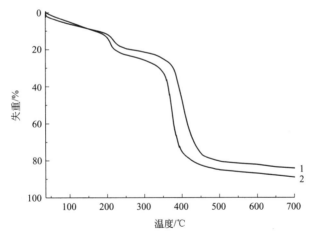

图 4-16　PMAA-AL/MMT 纳米复合材料
及相应聚合物的 TG 曲线

1—PMAA-AL；2—PMAA-AL/MMT 纳米复合材料

表 4-3　PMAA-AL/MMT 纳米复合材料及相应聚合物的热稳定性

样品	起始分解温度/℃	最大分解温度/℃	玻璃化转变温度/℃
PMAA-AL	310.2	425.6	195.5
PMAA-AL/MMT 纳米复合材料	335.8	466.7	205.0

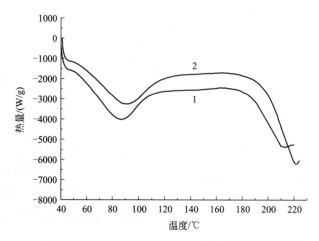

图 4-17　PMAA-AL/MMT 纳米复合材料
及相应聚合物的 DSC 曲线

1—PMAA-AL；2—PMAA-AL/MMT 纳米复合材料

（3）插层环化聚合法　二烯丙基二甲基氯化铵是一种工业化产品，具有非共轭性双烯键的水溶性阳离子单体，能通过均聚或与其他单体共聚形成阳离子型或两性离子型聚合物，在国内外广泛应用于采油、造纸、水处理等许多工业领域。与通常聚合反应形成的线型聚合物相比较，环化聚合形成的聚合物具有好的热稳定性和高的玻璃化转变温度。

该单体由于其阳离子性，可以进行蒙脱土插层反应，又由于其含有非共轭双烯键，可以在蒙脱土层间自由基引发环化聚合。采用二烯丙基二甲基季铵盐插层蒙脱土，并与丙烯酸类单体在蒙脱土层间发生环化聚合反应，制备聚二烯丙基二甲基氯化铵/蒙脱土（PDMDAAC/MMT）纳米复合材料、聚二烯丙基二甲基氯化铵-丙烯酰胺/蒙脱土（PDM-DAAC-AM/MMT）纳米复合材料、聚二烯丙基二甲基氯化铵-丙烯酰胺-乙二醛/蒙脱土（PDMDAAC-AM-GL/MMT）纳米复合材料［见图 4-1(c)］。

① 聚二烯丙基二甲基氯化铵/蒙脱土纳米复合材料　其具体制备方法为：准确称量含量为 60％的二烯丙基二甲基氯化铵至 250mL 三口烧瓶中，慢速搅拌下加入一定量的蒙脱土（相对于二烯丙基二甲基氯化铵，以质量分数计），待蒙脱土分散均匀后，水浴升温至 80℃，恒温下全速搅拌，反应时间 4h；转移至 250mL 烧杯中超声波处理 20min；转移至 250mL 三口烧瓶，搅拌，水浴加热至一定温度，滴加引发剂，滴加完毕后，继续反应一定时间，制得聚二烯丙基二甲基氯化铵/蒙脱土纳米复合材料。

图 4-18 所示为聚二烯丙基二甲基氯化铵的 300M ^{1}H-NMR 谱图。3.105～3.237 为与 N$^+$相连的甲基峰，3.760 处为与 N$^+$相连的亚甲基峰，1.266、1.474 和 2.642 处分别是主链中—CH$_2$—和—CH—的吸收峰。

表 4-4　PDMDAAC ^{13}C-NMR的化学位移

基团	顺式	反式
—CH—	38.45,38.04	43.20
—CH$_2$—CH$_2$—	26.27	29.98
N$^+$—CH$_2$—	70.16	70.87
N$^+$—CH$_3$	52.39,53.87	54.57

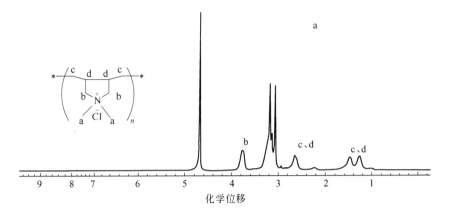

图 4-18 PDMDAAC 的 ^{1}H-NMR 谱图（300M，D_2O）

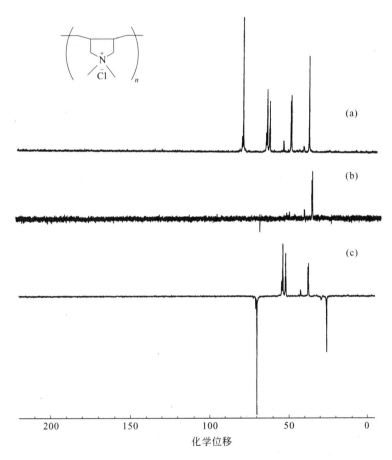

图 4-19 PDMDAAC（a）及其 DEPT-90（b）和 DEPT-135（c）
的 ^{13}C-NMR 谱图（400M，D_2O）

图 4-19 所示为聚二烯丙基二甲基氯化铵的碳谱，具体的化学位移如表 4-4 所示。由于甲基碳上的取代基不同，因此形成了顺、反异构的结构，谱图中出现了强弱不同的碳峰。聚二烯丙基二甲基氯化铵中与 N$^+$ 相连的甲基碳多数为反式异构体。通过 DEPT-90 和 DEPT-135 的结果也证明了聚二烯丙基二甲基氯化铵的结构。

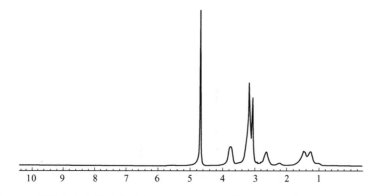

图 4-20　从纳米复合材料中分离出 PDMDAAC 的 ^{1}H-NMR 谱图（300M，D_2O）

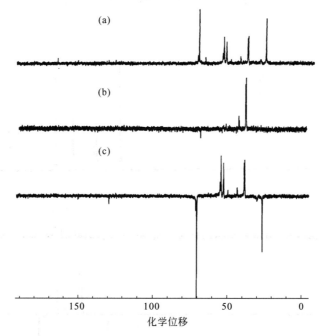

图 4-21　从纳米复合材料中分离出 PDMDAAC（a）及其 DEPT-90（b）、
DEPT-135（c）的 ^{13}C-NMR 谱图（400M，D_2O）

　　图 4-20 和图 4-21 所示为从纳米复合材料中聚二烯丙基二甲基氯化铵的氢谱和碳谱，分别与未加蒙脱土时制备的聚二烯丙基二甲基氯化铵的氢谱和碳谱相比较，聚合物中氢谱和碳谱的出峰位置一致，说明蒙脱土的存在对聚合物的结构没有影响。

　　图 4-22 为 PDMDAAC/MMT 的 XRD 谱图，采用二烯丙基二甲基氯化铵对蒙脱土进行改性后，XRD 谱图中 2θ 向小角方向移动，根据 Bragg 方程 $\lambda = 2d \sin\theta$ 计算得，蒙脱土的层间距 d_{001} 由原来的 1.2582nm 增加至 1.4062nm。

　　图 4-23 所示为二烯丙基二甲基氯化铵在不同用量的蒙脱土存在时发生自由基聚合制备 PDMDAAC/MMT 纳米复合材料中蒙脱土的层间距。随着蒙脱土用量的增加，蒙脱土的层间距先增大再减小，在蒙脱土用量为 5.0% 时，层间距最大 $d_{001}=1.4190$nm。

　　② 聚二烯丙基二甲基氯化铵-丙烯酰胺/蒙脱土（PDMDAAC-AM/MMT）　DMDAAC 和 AM 聚合可生成具有五元环结构的阳离子型聚合物，反应方程式见式(4-3)。

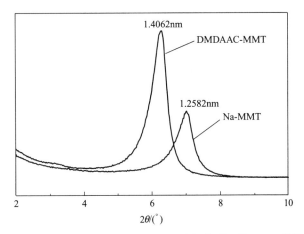

图 4-22　钠基蒙脱土和 DMDAAC 改性蒙脱土的 XRD 谱图

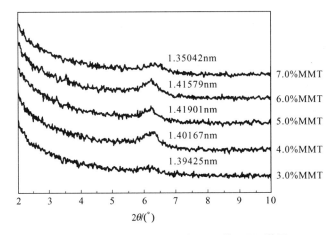

图 4-23　系列 PDMDAAC/MMT 的 XRD 谱图

$$（4\text{-}3）$$

将可与胶原纤维反应的酰氨基引入二烯丙基二甲基氯化铵的聚合物基体中，具体制备方法为：将不同用量的蒙脱土（相对于单体总质量计）分散在一定量的去离子水中，待分散均匀后，加入二烯丙基二甲基氯化铵，升温至一定温度，快速搅拌一定时间，超声波处理后，冷却至室温，加入溶解的引发剂和丙烯酰胺，升温反应一定时间，制得聚二烯丙基二甲基氯化铵-丙烯酰胺/蒙脱土纳米材料。

图 4-24 所示为 PDMDAAC 和 PDMDAAC-AM 的 FT-IR 谱图，在 PDMDAAC 谱图中，由于 PDMDAAC 极易吸水，$3443cm^{-1}$、$2100cm^{-1}$、$1635cm^{-1}$ 为水的吸收峰，碳碳双键的吸收峰 $1635cm^{-1}$ 与水的重合，$1125cm^{-1}$ 为碳氮吸收峰，$1126cm^{-1}$、$951cm^{-1}$、$619cm^{-1}$

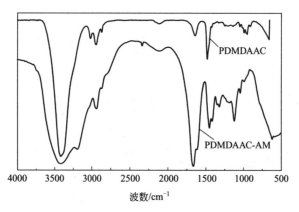

图 4-24　PDMDAAC-AM 和 PDMDAAC 的 FT-IR 谱图

三峰是由碳氮五元杂环引起的。

PDMDAAC-AM 谱图中，$3445cm^{-1}$ 和 $3170cm^{-1}$ 处是—NH₂ 的吸收峰，$2930cm^{-1}$ 为甲基吸收峰，$1660cm^{-1}$ 为酰胺羰基的伸缩振动吸收峰，$1320cm^{-1}$、$1450cm^{-1}$ 为典型的甲基对称弯曲振动吸收峰，$1121cm^{-1}$ 为季铵基的吸收峰。

图 4-25 所示为 PDMDAAC-AM 的 ¹H-NMR 谱图，与 PDMDAAC 的 ¹H-NMR 谱图对比，1.5 处亚甲基的峰强增加，对应聚合物中位值 c 处氢的出峰；2.13 处为—NH₂ 的出峰，对应聚合物中位值 e 处氢的出峰。说明 DMDAAC 与 AM 成功发生了聚合。

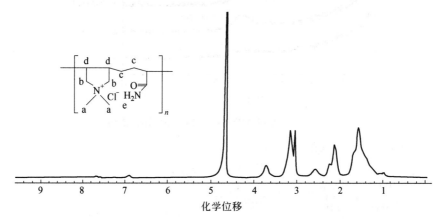

图 4-25　PDMDAAC-AM 的 ¹H-NMR 谱图（200M，D₂O）

图 4-26 为 PDMDAAC 和 PDMDAAC-AM 的 XRD 图谱。由图可以看出，PDMDAAC 结构规整，具有一定的结晶度，根据计算结晶度为 30%。PDMDAAC-AM 的结构规整度降低，非晶态组分明显增多，根据计算结晶度为 2.8%。这是因为丙烯酰胺的引入，聚合物分子链上无规则地嵌入了丙烯酰胺的片段，从而使得聚合物的结晶度、聚合物的结构规整度降低。间接地说明丙烯酰胺与 DMDAAC 共聚成功。

③ 聚二烯丙基二甲基氯化铵-丙烯酰胺-乙二醛/蒙脱土纳米复合材料　选用二烯丙基二甲基氯化铵、丙烯酰胺在蒙脱土层间发生原位聚合，进而与乙二醛反应，将醛基引入聚合物中 [DMDAAC、AM 和 GL 聚合反应方程式见式(4-4)]，制备纳米复合材料。具体制备方法为：采用 6% 氨水将乙二醛溶液 pH 调节为 4.0，升温至一定温度，将 PDMDAAC-AM/MMT 向乙二醛溶液中分次加入，恒温反应一定时间，冷却至室温，制备聚二烯丙基二甲基氯化铵-丙烯酰胺-乙二醛/蒙脱土纳米复合材料。

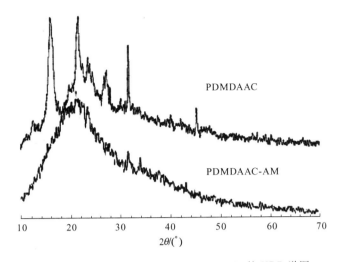

图 4-26　PDMDAAC 和 PDMDAAC-AM 的 XRD 谱图

$$(4\text{-}4)$$

由图 4-27 聚合物 PDMDAAC-AM-GL 的氢谱谱图可知，1.051～1.543 对应聚合物中位置 a 处氢的出峰，2.124 对应聚合物中位置 b 处氢的出峰，2.582 对应聚合物中位置 c 处氢的出峰，2.916～3.144 对应聚合物中位置 d、e 处氢的出峰，3.512～3.581 对应聚合物中位置 h 处氢的出峰，5.042～5.131 对应聚合物中位置 f 处氢的出峰，5.321～5.418 对应聚合物中位置 g 处氢的出峰。

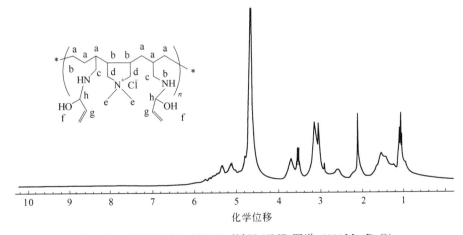

图 4-27　PDMDAAC-AM-GL 的 ^{1}H-NMR 图谱（300M，D_2O）

图 4-28 所示聚合物 PDMDAAC-AM 的红外谱图中，3209cm^{-1} 为 PDMDAAC-AM-GL 中—NH$_2$ 的 N—H 的伸缩振动吸收峰，1665cm^{-1} 附近为酰胺羰基的伸缩振动吸收峰；1320cm^{-1} 附近为酰胺中 C—N 的吸收峰。

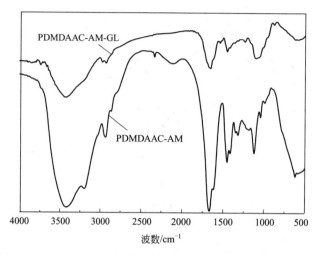

图 4-28　PDMDAAC-AM 与 PDMDAAC-AM-GL 的 FT-IR 图谱

与聚合物 PDMDAAC-AM 的红外谱图对比可知，聚合物 PDMDAAC-AM-GL 的红外谱图中—NH$_2$ 的 N—H 在 3209cm^{-1} 的伸缩振动吸收峰消失，1654cm^{-1} 附近为 C＝O 的吸收峰，1097cm^{-1} 为丙烯酰胺中的—NH$_2$ 与—CHO 缩合反应生成—NH—COH—基团中 C—N 吸收峰，说明 PDMDAAC-AM 与 GL 成功发生了反应。

如图 4-29 所示，与 Na-MMT 的红外谱图（a）对比可知，PDMDAAC-AM/MMT 的红外谱图（b）中，1039cm^{-1} 为 Si—O—Si 的不对称伸缩振动，520cm^{-1} 的对称弯曲振动吸收峰仍然存在，表明蒙脱土的层状结构保持完整。蒙脱土表面上羟基伸缩振动峰 3626cm^{-1} 消失，3446cm^{-1} 处的谱带吸收为纳米复合材料吸水造成，—OH 的 916cm^{-1} 对称弯曲振动吸收峰消失。3209cm^{-1} 为聚合物中—NH$_2$ 的 N—H 的伸缩振动吸收峰，1655cm^{-1} 附近为酰胺羰基的伸缩振动吸收峰与（a）谱图 Na-MMT 中 1662cm^{-1} 处—OH 的伸缩和弯曲振动峰有一定的重合；1320cm^{-1} 附近为酰胺中的 C—N 的吸收峰。

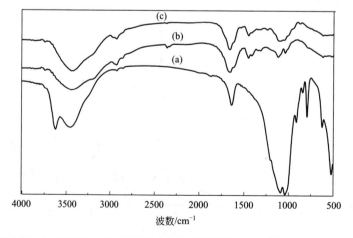

图 4-29　Na-MMT（a）、PDMDAAC-AM/MMT（4.0％MMT）（b）和
PDMDAAC-AM-GL/MMT（4.0％MMT）（c）的 FT-IR 谱图

与 PDMDAAC-AM/MMT 纳米复合材料的红外谱图 (b) 对比可知，谱图 (c) 聚合物 PDMDAAC-AM-GL 中—NH$_2$ 的 N—H 在 3209cm^{-1} 的伸缩振动吸收峰消失，1653cm^{-1} 附近为 C=O 的吸收峰与聚合物 PDM-AM 中酰胺羰基的伸缩振动吸收峰重叠，1097cm^{-1} 为丙烯酰胺中的—NH$_2$ 与—CHO 缩合反应生成—NH—COH—基团中 C—N 吸收峰。说明在蒙脱土存在下，PDMDAAC-AM 与 GL 发生了加成反应。

图 4-30 所示为 PDMDAACAM-GL 的 XRD 图谱，由图可以看出，PDMDAAC-AM GL 完全呈现出非晶态，无法计算出它的结晶度。比较图 4-25 和图 4-30，可以间接地说明 GL 成功地与 DMDAAC-AM 中的—NH$_2$ 发生了缩合反应。

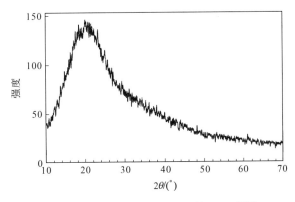

图 4-30　PDMDAAC-AM-GL 的 XRD 图谱

图 4-31(a) 所示为 PDMDAAC-AM/MMT 纳米复合材料的 XRD 谱图，图 4-31(b) 为 PDMDAAC-AM-GL/MMT 纳米复合材料的 XRD 谱图。

由图 4-31(a) 可知，当二烯丙基二甲基氯化铵与丙烯酰胺在蒙脱土层间发生聚合后，蒙脱土的层间距增大，随着蒙脱土含量的增加，蒙脱土的层间距先增大后减小。当蒙脱土用量为 4.0% 时，层间距最大 $d_{001}=1.4382$nm。随着蒙脱土用量的变化，衍射峰并未消失，说明单体在蒙脱土层间插层环化聚合并未使蒙脱土的片层剥离。PDMDAAC-AM/MMT 纳米复合材料均为插层型纳米复合材料。

对比图 4-31(a) 和 (b) 可知，与 PDMDAAC-AM/MMT 纳米复合材料中蒙脱土的层间距相比较，除蒙脱土含量为 5.0% 的纳米复合材料外，与 PDMDAAC-AM/MMT 纳米复合材料相比较，PDMDAAC-AM-GL/MMT 纳米复合材料中蒙脱土的层间距进一步增加，这可能是因为醛基的引入使得聚合物分子的侧链长度有所增加，从而使得层间距增大。整体层间距的变化规律与没有加入乙二醛时纳米复合材料中蒙脱土的层间距变化趋势基本一致。当蒙脱土用量为 1.0% 时，X 射线衍射中无衍射峰出现，说明蒙脱土片层无规地分散在聚合物基体中，形成了剥离型纳米复合材料。

如图 4-32 所示，随着蒙脱土用量的增加，PDMDAAC-AM/MMT 和 PDMDAAC-AM-GL/MMT 纳米复合材料中单体的转化率，整体都小于未加蒙脱土时聚合物的转化率，均呈现出先增加后减小的趋势。当蒙脱土用量为 3.0% 时，纳米复合材料中单体的转化率均达到最大。这可能是由两方面原因引起，一方面由于 MMT 具有很强的吸附能力，MMT 片晶边缘大量 Lewis 酸点以及层间氧化态的过渡金属离子能吞噬电子，对自由基聚合不利，因此对单体聚合有一定的负面影响；另一方面，随着蒙脱土片层的增多，使得反应体系产生的大量热不能及时散去，体系升温，对聚合产生正面影响。

当蒙脱土用量小于 3.0% 时，MMT 对两种纳米复合材料体系中单体转化率均为正面影

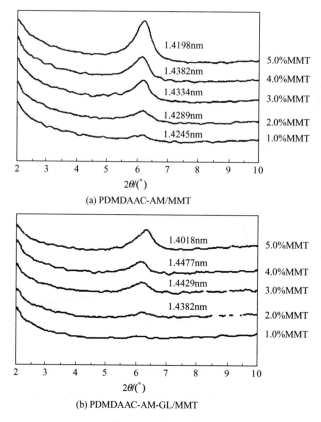

图 4-31 PDMDAAC-AM/MMT 和 PDMDAAC-AM-GL/MMT 的 XRD 谱图

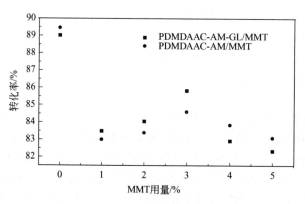

图 4-32 蒙脱土用量对单体转化率的影响

响；当蒙脱土用量大于 3.0% 时，MMT 对两种纳米复合材料体系中单体转化率呈现为负面影响。

如图 4-33 所示，PDMDAAC-AM/MMT 和 PDMDAAC-AM-GL/MMT 纳米复合材料中聚合物的特性黏度均小于未加蒙脱土时聚合物的特性黏度。随着蒙脱土用量的增加，PD-MDAAC-AM/MMT 纳米复合材料中聚合物的特性黏度呈现出先增加后减小的趋势，当蒙脱土用量为 4.0% 时，PDMDAAC-AM/MMT 纳米复合材料中聚合物的特性黏度达到最大值。

对于 PDMDAAC-AM-GL/MMT 纳米复合材料中的聚合物而言，除了当蒙脱土用量为

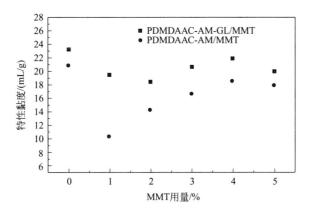

图 4-33 蒙脱土用量对聚合物特性黏度的影响

1.0％外，随着蒙脱土用量的增加，纳米复合材料中的特性黏度呈现出先增加后减小的趋势，当蒙脱土的用量为 4.0％时，聚合物的特性黏度达到最大，且整体小于未加蒙脱土时聚合物的特性黏度。

与 PDMDAAC-AM/MMT 纳米复合材料中聚合物的特性黏度相比，PDMDAAC-AM-GL/MMT 纳米复合材料中聚合物的特性黏度均有一定增加。这是因为在特定的条件下采用聚合物的特性黏度来定性地表征聚合物相对分子质量的大小，聚合物的特性黏度大，说明聚合物的相对分子质量大，即聚合物的分子链长度增长，因而有利于将蒙脱土片层撑开，使蒙脱土的层间距增大。聚合物特性黏度的变化规律与纳米复合材料中蒙脱土层间距的变化规律一致。特性黏度取决于聚合物的分子量和结构、溶液的温度和溶剂的特性，当温度和溶剂一定时，对聚合物而言，其特性黏度就仅与其分子量和结构有关。间接地说明了在蒙脱土的存在下，乙二醛与 PDMDAAC-AM/MMT 纳米复合材料中的氨基成功发生了反应；另一方面，说明蒙脱土的用量对聚合物分子量有一定的影响。

如图 4-34 所示，随着蒙脱土用量的增加，PDMDAAC-AM/MMT 和 PDMDAAC-AM-GL/MMT 纳米复合材料体系的旋转黏度均呈现出先增加后减小的趋势，且整体大于未加蒙脱土的聚合物旋转黏度。当蒙脱土用量为 4.0％时，旋转黏度均达到最大。

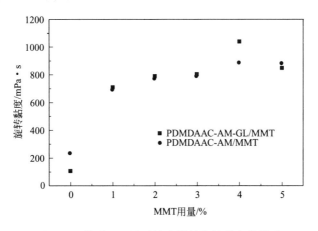

图 4-34 蒙脱土用量对纳米材料旋转黏度的影响

旋转黏度是测量流体内在摩擦力所获得的数值，即溶液的黏度。对于纳米复合材料而言，它属于非牛顿型流体，体系旋转黏度的变化可能由两方面引起，一方面，极性蒙脱土在极性溶剂水中表现出良好的溶胀性，而在有机非极性溶剂中分散性很差。研究发现季铵盐是一种反应单体，不仅与蒙脱土晶层中的钠离子发生离子交换，使得其有机分子链进入蒙脱土层间并吸附在蒙脱土的晶层表面，同时聚合散发的热均促进了蒙脱土在水相中的分散。另一方面，随着蒙脱土用量的增加，整个体系的亲水性增强，导致体系旋转黏度增加。与 PDM-DAAC-AM/MMT 纳米复合材料中聚合物的旋转黏度相比，PDMDAAC-AM-GL/MMT 纳米复合材料中聚合物的旋转黏度均有一定增加，这说明乙二醛与 PDMDAAC-AM/MMT 纳米复合材料中的氨基反应后，侧链增长有利于蒙脱土的分散。

PDMDAAC-AM-GL/MMT 纳米复合材料中聚合物的特性黏度、纳米复合材料体系的旋转黏度与蒙脱土的层间距变化规律一致，这是因为聚合物的分子量越大，越有利于蒙脱土片层层间距的增大。

图 4-35 所示分别为蒙脱土含量为 1.0% 和 4.0% 的 PDMDAAC-AM-GL/MMT 纳米材料的 TEM 照片，灰色的部分是 PDMDAAC-AM-GL 聚合物，黑色部分是 MMT 片层的聚集。从图可知：当蒙脱土含量为 1.0% 时，蒙脱土片层发生剥离；当蒙脱土含量为 4.0% 时，蒙脱土片层并未发生剥离，所形成的 PDMDAAC-AM-GL/MMT 属于插层型纳米复合材料。与 XRD 表征结果一致。

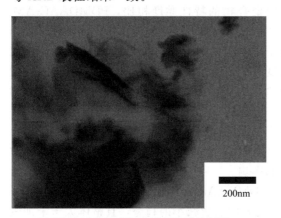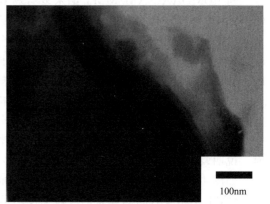

(a) PDMDAAC-AM-GL/MMT(MMT 含量 1.0%)　　　(b) PDMDAAC-AM-GL/MMT(MMT 含量 4.0%)

图 4-35　不同 MMT 含量的 PDMDAAC-AM-GL/MMT 透射电镜照片

(4) 负载引发剂法 合成既能与 MMT 进行离子交换，又能引发 ATRP 聚合的 2-溴异丁酸-$1,1'$-(N,N,N-三甲基溴胺)十一酯，制备方法为：将 1.2g（3mmol）的 2-溴异丁酸-$11'$-溴十一酯溶于 5mL 的四氢呋喃（THF）中，室温时向溶液中加入 10mL、4.2mol/L 的乙醇溶液，其中溶有 42mmol（2.478g）三甲胺。0℃ 时，在氩气氛围中，反应混合物在黑暗条件下搅拌反应 2d。溶剂在真空烘箱中除去。粗产品使用 20mL 的脱水乙醚洗涤三次。除去乙醚后，在真空烘箱中使用 P_2O_5 对产品进行干燥，得到一种白色吸湿性固体材料，即为 2-溴异丁酸-$11'$-(N,N,N-三甲基溴胺)十一酯。

然后采用离子交换法制备 2-溴异丁酸-$11'$-(N,N,N-三甲基溴胺)十一酯改性蒙脱土，制备方法为：将一定量的 2-溴异丁酸-$11'$-溴十一酯溶解于 100mL 的蒸馏水中，然后将其加入到分散有 2.5g 蒙脱土的 1000mL 蒸馏水中。在一定温度下，将混合物搅拌 30h。抽滤得到固体，水洗，干燥，即得 2-溴异丁酸-$11'$-(N,N,N-三甲基溴胺)十一酯改性蒙脱土（OMMT）。

以 2-溴异丁酸-$11'$-(N,N,N-三甲基溴胺)十一酯引发 MMT 表面的 ATRP 聚合，制备过程为：将 10g 甲基丙烯酸溶于 20g 蒸馏水中，用 NaOH 将甲基丙烯酸溶液的 pH 调节为弱碱性（pH＝8.9），移入 Schlenk 烧瓶。向瓶中加入一定量的有机改性蒙脱土、CuBr 和 2，2′-联吡啶。抽真空，通入氩气，使体系中的氧气被排出。在氩气氛围下水浴升温至 70℃后搅拌反应 12h，即得到聚甲基丙烯酸/蒙脱土纳米复合材料。利用 ATRP 聚合制备的聚合物具有相对分子质量可控和分子质量分布窄的优点，可获得单一结构的聚合物刷/MMT 纳米复合材料〔见图 4-1(c)〕。

采用 2 溴异丁酸-11′-溴十一酯和三甲胺制备 2-溴异丁酸-11′-(N，N，N-三甲基溴胺）十一酯的反应式如下：

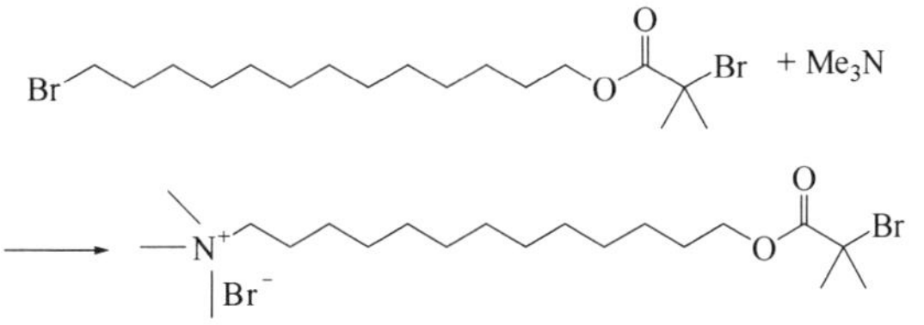

$$(4-5)$$

如图 4-36 所示为 2-溴异丁酸-11′-(N，N，N-三甲基溴胺）十一酯对 MMT 的改性机理。

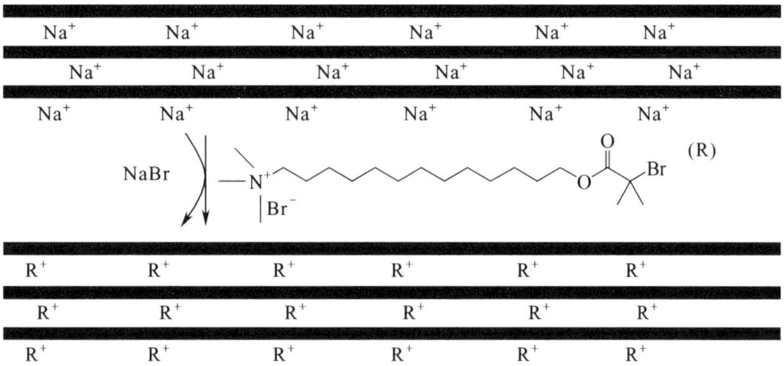

图 4-36　2-溴异丁酸-11′-(N，N，N-三甲基溴胺）十一酯对 MMT 进行改性的机理

2-溴异丁酸-11′-(N，N，N-三甲基溴胺）十一酯是一种两亲性化合物，其分子中含有季铵盐片段，能够与 MMT 层间的 Na^+ 在水中发生离子交换反应，从而使 MMT 的片层间含有 2-溴异丁酸-11′-(N，N，N-三甲基溴胺）十一酯分子链段。

图 4-37 所示为 2-溴异丁酸-11′-(N，N，N-三甲基溴胺）十一酯改性 MMT 的 XRD 谱图。从图 4-37 可知，MMT 和 OMMT 的 X 射线衍射峰位置分别为 6.94°和 4.86°。根据 Bragg 方程 $2d\sin\theta=n\lambda$，计算得到 MMT 和 2-溴异丁酸-11′-(N，N，N-三甲基溴胺）十一酯改性 MMT 的层间距分别为 1.2609nm 和 1.80927nm。表明 2-溴异丁酸-11′-(N，N，N-三甲基溴胺）十一酯已经成功插入到 MMT 的层间，发生了离子交换反应。

图 4-38 为 2-溴异丁酸-11′-(N，N，N-三甲基溴胺）十一酯改性 MMT 引发 ATRP 聚合形成聚甲基丙烯酸/MMT 纳米复合材料示意图，ATRP 法制备聚甲基丙烯酸/MMT 纳米复合材料的原理如下：

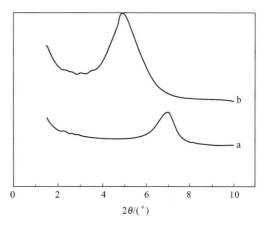

图 4-37　蒙脱土和 OMMT 的 XRD 曲线

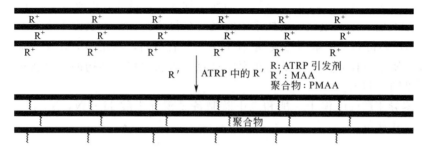

图 4-38 改性蒙脱土引发 ATRP 聚合制备聚甲基丙烯酸/MMT 纳米复合材料的示意图

$$MAA + NaOH \longrightarrow MAA\text{-}Na$$

$$OMMT \xrightarrow[MAA\text{-}Na]{ATRP} PMAA\text{-}Na/MMT \qquad (4\text{-}6)$$

$$PMAA\text{-}Na/MMT + H^+ \longrightarrow PMAA/MMT$$

有机改性 MMT 层间的 2-溴异丁酸-11′-(N,N,N-三甲基溴胺) 十一酯在 MMT 层间产生自由基引发单体在 MMT 层间发生原子转移自由基聚合，由于 2-溴异丁酸-11′-(N,N,N-三甲基溴胺) 十一酯引发剂固定在 MMT 片层上无法移动，因此最终在 MMT 层间形成一条一条固定的聚合物链段，即所谓的聚合物刷。因甲基丙烯酸具有强酸性，甲基丙烯酸在进行 ATRP 聚合前必须先采用氢氧化钠将其转化为甲基丙烯酸钠，然后有机改性 MMT 引发甲基丙烯酸钠的 ATRP 聚合，制备得到聚甲基丙烯酸钠/MMT 纳米复合材料，最后通过与强酸发生质子交换反应转化为聚甲基丙烯酸/MMT 纳米复合材料。

分别以甲基丙烯酸质量为 0.25%、1% 和 3% 的 OMMT 引发 ATRP 聚合，考察反应时间对单体转化率的影响。图 4-39 为 OMMT 用量分别为 0.25%、1% 和 3% 条件下 ATRP 聚合中单体转化率随聚合时间的变化。由图可知，无论 OMMT 的用量为多少，随着聚合时间的延长，单体转化率均呈增大趋势，且单体转化率与聚合时间之间呈线性关系。表明反应过程中，自由基的数目是恒定的，具有活性聚合的特征。随着 OMMT 用量的增加，单体转化率与聚合时间之间进行线性拟合所得直线的斜率也随之增大，表明随着 OMMT 用量的增加，ATRP 聚合的反应速率增大。因为本研究所采用的 OMMT 为 2-溴异丁酸-11′-(N,N,N-三甲基溴胺) 十一酯改性的 MMT，其中 2-溴异丁酸-11′-(N,N,N-三甲基溴胺) 十一酯为 ATRP 聚合的引发剂，随着引发剂用量的增加，体系中自由基的数目增加，因此聚合速率增大。

以图 4-39 中的 $\ln([M]_0/[M]_t)$ 对聚合时间 t 作图。其中 t 时刻的 $\ln([M]_0/[M]_t)$ 可以通过单体转化率计算得到（$[M]_0$ 和 $[M]_t$ 分别代表初始单体浓度和 t 时刻的单体浓度）。OMMT 用量分别为 0.25%、1% 和 3% 条件下，$\ln([M]_0/[M]_t)$ 对 t 的关系如图 4-40 所示。

由图 4-40 可知，OMMT 用量分别为 0.25%、1% 和 3% 条件下的 ATRP 聚合反应中 $\ln([M]_0/[M]_t)$ 与聚合时间 t 之间均呈现良好的线性关系。表明反应过程中活性种的数目是恒定的，该反应严格遵循一级反应动力学，这与 ATRP 聚合反应的可控/"活性"的特点相吻合。

一级反应动力学中链增长速率 R_p 等于链增长速率常数 (k_p)、链增长自由基的浓度 ($[R\cdot]$) 及单体浓度 ($[M]_t$) 的乘积，如式(4-7)所示。将式(4-7)进行积分，得到式 (4-8)，而表观链增长速率常数 k_p^{app} 等于链增长速率常数和链增长自由基浓度的乘积，见式 (4-9)。因此 $\ln([M]_0/[M]_t)$-t 图中的斜率即为 k_p^{app}。

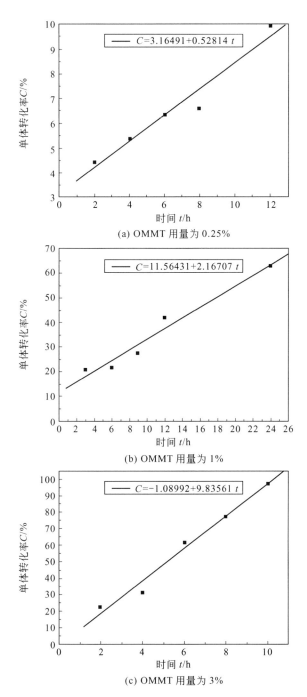

图 4-39　OMMT 用量分别为 0.25%、1% 和 3% 的条件下 ATRP 聚合的单体转化率
随聚合时间的变化

$$R_{\mathrm{p}}=-\frac{\mathrm{d}[\mathrm{M}]_t}{\mathrm{d}t}=k_{\mathrm{p}}[\mathrm{R}\cdot][\mathrm{M}]_t \tag{4-7}$$

$$\ln\frac{[\mathrm{M}]_0}{[\mathrm{M}]_t}=k_{\mathrm{p}}[\mathrm{R}\cdot]t \tag{4-8}$$

$$k_{\mathrm{p}}^{\mathrm{app}}=k_{\mathrm{p}}[\mathrm{R}\cdot] \tag{4-9}$$

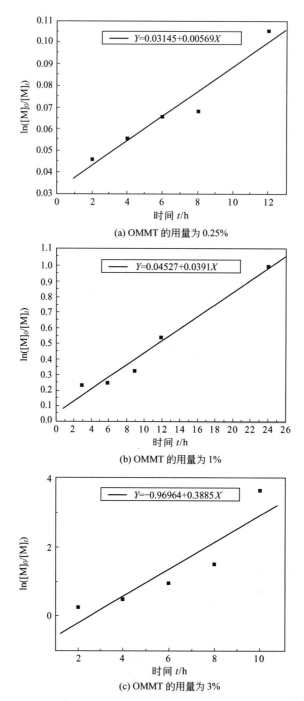

图 4-40　OMMT 用量分别为 0.25%、1% 和 3% 条件下 $\ln([M]_0/[M]_t)$ 与 ATRP 聚合反应时间的关系

表 4-5　ATRP 聚合反应的动力学常数数据

有机改性蒙脱土质量/%	k_p^{app}/h^{-1}
0.25	0.00569
1	0.0391
3	0.3885

不同反应条件下的动力学常数数据见表 4-5。MMT 用量为 0.25% 时的 k_p^{app} 远远小于 OMMT 用量为 1% 和 3% 时的 k_p^{app}。随着 OMMT 用量的增加，ATRP 聚合反应的速率明显提高。

对 OMMT 用量为 3% 的条件下反应不同时间制备的纳米复合材料进行 XRD 表征如图 4-41 所示。由图可知所有的纳米复合材料在 0～10° 范围内均出现了三个衍射峰，分别位于 6° 以下、7.5° 附近和 9° 附近，而 Na-MMT 只在 7° 附近有一个衍射峰［见图 4-41（b）］。为了清楚纳米复合材料中 7.5° 附近和 9° 附近两个衍射峰的来源，采用 ATRP 聚合法直接以 2-溴异丁酸-11′-(N,N,N-三甲基溴胺) 十一酯为引发剂，在无 MMT 存在的情况下制备了聚甲基丙烯酸，结果发现该聚合物在 7.5° 附近和 9° 附近出现了相类似的两个衍射峰。表明这两个衍射峰并非 MMT 层间距变化所引起的，而是由聚合过程中所加入的 NaOH 等物质引起的。因此，在分析纳米复合材料结构的时候可不考虑这两个衍射峰。比较纳米复合材料 XRD 谱图中 2θ 小于 6° 处的衍射峰可知，随着反应时间的延长，纳米复合材料中 MMT 的层间距呈增大趋势，但增加幅度不大。这可能是由于该组材料均是在 OMMT 用量为 3% 的条件下制备的，OMMT 用量相对较大，自由基的数目相对较多，但体系中的单体用量恒定，因此随着反应时间的延长，虽然聚合物链的相对分子质量在增大，但由于自由基数目相对较多，聚合物链长的增加幅度并不大，所以 MMT 层间距的增加幅度并不大。由上可知 OMMT 用量为 3% 的条件下所制备的纳米复合材料均为插层型纳米复合材料。

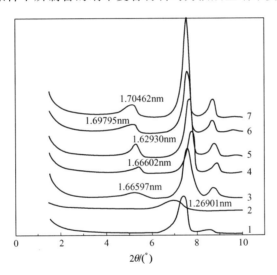

图 4-41　OMMT 用量为 3% 的条件下反应不同时间制备的纳米复合材料的 XRD 谱图

1—2-溴异丁酸-11′-(N,N,N-三甲基溴胺) 十一酯引发原子转移自由基聚合制备的 PMAA；

2—Na-MMT；3～7—3% OMMT 引发 ATRP 聚合 2h、4h、6h 和 10h 制备的 PMAA/MMT 纳米复合材料

为了获得剥离型纳米复合材料，其有效手段便是减少 OMMT 的用量。因此，对 OMMT 用量为 1% 的条件下反应 12h 和 24h 制备的纳米复合材料进行 XRD 表征，其结果如图 4-42 所示。由图 4-42 可知，OMMT 用量为 1% 的条件下反应 12h 制备的纳米复合材料的 XRD 谱图在 0.10° 范围内仍然具有三个衍射峰，其中位于 7.9° 之间的两个衍射峰为聚合过程中所加入的 NaOH 等物质引起的，5° 处的衍射峰为 MMT d_{001} 面的衍射峰。通过计算可知该纳米复合材料中 MMT 的层间距为 1.68nm，依然为插层型纳米复合材料，而 OMMT 用量为 1% 的条件下反应 24h 制备的纳米复合材料的 XRD 谱图在 0.10° 范围内仅存在两个衍射峰，且这两个衍射峰均为聚合过程中所加入的 NaOH 等物质引起的，有关 MMT d_{001} 面的

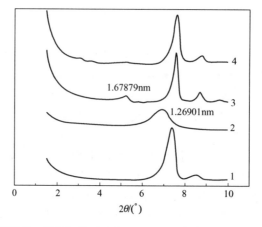

图 4-42　OMMT 用量为 1% 的条件下反应 12h 和 24h 制备的纳米复合材料的 XRD 谱图

1—2-溴异丁酸-11′-(N,N,N-三甲基溴胺) 十一酯引发原子转移自由基聚合制备的 PMAA；
2—Na-MMT；3,4—1% OMMT 引发 ATRP 聚合 12h 和 24h 制备的复合材料

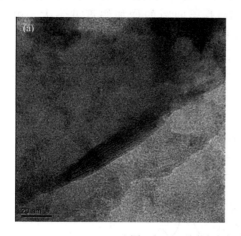
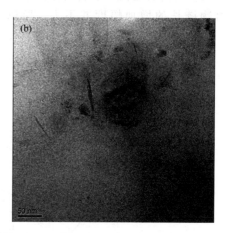

图 4-43　不同纳米复合材料的 TEM 照片

(a) 3% OMMT 引发 ATRP 聚合 6h 制备的 PMAA/MMT 纳米复合材料；
(b) 1% OMMT 引发 ATRP 聚合 24h 制备的 PMAA/MMT 纳米复合材料

衍射峰已完全消失。表明该复合材料中 MMT 的片层已完全剥离，形成了剥离型纳米复合材料。这是因为 OMMT 用量为 1% 相较于 OMMT 用量为 3% 时，聚合体系中活性点的数目减少了 2/3，在相同转化率下，OMMT 用量为 1% 时制备的纳米复合材料聚合物链的长度是 OMMT 用量为 3% 时制备的纳米复合材料中聚合物链长的 3 倍。因此在 OMMT 用量为 1% 的条件下，转化率相对较高时所制备的纳米复合材料为剥离型纳米复合材料。

　　为了进一步验证 XRD 的表征结果，分别对 OMMT 用量为 3% 条件下聚合 6h 制备的 PMAA/MMT 纳米复合材料和 OMMT 用量为 1% 条件下聚合 24h 制备的 PMAA/MMT 纳米复合材料进行 TEM 观察 (见图 4-43)。图 4-43 中浅色部分为聚合物，深色部分为 MMT，由图 4-43(a) 可以观察到明显的 MMT 片层结构，通过测量其层间距大约为 1.62nm，这与图 4-41 中曲线 5 的 MMT 的层间距基本吻合，再次表明形成了插层型纳米复合材料。由图 4-43(b) 可以观察到 MMT 基本上以单片层形式分布在聚合物基体中，表明该复合材料为剥离型纳米复合材料。这与 XRD 的表征结果依然吻合。

4.1.2.2　应用

　　制革所用的原料皮主要由胶原纤维组成，胶原纤维排列成束，彼此交织吻合。胶原纤维束紧密程度受到原料皮种类、生成过程等多因素的影响，例如牛皮胶原纤维编织最为紧密，而绵羊皮相对疏松。主要将聚合物基纳米复合材料作为少铬鞣助剂，在头层牛皮沙发革、头层牛皮鞋面、二层牛皮鞋面等不同种类皮革中进行应用，对纳米复合材料的性能进行考察，期望提高蓝湿革的收缩温度，降低废液中的三氧化二铬含量。

　　(1) 头层牛皮沙发　结合实验室的应用结果，将纳米复合材料（PCM）在浙江头层牛皮沙发革企业对头层牛皮软化皮和酸皮进行了应用实验。表 4-6～表 4-8 分别为该企业常规铬鞣（7% 铬粉）对酸皮进行鞣制、采用 5.0% PCM 配合 3.0% 的铬粉分别对软化皮和酸皮进行鞣制的应用工艺，按照常规的复鞣、染色、加脂工序进行湿整理，考察其应用性能。

表 4-6　常规铬鞣工艺

工序	用料名称	用量/%	温度/℃	时间/h	pH	备注
鞣制	水	80	常温			
	盐	8		0.5		
	铬粉	3.5		1		
	铬粉	3.5				
	甲酸钠	0.5		1.5		
	防霉剂	0.07				
	自动提碱剂	0.15		1		
	自动提碱剂	0.15		7	3.8～4.0	
	水	100	39～40	6		
停鼓过夜，次日晨转 30min，水洗						

注：以牛皮灰皮质量作为计量基础，选用浸酸裸皮。

表 4-7　PCM 在牛皮软化皮中的鞣制工艺

工序	用料名称	用量/%	温度/℃	时间/h	pH	备注
调 pH	水	80	常温			
	甲酸	0.15		3×0.5+0.5	5.5	
预鞣	PCM	5		2		
鞣制	甲酸	0.5		3×0.5+0.5	3.7	
	铬粉	1.5		1		
	铬粉	1.5				
	甲酸钠	0.5		1.5		
	防霉剂	0.07				
	自动提碱剂	0.15		1		
	自动提碱剂	0.15		7	3.8～4.0	
	水	100	39～40	6		
停鼓过夜，次日晨转 30min，水洗						

注：以牛皮灰皮质量作为计量基础，选用软化裸皮。

表 4-8   PCM 在牛皮酸皮中的鞣制工艺

工序	用料名称	用量/%	温度/℃	时间/h	pH	备注
调 pH	水	80	常温			
	盐	8				
	小苏打	1.5		3×0.5+0.5	5.5	查切口
预鞣	PCM	5		2		
	甲酸	0.5		3×0.5+0.5	3.7	
鞣制	铬粉	1.5		1		
	铬粉	1.5				
	甲酸钠	0.5		1.5		
	防霉剂	0.07				
	自动提碱剂	0.15		1		
	自动提碱剂	0.15		7	3.8～4.0	
	水	100	39～40	6		
	停鼓过夜，次日晨转 30min，水洗					

注：以牛皮灰皮作为计量基础，选用浸酸裸皮。

① 蓝湿革收缩温度   表 4-9 为采用三种工艺鞣制后蓝湿革的收缩温度。从表中可以看出，与 7% 铬粉鞣制相比，采用 5.0%PCM 配合 3.0% 的铬粉应用于软化皮和酸皮鞣制后蓝湿革的收缩温度略有降低，但是满足了牛皮沙发革收缩温度需要达到 90℃ 以上的要求，一方面是由于 PCM 中羧基能够与胶原氨基作用的同时与铬粉进行配位促进了铬粉的吸收，形成聚合物基纳米复合少铬鞣助剂-铬-胶原结构，从而提高了蓝湿革的收缩温度；另一方面，纳米材料由于其尺寸小，能够渗入胶原纤维的内部与其发生静电或者共价键的作用，稳定胶原的结构，提高蓝湿革的收缩温度。此外，聚合物基纳米复合少铬鞣助剂高分子链还可与胶原分子互相缠结形成互穿网络交联结合，提高胶原的耐湿热稳定性。

表 4-9   蓝湿革的收缩温度

工艺	收缩温度/℃
常规铬鞣工艺	＞100
软化皮少铬鞣工艺	95
酸皮少铬鞣工艺	95

② 革样的物理机械性能   图 4-44 为分别采用三种工艺应用后革样的物理机械性能。革样的抗张强度是指在规定条件下，样品受轴向负荷拉伸时断面所承受负荷的大小，从图中可以看出采用 5%PCM 配合 3% 铬粉应用于软化皮和酸皮鞣制工序后，革样的抗张强度均与铬鞣革相近；革样的断裂伸长率是指在规定条件下皮革被拉断为止时的伸长率，采用 5%PCM 配合 3% 铬粉应用于软化皮鞣制后革样的断裂伸长率略低，与革样的柔软度基本一致，可能是由于浸酸有助于进一步分散胶原纤维，而软化皮纤维的分散程度有限，在一定程度上阻碍高分子链在纤维间的滑移，影响了革样的断裂伸长率。撕裂强度是指革受到拉伸时，皮革裂口在裂开部分单位厚度上所承受的负荷，从图中可以看出，与常规铬鞣革相比，PCM 的引入有利于提高革样的撕裂强度，说明聚合物基纳米复合少铬鞣助剂与铬及其胶原发生了交联，提高了革样的强度。

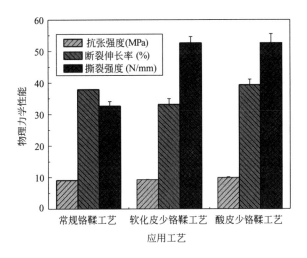

图 4-44　革样的物理机械性能

③ 革样的柔软度　图 4-45 为分别采用三种工艺应用后革样的柔软度。从图中可以看出，采用 5%PCM 配合 3%铬粉应用于软化皮鞣制后的革样柔软度与常规铬鞣革相近；采用 5%PCM 配合 3%铬粉应用于酸皮鞣制后的革样柔软度有所提高，主要是酸皮纤维分散较好，高分子聚合物中长的烷基链有利于在胶原纤维内部滑移，提高革样的柔软度。

④ 废液中的铬含量　表 4-10 为采用三种工艺鞣制后废液中的 Cr_2O_3 含量。从表中可以看出，无论是酸皮还是软化皮，PCM 的引入均能够显著降低鞣制废液中的铬含量，其主要原因是，PCM 属于高分子化合物，分子链中含有大量的活性官能团，

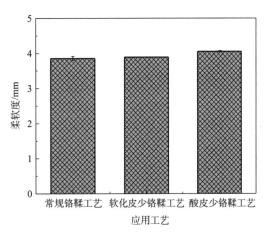

图 4-45　革样的柔软度

采用 PCM 对皮子进行预鞣，增加了皮胶原的活性基团，从而提高了铬离子的吸收率，有效地降低废液中 Cr_2O_3 含量。此外，PCM 中的纳米粒子由于其尺寸小、比表面积大对废液中的铬离子具有一定的吸附作用，两种协同作用大幅降低了废液中 Cr_2O_3 含量，减少了废水处理成本。

表 4-10　废液中的 Cr_2O_3 含量

工艺	$Cr_2O_3/(mg/L)$
常规铬鞣工艺	2440
软化皮少铬鞣工艺	28
酸皮少铬鞣工艺	29

⑤ 扫描电镜　图 4-46 为采用三种工艺应用后革样横切面和纵切面的扫描电镜图。从 (a)、(b) 和 (c) 图可以看出，胶原纤维的明暗横纹间距大约为 70nm，纤维的宽度大约为 100nm，与文献报道基本一致。与图 (a) 对比，图 (b) 和图 (c) 中存在尺寸为 80～

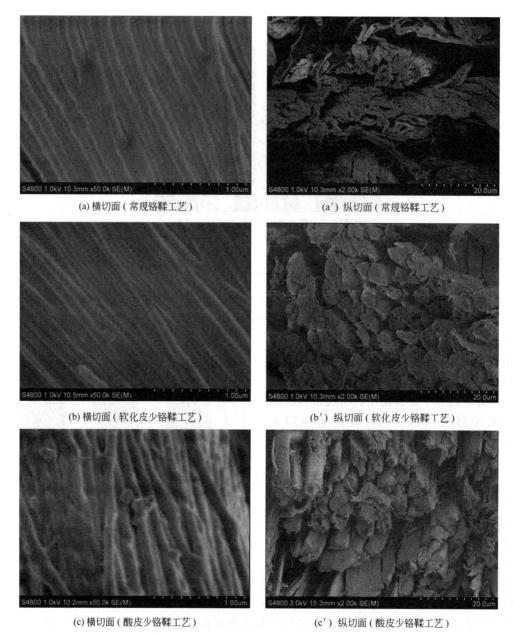

(a) 横切面（常规铬鞣工艺）　　(a′) 纵切面（常规铬鞣工艺）

(b) 横切面（软化皮少铬鞣工艺）　　(b′) 纵切面（软化皮少铬鞣工艺）

(c) 横切面（酸皮少铬鞣工艺）　　(c′) 纵切面（酸皮少铬鞣工艺）

图 4-46　革样的扫描电镜图

100nm 的材料，说明纳米材料可以渗透并填充于胶原纤维的内部。

　　与图（a′）相比，从图（b′）和（c′）可以看出，采用 5.0％聚合物基纳米复合少铬鞣助剂配合 3.0％铬粉鞣制后的革样，纤维粗大、饱满，分散性良好；其中采用 5.0％聚合物基纳米复合少铬鞣助剂配合 3.0％铬粉应用于酸皮鞣制后的革样纤维的分散性最好，主要是由于浸酸有助于分散胶原纤维，同时聚合物基纳米复合少铬鞣助剂的引入可以进一步提高纤维的分散性，使得纤维编织态疏松，空隙多而小，结构更致密。

　　将 5.0％聚合物基纳米复合少铬鞣助剂配合 3.0％铬粉应用于牛皮沙发革软化皮和酸皮的清洁化鞣制中，应用结果表明：采用两种工艺鞣制后蓝湿革的收缩温度均为 95℃，满足牛皮沙发革收缩温度的要求；铬鞣废水中的 Cr_2O_3 含量可以减小至 28mg/L，其有助于实现皮革行业的清洁化鞣制；与常规铬鞣革相比，采用 5.0％聚合物基纳米复合少铬鞣助剂配合 3.0％铬粉应用于软化皮鞣制后革样的抗张强度、柔软度均与其相近，撕裂强度明显增大，断裂伸长率略有降低；采用 5.0％聚合物基纳米复合少铬鞣助剂应用于酸皮鞣制后革样的物理机械性能和柔软度均有所提高。扫描电镜结果表明：胶原纤维的明暗横纹间距大约为 70nm，纤维的宽度大约为 100nm，同时 PCM 的引入能够有效地提高胶原纤维的分散性能。综合比较，采用 5.0％聚合物基纳米复合少铬鞣助剂配合 3.0％铬粉应用于酸皮鞣制后革样的各项性能较好，有利于实现皮革的清洁化生产。

（2）头层牛皮鞋面　将聚合物基纳米复合材料在山东头层牛皮鞋面革企业对头层牛皮软化皮和酸皮进行了应用实验。

表 4-11～表 4-13 分别为采用该企业常规铬鞣（6％铬粉）工艺对酸皮进行常规鞣制、采用 2.0％PCM 配合 4.0％的铬粉对软化皮进行鞣制和采用 3.75％PCM 配合 4.0％的铬粉对酸皮进行鞣制的应用工艺，按照常规的复鞣、染色、加脂工序进行湿整理，考察其应用性能。

表 4-11　常规铬鞣工艺

工序	用料名称	用量/％	温度/℃	时间/min	pH
铬鞣	水	80			
	盐	5.0			
	铬粉	6.0		120	
	甲酸钠	0.5		30	
	自动提碱剂	0.5		2×60	pH：4.0～4.1
	水	100	60	120	内温 40℃

注：停鼓过夜，次日转 30min 出鼓搭马。

表 4-12　PCM 在牛皮酸皮中的鞣制工艺

工序	用料名称	用量/％	温度/℃	时间/min	pH
调节 pH	水	80	常温		
	盐	5.5			
	小苏打	1.5		3×30+30	pH：5.5,查切口
预鞣	PCM	2.0		120	
	阳离子油	0.5		30	
铬鞣	甲酸	0.6		3×15+30	pH：3.7～3.8
	铬粉	4.0		120	
	甲酸钠	0.5		30	
	自动提碱剂	0.15		2×60	pH：4.0～4.1
	水	100	60	120	内温 40℃

注：停鼓过夜，次日转 30min 出鼓搭马。

表 4-13　PCM 在牛皮软化皮中的鞣制工艺

工序	用料名称	用量/%	温度/℃	时间/min	pH
调节 pH	水	80	常温		
	盐	5			
	甲酸	0.15		3×30＋30	pH：5.5,查切口
预鞣	PCM	3.75		120	
	阳离子油	0.5		30	
铬鞣	甲酸	0.6		3×30＋30	pH：3.7～3.8
	铬粉	4.0		2×120	
	甲酸钠	0.5		30	
	自动提碱剂	0.15		2×60	pH：4.0～4.1
	水	100	60	120	内温 40℃
	甲酸钠	0.5		30	

①　蓝湿革的收缩温度　图 4-47 为分别采用不同工艺对头层牛皮进行鞣制后蓝湿革的收缩温度。从图中可以看出，与常规铬鞣对比，采用聚合物基纳米复合少铬鞣助剂配合少量铬粉鞣制，减少了铬粉用量，蓝湿革收缩温度略有降低，但基本可以达到 100℃，这主要是由于聚合物基纳米复合少铬鞣助剂具有一定的鞣制作用，能够有效地形成纳米复合少铬鞣助剂-铬-胶原结构，从而有助于稳定胶原的结构，提高胶原的耐湿热稳定性。

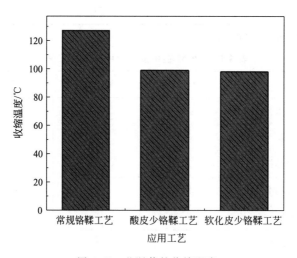

图 4-47　蓝湿革的收缩温度

②　废液中三氧化二铬含量　图 4-48 为分别采用不同工艺对头层牛皮进行鞣制后废液中的三氧化二铬含量。从图中可以看出，采用聚合物基纳米复合少铬鞣助剂配合少量铬粉鞣制后废液中的三氧化二铬含量均有明显下降。这说明采用纳米复合少铬鞣助剂改性皮胶原，可以有效地促进铬与皮胶原反应，同时聚合物基纳米复合少铬鞣助剂中的纳米材料由于其尺寸小、表面积大，也能够吸附浴液中的铬离子，两者的协同作用可以提高铬鞣剂的吸收率，降

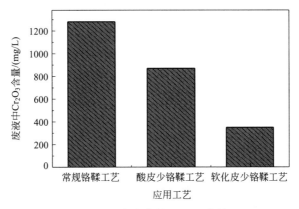

图 4-48　废液中的 Cr_2O_3 含量

低废液中三氧化二铬的含量。与常规铬鞣废液相比,采用少铬鞣助剂配合少量铬粉应用于酸皮和软化皮鞣制后废液中的三氧化二铬含量均有明显降低。

③ 蓝湿革中的三氧化二铬含量　图 4-49 为分别采用不同工艺对头层牛皮进行鞣制后蓝湿革中三氧化二铬的含量。与常规工艺相比,采用少铬鞣助剂鞣制后蓝湿革中的三氧化二铬含量有所降低,主要是由于采用少铬鞣助剂预鞣时,加入的铬粉用量较小。对比少铬鞣助剂在酸皮和软化皮的鞣制结果可以看出,应用于软化皮后蓝湿革中的铬含量较低,主要是由铬粉用量少,虽然软化皮鞣制后废液中铬离子的吸净率高,但是蓝湿革中的三氧化二铬含量也比较低,可能是由于部分铬离子进入胶原纤维内部形成单点结合不稳定,在洗皮的过程中被去除的原因。

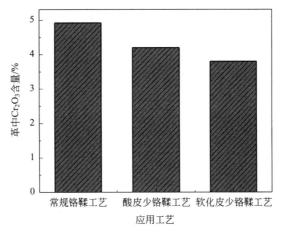

图 4-49　革样中的 Cr_2O_3 含量

④ 废液中的 COD 含量　图 4-50 为不同工艺对头层牛皮进行鞣制后废液中 COD 含量的影响。化学需氧量反映了水中受还原性物质污染的程度。从图中可以看出,采用少铬鞣助剂后,可以明显降低铬鞣废液的 COD 含量,这是因为废液中的铬含量大大降低而引起的,这与废液中的三氧化二铬含量测定结果基本保持一致。

⑤ 革样的物理机械性能　图 4-51 为不同工艺对成革的物理机械性能的影响。从图中可以看出,采用聚合物基纳米复合少铬鞣助剂鞣制后革样的抗张强度较常规均有增加,这是由于纳米复合少铬鞣助剂在皮胶原间形成了较稳定的化学键,使得胶原间的交联程度更加紧密,从而使得其抗张强度提高。而采用少铬鞣工艺鞣制后的革样断裂伸长率有所下降。这是

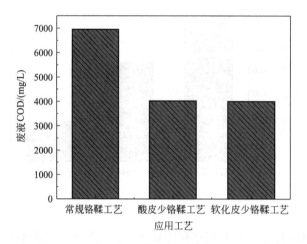

图 4-50　废液中的 COD

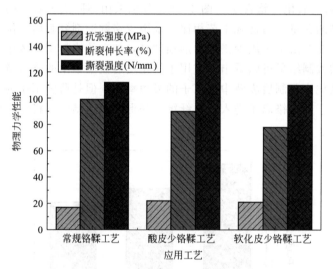

图 4-51　革样的物理机械性能

由于高分子的聚合物基纳米复合少铬鞣助剂在皮纤维间进行了固定，使得皮纤维间交联更紧密，从而使得其不易被拉伸，从而断裂伸长率较低。

从图中还可以看出，与常规工艺相比，采用少铬鞣工艺对酸皮应用后革样的撕裂强度有较大的提高。这是由于浸酸皮的皮胶原纤维得到了良好的分散，使得纳米复合少铬鞣助剂更加容易渗透到皮胶原纤维之间，修饰皮胶原纤维，在胶原纤维之间缠结，提高了革样的撕裂强度。

⑥ 革样的柔软度　图 4-52 为不同鞣制工艺对革样柔软度的影响。与常规铬鞣工艺对比可以看出，常规工艺革样的柔软度最好，采用少铬鞣工艺应用后革样的柔软度较差，柔软度均有所降低，这与革样的断裂伸长率基本一致。这是由于采用少铬鞣工艺时，铬粉用量较少，蓝湿革中含铬量低，从而使革样的柔软度较差；此外，由于聚合物基纳米复合少铬鞣助剂属于高分子化合物，可以在胶原纤维内部形成多点交联稳定胶原，从而形成网络结构，降低革样的柔软度。

将聚合物基纳米复合少铬鞣助剂应用于头层牛皮鞣制工艺中，能够使蓝湿革的收缩温度

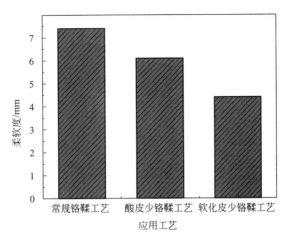

图 4-52　革样的柔软度

达到要求的同时，显著降低铬粉用量，减少铬鞣废液中三氧化二铬含量。与常规铬鞣废水相
比，采用少铬鞣工艺后的鞣制废水中三氧化二铬含量和化学需氧量均有明显降低。与常规铬
鞣革相比，采用少铬鞣工艺后革样的抗张强度明显提高，柔软度略有降低，断裂伸长率和撕
裂强度均有一定的提高。

（3）二层牛皮鞋面（配合铬液）　将聚合物基纳米复合少铬鞣助剂配合铬液在山东二层
牛皮鞋面革企业继续进行二层牛皮鞣制工艺的小试和大试应用。小试实验 4％ PCM 配合 5％
铬粉进行二层牛皮鞣制实验（见表 4-14）；大试实验采用 3％ PCM 配合 12％铬液（相当于
6％的铬粉，下同）在 400kg 二层牛皮进行鞣制实验（见表 4-15）。应用后的革样与该企业
常规铬鞣（表 4-16）工艺鞣制的皮革进行对比。

表 4-14　PCM 在二层牛皮鞋面革中的小试应用工艺

工序	用料名称	用量/%	温度/℃	时间/min	pH	备注
牛皮蓝皮质量作为计量基础						
小中和	水	150	常温			
	脱脂剂	0.5				
	甲酸钠	1		30		
	中和单宁	1				
	小苏打	2		120	5.5	切口蓝 D/W
鞣制	水	150				
	阳离子油 FH	0.5		30		
	PCM	3		120		
	甲酸	0.3×3		15×3＋30	3.2	
	脂肪醛 PF	2		30		
	铬液	12		150		
	甲酸钠	1		60		
	60℃水	100	40	180		
停鼓过夜,次日晨转 30min,水洗						

表 4-15　PCM 在二层牛皮鞋面革中的大试应用工艺

工序	用料名称	用量/%	温度/℃	时间/min	pH	备注
牛皮蓝皮质量作为计量基础						
小中和	水	150	常温			
	脱脂剂	0.5				
	甲酸钠	1		30		
	中和单宁	1				
	小苏打	2		120	5.5	切口蓝 D/W
鞣制	水	150				
	阳离子油 FH	0.5		30		
	PCM	3		120		
	甲酸	0.3×3		15×3+30	3.2	
	脂肪醛 PF	2		30		
	铬液	12		150		
	甲酸钠	1		60		
	60℃水	100	40	180		
停鼓过夜,次日晨转 30min,水洗						

表 4-16　常规铬主鞣工艺

工序	用料名称	用量/%	温度/℃	时间/min	pH	备注
牛皮蓝皮质量作为计量基础						
回湿	水	150	常温			
	脱脂剂	0.5				
	甲酸	0.4		60		
	酸性酶	1		120		水洗
鞣制	水	120	30			
	脂肪醛	1.5				
	OSL	0.5		30		
	含铬单宁	2		30		
	铬液	20		120		
	甲酸钠	1		40		
水洗						

① 蓝湿革的收缩温度　图 4-53 为分别采用常规工艺、小试工艺和大试工艺后蓝湿革的收缩温度。从图中可以看出,采用聚合物基纳米复合少铬鞣助剂配合 5% 铬粉或者 12% 的铬液应用于小试和大试后蓝湿革的收缩温度均大于 100℃,达到了常规绒面革对耐湿热稳定性的要求。主要是由于聚合物基纳米复合少铬鞣助剂中的羧基、氨基等活性基团能够与胶原发生作用对胶原进行预改性,进而与铬鞣剂发生作用,发挥纳米复合少铬鞣助剂和铬鞣剂的协同作用。

② 革样中的三氧化二铬含量　图 4-54 为分别采用常规工艺、小试工艺和大试工艺鞣制

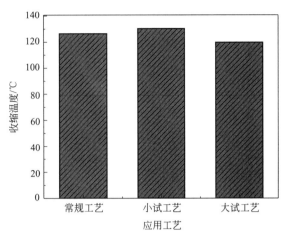

图 4-53　革样的收缩温度

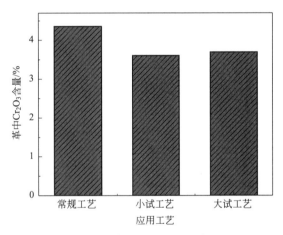

图 4-54　革样中的 Cr_2O_3 含量

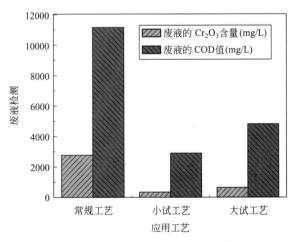

图 4-55　废液中的 Cr_2O_3 和 COD 含量

后革样中的三氧化二铬含量。从图中可以看出，分别采用小试和大试工艺鞣制后革样中的三氧化二铬含量均大于 3.5%，达到了革样中铬含量的要求，但是略低于采用常规工艺应用后的革样，主要是由于采用聚合物基纳米复合少铬鞣助剂预改性胶原纤维后，铬鞣剂的用量仅为常规铬鞣时铬鞣剂用量的 50%。

③ 废液中的三氧化二铬和 COD 含量 图 4-55 为分别采用常规工艺、小试工艺和大试工艺鞣制后废液中的三氧化二铬和 COD 含量。从图中可以看出，与常规工艺相比，采用小试和大试工艺后废液中的三氧化二铬和 COD 含量明显降低，一方面是由于铬粉用量减少，浴液中铬鞣剂的浓度降低；另一方面，采用聚合物基纳米复合少铬鞣助剂与胶原作用，引入了大量的羧基等官能团，当铬粉加入后，大量的羧基能够与浴液中的铬离子发生配位结合，促进铬离子的吸收，降低废液中的铬离子浓度。

④ 革样的感官性能 表 4-17 为革样的感官性能，由表中可以看出，成革的上染率以及染色均匀程度更好。革样中的铬含量提高，革的性能就会更加优异。当降低铬鞣剂的用量时，与常规工艺得到的革样相比，差异较小，可以达到常规要求。聚合物基纳米复合少铬鞣助剂的加入，提高了铬离子与胶原之间发生多点结合的可能性，从而提高了铬离子的利用率，进而提升革样的感官性能。

表 4-17 革样的感官性能

检测指标	常规工艺	小试工艺	大试工艺
丰满度	9	9.5	9
绒头细致程度	9	9	9
颜色深度	8.5	9	8.5
耐日晒牢度	好	好	好

注：常规绒面革的丰满度、绒头细致程度、颜色深度为 10 分，其他绒面革与其对比，根据绒面革的丰满度、绒头细致程度、颜色深度，分别由多名制革技术人员对其进行评价打分，去掉最高分和最低分（满分 10 分），然后取平均分。

耐日晒牢度是指取两块对称的革样，将其中一块放置在暗处，另一块放在自然光下照射 4h，由工程师评价革样的颜色变化。

⑤ 革样的柔软度 图 4-56 为聚合物基纳米复合少铬鞣助剂应用于牛皮二层鞋面革小试和大试后革样的柔软度，由图中可以看出，与常规铬鞣后革样相比，小试应用后革样的柔软度略有降低，而大试应用后革样的柔软度明显大于常规应用后的革样，主要是由于聚合物基纳米复合少铬鞣助剂属于高分子化合物，分子链比较柔软，将其应用于绒面革的应用中，能够与胶原纤维形成多点结合，促使分子链之间容易滑移，提高成革的柔软度。

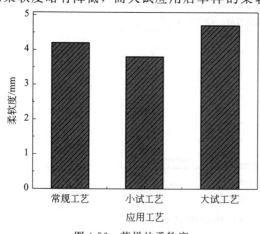

图 4-56 革样的柔软度

将 3% 聚合物基纳米复合少铬鞣助剂配合 12% 铬液（相当于 6% 铬粉）应用于 400kg 二层牛皮的复鞣工序中，按照常规大生产工艺进行染色加脂，所得革样身骨丰满性好，无败色现象。此外，该助剂的应用还能够大幅降低铬鞣液的用量以及鞣制废水中的 Cr_2O_3 含量，而成革的各项性能达到常规铬鞣革的指标要求。

（4）二层牛皮鞋面（配合铬粉）　将 PCM 配合铬粉在山东牛皮鞋面革企业继续进行二层牛皮鞣制工艺的小试和大试应用。该企业的蓝湿革在主鞣前需进行脱灰处理工艺（见表 4-18）。本次小试实验 3％PCM 配合 5％铬粉进行二层牛皮鞣制实验工艺（见表 4-19）；本次大试实验采用 3％PCM 配合 5.5％铬粉在 700kg 二层牛皮进行鞣制实验应用工艺（见表 4-20）。应用后的革样与该企业常规铬鞣鞣制工艺（见表 4-21）的皮革进行对比。

表 4-18　常规蓝皮脱灰工艺

工序	用料名称	用量/%	温度/℃	时间/min	pH	备注
牛皮蓝皮质量作为计量基础						
脱灰	水	100	常温			
	脱灰剂	1.0				
	硫酸铵	1.0				
	渗透剂	0.8		60		
水洗干净						
酸洗	水	80	常温			
	甲酸	0.8				
	草酸	0.8				
	盐	2.0		60		
排水洗皮						

表 4-19　PCM 在牛皮鞋面革中的小试应用工艺

工序	用料名称	用量/%	温度/℃	时间/min	pH	备注
牛皮蓝皮质量作为计量基础						
小中和	水	150	常温			
	甲酸钠	1				
	中和单宁	1		30		
预鞣	小苏打	1.5		150	5.5	切口蓝透
	水	100				
	阳离子油 FH	0.5		30		
	PCM	3		120		
	甲酸	1.8		15×6+30	3.2	
主鞣	脂肪醛	2		30		
	铬粉	5		150		
	甲酸钠	1		60		
	小苏打	1.8		30×5+60	3.9	
	60℃水	100	40	180		
停鼓过夜,次日晨转 30min,水洗						

表 4-20 PCM 在牛皮鞋面革中的大试应用工艺

工序	用料名称	用量/%	温度/℃	时间/min	pH	备注
牛皮蓝皮质量作为计量基础						
小中和	水	150	常温			
	甲酸钠	1				
	中和单宁	1		30		
	小苏打	1.5		150	5.5	切口蓝透
预鞣	水	100				
	阳离子油 FH	0.5		30		
	PCM	3		120		
	甲酸	1.8		15×6＋30	3.2	
主鞣	脂肪醛	2		30		
	铬粉	5.5		150		
	甲酸钠	1		60		
	小苏打	1.8		30×5＋60	3.9	
	60℃水	100	40	180		
停鼓过夜，次日晨转 30min，水洗						

表 4-21 常规铬复鞣工艺

工序	用料名称	用量/%	温度/℃	时间/min	pH	备注
牛皮蓝皮质量作为计量基础						
复鞣	铬粉	12~15		150		
	甲酸钠	1		60		
	小苏打	2.0		30×3＋60	4.1	
	60℃水	20	40	180		
停鼓过夜，次日晨转 30min，水洗						

① 蓝湿革的收缩温度 图 4-57 为分别采用常规工艺、小试工艺和大试工艺鞣制后蓝湿革的收缩温度。从图中可以看出采用小试和大试工艺应用后蓝湿革的收缩温度与常规工艺基本一致。采用聚合物基纳米复合少铬鞣助剂对胶原纤维进行预改性，能够在纤维之间形成交联，提高胶原的稳定性；当加入铬鞣剂时，铬鞣剂能够同时与胶原侧链的羧基以及聚合物纳米复合少铬鞣助剂中的羧基发生交联，形成胶原-聚合物基纳米复合少铬鞣助剂-铬鞣剂的网状结构，提高胶原的耐湿热稳定性。

② 革样中的三氧化二铬含量 图 4-58 为分别采用常规工艺、小试工艺和大试工艺应用后革样中三氧化二铬含量。从图中可以看出，采用小试和大试工艺应用后革样中的三氧化二铬含量略有降低，但是与常规铬鞣工艺相比，小试和大试工艺中铬粉用量减少 50% 以上，说明聚合物基纳米复合少铬鞣助剂中的羧基有利于促进铬离子的吸收和固定。

③ 废液中的三氧化二铬和 COD 含量 图 4-59 为分别采用常规工艺、小试工艺和大试工艺应用后废液中的三氧化二铬和 COD 含量。从图中可以看出，在二层牛皮的主鞣过程中加入聚合物基纳米复合少铬鞣助剂对鞣制废水的 COD 含量影响不大，但能降低其中的

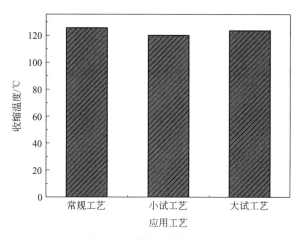

图 4-57　革样的收缩温度

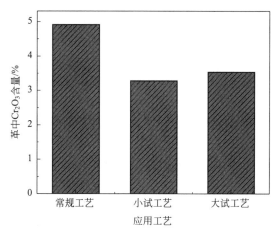

图 4-58　革样中的三氧化二铬含量

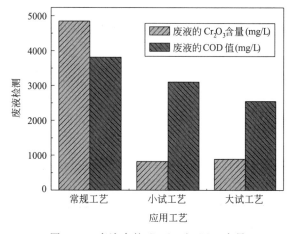

图 4-59　废液中的 Cr_2O_3 和 COD 含量

Cr_2O_3 含量，主要是由于在鞣制过程脂肪醛以及阳离子油的加入会导致 COD 含量的偏高。

④ 革样的感官性能　将 3％PCM 配合 4％铬鞣剂应用于 22.5kg 二层牛皮进行小试实验，得到的成革紧实度好，染色均匀，但起绒性稍差，主要是由于按照工厂革样需求进行加脂染色填充时，填充材料加入量太少，使得革样革身不均匀，导致磨绒时起绒性稍差，影响绒头的细致程度。将 3％PCM 配合 5.5％铬粉应用于 700kg 二层绒面的主鞣工序中，并按照革样的风格要求进行染色加脂填充，得到的革样均柔软丰满，绒头细致，染色均匀一致（见表 4-22）。

表 4-22　革样的感官性能

检测指标	常规工艺	小试工艺	大试工艺
丰满度	9	8.5	9
绒头细致程度	9	7.5	8.5
颜色深度	8.5	9	9
耐日晒牢度	好	好	好

注：常规绒面革的丰满度、绒头细致程度、颜色深度为 10 分，其他绒面革与其对比，根据绒面革的丰满度、绒头细致程度、颜色深度，分别由多名制革技术人员对其进行评价打分，去掉最高分和最低分（满分 10 分），然后取平均分。

耐日晒牢度是指取两块对称的革样，将其中一块放置在暗处，另一块放在自然光下照射 4h，由工程师评价革样的颜色变化。

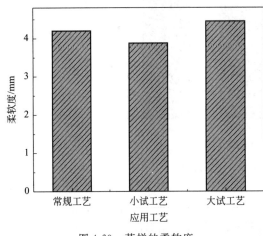

图 4-60　革样的柔软度

⑤ 革样的柔软度　图 6-60 为 PCM 在二层牛皮绒面革中应用后革样的柔软度。由图中可以看出，大试工艺与常规工艺相比，虽然减少了铬粉的用量，但是其柔软度较高。反映出革内胶原的交联程度较好，达到常规铬鞣要求。在小试应用中，铬粉用量比大试工艺中的用量偏少，革内胶原纤维的交联程度不及大试应用的革样；此外，也与大转鼓较强的机械作用有关系，机械作用越强，越有利于材料的渗透，因此，在大转鼓中进行鞣制能够使材料更好地向皮内渗透。

将 3％PCM 配合 5.5％铬粉应用于 700kg 二层牛皮的主鞣工序中，按照常规大生产工艺进行填充染色加脂。革样手感柔软、丰满；绒头细致、起绒性好、染色均匀。铬粉用量和废液中 Cr_2O_3 含量均大幅降低，革样性能达到常规铬鞣革的要求。

4.1.2.3　机理研究

以聚合物基蒙脱土纳米复合材料为例，研究纳米复合材料作为少铬鞣助剂应用于制革鞣制工艺时，纳米复合材料在皮内的渗透情况、铬鞣剂在革内的分布、革样的酶降解等方面，对其与胶原蛋白的作用方式及作用机理进行了研究。

(1) 聚合物基 MMT 纳米复合材料（PCM）在皮内的渗透　图 4-61 和图 4-62 分别是不同鞣制时间 PCM 鞣制后革样的收缩温度结果，以及皮革对其的吸收。由图 4-61 可以看出，随着鞣制时间的增加，鞣制后革样的收缩温度先增加后达到平衡，当鞣制时间超过 100min，收缩温度达到 62.4℃，之后增加幅度不大。由图 4-62 可以看出，废液中 PCM 含量随鞣制

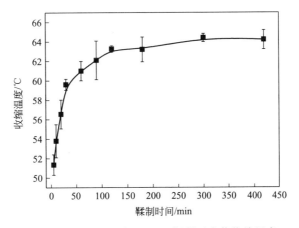

图 4-61 不同鞣制时间 PCM 鞣制后皮革收缩温度

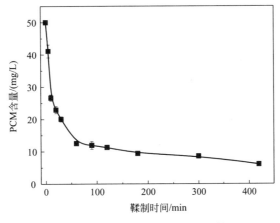

图 4-62 不同鞣制时间 PCM 吸收情况

时间的增加先降低后达到平衡，当时间鞣制超过 60min，废液中 PCM 含量基本不再降低。

（2）**铬鞣剂在革样中的分布** 皮革结构复杂，在加工过程中铬鞣剂与皮胶原不是简单的化学结合，而是一个渗透与结合相互平衡的过程。皮革存在粒面层及肉面层，由于两层结构的不同，导致铬鞣剂渗透速度不同，因此，铬鞣剂在革样切面中的分布并不是均匀的。图 4-63 是采用 EDS 在皮革纵切面进行线扫描，得到铬元素分布。从图中可以看出，无论传统铬鞣革还是少铬鞣工艺鞣后皮革，从粒面到肉面，铬鞣剂结合呈现先降低再增加的趋势，并且粒面层中铬鞣剂含量较肉面高，皮心部位铬含量最低。相比而言，传统铬鞣革样铬鞣剂多存在于粒面层，而少铬鞣助剂鞣后革样铬含量分布相对均匀。在粒面层传统铬鞣革样铬含量高于少铬鞣革样，在肉面层铬含量与少铬鞣革相当，但是在皮心部位，铬含量却低于少铬鞣工艺。这是由于在传统铬鞣工序中，铬鞣剂渗透过程中存在与胶原结合，降低了粒面层的多孔程度，使铬鞣剂多沉积在粒面层，皮心部位结合的铬鞣剂减少；而少铬鞣工艺中，先加入 PCM，打开了粒面层孔隙，由于其与胶原结合能力较弱，PCM 能够较好地渗透到胶原纤维内部，同时存在一定的收敛性，对粒面层起到了初步定型作用，使皮革多孔形貌保持完整；当后期加入铬鞣剂时，通过多孔结构，铬鞣剂可以较好地渗透到皮心，增加了皮心部位的铬含量，提高了铬鞣剂分布的均匀性。

（3）**酶降解曲线** 胰酶是一种碱性蛋白酶，皮胶原与酶溶液作用，会发生氨基酸链断裂与水解。一般来说，革制品的降解速度极大程度上与其胶原结构与胶原蛋白交联程度有关。

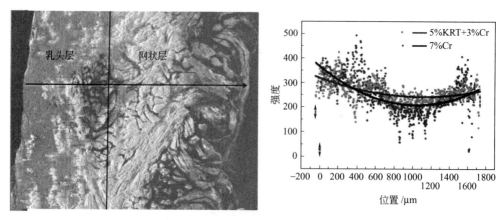

图 4-63　EDS 线扫描铬元素在皮革纵切面中的分布

图 4-64 是胶原酶降解曲线，由图中可以看出，采用少铬鞣助剂配合少量铬粉鞣制后革样的降解速率及最终降解量均高于传统铬鞣革。胶原纤维一般呈不规则排列，并且存在孔状结构，胶原粗糙的表面形态有利于水的渗透，从而利于酶与胶原之间的作用，使其降解速率提高，较大的表面积也使酶与胶原结合的概率增加，有利于聚合物的生物降解；另外，纤维越细，表面积越大，其降解性能也就越好。加工过程可以影响材料的致密性、材料对水的渗透性，从而影响它的降解速率。从胶原蛋白交联的角度来看，通常，胶原交联程度越大，其生物降解性能会下降；传统铬鞣剂通过多点交联极大地增加了胶原蛋白的交联程度，从收缩温度可以看出，传统铬鞣法鞣后成革交联程度大于少铬鞣工艺，导致成革降解性能下降。此外，聚合物的取向度和结晶度越高，结晶规整度越高，聚合物的堆砌密度越高，就越不利于聚合物的生物降解，其降解速率也就越低。加入 PCM，其与胶原及铬鞣剂相互作用破坏了胶原结构的规整性，增加了胶原分子链的运动，最终会使胶原的降解性能增加。

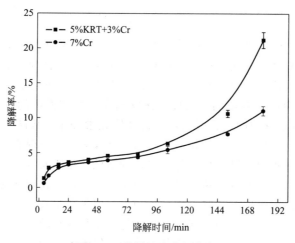

图 4-64　革样的酶降解曲线

（4）XRD 分析　图 4-65 是不同工艺鞣制后革样胶原的 XRD 结果，反映了胶原特征结构的出峰。从最大峰强处可以通过布拉格方程计算出胶原特征结构的距离，出峰位置和计算结果见表 4-23。第 1 处出峰表示胶原纤维横向的间距，第 2 处出峰可以表示胶原纤维的无定形性，第 3 处出峰是胶原蛋白每个氨基酸残基沿三股螺旋或螺旋形的上升轴向间距，第 4、第 5 处出峰代表氨基酸残基中的 N 和 C 端轴向平移的值。从图 4-65 中可以看出，与常规铬

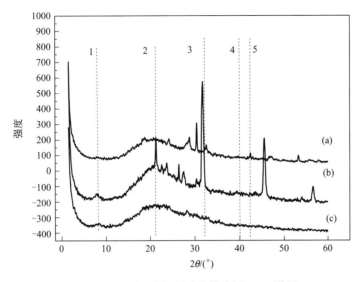

图 4-65　不同工艺鞣制后革样胶原 XRD 谱图

（a）胶原；（b）采用常规铬鞣鞣制后胶原；（c）采用少铬鞣助剂鞣制后胶原

鞣革相比，采用少铬鞣工艺鞣制后胶原间距、无序度均增加。这可能是由于 PCM 和铬鞣剂在胶原纤维三股螺旋间形成更多的交联，使胶原结构无序结构增加。

表 4-23　不同工艺鞣制后革样胶原 XRD 出峰及计算结果

出峰处	1	2	3	4	5
出峰的含义	分子内横向距离/nm	无定形区/nm	单个残基三股螺旋螺距/nm	N 端距离/nm	C 端距离/nm
曲线 a	1.121	0.431	0.292	0.227	0.223
曲线 b	1.082	0.472	0.293	0.226	0.213
曲线 c	1.037	0.465	0.292	0.224	0.213

（5）SEM 分析　图 4-66 是不同工艺鞣制后皮革粒面层 SEM 照片，从图中可以看出，与传统铬鞣工艺制备的革样相比，采用少铬鞣工艺鞣后革样粒面更加清晰、完整，可有效保持毛孔形状。这可能是由于在传统铬鞣工艺中，大量铬粉参与鞣制，强的交联作用使皮革孔隙收缩、坍塌。另外，由于传统铬鞣剂易在皮革表面沉积，进一步减少了粒面的孔隙。而少铬鞣工艺中，PCM 先进行预鞣，其收敛性比铬鞣剂弱，首先对胶原进行弱的交联，再加入具有强鞣制作用的铬鞣剂后，能够在一定程度上保持粒面孔隙形貌，同时 PCM 有利于铬鞣剂的渗透，使粒面沉积的铬鞣剂含量降低，最终导致革样多孔性增加。

图 4-67 是不同鞣制工艺鞣后革样纵切面胶原纤维的扫描电镜照片，从图中可以看出，传统铬鞣工艺鞣后胶原纤维聚集在一起，编织紧密，有序性强。而在少铬鞣工艺鞣制后胶原纤维被打开程度增加，胶原纤维间出现了更多细小的不均匀的纤维结构，直径为 20～40nm，使纤维更加分散，交织程度更大，无序度增加。

（6）PCM 在胶原纤维中的分布　图 4-68 是采用 SEM 结合 EDS 研究 PCM 在胶原纤维中的分布结果。从 SEM 图中可以明显看出胶原纤维主轴的明暗相间条纹。亮带相应于更密的侧面聚集区域，此处邻近胶原单体相互重叠；暗带相应于空洞区，主要是低密度分子聚集。这种带状模型是由于在纤维组装过程中交错的三螺旋单体形成的。一对重叠区（0.4D）

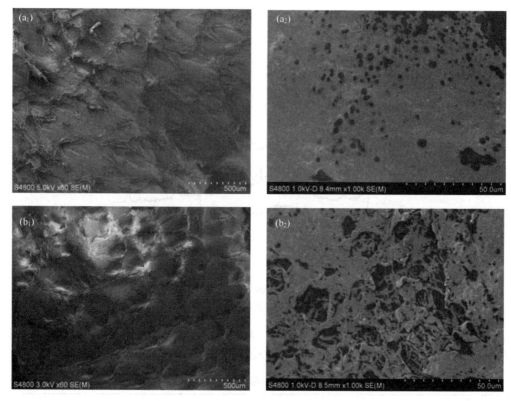

图 4-66　不同工艺鞣制后皮革粒面层 SEM 照片
(a₁) (a₂) 传统铬鞣工艺鞣后皮革；(b₁) (b₂) 少铬鞣工艺鞣后皮革

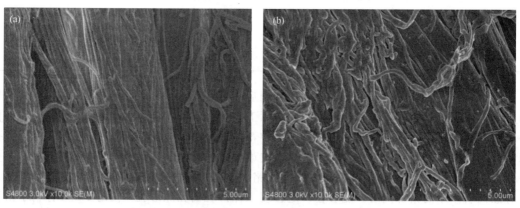

图 4-67　不同工艺鞣制后皮革纵切面 SEM 照片
(a) 传统铬鞣工艺；(b) 少铬鞣工艺

和空洞区（$0.6D$）组成了一个明暗横纹间距 D（约 670Å，$1\text{Å}=10^{-10}\text{m}$），其周期为 64nm，这与文献数据相吻合。此外，胶原蛋白多肽链保持了其有序性及原生的螺旋构象。因此，PCM 没有破坏其三股螺旋结构。但是在胶原纤维及原纤维间，可以观察到片状的沉积物，采用 EDS 进行测定，发现了 Mg、Al 和 Si 的元素，可能是蒙脱土片层的沉积。

(7) PCM 纳米复合材料与皮胶原蛋白作用模型　图 4-69（见彩插）是 PCM 配合铬鞣剂与胶原纤维作用的机理模型。首先，PCM 由于其特有的微纳结构使其利于向胶原内部渗透，同时与胶原纤维发生作用，对胶原纤维进行预改性，一方面提高了胶原纤维的收缩温

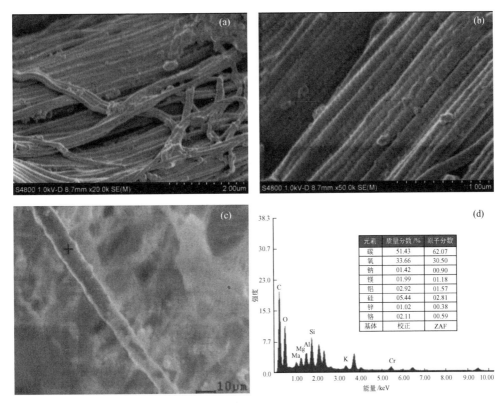

图 4-68　PCM 在胶原纤维中的分布
（a）、（b）少铬鞣工艺鞣后胶原的 SEM 照片；（c）、
（d）少铬鞣工艺鞣后胶原的 EDS 结果

度；另一方面在胶原纤维中引入大量羧基；蒙脱土以片层的形式分散在胶原纤维周围，其表面羟基也能够与胶原发生氢键作用。当加入铬鞣剂后，大量的羧基铬离子与胶原纤维及 PCM 的羧基发生配位，沉积在胶原分子间，而更小的铬沉积在原纤维上。蒙脱土的存在也可以大量吸附铬离子，这样在胶原纤维内部形成了大量的分子内和分子间的网状交联，极大程度地提高了铬鞣剂的吸收和利用率，即使加入少量铬粉也可达到常规铬鞣效果。

4.1.3　聚合物基纳米 ZnO 复合鞣剂

　　纳米 ZnO 是当前应用前景较为广泛的高功能无机材料，具有特殊的结构和处于热力学上极不稳定的状态，表现出许多独特的效应，被广泛应用在催化及光催化、光电及气敏、日用化工及生物医学等领域。在皮革应用方面，陈武勇等通过溶胶-凝胶原位复合法制备了胶原基纳米氧化锌复合材料，SEM 和 AFM 的结果表明，经纳米氧化锌前驱体处理网状胶原基后，在网状胶原基内生成了大小约为 25nm 的纳米氧化锌颗粒。所制备的胶原基纳米氧化锌复合材料具有一定的热稳定性、良好的力学性能，纳米 ZnO 的引入还可以赋予复合材料优良的抗菌防霉性。作者所在课题组以合成的两性聚合物为基体，分别采用物理共混法、原位聚合法和原位溶胶-凝胶法制备了两性乙烯基类聚合物/ZnO 纳米复合鞣剂，并且将制备的纳米复合鞣剂配合少量铬粉应用于皮革鞣制工艺中，考察其应用性能。

4.1.3.1　制备方法及结构表征

　　（1）共混法　共混法制备两性乙烯基类聚合物/ZnO 纳米复合鞣剂是将两性乙烯基类聚

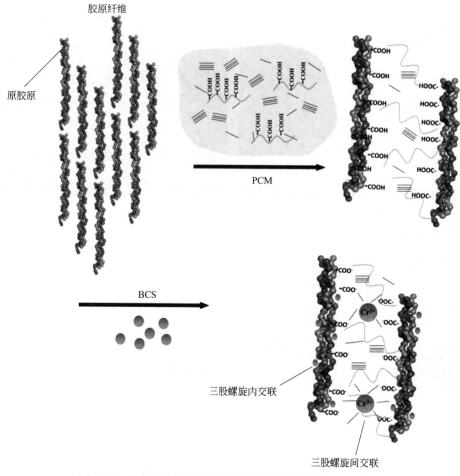

胶原纤维

原胶原

PCM

BCS

Cr³⁺

Cr³⁺

三股螺旋内交联

三股螺旋间交联

图 4-69 聚合物基蒙脱土纳米复合材料与胶原作用机理模型

合物与纳米氧化锌粉体通过物理共混的方式复合，纳米氧化锌是市售的粉体。

两性乙烯基类的聚合物（PDMDAAC-AA-HEA-AM）制备过程为：将 $NaHSO_3$ 用一定量的蒸馏水溶解，与二甲基二烯丙基氯化铵一同加入三口烧瓶中，将丙烯酰胺（AM）、丙烯酸羟乙酯（HEA）、丙烯酸（AA）均匀混合加入恒压滴液漏斗中，引发剂过硫酸铵（APS）溶解后加入另一滴液漏斗中，水浴加热，升温至一定温度，恒温，同时滴加混合单体及引发剂，30min 滴加完毕，恒温反应 4h，冷却，调至一定 pH，制得 PDMDAAC-AA-HEA-AM。

进而将 PDMDAAC-AA-HEA-AM 与纳米氧化锌通过共混法复合，通过超声作用增加纳米材料的分散，制备过程为：将一定量的 PDMDAAC-AA-HEA-AM 与一定量的纳米 ZnO 一同加入三口烧瓶，在一定温度下搅拌一定时间，出料，冷却，超声处理一定时间，制得纳米复合材料（PDM/ZnO-B）。

图 4-70 是 ZnO、PDMDAAC 和 PDM/ZnO-B 的红外光谱图，从图中可以看出，PDM-DAAC-AA-AM-HEA 中没有双键峰，说明聚合反应充分。PDM/ZnO-B 图谱中，$432cm^{-1}$ 处出现了 Zn—O 键的特征峰。此外，与 PDMDAAC-AA-AM-HEA 相比，$1719cm^{-1}$ 处的 —COOH 峰强减弱，这可能是由于纳米 ZnO 表面的羟基与 PDMDAAC-AA-AM-HEA 的羧基之间存在氢键作用。

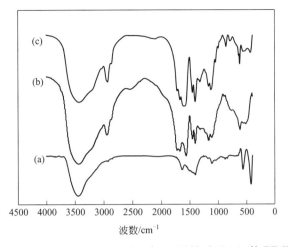

图 4-70　ZnO(a)、PDMDAAC(b) 和 PDM/ZnO-B(c) 的 FT-IR 谱图

图 4-71 是纳米 ZnO 和 PDM/ZnO-B 的 TEM 照片，由图可以看出，纳米 ZnO 本身存在一定的团聚现象，粒径约为 20nm。而 PDM/ZnO-B 中，一部分纳米 ZnO 分散在复合材料基体间，且无团聚现象。此外，还可以观察到核壳结构的纳米复合材料，粒径约为 100nm 且分散均匀，这可能是因为 PDMDAAC-AA-AM-HEA 具有两性电荷，与纳米 ZnO 通过静电或者氢键与聚合物作用，包覆在聚合物周围，形成核壳结构的复合材料。

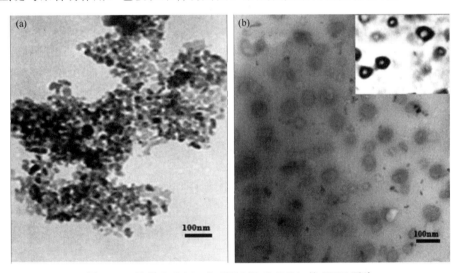

图 4-71　纳米 ZnO(a) 和 PDM/ZnO-B(b) 的 TEM 照片

（2）原位聚合法　原位聚合法制备两性乙烯基类聚合物/ZnO 纳米复合鞣剂是在纳米氧化锌存在下，使乙烯基类单体进行自由基聚合。其制备过程为：将 $NaHSO_3$ 用一定量的蒸馏水溶解，与二甲基二烯丙基氯化铵一同加入三口烧瓶中，水浴加热，升温至 70℃，加入一定量的纳米 ZnO，分散 30min，将丙烯酰胺、丙烯酸羟乙酯、丙烯酸均匀混合加入恒压滴液漏斗，引发剂过硫酸铵溶解后加入另一滴液漏斗中，同时滴加混合单体及引发剂，30min 滴加完毕，恒温反应 4h，冷却，调 pH，制得 PDM/ZnO-I。

图 4-72 是 PDMDAAC-AA-AM-HEA 和 PDM/ZnO-I 的红外光谱图。PDMDAAC-AA-AM-HEA 极易吸水，$3437cm^{-1}$ 为 O—H 和 N—H 的吸收峰，$2945cm^{-1}$ 为甲基吸收峰，$1665cm^{-1}$、$1128cm^{-1}$、$620cm^{-1}$ 三峰是由碳氮五元杂环引起的，$1402cm^{-1}$、$1463cm^{-1}$ 为

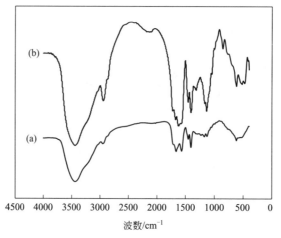

图 4-72　PDMDAAC-AA-AM-HEA(a) 和 PDM/ZnO-I(b) 的 FT-IR 谱图

典型的甲基对称弯曲振动吸收峰，$1121cm^{-1}$ 为季铵基的吸收峰。羧酸盐中羧酸根离子的出峰与羰基不同，从图中可以看出，羧基中的两个 C—O 键出现了键长的平均化，同时存在对称伸缩振动和不对称伸缩振动，图 4-72 中表现在 $1664cm^{-1}$ 附近强而宽的吸收峰和 $1400cm^{-1}$ 附近的弱峰。C＝C 双键在 $1660\sim1600cm^{-1}$ 处没有出现吸收峰，说明 PDMDAAC-AA-AM-HEA 成功聚合。在纳米复合材料中，$432cm^{-1}$ 出现 Zn—O 特征峰，此外，—COOH 在 $1664cm^{-1}$ 处出峰变弱，O—H 在 $1231cm^{-1}$ 出峰消失，说明 ZnO 羟基与 PDMDAAC-AA-AM-HEA 存在化学结合。

图 4-73 为 PDMDAAC-AA-AM-HEA 和 PDM/ZnO-I 的 TEM 照片，由（a）中可以看出，ZnO 纳米粒子呈现球形聚集状态，且存在一定的团聚情况。然而由图（b）可以看出，在原位聚合法制备的 PDM/ZnO-I 复合材料中，ZnO 包覆在聚合物周围，呈现麦穗状，且均匀分散，长度约为 $2\mu m$，直径约为 100nm。

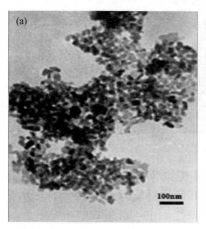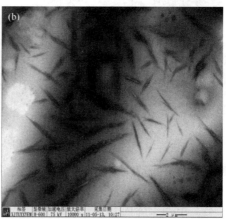

图 4-73　纳米 ZnO(a) 和 PDM/ZnO-I(b) 的 TEM 照片

（3）原位溶胶-凝胶法　原位溶胶-凝胶法制备两性乙烯基类聚合物/ZnO 纳米复合鞣剂是在改性 ZnO 溶胶的存在下，进行乙烯基类单体的自由基聚合。首先获得二烯丙基二甲基氯化铵改性 ZnO 溶胶，具体制备过程为：一定浓度的醋酸锌溶解于异丙醇中，将其置于 $40\sim60℃$ 恒温水浴锅中，搅拌 30min，加入一定浓度的二乙醇胺，反应 30min 后，加入一定量的二烯丙基二甲基氯化铵，保温反应 120min，反应结束后冷却至室温，制得二烯丙基二甲基氯化铵改性 ZnO 溶胶。进而将改性 ZnO 溶胶引入两性聚合物中。制备过程为：二烯丙基二甲基氯化铵、丙烯酸、丙烯酰胺和丙烯酸羟乙酯混合，得到混合单体；去离子水与亚硫酸氢钠打底，置于 70℃ 水浴中，同时滴加引发剂过硫酸铵溶液、混合单体与二烯丙基二甲基氯化铵改性 ZnO 溶胶，滴加 30min，保温反应 4h。反应结束后冷却至室温，用氢氧化钠溶液调节体系 pH 为 5.5，出料，制得 PDMDAAC/ZnO-S。

图 4-74 是 PDMDAAC-AA-AM-HEA 和 PDM/ZnO-S 的 XRD 谱图，与 PDMDAAC-AA-AM-HEA 相比，PDM/ZnO-B 的 XRD 谱图中出现了系列纳米 ZnO 的特征峰，即 2.832（100）、2.618（002）、2.491（101）、1.916（102）和 1.628（110），并且通过 d 值计算可以看出 ZnO 的晶型为红锌矿。

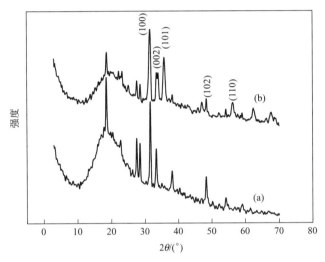

图 4-74　PDMDAAC-AA-AM-HEA(a) 和 PDM/ZnO-B(b) 的 XRD 谱图

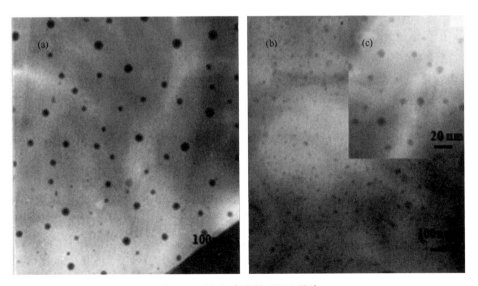

图 4-75　ZnO 溶胶的 TEM 照片

（a）未加入 DMDAAC 的纳米 ZnO 溶胶；（b）（c）DMDAAC 改性纳米 ZnO 溶胶

图 4-75 是未加入 DMDAAC 的纳米 ZnO 溶胶及 DMDAAC 改性纳米 ZnO 溶胶的 TEM

照片，从图中可以看出，未加入 DMDAAC 的 ZnO 溶胶的粒径分布为 20～30nm，采用 DM-DAAC 处理后的溶胶分散性良好，粒径均匀，为 15～20nm。DMDAAC 为阳离子单体，ZnO 表面带有正电荷，加入 DMDAAC 后，阳离子间的相互作用有利于 ZnO 溶胶的分散；此外，DMDAAC 有一定表面活性剂的作用，也提高了 ZnO 溶胶的分散程度。

图 4-76 是 PDM/ZnO-S 的 TEM 照片，图中黑色部分为纳米 ZnO，浅灰色部分为聚合物基体。从图中可以看出，纳米 ZnO 呈不规则球状，并且被聚合物包覆，粒径在 100nm 左右，复合材料出现了一定团聚现象。

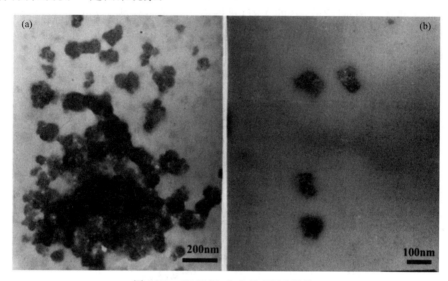

图 4-76　PDM/ZnO-S 的 TEM 照片

4.1.3.2　应用

复鞣可以改善和提高皮革性能，赋予成革特定的风格，一直被誉为制革中的"点金术"。在复鞣工序中，复鞣剂的种类及性能至关重要，因此，多年来人们一直在努力开发各种新型复鞣材料，以便成革达到更好的性能要求。

1966 年，美国 Rohm & Haas 公司在荷兰公开了关于丙烯酸类鞣剂的专利，开创了丙烯酸类鞣剂研究和应用的先河。丙烯酸类复鞣剂以其与革结合强，能使革样增厚、柔软，粒面细致以及耐汗、耐光，并且价格便宜、对环境污染小等优点，受到了人们极大的关注和重视。然而，经其复鞣后的铬鞣革在使用阴离子染料染色时常常出现"败色"现象，其主要原因在于丙烯酸类复鞣剂本身为阴离子型，它与阴离子染料分子共同竞争皮革中的阳离子活性中心，由于丙烯酸类复鞣剂中含有大量羧基，竞争能力更强，影响了染料分子在皮革中的固定吸收，从而降低了上染率。

近十多年来，国内外研究工作者为解决"败色"问题做了大量的研究，其路线主要是在含羧基的高分子链段上同时引入氨基阳离子，制备两性的聚合物复鞣剂，兼有复鞣和固色双重作用。二甲基二烯丙基氯化铵（DMDAAC）是水溶性极强的含有两个不饱和键的季铵盐，且阳离子密度高，易发生均聚反应或与其他单体发生共聚反应。由于正电荷密度高，水溶性好，分子量易于控制，高效无毒，造价低廉等优点而备受关注。若将其引入聚合物复鞣剂中，可以提高复鞣剂的阳离子度，有利于染料的结合，改善复鞣染色后革样的"败色"现象。纳米 ZnO 表面带正电荷，可以作为染料的载体，对染料具有较好的吸附作用。以原位聚合法制备的 PDM/ZnO-I 纳米复合鞣剂为例，将其应用于绵羊皮服装革复鞣工序，工艺如表 4-24 所示，并与 PDMDAAC-AA-MAA-HEA 的应用效果进行对比。

表 4-24　绵羊皮服装革复鞣工艺

工序	用料名称	用量/%	温度/℃	时间/min	pH	备注
绵羊蓝湿皮皮称重,增重 200％作为计量基础						
复鞣	水	150		30	pH5.5	
	氨水	0.8	30			
	合成鞣剂	10		120		
固定	加酸	1.5		30	pH4.0	
水洗	水	300	40	10		
测厚						
染色	水	150		30		
	氨水	0.8	50		pH5.5	
	染料	3		60		
加脂	DF-F214	3				
	SO	4				
	SK-70	2				
	LQ-5	1				1:10 的热水化开
	羊毛脂 LB	2		60		1:10 的热水化开
固定	甲酸	1.2		15×3+15	pH3.5	
水洗出鼓						

注:空白试验为不加合成鞣剂。

(1) 增厚率　表 4-25 是 PDMDAAC-AA-MAA-HEA 与 PDM/ZnO-I 纳米复合鞣剂鞣制后革样增厚率的结果。丙烯酸类聚合物鞣剂用于复鞣,其最大特点是其优良的选择填充性能,能够最大限度地消除天然皮革的部位差,复鞣后得到性能及手感均一的成革。由表4-25可知,空白样品没有经过复鞣仅进行了染色加脂,由于加脂剂可能存在一定润滑纤维的作用及一定的填充性能,空白皮样的增厚率有少量的增加。经 PDMDAAC-AA-MAA-HEA 复鞣后革样背部、中部及边腹部增厚率分别为 7.59％、8.70％ 和 13.73％,可以看出其对复鞣后革样具有较好的填充性,边腹部增厚明显高于中部及背部增厚,具有一定的选择填充性。经过 PDM/ZnO-I 鞣制后革样背部、中部及边腹部增厚率分别为 7.91％、12.61％ 和 14.10％,均优于 PDMDAAC-AA- MAA-HEA,能够赋予成革更好的丰满性。

表 4-25　PDMDAAC-AA-MAA-HEA 与 PDM/ZnO-I 纳米复合鞣剂鞣制后革样增厚率

项　目	背部增厚率/%	中部增厚率/%	边腹部增厚率/%
空白	2.59	0.44	4.40
PDMDAAC-AA-MAA-HEA	7.59	8.70	13.73
PDM/ZnO-I	7.91	12.61	14.10

(2) K/S 值　图 4-77 是 PDMDAAC-AA-MAA-HEA 与 PDM/ZnO-I 纳米复合鞣剂鞣制后革样 K/S 值结果。从图中可以看出,与聚合物相比,加入 ZnO 后革样的 K/S 值呈现增大的趋势,主要是由于加入纳米 ZnO 后,能够与纤维的羧基发生反应,降低了胶原纤维的阴离子性。此外,ZnO 能够起到对染料分子的吸附作用,进一步改善了革样的染色效果。

(3) 柔软度　图 4-78 是经 PDMDAAC-AA-MAA-HEA 与 PDM/ZnO-I 纳米复合鞣剂鞣

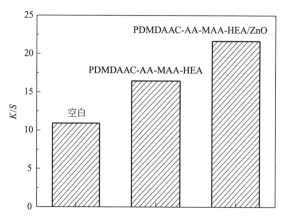

图 4-77　PDMDAAC-AA-MAA-HEA 与 PDM/ZnO-I
纳米复合鞣剂鞣制后革样 K/S 值

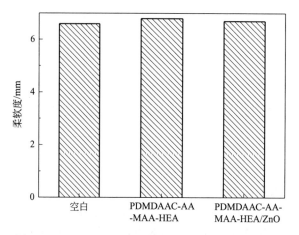

图 4-78　PDMDAAC-AA-MAA-HEA 与 PDM/ZnO-I
纳米复合鞣剂复鞣后革样柔软度

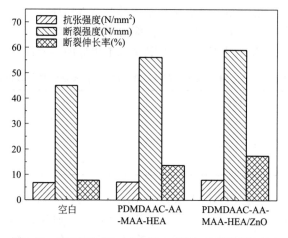

图 4-79　PDMDAAC-AA-MAA-HEA 与 PDM/ZnO-I
纳米复合鞣剂复鞣后革样物理力学性能

制后革样柔软度结果。从图中可以看出，采用 PDMDAAC-AA-MAA-HEA 复鞣后革样柔软度最高，其次是 PDM/ZnO-I 纳米复合鞣剂，空白最低，但是总体差别不大。这是由于 PDMDAAC-AA-MAA-HEA 的高分子链段进入胶原纤维内部，对纤维起到分散作用，使成革手感更加柔软。PDM/ZnO-I 纳米复合鞣剂复鞣后革样柔软度略有降低，这可能是由于纳米 ZnO 本身具有一定刚性，导致革样的柔软度下降。

(4) 物理机械性能 图 4-79 是 PDMDAAC-AA-MAA-HEA 与 PDMDAAC-AA-MAA-HEA/ZnO 纳米复合鞣剂鞣制后革样物理机械性能结果。从图中可以看出，PDMDAAC-AA-MAA-HEA 鞣制后革样的物理机械性能均优于空白，而引入纳米 ZnO 后，革样物理机械性能有了进一步提高，这是由于纳米 ZnO 可以渗透进入原纤维间，刚性的纳米粒子对胶原存在一定的增强作用。

(5) 复鞣后革样的扫描电镜分析 图 4-80 是 PDMDAAC-AA-MAA-HEA 和 PDM/ZnO-I 纳米复合鞣剂复鞣后革样的 SEM 照片。从图中可以看出，经 PDMDAAC-AA-MAA-HEA 复鞣后的革样，纤维编织比较紧密，呈片层分布，纤维组织之间不是很清晰；经 PDM/ZnO-I 纳米复合鞣剂复鞣后革样的皮纤维得到了进一步的分散，纤维粗而短，皮革表面柔软丰满，皮革空隙多并且小，结构致密。可以看出，纳米复合材料的复鞣效果比较好，能够很好地分散皮纤维，而且使得纤维束表面丰满、柔软。

图 4-80 复鞣后革样纵切面的 SEM 照片

(a) PDMDAAC-AA-MAA-HEA；(b) PDM/ZnO-I

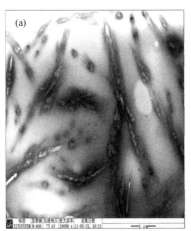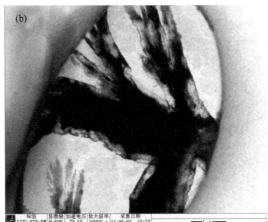

图 4-81 PDM/ZnO-I 的 TEM 照片

(a) pH5.0；(b) pH10.0

通过 PDMDAAC-AA-MAA-HEA 和 PDM/ZnO-I 纳米复合鞣剂的对比研究可以看出，与 PDMDAAC-AA-MAA-HEA 相比，PDM/ZnO-I 纳米复合鞣剂复鞣后革样增厚率增加，但柔软度略有降低，力学性能有大幅度增加，且 K/S 值提高了 31.5%，具有优良的增深固色作用。同时纳米复合材料可以渗入皮纤维的内部，使纤维均匀分散，皮革表面柔软丰满。

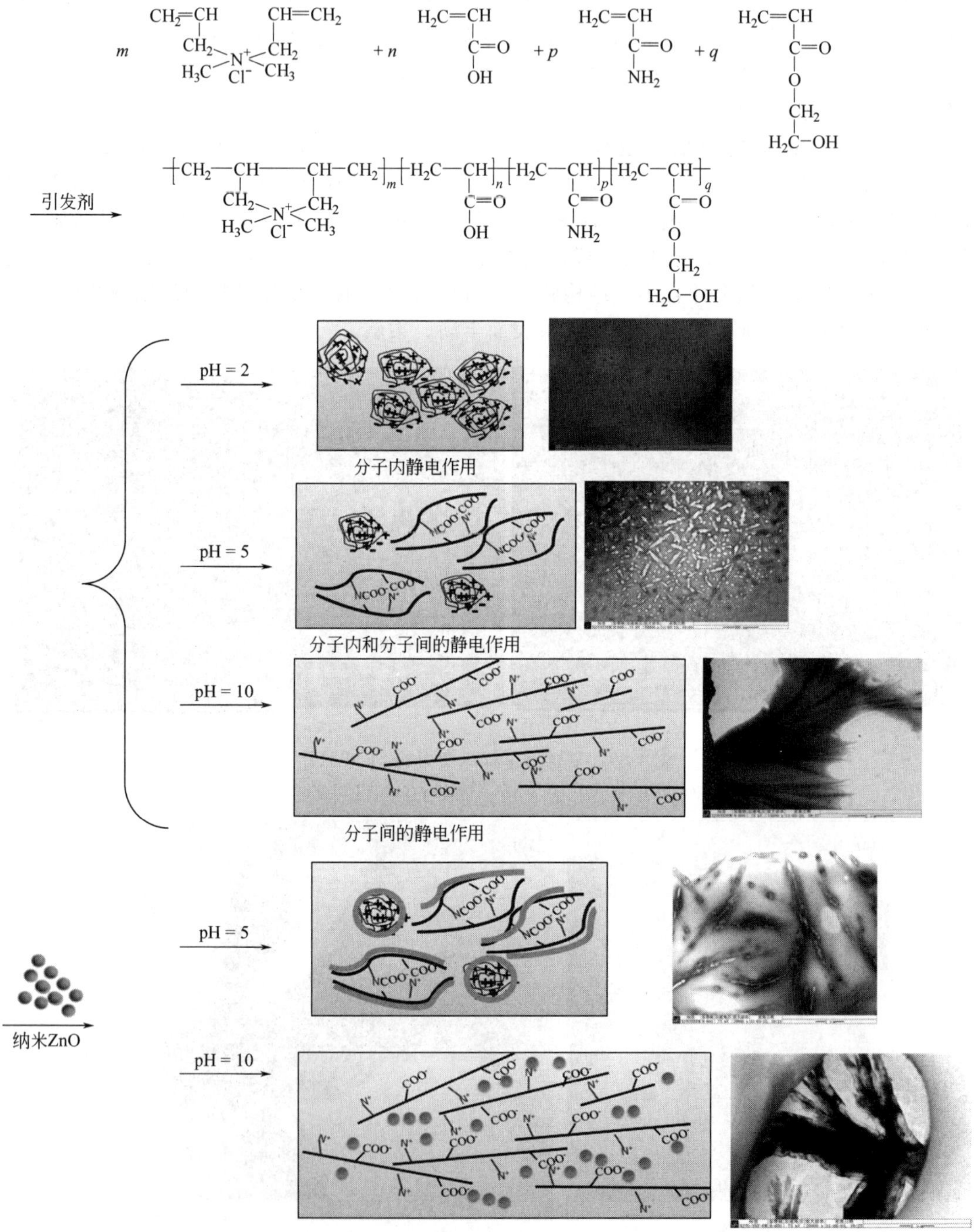

图 4-82   PDM/ZnO-I 合成示意图

4.1.3.3　机理研究

(1) PDMDAAC-AA-AM-HEA/ZnO 的 TEM 分析　两性乙烯基类聚合物 PDMDAAC-AA-AM-HEA 对 pH 具有一定的响应作用，在不同 pH 条件下与纳米 ZnO 作用后，复合材料形貌出现了相应的变化。图 4-81 是不同 pH 下 PDM/ZnO-I 的 TEM 照片。从图中可以看出，当 pH 为 5.0 时，复合材料存在两种形貌，一种是聚合物为球形，纳米 ZnO 包覆在聚合物球外侧，这是因为 5.0 时聚合物基体没有完全电离，存在一些卷曲结构，其分子亲水基团在球形外侧，与纳米 ZnO 作用，生成了聚合物为核，纳米 ZnO 为壳的球状核壳结构。另一种形貌是聚合物基体呈棒状，纳米 ZnO 分布在棒状内部，呈现麦穗状结构。这可能是因为聚合物分子链由于静电作用伸展，且分子间也存在静电作用，导致聚合物聚集成棒状，而纳米 ZnO 与分子链外侧的羧基作用，包覆在单个分子外，分子聚集后呈现了麦穗的形状。当 pH 为 10.0 时，聚合物分子伸展，ZnO 沉积在聚合物周围，呈现柳叶片的形状，其模型示意见图 4-82（见彩插）。

(2) PDM/ZnO-I 鞣制后革样的 SEM 结果　图 4-83 是 3% 铬粉单独鞣制和 5% PDM/ZnO-I 配合 3% 铬粉鞣制后革样的 SEM 照片，从图中可以看出，纳米材料沉积在胶原纤维上。此外，与单独铬鞣后革样相比，用 PDM/ZnO-I 配合铬粉鞣制后革样胶原纤维具有良好的分散性。

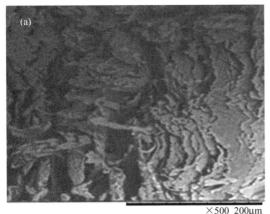 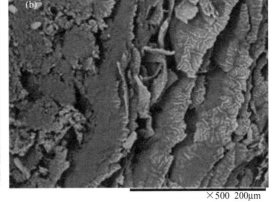

图 4-83　鞣制后革样 SEM 照片

(a) 8% 铬粉；(b) 5% PDM/ZnO-I 配合 3% 铬粉

(3) PDM/ZnO-I 鞣制后革样的紫外老化性　太阳紫外线的波长为 300～400nm，其能量为 300～400kJ/mol，而大多数聚合物化学键能为 259～420kJ/mol，在日光下照射会引起断裂，导致高分子材料老化。胶原蛋白作为天然高分子材料，也不可避免地出现了光老化现象。鞣制后胶原中含有的 Cr、Fe 等可变价的过渡金属化合物可吸收紫外线产生自由基，羧基因吸收紫外线而被激发也可能发生断链并生成自由基，这些自由基的产生，降低了皮革制品的强度，减少了其使用寿命。表 4-26 和表 4-27 分别是紫外线光照前后革样抗张强度和断裂伸长率的变化结果，从表中可以看出，与单纯两性乙烯基类聚合物和传统铬鞣相比，加入纳米 ZnO 能够明显使光照后革样强度下降的程度减小。与报道的纳米 ZnO 作为聚乙烯填料紫外老化前后的力学性能结果一致。纳米 ZnO 具有结晶性化合物的电子结构，由充满电子的价电子带和没有电子的空轨道形成的传导带构成。价带和导带之间的能量值称为禁带宽度。当受到光照时，仅有比禁带宽度能量大的光被吸收，价带的电子激发至导带，结果价带缺少电子，及发生空穴。这样生成的电子和空穴容易移动且具有极强的化学活性。纳米

ZnO 受到紫外线照射时，价电子激发，产生电子-空穴对。如果空穴和其他空穴和电子复合，就达到了紫外屏蔽作用。但是如果电子-空穴对被表面吸附物如氧气和水捕获发生氧化还原反应，就会出现光催化作用，会加速胶原蛋白进一步降解。由力学性能结果可以看出，在持续光照后，革样力学性能降低程度减少，表面纳米 ZnO 光屏蔽作用大于光催化作用。

表 4-26　紫外线光照前后革样抗张强度变化

样品	紫外线光照前抗张强度/(N/m²)	紫外线光照后抗张强度/(N/m²)	变化率/%
1	27.61	19.27	−30.19
2	44.53	32.04	−28.04
3	31.25	24.51	−21.58
4	35.01	30.60	−12.59

注：样品 1 为 3% 铬粉鞣制革样；样品 2 为 8% 铬粉鞣制革样；样品 3 为 PDM-AA-AM-HEA 配合 3% 铬粉鞣制革样；样品 4 为 PDM/ZnO-I 配合 3% 铬粉鞣制革样。

表 4-27　紫外线光照前后革样断裂伸长率的变化

样品	紫外线光照前断裂伸长率/%	紫外线光照后断裂伸长率/%	变化率/%
1	45.76	32.24	−29.54
2	82.16	53.44	−34.96
3	62.36	46.07	−26.12
4	74.44	66.36	−10.86

注：样品 1 为 3% 铬粉鞣制革样；样品 2 为 8% 铬粉鞣制革样；样品 3 为 PDM-AA-AM-HEA 配合 3% 铬粉鞣制革样；样品 4 为 PDM/ZnO-I 配合 3% 铬粉鞣制革样。

（4）PDM/ZnO-I 鞣制后革样的抗菌性　图 4-84 是采用抑菌圈法得到的传统铬鞣革样和 PDM/ZnO-I 配合铬粉鞣制后革样的抗菌性照片。从图中可以看出，采用常规铬鞣鞣制后革样没有明显的抑菌作用。而采用 PDM/ZnO-I 配合铬粉鞣制后革样出现了明显的抑菌圈，说明 PDM/ZnO-I 纳米复合鞣剂具有一定的抗菌抑菌作用，并且增加了鞣制后革样的抗菌性能。

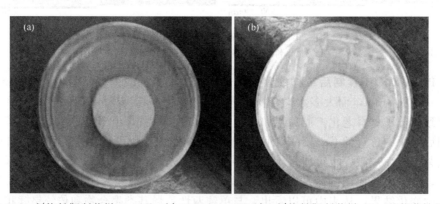

图 4-84　8% 铬粉鞣制革样（a）及 5% PDM/ZnO-I 配合 3% 铬粉鞣制革样（b）的抗菌性照片

ZnO 作为传统的无机抗菌材料之一，与细菌接触时，锌离子缓慢释放出来，由于锌离子具氧化还原性，并能与有机物（硫代基、羧基、羟基）反应，可以与细菌细胞膜及膜蛋白结合，破坏其结构，进入细胞后与破坏电子传递系统的酶结合并与 DNA 反应，达到抗菌的目的。同时其抗菌能力与其表面的空穴数量有关，当其表面具有尽可能多的空穴时，就会产生更多的电子，同时空位也可直接参与反应，从而使其具有更高的杀菌性能。纳米 ZnO 粉体除具有传统 ZnO 的抗菌作用外，由于粒子粒径达到纳米级，具有纳米粒子特有的表面界面效应，表面原子数量大大多于传统粒子，可增加 ZnO 与细菌的亲和力，提高抗菌效率。而在紫外线照射条件下，其抗菌性能增强，可能是因为 ZnO 的禁带宽度为 3.2eV，在紫外线照射下，价带中的电子会激发到导带，形成自由移动的带负电的电子（e^-）和带正电的空穴（h^+），可以激活水和空气中的氧为活性氧，活性氧具有强化学性，能与细菌中的有机物发生氧化还原反应而杀死细菌。同时，粒径越小，纳米 ZnO 的抗菌性能越强。

（5）PDM/ZnO-I 与皮胶原蛋白的作用模型的提出　图 4-85 是 PDM/ZnO-I 与胶原作用机理示意图。鞣制时，浴液 pH 为 5 左右，此时 PDM/ZnO-I 形貌为球形及米粒状，当其渗透到胶原纤维中，对胶原纤维进行预改性，引入了—OH、—COOH 等功能基团。此外，纳米 ZnO 沉积在胶原纤维上。当加入铬鞣剂后，铬鞣剂与胶原羧基和复合材料中的羧基进行多点交联，进而增强了胶原的稳定性，使革样具有一定的抗紫外老化性和抗菌性。

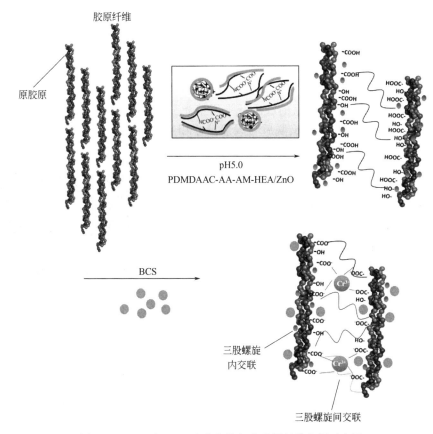

图 4-85　PDM/ZnO-I 配合铬粉与皮胶原纤维作用示意图

4.1.4　其他纳米粒子在鞣剂中的应用

4.1.4.1　纳米二氧化硅

作为一种无毒、无味、无污染的无机非金属材料，纳米二氧化硅（SiO_2）比表面积大，表面能高，很容易和蛋白质分子链的活性基团结合，从而赋予皮革特殊的物理、化学性能。有关将纳米二氧化硅引入皮革鞣制中的研究主要有两种方式：一种是在蛋白质纤维间隙中原位生成纳米粒子；另一种是在纳米二氧化硅表面接枝共聚。

　　2002 年，四川大学范浩军课题组提出了纳米粒子在制革中的前景，随后他们以聚合物和改性油脂作为分散载体，借助其扩散、渗透作用，将 SiO_2 纳米粒子的前驱体引入蛋白质纤维间隙中，然后在特定的 pH 条件下，前驱体水解原位产生无机纳米粒子，通过无机纳米粒子和蛋白质间的有机-无机杂化，实现了对生皮的鞣制。结果表明，纳米 SiO_2 粒子的引入显著提高了成革的湿、热稳定性能：引入 2％的纳米 SiO_2，可使收缩温度从 68℃升高至 86.9℃，引入 3％的纳米 SiO_2，可使其收缩温度达到 95.4℃。

　　未改性的纳米二氧化硅在聚合物中容易发生团聚，造成鞣制后皮革的湿热稳定性降低。因此为了提高纳米二氧化硅在聚合物基体中的分散性，张治军课题组采用原位法制备了系列表面含有不同官能团的纳米二氧化硅，例如表面含双键、含氨基、含烷基链等，并将其引入制革用丙烯酸共聚物以及苯乙烯-马来酸酐共聚物中，制备纳米复合鞣剂。纳米二氧化硅表面的活性基团能够与单体的活性基团发生接枝反应，获得纳米粒子均匀分散的纳米鞣剂。将该纳米鞣剂应用于制革鞣制工序中，纳米二氧化硅不仅仅在胶原纤维之间起到填充作用，对鞣制后皮革的湿热稳定性具有正面的贡献。

4.1.4.2　纳米三氧化二铬

　　制革业可以借鉴胶原蛋白在生物医学应用的相似之处，开发新的具有良好渗透结合功能的鞣剂，提高鞣剂的利用率。Sreeram 等人合成了平均粒径为 $50\sim72nm$ 的纳米三氧化二铬，与聚合物进行结合，能够与胶原侧链相互作用，提高了胶原的稳定性。对天然的以及 PS-b-PAA、Cr-PS-b-PAA 结合后的胶原纤维用偏光显微镜进行分析（见图 4-86）。胶原纤维与 PS-b-PAA、Cr-PS-b-PAA 交联后与天然胶原相比差别不大。然而 Cr-PS-b-PAA 处理后的纤维长度较短，而且其稳定性需要进一步提升。

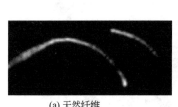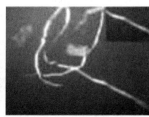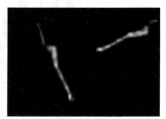

(a) 天然纤维　　　　　　(b) PS-b-PAA处理后的纤维　　　　　　(c) Cr-PS-PAA处理后的纤维

图 4-86　PS-b-PAA 以及 Cr-PS-PAA 用处理过的天然纤维的偏光显微照片

4.1.5　纳米复合鞣剂的发展趋势

　　随着时代的发展、科学技术的进步、人们生活水平的改善以及环保观念的加强，纳米技术在制革胶原改性中的研究已成为许多学者探讨的课题。在过去的十几年里，研究者将纳米技术应用于皮革胶原改性已进行了大量的工作，主要集中在引入各种类型的纳米粒子，例如蒙脱土、二氧化硅、氧化锌、三氧化二铬等，对胶原的湿热稳定性（即皮革的收缩温度）、物理机械性能、抗菌性等进行研究。为进一步加快纳米技术在制革胶原改性的发展，首先，应对纳米材料和胶原纤维之间的复杂作用机制进行系统全面的研究，为纳米材料改性胶原纤维提供理论基础；其次尽管纳米材料的合成和性能已经被广泛研究，然而制革加工会使用几十种化工材料，有关纳米复合材料与其他材料配伍性的研究相对较少，加强在这一领域的研究，对改性胶原纤维的成功也是至关重要的。另外，有关纳米材料的毒性和生物降解改性胶原蛋白也需要进一步研究。我们相信未来的制革鞣制生产技术在新理论、新材料、新技术的带动下，能够顺利解决生产需求与环境保护之间的矛盾问题。

4.2 皮革加脂剂

4.2.1 概述

　　皮革生产中的加脂是仅次于鞣制的重要工序，加脂能够防止皮革在干燥时因革纤维彼此黏结而变硬，使成革柔软、耐折，提高成革的力学性能、防水性能和使用寿命，增加成革的面积产率、光泽和美观。根据加脂剂在加脂过程中所起的作用，它的组成主要包括油脂成分、具有两亲作用的成分及助剂。加脂剂的油脂成分主要有天然油脂、矿物油、石蜡、合成油等。矿物油、石蜡和合成油均来自石油加工产品，属于不可再生资源。由于石油资源有限性带来的能源危机以及使用过程中造成的环境污染问题，天然油脂类的植物油基加脂剂因具有资源可再生、生物降解性优等特性，在皮革加脂剂中所占的比例逐渐提高，其中，菜籽油、蓖麻油是最早使用且现在仍在沿用的植物油基加脂剂原料之一。

　　随着皮革及其制品向高性能、高品质、高附加值的方向发展，满足特殊要求的多功能加脂剂迅速发展。纳米技术在制革加脂剂中的研究主要是为赋予制革用加脂剂一定的阻燃性和耐光性，通过将蒙脱土和纳米二氧化钛分别引入加脂剂基体中实现。

4.2.2 阻燃型纳米复合加脂剂

　　在制革湿整理阶段，根据不同成革要求，需要将大量的油脂（占蓝湿革质量6%～20%）加入皮革纤维间。加脂剂与皮革纤维之间的结合牢度比较低，在加热过程中极易迁移至皮革表面，直接成为燃料，从而提高了皮革的易燃性，因此这些油脂的使用对革的燃烧性能产生一定的影响。近年来，沙发革、汽车坐垫革、航空座椅革及家具用革等对阻燃性的要求越来越高，目前制革加工过程中使用具有阻燃作用的材料主要以一些专用含卤素阻燃剂为主。卤素类阻燃剂具有适用面广、用量少、阻燃效能高以及与基体相容性好等优点，但材料燃烧时会产生大量烟雾并释放有毒的、腐蚀性的卤化氢气体，不仅会腐蚀仪器和设备，还会危害人体和环境。利用纳米尺寸的某些特殊效应实现阻燃已经引起了人们的关注。采用蒙脱土来制备具有一定阻燃性能的聚合物/层状硅酸盐纳米复合材料，在涂料、橡胶等各个方面的研究较多。将蒙脱土引入皮革加脂剂中，能够提升皮革加脂剂的耐热稳定性，从而提高皮革制品的阻燃性。

4.2.2.1 阻燃型纳米复合加脂剂的合成

　　蒙脱土具有亲水性，在加脂剂的油水混合体系中分散性不好，易团聚。阻燃型纳米复合加脂剂主要是通过借助超声波的物理力学作用，或是将有机改性蒙脱土通过原位法引入加脂剂中。

　　超声法制备阻燃型改性菜籽油/钠基蒙脱土纳米复合加脂剂具体过程为：在三口烧瓶中加入100g菜籽油、1.5g乙二胺和1.0g Al_2O_3，控温100～110℃，转速30r/min，反应时间2h。然后在三口烧瓶中加入9g丙烯酸，控温120～130℃，转速30r/min，反应时间4h。反应时间4h结束后，降温至70～80℃（自然冷却），在三口烧瓶中慢慢加入90g亚硫酸氢钠饱和溶液，控温70～80℃，转速35r/min，反应时间1.5h。然后向上述反应物中慢慢加入1∶3稀氨水120g，调pH至7.5，直到反应物外观为浅黄色膏状体，加入一定量的热水，调整固含量为40%。制得改性菜籽油加脂剂（MRO）。取50g MRO和钠基蒙脱土一起加入三口烧瓶中，升温至 40℃，控温反应 20min，转入 100mL 烧杯中，超声 30min，制得改性菜籽油/钠基蒙脱土纳米复合加脂剂。

原位法制备阻燃型改性菜籽油/蒙脱土纳米复合加脂剂具体过程为：向 250mL 三口烧瓶中加入 50g 菜籽油，再分别加入一定用量的季铵盐改性蒙脱土、脂肪酸改性蒙脱土、鞣性离子改性蒙脱土或硅烷偶联剂改性蒙脱土，升温至 100℃，反应 30min；向三口烧瓶中加入 1.8g 乙二胺及 0.6g 氧化铝，恒温反应 2h；升温至 120℃，向三口烧瓶中滴加 9.36g 丙烯酸，滴加时间约为 20min，恒温反应 4h；降温至 80℃，向三口烧瓶中滴加亚硫酸氢钠溶液 45g，滴加时间约为 30min，恒温反应 2h；降温至 75℃，用 40%氢氧化钠溶液调 pH 至 7.9~8.0，恒温反应 1.5h；加热水调固含量至 40%，搅拌 40min，制得系列改性菜籽油/蒙脱土纳米复合加脂剂。

其中季铵盐改性蒙脱土包括十二烷基三甲基氯化铵改性蒙脱土（1231-MMT）、十四烷基三甲基氯化铵改性蒙脱土（1431-MMT）、十六烷基三甲基氯化铵改性蒙脱土（1631-MMT）、十八烷基三甲基氯化铵改性蒙脱土（1831-MMT）、双辛基二甲基氯化铵改性蒙脱土（D821-MMT）、双十二烷基二甲基氯化铵改性蒙脱土（D1221-MMT）、双十八烷基二甲基氯化铵改性蒙脱土（D1821-MMT）、三辛基甲基氯化铵改性蒙脱土（T811-MMT）。脂肪酸改性蒙脱土包括芥酸-MMT、油酸-MMT、硬脂酸-MMT、棕榈酸-MMT、肉豆蔻酸改性蒙脱土、月桂酸改性蒙脱土。鞣性离子改性蒙脱土包括铬离子改性蒙脱土（Cr-MMT）、铝离子改性蒙脱土（Al-MMT）、铁离子改性蒙脱土（Fe-MMT）、锆离子改性蒙脱土（Zr-MMT）。硅烷偶联剂改性蒙脱土包括硅烷偶联剂 g-氨丙基三甲氧基硅烷改性蒙脱土（KH551-MMT）、硅烷偶联剂 γ-氨丙基三乙氧基硅烷改性蒙脱土（KH550-MMT）、硅烷偶联剂 γ-（甲基丙烯酰氧）丙基三甲氧基硅烷改性蒙脱土（KH570-MMT）、硅烷偶联剂 3-哌嗪基丙基甲基二甲氧基硅烷改性蒙脱土（KH108-MMT）。

4.2.2.2 阻燃型纳米复合加脂剂的结构表征

(1) 超声法制备阻燃型纳米复合加脂剂 MRO/Na-MMT 的表征 图 4-87 为 Na-MMT 和 MRO/Na-MMT 的 XRD 谱图，由 Na-MMT 的 XRD 谱［见图 4-87(a)］可知，Na-MMT 的 XRD 谱图中 2θ 在 7.020°处有一强衍射峰，根据 Bragg 公式 $2d\sin\theta=\lambda$（式中 d 是蒙脱土片层之间的平均距离，θ 是半衍射角，λ 是入射射线的波长），计算得蒙脱土的层间距为 1.2582nm。

图 4-87(b) 为系列蒙脱土用量的改性菜籽油/蒙脱土纳米复合材料的 XRD 谱图，当蒙脱土含量分别为 3%、4%、7%和 9%时，2θ 分别为 6.06°、5.36°、5.42°和 6.04°。根据 Bragg 公式 $2d\sin\theta=\lambda$，计算得蒙脱土层间距分别为 1.46nm、1.65nm、1.63nm 和 1.46nm；当蒙脱土含量为 6%时，衍射峰有消失的趋势。整体来看，随着蒙脱土含量的增大，纳米复合材料中蒙脱土的层间距先增大后减小。

改性菜籽油的制备过程中，生成了 $RCONHCH_2CH_2NH_2$，反应后期，体系中引入了丙烯酸，随着丙烯酸的增多，反应条件逐渐转变为酸性条件，体系中可能会生成 $RCONHCH_2CH_2N^+H_3$（从空间位阻效应上考虑，N^+ 进攻的是 $CH_2=CHCOO^-$ 的 $CH_2=$ 这端）。阳离子季铵盐可通过离子交换反应来置换蒙脱土层间原有的水合阳离子，即黏土层间的阳离子（如 Na^+、K^+、Ca^{2+} 等）。由 XRD 结果可知，改性菜籽油能够顺利进入蒙脱土层间。多价的铵盐能够与蒙脱土中的 Na^+ 进行离子交换改性蒙脱土，然而疏水链段则在周围形成放射相；也可能是主链与极性铵盐链段同时进入蒙脱土层间，从而使改性后蒙脱土的

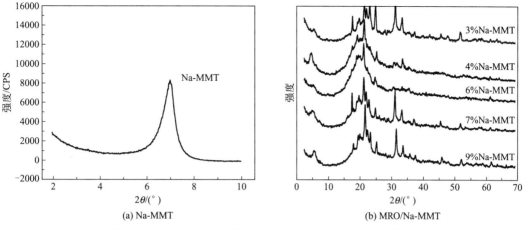

图 4-87　Na-MMT(a) 及 MRO/Na-MMT(b) 的 XRD 谱图

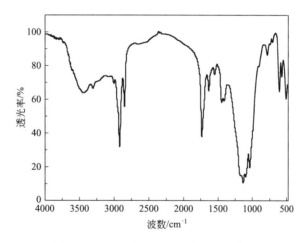

图 4-88　MRO/Na-MMT 的 FT-IR 谱图

层间距增大。

　　图 4-88 为改性菜籽油/蒙脱土纳米复合材料的 FT-IR 谱图，与改性菜籽油相比较，在改性菜籽油/蒙脱土纳米复合材料的 FT-IR 谱图中，3400cm^{-1} 处峰的强度变弱，除了保留改性菜籽油中的各种官能团之外，在改性菜籽油/蒙脱土纳米复合材料的谱图中还能看出 1046.33cm^{-1}—Si—O—伸缩振动峰，526.33cm^{-1}—Si—O—弯曲振动峰，620.8cm^{-1}—Al—O—吸收峰，说明蒙脱土与改性菜籽油成功复合制备了改性菜籽油/蒙脱土纳米复合材料。

　　(2) 原位法合成改性菜籽油/季铵盐-蒙脱土纳米复合加脂剂的表征　　图 4-89 是季铵盐-MMT 不同用量时 MRO/季铵盐-MMT 复合加脂剂的 XRD 图谱。

　　如图 4-89 所示，当 1231-MMT、1431-MMT 用量大于 4%，D821-MMT 用量大于 2%，D1221-MMT、D1821-MMT、T811-MMT 用量大于 6%，1831-MMT 用量大于 8% 时，MRO/季铵盐-MMT 复合加脂剂中存在蒙脱土片层衍射峰，与图 4-89(a) 中钠基蒙脱土在 7.020° 处的出峰相比，衍射峰向左移动，表明在此条件下，MRO/季铵盐-MMT 复合加脂剂为插层型复合材料。

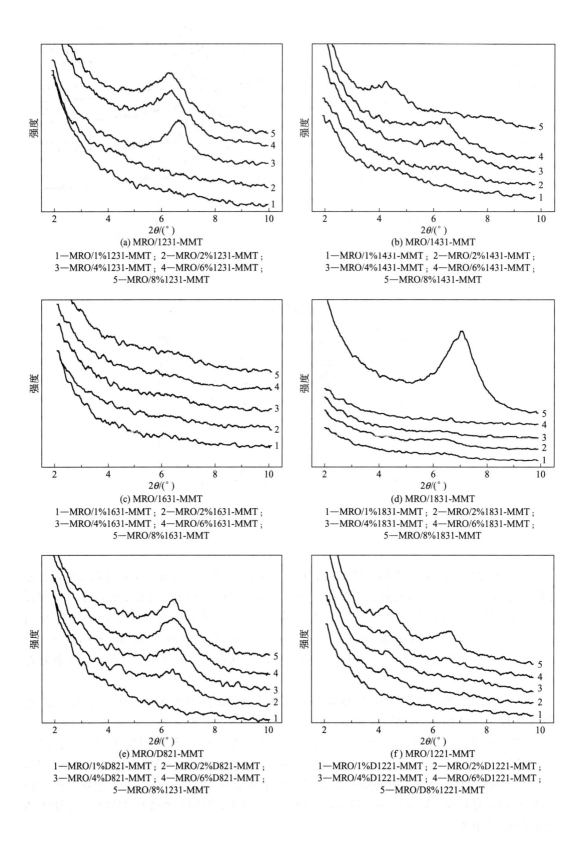

(a) MRO/1231-MMT
1—MRO/1%1231-MMT；2—MRO/2%1231-MMT；
3—MRO/4%1231-MMT；4—MRO/6%1231-MMT；
5—MRO/8%1231-MMT

(b) MRO/1431-MMT
1—MRO/1%1431-MMT；2—MRO/2%1431-MMT；
3—MRO/4%1431-MMT；4—MRO/6%1431-MMT；
5—MRO/8%1431-MMT

(c) MRO/1631-MMT
1—MRO/1%1631-MMT；2—MRO/2%1631-MMT；
3—MRO/4%1631-MMT；4—MRO/6%1631-MMT；
5—MRO/8%1631-MMT

(d) MRO/1831-MMT
1—MRO/1%1831-MMT；2—MRO/2%1831-MMT；
3—MRO/4%1831-MMT；4—MRO/6%1831-MMT；
5—MRO/8%1831-MMT

(e) MRO/D821-MMT
1—MRO/1%D821-MMT；2—MRO/2%D821-MMT；
3—MRO/4%D821-MMT；4—MRO/6%D821-MMT；
5—MRO/8%1231-MMT

(f) MRO/1221-MMT
1—MRO/1%D1221-MMT；2—MRO/2%D1221-MMT；
3—MRO/4%D1221-MMT；4—MRO/6%D1221-MMT；
5—MRO/D8%1221-MMT

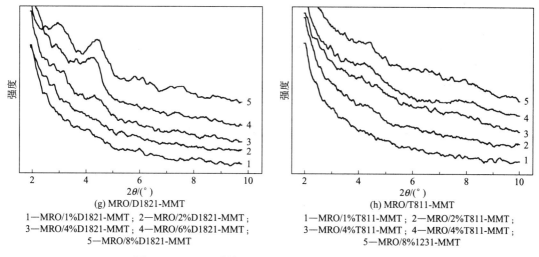

(g) MRO/D1821-MMT
1—MRO/1%D1821-MMT；2—MRO/2%D1821-MMT；
3—MRO/4%D1821-MMT；4—MRO/6%D1821-MMT；
5—MRO/8%D1821-MMT

(h) MRO/T811-MMT
1—MRO/1%T811-MMT；2—MRO/2%T811-MMT；
3—MRO/4%T811-MMT；4—MRO/4%T811-MMT；
5—MRO/8%1231-MMT

图 4-89 MRO/季铵盐-MMT 的 XRD 谱图 (2°～10°)

当 D821-MMT 用量等于 1%，1231-MMT、1431-MMT、D1821-MMT、T811-MMT 用量小于 2%，D1221-MMT 用量小于 4%，1631-MMT 用量小于 8%，1831-MMT 用量小于 6% 时，MRO/季铵盐-MMT 复合加脂剂观察不到蒙脱土片层的特征衍射峰，这是由于在合成加脂剂的过程中，油脂中较大分子能够进一步进入到改性蒙脱土层间，使得改性蒙脱土的层间距进一步增大，从而发生剥离的现象。

对于 MRO/1631-MMT、MRO/1831-MMT、MRO/D821-MMT，随着季铵盐-MMT 用量的增加，纳米复合加脂剂的结晶度大致呈先增加后减小的趋势，当季铵盐-MMT 用量分别为 4%、4%、6% 时，MRO/1631-MMT、MRO/1831-MMT、MRO/D821-MMT 的结晶度达到最大值，此时晶形最规整，说明分子链内部对称性最好，分子链支化与交联度最低。对于 MRO/1231-MMT，纳米复合加脂剂的结晶度随着有机改性蒙脱土用量的增加大致呈先减小后增加的趋势。

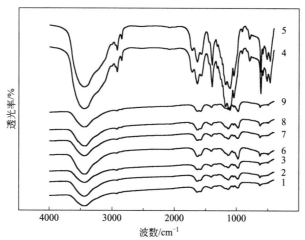

图 4-90 MRO 与 MRO/季铵盐-MMT 的 FT-IR 谱图
1—MRO；2—MRO/1231-MMT；3—MRO/1431-MMT；4—MRO/1631-MMT；
5—MRO/1831-MMT；6—MRO/D821-MMT；7—MRO/D1221-MMT；
8—MRO/D1821—MMT；9—MRO/T811-MMT

图 4-90 为 MRO/季铵盐-MMT 与 MRO 的红外光谱图。对比 MRO 红外光谱图，不同 MRO/季铵盐-MMT 红外光谱图中除了 MRO 中存在的振动吸收峰之外，在 $1034cm^{-1}$ 附近出现了吸收峰，是蒙脱土中 Si—O 振动吸收峰。结合 XDR 结果表明，采用原位法制备了改性菜籽油/季铵盐改性蒙脱土纳米复合加脂剂。

图 4-91 为 MRO/季铵盐-MMT 的 TGA 曲线，由图 4-91 可知，MRO 的热分解主要分

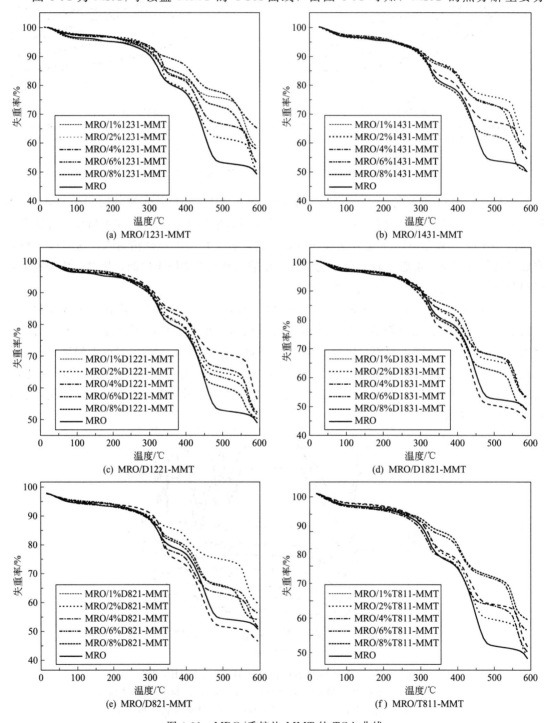

图 4-91　MRO/季铵盐-MMT 的 TGA 曲线

为两个阶段，30～330℃主要是水分的失重，330～550℃主要是油脂中小分子的热分解过程。当向 MRO 中引入季铵盐-MMT 后，MRO/季铵盐-MMT 的热分解过程仍然分为两大阶段，与 MRO 的热分解过程相似，第一阶段主要是水分的失重；第二阶段主要是油脂中小分子物质的热降解。但在第二阶段的热降解过程中，MRO/季铵盐-MMT 的失重明显比 MRO 的小，并且 MRO/季铵盐-MMT 的最大分解温度也比 MRO 的高，这是由于改性后的蒙脱土可以良好地分散在聚合物材料中，由于不同的物理与化学机理同时作用，使得蒙脱土片层在燃烧过程中形成阻隔层附着在聚合物的表面，提升了聚合物的热稳定性。同时，蒙脱土的用量对纳米复合材料的热稳定性也有一定的影响，但随着蒙脱土用量的增多并没有呈现很强的规律性，这与纳米粒子在聚合物中的形态、取向等都有密切的联系。

　　表 4-28 为 N_2 中 MRO 及 MRO/6％季铵盐-MMT 的热降解，由表 4-28 可知，在第一阶段降解过程中，MRO 与 MRO/季铵盐-MMT 的最大分解温度相差不大；但在第二个降解阶段，MRO/季铵盐-MMT 的最大分解温度都明显大于 MRO 的 448℃，这可能是由纳米复合材料内的黏土对复合物降解的催化活性作用所致。

表 4-28　N_2 中 MRO 及 MRO/6％季铵盐-MMT 的热降解

样品	T_{max}/℃		T_{30}(30％质量损失)/℃	成炭率 (500℃)/％	热损失 (600℃)/％
	1 步	2 步			
MRO	323	448	425	53.08	50.27
MRO/1231-MMT	310	540	525	72.08	42.23
MRO/1431-MMT	320	540	528	72.52	43.17
MRO/D821-MMT	330	545	440	65	44.74
MRO/D1221-MMT	320	565	430	66.23	47.46
MRO/D1821-MMT	320	565	450	67.76	46.45
MRO/T811-MMT	318	560	540	73.64	42.15

　　MRO/T811-MMT 在质量损失 30％时所需的温度最大，在 500℃时的成炭率最大，在 600℃时热损失也最小，结合 XRD 谱图可知，T811-MMT 在基体中剥离程度高，良好分散在基体中，有利于形成逾渗网络，在燃烧时有利于形成连续的炭层，降低复合材料的燃烧速度，延缓燃烧进程，进而提升复合材料的热稳定性。同时由表 4-28 中 T_{30}、成炭率和热损失结果还可以得出，当季铵盐烷基取代数相等时，链长越短，600℃时纳米复合加脂剂的热损失越小，这主要是与复合物中有机物的含量有关。当季铵盐烷基链长相等时，单链季铵盐改性蒙脱土纳米复合加脂剂和三链季铵盐改性蒙脱土纳米复合加脂剂的热稳定性高于双链季铵盐改性蒙脱土纳米复合加脂剂。

　　(3) 原位法合成改性菜籽油/脂肪酸-蒙脱土纳米复合加脂剂的表征　图 4-92 是不同种类脂肪酸改性蒙脱土在不同引入量时制得复合加脂剂的 X 射线衍射图谱（2°～10°）。MRO/油酸-MMT 中观测不到改性蒙脱土的特征吸收峰，其原因是在反应过程中油脂中的较大分子能够进一步进入改性蒙脱土的层间，使改性的层间距继续增大，进而使其发生剥离。与图 4-92(a) 中钠基蒙脱土在 7.020°处的出峰相比，MRO/芥酸-MMT 及 MRO/肉豆蔻酸-MMT 层间距只是增大并未发生剥离，表明在此条件下，蒙脱土片层并未完全剥离，为插层型复合材料，这可能是能够进入蒙脱土层间的油脂分子较少，不足以使蒙脱土层间距撑大，进而发生剥离。

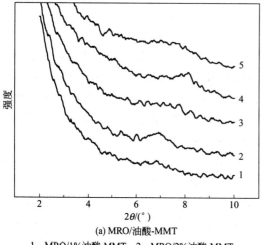

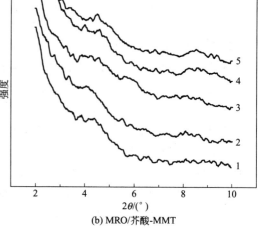

(a) MRO/油酸-MMT

1—MRO/1%油酸-MMT；2—MRO/2%油酸-MMT；
3—MRO/4%油酸-MMT；4—MRO/6%油酸-MMT；
5—MRO/8%油酸-MMT

(b) MRO/芥酸-MMT

1—MRO/1%芥酸-MMT；2—MRO/2%芥酸-MMT；
3—MRO/4%芥酸-MMT；4—MRO/6%芥酸-MMT；
5—MRO/8%芥酸-MMT

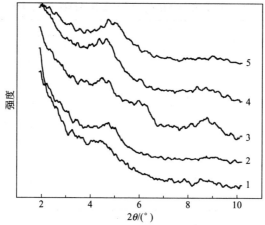

(c) MRO/肉豆蔻酸-MMT

1—MRO/1%肉豆蔻酸-MMT；2—MRO/2%肉豆蔻酸-MMT；
3—MRO/4%肉豆蔻酸-MMT；4—MRO/6%肉豆蔻酸-MMT；
5—MRO/8%肉豆蔻酸-MMT

图 4-92 MRO/脂肪酸-MMT 的 XRD 谱图 （2°～10°）

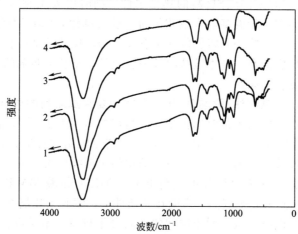

图 4-93 MRO 与 MRO/脂肪酸-MMT FT-IR 谱图
1—MRO；2—MRO/油酸—MMT；3—MRO/肉豆蔻酸-MMT；4—MRO/芥酸-MMT

图 4-93 为 MRO 与 MRO/脂肪酸-MMT FT-IR 谱图，与 MRO 的谱图对比，MRO/脂肪酸-MMT 红外光谱图中 3438cm^{-1} 处—OH 伸缩振动峰强度增加，1749cm^{-1} 处的强峰为羧基中的—C＝O 吸收峰强度增加，主要是由于脂肪酸中含有羧基；1038cm^{-1} 左右是蒙脱土中 Si—O 振动吸收峰。样品在测试之前经过多次有机溶剂的洗涤，可认为物理吸附的脂肪酸已被洗涤干净，结合 XRD 证明采用原位法成功制备了改性菜籽油/脂肪酸-蒙脱土纳米复合加脂剂。

图 4-94 为 MRO 与 MRO/脂肪酸-MMT 的热重曲线，MRO 的失重可分为两个阶段，第一阶段在 30～330℃时的损失主要是水分的减少，第二阶段 330～600℃之间主要是油脂中小分子的挥发，但在 450℃左右时小分子油脂的损失最大。引入不同种类脂肪酸改性蒙脱土的复合材料在第一步的水分损失与 MRO 的分解温度大致相同，但是在第二阶段小分子达到最大分解速度时的温度向右平移，其主要是由于改性后的纳米蒙脱土具有良好的分散性能，可以均匀地分散在纳米复合材料中，有利于形成逾渗网络。有机蒙脱土剥离程度越高，分散性越好，在燃烧时更利于形成连续的炭层，降低复合材料的燃烧速度，延缓燃烧进程；而插层结构的复合物呈岛状炭层结构，没有剥离的效果好。因此改性蒙脱土的引入能够使机体的耐高温性有所提高。

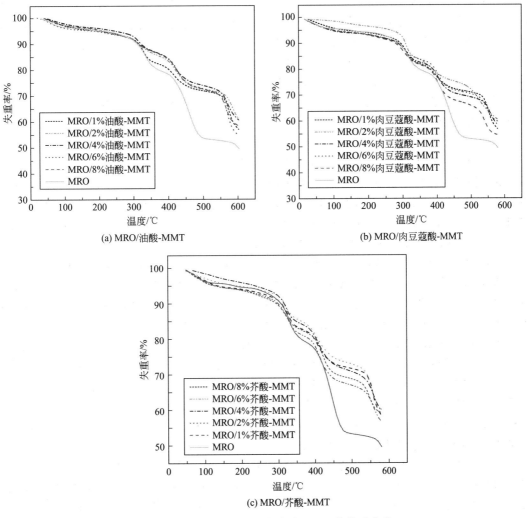

图 4-94　MRO 与 MRO/脂肪酸-MMT 的热重曲线

表 4-29 为 N_2 中 MRO 与 MRO/脂肪酸-MMT 的热降解，与 MRO 第一步的最大分解温度 323℃相比，MRO/油酸-MMT、MRO/芥酸-MMT 与 MRO/肉豆蔻酸-MMT 第一步的最大分解温度变化不明显；与 MRO 第二步的最大分解温度 448℃相比，MRO/油酸-MMT、MRO/芥酸-MMT 与 MRO/肉豆蔻酸-MMT 第二个降解阶段的最大分解温度都明显提高，这可能是由纳米复合材料内的黏土对复合物降解的催化活性作用所致。

表 4-29　N_2 中 MRO 与 MRO/脂肪酸-MMT 的热降解

样品	T_{max}/℃		T_{30}(30%质量损失)/℃	成炭率(500℃)/%	热损失(600℃)/%
	1 步	2 步			
MRO	323	448	425	53.08	50.72
MRO/4%油酸-MMT	302	555	545	73.34	39.64
MRO/4%芥酸-MMT	320	565	523	71	40.51
MRO/4%肉豆蔻酸-MMT	320	565	483	69.5	41.68

与 MRO 在质量损失 30%时所需的温度、500℃时的成炭率和 600℃的热损失相比，脂肪酸改性蒙脱土的引入使得复合材料在质量损失 30%时所需的温度和 500℃时的成炭率均提高，600℃的热损失率降低；MRO/油酸-MMT 在质量损失 30%时所需的温度最大为 545℃，在 500℃时的成炭率也最大，600℃的热损失率最低，这是由于 MRO/油酸-MMT 良好分散在基体中，有利于形成逾渗网络，在燃烧时有利于形成连续的炭层，降低复合材料的燃烧速度，延缓燃烧进程，进而提升复合材料的热稳定性。当油酸-MMT 用量为 4%时，所制备的 MRO/油酸-MMT 比其他脂肪酸改性的蒙脱土（用量同为 4%时）所制备复合材料的热稳定性好。

（4）原位法合成改性菜籽油/鞣性离子-蒙脱土纳米复合加脂剂的表征　图 4-95 是不同用量的鞣性离子改性蒙脱土复合加脂剂的 XRD 谱图，如图所示，当 Cr-MMT 和 Zr-MMT 的用量大于 1.5%，Fe-MMT 的用量大于 1.0%时，复合加脂剂中蒙脱土片层存在衍射峰，与图 4-15 中钠基蒙脱土在 7.02°处的出峰相比，衍射峰向左移动，表明在此条件下，蒙脱土片层并未完全剥离，纳米复合加脂剂为插层型复合材料。

当 Cr-MMT 和 Zr-MMT 的用量小于 1%，Al-MMT 小于 2%时，Fe-MMT 的用量小于 0.5%时，复合加脂剂观察不到鞣性离子改性蒙脱土的特征吸收峰，这是因为在制备复合加脂剂的过程中，油脂中的较大分子能够进一步进入到改性蒙脱土层间，改性蒙脱土的层间距随着加脂剂进入量的增多而进一步增大，从而发生剥离现象。

如图 4-96 所示，3432 cm^{-1} 处的峰为—OH 伸缩振动峰，1646 cm^{-1} 处的峰为酰胺键中的—C≡O 吸收峰，1190 cm^{-1} 处为酰胺中的 C—N 吸收峰，1745 cm^{-1} 处的强峰为羧基中的—C≡O 吸收峰，1122 cm^{-1} 处的吸收峰是—CH_2NHCH_2—中的 C—N 吸收峰。从图中可以看出，纳米复合加脂剂的红外光谱图中除了改性菜籽油的特征吸收峰外，在 1041 cm^{-1} 左右有蒙脱土中 Si—O 的振动吸收峰。结合 XRD 结果证明已经成功地以原位法制备了改性菜籽油/鞣性离子改性蒙脱土纳米复合加脂剂。

图 4-97 可知，改性菜籽油的热损失大致分为两个阶段，30～320℃主要是水分的失重，320～550℃主要是油脂中小分子的挥发。向改性菜籽油中原位引入鞣性离子改性蒙脱土后，纳米复合加脂剂与改性菜籽油在 0～600℃的失重相似，在第一阶段 0～320℃，主要是水分的失重，但在第二阶段的热降解过程中，引入鞣性离子改性蒙脱土后复合材

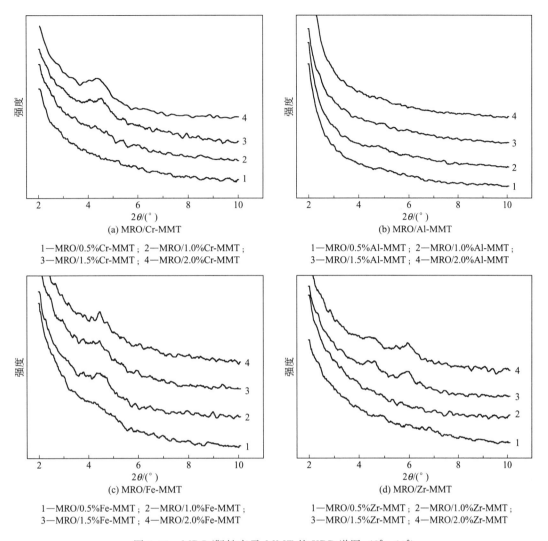

1—MRO/0.5%Cr-MMT；2—MRO/1.0%Cr-MMT；
3—MRO/1.5%Cr-MMT；4—MRO/2.0%Cr-MMT

1—MRO/0.5%Al-MMT；2—MRO/1.0%Al-MMT；
3—MRO/1.5%Al-MMT；4—MRO/2.0%Al-MMT

1—MRO/0.5%Fe-MMT；2—MRO/1.0%Fe-MMT；
3—MRO/1.5%Fe-MMT；4—MRO/2.0%Fe-MMT

1—MRO/0.5%Zr-MMT；2—MRO/1.0%Zr-MMT；
3—MRO/1.5%Zr-MMT；4—MRO/2.0%Zr-MMT

图 4-95　MRO/鞣性离子-MMT 的 XRD 谱图（2°～10°）

料的失重明显比 MRO 的小，并且纳米复合加脂剂的最大分解温度也比 MRO 的高，这说明改性蒙脱土的引入对材料的热稳定性有明显提升。同时，随着改性蒙脱土用量的增加，纳米复合加脂剂的失重也随之减小，这表明蒙脱土用量的增加对热稳定性的提升有较大的作用。

由表 4-30 可知，在第一阶段降解过程中，改性菜籽油与鞣性离子改性蒙脱土纳米复合加脂剂的最大分解温度相差不大；但在第二个降解阶段，鞣性离子改性蒙脱土纳米复合加脂剂的最大分解温度都明显大于改性菜籽油的分解温度 425℃，这可能是由纳米复合材料内的黏土对复合物降解的催化活性作用所致。

MRO/Al-MMT 在质量损失 30% 时所需的温度最高，在 500℃ 时的成炭率最大，在 600℃ 时的热损失最小，说明在不同鞣性离子改性蒙脱土纳米复合加脂剂中，MRO/Al-MMT 的热稳定性最好，结合图 4-95 XRD 谱图可知，Al-MMT 在基体中最易形成剥离型复合材料，良好分散在基体中，有利于形成逾渗网络，在燃烧时有利于形成连续的炭层，降低复合材料的燃烧速度，提升复合材料的热稳定性。

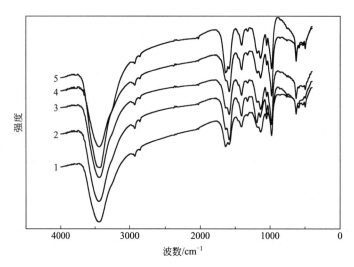

图 4-96　MRO/鞣性离子-MMT 与 MRO 的红外谱图
1—MRO；2—MRO/Cr-MMT；3—MRO/Al-MMT；4—MRO/Fe-MMT；5—MRO/Zr-MMT

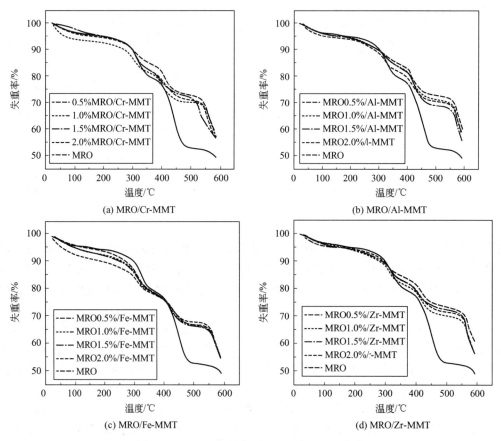

(a) MRO/Cr-MMT

(b) MRO/Al-MMT

(c) MRO/Fe-MMT

(d) MRO/Zr-MMT

图 4-97　MRO/鞣性离子-MMT 的 TGA 曲线

表 4-30　N₂ 中 MRO/鞣性离子-MMT 的热降解

样品	T_{max}/℃		T_{30}(30%质量损失)/℃	成炭率(500℃)/%	热损失(600℃)/%
	1 步	2 步			
MRO	323	448	425	53.08	50.72
MRO/Cr-MMT	315	540	520	72.02	42.45
MRO/Al-MMT	310	574	560	72.93	38.70
MRO/Fe-MMT	310	570	440	67.45	44.97
MRO/Zr-MMT	310	560	550	72.34	42.97

（5）原位法合成改性菜籽油/硅烷偶联剂-蒙脱土纳米复合加脂剂的表征　图 4-98 所示

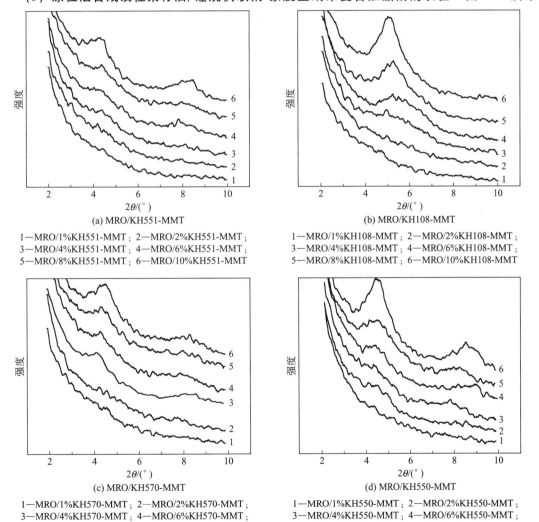

(a) MRO/KH551-MMT

1—MRO/1%KH551-MMT；2—MRO/2%KH551-MMT；
3—MRO/4%KH551-MMT；4—MRO/6%KH551-MMT；
5—MRO/8%KH551-MMT；6—MRO/10%KH551-MMT

(b) MRO/KH108-MMT

1—MRO/1%KH108-MMT；2—MRO/2%KH108-MMT；
3—MRO/4%KH108-MMT；4—MRO/6%KH108-MMT；
5—MRO/8%KH108-MMT；6—MRO/10%KH108-MMT

(c) MRO/KH570-MMT

1—MRO/1%KH570-MMT；2—MRO/2%KH570-MMT；
3—MRO/4%KH570-MMT；4—MRO/6%KH570-MMT；
5—MRO/8%KH570-MMT；6—MRO/10%KH570-MMT

(d) MRO/KH550-MMT

1—MRO/1%KH550-MMT；2—MRO/2%KH550-MMT；
3—MRO/4%KH550-MMT；4—MRO/6%KH550-MMT；
5—MRO/8%KH550-MMT；6—MRO/10%KH550-MMT

图 4-98　MRO/硅烷偶联剂-MMT 的 XRD 谱图 (2°～10°)

为不同用量硅烷偶联剂-蒙脱土时纳米复合加脂剂的 XRD 谱图（2°～10°）。纳米复合加脂剂中 KH551-MMT 用量小于 4％、复合加脂剂中 KH108-MMT 用量小于 2％、复合加脂剂中 KH570-MMT 用量小于 2％和复合加脂剂中 KH550-MMT 用量小于 4％时，复合加脂剂中观测不到改性蒙脱土的特征吸收峰，其原因是在反应过程中，油脂中较大的分子能够进一步进入到改性蒙脱土的层间，使改性的层间距继续增大，进而使其发生剥离。但是当复合加脂剂中 KH551-MMT 用量大于 6％、复合加脂剂中 KH108-MMT 用量大于 4％、复合加脂剂中 KH570-MMT 用量大于 4％和复合加脂剂中 KH550-MMT 用量大于 6％时，层间距只是增大并未发生剥离，这可能是硅烷偶联剂-MMT 的引入量大于 6％后，能够进入蒙脱土层间的油脂分子有限，不足以使蒙脱土发生剥离。

图 4-99 为 MRO/硅烷偶联剂-MMT 与 MRO 的红外光谱图，对比 MRO 红外光谱图，不同种类 MRO/硅烷偶联剂-MMT 红外光谱图中存在 MRO 的振动吸收峰；蒙脱土和硅烷偶联剂在 1038cm^{-1} 左右有 Si—O 振动吸收峰。由于样品在测试之前经过多次有机溶剂的洗涤，可认为物理吸附的硅烷偶联剂已被洗涤干净，结合 XRD 结果证明以原位法成功地制备了改性菜籽油/硅烷偶联剂-蒙脱土纳米复合加脂剂。

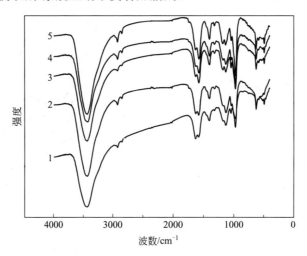

图 4-99　MRO 与 MRO/硅烷偶联剂-MMT 的红外谱图
1—MRO；2—MRO/KH550-MMT；3—MRO/KH551-MMT；
4—MRO/KH570-MMT；5—MRO/KH108-MMT

4.2.2.3　阻燃型纳米复合加脂剂的乳化稳定性

乳化稳定性测定是测定油脂对稀释、酸、碱等作用的抗破乳能力。如果制革用加脂剂乳液稳定性差，则会在完全渗透进皮革之前破乳，使皮革表面油腻，革身加脂不足；如果加脂剂乳液稳定性太高，则油脂不能充分破乳而沉积到皮革纤维中，也会造成不良的加脂效果。因此，制革用加脂剂产品都应测定乳化稳定性。

（1）MRO/季铵盐-MMT 的乳化稳定性　MRO 与 MRO/季铵盐-MMT 的 1∶9 稀释的乳液放置 24h 后不分层，1∶4 稀释的乳液放置 8h 后不分层，这说明 MRO 与 MRO/季铵盐-MMT 的乳液稳定性良好。MRO 与 MRO/季铵盐-MMT 对 1mol/L 盐酸溶液 4h 均分层，对 1mol/L 氨水具有良好的稳定性，说明 MRO 与 MRO/季铵盐-MMT 能在高 pH 下的制革加工浴液中加入，在低 pH 环境下会发生破乳沉淀等现象；这可以满足作为皮革用油脂材料在加脂工艺中的使用条件，在高 pH 的浴液中乳化渗透，当材料充分进入胶原纤维内部后，可以在低 pH 下充分破乳而沉积到皮革纤维中，起到加脂的目的。与 MRO 相比，MRO/季铵盐-MMT 在季铵盐-MMT 最佳用量时，其乳液对 10％NaCl 和 10％硫酸铬钾溶液 4h 不分层，表明其可在电解质较多的环境下应用，也可与铬鞣剂同浴使用。在季铵盐-MMT 最佳用量时，MRO/季铵盐-MMT 其稀释稳定性、耐碱、耐盐、耐烤胶及耐铬盐稳定性均良好，因此 MRO/季铵盐-MMT 可在制革加工过程中的多道工序进行应用。

（2）MRO/脂肪酸-MMT 的乳化稳定性　将油酸-MMT、芥酸-MMT 和肉豆蔻酸-MMT 通过原位法分别引入改性菜籽油加脂剂中，能够获得稳定的纳米复合加脂剂；然而将硬脂酸-MMT、棕榈酸-MMT、月桂酸-MMT 通过原位法分别引入改性菜籽油加脂剂中时，无法获得外观稳定的纳米复合加脂剂，因此主要针对 MRO/油酸-MMT、MRO/芥酸-MMT 和 MRO/肉豆蔻酸-MMT 进行表征和性能研究。

（3）MRO/鞣性离子-MMT 的乳化稳定性　MRO/Cr-MMT、MRO/Al-MMT、MRO/Fe-MMT 和 MRO/Zr-MMT 的 1∶9 稀释乳液放置 24h 不分层，1∶4 稀释乳液放置 8h 不分层，这说明 MRO 与 MRO/鞣性离子-MMT 的乳化稳定性良好；MRO、MRO/Cr-MMT、MRO/Al-MMT、MRO/Fe-MMT 和 MRO/Zr-MMT 对 1mol/L 盐酸溶液 4h 均分层，说明该类加脂剂在低 pH 环境下会发生破乳沉淀等现象；与 MRO 相比，MRO/Cr-MMT、MRO/Al-MMT、MRO/Fe-MMT 和 MRO/Zr-MMT 在鞣性离子改性蒙脱土的适当用量时，乳液对 10％NaCl 和 10％硫酸铬钾溶液 4h 不分层，表明其可在电解质较多的环境下应用，也可与铬鞣剂同浴使用。当鞣性离子改性蒙脱土的用量适当时，MRO/Cr-MMT、MRO/Al-MMT、MRO/Fe-MMT 和 MRO/Zr-MMT 的稀释稳定性、耐碱、耐盐、耐烤胶及耐铬盐稳定性均良好，这表明该类复合加脂剂可在制革加工过程中的多道工序应用。

（4）MRO/硅烷偶联剂-MMT 的乳化稳定性　将适量的 KH550-MMT、KH570-MMT、KH551-MMT 和 KH108-MMT 引入改性菜籽油加脂剂中，纳米复合加脂剂具有良好的外观，1∶9 稀释稳定性、1∶4 稀释稳定性、对 1mol/L 的氨水稳定性、对 10％食盐稳定性和对 10％硫酸铬钾溶液稳定性良好，表明复合材料稀释稳定性、耐碱、耐盐、耐烤胶及耐铬盐稳定性均良好，可在电解质较多的环境下应用，可与铬鞣剂同浴使用，纳米复合加脂剂可在制革加工过程中的多道工序进行应用。纳米复合加脂剂对 1mol/L 盐酸溶液均分层，表明在酸性条件下纳米复合加脂剂会发生破乳；可以满足作为皮革用加脂剂在加脂工艺中的使用条件，即在高 pH 的浴液中乳化渗透，当材料充分进入胶原纤维内部后，可以在低 pH 下充分破乳而沉积到皮革纤维中，起到加脂的目的。

4.2.2.4　阻燃型纳米复合加脂剂的应用性能

将制备的纳米复合加脂剂应用于山羊皮服装革的蓝湿皮中，其应用工艺如表 4-31 所示。

系列改性菜籽油/蒙脱土纳米复合加脂剂的应用效果基本相似，与 MRO 加脂后的革样相比较，蒙脱土的加入能够有效提高革样的阻燃性、抗张强度和撕裂强度，并且加脂后废液更加澄清。采用 MRO/Na-MMT 纳米复合材料加脂后革样的抗张强度、撕裂强度、弹性、柔软性和丰满性均优于同类商业加脂剂加脂后的革样。

使用 MRO/季铵盐-MMT 加脂后革样的柔软度较 MRO 加脂后的柔软度有所增加；革样的阻燃性能随着蒙脱土用量的增加而增加，但不能有效降低革样的阴燃时间；当季铵盐中烷基链长相等时，含单链和三链季铵盐所制得的纳米复合加脂剂阻燃效果都比含双链季铵盐制得的纳米复合加脂剂好；当季铵盐烷基取代数相等时，烷基链长越短，阻燃效果越好。其中 MRO/T811-MMT 加脂后革样的综合性能最优。

表 4-31　山羊皮服装革加脂制工艺

工序	用料名称	用量	温度	时间	pH	备注
蓝湿革称重,增重 50% 作为计量依据						
回软	水	150%	45℃	30min	3.0±	
	甲酸	0.8%				
	DT-A123	0.15%				
	JFC	0.15%	45℃	120min		
水洗	水	300%	45℃	15min		
复鞣	水	150%	40℃	60min		
	SR	2%				
	DST	2%				
	DPY	1%	40℃	20min		
	含铬单宁 DHN	5%	40℃	180min		
	铬粉(碱度 33)	2%				
停鼓过夜,次日晨转 30min,检查 pH:3.8~4.0,控水						
水洗	水	300%	40℃	15min		
中和	水	200%	35℃	20min		
	甲酸钠	2%				
	小苏打	2%	35℃	100min	6.1~6.2	2×20min+60min
控水,水洗						
染色加油	水	50%	30℃	60min		
	合成加脂剂	14%				
	染料(棕色)	3%	30℃	40min		
	HD	1%				
升温至 55℃,调水量至 250%,转 30min						
	甲酸	2%		90min	3.8~4.0	3×20min+30min
水洗,出鼓						

　　与 MRO 加脂后革样相比,使用 MRO/脂肪酸-MMT 加脂后革样的柔软度和物理机械性能均有不同程度的提高;革样阻燃性能随着蒙脱土用量的增加而增加,但不能有效降低革样的阴燃时间;其中改性菜籽油/油酸-MMT 加脂后革样的综合性能最优。改性菜籽油/鞣性离子-MMT 加脂后革样的柔软度、物理机械性能、阻燃性能有所提高,但不能有效降低革样的阴燃时间。MRO/硅烷偶联剂-MMT 加脂后革样的柔软度、物理机械性能、阻燃性能有所提高,随着蒙脱土用量的增加,MRO/硅烷偶联剂-MMT 的阻燃性能增加。

　　以 MRO/KH551-MMT 加脂后革样为例,具体应用性能如下,并对加脂后革样进行SEM 和 EDS 表征。

① 物理机械性能　表 4-32 为 MRO/硅烷偶联剂-MMT 加脂后革样的抗张强度。抗张强度是指革试样在受到轴向拉伸被拉断时，在断点处单位横截面上所承受力的负荷数，与革纤维束编织的状况、编织角、皮纤维束的松散程度、润滑性、牢度密切相关。因此，抗张强度除了能够表征皮纤维的强度外，还能够表征皮纤维的柔韧性。如表 4-32 所示，MRO/KH551-MMT、MRO/KH570-MMT 与 MRO/KH108-MMT 加脂后革样的抗张强度随着改性蒙脱土用量的增加基本呈先增大后减小的趋势，而 MRO/KH550-MMT 加脂后革样的抗张强度随着改性蒙脱土用量的增加呈先减小再增大的趋势；与 MRO 加脂后革样的抗张强度相比，改性蒙脱土用量对复合加脂剂加脂后革样的抗张强度有一定负面影响，但是纳米复合加脂剂加脂后革样的抗张强度均远远大于服装革的行业标准对抗张强度的要求（大于 6.5MPa）。

表 4-32　MRO/硅烷偶联剂-MMT 加脂后革样的抗张强度

硅烷偶联剂-MMT 用量/%	0	1	2	4	6	8	10
MRO/KH551-MMT	22.66	17.56	19.76	21.93	20.59	22.21	18.47
MRO/KH550-MMT	22.66	23.30	19.76	17.28	21.29	22.3	19.35
MRO/KH570-MMT	22.66	16.73	17.91	17.28	19.20	18.45	18.19
MRO/KH108-MMT	22.66	19.46	21.74	22.52	20.59	19.83	19.47

表 4-33 为 MRO/硅烷偶联剂-MMT 加脂后革样的断裂伸长率。断裂伸长率是指革试样从开始拉伸到被拉断时所伸长的长度与原长度的比值，这与皮胶原纤维的松散程度密切相关。由表可见，随着改性蒙脱土用量的增加，MRO/KH550-MMT、MRO/KH108-MMT 加脂后革样的断裂伸长率减小，而改性蒙脱土用量对 MRO/KH551-MMT、MRO/KH570-MMT 加脂后革样的断裂伸长率影响规律不明显。与 MRO 加脂后革样的断裂伸长率相比，改性蒙脱土的引入对复合加脂剂加脂后革样的断裂伸长率有一定负面影响。

表 4-33　MRO/硅烷偶联剂-MMT 加脂后革样的断裂伸长率

硅烷偶联剂-MMT 用量/%	0	1	2	4	6	8	10
MRO/KH551-MMT	63.39	63.23	52.46	69.36	50.53	58.31	61.20
MRO/KH550-MMT	63.39	69.72	52.46	51.75	48.04	49.70	50.62
MRO/KH570-MMT	63.39	54.53	49.05	51.75	49.21	66.47	51.45
MRO/KH108-MMT	63.39	54.53	52.65	51.83	49.11	47.25	45.46

表 4-34 为 MRO/硅烷偶联剂-MMT 加脂后革样的撕裂强度。撕裂强度是指在规定条件下，样品出现裂口再裂时所承受的最大负荷，是轴向拉伸的一种变形，与革样胶原纤维束编织的紧密程度和均匀程度有关，撕裂强度不仅表征皮革的强度，还可表征皮革的柔韧性。由表 4-35 可见，随着硅烷偶联剂-MMT 用量的增加，MRO/KH551-MMT、MRO/KH550-MMT、MRO/KH570-MMT 与 MRO /KH108-MMT 加脂后的革样撕裂强度先增加后降低；与 MRO 相比，MRO/KH551-MMT、MRO/KH550-MMT、MRO/KH570-MMT 与 MRO /KH108-MMT 加脂后的革样撕裂强度均有不同程度的提高，均远远大于服装革的行业标准对撕裂强度的要求大于 18 N/mm。这可能与不同类型有机改性蒙脱土在改性菜籽油中的分散程度、取向存在一定关系。

表 4-34　**MRO/硅烷偶联剂-MMT 加脂后革样的撕裂强度**

硅烷偶联剂-MMT 用量/%	0	1	2	4	6	8	10
MRO/KH551-MMT	66.28	109.22	111.08	98.41	98.35	71.10	68.50
MRO/KH550-MMT	66.27	98.90	88.58	107.82	110.75	74.76	77.10
MRO/KH570-MMT	66.27	70.11	84.68	87.08	82.98	82.68	69.09
MRO/KH108-MMT	66.27	93.20	111.77	91.23	100.61	68.59	76.60

② 柔软度　表 4-35 为 MRO/硅烷偶联剂-MMT 加脂后革样的柔软度，随着改性蒙脱土用量的增加，MRO/KH551-MMT、MRO/KH550 -MMT、MRO/KH570-MMT 与 MRO / KH108-MMT 加脂后的革样柔软度呈先增后减的趋势，均具有良好的柔软性。其主要是由于加脂后包裹在胶原纤维表面的中性油，平衡了皮纤维的表面能，使原来的胶原纤维高能表面转变为低能表面，同时在加脂剂中起乳化作用的表面活性剂极性基团与皮革纤维分子链上的活性基团发生"亲和"作用，其憎水基团相对于胶原纤维向外整齐地排列着，这种作用撑大了纤维分子链间的距离，使分子链间距超出了氢键与范德华力的作用力程，削弱与遮蔽了胶原纤维大分子链极性侧基和主链之间的相互作用，从而使皮革胶原纤维分子链具有良好的柔顺性。

表 4-35　**MRO/硅烷偶联剂-MMT 加脂后革样的柔软度**

硅烷偶联剂-MMT 用量/%	0	1	2	4	6	8	10
KH551-MMT	5.41	6.64	6.51	6.94	7.20	6.75	6.12
KH550-MMT	5.41	5.99	6.57	6.22	6.44	5.93	4.51
KH108-MMT	5.41	4.87	4.67	5.48	5.32	5.82	5.45
KH570-MMT	5.41	6.70	6.79	7.16	6.68	6.84	6.84

与 MRO 加脂后的革样柔软度相比，MRO/硅烷偶联剂-MMT 加脂后革样的柔软度都有所提高，这是由于硅烷偶联剂-MMT 的引入使革样中胶原纤维分子链间距进一步增大，也进一步削弱与遮蔽了大分子链极性侧基和主链之间的相互作用，同时硅烷偶联剂-MMT 的片层对胶原纤维有一定的滑移作用，因此 MRO/硅烷偶联剂-MMT 加脂后纤维分子链具有更好的柔顺性，革样的柔软度进一步提高。

③ 增厚率　表 4-36 为 MRO/硅烷偶联剂-MMT 加脂后革样的增厚率，由表 4-36 可知，相比于 MRO 加脂后的革样，使用改性菜籽油/硅烷偶联剂-蒙脱土纳米复合加脂剂加脂后革样的增厚率提高，这说明使用改性菜籽油/硅烷偶联剂-蒙脱土纳米复合加脂剂加脂时，有机改性蒙脱土能够有效地进入胶原纤维之间，起到填充作用，松散胶原纤维，从而使革样的丰满性提高。

表 4-36　**MRO/硅烷偶联剂-MMT 加脂后革样的增厚率**

硅烷偶联剂-MMT 用量/%	0	1	2	4	6	8	10
KH551-MMT	1.03	2.3	3.4	3.3	3.4	4.2	4.1
KH550-MMT	1.03	3.5	3.5	4.3	4.0	5.8	4.3
KH108-MMT	1.03	3.6	4.5	4.1	5.6	5.3	5.6
KH570-MMT	1.03	3.2	4.5	5.4	5.4	6.0	5.3

④ 垂直燃烧及氧指数结果　当革样遇火时，能阻止火焰燃烧或蔓延的程度统称为阻燃性能。垂直燃烧试验是在试验条件下测定垂直放置的革样的相对可燃性。表 4-37～表 4-39 所示分别为不同用量硅烷偶联剂-蒙脱土对纳米复合加脂剂加脂后革样在用明火燃烧 12s 后，移开火源，革样有焰燃烧时间、无焰燃烧时间以及革样燃烧过程质量的损失。

表 4-37　MRO/硅烷偶联剂-MMT 加脂后革样的有焰燃烧时间

硅烷偶联剂-MMT 用量/%	0	1	2	4	6	8	10
KH551-MMT	72.00	30.00	24.00	42.00	45.00	59.50	45.50
KH550-MMT	72.00	63.50	53.00	48.00	45.00	40.50	30.50
KH108-MMT	72.00	58.25	37.00	29.50	38.75	26.25	24.00
KH570-MMT	72.00	82.75	68.00	43.25	47.00	40.50	35.25

如表 4-37 所示，与 MRO 加脂后革样的有焰燃烧时间 72s 相比，当引入适量不同类型的硅烷偶联剂-蒙脱土时，MRO/硅烷偶联剂-MMT 加脂后革样的有焰燃烧时间有不同程度的降低。当 KH551-MMT 用量为 2% 时，MRO/KH551-MMT 加脂后革样的有焰燃烧时间降至 24s；当 KH550-MMT、KH108-MMT 和 KH570-MMT 用量为 10% 时，MRO/KH550-MMT、MRO/KH108-MMT 和 MRO/KH570-MMT 加脂后革样的有焰燃烧时间分别降至 30.50s、24.00s 和 35.25s。

有焰燃烧虽具有明显的危害性，但无焰燃烧也是非常危险的，它有可能进一步导致有焰燃烧的产生。如表 4-38 所示，移开火源后，与 MRO 加脂后革样的无焰燃烧时间 122s 相比，当引入不同类型的硅烷偶联剂-MMT 时，MRO/硅烷偶联剂-MMT 加脂后革样的无焰燃烧时间均有不同程度的增加，表明硅烷偶联剂改性蒙脱土的引入不能有效地降低革样的无焰燃烧。

表 4-38　MRO/硅烷偶联剂-MMT 加脂后革样的无焰燃烧时间

硅烷偶联剂-MMT 用量/%	0	1	2	4	6	8	10
KH551-MMT	122.0	382.5	1420.0	1456.0	1032.0	915.0	1211.0
KH550-MMT	122.0	682.0	792.5	515.8	315.8	311.5	317.0
KH108-MMT	122.0	764.5	1320.0	756.0	650.0	1255.8	2452.5
KH570-MMT	122.0	408.5	545.0	272.5	674.5	425.5	890.5

若将燃烧过程看作是等速燃烧，燃烧率能够定性表征燃烧的剧烈程度。燃烧率越大，表明燃烧程度越剧烈；燃烧速率越小，阻燃性越好。由表 4-39 可见，与 MRO 加脂后革样的燃烧速率 0.57mm/s 相比，当引入适量不同类型的硅烷偶联剂改性蒙脱土时，MRO/硅烷偶联剂-MMT 加脂后革样的燃烧速率有不同程度的降低。这表明随着硅烷偶联剂改性蒙脱土用量的增加，革样的燃烧速率降低。

表 4-39　MRO/硅烷偶联剂-MMT 加脂后革样的燃烧速率

硅烷偶联剂-MMT 用量/%	0	1	2	4	6	8	10
KH551-MMT	0.57	0.10	0.04	0.08	0.08	0.14	0.06
KH550-MMT	0.57	0.15	0.13	0.12	0.14	0.11	0.10
KH108-MMT	0.57	0.11	0.08	0.09	0.38	0.09	0.03
KH570-MMT	0.57	0.16	0.13	0.14	0.10	0.12	0.07

由表 4-40 可以看出，与未引入蒙脱土的改性菜籽油加脂后革样燃烧所需的氧气浓度相比，引入不同类型的硅烷偶联剂改性蒙脱土能够提高纳米复合加脂剂加脂后革样燃烧时所需的氧气浓度。随着硅烷偶联剂改性蒙脱土用量的增加，试样在 3min 内燃烧 5.2cm 所需的氧气浓度增加。

表 4-40　MRO/硅烷偶联剂-MMT 加脂后革样的氧指数

硅烷偶联剂-MMT 用量/%	0	1	2	4	6	8	10
KH551-MMT	22.4	28.1	28.0	28.4	28.5	28.7	30.7
KH550-MMT	22.4	28.1	28.7	28.7	29.1	29.6	29.4
KH108-MMT	22.4	27.2	28.3	29.5	29.6	29.9	30.7
KH570-MMT	22.4	27.5	27.9	28.1	28.5	28.0	28.7

结合表 4-37～表 4-40，硅烷偶联剂改性蒙脱土的用量对 MRO/硅烷偶联剂-MMT 加脂后革样的阻燃性能影响较大，随着硅烷偶联剂改性蒙脱土用量的增加，有焰燃烧时间和燃烧速率都呈减少趋势，极限氧指数呈增大趋势；与 MRO 加脂后的革样相比，无焰燃烧时间明显增加。硅烷偶联剂改性蒙脱土的引入能明显提高革样的阻燃性能，这是因为革样在燃烧或受强热时可形成焦炭层，含有硅酸盐的焦炭层能够进一步增加炭层的阻隔能力，硅酸盐能强化炭层的稳定性，使之致密坚硬，难以"破坏"；焦炭在高温下热氧化之后，硅酸盐层形成多孔性陶瓷材料，继续对基材起保护作用。

⑤ SEM　图 4-100 为采用不同 KH551-MMT 用量 MRO/KH551-MMT 加脂后山羊服装革的横切面放大 100000 倍的 SEM 照片，从图中可以看出，胶原纤维的明暗横纹相间约 70nm，这与文献报道的基本一致。图 4-100(c) 和 (d) 能明显看到硅烷偶联剂-MMT 的存在，表明其能有效地渗透到原纤维之间填充革样，并不破坏胶原纤维的三股螺旋结构。

(a) 2%KH551-MMT

(b) 4%KH551-MMT

元素	质量百分数/%	原子百分数/%
CK	35.81	56.83
OK	16.66	19.85
NaK	02.69	02.23
MgK	00.18	00.14
AlK	01.33	00.94
SiK	03.91	02.66

(c) 6%KH551-MMT

(d) 8%KH551-MMT

图 4-100　MRO/KH551-MMT 加脂后革样的横切面 SEM 照片

为进一步探索硅烷偶联剂-MMT 对胶原纤维的分散作用，对革样进行了纵切面 SEM 检

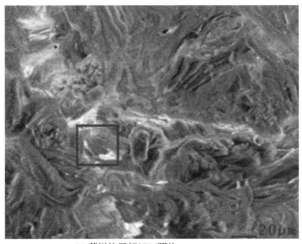

元素	质量分数/%	原子分数/%
PK	06.13	03.77
SK	04.69	02.79
KK	01.66	00.81
CaK	01.00	00.48
CrK	25.94	09.51

(a) 革样的局部SEM照片　　　　　　(b) 革样的元素含量

图 4-101　MRO/KH551-MMT 加脂后的革样纵切面 SEM 图与 EDS

测。可看出加脂后革样的胶原纤维由于 MRO/KH551-MMT 中油脂的包裹及活性物的"亲和"作用，使纤维之间的距离增大；纳米复合加脂剂中 KH551-MMT 的存在能够进一步增大胶原纤维的距离，使胶原纤维更加分散。胶原纤维的分散性随着纳米复合加脂剂中 KH551-MMT 引入量的增加而增加，胶原纤维分散性增大、纤维编织更加疏松、纤维间距增大、细纤维轮廓清晰和间距明显。这说明硅烷偶联剂-MMT 的引入可促进纤维松散，这是由于改性蒙脱土在纤维之间有一定的填充作用，可进一步使分子链间距增大，使其超出氢键与范德华力的作用力程，从而使纤维之间的松散程度增加。图 4-101 所示为革样的局部 SEM 照片及对应的 EDS 元素含量检测结果。从图 4-101(a) 可看出胶原纤维间存在大量的白色物质，该白色物质为 KH551-MMT；革样中含有大量的 C、O 和 Cr 元素，这是因为胶原纤维是一种天然的蛋白质，经过铬鞣之后主要由 C、O 和 Cr 元素构成。除了胶原纤维本身含有的 C、O 和 Cr 元素外，由图 4-101(b) 可知胶原纤维之间还含有 Si 和 Al 元素，这是因为 KH551-MMT 是一种层状硅酸盐，其主要由 Si 和 Al 元素构成，从而表明 KH551-MMT 能够较好地分散在胶原纤维之间。

为了进一步了解 KH551-MMT 的分布情况，对革样纵切面进行线能谱扫描，图 4-102 中(b)、(c) 为 (a) 中所标记线上 Si 和 Al 的分布。从中可以看出 Si 和 Al 在革样中分布比较均匀，这是由于纳米级的 KH551-MMT 具有良好的分散性与渗透性，能够有效地渗透到革样的内部，这与图 4-5 所得结果相一致，进一步说明 KH551-MMT 能够均匀地分布在原纤维之间。

4.2.3　耐光型纳米复合加脂剂

浅色皮革制品在储藏和使用过程中容易受紫外线影响而泛黄、老化，使成革品质受到影响，具有良好抗紫外线皮革加脂剂的使用显得尤为重要。由于不饱和双键易被氧化，含不饱和油脂成分的加脂剂其耐光性较差，油脂氧化后颜色逐渐变深，导致白色革变黄。为避免白色革、浅色革泛黄现象的发生，通常选用饱和度较高的油脂作为浅色革加脂剂的原料，如氢化蓖麻油、环氧化蓖麻油、羊毛醇等。也可以通过在皮革加脂剂中引入紫外屏蔽剂，使其渗透于皮革内部或附着于皮革表面，提升皮革的耐光性能。由于有机紫外屏蔽剂的化学性质不稳定，易分解，且具有一定的毒性，目前主要采用无机紫外屏蔽剂，如纳米 ZnO、纳米

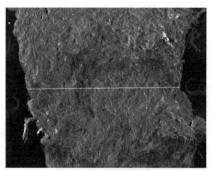

(a) 加脂后革样的纵切面的SEM照片

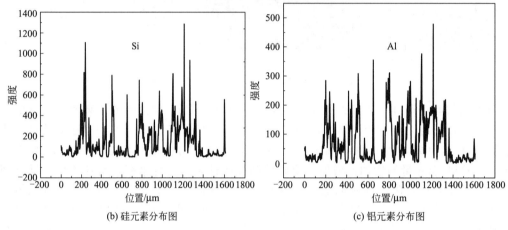

(b) 硅元素分布图　　　　　　　　　　(c) 铝元素分布图

图 4-102　MRO/KH551-MMT 加脂后的革样纵切面 SEM 与 EDS

TiO_2、纳米 CeO_2、纳米 ZrO_2、纳米 Fe_2O_3 等，其中以纳米 TiO_2 的应用最为广泛。将纳米 TiO_2 引入皮革加脂剂中可提升皮革加脂剂的耐光性能，从而提高皮革制品的抗紫外线、耐黄变及耐老化性能。

　　耐光型加脂剂主要采用硅烷偶联剂对纳米 TiO_2 改性，进而通过原位法引入加脂剂中。具体过程为：在三口烧瓶中加入 20g 氢化蓖麻油，在 115℃ 条件下反应 1h，蒸发氢化蓖麻油中的水分，调节温度，在三口烧瓶中加入 6.493g 顺丁烯二酸酐，反应 3h。加入用量分别为 0、1％、2％、3％和 4％的硅烷偶联剂 KH550 改性纳米二氧化钛，反应 1h。降温至 65℃，加入 6.89g 亚硫酸氢钠，反应 1h，用氨水调节 pH 为 8.0，反应 2h，调节体系固含量为 40％，反应 40min，制得改性氢化蓖麻油/纳米 TiO_2 复合加脂剂。

　　改性氢化蓖麻油/纳米 TiO_2 复合加脂剂 1∶9 稀释的乳液放置 24h 后不分层，1∶4 稀释的乳液放置 8h 后不分层，这说明改性氢化蓖麻油/纳米 TiO_2 复合加脂剂的乳液稳定性良好。改性氢化蓖麻油/纳米 TiO_2 复合加脂剂对 1mol/L 盐酸溶液 4h 分层，对 1mol/L 氨水具有良好的稳定性，说明改性氢化蓖麻油/纳米 TiO_2 复合加脂剂能在高 pH 下的制革加工浴液中加入，在低 pH 环境下会发生破乳沉淀等现象；这可以满足作为皮革用油脂材料在加脂工艺中的使用条件，在高 pH 的浴液中乳化渗透，当材料充分进入胶原纤维内部后，可以在低 pH 下充分破乳而沉积到皮革纤维中，起到加脂的目的。

　　将改性氢化蓖麻油/TiO_2 复合加脂剂应用于山羊皮服装革的蓝湿皮中，其应用工艺见表 4-31 所示。表 4-41 为改性氢化蓖麻油/纳米 TiO_2 复合加脂剂加脂后革样的增厚率，由表可知：改性氢化蓖麻油/纳米 TiO_2 复合加脂剂对革样有明显的增厚作用，其引入量为 1％时，增厚率最高。

表 4-41　改性氢化蓖麻油/ TiO₂ 复合加脂剂加脂后革样的增厚率

KH550-TiO₂ 用量/%	0	1	2	3	4
增厚率/%	17.05	27.00	26.20	24.80	21.98

表 4-42 为改性氢化蓖麻油/纳米 TiO₂ 复合加脂剂加脂后革样的柔软度，由表可知：改性氢化蓖麻油/纳米 TiO₂ 加脂后的革样柔软度有明显的提高，并随着 TiO₂ 引入量的增加，柔软度呈递增趋势。

表 4-42　改性氢化蓖麻油/纳米 TiO₂ 复合加脂剂加脂后革样的柔软度

TiO₂ 用量/%	0	1	2	3	4
柔软度/mm	3.54	4.18	4.22	4.60	4.78

表 4-43 为改性氢化蓖麻油/纳米 TiO₂ 复合加脂剂应用后的革样的耐黄变级数，革样的黄变主要是由于皮纤维在光照（主要是在紫外线照射）下，皮纤维及渗透到皮纤维之间的皮化材料分子中的不饱和双键被氧化，从而使革样发生黄变。从表 4-43 可知，TiO₂ 的引入能够提高革样的耐黄变性，并随着 TiO₂ 引入量的增加，革样的耐黄变性也随之增加。其原因有两点：其一是渗透到皮纤维之间的 TiO₂ 能够与加脂剂共同包覆在纤维的表面，形成一层连续的有机-无机复合油膜，从而阻止了紫外线对皮纤维的直接作用；其二是 TiO₂ 对中波区及长波区的紫外线有一定的吸收，从而进一步减少了紫外线对纤维的作用。

表 4-43　改性氢化蓖麻油/纳米 TiO₂ 复合加脂剂加脂革样的耐黄变级数

TiO₂ 用量	0	1	2	3	4
耐黄变级数	4	4~5	4~5	5	5

图 4-103 为改性氢化蓖麻油/纳米 TiO₂ 复合加脂剂加脂后革样的物理机械性能，由图可见，随着 TiO₂ 用量的增加，加脂后革样的抗张强度无明显变化，表明 TiO₂ 的引入不能有效地提高革样的抗张强度，改性氢化蓖麻油/纳米 TiO₂ 复合加脂剂加脂后革样的抗张强度均远远大于服装革的行业标准（6.5MPa）。与未引入 TiO₂ 的加脂剂的革样相比，改性氢化蓖麻油/纳米 TiO₂ 复合加脂剂加脂后革样的断裂伸长率及撕裂强度有所减小，但是其撕裂强度都远大于服装革的行业标准（18N/mm），这说明 TiO₂ 的引入对革样的力学性能有一定的负面作用，但是其加脂后革样的力学性能都能满足行业的需求。

图 4-104 为改性氢化蓖麻油/纳米 TiO₂ 复合加脂剂加脂后革样局部 SEM 照片及对应的 EDS 元素含量检测结果。从图 4-104(b) 中可以看出，革样中含有大量的 C、O 和 Cr 元素，这是因为胶原纤维是一种天然的蛋白质，经过铬鞣之后主要由 C、O 和 Cr 元素构成。但图 4-104(b) 中除了含有大量 C、O 和 Cr 元素外，还含有少量的 Ti 元素。这是因为 TiO₂ 含有 Ti 元素，从而表明改性氢化蓖麻油/纳米 TiO₂ 复合加脂剂中的 TiO₂ 能够渗透到皮纤维之间，从而对纤维有一定的填充作用。

TiO₂ 的引入能够提高革样的增厚率及柔软度，其中当 TiO₂ 的引入量为 3% 和 4% 时，其最高耐黄变指数可达到 5 级，改性氢化蓖麻油/纳米 TiO₂ 复合加脂剂后革样的抗张强度、断裂伸长率及撕裂强度变化不明显，SEM 检测结果表明：改性氢化蓖麻油/纳米 TiO₂ 复合加脂剂中的 TiO₂ 能够渗透到皮纤维之间，并对纤维有一定的填充作用。

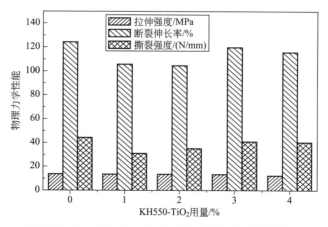

图 4-103　改性氢化蓖麻油/纳米 TiO₂ 复合加脂剂加脂后革样的物理机械性能

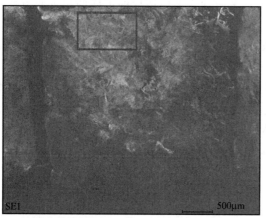

元素	质量分数/%	原子分数/%
CK	46.21	63.67
OK	26.63	27.55
TiK	5.04	1.74
CrK	22.12	7.04

(a) 改性氢化蓖麻油/纳米TiO₂复合加脂剂加脂后革样局部SEM　　　　(b) 革样中元素含量

图 4-104　改性氢化蓖麻油/纳米 TiO₂ 复合加脂剂加脂后革样纵切面的 SEM 图和 EDS

4.2.4　纳米复合加脂剂的发展趋势

　　将纳米材料引入加脂剂的研究可赋予皮革特殊的性能，主要是将纳米二氧化钛引入加脂剂中可提高皮革的抗紫外性能，将蒙脱土引入加脂剂中提高皮革的阻燃性能。随着人们日常生活的需要，将更多类型的纳米粒子引入加脂剂中，有利于诸多功能性加脂剂的开发，例如具有填充、防水、丝光、防污等性能。

　　通常情况下将纳米粒子引入高分子中制备纳米复合材料，其基体一般为亲水或亲油，然而制革用加脂剂是油水混合体系，以油水混合体系为基体制备纳米复合材料的研究较少，深入研究纳米复合加脂剂的微结构及其与胶原纤维的相互作用具有重要的意义，能够为新型皮革用纳米复合加脂剂的开发提供新思路和新途径。

4.3 皮革酶制剂

4.3.1　概述

　　酶，又称酵素，指具有生物催化功能的高分子物质。酶大多是蛋白质，但少数具有生物催化功能的分子并非蛋白质，有一些被称为核酶的 RNA 分子和一些 DNA 分子同样具有催化功能。国际酶学委员会（I.E.C）规定，按酶促反应的性质，可把酶分成六大类：氧化还原酶类（oxidoreductases）、转移酶类（transferases）、水解酶类（hydrolases）、裂解酶类（lyases）、异构酶类（isomerases）、合成酶类（连接酶类，ligases）。

酶是由活体细胞产生的一种生物催化剂，具有高效性、专一性、温和性、可降解性、无污染等特点，其本身无毒，使用过程中也不会产生有毒物质，已被广泛应用于医药、食品、饲料、洗涤工业、有机合成、纺织等领域。酶在制革中的研究历史已久，最初主要集中在制革鞣前湿加工工段，随着科技的进步，其在制革中的应用范围逐渐扩大，近年来研究者对其在鞣后湿整理工段等方面的应用也已展开研究。

4.3.2　酶在制革湿加工中的应用

在酶的催化反应体系中反应物分子称为底物，底物通过酶的催化转化为另一种分子。酶催化作用的实质是降低化学反应的活化能。酶之所以能够加速化学反应的进行，是因为它能降低反应的活化能。酶分子是蛋白质，每种蛋白质都有特定的三维形状，而这种形状就决定了酶的选择性。酶所催化的反应中的反应物称为底物，一种酶只能识别一种或一类专一的底物并催化专一的化学反应，这种性质称为酶的底物专一性。

制革湿加工包括准备工段和鞣制工段，酶主要在制革准备工段使用。准备工段意在除去生皮中的制革无用物（如毛、表皮、脂肪、纤维间质、皮下组织等），松散胶原纤维，为鞣制作准备。酶具有高效性和专一性，因此可根据制革准备工段中各工序的目的，选择合适的酶制剂，去除纤维间质，使纤维得到一定程度的分散，便于后续化工材料渗入皮内并与皮胶原纤维结合，提高成革质量。同时酶的环保无毒，能够减少有害物质的使用。酶在制革中的使用是实现清洁制革的有效途径之一。

酶应用于制革加工过程，动物皮是酶的底物，动物皮是个复合底物，具有多样性。单一的酶只能降解其中的一种或一类物质，为有效去除胶原纤维以外的大部分物质，制革酶制剂通常是多种酶复合制备的复合酶制剂，复合酶制剂通过各组分之间协同作用对底物起到高效的去除效果。图 4-105（见彩插）所示为多种酶对复合底物的协同作用示意图。国外学者 Foroughi F 分析了不同酶对皮蛋白的具体活性，发现蛋白酶在使用过程中具有相对特异性，因此，多种酶的复合协同作用能起到更好的效果。

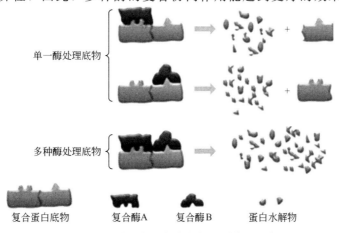

单一酶处理底物

多种酶处理底物

复合蛋白底物　　复合酶A　　复合酶B　　蛋白水解物

图 4-105　多种酶水解复合底物协同作用示意图

皮革用酶制剂大多是水解酶类，其主要作用是水解去除皮中的纤维间质。酶在制革中的应用工序有浸水、脱毛、脱脂、浸灰、软化以及鞣制后酶处理、染色酶处理等多个工序。

（1）酶在浸水工序中的应用　浸水过程中使用的复合酶制剂主要是由蛋白酶、脂肪酶以及糖酶等不同种类酶组成的。蛋白酶水解皮中难溶性蛋白；脂肪酶水解皮中脂肪后打开纤维间通道，为蛋白酶作用于蛋白质奠定基础。糖在皮中的含量只有鲜皮重的 $0.5\%\sim1.0\%$，其中大部分糖胺多糖有不同程度的硫酸化，形成硫酸化糖胺多糖，硫酸化糖胺多糖通过酰氨键或糖苷键与蛋白质共价结合形成蛋白多糖，有很强的膨胀能力，从稀溶液态转入失水态体积收缩 1000 倍以上，造成鲜皮失水干燥后纤维紧密黏结，因此，浸水复合酶中的糖酶对纤维打开有一定的协助作用。

由多种蛋白酶与少量表面活性剂和填充剂等助剂制备的复合浸水酶制剂，将其用于黄牛皮浸水后得到的灰皮粒面洁净，对边肷部和臀部的纹理具有打开作用，能够提高得革率。图 4-106 为采用常规浸水和酶浸水得到的灰皮照片。从图中可以看出，常规浸水后灰皮纹理依然清晰存在，而采用酶浸水以后灰皮的臀部和边肷部纹路明显消失，主要是因为蛋白酶对生皮中蛋白质有水解作用，对臀部和边肷部的一些水不溶性蛋白质降解以后使得纹路舒展，得到皮面整洁的灰皮；另一方面纹路的打开可以提高成革的得革率。

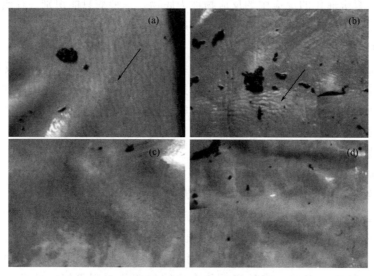

图 4-106　常规浸水和酶浸水得到的灰皮粒面对比照片
（a）常规浸水后灰皮边肷部；（b）常规浸水后灰皮臀部；
（c）酶浸水后灰皮边肷部；（d）酶浸水后灰皮臀部

（2）酶在脱脂工序中的应用　酶脱脂可以部分代替表面活性剂，从而减少表面活性剂的使用，降低表面活性剂对环境的污染，同时也有利于制备防水革和水洗革。脱脂常用酶种类有脂肪酶、蛋白酶、糖化酶以及磷脂酶等。脂肪酶水解天然脂肪生成脂肪酸和甘油，脂肪酸溶于水中后去除，生皮的脂肪是包裹在脂肪细胞中的，细胞膜的主要成分是蛋白质和类脂，脂肪酶对细胞膜没有作用或作用很小，因此通常通过蛋白酶、磷脂酶和糖化酶的协同作用，有效地破坏脂肪细胞膜使脂肪释放被脂肪酶分解。

（3）酶在脱毛工序中的应用　酶在制革中最早的应用是在酶脱毛中，古老的"发汗法脱毛"就是在温暖潮湿的条件下，利用皮上微生物所产生的蛋白酶进行脱毛，然而当时人们并未认识到这是酶在作用。随着人们对科学知识的认识和实践应用的探索，1910 年，O. Rohm 成功地进行了第一个酶脱毛试验，随后国外其他研究者先后获得酶脱毛专利。我国从 1958 年开始试验酶法脱毛新工艺，到 1968 年上海新兴制革厂首先成功地使用酶法脱毛新工艺，从此酶法脱毛在猪皮制革脱毛中得到广泛应用。

随着人们对酶脱毛的深入，酶脱毛的机理研究也相对较多，但目前各研究者的研究结果不一，还未得到一致的酶脱毛机理。Sivasubramaniana S. 等研究了一种碱性细菌蛋白酶脱毛机理，通过高效液相色谱图表征了核心蛋白聚糖被细菌蛋白酶大量降解，研究结果表明，在酶脱毛过程中，核心蛋白聚糖的水解和聚集蛋白多糖的去除对胶原纤维束的打开发挥着重要作用，因此认为脱毛过程中多糖的去除可以协助打开纤维，从而使毛松动脱落。付强等认为酶分解了类黏蛋白和细胞结构，使毛囊脱离表皮，从而使毛松动而脱落。李志强认为基膜及周围组织的蛋白提取物的水解与脱毛有关。宋健研究了糖酶、蛋白酶的脱毛机理，认为胶原酶和蛋白酶对皮的损伤有协同作用，蛋白酶作用于胶原的非螺旋区，糖酶通过水解黏蛋白中的多糖链起作用；脱毛实验表明，糖酶有较好的松散胶原作用，有一定脱毛效果，但其脱毛效果明显弱于蛋白酶，这是因为糖酶分子量大，不利于渗透。

酶脱毛基本上消除了硫化物的污染，且毛的回收率较高，然而酶脱毛仍存在一些问题。一般酶法脱毛要求酶用量较大才能使毛去除干净，随着酶用量的增加，胶原蛋白的损失也增大，二者是相互矛盾的，这也是酶脱毛没有实现工业化的原因之一。从环保角度看，酶脱毛是一个有价值的研究，因此，开发一种脱毛效果好，对胶原作用小的酶制剂将对酶在脱毛中的应用是个新的突破。

(4) 酶在浸灰工序中的应用　浸灰的目的是补充碱法脱毛时膨胀不足，使纤维膨胀和分散，进一步除去皮内的纤维间质和弹性纤维的作用，为获得丰满、柔软、有弹性的成革奠定基础。酶作为一种浸灰助剂应用于浸灰中，对分散粒面层纤维，消除牛皮的颈、腹皱有较明显的作用。浸灰常用的酶有碱性蛋白酶、淀粉酶等。复合酶制剂协助浸灰不但浸灰效果好，还可以减少硫化物和石灰的使用，减少环境污染。

研究者对胶原的微观结构及组成进行研究发现，胶原纤维束是被硫酸皮质素和糖蛋白所包裹，因此浸灰过程中硫酸皮质素的去除与纤维的松散程度密切相关。碱性蛋白酶用于浸灰可以作用于硫酸皮质素，使成革柔软，强度也有所增加；同时多糖酶浸灰对胶原的松散也具有重要的作用。

(5) 酶在软化工序中的应用　软化最早使用的是胰酶，软化胰酶主要来源于动物胰脏，是一种多酶体系，有胰蛋白酶、胰脂肪酶和胰淀粉酶等成分；其次微生物酶也可用于皮革软化，如 AS1398、166、3942 蛋白酶等，微生物酶对弹性蛋白作用较强，用其软化后的皮粒面细致，成革柔软。目前，国内外公司都有相应的制革软化酶制剂产品。

(6) 酶在鞣后湿加工的应用　生皮经过鞣前准备工段和铬鞣后称为蓝湿革，某些蓝湿革因准备工段处理不足，如软化不足或脱脂不彻底，会影响鞣后湿加工工序中化料的渗透和结合，甚至使成革难以满足质量要求，因此，通常使用某些蛋白酶或脂肪酶在蓝湿革进行进一步处理。由于蓝湿革后期处理工序的 pH 值较低，因此，用于蓝湿革后期处理的酶大多数是一些酸性酶或偏中性酶。国外研究蓝湿革酶软化的时间较早，20 世纪 60 年代末，Pfleiderer 就对蓝湿革的酶软化进行了研究，随后，国内外对蓝湿革酶软化的研究也相继展开。罗马尼亚的 Mihal Deselnicu 和 Victoria Bratuleso 用胃蛋白酶处理削匀的蓝湿革，结果表明：在提高成革柔软度和得革率方面，胃蛋白酶比碱性蛋白酶具有更好的效果。国内较早是魏世林用国产 537 酸性蛋白酶对蓝湿革的软化，随后许多制革工作者展开了此方面的研究工作。有人研究了酸性蛋白酶 537 处理绵羊蓝湿革对其延伸性能的影响，试验表明，用酶处理纤维分散已达相当程度的绵羊服装革，在进一步松散纤维的同时会引起纤维的交联，从而提高成革的延伸性。程海明用酸性脂肪酶、酸性蛋白酶处理蓝湿革，结果发现革面油污，颈部皱纹的不上色现象和其他污染都减少，同时皮革的染色的鲜艳度和均匀性也有所改进。

Swarna V. Kanth 等研究了蛋白酶在不浸酸植鞣中的应用，结果表明：蛋白酶的使用提高了植鞣剂的吸收，使植鞣剂的吸收率达到 95%，与传统植鞣相比，鞣剂吸收率提高 10%，同时废水中的 COD 和 TDS 有所降低，鞣革湿热稳定性得到改善，皮革的物理机械性能和感官性能较传统植鞣革好。Swarna V. Kanth 等用细菌胶原酶处理复鞣后的革样，然后进行染色，染色结果与空白实验比较，酶处理后的革样染料上染率由 84.2% 提高到 98.4%，染色后革样颜色鲜艳，坚牢度高，纤维的分散性较好，粒面干净细致。

鞣制以后的皮革中含有重金属铬等复杂的化学材料，会对酶的活性产生影响，这是酶处理铬鞣革普遍存在的问题，因此要选择活力高的酶或者需要加大酶用量来得到优质的成革。

4.3.3 纳米材料在制革用酶活性稳定中的研究

尽管酶在制革中的研究和应用较多，其在制革中发挥优势的同时，由于酶本身是蛋白质，容易受外界环境变化的影响而失去活性，导致酶活力不稳定，进而影响酶制剂产品的稳定性，因此酶活力不稳定的问题困扰着制革者。随着纳米技术在酶活力稳定研究中的不断深入，通过对酶失活机理进行分析，将纳米技术应用到制革用酶稳定方面已有研究。

(1) 酶的失活机理 酶是蛋白质，具有一、二、三级结构。酶分子结构的基础是其氨基酸序列，它决定着酶的空间结构和活性中心的形成以及酶催化的专一性。按照酶的化学组成可将酶分为单纯酶和结合酶两大类；单纯酶分子中只有氨基酸残基组成的肽链，结合酶分子中则除了多肽链组成的蛋白质，还有非蛋白成分，如金属离子、铁卟啉或含 B 族维生素的小分子有机物。结合酶的蛋白质部分称为酶蛋白，非蛋白质部分统称为辅助因子，两者一起组成全酶，只有全酶才有催化活性。

酶的活性中心只是酶分子中很小的一部分，酶蛋白的大部分氨基酸残基并不与底物接触。组成酶活性中心的氨基酸残基的侧链存在不同的功能基团，如—NH$_2$、—COOH、—SH、—OH 和咪唑基等，它们来自酶分子多肽链的不同部位，常将活性部位的功能基团统称为必需基团。它们通过多肽链的盘曲折叠，组成一个在酶分子表面、具有三维空间结构的孔穴或裂隙，以容纳进入的底物与之结合并催化底物转变为产物。酶的催化作用依赖于酶分子的二级结构及空间结构的完整性，酶分子变性或亚基解聚均可导致酶活性丧失。酶在生产、贮存和应用过程中受环境的影响很大，温度、湿度、压力、pH 值、溶剂、激活剂、抑制剂等均会导致酶蛋白的二级结构发生改变，从而使酶活力丧失。

(2) 制革用酶对稳定条件的特殊要求 皮作为制革工程中酶作用的底物，与酶催化反应等过程的底物相比具有其特殊性，皮在整个酶处理的过程中属于不溶性底物，制革过程中需要去除的间质存在于胶原纤维间或包裹在胶原纤维外。因此，制革用酶制剂作用于底物具有一定的特殊性，酶能够有效作用于皮的理想条件是酶先渗透进入皮纤维间，然后再降解纤维间质，而不能过度地对皮表面作用。由于酶本身是蛋白质大分子，若对酶进行稳定化以后稳定酶的体积太大，会使稳定酶在皮中的渗透性变差，进而导致没还未进入皮内部就作用于皮纤维表面，使表面胶原纤维被过度酶解，但皮内部的非胶原物质无法有效去除，造成成革力学性能降低，达不到均匀一致的处理效果。因此，在实际中，对制革用酶进行稳定处理时需要控制稳定后酶的体积。

(3) 纳米二氧化硅固定酶及其在制革中的应用 纳米粒子由于其小尺寸和巨大比表面积，通常被用作酶固定化的载体，其中，纳米二氧化硅由于其良好的生物相容性，是一种固定酶的良好载体。以纳米二氧化硅为载体，对酶进行固定化提高酶活力稳定性的同时，不会增大固定酶的体积，适合于制革酶制剂的固定。最简单的纳米二氧化硅吸附固定酶制备是通过控制反应的 pH 值，使其介于纳米二氧化硅和酶等电点之间，有利于二者带有相反电荷，能够通过电荷吸附作用将酶吸附固定在纳米二氧化硅载体上。具体过程为：将一定质量的纳米二氧化硅分散于 pH 5.0 的磷酸二氢钠-柠檬酸缓冲液中，超声分散 20min，一定质量的木瓜蛋白酶［木瓜酶与纳米二氧化硅质量比为(3∶1)～(1∶1)］加入 50mL 上述二氧化硅分散液中，室温磁力搅拌 1h，用缓冲液离心洗涤三次，洗去未结合的木瓜蛋白酶，冷冻干燥，得到二氧化硅固定化酶。采用该方法将木瓜酶固定于纳米二氧化硅后，得到的固定木瓜酶活力为 11660U/g 载体，木瓜酶的吸附率达到 85.2%。更重要的是经纳米二氧化硅吸附固定后，酶在溶液中的热稳定性（见图 4-107）和保存稳定性（见图 4-108）较自由酶显著提高。固定后木瓜酶稳定性提高的主要原因是，酶被吸附固定在纳米二氧化硅以后，固定酶在溶液中或加热过程中酶的运动受到一定的限制，从而在一定程度上抑制了酶的构象改变，进而提高了酶活力的稳定性。

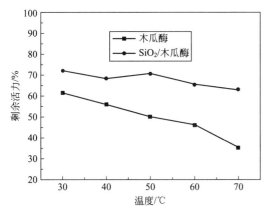

图 4-107　纳米二氧化硅固定木瓜酶的热稳定性

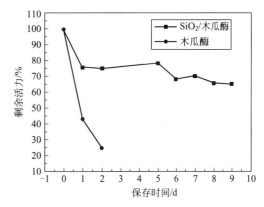

图 4-108　纳米二氧化硅固定木瓜酶的保存稳定性

将纳米二氧化硅固定木瓜酶应用于软化后裸皮继续进行铬鞣，考察纳米二氧化硅固定木瓜酶对蓝湿革性能的影响。图 4-109 为酶软化后蓝湿革的扫描电镜，将纳米二氧化硅固定木瓜酶用于皮革软化中，与木瓜酶软化后蓝湿革相比，纳米二氧化硅固定酶软化后蓝湿革的纤维束分散更细，而且纤维间有固体颗粒存在，可能为纳米二氧化硅或其聚集体，说明纳米二氧化硅能够随酶进入皮胶原纤维间，起到了撑开纤维间隙的作用，使得纤维分散性较好。图 4-110 为纳米二氧化硅在纤维中的作用示意图，可以更直观地解释纳米二氧化硅固定木瓜酶软化后的蓝湿革纤维具有良好的分散性。

4.3.4　纳米材料在制革用酶活性稳定中的发展趋势

尽管纳米技术稳定制革用酶制剂活性的研究还处于起步阶段，然而纳米载体由于其特有的纳米效应和生物相容性，通过物理吸附法、包埋法等已被应用于酶的固定来提高酶活力的稳定性，这些研究为制革用酶活力的稳定提供了依据。将纳米材料作为制革用酶的固定载体对酶进行活性稳定，有利于酶在贮存过程中不受外界影响或影响很小，使酶活力保持稳定，进而提高制革用酶制剂的产品稳定性。同时，纳米材料能够赋予皮革特殊性能，例如抗菌性、阻燃性、耐光性等。因此，将纳米材料引入制革酶制剂中，具有稳定酶活性以及利用纳米材料与皮革纤维作用提高皮革性能的双重优点。相信随着生物技术和纳米科技的发展，纳米材料与酶、酶与皮胶原纤维、纳米材料与皮胶原纤维之间的相互作用等研究将进一步深入，必将开拓酶在制革中应用的新道路。

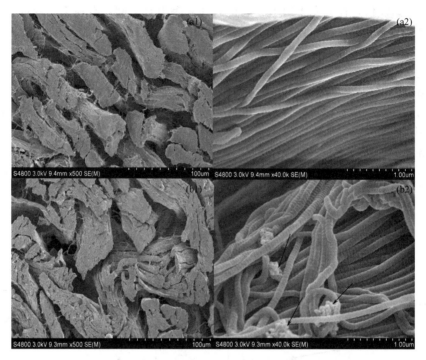

图 4-109　不同酶软化后蓝湿革的 SEM

（a1）木瓜酶软化后蓝湿革纵切面；（a2）木瓜酶软化后蓝湿革横切面；
（b1）SiO₂/木瓜酶软化后蓝湿革纵切面；（b2）SiO₂/木瓜酶软化后蓝湿革横切面

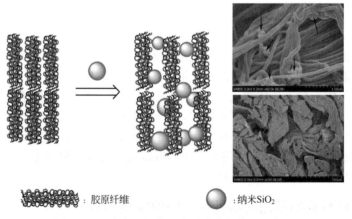

　　　　：胶原纤维　　　　　　　　　　：纳米SiO₂

图 4-110　纳米二氧化硅在纤维中的作用示意图

参 考 文 献

［1］　Giannelis E P，Krishnamoorti R，Manias E. Polymer-Silicate Nanocomposites：Model Systems for Confined Polymers and Polymer Brushes. Adv. Polym. Sci.，1999，138：107-147.
［2］　范浩军，石碧，栾世方.（蛋白质）有机/无机纳米杂化复合材料——制革新概念. 中国皮革，2002，31（1）：1-5.
［3］　陈新江，马建中，杨宗邃. 纳米材料在制革中的应用前景. 中国皮革，2002，31（1）：6-9.
［4］　陈家华，陈敏，许志刚. 纳米材料在皮革涂饰剂中的应用. 中国皮革，2002，31（1）：11-13.
［5］　吴琪. 纳米材料与皮革发展的关系. 中国皮革，2001，30（17）：1-2.
［6］　马建中，陈新江，杨宗邃等. 蒙脱土纳米复合材料的制备及应用研究. 中国皮革，2002，31（21）：14-18.
［7］　马建中，陈新江，刘凌云. 表面活性剂与高新技术制革. 日用化学工业，2003，33（2）：98-100.
［8］　Ma J Z, Chen X J, Yang Z S, et al. Study on the preparation and application of MMT-based nanocomposite in leather

making. Journal of the Society of Leather and Chemists，2003，87（4）：131-134.

[9] Doh J G，Cho I. Synthesis and properties of polystyrene organoammonium montmorillonite hybrid. Polym Bull，1998，41（5）：511-518.

[10] Fu X A，Qutubiddin S. Polymer-clay nanocomposites：exfoliation of organophilic montmorillonite nanolayers in polystyrene. Polymer，2001，42（2）：807-813.

[11] Li Y，Zhao B，Xie S，et al. Synthesis and properties of poly（methyl methacrylate）/montmorillonite（PMMA/MMT）nanocomposites. Polym. Int.，2003，52（6）：892-898.

[12] 鲍艳. VP/MMT 纳米复合材料的制备及其与皮胶原的相互作用. 陕西：陕西科技大学博士论文，2003.

[13] 杜杨，田立颖，吉法祥. 二甲基二烯丙基氯化铵-丙烯酰胺共聚物的合成与溶液性质. 高分子材料科学与工程，2003，19（5）：86-70.

[14] 吴建军，马喜平，郑锟. 反相乳液聚合合成 AM/DMDAAC 阳离子共聚物. 石油化工，2005，34（2）：140-144.

[15] 张偍，任静，伊敏. 二甲基二烯丙基氯化铵/丙烯酸共聚凝胶的辐射合成与性质研究. 高分子学报，2003（1）：30-35.

[16] Subramanian R，Zhu S，Pelton R H. Synthesis and flocculation performance of graft and random copolymer microgels of acrylamide and diallyldimethyl ammonium chloride. Colloid Polym. Sci.，1999，277（10）：939-946.

[17] Paramjit S，Madhur G. Dispersed phase copolymerization of acrylamide and dimethyl diallyl ammonium chloride in xylene. J. Polym. Mater.，1997，14（1）：57-63.

[18] Lee H J，Kodaira T，Urushisaki M，et al. Cyclopolymerization Part XXXII radical polymerization of a-(2-phenylallyloxy) methylstyrene：synthesis of highly cyclized polymers with high glass transition temperatures and thermal stability. Polymer，2004，（45）：7505-7512.

[19] Ma J Z，Gao D G，Chen X J，et al. Synthesis and characterization of VP/O-MMT Macromolecule nanocomposite Material via polymer exfoliation — Adsorption method. J. Compos. Mater.，2006，40（24）：2279-2286.

[20] Ma J Z，Gao D G，Lü B，et al. Study on PVP/C-MMT Nanocomposite Material via Polymer Solution-Intercalation Method. Mater. Manuf. Processes，2007，22：715-720.

[21] Gao D G，Ma J Z，Lu H，et al. Synthesis of PVP/IO-MMT Nanocomposite using Industrial Organic Montmorillonite. J. Compos. Mater.，2008，42（26）：2805-2814.

[22] Gao D G，Ma J Z，Lu H，et al. Synthesis of PVP/O-MMT nanocomposite using industrial organic montmorillonite. The 7th Asian international conference of leather science and technology，2006，760-767.

[23] Ma J Z，Gao D G，Lü B，et al. Study on PVP/C-MMT nanocomposite Material via polymer solution intercalation method. ACUN-5 Conference，2006：421-430.

[24] Lü B，Ma J Z，Gao D G，et al. Study on leather treated by different kinds of heating mediums. The 7th Asian international conference of leather science and technology，2006，776-786.

[25] Chu Y，Ma J Z，Gao D G，et al. Preparation and application of organic/inorganic nano tanning agent. The 6th Asian International Conference of Leather Science and Technology，2004，11：241-249.

[26] Ma J Z，Chu Y，Gao D G，et al. Preparation and application of vinyl polymer/MMT nano tanning agent. JSLTC，2005，（89）：181-185.

[27] Gao D G，Ma J Z，Lü B，et al. Study on PDM-AM-GL/MMT nanocomposites and its application. Mater. Manuf. Processes，2009，24（12）：1306-1311.

[28] 马建中，高党鸽，陈新江. 溶液剥离—吸附法制备高分子纳米复合材料的研究. 高分子材料科学与工程，2006，22（3）：219-222.

[29] 高党鸽，马建中，吕斌等. DMDAAC 在蒙脱土中插层环化聚合及其应用的研究. 高分子材料科学与工程，2006，22（6）：71-75.

[30] 马建中，高党鸽，李运等. 聚二烯丙基二甲基氯化铵-丙烯酰胺-乙二醛/纳米插层复合蒙脱石的制备及性能. 硅酸盐学报，2008，36（6）：844-849.

[31] 高党鸽，马建中，李运等. PDM-AM/纳米插层复合蒙脱石和 PDM-AM-GL/纳米插层复合蒙脱石性能的对比. 硅酸盐学报，2008，36（12）：1791-1795.

[32] 马建中，高党鸽，吕斌等. PDM-AM-GL/MMT 纳米复合鞣剂的制备及性能研究. 功能材料，2009，40（4）：670-673.

[33] 高党鸽，马建中，吕斌等. 二烯丙基二甲基季铵盐在蒙脱土中插层环化聚合及其在皮革鞣制中应用的研究. 2005 年（第四届）中国纳米科技西安研讨会论文集，2005，9：612-617.

[34] 高党鸽，马建中，吕斌等. 原位插层聚合制备纳米复合材料及其在皮革鞣制中应用的研究. 纳米科技，2005，6（12）：30-34.

[35] 高党鸽，马建中，储芸等. 有机/无机纳米复合鞣剂的制备及应用. 中国皮革，2005，34（17）：9-14.

[36] 马建中，高党鸽，储芸等. 表面活性剂在纳米技术制革中的应用. 皮革科学与工程，2005，16（1）：37-41.

[37] 高党鸽，马建中，吕斌. 聚二烯丙基二甲基季铵盐/丙烯酰胺的制备及其在皮革中的应用. 日用化学工业，2007，37（6）：351-255.

[38] 吕秀娟. 聚合物基纳米复合少铬鞣助剂在牛皮鞣制中的应用性能研究. 陕西：陕西科技大学硕士论文，2013.

[39] 马建中，吕秀娟，高党鸽等. 单体种类对季铵盐羧酸型复鞣固色剂性能的影响. 功能材料，2013，44（18）：2654-2658.

[40] 高党鸽，吕秀娟，马建中等.纳米复合高吸收铬鞣助剂在牛皮鞣制中的应用.中国皮革，2013，44（19）：32-36.

[41] Ma J Z, Lv X J, Gao D G. Nanocomposite-based green tanning process of suede leather to enhance chromium uptake. Journal of cleaner production，2014，72：120-126.

[42] 马建中，吕秀娟，高党鸽等.用于二层牛皮绒面革的纳米复合材料-铬粉结合复鞣工艺.CN 201310497965.1.2014-01-15.

[43] 高党鸽，吕秀娟，马建中等.聚合物基纳米复合少铬鞣助剂鞣制头层牛皮酸皮的少铬鞣工艺.CN 201310498011.2. 2014-01-29.

[44] 吕斌，吕秀娟，马建中等.一种用于头层牛皮鞋面革的无盐免浸酸少铬结合鞣制方法.CN 201310497964.7. 2014-01-15.

[45] 高党鸽，李运，马建中，吕斌，吕秀娟.一种制备多功能聚合物基纳米 ZnO 复合鞣剂的方法.CN 201310014969.X.2013-05-01.

[46] 马建中，李运，高党鸽，吕斌，吕秀娟.一种柔软型两性乙烯基类聚合物复鞣固色剂的制备方法.CN 201310014968.5. 2013-05-01.

[47] 马建中，李运，高党鸽，吕斌，吕秀娟.多羧酸共聚物联合蒙脱土制备聚合物基纳米复合少铬鞣助剂的方法.CN ZL201110394827.1. 2012-06-13.

[48] 马建中，李运，高党鸽，吕斌，吕秀娟.多羧酸共聚物联合蒙脱土制备聚合物基纳米复合少铬鞣助剂的方法. EPO 201110394827.1.

[49] 马建中，李运，高党鸽. P(DMDAAC-AA-AM-HEA) 的制备及在皮革鞣制中的应用.功能材料，2011，8（5）：13-16.

[50] 储云.乙烯基聚合物/蒙脱土纳米复合鞣剂的制备、结构及性能研究.西安：陕西科技大学硕士论文，2005.

[51] 马建中，高党鸽，李运等.聚二烯丙基二甲基氯化铵-丙烯酰胺-乙二醛/纳米插层复合蒙脱石的制备及性能.硅酸盐学报，2008，36（6）：844-849.

[52] 彭章义，杜光伟，周绍兵.含 N-羟甲基的两性两亲聚合物有机鞣剂的研究.第四届亚洲国际皮革科学技术会议论文集.北京：1988：119-121.

[53] 李志强，廖隆理.生皮化学与组织学.北京：中国轻工业出版社，2010：128-129.

[54] Su D H, Wang C H, Ca S M, et al. Influence of palygorskite on the structure and thermal stability of collagen. Applied clay science，2012，（62-63）：41-46.

[55] 石碧，王学川.皮革清洁生产技术与原理.北京：化学工业出版社，2010：99.

[56] 庄海秋，杨昌聚，向阳等.高档铬鞣黄牛二层绒面革制作技术.中国皮革，2003，32（13）：10-13.

[57] 吕秀娟，高党鸽，马建中等.纳米复合高吸收铬鞣助剂在牛皮鞣制中的应用.第六届全国精细化工生产与工艺技术研讨会.第六届全国精细化工生产与工艺技术研讨会论文集.大连，2013：141-151.

[58] Loeven W. The binding collagen-mucopolysaccharide in connective tissue. Cells Tissues Organs，2008，24（3-4）：217-244.

[59] Di Y, Heath R. Collagen stabilization and modification using a polyepoxide, triglycidyl isocyanurate. Polymer Degradation and Stability，2009，94（10）：1684-1692.

[60] Wu B, Mu C, Zhang G, et al. Effects of Cr^{3+} on the Structure of Collagen Fiber. Langmuir，2009，25（19）：11905-11910.

[61] Maxwell C A, Smiechowski K, Zarlok J, et al. X-ray studies of a collagen material for leather production treated with chromium salt. The Journal of the American Leather Chemists Association，2006，101（1）：9-17.

[62] Orgel J P, Wess T J, Miller A. The in situ conformation and axial location of the intermolecular cross-linked non-helical telopeptides of type I collagen. Structure，2000，8（2）：137-142.

[63] Shoulders M D, Raines R T. Collagen structure and stability. Annual review of biochemistry，2009，78，929.

[64] 周南，陈武勇，赵长青等.胶原基纳米氧化锌复合材料的制备.皮革科学与工程，2008，18（1）：25-28.

[65] 张彪，金勇，曹志峰.丙烯酸树脂复鞣剂的复鞣机理及改性研究进展.西部皮革，2010，（11）：32-37.

[66] Yang H, Ma J Z, Yang Z S. Synthesis of modified poly (acrylic acid-acrylonitrile) retanning agent with Mannich reaction and its application. Journal of the American Leather Chemists Association，2001，96（11）：437-443.

[67] 靳丽强，于婧，张净. Poly (MAA-AN-DM) 两性聚合物复鞣剂的制备及性能.精细化工，2008，25（4）：380-383.

[68] Jin L Q, Liu Z L, Xu Q H, et al. Synthesis and application of an amphoteric acrylic polyelectrolyte as a retanning agent. Journal of the Society of Leather Technologists and Chemists，2004，88（3）：105-109.

[69] 党鸿辛，潘卉，张治军等.新型两性聚合物复鞣剂 ADV 的合成研究.中国皮革，2004，33（7）：1-4.

[70] 靳丽强，祝德义，任海霞等.两性丙烯酸树脂复鞣剂的抗菌性研究.皮革化工，2003，20（5）：15-17.

[71] 盛维琛.多官能度过氧引发剂热分解和相关聚合的机理和动力学研究.杭州：浙江大学，2005.

[72] 于慧，高宝玉，邵秀梅等.二甲基二烯丙基氯化铵聚合物的红外光谱研究.山东大学学报：理学版，2001，3：330-335.

[73] Gonzalez-Moreno R, Cook P L, Zegkinoglou I, et al. Attachment of Protoporphyrin Dyes to Nanostructured ZnO Surfaces: Characterization by Near Edge X-ray Absorption Fine Structure Spectroscopy. J. Phys. Chem. C，2011，115：18195-18201.

[74] Tsukahara H. The adsorption state of an acid merocyanine dye on zinc oxide. Nippon Shashin Gakkai Kaishi，1967，30：215-221.

[75]　吴茂英. 聚合物光老化，光稳定机理与光稳定剂（上）. 高分子通报，2006，4：76-83.

[76]　Hartley G H，Guillet J. Photochemistry of ketone polymers. I. Studies of ethylene -carbon monoxide copolymers. Macromolecules，1968，1（2）：165-170.

[77]　张学茜，刘敏江，李国立. 纳米氧化锌改性聚乙烯的研究. 塑料，2004，33（1）：9-15.

[78]　杨红英，潘宁，朱苏康. 无机紫外线屏蔽剂的功能机理研究. 东华大学学报（自然科学版），2003，29（6）：8-14.

[79]　Shalumon K，Anulekha K，Nair S V，et al. Sodium alginate/poly（vinyl alcohol）/nano ZnO composite nanofibers for antibacterial wound dressings. International journal of biological macromolecules，2011，49（3）：247-254.

[80]　Li S C，Li Y N. Mechanical and antibacterial properties of modified nano-ZnO/ high-density polyethylene composite films with a low doped content of nano-ZnO. Journal of Applied Polymer Science，2010，116（5）：2965-2969.

[81]　Li X H，Li Q H，Zhang Z J，et al. Synthesis，Characterization，and Tribological Properties of a Reactable Nano-Silica. Tribology，2005，25：499 -503.

[82]　Liu F，Zheng Q H，Li X H，et al. Silicone rubber reinforced by a dispersible nano-silica. Acta Materiae Compositae Sinica，2006，23：57-63.

[83]　Pan H，Qi M，Zhang Z J. Preparation and application of a nanocomposite tanning agent-RNS/P（MAA-BA）. JSLTC，2008，92：34-36.

[84]　Pan H，Qi M，Zhang，Z J. Synthesis and study of MPNS/SMA nano-composite tanning agent. Chinese Chemical Letters，2008，19：435-437.

[85]　Pan H，Qi M，Zhang，Z J，et al. Preparation and Application of a Nanocomposite（MPNS/SMA）in Leather Making. Chinese Chemical Letters，2005，16：1409-1412.

[86]　潘卉，张治军，张举贤等. 一种新型纳米复合鞣剂 MPNS/SMA 的制备及应用研究. 中国皮革，2004，33（23）：8-11.

[87]　齐梅，潘卉，张治军. PMB/DNS-3A 纳米复合物鞣剂的制备及应用研究，中国皮革，2007，36（21）：24-26.

[88]　齐梅，潘卉，张治军. 纳米复合鞣剂 PMB/DNS-3 的制备与应用，皮革科学与工程，2008，18（3）：45-49.

[89]　Pan H ，Zhang Z J，Zhang J X，et al. The preparation and application of a nanocomoposite tanning agent-MPNS/SMA. JSLTC，2005，89，153.

[90]　潘卉，齐梅，张治军. PMBA/RNS 纳米复合物鞣剂的制备及应用研究. 中国皮革，2008，37（7）：25-28.

[91]　Fan H J，Shi B. Nano-composite of protein-silica（titanium）organic/inorganic hybrid-a novel concept of leather making. China Leather，2002，31：1-5.

[92]　Fan H J，Li L，Shi B. Characteristics of leather tanned with nano-SiO$_2$. JSLTC，2005，100：22-28.

[93]　Fan H J，Shi B，Duan Z J. Nano hybrid of protein/inorganic particles for collagen materials. Journal of Functional Materials，2004，3：373-376.

[94]　范浩军，石碧，范维等. 聚氨酯/无机纳米复合皮革鞣剂及其制备方法. CN 02134175. 3. 2003-04-16.

[95]　Fan H J，Li L，Shi B，et al. Tanning Characteristics and Tanning Mechanism of Nano-SiO$_2$. JSLTC，2004，139-142.

[96]　Sreeram K J，Nidhin M，Sangeetha S，et al. Collagen stabilization using functionalized nanoparticles. XXXI IULTCS Congress Valencia（Spain），2011，9，A8.

[97]　Ewing M R，Garrow C，Mchugh N. A sheepskin as a nursing aid. Lancet，1961，30：447-1448.

[98]　Kim Y S，Kim J S，Cho H S，et al. Twenty-eight-day oral toxicity，genotoxicity，and gender-related tissue distribution of silver nanoparticles in Sprague-Dawley rats. Inhal Toxicol，2008，20：575-583.

[99]　Kim Y S，Song M Y，Park J D，et al. Subchronic oral toxicity of silver nanoparticles. Particle and Fiber Toxicology，2010，7，doi：10. 1186/1743-8977-7-20.

[100]　Gaidau C，Petica A，Trandafir V，et al. Nanosilver Application for Collagen Based Materials Treatment. XXXI IULTCS Congress Beijing（China），2009：11.

[101]　Gaidau C，Petica A，Dragomir T，et al. Ag and Ag/TiO$_2$ Nano-dispersed Systems for Treatment of Leathers with Strong Antifungal Properties. JALCA，2011，106：76-112.

[102]　Yang W T，Wang X，Gong Y，et al. Preparation of antibacterial sheepskin with silver nanoparticles：potential for use as a mattress for pressure ulcer prevention. JALCA，2012，107：70-105.

[103]　吕斌，刘敏，马建中等. 纳米复合少铬鞣助剂在山羊皮鞣制中的应用. 中国皮革，2014，43（11）：14-18.

[104]　刘敏，马建中，吕斌等. 纳米复合高吸收铬鞣助剂对铬吸收及坯革性能的影响. 皮革科学与工程，2014，23（4）：33-39.

[105]　但卫华，王慧贵，曾睿等. 酶制剂在制革工业中的应用及其前景. 中国皮革，2005，34（7）：39-42.

[106]　Ma J Z，Hou X Y，Gao D G，et al. Greener approach to efficient leather soaking process：role of enzymes and their synergistic effect. Journal of Cleaner Production，2014，78：226-232.

[107]　Wang J，Sun B G，Liu Y L，et al. Optimisation of ultrasound-assisted enzymatic extraction of arabinoxylan from wheat bran. Food Chemistry，2014，150：482-488.

[108]　Wang J，Sun B G，Cao Y P，et al. Enzymatic preparation of wheat bran xylooligosaccharides and their stability during pasteurization and autoclave sterilization at low pH. Carbohydrate Polymers，2009，77（4）：816-821.

[109]　Yu Z L，Zeng W C，Zhang W H，Liao X. P.，Shi B. Effect of ultrasound on the activity and conformation of α-amylase，papain and pepsin. Ultrasonics Sonochemistry，2014，21（3）：930-936.

[110]　Song N，Chen S，Huang X，Liao X P，Shi B. Immobilization of catalase by using Zr（IV）-modified collagen fiber

as the supporting matrix. Process Biochemistry, 2011, 46 (11): 2187-2193.

[111] 许亮, 周荣清, 石碧. 胃蛋白酶水解牛皮胶原成分的动力学研究. 皮革科学与工程, 2006, 16 (1): 29-32.

[112] Ma J Z, Hou X Y, Gao D G, et al. Diffusion and reaction behavior of proteases in cattle hide matrix via FITC labeled proteases. Journal of American Leather Chemists Association, 2014, 109: 138-145.

[113] Foroughi F, Keshavarz T, Evans C S. Specificities of proteases for use in leather manufacture. Chemical Technology & Biotechnology, 2006, 81 (3): 257-261.

[114] 廖隆理. 制革化学与工艺学. 北京: 科学出版社, 2005.

[115] 马建中, 杨晓阳, 高党鸽等. JPK-1复合酶制剂的研究. 精细化工, 2008, 25 (9): 894-899.

[116] 魏世林, 刘镇华, 王鸿儒. 制革工艺学. 北京: 中国轻工业出版社, 2007.

[117] Sivasubramaniana S., Murali Manoharb B., Puvanakrishnan R. Mechanism of enzymatic dehairing of skins using a bacterial alkaline protease. Chemosphere, 2008, 70 (6): 1025-1034.

[118] 付强, 李国英. 制革中的保毛脱毛法及其脱毛机理. 皮革科学与工程, 2005, 15 (4): 35-38.

[119] 李志强. 酶法脱毛机理研究. 成都: 四川大学, 2000.

[120] 宋健. 糖酶、蛋白酶脱毛技术及其机理研究. 无锡: 江南大学, 2008.

[121] Deselnicu M, Bratuleso V. A new enzymes process for improved yield and softer leather. Journal of American Leather Chemists Association, 1994, 89: 352-355.

[122] 俞从正, 董新宽, 王全杰等. 酸性蛋白酶处理绵羊蓝湿革对皮革延伸性能的影响. 中国皮革, 2006, 35 (9): 16-20.

[123] 程海明, 廖隆理. 酸性酶对蓝湿革的清洁处理. 皮革科学与工程, 2000, 10 (4): 23-27.

[124] Swarna V Kanth, Venba R, Madhan B, et al. Cleaner tanning practices for tannery pollution abatement: Role of enzymes in eco-friendly vegetable tanning. Cleaner Production, 2009, 17: 507-515.

[125] Swarna V Kanth, Venba R Madhan B, et al. Studies on the influence of bacterial collagenase in leather dyeing. Dyes and Pigments, 2008, 76 (2): 338-347.

[126] 马建中, 侯雪艳, 高党鸽等. 一种蛋白酶在皮革处理中的可视化跟踪检测方法. CN201310379785. 3. 2013-08-27.

[127] 马建中, 侯雪艳, 高党鸽等. 一种稳定的纳米二氧化硅复合酶溶液及其制备方法. CN201310136766. 8. 2013-04-18.

[128] 杨晓阳, 马建中, 高党鸽等. JPK-1复合酶制剂的研究. 2007全国皮革化学品学术研讨会论文集. 西安, 2007: 98-107.

[129] 杨晓阳, 马建中, 高党鸽等. 不同类型表面活性剂对JP-1蛋白酶性能的影响的研究. 日用化学工业, 2009, 39 (2): 75-80.

[130] 高党鸽, 马建中, 杨晓阳等. 三种蛋白酶对制革浸水应用效果的影响. 中国皮革, 2010, 39 (9): 16-20.

[131] 高党鸽, 马建中, 杨晓阳等. 填充剂对复合浸水酶制剂KR-1应用性能的影响. 皮革科学与工程, 2010, 20 (4): 52-56.

[132] 高党鸽, 侯雪艳, 马建中等. 酶制剂在制革工业中的研究进展. 中国皮革, 2011, 40 (21): 41-46, 51.

[133] 高党鸽, 侯雪艳, 马建中等. 酶活力稳定的研究进展及其在制革工业中的应用前景. 中国皮革, 2013, 42 (15): 47-49.

[134] 高党鸽, 侯雪艳, 马建中等. 酶活力稳定的研究进展及其在制革工业中的应用前景 (续). 中国皮革, 2013, 42 (17): 34-38.

[135] 马建中, 侯雪艳, 吕斌等. 纳米二氧化硅固定木瓜蛋白酶在皮革软化中的应用. 第176场中国工程科技论坛论文集. 长沙, 2013.

[136] 吕斌. 改性菜籽油/蒙脱土纳米复合加脂剂的合成及性能研究. 西安: 陕西科技大学, 2013.

[137] 马建中, 卿宁, 吕生华. 皮革化学品. 北京: 化学工业出版社, 2008.

[138] 马建中, 王学川, 石碧. 皮革化学品的合成原理与应用技术. 北京: 中国轻工业出版社, 2009.

[139] 吕生华, 马建中, 杨宗邃, 等. 亚硫酸化填充加脂剂SAA的应用研究. 皮革化工, 2001, 5 (18): 33-35.

[140] Gao D G, Ma J Z, Lü B, Zhang J. Collagen Modification Using Nanaotechnologies: a Review. Journal of the American Leather Chemists Association, 2013, 108 (10): 392-398.

[141] Ma J Z, Gao D G, Chen X J, et al. Synthesis and characterization of VP/O-MMT macromolecule nanocomposite material via polymer exfoliation-Adsorption method [J]. Journal of Composite Materials, 2006, 40 (24): 2279-2286.

[142] Ma J Z, Gao DG, Lü B, et al. Study on PVP/C-MMT Nanocomposite Material via Polymer Solution-Intercalation Method. Materials and Manufacturing Processes, 2007, 22: 715-720.

[143] Chu Y, Ma J Z, Gao D G, et al. Preparation and Application of Organic/Inorganic Nano Tanning Agent. The 6th Asian International Conference of Leather Science and Technology, 2004, 11: 241-249.

[144] Ma J Z, Gao DG, Lü B, et al. Study on PVP/C-MMT nanocomposite material via polymer solution intercalation method. ACUN-5 Conference, 2006: 421-430.

[145] Lu B, Ma J Z, Gao D G, et al. Synthesis and properties of modified rapeseed oil/montmorillonite nanocomposite fatliquoring agent. Journal of Composite Materials, 2011, 45 (24): 2573-2578.

[146] Lü B, Ma J Z, Gao D G, et al. Characterization and Properties of Organic Silicon Modified VegeTab. le Oil Fatliquor. Materials Science Forum, 2011, 694: 738-741.

[147]　Lü B，Ma J Z，Gao D G，et al. Study on Modified Rapeseed Oil/ Montmorillonite Nanocomposite. Ⅷth Asian International Conference on Leather Science & Technology（AICLST），India，2010：23.

[148]　吕斌，高党鸽，马建中，洪蕾. 阻燃型聚合物/蒙脱土纳米复合加脂剂的制备方法. CN ZL 200910023648. X，2009-08-20.

[149]　马建中，吕斌，高党鸽，高建静，吴英柯. 一种改性菜籽油复合加脂剂的制备方法. CN ZL 201210081922. 0，2012-03-26.

[150]　吕斌，高建静，高党鸽等. 改性菜籽油的研究进展及其在皮革加脂剂中的应用展望 [J]. 中国皮革，2012，41（19）：48-50.

[151]　吕斌，马建中，洪蕾等. 超声波处理对改性菜籽油/蒙脱土纳米复合材料性能的影响. 第八届全国皮革化学品学术研讨会. 第八届全国皮革化学品学术研讨会论文集-中国皮革增刊. 北京：中国皮革杂志社，2010：6-12.

[152]　吕斌，马建中，高党鸽等. 改性菜籽油/蒙脱土纳米复合加脂剂的研究. 第九届全国皮革化学品学术交流会. 第九届全国皮革化学品学术交流会论文集. 北京，2012：21-25.

[153]　吕斌，马建中，洪蕾等. 改性菜籽油/蒙脱土纳米复合材料的研究. 第八届中国纳米科技西安研讨会. 第八届中国纳米科技西安研讨会论文集. 西安，2009：7-14.

[154]　吕斌，马建中，高党鸽等. 改性菜籽油/有机蒙脱土纳米复合材料的制备及性能 [J]. 高分子材料科学与工程，2013，29（9）：147-151.

[155]　孙福来. 特用工业油源作物蓖麻. 中国种业，2005，（3）：21-22.

[156]　D. S. Ogunniyi. Castor oil：A vital industrial raw material. Bioresource Technology，2006，97：1086-1091.

[157]　Thakur S，Karak N. Castor oil-based hyperbranched polyurethanes as advanced surface coating Materials. Progress in Organic Coatings，2013，76：157-164.

[158]　Yang H C，Wang J H. Bowel Preparation of Outpatients for Intravenous Urography：Efficacy of Castor Oil Versus Bisacodyl. The Kaohsiung Journal of Medical Sciences，2005，21（4）：153-158.

[159]　Guerrero J K R，Rubens M F，Rosa P T V. Production of biodiesel from castor oil using sub and supercritical ethanol：Effect of sodium hydroxide on the ethyl ester production. The Journal of Supercritical Fluids，2013，83：124-132.

[160]　刘润哲，王云昆，张华等. 蓖麻油的理化性质及脂肪酸组成分析. 粮食与食品工业，2011，18（6）：14-16.

[161]　李园园，贾志杰. 纳米金红石型的制备研究. 化工进展，2005，24（10）：1155-1157.

[162]　高党鸽. 二烯丙基二烷基季铵盐的合成及其在蒙脱土中的插层环化聚合与性能. 西安：陕西科技大学博士论文，2009.

[163]　姚小钏. 聚合物刷/蒙脱土纳米复合材料的制备、结构与应用研究. 西安：陕西科技大学硕士论文，2013.

[164]　鲍艳，姚小钏，马建中，杨永强. 一种可引发 ATRP 聚合的 OMMT 的制备方法. 中国专利：ZL201210087988. 0，2012-3-29.

[165]　鲍艳，姚小钏，马建中. 一种采用 ATR 技术制备聚羧酸/MMT 纳米复合材料的方法. 实审专利：201210560141. X，2012-12-20.

第5章

纳米材料在功能性纺织品中的应用

　　功能性纺织品是指纺织品除具有自身的基本使用价值外，还具有抗菌、防霉、阻燃、防皱免烫、防水防油、防紫外线、防电磁辐射等功效中的一种或几种。纺织品的功能化，适应了人们生活方式的变化和追求健康、舒适、增值的预期，为人们完美的生活提供更多的选择，是纺织产品技术进步的方向，是提高纺织产品档次和附加值的有效途径之一。功能性纺织品的研制开发已成为国际潮流和热点，与世界发达国家的领先产品相比，我们的功能性纺织品研发水平仍有差距。

　　纳米材料在功能性纺织品中的应用技术主要包括纤维内部添加纳米粒子、纤维表面负载纳米粒子和纳米纤维的制造。其中纤维表面负载纳米粒子是纺织品功能整理的主要方法，其主要利用纳米粒子的特殊结构或特异性能对纤维表面进行改性，从而对纺织品进行功能化。本章主要介绍纳米材料在涂料印花、抗菌、防水防油、超疏水、防紫外线以及多种功能协同的纺织品中的应用技术。

5.1 纳米材料在涂料印花纺织品中的应用

5.1.1 概述

　　涂料印花是借助于黏合剂在织物上形成的树脂薄膜，将对织物没有亲和性和反应性的涂料黏附在织物上，获得所需图案花纹的印花工艺。涂料印花既不受织物纤维的限制，也不受织造方法的影响，适用于各种纤维织物和混纺织物；工艺简单，印制后织物只需固色而无需水洗，节约能源且环境污染小；可印制特殊花样。因此，涂料印花日益受到印染行业的青睐，已成为用途最为广泛的纺织品印花技术之一。同时，国家经济贸易委员会也将涂料印花列入纺织行业推行清洁生产的工艺之一。据统计，全球涂料印花织物占印花布总量的70%以上。在美国，涂料印花所占比例高达80%，我国涂料印花也已取得很大进展，比例约占25%。然而国内涂料印花的性能尚不能与国外水平相比，存在着产品结构尚不合理，中、低档产品居多，利润微薄的弊端。涂料印花后织物的手感与色牢度、环保等问题也未得到圆满解决。在国际竞争激烈的环境下，国内印花行业正面临着巨大的挑战。

黏合剂作为涂料印花的主要材料，其性能与涂料印花产品的质量有着直接的关系，印花织物的手感、色彩鲜艳度以及各项牢度（如摩擦牢度、水洗牢度等）很大程度上取决于黏合剂的质量，因此，高性能黏合剂的研发是提高涂料印花质量的一个重要目标。聚丙烯酸酯类印花黏合剂具有优异的成膜性、粘接性、耐候性、保光保色性，是当前国内外应用最普遍的一类黏合剂。大多以水为连续相，具有成本低、安全无毒等优点。然而，聚丙烯酸酯因自身结构缺陷使其成膜存在"热黏冷脆"、耐水性差等问题，经常会造成织物表面发黏、在拉伸和弯折过程中出现裂浆等现象，严重影响了产品的质量和档次。

近年来，聚丙烯酸酯/纳米粒子复合乳液的研究已成为热点之一。将纳米粒子引入聚丙烯酸酯乳液的合成，既可保留聚丙烯酸酯本身具有的优异性能，又兼有纳米粒子的优点，还可能利用两者的协同效应获得更优异的综合性能。对聚丙烯酸酯类涂料印花黏合剂的改性主要采用纳米 ZnO 粒子和纳米 SiO_2 粒子，通过原位法和 Pickering 乳液聚合法进行研究。

5.1.2　原位法制备聚丙烯酸酯基纳米 ZnO 涂料印花黏合剂

采用纳米氧化锌粉体、丙烯酸类单体通过原位聚合制备聚丙烯酸酯/纳米氧化锌复合乳液，首先对纳米氧化锌表面进行改性，进而采用改性 ZnO 稳定油相水相，制备复合乳液。其具体过程为：称取一定量纳米 ZnO 加入去离子水中，在 JY98-3D 超声波细胞粉碎机上超声 30min，再将其倒入三口烧瓶中，调 pH 值至 6.5，加入适量 A-151，在搅拌速度 300r/min 下，升温至 85℃，保温 2h。冷却后出料，离心并水洗分离 3 次，70℃真空干燥。将水洗离心分离后的改性纳米 ZnO 再次分散于去离子水中，超声 30min，获得改性纳米 ZnO 水分散液。将一定质量比的 MMA（甲基丙烯酸甲酯）、BA（丙烯酸丁酯）、AGE（烯丙基缩水甘油醚）、TMPTA（三羟甲基丙烷三丙烯酸酯）和 LMA（甲基丙烯酸十二酯）混合单体加入到 SDS（十二烷基硫酸钠）和 TMN-10（支链仲醇聚氧乙烯醚）的水溶液中，在高剪切混合乳化机上乳化 5min，得到预乳化液 1；将一定质量比的 MMA、BA、AGE、TMPTA、LMA 和 AA（丙烯酸）混合单体加入到 SDS 和 TMN-10 的水溶液中，在高剪切混合乳化机上乳化 5min，得到预乳化液 2；将一定量的 APS（过硫酸铵）加入去离子水中配成 APS 水溶液。三口烧瓶中加入 1/5 的 APS 水溶液打底，搅拌速度 200r/min 下，升温至 80℃，滴加预乳化液 1 和一定量的 APS 水溶液，2h 滴加完毕后，继续滴加预乳化液 2 和剩余 APS 水溶液，1h 滴加完毕，保温 2h，冷却至室温。

分别在不同阶段加入纳米氧化锌进行考察，将 1/3 的改性纳米 ZnO 水分散液加入预乳化液 1，将剩余 2/3 的改性纳米 ZnO 水分散液加入预乳化液 2；将改性纳米 ZnO 水分散液加入预乳化液 2；将改性纳米 ZnO 水分散液加入预乳化液 1。

图 5-1 为采用三种不同方式加入改性纳米 ZnO 制备的复合乳液粒径分布图。由图可知，不同阶段引入改性纳米 ZnO 制备的复合乳液粒径均为单峰分布，且乳液的平均粒径基本一致，表明改性纳米 ZnO 的加入阶段对乳胶粒的粒径和粒径单分散性影响不大。与其他两种改性纳米 ZnO 加入方式相比较，改性纳米 ZnO 在第 2 阶段，即在预乳化液 2 中加入时，复合乳液的粒径分布最窄，表明改性纳米 ZnO 在第 2 阶段加入时，获得的复合乳液较优。图 5-2 为采用改性纳米 ZnO 第 2 阶段加入方式制备的聚丙烯酸酯/纳米 ZnO 复合乳液 TEM 照片。由图 5-2 可知，聚丙烯酸酯/纳米 ZnO 复合乳液的乳胶粒之间有一定的粘连，粒径较小，为 190～200nm，且粒径较为均一。图中的黑色纳米 ZnO 颗粒分布在乳液中，表明纳米 ZnO 存在于聚丙烯酸酯/纳米 ZnO 复合乳液中。

将其应用棉织物的涂料印花工艺，首先制备浆料（依照表 5-1 应用配方），采用印花网

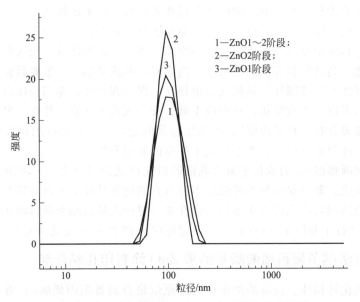

图 5-1 聚丙烯酸酯/纳米 ZnO 复合乳液的 DLS 曲线

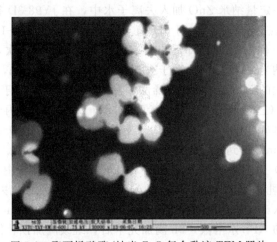

图 5-2 聚丙烯酸酯/纳米 ZnO 复合乳液 TEM 照片

使用浆料进行印花，在 80℃下烘干 3min，再于 150℃下焙烘 3min。

表 5-1 应用配方

物料	涂料红	黏合剂	钛白粉	乳化剂	分散剂	消泡剂	渗透剂	增稠剂
质量分数 w/%	5.5	60	30	1	1	0.5	1	1

表 5-2 为采用不同方案制备复合乳液应用于棉织物涂料印花的各项性能。L 表示织物的明暗程度，a 表示红绿程度，b 表示黄蓝程度。由表 5-2 可见，与商品黏合剂涂料印花织物相比，采用不同改性纳米 ZnO 加入方式所制备复合乳液印花织物的表观给色量接近。印花织物的皂洗色牢度均可以达到 4 级，表明经三种复合乳液涂料印花织物的皂洗牢度均较好，且与商品黏合剂的皂洗色牢度性能相当。印花织物的干摩擦牢度值均可以达到 3 级以上，湿摩擦牢度达到 2 级以上，表明经复合乳液印花后织物的干湿摩擦牢度均较好，且可达到商品黏合剂对干湿擦牢度的要求。复合乳液印花织物的柔软度值均与商品黏合剂印花织物接近，

表明 3 种复合乳液涂料印花后织物手感与商品黏合剂涂料印花后织物的手感相当。因此，改性纳米 ZnO 的加入方式对复合乳液在涂料印花中的应用性能影响不大。

表 5-2　涂料印花棉织物的各项性能

试样	Lab 值			皂洗牢度(沾色)	干湿擦色牢度		柔软度
	L	a	b		干	湿	
1	66.13	46.72	14.15	4	3~4	2	7.69
2	64.23	48.40	16.25	4	3	2~3	7.69
3	65.70	47.85	16.09	4	3	2	7.70
4	64.87	47.11	15.18	4	3	2	7.69

注：试样 1—采用 ZnO 第 1 阶段加入方式制备的复合乳液印花后织物；试样 2—采用 ZnO 1、2 阶段加入方式制备的复合乳液印花后织物；试样 3—采用 ZnO 第 2 阶段加入方式制备的复合乳液印花后织物；试样 4—采用商品黏合剂涂料印花的织物。

5.1.3　Pickering 乳液聚合法制备聚丙烯酸酯基纳米粒子涂料印花黏合剂

在高分子基无机纳米粒子复合乳液的制备过程中，为了确保纳米粒子均匀分散和乳液稳定，大多需要加入表面活性剂作为乳液稳定剂。表面活性剂的使用不仅会对环境造成危害，还会降低复合乳液成膜的耐水性，不利于复合材料优异性能在更大范围内的发挥。Pickering 乳液是一种由固体粒子代替传统表面活性剂或者由固体粒子与少量表面活性剂协同稳定乳液体系的新型乳液。基于 Pickering 乳液的聚合工艺可在替代传统表面活性剂的情况下制备有机/无机复合粒子，兼具高分子的韧性、弹性以及无机物的高强、耐热等特性。采用 Pickering 乳液聚合法制备涂料印花黏合剂主要将纳米 ZnO 和纳米 SiO$_2$ 引入聚丙烯酸酯涂料印花黏合剂中。

5.1.3.1　纳米 ZnO 与反应型表面活性剂协同稳定

以纳米 ZnO 与反应型表面活性剂 DNS-86 协同稳定丙烯酸类单体制备聚丙烯酸酯/纳米 ZnO 涂料印花黏合剂，具体制备过程为：取适量纳米 ZnO、DNS-86 和 H$_2$O，超声 30min，再将单体甲基丙烯酸（MMA）和丙烯酸丁酯（BA）加入烧杯中，乳化 10min，移入 250mL 三口烧瓶中，升温至 70℃，3h 内滴完过硫酸铵（APS）引发剂溶液，在 75℃ 下保温搅拌 2h，冷却，过滤，制得复合乳液。

图 5-3（见彩插）所示为复合乳液的透射电镜测试结果，从图中看出乳胶粒粒径大致在 450nm 左右，乳液颗粒较为均匀；乳胶粒局部包覆有纳米 ZnO 颗粒，大面积的颗粒表面并未吸附纳米 ZnO 颗粒，可能是由于 DNS-86 和纳米 ZnO 共同稳定乳液颗粒，使得吸附在乳胶粒表面的纳米 ZnO 颗粒较少，很难完全包覆聚合乳液颗粒。

图 5-4 为采用纳米 ZnO 与反应型表面活性剂作为稳定剂，通过 Pickering 乳液聚合法制备复合乳液机理示意图。纳米 ZnO 和 DNS-86 通过超声分散于水中时，带负电的 DNS-86 会吸附于带正电的纳米 ZnO 颗粒表面，使纳米 ZnO 的疏水性有所提高，利于单体油滴的乳化；多余的一部分 DNS-86 会分散于水中。加入单体时，改性纳米 ZnO 和多余的 DNS-86 会分布于油水界面以降低两相界面张力，在高速搅拌下就会形成 Pickering 乳状液。当加入引发剂引发聚合时，DNS-86 会通过自身的双键与乳液滴中的单体发生共聚反应，从而吸附于乳胶粒的表面；纳米 ZnO 颗粒也会由于与 DNS-86 的电性作用而吸附于乳胶粒的表面。

将聚丙烯酸酯/纳米 ZnO 黏合剂应用在棉织物涂料印花工艺，首先制备浆料（依照表 5-3 应用配方），采用印花网使用浆料进行印花，在 80℃ 下烘干 3min，再于 150℃ 下焙烘 3min。

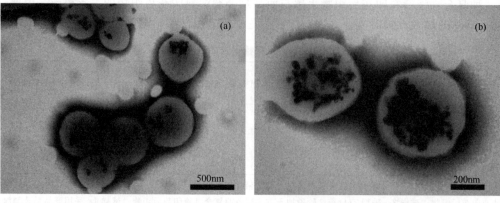

图 5-3　Pickering 乳液透射电镜照片

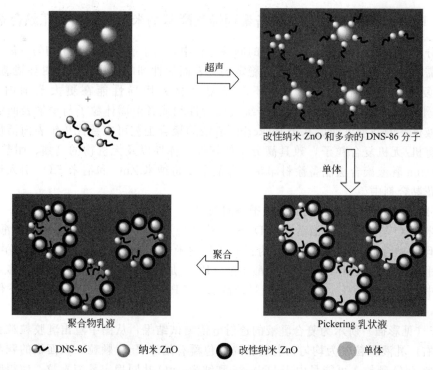

图 5-4　采用纳米 ZnO 与反应型表面活性剂通过 Pickering 乳液聚合法
制备复合乳液的示意图

表 5-3　应用配方

物料	涂料红	黏合剂	水	增稠剂
用量/g	0.4	4	16	0.8

　　表 5-4 所示为将复合乳液和商品黏合剂分别进行涂料印花后棉织物干、湿摩擦色牢度测试结果。由表中可以看出，复合乳液与商品黏合剂相比，印花后棉织物的干、湿摩擦色牢度都较优，说明与传统黏合剂相比，复合乳液在提高织物摩擦牢度方面有一定优势。织物的干、湿摩擦牢度出现这种差异的原因可能是相对复合乳液而言，商品黏合剂在聚合过程中加入了较多的表面活性剂，使得织物的干、湿摩擦牢度在一定程度上受到了影响。

表 5-4　涂料印花后棉织物的干、湿摩擦色牢度

试样	商品黏合剂	Pickering 乳液
干摩擦牢度/级	3	4
湿摩擦牢度/级	2	3

　　表 5-5 所示为将复合乳液和商品黏合剂分别进行涂料印花后棉织物的皂洗牢度。由表可以看出，复合乳液与商品黏合剂相比，印花后棉织物褪色、沾色牢度均较好，说明与传统黏合剂相比，用复合乳液作涂料印花黏合剂时棉织物的皂洗牢度更好。这可能一方面是因为传统聚丙烯酸酯乳液黏合剂中添加较多的表面活性剂在一定程度上影响了织物的皂洗牢度；另一方面是由于复合乳液中包覆在聚合乳液颗粒表面的纳米 ZnO 表面含有大量羟基，其可与棉织物上的羟基发生化学键合，从而使得乳液颗粒在织物表面牢固地将涂料颗粒和纤维黏附在一起，因而皂洗色牢度更好。

表 5-5　涂料印花后棉织物的皂洗牢度

试样	商品黏合剂	Pickering 乳液
褪色牢度/级	4	3～4
沾色牢度/级	3～4	4～5

　　表 5-6 所示为复合乳液和商品黏合剂分别进行涂料印花后棉织物的 Lab 值及色差测定结果。从表中数据可以看出，在应用条件相同的情况下，与商品黏合剂相比，复合乳液印花后织物表面颜色亮度 L 更高，a 值更大，即颜色更偏向红色系，色差 ΔE 相对小，说明颜色更均匀，因此 Pickering 乳液用做印花黏合剂时织物表面得色效果更好。这可能是因为在涂料印花过程中，包覆在乳胶粒表面的纳米 ZnO 粒子一定程度上减缓了乳胶粒的聚集，缓解印花色浆的粘网现象，色浆流变性能更好，所以织物表面的得色效果更均匀。

表 5-6　涂料印花后棉织物的 Lab 值及色差

试样	L	a	b	ΔE
商品黏合剂	47.75	59.26	47.48	0.42
Pickering 乳液	49.59	60.75	45.72	0.31

　　表 5-7 所示为复合乳液和商品黏合剂分别进行涂料印花后棉织物的柔软度测试结果。从表中数据可以看出，经复合乳液印花后棉织物的柔软度较商品黏合剂低，其用于涂料印花可能会对织物的手感造成一定的影响。

表 5-7　涂料印花后棉织物的柔软度

试样	商品黏合剂	Pickering 乳液
柔软度	6.2	4.8

5.1.3.2　纳米 SiO_2 稳定

　　以纳米 SiO_2 稳定丙烯酸类单体制备聚丙烯酸酯/纳米 SiO_2 涂料印花黏合剂，具体制备过程为：称取一定量的纳米 SiO_2 溶胶和水加入三口烧瓶中，搅拌 5min，转速 250r/min，一次性加入一定量的甲基丙烯酸甲酯（MMA）、丙烯酸丁酯（BA）、烯丙基缩水甘油醚（AGE）和丙烯酸（AA）的混合单体，搅拌 10min，水浴升温至 75℃，加入一定量的引发剂过硫酸铵 APS 和水，保温 4h，冷却至室温，过滤，制得聚丙烯酸酯/纳米 SiO_2 复合

乳液。

图 5-5 所示为聚丙烯酸酯/纳米 SiO_2 复合乳液的傅里叶变换红外光谱图。2988.7cm^{-1} 处为—CH_3 上 C—H 的伸缩振动吸收峰；1731.5cm^{-1} 处为酯键的 C=O 的伸缩振动吸收峰；1451cm^{-1} 处为酯键的 C—O—C 的伸缩振动吸收峰；1645～1655cm^{-1} 处 C=C 伸缩振动吸收峰消失，表明双键已聚合。800cm^{-1} 和 471cm^{-1} 处为 Si—O 的伸缩振动吸收峰，1111.8cm^{-1} 处为 Si—O—Si 的伸缩振动吸收峰，962.11cm^{-1} 处为 Si—O—H 的伸缩振动吸收峰，3450cm^{-1} 处为—OH 上 O—H 的伸缩振动吸收峰，说明聚合乳液中存在纳米 SiO_2。

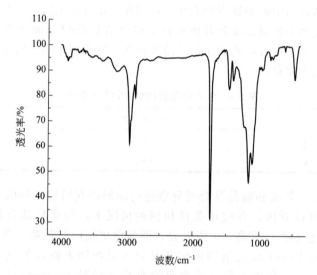

图 5-5　聚丙烯酸酯/纳米 SiO_2 复合乳液的红外谱图

图 5-6 所示为聚丙烯酸酯/纳米 SiO_2 复合乳液的透射电镜图。由图可以看出，纳米 SiO_2 已通过 Pickering 乳液聚合法引入聚丙烯酸酯乳液中，均匀包覆着有机聚合物，形成核-壳结构，聚丙烯酸酯/纳米 SiO_2 复合乳液的乳胶粒子的分散性较好，粒径大小较均一，粒径较大，为 690nm 左右。图 5-7 所示为乳液成膜的扫描电镜图。由图中可以看出纳米 SiO_2 均匀分散在聚丙烯酸酯/纳米 SiO_2 复合乳液的膜中。

按照表 5-3 应用配方制备浆料，将其应用棉织物的涂料印花工艺，采用印花网使用浆料

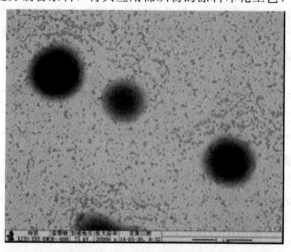

图 5-6　聚丙烯酸酯/纳米 SiO_2 复合乳液的 TEM 照片

进行印花，在 80℃下烘干 3min，再于 150℃下焙烘 3min。表 5-8 所示为聚丙烯酸酯/纳米 SiO₂ 复合乳液涂料印花的应用结果。由表可知，聚丙烯酸酯/纳米 SiO₂ 复合乳液作为黏合剂应用于棉织物涂料印花，其干湿摩擦牢度均为 3～4 级，与商品黏合剂的应用效果相当；皂洗牢度比商品黏合剂印花织物要好，可达 5 级，且对织物的柔软度影响不大；印花织物 K/S 为 8.12（最大吸收波长为 510nm），与商品黏合剂应用后的表观给色量相当；但印花织物的透气性有所下降。

图 5-7　乳液成膜的 SEM 照片

表 5-8　涂料印花应用结果

印花棉布用黏合剂	干湿擦牢度/级		皂洗牢度/级		柔软度	K/S	透气性/(mm/s)
	干	湿	沾色	褪色			
空白	—	—	—	—	7.65	—	234.5
商品黏合剂	3～4	3	4	4	7.65	8.20	83.31
聚丙烯酸酯/纳米 SiO₂	3～4	3～4	5	5	7.65	8.12	52.07

注："—"表示原布的相应结果未测。

5.1.4　纳米材料在涂料印花黏合剂中的发展趋势

目前，纳米粒子改性涂料印花用聚丙烯酸酯黏合剂的研究较少，若将更多纳米粒子引入聚丙烯酸酯乳液中，制备聚丙烯酸酯/无机纳米复合涂料印花黏合剂，可进一步提高常规聚丙烯酸酯黏合剂在各种织物涂料印花中的性能，同时有利于开发功能型黏合剂，例如：荧光性、阻燃性、耐磨性等，从而赋予涂料印花织物更多的效应。

5.2　纳米材料在抗菌功能纺织品中的应用

5.2.1　概述

蚕丝、羊毛等蛋白质纤维和棉麻等纤维素纤维织物会滋生细菌和霉菌等微生物，织物上微生物的滋生和繁殖不仅对织物本身具有破坏作用，而且会使织物力学性能降低，产生斑渍褪色，以及交叉感染等，因此，阻碍和抑制微生物在织物使用和储存过程中的代谢和繁殖非常必要。

抗菌剂是指一些微生物高度敏感的，少量添加到材料中即可赋予材料抗微生物性能的化学物质，即能使细菌、真菌等微生物不能发育或能抑制微生物生长的物质。近年来，为了突破传统抗菌剂的缺陷，许多研究者纷纷将目光投向纳米抗菌剂。众多实验结果表明，纳米抗菌剂除具有抗菌效果之外，还具有低毒、易分散及较好的热稳定性等特点。因此，纳米抗菌剂的开发研究，为传统的纺织工业注入了新的活力，对促进纺织、服装行业的科技进步产生了积极的推动作用。

随着纳米粒子在抗菌方面显示出优异的性能，越来越多的研究通过不同的方法将纳米粒子引入制备抗菌纺织品中，主要表现在以下几个方面：第一，直接采用溶胶抗菌整理；第二，通过聚硅氧烷或黏合剂在织物表面成膜将纳米粒子负载到织物表面；第三，反应型聚合物基纳米粒子复合抗菌剂。

5.2.2 采用溶胶整理制备抗菌纺织品

采用溶胶抗菌整理主要有两种方法，直接采用溶胶整理和原位生成溶胶整理织物。直接采用溶胶整理，即直接制备溶胶或者将功能整理剂掺杂在溶胶中，进而采用印染厂传统的浸轧-烘干-固化工艺流程使溶胶与织物结合。在织物上形成一层透明的凝胶薄膜，将这些整理剂固锚在纤维上，从而赋予织物抗菌功能。多种金属及其氧化物均具有一定的杀菌性能，如二氧化钛、二氧化硅、氧化锌等。

原位生成溶胶整理织物，即选用一定的前驱单体物质和金属盐溶液，在织物的存在下，按照一定的方法产生溶胶-凝胶体，对织物进行整理。原位生成整理技术以其高效、简便、环保等特性越来越受到重视。以往的原位生成纳米材料整理技术，一般一次只能生成一种纳米材料。苏州大学林红课题组用端氨基超支化聚合物（HBP-NH$_2$），通过微波法一步在棉织物中同时控制原位生成了纳米 Ag 和纳米 ZnO，Ag-ZnO 复合整理能够弥补纳米 ZnO 整理时抗菌性能不足的缺陷，实现对织物的多功能化整理，同时赋予织物优异的抗紫外线和抗菌性能。P. Dhandapani 等采用原位法在棉织物纤维表面负载纳米 ZnO，对棉织物/纳米 ZnO 进行抗菌实验，结果表明对大肠杆菌和金黄色葡萄球菌具有优异的杀菌效果。I. Perelshtein 等人使用原位法使纳米 ZnO 在棉织物表面沉积，纳米氧化锌在织物上的涂层具有抗菌性。

5.2.3 通过聚硅氧烷或黏合剂负载纳米粒子制备抗菌纺织品

许多金属纳米粉在织物表面附着后，具有多种功能性。如纳米二氧化钛颗粒在织物中具有抗紫外性能，纳米银和银盐颗粒具有较高的抗菌性能等。但是纳米材料与底物的结合一直没有得到满意的解决。另一方面，尽管金属材料本身对人体没有临床医学上的伤害，但是有大量学者担心纳米级尺寸的金属或金属盐，随着人们穿着使用，存在进入人体皮肤甚至血液中的风险，且有可能引发生理上不适的隐患。为了解决功能性纳米材料与织物牢固结合的难题，可采用聚硅氧烷或黏合剂将纳米粒子固着在织物表面。

聚硅氧烷整理可以在织物表面形成一层很薄的聚合物膜，将纳米材料嵌入可交联的聚硅氧烷织物涂层中。这层聚硅氧烷膜可以减弱光、热、化学物质、微生物对织物的影响。嵌入膜中的纳米材料可以被防止泄漏到外部环境和人体中。最为重要的是，聚硅氧烷有非常优越的生物相容性、透明性、无污染、高透气性、柔软性、耐磨及抗撕裂性，对水洗和干洗的耐久性好，还有一定的阻燃性和抗起球性。因此，经此方法整理的织物，不仅具有抗菌性，还增强了其他方面的性能。此外，可交联的聚硅氧烷几乎可以对所有种类的天然纤维和合成纤维进行涂层整理，其大规模市场应用的潜力很大。

为提高纳米粒子的抗菌性，可以通过对纳米粒子进行有效掺杂进一步提高材料的抗菌性。例如：纳米 TiO_2 是基于光催化反应使有机物分解而具有抗菌效果，纳米 TiO_2 在水和空气中，在阳光尤其是在紫外线的照射下，能够自行分解出自由移动的带负电的电子和带正电的空穴发生一系列化学反应，形成空穴电子对，电子吸收溶解在 TiO_2 表面的氧形成 O^{2-}，而空穴则与在 TiO_2 表面的 H_2O 形成 OH^-，由于它们都是不稳定的，当有机物落在光催化剂的表面时就会与 O^{2-}、OH^- 发生反应，生成 CO_2 和 H_2O，但是它只能吸收激发波长为 385nm（紫外波长）以下的光进行反应，所以 TiO_2 的光谱使用范围限制了其在抗菌领域的应用。TiO_2 的光吸收波长范围狭小，仅限于紫外区，利用太阳光的比例太低；另外 TiO_2 内部载流子的复合率很高，因此量子效率较低。为了提高光生电荷的分离，抑制载流子复合，以提高量子效率，扩大作用光的波长范围，提高光催化剂的稳定性，人们对 TiO_2 进行了过渡金属离子掺杂、贵金属离子掺杂等研究。例如稀土与纳米二氧化钛、二氧化硅与二氧化钛、氯化银与二氧化钛、银与二氧化钛等。武晓伟等对稀土纳米 TiO_2 复合粉体在棉织物上的抗菌性能进行研究，结果表明掺入稀土离子有利于提高纳米 TiO_2 的抗菌性能；相同条件下，稀土纳米 TiO_2 抑菌率可达到 100%，洗涤 10 次后抑菌率仍为 100%。

张健飞选用的 4 种掺杂型纳米 TiO_2 抗菌剂 TiO_2-SiO_2、ZnO-TiO_2、Cu-TiO_2 和 Ag-TiO_2 分别属于半导体复合、过渡金属离子掺杂和贵金属掺杂，通过黏合剂将其分别固着在织物表面。4 种抗菌织物在紫外线照射下杀灭细菌的反应为一级反应，在光照 40min 左右细菌全部杀死，光催化效果良好，在紫外线照射的条件下催化反应符合光催化 Langmuir-Hinshe-l wood 动力学方程。表 5-9 为不同掺杂型抗菌剂的动力学参数，由于 ZnO-TiO_2 是 2 种光催化剂半导体的耦合，因而有最大的速率常数 $2.185min^{-1}$，杀灭细菌的反应速率最快，即它的光催化反应最快。TiO_2-SiO_2、Ag-TiO_2、Cu-TiO_2 的速率常数分别为 $1.891min^{-1}$、$1.817min^{-1}$ 和 $1.293min^{-1}$。吸附常数 K 值较大在一定程度上反映了吸附能力较强，吸附平衡常数的计算结果表明反应速率越快，吸附平衡常数也越大，吸附的细菌越多越利于反应的进行。

表 5-9　动力学参数

抗菌剂种类	速率常数 k/min^{-1}	吸附平衡常数 K
TiO_2-SiO_2	1.891	0.347
ZnO-TiO_2	2.185	0.897
Cu-TiO_2	1.293	0.213
Ag-TiO_2	1.867	0.250

5.2.4　采用反应型聚合物基纳米粒子复合材料制备抗菌纺织品

二甲基二烯丙基氯化铵（DMDAAC）是一种含双键的水溶性季铵盐单体，N^+ 离子具有良好的杀菌性能，且能与其他含双键的单体发生聚合，将其应用于织物后可赋予良好的抗菌性能，但存在热稳定性差和时效短等缺点。纳米 ZnO 价格低、来源广泛、具有抗菌性良好、紫外吸收性能强、热稳定性高等优点，已经引起诸多研究者的高度关注。然而，纳米 ZnO 对纤维无亲和力，在纤维表面附着力较低，在使用过程中容易脱落。为充分发挥两者的优点，通过硅烷偶联剂改性纳米 ZnO 和羧基分散纳米 ZnO 两种方式分别制备二烯丙基二甲基氯化铵聚合物基纳米 ZnO 复合抗菌剂。

5.2.4.1　硅烷偶联剂改性纳米 ZnO 制备复合抗菌剂

采用 KH-570 改性纳米 ZnO，同时与含环氧基团的单体烯丙基缩水甘油醚（AGE）、

DMDAAC 单体发生聚合，制备聚二烯丙基二甲基氯化铵-烯丙基缩水甘油醚（PDMDAAC-AGE)/纳米 ZnO 复合材料见式(5-1)。具体制备过程为：将纳米 ZnO 与 30g H_2O 进行超声 30min，在水浴 80℃，搅拌速度 350r/min，将 DMDAAC 和超声好的纳米 ZnO，2/3 的引发剂 KPS 加入三口烧瓶，反应 15min 后，加入 1/2 的烯丙基缩水甘油醚，1/6 的 KPS，硅烷偶联剂 KH-570，反应 15min 后，加入 1/2 的烯丙基缩水甘油醚，1/6 的引发剂 KPS，保温反应 4h，冷却至室温，用 1.0% 的盐酸调节体系 pH 值，制得 PDMDAAC-AGE/纳米 ZnO 复合材料。利用阳离子和纳米 ZnO 的协同抗菌性，赋予棉织物优良的抗菌性；将环氧基团引入 PDMDAAC-AGE/纳米 ZnO 复合材料中，利用环氧基团与棉纤维表面的羟基发生化学键结合，有效提高织物的耐洗牢度。

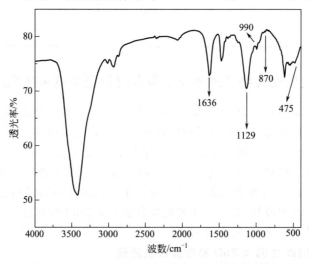

$$(5\text{-}1)$$

图 5-8 是 PDMDAAC-AGE/纳米 ZnO 的红外谱图。由于纳米氧化锌的表面有羟基，$3500cm^{-1}$ 处的峰是—OH 的吸收峰，$2900\sim3000cm^{-1}$ 处是饱和—CH_2—、—CH_3 的振动吸收峰，$1636cm^{-1}$ 处是硅烷偶联剂 KH-570 的酯羰基出峰，$1472cm^{-1}$ 处是 C—H 的弯曲振动峰，$1129cm^{-1}$ 处是一个宽峰，有醚 C—O—C 和环氧伸缩振动出峰，$990cm^{-1}$ 处是 Si—O—Zn 键的出峰，$870cm^{-1}$ 处有环氧的振动伸缩峰，$475cm^{-1}$ 为 Zn—O 的出峰。

图 5-8   PDMDAAC-AGE/纳米 ZnO 的红外谱图

图 5-9 是 PDMDAAC-AGE/纳米 ZnO 复合材料的 TEM 照片。纳米 ZnO 颗粒均匀分散，平均粒径为 50～70nm，颗粒表面不规则，平整度不好，说明采用 HCl 调节 pH 值时，对纳米氧化锌的表面造成轻微的腐蚀。

将纳米复合材料配制成一定浓度，采用浸轧法应用于棉织物整理，轧余率为 93%，两浸两轧，在 100℃下烘干 3～5min，再于 125℃下焙烘 10min。

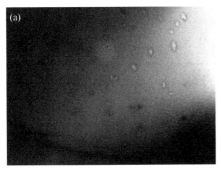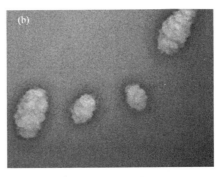

图 5-9 PDMDAAC-AGE/纳米 ZnO 复合材料的 TEM 照片

(a) 1μm；(b) 100nm

(1) 大肠杆菌　表 5-10 是不同浓度 PDMDAAC-AGE/纳米 ZnO 复合材料整理棉织物对大肠杆菌的抗菌率。从表 5-10 中可看出，不同浓度 PDMDAAC-AGE/纳米 ZnO 复合材料整理棉织物，对大肠杆菌的抗菌性较好，抗菌率达 99% 以上；经 1、6、10 次洗涤后整理棉织物的抗菌率在 97% 以上，随着洗涤次数的增加，抗菌率没有呈现明显降低的趋势，表明 PDMDAAC-AGE/纳米 ZnO 整理棉织物后及洗涤后对大肠杆菌具有优异的抗菌性。

表 5-10　不同浓度 PDMDAAC-AGE/纳米 ZnO 复合材料整理棉织物对大肠杆菌的抗菌性

次数 ＼ 浓度	0g/L	5g/L	10g/L	15g/L	20g/L	25g/L	30g/L
0	0	99＋	99＋	99＋	99＋	99＋	99＋
1	0	98	99	99	99	99	99
6	0	98	98	98	98	98	99
10	0	97	98	98	98	98	98

(2) 金黄色葡萄球菌　表 5-11 是不同浓度 PDMDAAC-AGE/纳米 ZnO 复合材料整理棉织物对金黄色葡萄球菌的抗菌性。随着 PDMDAAC-AGE/纳米 ZnO 复合材料浓度的增加，整理棉织物的抗菌率保持不变，抗菌率在 99% 以上；整理棉织物洗涤 1 次后，抗菌率可达 98% 以上。随着洗涤次数的增加，采用浓度为 5g/L 的 PDMDAAC-AGE/纳米 ZnO 复合材料时，整理棉织物的抗菌率有明显的降低；当 PDMDAAC-AGE/纳米 ZnO 复合材料浓度大于 10g/L 时，抗菌率达 90% 以上。表明 PDMDAAC-AGE/纳米 ZnO 复合材料整理棉织物经洗涤后对金黄色葡萄球菌具有良好的抗菌性。

(3) 白色念珠菌　表 5-12 是不同浓度 PDMDAAC-AGE/纳米 ZnO 复合材料整理棉织物对白色念珠菌的抗菌性。随着 PDMDAAC-AGE/纳米 ZnO 复合材料的浓度增加，PDM-DAAC-AGE/纳米 ZnO 复合材料整理棉织物后的抗菌率保持不变，抗菌率在 99% 以上；PDMDAAC-AGE/纳米 ZnO 复合材料整理棉织物洗涤 1 次后的，其抗菌效果可达 95% 以

表 5-11　不同浓度 PDMDAAC-AGE/纳米 ZnO 整理棉织物对金黄色葡萄球菌的抗菌性

次数 ＼ 浓度	0g/L	5g/L	10g/L	15g/L	20g/L	25g/L	30g/L
0	0	99＋	99＋	99＋	99＋	99＋	99＋
1	0	98	99	99	99	99	99
6	0	60	95	95	98	99	99
10	0	50	90	95	96	98	98

上；随着洗涤次数的增加，采用浓度为 5g/L 的 PDMDAAC-AGE/纳米 ZnO 复合材料整理棉织物，抗菌率有明显的降低；当 PDMDAAC-AGE/纳米 ZnO 复合材料浓度大于 25g/L 时，抗菌率达 75％。表明 PDMDAAC-AGE/纳米 ZnO 复合材料整理棉织物经洗涤后对白色念珠菌具有一定的抗菌性。PDMDAAC-AGE/纳米 ZnO 复合材料在织物上的抗菌性研究表明：整理棉织物和经洗涤不同次数后，都表现出良好的抗菌性，尤其对大肠杆菌的抗菌效果优异，经过洗涤 10 次抗菌性仍可达 98％；对金黄色葡萄球菌的抗菌性优良，洗涤 10 次的抗菌率可达 95％以上。在浓度为 25g/L 和 30g/L 时，PDMDAAC-AGE/纳米 ZnO 整理棉织物洗涤 10 次后，对白色念珠菌的抗菌率可达 75％。

表 5-12　不同浓度 PDMDAAC-AGE/纳米 ZnO 复合材料整理棉织物对白色念珠菌的抗菌性

次数 ＼ 浓度	0g/L	5g/L	10g/L	15g/L	20g/L	25g/L	30g/L
0	0	99＋	99＋	99＋	99＋	99＋	99＋
1	0	96	95	96	97	97	99
6	0	73	80	93	96	94	95
10	0	40	50	60	60	75	75

随着 PDMDAAC-AGE/纳米 ZnO 复合材料浓度的增加，有利于 PDMDAAC-AGE/纳米 ZnO 复合材料在棉纤维表面形成互穿网络形式的结合，增加了材料与纤维的结合牢度，因此随着洗涤次数的增加，整理织物对大肠杆菌、金黄色葡萄球菌和白色念珠菌的抗菌率降低较小。这是由于 PDMDAAC-AGE/纳米 ZnO 复合材料中纳米 ZnO 与 N^+ 能够协同抗菌。纳米氧化锌一方面作为金属氧化物，在抗菌过程中释放的 Zn^{2+} 可能穿透细菌的细胞膜，与细胞内蛋白酶结合，使酶中毒，破坏细胞内的新陈代谢，杀死细菌；另一方面由于其具有较宽的禁带宽度，在光的照射下，可激发电子，与 H_2O 分子结合产生羟基自由基、超氧负离子和 H_2O_2 活性氧物质，都具有强的氧化性，能与细胞壁结合，杀死细菌。季铵盐中的 N^+ 能与带负电的细胞壁通过静电吸附作用与其发生作用，破坏细菌的细胞膜，导致细菌死亡。

图 5-10 是 PDMDAAC-AGE/纳米 ZnO 复合材料整理棉织物和洗涤织物的 SEM 照片。其中图 5-10(a) 为棉织物的纤维表面，光滑无杂质；图 5-10(b) 为 PDMDAAC-AGE/纳米 ZnO 复合材料整理棉织物的纤维表面，可以明显看出纤维被大量的 PDMDAAC-AGE/纳米 ZnO 复合材料包裹；图 5-10(c) 是 PDMDAAC-AGE/纳米 ZnO 复合材料整理棉织物经水洗 1 次后的棉织物纤维表面，可以看到 PDMDAAC-AGE/纳米 ZnO 复合材料在纤维表面包裹；

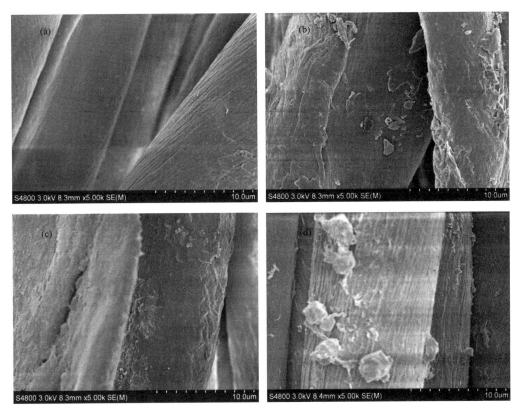

图 5-10　PDMDAAC-AGE/纳米 ZnO 复合材料整理棉织物和洗涤织物的 SEM 照片

（a）未整理棉织物；（b）PDMDAAC-AGE/纳米 ZnO 复合材料整理棉织物；（c）PDMDAAC-AGE/纳米 ZnO 复合材料整理棉织物洗涤 1 次；（d）PDMDAAC-AGE/纳米 ZnO 复合材料整理棉织物洗涤 10 次

图 5-10（d）是 PDMDAAC-AGE/纳米 ZnO 复合材料整理棉织物经 10 次水洗后纤维的表面，PDMDAAC-AGE/纳米 ZnO 复合材料在纤维表面或在纤维与纤维之间存在，与包裹在水洗 1 次纤维表面的 PDMDAAC-AGE/纳米 ZnO 复合材料相当，说明在多次水洗过程中并没有将 PDMDAAC-AGE/纳米 ZnO 复合材料洗涤脱落，PDMDAAC-AGE/纳米 ZnO 复合材料通过化学键与棉纤维作用，具有良好的结合牢度，提高了耐洗牢度。

图 5-11（a）、（b）和（c）分别为未整理棉织物、PDMDAAC-AGE/纳米 ZnO 整理棉织物和 PDMDAAC-AGE/纳米 ZnO 整理棉织物洗涤 10 次的 EDS 元素分析图。图 5-11（a）所示，主要是 C 元素和 O 元素的含量，N 元素有很少量存在，Cl 元素和 Zn 元素含量忽略不

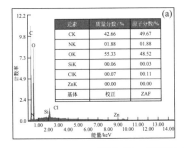

元素	质量分数/%	原子分数/%
CK	42.66	49.67
NK	01.88	01.88
OK	55.33	48.52
SiK	00.06	00.03
ClK	00.07	00.11
ZnK	00.00	00.00
基体	校正	ZAF

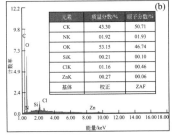

元素	质量分数/%	原子分数/%
CK	43.30	50.71
NK	01.92	01.93
OK	53.15	46.74
SiK	00.21	00.10
ClK	01.16	00.46
ZnK	00.27	00.06
基体	校正	ZAF

元素	质量分数/%	原子分数/%
CK	43.13	50.31
NK	02.14	02.14
OK	53.92	47.22
SiK	00.42	00.21
ClK	00.22	00.09
ZnK	00.17	00.04
基体	校正	ZAF

图 5-11　PDMDAAC-AGE/纳米 ZnO 复合材料整理棉织物的 EDS 图

（a）未整理棉织物；（b）PDMDAAC-AGE/纳米 ZnO 复合材料整理棉织物；

（c）PDMDAAC-AGE/纳米 ZnO 复合材料整理棉织物洗涤 10 次

计。与图 5-11(a) 比较，图 5-11(b) 和（c）中 C 元素和 O 元素的含量与其相当，N 元素、Si 元素、Cl 元素和 Zn 元素的含量增加，这是因为 PDMDAAC-AGE/纳米 ZnO 复合材料中含有 N、Si、Cl 和 Zn 等元素；图 5-11(b) 与（c）中 Zn 元素的含量相比，Zn 元素的含量从 0.27% 降低至 0.17%，说明 PDMDAAC-AGE/纳米 ZnO 复合材料整理棉织物经水洗 10 次，有少量 PDMDAAC-AGE/纳米 ZnO 复合材料随着洗涤的过程从棉纤维上脱落，降低了 Si 和 Zn 元素的含量，另一方面表明 PDMDAAC-AGE/纳米 ZnO 复合材料与织物有良好的结合力，耐 10 次（家用洗衣机 50 次）洗涤后织物表面仍有 Zn 元素存在，表现出良好的耐洗牢度。

5.2.4.2 羧基分散纳米 ZnO 制备复合抗菌剂

采用自由基聚合法将环氧基和羧基引入季铵盐聚合物中，反应式见式(5-2)，通过羧基对纳米 ZnO 进行有效分散，得到稳定的季铵盐共聚物/纳米 ZnO 复合材料，利用聚合物中 N+ 与纳米 ZnO 赋予棉织物良好的抗菌效果，利用环氧基与棉纤维的羟基作用有效提高织物的抗菌牢度。

$$\tag{5-2}$$

（1）**共混法**　共混法制备季铵盐共聚物/纳米 ZnO 复合材料是将季铵盐共聚物与纳米 ZnO 通过物理共混的方法复合，制备过程为：称取一定量的引发剂，用一定量蒸馏水溶解，水浴升温至 80℃，然后在装有搅拌器和冷凝装置的 250mL 三口烧瓶中加入二甲基二烯丙基氯化铵、环氧单体、甲基丙烯酸和引发剂水溶液。保温搅拌一段时间，自然冷却，出料，制得聚二烯丙基二甲基氯化铵-烯丙基缩水甘油醚-甲基丙烯酸（PDMDAAC-AGE-MAA）。在常温下，搅拌速度为 300r/min，取一定量合成的 PDMDAAC-AGE-MAA 调至不同 pH 值，与一定量的纳米 ZnO（纳米 ZnO 占总聚合物质量的 0.5%、1.0%、1.5%、2.0%）加入 150mL 三口烧瓶中，搅拌 10min，开始加热同时搅拌速度调为 500r/min，升温至 60℃时，开始保温 2h，冷却至室温，制得 PDMDAAC-AGE-MAA/纳米 ZnO 复合材料。

表 5-13 为不同 pH 值对 PDMDAAC-AGE-MAA/纳米 ZnO 复合材料稳定性的影响。当 pH 值为 2.6 和 3.0 时，聚合物 PDMDAAC-AGE-MAA/纳米 ZnO 复合材料稳定。在 pH 值为 2.6 和 3.0 时，聚合物 PDMDAAC-AGE-MAA 中羧酸官能团主要是以—COOH 的形式存在于体系中，纳米 ZnO 表面存在羟基，聚合物 PDMDAAC-AGE-MAA 与纳米氧化锌复合后可通过氢键形成稳定的 PDMDAAC-AGE-MAA/纳米 ZnO 复合材料。随着 pH 值升高，PDMDAAC-AGE-MAA/纳米 ZnO 复合材料体系呈现不稳定。因此，分别选用 pH 值为 2.6 和 3.0 的聚合物 PDMDAAC-AGE-MAA 分散纳米 ZnO 制备的 PDMDAAC-AGE-MAA/纳米 ZnO 复合材料。

表 5-13　不同 pH 值对 PDMDAAC-AGE-MAA/纳米 ZnO 复合材料稳定性的影响

pH 值	2.6	3.0	4.0	6.0	8.0
静置稳定性	透明稳定	透明稳定	白色沉淀析出	白色沉淀析出	白色沉淀析出

　　表 5-14 是在聚合物 PDMDAAC-AGE-MAA 的 pH 值分别为 2.6 和 3.0 时，与不同用量纳米 ZnO 制备 PDMDAAC-AGE-MAA/纳米 ZnO 复合材料的稳定性和旋转黏度。当纳米氧化锌用量为 0.5% 和 1.0% 时，PDMDAAC-AGE-MAA/纳米 ZnO 复合材料是稳定体系，当纳米氧化锌用量大于 1.5% 时，PDMDAAC-AGE-MAA/纳米 ZnO 复合材料体系泛白、分层，随着时间的增加产生白色沉淀。聚合物基体中的—COOH 可以分散纳米氧化锌，由于纳米氧化锌表面存在一定量的—OH，能通过离子键或氢键或分子间的作用，使得纳米氧化锌稳定存在于体系中；当纳米氧化锌用量为 1.0% 时，达到聚合物的最大分散氧化锌的能力，增加纳米氧化锌用量到 1.5% 时，超出体系中聚合物的分散稳定能力，纳米氧化锌表面能较高，导致一部分纳米氧化锌粒子团聚，使得复合体系不稳定。

表 5-14　纳米 ZnO 用量对 PDMDAAC-AGE-MAA/纳米 ZnO 复合材料的性能影响

纳米 ZnO 用量/%		0.5	1.0	1.5	2.0
复合材料 1	外观	透明	透明	泛白	分层
	稳定性	一年	一年	两天沉淀	一天
	旋转黏度/mPa·s	13.4	14.6	18.5	19.9
复合材料 2	外观	透明	透明	泛白	分层
	稳定性	一年	一年	两天沉淀	一天
	旋转黏度/mPa·s	16.2	18.9	19.3	20.0

　　注：复合材料 1 和复合材料 2 分别是 PDMDAAC-AGE-MAA 的 pH 值为 2.6 和 3.0 时，与纳米 ZnO 制备的 PDMDAAC-AGE-MAA/纳米 ZnO 复合材料。

　　PDMDAAC-AGE-MAA/纳米 ZnO 复合材料的旋转黏度随着纳米氧化锌用量的增加而增大；复合材料体系的旋转黏度受到聚合物链段和纳米氧化锌两方面的影响，当纳米氧化锌用量大于 1.5% 时，由于体系中的聚合物无法分散稳定较多的纳米氧化锌，团聚在一起的纳米氧化锌增大了复合材料的旋转黏度。随着纳米氧化锌用量的增加，将复合材料应用于织物整理，有利于织物的抗菌性能增强，因此，后续考察 PDMDAAC-AGE-MAA/纳米 ZnO 复合材料的抗菌应用性能时，使用纳米氧化锌用量为 1.0% 的复合材料。

　　图 5-12 为 PDMDAAC-AGE-MAA/纳米 ZnO 复合材料的红外谱图。$3600 \sim 3300 cm^{-1}$ 附近为自由水或吸附水和羧基中的—OH 基团振动吸收峰，$2900 cm^{-1}$ 和 $1314 cm^{-1}$ 处为 C—H 的对称和非对称伸缩振动峰，$1680 cm^{-1}$ 处是羧基中的羰基的振动吸收峰，$1665 cm^{-1}$ 和 $620 cm^{-1}$ 处是聚合物五元杂环上 C—H 键的伸缩振动吸收峰，$1640 cm^{-1}$ 处没有出现 C＝C 的吸收峰，说明聚合物中没有未反应的单体。$1130 cm^{-1}$ 处是醚键 C—O—C 的伸缩振动吸收峰，$890 cm^{-1}$ 处出峰是环氧的伸缩振动吸收峰，$476 cm^{-1}$ 处出现 Zn—O 的伸缩振动吸收峰。图 5-12(b) 的出峰位置与图 5-12(a) 的出峰位置基本相同。

　　图 5-13 是 2θ 在 10°～80° 范围内 PDMDAAC-AGE-MAA/纳米 ZnO 复合材料的 XRD 谱图。2θ 在 32°、34°、38°、48° 和 64° 处出现尖锐的峰，这些衍射峰根据国际中心的衍射数据库中红锌矿结构纳米 ZnO 的出峰比对，分别属于（100）面、（002）面、（101）面、（102）面和（103）面（JCPDS 数据卡片 04-0783），纳米 ZnO 具有良好的晶体结构。对比图 5-13(a) 和图 5-13(b) 所示，图 5-13(a) 所示的峰比图 5-13(b) 所示的峰较尖锐，说明 pH 值为

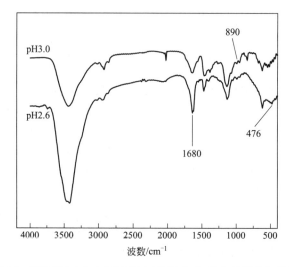

图 5-12 PDMDAAC-AGE-MAA/纳米 ZnO 复合材料的红外谱图

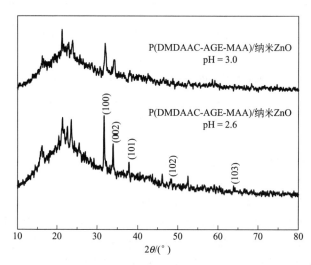

图 5-13 PDMDAAC-AGE-MAA/纳米 ZnO 复合材料的 XRD 谱图

2.6 时合成的 PDMDAAC-AGE-MAA/纳米 ZnO 复合材料的晶体结构较规整。

与聚合物 PDMDAAC-AGE-MAA 的 XRD（见图 5-14）出峰相比，PDMDAAC- AGE-MAA/纳米 ZnO 复合材料在 2θ 为 10°～15°之间的峰消失，但是在 15°～25°之间复合材料中有衍射峰出现，原因可能是聚合物的晶体结构随着纳米 ZnO 的加入，聚合物和纳米氧化锌之间的络合作用使得聚合物的晶区结构发生改变。

采用 TEM 观察聚合物、纳米 ZnO 和复合材料的微观形貌，如图 5-15（a）可以看到，PDMDAAC-AGE-MAA 呈现尖针状均匀分散在水溶液中。因为聚合物链中含有—COO⁻ 和 N⁺ 能通过离子键形成聚集体，从而在 TEM 照片中可以看到。

如图 5-15（b）所示，在聚合物 PDMDAAC-AGE-MAA 的 pH 值为 2.6 时制备的 PDMDAAC-AGE-MAA/纳米 ZnO 复合材料是核壳结构，粒径为 60～80nm。核是聚合物 PDMDAAC-AGE-MAA 的聚集体，大小不一，因为在自由基聚合过程中，采用氧化还原引发体系，通过水溶液自由基聚合得到的高分子，分子量的大小不一；壳层是纳米 ZnO 颗粒，因为 pH 值为 2.6 时的聚合物 PDMDAAC-MAA-AGE 与纳米 ZnO 的复合过程中，纳米

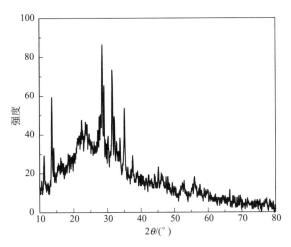

图 5-14　PDMDAAC-AGE-MAA 的 XRD 谱图

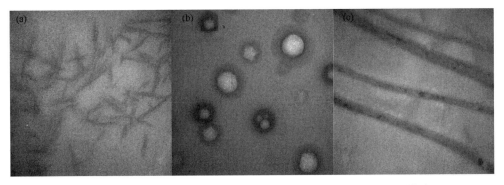

图 5-15　PDMDAAC-AGE-MAA（a）和 PDMDAAC-AGE-MAA/纳米
ZnO 复合材料 [（b）pH 2.6，（c）pH 3.0] 的 TEM 照片

ZnO 颗粒表面的—OH 具有亲水性，纳米 ZnO 在水溶液中包裹着聚合物，形成稳定复合材料。纳米 ZnO 颗粒和聚合物中的羧基之间的作用可能有三种作用形式：第一种是静电吸附作用力，纳米 ZnO 粒子的 Zeta 电位是正的，因此，纳米 ZnO 颗粒表面具有正电荷，能与聚合物中的羧基发生静电吸附；第二种是氢键，纳米 ZnO 表面存在的羟基与聚合物中—COOH 形成氢键；第三种是酯键，纳米 ZnO 作为一种碱性氧化物，能与—COOH 反应生成酯键。因此，这三种方式可以提高 PDMDAAC-AGE-MAA/纳米 ZnO 复合材料的稳定性。

图 5-15（c）可以看到，当 PDMDAAC-AGE-MAA 的 pH 值为 3.0 时制备的 PDMDAAC-AGE-MAA/纳米 ZnO 复合材料是长条状结构，因为在体系中加入 NaOH 后，聚合物链上的羧基（—COOH）转变为阴离子羧酸根（—COO⁻），所以羧基的解离程度增加，分子链由于静电作用舒展，分子间也存在静电作用，纳米 ZnO 在聚合物 PDMDAAC-AGE-MAA 链间存在，呈现长条状。图 5-16 所示为 PDMDAAC-AGE-MAA/纳米 ZnO 复合材料的合成示意。

按照 5.2.4.1 硅烷偶联剂改性纳米 ZnO 制备复合抗菌剂的应用工艺进行使用。

① 大肠杆菌　图 5-17 是 PDMDAAC-AGE-MAA 和 PDMDAAC-AGE-MAA/纳米 ZnO 复合材料整理棉织物对大肠杆菌的抗菌性结果。未整理棉织物（空白对照）的抗菌率为 0，经 PDMDAAC-AGE-MAA 整理棉织物的抗菌率为 90%，PDMDAAC-AGE-MAA/纳米 ZnO 复合材料整理棉织物对大肠杆菌抗菌性有所提高，达 98%，说明纳米氧化锌与聚合物复合

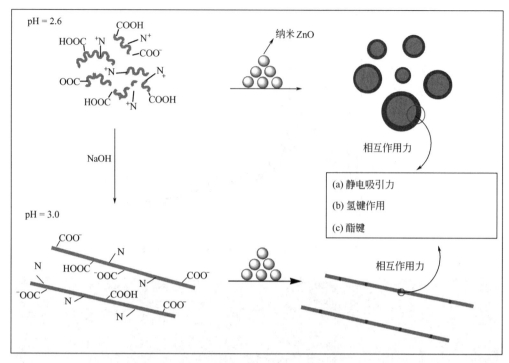

图 5-16　PDMDAAC-AGE-MAA/纳米 ZnO 复合材料的合成示意图

后，提高了织物的抗菌性。经过皂洗后，PDMDAAC-AGE-MAA 和 PDMDAAC-AGE-MAA/纳米 ZnO 整理棉织物对大肠杆菌抗菌性都有所降低，分别为 83％和 94％。PDM-DAAC-AGE-MAA/纳米 ZnO 复合材料整理棉织物后，聚合物能在纤维表面包覆，同时通过环氧基与织物纤维表面的—OH 发生共价结合，纳米 ZnO 被成膜固定在纤维表面；在洗涤过程中，聚合物 PDMDAAC-AGE-MAA 和 PDMDAAC-AGE-MAA/纳米 ZnO 复合材料含有少量未反应的单体与织物没有发生交联，结合牢度较差，洗涤后发生脱落。PDMDAAC-AGE-MAA/纳米 ZnO（pH 2.6，pH 3.0）整理后织物在洗涤前后对大肠杆菌的抗菌性均无明显差别，都表现出良好的抗菌性。

② 金黄色葡萄球菌　图 5-18 是未整理棉织物、PDMDAAC-AGE-MAA、PDMDAAC-AGE-MAA/纳米 ZnO（pH 2.6，pH 3.0）整理棉织物对金黄色葡萄球菌的抗菌性，PDM-DAAC-AGE-MAA 整理棉织物对金黄色葡萄球菌的抗菌率为 93％，原因是季铵盐阳离子成分具有较好的抗菌效果。PDMDAAC-AGE-MAA/纳米 ZnO 复合材料整理棉织物对金黄色葡萄球菌的抗菌性较聚合物 PDMDAAC-AGE-MAA 整理织物的抗菌性好，抗菌率为 99％，原因是纳米氧化锌与 N^+ 具有协同抗菌性能。PDMDAAC-AGE-MAA/纳米 ZnO 复合材料整理棉织物后，聚合物能在纤维表面包覆，同时通过环氧基与织物纤维表面的—OH 发生共价结合，纳米 ZnO 被成膜固定在纤维表面；在洗涤过程中，聚合物 PDMDAAC-AGE-MAA 和 PDMDAAC-AGE-MAA/纳米 ZnO 复合材料含有少量未反应的单体与织物没有发生交联，结合牢度较差，洗涤后发生脱落。PDMDAAC-AGE-MAA/纳米 ZnO（pH 2.6，pH 3.0）整理棉织物在洗涤前后对金黄色葡萄球菌的抗菌性均无明显差别，都表现出良好的抗菌性。

③ 白色念珠菌　图 5-19 是未整理棉织物、PDMDAAC-AGE-MAA、PDMDAAC-AGE-MAA/纳米 ZnO（pH 2.6，pH 3.0）整理棉织物对金黄色葡萄球菌的抗菌性。PDMDAAC-AGE-MAA 整理棉织物对白色念珠菌的抗菌率为 75％，原因是季铵盐阳离子成分具有较好

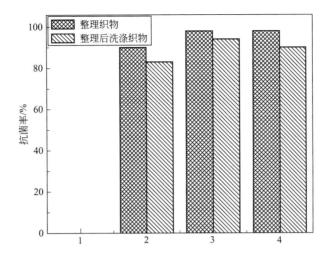

图 5-17　PDMDAAC-AGE-MAA 和 PDMDAAC-AGE-MAA/纳米 ZnO
复合材料整理后棉织物对大肠杆菌的抗菌性

1—未整理棉织物；2—PDMDAAC-AGE-MAA 整理棉织物；3—DMDAAC-AGE-MAA/纳米
ZnO（pH 2.6，1.0%）复合材料整理后织物；4—DMDAAC-AGE-MAA/纳米
ZnO（pH 3.0，1.0%）复合材料整理棉织物

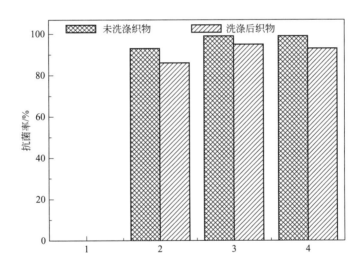

图 5-18　PDMDAAC-AGE-MAA 和 PDMDAAC-AGE-MAA/纳米 ZnO
复合材料整理棉织物对金黄色葡萄球菌的抗菌性

1—未整理棉织物；2—PDMDAAC-AGE-MAA 整理棉织物；3—PDMDAAC-AGE-MAA/纳米 ZnO
（pH 2.6，1.0%）复合材料整理棉织物；4—DMDAAC-AGE-MAA/纳米
ZnO（pH 3.0，1.0%）复合材料整理棉织物

的抗菌效果。PDMDAAC-AGE-MAA/纳米 ZnO 复合材料整理棉织物对白色念珠菌的抗菌性较聚合物 PDMDAAC-AGE-MAA 整理棉织物的抗菌性好，抗菌率为 85%，原因是纳米氧化锌与 N⁺ 具有协同抗菌性能。PDMDAAC-AGE-MAA/纳米 ZnO 复合材料整理棉织物后，聚合物能在纤维表面包覆，同时通过环氧基与织物纤维表面的—OH 发生共价结合，纳米 ZnO 被成膜固定在纤维表面；在洗涤过程中，聚合物 PDMDAAC-AGE-MAA 和 PDM-DAAC-AGE-MAA/纳米 ZnO 复合材料含有少量未反应的单体与织物没有发生交联，结合

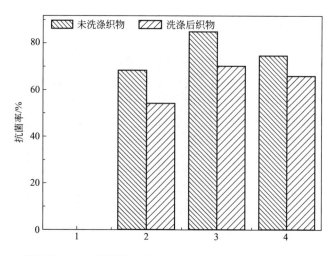

图 5-19   PDMDAAC-AGE-MAA 和 PDMDAAC-AGE-MAA/纳米 ZnO 复合
材料整理棉织物对白色念珠菌的抗菌性

1—未整理棉织物；2—PDMDAAC-AGE-MAA 整理棉织物；3—DMDAAC-AGE-MAA/纳米 ZnO
（pH 2.6，1.0％）复合材料整理棉织物；4—DMDAAC-AGE-MAA/纳米 ZnO（pH 3.0，1.0％）复合材料整理棉织物

牢度较差，洗涤后发生脱落。PDMDAAC-AGE-MAA/纳米 ZnO（pH 2.6，pH 3.0）整理后织物在洗涤后对白色菌的抗菌性降低，达 70％，仍具有一定的抗菌性。

经 PDMDAAC-AGE-MAA 和 PDMDAAC-AGE-MAA/纳米 ZnO 复合材料（pH 2.6，pH 3.0）整理棉织物后对白色念珠菌的抗菌率较对大肠杆菌和金黄色葡萄球菌的抗菌率都低。对比两种不同 pH 值的聚合物与纳米氧化锌复合制备的 PDMDAAC-AGE-MAA/纳米 ZnO 复合材料整理棉织物的抗菌性，在 pH 值为 2.6 时，聚合物与纳米氧化锌复合制备的 PDMDAAC-AGE-MAA/纳米 ZnO 复合材料整理棉织物的抗菌率最高，抗菌性最好。这是因为 PDMDAAC-AGE-MAA/纳米 ZnO 复合材料在低 pH 值下，更多的—COOH 改性及分散纳米 ZnO，提高体系中纳米氧化锌的含量，增强抗菌性能。

然而，所有经聚合物 PDMDAAC-AGE-MAA 和 PDMDAAC-AGE-MAA/纳米 ZnO 复合材料（pH 2.6，pH 3.0）整理棉织物对大肠杆菌、金黄色葡萄球菌、白色念珠菌的抗菌率在洗涤后有略微的下降。在洗涤后聚合物 PDMDAAC-AGE-MAA 链上的环氧官能团与棉纤维表面的羟基发生化学作用，这些键的存在可以提高织物纤维表面与抗菌材料之间的结合牢度。然而，PDMDAAC-AGE-MAA 聚合过程中少量没有参与反应的单体没能与棉纤维表面的羟基发生化学作用，形成共价键，只是通过物理吸附作用附着在纤维表面，这部分很容易在水洗的过程中脱落，从而抗菌率略微下降。对于 PDMDAAC-AGE-MAA/纳米 ZnO 复合材料整理棉织物在水洗后抗菌率有略微下降，是由于除了未参与反应的单体和织物纤维间的作用力较弱外，PDMDAAC-AGE-MAA/纳米 ZnO 复合材料中一部分聚合物 PDMDAAC-AGE-MAA 和纳米 ZnO 之间的作用力在剧烈摩擦下被破坏，附着在纤维成膜表面的纳米氧化锌裸露出来，在洗涤过程中脱落。PDMDAAC-AGE-MAA/纳米 ZnO 复合材料在织物纤维表面包覆形成一层薄膜，纳米氧化锌在薄膜内或附着在薄膜表面，同时，PDMDAAC-AGE-MAA/纳米 ZnO 复合材料的环氧官能团与织物表面的羟基发生化学反应形成化学键（见图 5-20，见彩插）。

图 5-21 是棉织物纤维表面形貌的 SEM 照片。图 5-21(a) 是未整理棉织物的纤维表面，没有任何杂质在其表面。图 5-21(b) 是聚合物 PDMDAAC-AGE-MAA 整理织物后的纤维表

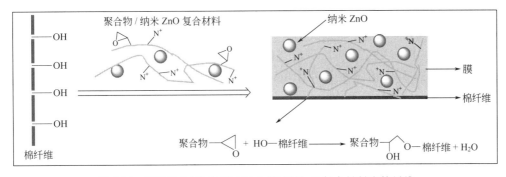

图 5-20　PDMDAAC-AGE-MAA/纳米 ZnO 复合材料在棉纤维
表面作用的示意图

面，可以看到聚合物在纤维表面包覆。图 5-21(c) 和图 5-21(d) 分别是聚合物的 pH 值为 2.6 和 3.0 时，与纳米氧化锌复合制备的 PDMDAAC-AGE-MAA/纳米 ZnO 复合材料整理棉织物的纤维表面，可以看到纤维表面的 PDMDAAC-AGE-MAA/纳米 ZnO 复合材料附着在纤维表面。

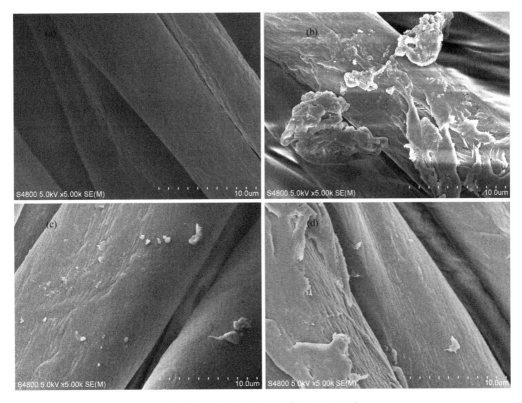

图 5-21　棉纤维表面形貌的 SEM 照片

（a）未整理棉织物；（b）PDMDAAC-AGE-MAA 整理棉织物；（c）PDMDAAC-AGE-MAA/纳米 ZnO（pH 2.6，1.0%）整理棉织物；（d）PDMDAAC-AGE-MAA/纳米 ZnO（pH 3.0，1.0%）整理棉织物

(2) 原位法　原位法制备季铵盐共聚物/纳米 ZnO 复合材料是在纳米 ZnO 存在下，使季铵盐与丙烯酸类单体聚合。制备过程为：将水浴先升温至 80℃，然后在装有搅拌器和冷凝装置的 250mL 三口烧瓶中，加入 69.4g DMDAAC，纳米 ZnO 的分散液（将占总单体含

量的 0.3％、0.5％、0.6％、0.8％、1.0％、1.3％、1.5％纳米 ZnO 分别加入 30g H_2O 和 1.0g MAA 的混合液中，进行超声 30min），1.0g AGE 和 1.5g MAA，引发剂 13.0g APS 溶液和 12.0g $NaHSO_3$ 溶液，再加入 24g H_2O，搅拌保温反应一段时间后，降至室温，制得 PDMDAAC-AGE-MAA/纳米 ZnO 复合材料。

表 5-15 是纳米 ZnO 用量对 PDMDAAC-AGE-MAA/纳米 ZnO 复合材料性能的影响。由表 5-15 可以看出，随着纳米 ZnO 用量的增加，溶液从透明转变为浑浊再至沉淀。当纳米氧化锌的用量小于 0.8％时，溶液体系澄清，具有良好的分散性，转化率均保持在 98％以上。PDMDAAC-AGE-MAA/纳米 ZnO 复合材料旋转黏度随纳米氧化锌用量的增加而增加，旋转黏度受到聚合物 PDMDAAC-AGE-MAA 的分子量和纳米 ZnO 的用量的两方面影响，纳米 ZnO 用量的增加会提高复合材料的旋转黏度，另一方面，纳米 ZnO 的存在会改变聚合物的分子量，从而影响体系的旋转黏度。当纳米氧化锌的用量大于 0.8％时，溶液出现浑浊，复合材料体系中—COOH 对纳米颗粒的分散及改性程度达到最大值，继续增大纳米氧化锌的用量，纳米颗粒表面能高，易发生团聚，体系稳定性差，导致纳米粒子沉淀。增加纳米氧化锌的用量，有利于 PDMDAAC-AGE-MAA/纳米 ZnO 复合材料的抗菌性，因此，选择纳米 ZnO 用量为 0.8％的 PDMDAAC-AGE-MAA/纳米 ZnO 复合材料进行表征及应用实验。

表 5-15 纳米 ZnO 用量对 PDMDAAC-AGE-MAA/纳米 ZnO 复合材料性能的影响

纳米 ZnO 的用量/％	外观	转化率/％	旋转黏度/mPa·s
0.3	浅黄透明液体	98.0	21.3
0.5	浅黄透明液体	98.4	21.0
0.6	浅黄透明液体	98.9	22.1
0.8	浅黄透明液体	99.4	25.6
1.0	浑浊	—	—
1.3	浑浊沉淀	—	—
1.5	浑浊沉淀	—	—

注："—"表示没有检测。

图 5-22 是 PDMDAAC-AGE-MAA/纳米 ZnO 复合材料的红外谱图。由图 5-22 可知，$3500cm^{-1}$ 附近有宽峰出现，此峰为—OH 键的伸缩振动峰。$3000\sim2800cm^{-1}$ 为饱和 C—H 键的出峰，$1650cm^{-1}$ 附近为—C—O—C—三元环的特征吸收峰和 C=O 的振动伸缩峰的重

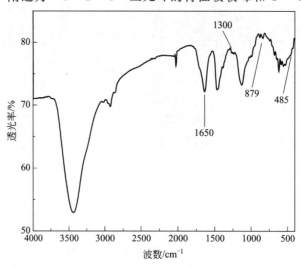

图 5-22 PDMDAAC-AGE-MAA/纳米 ZnO 复合材料的红外谱图

叠，1300cm⁻¹ 左右为羧基中 C—O 的伸缩振动，1263cm⁻¹ 附近为环氧化物的对称伸缩振动峰，879cm⁻¹ 处为环氧的特征吸收峰，485cm⁻¹ 处的出峰为 Zn—O 的振动峰。因此，说明复合材料中存在环氧基团以及纳米氧化锌。

图 5-23 为 PDMDAAC-AGE-MAA/纳米 ZnO 复合材料的 XRD 谱图。从图中可知，PD-MDAAC-AGE-MAA/纳米 ZnO 复合材料在 32° 和 34° 有明显的衍射峰存在，此为六方晶型纳米氧化锌的（100）和（002）晶面出峰，表明纳米 ZnO 存在于复合材料中。与 PDMDAAC-AGE-MAA（见图 5-14）和共混法制得纳米复合材料（图 5-13）的 XRD 谱图相比，采用原位法时，纳米 ZnO 的引入对聚合物结晶区的影响更大。

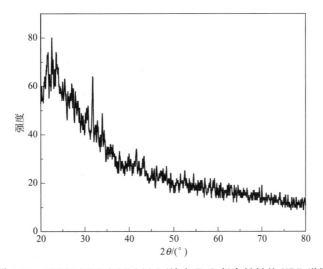

图 5-23 PDMDAAC-AGE-MAA/纳米 ZnO 复合材料的 XRD 谱图

图 5-24 为 PDMDAAC-AGE-MAA/纳米 ZnO 复合材料的 TEM 照片。如图所示，纳米 ZnO 颗粒分散在 PDMDAAC-AGE-MAA/纳米 ZnO 复合材料中，平均粒径为 40～70nm，在纳米 ZnO 周围可以看到丝状的物质，这是 PDMDAAC-AGE-MAA 的聚集体，因为在水溶液中，聚合物 PDMDAAC-AGE-MAA 基体中有带正电离子性的 N⁺ 和阴离子性 COO⁻，通过分子间组装行为，使复合材料部分可以在水溶液中在透射电镜下看出其形貌，其呈无规则状态。

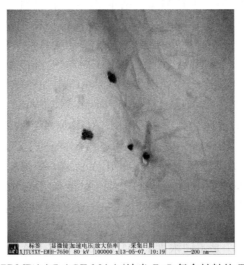

图 5-24 PDMDAAC-AGE-MAA/纳米 ZnO 复合材料的 TEM 照片

按照 5.2.4.1 硅烷偶联剂改性纳米 ZnO 制备复合抗菌剂的工艺进行应用。

① 大肠杆菌 图 5-25 是不同浓度 PDMDAAC-AGE-MAA/纳米 ZnO 复合材料整理棉织物对大肠杆菌的抗菌率。如图所示，PDMDAAC-AGE-MAA/纳米 ZnO 复合材料赋予了织物良好的抗大肠杆菌性能，抗菌率达 99.99%。PDMDAAC-AGE-MAA/纳米 ZnO 复合材料整理棉织物洗涤 1 次抗菌率达到 99% 以上，对整理棉织物洗涤 6 次和洗涤 10 次，抗菌率稍有下降，抗菌率达 80% 以上。随着 PDMDAAC-AGE-MAA/纳米 ZnO 复合材料浓度的增加，抗菌效率增加，当浓度提高到 25g/L，洗涤 6 次的织物抗菌率达到 90% 以上；织物洗涤 10 次抗菌率略有下降，达 90%，所以复合抗菌材料对整理后织物具有良好的抗大肠杆菌性能和耐洗牢度。

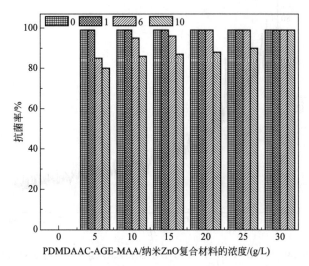

图 5-25　不同浓度 PDMDAAC-AGE-MAA/纳米 ZnO 复合材料整理
棉织物对大肠杆菌的抗菌率

② 金黄色葡萄球菌 图 5-26 是不同浓度 PDMDAAC-AGE-MAA/纳米 ZnO 复合材料整理棉织物对金黄色葡萄球菌的抗菌率。如图所示，采用不同浓度 PDMDAAC-AGE-MAA/纳米 ZnO 复合材料整理棉织物对金黄色葡萄球菌的抗菌率在 99.99% 以上，表现出良好的抗菌性，这是由于 PDMDAAC-AGE-MAA/纳米 ZnO 复合材料中纳米 ZnO 与 N^+ 能够协同抗菌。对 PDMDAAC-AGE-MAA/纳米 ZnO 复合材料整理棉织物洗涤 1 次后，织物仍表现出良好的抗菌性，抗菌率仍保持在 99.99% 以上；随着洗涤次数的增加，抗菌性略有降低，抗菌率仍能达到 90% 以上。PDMDAAC-AGE-MAA/纳米 ZnO 复合材料中环氧官能团与织物纤维表面的羟基发生化学交联，增强了 PDMDAAC-AGE-MAA/纳米 ZnO 复合材料与织物的结合力，在洗涤过程中，PDMDAAC-AGE-MAA/纳米 ZnO 复合材料包裹在纤维表面，不易发生脱落，发挥良好的抗菌性。PDMDAAC-AGE-MAA/纳米 ZnO 复合材料浓度为 5g/L 时，整理棉织物洗涤 10 次，抗菌率达到 90%；当浓度达到 25g/L，抗菌效果有明显的提高，达到了 99% 以上。随着整理棉织物的 PDMDAAC-AGE-MAA/纳米 ZnO 复合材料浓度增加，提高了与织物结合的 PDMDAAC-AGE-MAA/纳米 ZnO 复合材料，增大了纳米 ZnO 与 N^+ 抗菌成分，抗菌效果明显提高。PDMDAAC-AGE-MAA/纳米 ZnO 复合材料对整理后织物对金黄色葡萄球菌具有良好的抗菌性。

③ 白色念珠菌 图 5-27 是不同浓度 PDMDAAC-AGE-MAA/纳米 ZnO 复合材料整理棉织物对白色念珠菌的抗菌率。如图所示，PDMDAAC-AGE-MAA/纳米 ZnO 复合材料赋予

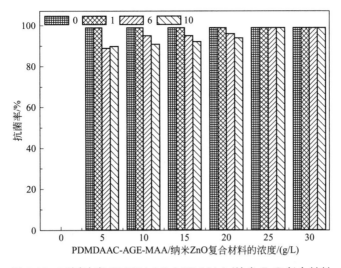

图 5-26　不同浓度 PDMDAAC-AGE-MAA/纳米 ZnO 复合材料
整理棉织物对金黄色葡萄球菌的抗菌率

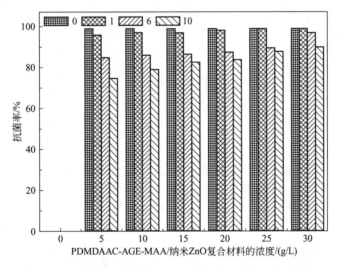

图 5-27　不同浓度 PDMDAAC-AGE-MAA/纳米 ZnO 复合
材料整理棉织物对白色念珠菌的抗菌率

了织物良好的抗白色念珠菌性能，抗菌率达 99.99％。PDMDAAC-AGE-MAA/纳米 ZnO 复合材料整理棉织物洗涤 1 次后，抗菌率达 99％以上；PDMDAAC-AGE-MAA/纳米 ZnO 复合材料整理棉织物洗涤 6 次和洗涤 10 次，抗菌率有所下降，仍可达 75％以上。随着 PDM-DAAC-AGE-MAA/纳米 ZnO 复合材料浓度的增加，抗菌效率增加，当浓度提高到 25g/L，洗涤 6 次和 10 次抗菌率仍达 90％。所以，PDMDAAC-AGE-MAA/纳米 ZnO 复合材料整理棉织物具有良好的抗白色念珠菌性能和耐洗牢度。

　　PDMDAAC-AGE-MAA/纳米 ZnO 复合材料整理棉织物对革兰阳性菌金黄色葡萄球菌、革兰阴性菌大肠杆菌和真菌白色念珠菌的抗菌率均达 99.99％，具有良好的抗菌性。PDM-DAAC-AGE-MAA/纳米 ZnO 复合材料整理后织物经洗涤 6 次以后，对不同菌种仍保持优异的抗菌性，对革兰菌的抗菌性优于真菌白色念珠菌的抗菌性，可能原因是不同菌种的自身结构不同，细胞壁中所含成分不同，PDMDAAC-AGE-MAA/纳米 ZnO 复合材料的选择抗菌性差异所致，说明 PDMDAAC-AGE-MAA/纳米 ZnO 复合材料具有良好的广谱作用和耐洗涤的特性，适用于织物的反复洗涤。

如图 5-28 所示，其中图 5-28（a）为棉织物的纤维表面，光滑无杂质；图 5-28（b）为 PDMDAAC-AGE-MAA/纳米 ZnO 复合材料整理棉织物的纤维表面，可以明显看出纤维被大量的 PDMDAAC-AGE-MAA/纳米 ZnO 复合材料包裹；图 5-28（c）为 PDMDAAC-AGE-MAA/纳米 ZnO 复合材料整理棉织物经水洗 1 次后的棉织物纤维表面，可以看到 PDMDAAC-AGE-MAA/纳米 ZnO 复合材料在纤维表面包裹，原因可能是在水洗过程中，将在纤维表面通过物理吸附作用的 PDMDAAC-AGE-MAA/纳米 ZnO 复合材料洗涤脱落掉；图 3-28（d）是 PDMDAAC-AGE-MAA/纳米 ZnO 复合材料整理棉织物经 10 次水洗后纤维的表面，PDMDAAC-AGE-MAA/纳米 ZnO 复合材料在纤维表面或在纤维与纤维之间存在，与包裹在水洗 1 次纤维表面的 PDMDAAC-AGE-MAA/纳米 ZnO 复合材料相当，说明在多次水洗过程中并没有将 PDMDAAC-AGE-MAA/纳米 ZnO 复合材料洗涤脱落，PDMDAAC-AGE-MAA/纳米 ZnO 复合材料通过化学键与棉纤维作用，具有良好的结合牢度，提高了耐洗牢度。

图 5-28　棉纤维表面形貌的 SEM 照片
（a）未整理棉织物；（b）PDMDAAC-AGE-MAA/纳米 ZnO 复合材料整理棉织物；
（c）PDMDAAC-AGE-MAA/纳米 ZnO 复合材料整理棉织物洗涤 1 次；
（d）PDMDAAC-AGE-MAA/纳米 ZnO 复合材料整理棉织物洗涤 10 次

图 5-29 分别为未整理棉织物、PDMDAAC-AGE-MAA/纳米 ZnO 复合材料整理棉织物和 PDMDAAC-AGE-MAA/纳米 ZnO 复合材料整理棉织物洗涤 10 次的 EDS 元素分析图。图 5-29（a）所示，主要是 C 元素和 O 元素的含量，N 元素有很少量存在，Cl 元素和 Zn 元

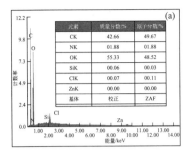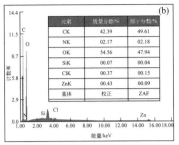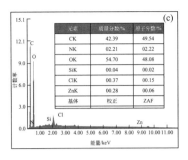

图 5-29　棉纤维表面的 EDS 图
（a）未整理棉织物；（b）PDMDAAC-AGE-MAA/纳米 ZnO 复合材料整理棉织物；
（c）PDMDAAC-AGE-MAA/纳米 ZnO 复合材料整理棉织物洗涤 10 次

素含量忽略不计。与图 5-29（a）比较，图 5-29（b）和图 5-29（c）中 C 元素和 O 元素的含量与其相当，N 元素、Cl 元素和 Zn 元素的含量增加，这是因为 PDMDAAC-AGE-MAA/纳米 ZnO 复合材料中含有 N、Cl 和 Zn 等元素；图 3-29（c）与图 3-29（b）中 Zn 元素的含量相比，Zn 元素的含量从 0.43% 降低至 0.28%，说明 PDMDAAC-AGE-MAA/纳米 ZnO 复合材料整理棉织物经水洗 10 次，有少量 PDMDAAC-AGE-MAA/纳米 ZnO 复合材料随着洗涤的过程从棉纤维上脱落，降低了 Zn 元素的含量，另一方面表明 PDMDAAC-AGE-MAA/纳米 ZnO 复合材料与织物有良好的结合力，耐 10 次（家用洗衣机 50 次）洗涤后织物表面仍有 Zn 元素存在，表现出良好的耐洗牢度。

5.2.5　纳米材料在抗菌纺织品中的发展趋势

纳米材料在抗菌功能纺织品中已有一定的应用，现阶段主要是将纳米粒子负载到织物表面，这些研究大多是通过纳米粒子获得抗菌性，进一步加强将有机抗菌剂与纳米粒子复合，将与织物能够反应的官能团引入体系中，制得反应型复合抗菌剂，有利于充分发挥有机、无机抗菌剂的优点，具有高效、广谱、抗菌效果持久、优良的热稳定性等特点，大大提高了抗菌剂的性能和适用范围。随着人们生活水平和健康环境意识的提高，发展长效、低毒、广谱、易生物降解的抗菌材料将是人们奋斗的目标。

5.3　纳米材料在防水防油功能纺织品中的应用

5.3.1　概述

防水防油纺织品具有防水、防油、防污和易去污等功能，用作服装既可抵御雨水和油迹的入侵，又具有良好的透气和透湿性，也可用作餐桌布、汽车防护罩等，因此，其在服装、装饰、产业等领域具有广阔的发展前景。

纺织品的防水防油整理一般是通过在织物上施加整理剂，改变织物的表面性能，使之不再被水和常见油污类所润湿。国内外常用的防水剂有石蜡、羟甲基三聚氰胺衍生物、有机硅树脂等，但存在不拒油、不防污、耐洗性差等缺点。与以上几种防水剂相比，含氟防水防油整理剂在防水防油性、防污性、耐洗性和耐摩擦性等方面具有不可比拟的优势，其在纺织品加工中的应用日益广泛。

1956 年，3M 公司开发了高分子型含氟织物防水防油整理剂，商品名为 Scotchgard，它由丙烯酸氟烷酯、丙烯酸酯和第三单体共聚而得，所生成的乳液与纤维有良好的黏附性而不溶于水或干洗剂中，侧链上的长链氟烷基使之具有显著的防水防油性。这类纺织整理剂问世后发展迅速，大量用于制作运动服、休闲服、管理人员服装、汽车软座衬垫、窗帘、台布和地毯等纺织品。含氟聚丙烯酸酯织物整理剂的制备方法主要有两种：溶液聚合和乳液聚合。溶液聚合以溶剂为反应介质，对环境的污染大；乳液聚合以水为介质，具有不污染环境和成本低的优点。目前，以乳液聚合研究较多。然而，乳液聚合时通常会用到小分子表面活性剂，小分子表面活性剂以物理吸附的方式附着在乳胶粒表面，它容易受外界环境的影响发生解吸，引起乳胶粒碰撞凝聚，从而使乳液稳定性变差；在乳液成膜过程中，小分子表面活性剂迁移到膜表面，降低膜的黏着力、防水、防油和防污性等。由于无皂乳液聚合能够得到尺寸均匀、表面洁净的乳胶粒子，乳液中无小分子游离乳化剂，能够提高乳液涂膜的致密性、耐水性、耐擦洗性、附着力和光泽等性能，是一种备受关注的乳液聚合技术。

纳米技术应用于织物防水防油整理是基于"荷叶效应"原理，将纳米粒子引入含氟丙烯酸酯聚合物中，纳米粒子可以进一步提高织物的防油防水性，且耐久性、耐洗性及耐摩擦性良好。通过构建具有低表面能及纳米尺寸结构的粗糙表面可获得超高防水防油功能，为防油防水整理开辟了一条新的途径。因此，将无皂乳液聚合技术和纳米技术相结合，有利于开发性能优异的环保型含氟防水防油整理剂。

纳米 SiO_2、TiO_2 具有表面效应、小尺寸效应、宏观量子隧道效应和体积效应等，以其作为交联点可提高聚丙烯酸酯的黏结强度、力学性能、耐水性和耐高温性。目前纳米 SiO_2、TiO_2 改性含氟聚丙烯酸酯乳液的合成会使用小分子表面活性剂，以反应性表面活性剂替代小分子表面活性剂进行乳液聚合，其在聚合过程中可成为聚合物的一部分，可避免小分子表面活性剂存在的弊端。通过独特的粒子设计理念获得具有核壳结构的纳米 SiO_2、TiO_2 改性含氟聚丙烯酸酯无皂乳液，能够将含氟单体主要富集在壳层，从而在降低含氟单体用量的同时又保持了有机氟聚合物原本的性能。

5.3.2　纳米 SiO_2 改性含氟聚丙烯酸酯无皂乳液的合成和应用

在乳液聚合中，表面活性剂起到稳定乳液体系的作用，小分子表面活性剂以分子间力附着于乳胶粒表面，然而反应性表面活性剂以 C═C 双键参与聚合反应，接枝在聚合物上，提高了乳液的稳定性。作者选用反应性表面活性剂烷基乙烯基磺酸盐进行单体乳化，制备纳米 SiO_2 改性含氟聚丙烯酸酯无皂乳液。其制备过程为：首先将一定量的丙烯酸丁酯（BA）、甲基丙烯酸甲酯（MMA）、反应性乳化剂烷基乙烯基磺酸盐（AVS）和适量的去离子水混合，形成预乳液 1；将一定量的 BA、MMA、甲基丙烯酸十二氟庚酯（DFMA）、丙烯酸十八酯（SA）、丙烯酸羟乙酯（HEA）、反应性乳化剂 AVS 和适量去离子水混合，形成预乳液 2。在三口烧瓶中加入适量去离子水、一定量的反应性乳化剂 AVS、1/3 引发剂和 1/4 预乳化单体 1，升温至 80℃，反应 30min。然后，在 90～120min 内同步滴加 3/4 预乳液单体 1 和 1/3 引发剂水溶液，滴加完后在 80℃下保温 120min；然后，在 120～150min 内同步滴加预乳液单体 2 和 1/3 引发剂水溶液，并加入 γ-甲基丙烯酰氧基丙基三甲氧基硅烷（KH-570），在 80℃下保温 120min。保温结束后，降温至 50℃，加入正硅酸乙酯（TEOS）反应 12h，冷却至室温，制得核壳结构的纳米 SiO_2 改性含氟聚丙烯酸酯无皂乳液。

采用反应性表面活性剂制得的无皂乳液的稳定性在储存和耐低温方面优于小分子表面活性剂制备的普通乳液。反应性表面活性剂 AVS 用量对乳液和膜性能有较大的影响。当反应性乳化剂的用量较低时，如 AVS 用量为 1% 和 2%，乳液聚合稳定性很低，聚合过程中有大量凝胶出现，不能得到稳定的乳液。这是由于反应性乳化剂用量过少，反应初期形成的胶束的数目过少，聚合反应速率慢，单体转化率较低；随着乳胶粒的增大，乳化剂不足以包覆乳胶粒而形成稳定的双电层，导致乳胶粒聚并，凝胶增多，聚合稳定性变差。由图 5-30 可以看出，当 AVS 用量大于 2.5％，随着反应性乳化剂用量的增加，单体转化率先增大后减小，而乳液凝胶率先减小后增大。随着反应性乳化剂用量的增加，初级胶束的数目也随之增加，一方面增溶效果显著，增加了乳液聚合的稳定性；另一方面更多的胶束提供了更多的聚合场所，增加了乳液聚合的反应速率。然而，当反应性乳化剂的用量超过 4％时，由于 AVS 是含双键的反应性乳化剂，部分 AVS 发生均聚反应，生成均聚电解质，降低了乳胶粒表面的双电层电位，从而使乳液聚合稳定性有所下降，单体转化率降低，乳液凝胶率增大。另外，在聚合反应初期，过多的乳化剂会产生更多的增溶胶束，使得聚合反应场所增加，聚合反应速率过高，聚合反应放热过快，来不及散去的热量导致聚合体系局部反应温度过高，导致聚合反应速率难以控制，造成凝胶量增加、单体转化率降低。

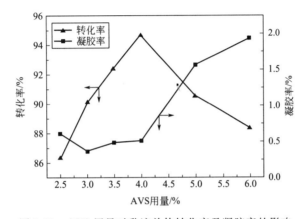

图 5-30　AVS 用量对乳液单体转化率及凝胶率的影响

　　硅烷偶联剂分子中的易水解基团烷氧基能够与 SiO_2 粒子表面的—OH 脱水缩合，而其另一端的 C＝C，易与丙烯酸酯单体在引发剂的作用下发生聚合反应，从而使聚合物与纳米 SiO_2 通过 Si—O—Si 共价键结合，显著提高了有机相和无机相界面的相容性。γ-甲基丙烯酰氧基丙基三甲氧基硅烷（KH-570）的加入方式和用量对乳液的稳定性有较大的影响。作者采用三种加入方式：①壳层乳液聚合阶段的前 1/4 滴加 KH-570；②壳层乳液聚合阶段的整个过程均匀滴加 KH-570；③壳层乳液聚合阶段的后 1/4 滴加 KH-570。采用①和②加入方式合成的乳液的聚合稳定性和放置稳定性差，而采用③加入方式合成的乳液的凝胶很少，其聚合稳定性和放置稳定性均较好。对于①和②这两种加入方式，KH-570 的加入时间较早，KH-570 的硅甲氧基易水解成硅醇，随着乳胶粒中硅醇的增加，相互间易发生缩聚交联，导致乳液凝胶率增加，影响乳液的聚合稳定性。采用③方式加入既能减少 KH-570 的水解时间，又能得到稳定乳液。

　　从图 5-31 可以看出，当 KH-570 用量小于 3％时，随着 KH-570 用量的增加，乳液的转化率稍微降低，凝胶率很少，然而当 KH-570 用量大于 3％后，转化率随着 KH-570 用量的增大而迅速降低，凝胶率大幅度上升。KH-570 作为一种硅烷偶联剂，用量过多时，偶联剂会发生水解及缩聚反应，形成一定的内交联体系，致使体系黏度增大，乳液稳定性下降，乳液的转化率降低，凝胶率上升。

　　随着 KH-570 用量的增加，无皂乳液乳胶膜的吸水率逐渐降低。KH-570 分子链段中含有硅醇基，与纳米 SiO_2 胶体粒子表面的羟基发生缩合反应形成 Si—O—Si 共价键，使聚合物形成交联网状结构。KH-570 用量越多，活性硅醇基越多，交联程度越大，聚合物结合得更紧密，水分子难以渗透进去，因而吸水率大大下降（见图 5-32）。

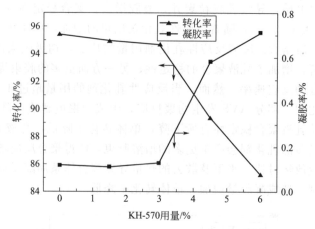

图 5-31　KH-570 用量对单体转化率及乳液凝胶率的影响

　　纳米 SiO_2 作为无机纳米材料引入乳液体系，常常会发生团聚而产生沉淀，对乳液体系的稳定性造成一定的影响。采用在乳液聚合物体系中加入硅烷偶联剂的方式，将 TEOS 水解产生的纳米 SiO_2 以 Si—O—Si 共价键的形式固定在聚合物上，可增加有机无机组分的结合稳定性。随着 TEOS 用量的增加，乳液外观及耐酸碱稳定性、钙离子稳定性均良好，但乳液的离心稳定性逐渐下降（见图 5-33）。在聚合物体系中加入了硅烷偶联剂 KH-570 以提高有机相和无机相的相容性，KH-570 含有硅烷氧基和不饱和双键，其不饱和双键可以与丙烯酸酯类单体进行聚合反应，硅烷氧基可以与纳米 SiO_2 的羟基进行共价键结合。当 TEOS 用量较少时，SiO_2 与含氟聚丙烯酯以共价键结合而稳定地存在于聚合体系中，随着 TEOS 加入量的增加，乳液中游离的纳米 SiO_2 含量增加，在离心力作用下，纳米 SiO_2 粒子发生团聚，与乳液体系不相容，使乳液的离心稳定性下降。

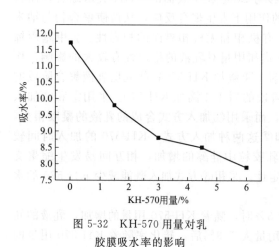

图 5-32　KH-570 用量对乳
胶膜吸水率的影响

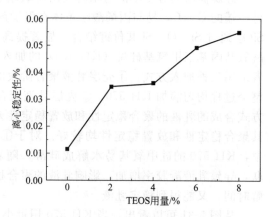

图 5-33　TEOS 用量对无皂乳液
离心稳定性的影响

　　丙烯酸羟乙酯（HEA）具有一定的交联功能，对膜的性能有较大的影响。由图 5-34 可知，随着 HEA 用量的增加，无皂乳液乳胶膜的吸水率逐渐降低，耐水性增强，这可归因于 HEA 的交联作用，提高了膜的交联度，从而使聚合物膜内部更为致密，耐水性提高。

　　图 5-35 为纳米 SiO_2 改性含氟聚丙烯酸酯无皂乳液的 TEM 图。从图中可以看出：乳胶粒呈球形，粒径约为 80nm。乳胶粒具有明显的核壳结构，其中黑色的壳层为纳米 SiO_2 改

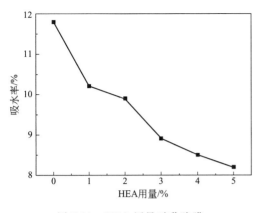

图 5-34　HEA 用量对乳胶膜
吸水率的影响

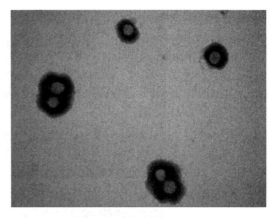

图 5-35　纳米 SiO_2 改性含氟聚丙烯酸
酯无皂乳液的透射电镜图

性有机氟聚丙烯酸酯聚合物，灰色的核层是丙烯酸酯聚合物。

图 5-36 为聚丙烯酸酯无皂乳液、含氟聚丙烯酸酯无皂乳液、纳米 SiO_2 改性含氟聚丙烯酸酯无皂乳液的乳胶膜的 AFM 图。图 5-36(a) 中聚丙烯酸酯无皂乳液的涂膜表面粗糙度为 1.060nm，而图 5-36(c) 中的含氟丙烯酸酯无皂乳液的涂膜的粗糙度为 1.201nm，这说明含氟链段在热处理过程中发生微相分离，迁移到涂膜表面，提高了乳胶膜的粗糙度；图 5-36(e) 中纳米 SiO_2 改性含氟聚丙烯酸酯无皂乳液的涂膜表面粗糙度为 1.442nm，说明纳米 SiO_2 提高了涂膜的表面粗糙度。

图 5-37 为聚丙烯酸酯无皂乳液、含氟聚丙烯酸酯无皂乳液、纳米 SiO_2 改性含氟聚丙烯酸酯无皂乳液的乳胶膜 SEM 图。由图 5-37(a)、(d)、(g) 可以看出，聚丙烯酸酯乳胶膜表面非常平整，这说明乳胶膜没有发生微相分离；而加入了含氟单体的含氟聚丙烯酸酯乳胶膜表面有丘状凸起 [见图 5-37(b)、(e)、(h)]，这是含氟链段在膜表面富集，同时发生微相分离造成的；将图 5-37(b)、(e)、(h) 与图 5-37(c)、(f)、(i) 进行对比，发现纳米 SiO_2 改性含氟聚丙烯酸酯膜表面出现了纳米 SiO_2 粒子，这些纳米粒子附着于膜的表面，提升了乳胶膜表面的粗糙度，这与 AFM 测试结果一致。

采用浸轧法将纳米 SiO_2 改性含氟聚丙烯酸酯无皂乳液用于棉织物整理，轧余率为 $70\%\sim80\%$，在 80℃下烘干 3min，再于 160℃下焙烘 3min。丙烯酸十八酯（SA）、甲基丙烯酸十二氟庚酯（DFMA）和正硅酸乙酯（TEOS）用量对整理棉织物的性能有较大的影响。

在含有长链烷基的含氟聚合物中，长链烷基能够促使含氟链段更有序地排列，增加了含氟聚合物的防水防油性。SA 是一种具有长链脂肪烃疏水基的丙烯酸酯类单体，随着 SA 用量的增加，纳米 SiO_2 改性含氟聚丙烯酸酯无皂乳液整理织物的油和水接触角先稳步增加，在 SA 用量大于 5% 后增加幅度减缓或基本不变（见图 5-38）。这些现象可归因于 SA 在成膜过程中结晶，从而驱动更多的含氟链段离析到膜表面，降低了膜的表面能，提高了防水防油性。

将不同 DFMA 用量的纳米 SiO_2 改性含氟聚丙烯酸酯无皂乳液应用棉织物整理，通过测试织物对水和二碘甲烷的接触角，计算出整理织物的表面自由能。由图 5-39 看出，随着 DFMA 用量的增加，整理后织物的油和水接触角不断增加，当 DFMA 用量超过 20% 之后趋于平缓。由图 5-40 看出，随着 DFMA 用量的增加，整理后织物表面能不断降低，当 DFMA 用量超过 20% 之后趋于平缓，当 DFMA 用量为 25% 时最低，为 14.98mN/m。这是因为随

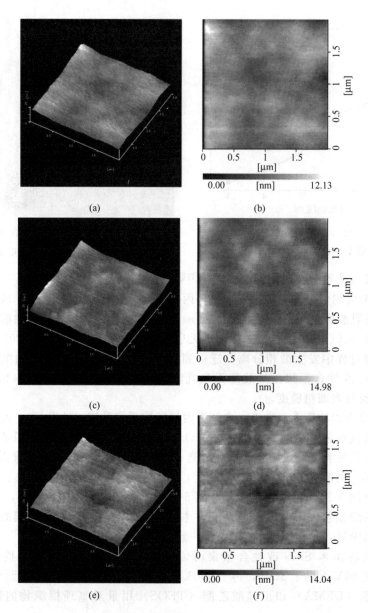

图 5-36　聚丙烯酸酯无皂乳液乳胶膜（a）、（b）、核壳型
含氟聚丙烯酸酯无皂乳液乳胶膜（c）、（d）、纳米 SiO₂ 改性含氟聚
丙烯酸酯无皂乳液的乳胶膜（e）、（f）的 AFM 图

着 DFMA 用量的增加，聚合物中氟元素含量持续增加，整理织物纤维表面的氟元素赋予了织物纤维表面低表面能的特性，导致织物油和水接触角不断提高，表面能不断降低；但当 DFMA 用量超过 20％之后，这种增加的趋势趋于平缓，一方面是因为附着于织物纤维表面的聚合物薄膜表面的氟元素趋于饱和；另一方面，过多的强疏水性 DFMA 单体导致聚合不稳定，使聚合物中的氟元素含量低于理论值。

图 5-41 是不同 TEOS 用量的无皂乳液整理织物对水和二碘甲烷接触角的影响，随着 TEOS 用量的增加，整理织物对水和二碘甲烷的接触角先上升后缓慢下降。纳米 SiO₂ 改性含氟聚丙烯酸酯无皂乳液整理织物后，纳米 SiO₂ 在织物表面上可构造出纳米尺寸的凹凸相

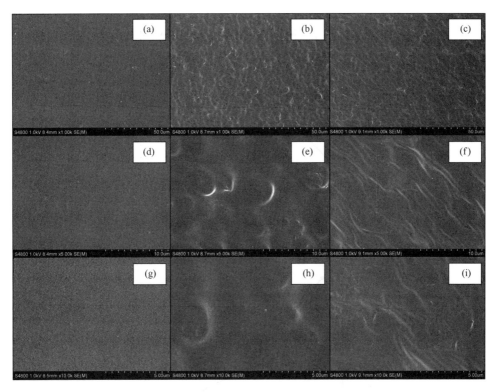

图 5-37　聚丙烯酸酯无皂乳液乳胶膜（a）、（d）、（g）、含氟聚丙烯酸酯
无皂乳液乳胶膜（b）、（e）、（h）、纳米 SiO$_2$ 改性含氟聚丙烯酸酯无皂乳液
乳胶膜（c）、（f）、（i）的 SEM 图

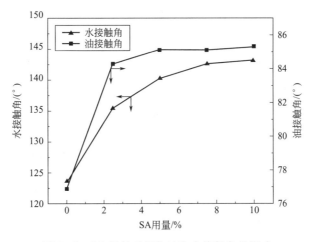

图 5-38　SA 用量对织物油和水接触角的影响

间结构，因纳米尺寸低凹表面可吸附气体分子，所以宏观表面上相当于有一层稳定的气体薄膜，使水和油无法与织物表面直接接触，从而提高织物的防水和防油性。然而当 TEOS 的用量超过 4％后，纳米复合乳液中游离纳米 SiO$_2$ 粒子数增多，在成膜过程中易发生团聚形成小块，且涂膜表面易出现裂纹，从而使防水防油性有所下降。

采用扫描电子显微镜观察了整理前后织物纤维的表面形貌。对比低倍镜下织物纤维的扫描电镜图 5-42(a) 和图 5-42(c)，可以看出未整理的棉织物纤维表面有明显的褶皱，而整理

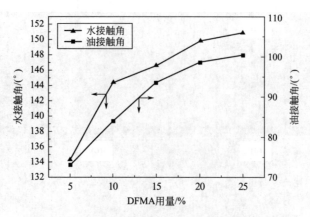

图 5-39 DFMA 用量对织物油和水接触角的影响

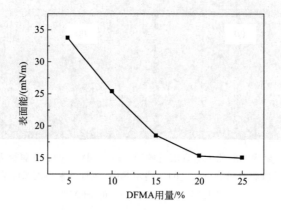

图 5-40 DFMA 用量对织物表面自由能的影响

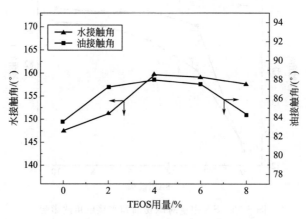

图 5-41 TEOS 用量对织物油/水接触角的影响

后的纤维表面因聚合物薄膜覆盖而使褶皱消失，变得更加平整；对比高倍镜下织物纤维的扫描电镜图 5-42（b）和图 5-42（d）可以看出，整理前的织物纤维表面粗糙、凹凸不平，并有沟壑存在，整理后的织物纤维表面被聚合物薄膜均匀覆盖，薄膜上分布有纳米 SiO_2 微粒。这层覆盖于织物表面的有机氟聚合物的低能表面及纳米 SiO_2 的粗糙结构使整理后的织物表现为良好的疏水性能。

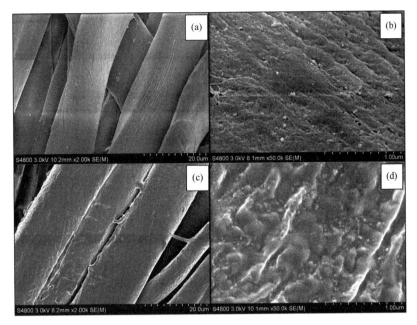

图 5-42　纳米 SiO_2 改性含氟聚丙烯酸酯无皂乳液整理前（a）、（b）
和整理后（c）、（d）织物的 SEM 图

5.3.3　纳米 TiO_2 改性含氟聚丙烯酸酯无皂乳液的合成和应用

纳米 TiO_2 无毒无味，稳定性高，紫外线和远红外线吸收能力强，可见光透过性好，将其应用于纺织品的功能整理，可赋予织物优良的功效，如抗紫外线、抗老化、杀菌抑菌、分解有害物质和促进人体血液循环等，因此，已成为当前纺织品功能整理中一种重要的无机纳米材料。作者采用无皂乳液聚合技术和原位核壳种子乳液技术合成了纳米 TiO_2 改性含氟聚丙烯酸酯无皂乳液。制备过程为：首先将一定量的含双键的纳米 TiO_2、甲基丙烯酸甲酯（MMA）、丙烯酸丁酯（BA）、反应性乳化剂烷基乙烯基磺酸盐（AVS）和去离子水混合，乳化制预乳液 1；将一定量的 MMA、BA、AVS 和去离子水混合，乳化制得预乳液 2；将一定量的 MMA、BA、AVS、甲基丙烯酸十二氟庚酯（DFMA）和去离子水混合，乳化制得预乳液 3。在三口烧瓶中加入预乳化液 1 和 1/3 份过硫酸铵，在 80℃保温 20min。在 90～120min 内滴加预乳液 2 和 1/3 份过硫酸铵水溶液，滴完后，在 85℃下反应 60min；之后，在 120～150min 内滴加预乳液 3 和 1/3 份过硫酸铵水溶液，滴完后，在 85℃下反应 60min，然后降温至 45℃，过滤出料，制得核壳结构的纳米 TiO_2 改性含氟聚丙烯酸酯无皂乳液。

传统表面活性剂以物理吸附的方式附着在乳胶粒表面，容易受外界环境的影响发生解吸，引起乳胶粒碰撞凝聚。反应性表面活性剂是一种既有表面活性，又有反应性基团的单体，这类单体在聚合过程中参与效率很高，以更为稳定的共价键结合在乳胶粒表面上，不迁移，不形成弱边界层，提高了乳液的稳定性。由图 5-43 可以看出，随着反应性表面活性剂 AVS 用量的增加，单体转化率先增加后降低，凝胶率先降低后增加，当 AVS 用量为 3.5% 时，单体转化率达到最高值，而凝胶率达到最低值。这可归因于随着反应性表面活性剂用量的增加，乳液体系中初级胶束数目增多，增溶作用增强，使乳液的聚合稳定性和聚合反应速率逐渐增加。但是，当反应性表面活性剂用量超过 3.5% 时，由于反应性表面活性剂的用量过高，部分反应性表面活性剂发生了均聚反应，从而生成大量的聚电解质，使乳胶粒表面电

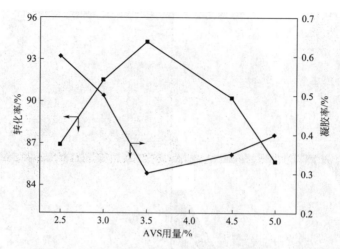

图 5-43　反应性表面活性剂用量对无皂乳液的单体转化率和聚合稳定性的影响

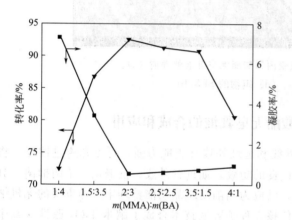

图 5-44　MMA 和 BA 的质量比对无
皂乳液聚合的影响

荷密度下降，乳胶粒间的静电斥力降低，使乳胶粒易发生聚并，导致单体转化率降低，凝胶率增加。

甲基丙烯酸甲酯和丙烯酸丁酯的质量比 $[m(MMA):m(BA)]$ 对乳液聚合的影响见图 5-44。随着 $m(MMA):m(BA)$ 的增加，单体转化率逐渐增加，凝胶率逐渐降低；当 $m(MMA):m(BA)$ 大于 2:3 时，单体转化率降低，凝胶率升高。这是因为 BA 和 MMA 的极性不同，MMA 的极性大，在水中的溶解度较大。随着 $m(MMA):m(BA)$ 的增加，MMA 在水相中的含量增加，同时 MMA 也具有一定的增溶作用，使 BA 在水相中的含量增加，导致水相中的单体浓度增加，使体系以胶束成核为主转变为胶束成核与均相成核共存，可提高聚合反应速率，使体系的成核速率增大，形成更多的乳胶粒子，从而使单体的转化率增加，凝胶率降低。但当 $m(MMA):m(BA)$ 超过 2:3 后，乳液聚合稳定性下降，导致凝胶率增加，单体转化率降低。

不同含氟单体用量对乳液聚合过程的影响见图 5-45，未加含氟单体 DFMA 的乳液的单体转化率较高，聚合稳定性较好。当加入含氟单体 DFMA 后，随着 DFMA 用量的增加，聚合反应的单体转化率逐渐降低，而凝胶率逐渐增加。这是由于 DFMA 是侧链较长的氟代丙烯酸酯单体，疏水性较强，在水中的溶解度较小，使其由水相向胶束的扩散过程受到限制，较难完全与丙烯酸酯单体共聚，还会降低聚合过程的稳定性，因此，随着 DFMA 用量的增加，乳液聚合的凝胶率升高，单体转化率降低。

由于 DFMA 含有疏水性的—CF_2 基团，因此含氟单体用量对聚合物膜的疏水性影响较大。随着 DFMA 用量的增加，聚合物膜表面水的接触角不断增大，当 DFMA 用量增加到 6% 时，随 DFMA 用量的增加，接触角变化幅度很小（见图 5-46）。这是由于 DFMA 用量较少时，随其用量增加富集在涂膜表面的含氟基团增多，聚合物膜表面的 F—C 键具有极强

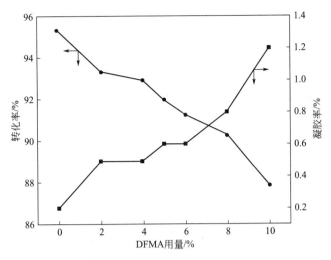

图 5-45　DFMA 用量对无皂乳液转化率和聚合稳定性的影响

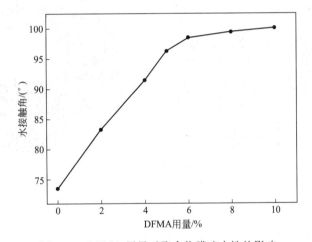

图 5-46　DFMA 用量对聚合物膜疏水性的影响

的憎水性,使聚合物膜的疏水性提高很大。但 DFMA 用量并非越多越好,一方面含氟单体的价格很高;另一方面氟化组分在表面的富集达到饱和时,继续增加 DFMA 用量,涂膜的表面性能不会大幅度提高。

图 5-47 为纳米 TiO_2 用量对乳液聚合稳定性的影响,随着纳米 TiO_2 用量的增加,乳液单体转化率不断降低,乳液凝胶率不断增加。这是因为纳米 TiO_2 粒子的比表面积大,表面有很多的不饱和键和剩余电荷,将消耗一部分引发剂分解形成的活性自由基,使引发速率降低,从而导致乳液聚合速率降低,单体转化率随之降低。此外,由于纳米 TiO_2 易团聚,随着纳米 TiO_2 用量的增加,纳米 TiO_2 在种子乳液中分散性变差,部分发生团聚的纳米粒子未参与反应,与乳胶粒子发生碰撞,导致凝胶率增加。

图 5-48(a) 是未染色纳米 TiO_2 改性含氟聚丙烯酸酯乳液的 TEM 照片,从图中可以看出,大部分纳米 TiO_2 被成功包裹在乳胶粒中,少部分分布于乳胶粒外;图 5-48(b) 是经磷钨酸染色的纳米 TiO_2 改性含氟聚丙烯酸酯乳液的 TEM 照片,由图可知,纳米 TiO_2 改性含氟聚丙烯酸酯乳液的乳胶粒粒径为 100nm 左右,且尺寸分布均一。因此,透射电镜结果表明纳米 TiO_2 被成功引入乳胶粒子中,形成了以纳米 TiO_2 为核和含氟聚丙烯酸酯为壳的

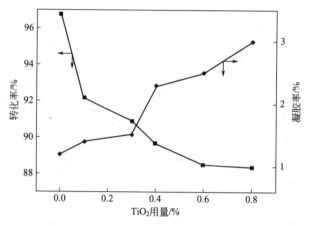

图 5-47　纳米 TiO_2 用量对乳液聚合稳定性的影响

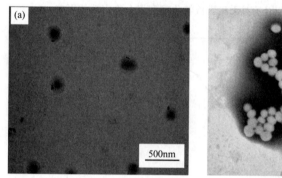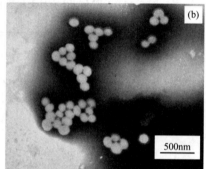

图 5-48　纳米 TiO_2 改性含氟聚丙烯酸无皂乳液的乳胶粒 TEM 照片

（a）未染色；（b）磷钨酸染色

核壳结构复合粒子。

图 5-49 为纳米 TiO_2 改性含氟聚丙烯酸酯的红外谱图，$3400cm^{-1}$ 左右的峰为纳米 TiO_2 上的—OH 伸缩振动峰；$620cm^{-1}$ 和 $687cm^{-1}$ 左右的峰为 Ti—O—Ti 特征吸收峰，表明改性纳米 TiO_2 参与了聚合反应；$2948cm^{-1}$ 和 $2871cm^{-1}$ 为共聚物链上的—CH_2 和—CH_3 的 C—H 键的伸缩振动峰，$1725cm^{-1}$ 和 $1142cm^{-1}$ 处分别为含氟聚丙烯酸酯分子中酯基的 C=O 和 C—O 的吸收峰；在 $1233cm^{-1}$ 处的吸收峰归属于—CF_2—的 C—F 键，说明含氟单体参与了聚合反应。红外谱图分析表明，所有单体进行了聚合反应。

采用浸轧法将纳米 TiO_2 改性含氟聚丙烯酸酯无皂乳液用于棉织物整理，轧余率为 70％～80％，在 80℃下烘干 3min，再于 170℃下焙烘 3min。

图 5-50 为不同纳米 TiO_2 用量含氟聚丙烯酸酯无皂乳液整理前后织物的紫外线透光率。整理后织物在 190～350nm 波段的紫外线透过率比原布相应波段的透光率低很多，这说明纳米 TiO_2 整理剂对紫外线有非常好的屏蔽作用。经 0.6％ 和 0.8％ 整理剂整理的织物明显比 0.3％ 和 0.4％ 紫外透光率低，这主要表现在 200～360nm 附近的紫外线区域中。随着纳米 TiO_2 用量的增多，整理织物对紫外线的屏蔽作用增强。

采用扫描电子显微镜对含氟无皂乳液整理前后织物纤维的表面形貌进行观察。图 5-51（a）为含氟聚丙烯酸酯无皂乳液整理后织物的 SEM 照片，可以看出表面平滑，表明乳液被均匀覆盖在织物纤维表面。图 5-51（b）为纳米 TiO_2 改性含氟聚丙烯酸酯无皂乳液整理织物

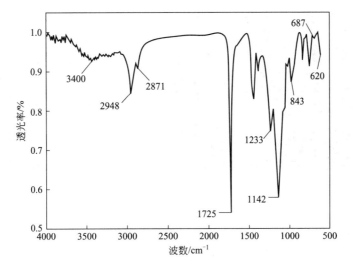

图 5-49　纳米 TiO_2 改性含氟聚丙烯酸酯的红外谱图

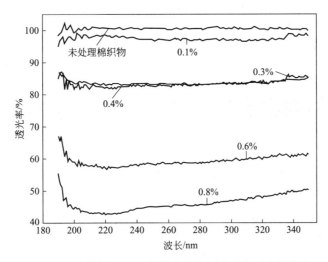

图 5-50　不同纳米 TiO_2 用量含氟聚丙烯酸酯无皂乳液整
理前后织物的紫外线透光率

的 SEM 照片，可看到纳米 TiO_2 改性含氟聚丙烯酸酯无皂乳液在纤维表面形成一层聚合物薄膜，且含有纳米 TiO_2 球形颗粒，这些小颗粒形成的粗糙结构能显著提高其疏水性。结合含氟无皂乳液整理后织物对水的静态接触角为 133°，防水性能为 80 分，纳米 TiO_2 改性含氟聚丙烯酸酯无皂乳液整理后的织物对水的静态接触角为 142°，防水性能为 90 分，表明纳米 TiO_2 的引入提高了织物的防水性。

5.3.4　纳米材料在防水防油纺织品中的发展趋势

将纳米材料与有机氟相结合，可在织物表面构筑出具有低表面能及纳米尺寸结构的粗糙表面，获得优异的防水防油性，且可减少含氟单体的用量，降低生产成本，为纺织品的防水防油整理开辟了一条新途径。目前主要采用将纳米材料与含氟防水防油剂共混后整理的方法，具有操作简便的优点，但是纳米材料容易团聚，导致产品性能不稳定。因此，对纳米材料进行改性，在纳米材料表面引入可与含氟聚合物或含氟单体反应的活性基团，使纳米材料

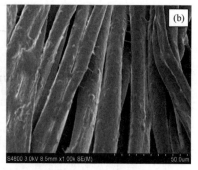

图 5-51　含氟聚丙烯酸酯无皂乳液（a）和纳米 TiO₂ 改性含
氟聚丙烯酸酯无皂乳液（b）整理织物的 SEM 图

和含氟聚合物以共价键相连接，可提高纳米材料与含氟聚合物的相容性和在聚合物基体中的分散均匀性，从而更有效地构造出粗糙表面，这方面的研究还有待深入。

随着社会经济的发展和人们生活水平的提高，防水防油纺织品呈现出越来越广阔的发展空间，人们对具有高性能纺织品整理剂的需求愈加迫切，其性能已不仅仅局限于单一功能，而是趋向于多功能化。纳米材料改性防水防油剂可通过引入功能性基团或与其他功能整理剂混合使用，使整理织物不但具有防水防油功能，同时具有抗静电、阻燃、抗菌、防蛀、防皱和防紫外等性能，且可减少生产加工工序，提高生产效率，节能减排，符合低碳经济的发展要求。

5.4 纳米材料在超疏水功能纺织品中的应用

5.4.1 概述

表面润湿性是固体表面的重要特征之一，其主要是由物质表面的化学组成和微观结构共同决定的。表观接触角大于 150°，滚动角小于 10°的表面称为超疏水表面。近 20 年来，超疏水表面因其优异的疏水性、自清洁能力，及其潜在的应用价值得到科学界的广泛关注。水滴在超疏水表面具有特殊的浸润性，并且在其表面易于滚动。水滴在滚动过程中会将表面沾有的污物一同带走，这就是所谓的"荷叶自清洁效应"。荷叶表面是最具有代表性的超疏水表面，其疏水机理在 1997 年被两名德国植物学家从微观角度揭示出来。经研究表明荷叶表面是微纳双重粗糙结构，在该粗糙结构表面覆盖着一层纳米级的蜡质晶体，二者的共同作用使荷叶表面具有超疏水性和自清洁能力。由于超疏水表面在材料的化学组成和微观结构等方面的差异，使得水滴在其表面呈现出不同的形态。水滴在超疏水表面不能浸湿这一特性使得超疏水表面被广泛地应用到日常生活和工业生产等诸多领域。

大多数超疏水表面的制备方法受到了自然界中具有超疏水功能的表面的启示。一般来说，制备超疏水表面的方法目前主要有以下两种：一种是采用疏水材料构建粗糙结构；另一种是先构筑粗糙表面结构，然后采用低表面能物质对粗糙表面进行修饰。人们通过这些方法已经成功地制备了一些超疏水表面。超疏水表面的疏水机理一般可以用 Cassie-Baxter 模型来解释。在这个模型中，由于表面粗糙的突起间隙中有空气存在，使得水滴停留在有空气层-粗糙结构复合表面上，而并不直接与基质接触。水在该复合表面的接触角 θ_c 大于 150°，从而使得液滴不能浸润固体表面而具有超疏水性。粗糙表面的微观几何尺寸是影响液滴与表面的接触形式的重要因素，研究者们采用不同的制备方法可以构筑不同几何结构的微观不规则表面。然而，无论使用什么样的基质（有机或无机），或是形成什么样的表面结构（粒子、棒或者多孔结构），一定的表面粗糙度和低表面能是构建超疏水表面的两个必要条件。

目前，构筑超疏水表面使用的方法包括蜡质凝固法、蚀刻法、气相沉积法、模板法、聚合物电解质自组装法、升华法、等离子溅射法、静电纺丝法、溶胶-凝胶法、电化学法、水热法、层层沉积一步反应法等。然而，上述方法中，有些需要复杂的程序和苛刻的实验条件，或者需要专门的实验设备和试剂；还有些方法不仅成本高，而且使用范围也很有限，只适用于一些特殊材质的平坦表面；另外，大多制备方法并未考虑到超疏水表面的耐久性和稳定性。因此，超疏水表面材料只有很少量可以达到实际应用的要求。

对于以纤维为基材的超疏水纺织品，其由于材料易得、质地柔软、易着色，并且容易进行大面积生产，因此吸引了越来越多的研究和关注。具有超疏水功能的纺织品不仅在工业生产、医疗、军用产品方面具有重要的应用，而且在日常生活中具有广泛的用途，如生活伞、篷布、露天帐篷、广告旗帜和广告布料等。因此，研究和开发具有超疏水性能的纤维材料对拓宽材料应用范围及提高材料应用性能都具有重要的意义。

5.4.2　微观粗糙结构构筑方法

具有实际用途的超疏水纺织品的制备必须考虑以下两个因素，首先，制备的超疏水纺织品要满足超疏水功能的稳定性以及应用的耐久性；其次，在目前的生产条件和技术水平上具有可行性。纺织品超疏水性能的必备条件之一是表面具有微观粗糙结构，因此采用纳米材料作为结构单元构筑粗糙表面或者采用纳米技术在基材表面构筑粗糙结构均有可能实现超疏水表面的制备。本节着重介绍层层组装法、溶胶-凝胶法、水热法、纳米微粒负载法、化学气相沉积法以及纤维表面刻蚀法构筑粗糙表面制备超疏水纺织品的相关技术。

5.4.2.1　层层自组装

层层自组装常用于制备纳米薄膜或涂层，其也是构筑超疏水表面一种常见的方法。这一方法因其操作简便、应用广泛而受到关注。层层自组装根据其层与层之间作用力的不同，又可以分为共价键层层组装法和离子键层层自组装法。

Yan Zhao 等通过静电层层自组装技术将二氧化硅微粒负载于棉织物表面制得超疏水纺织品。该方法首先将棉织物表面用聚烯丙基胺盐酸盐（PAH）和聚丙烯酸（PAA）处理，在棉纤维表面形成 PAH/PAA 双分子层。将表面改性过的棉织物交替浸入到含有 PAH 和二氧化硅纳米粒子的溶液中，形成了（PAH/SiO$_2$）$_n$ 多层结构，得到的棉织物的表面接触角最高可以达到 160°。

层与层之间的化学反应决定了粗糙结构的稳定性及其方法的可行性。通常，改性的纳米微粒可以通过控制表面层与基质之间的反应在基质上形成粗糙结构。为了提高纳米微粒与基质之间的相互作用，基质表面一般要进行一些必要的处理，使其表面带有活性基团。在层层组装完成以后，最外层的微粒上通常还带有未完全反应的官能团，这些基团在进一步的疏水化处理的过程中可以发挥重要作用。

图 5-52（见彩插）所示为以棉纤维织物为基质通过层层自组装法制备的超疏水表面示意图。分别将表面氨基化和环氧基化的二氧化硅纳米颗粒以共价键结合于环氧基化改性的棉织物上，形成双重粗糙结构。然后利用全氟十二烷基三氯硅烷/硬脂酸对织物进行疏水化处理获得超疏水功能纺织品。具体方法如下。

① 依照 Stöber 方法，用正硅酸乙酯（TEOS）缩合制备单分散二氧化硅微粒。将 12mL TEOS 和 80mL 甲醇混合溶液，磁力搅拌下滴加温度为 50℃，含有 30mL 氨水和 320mL 甲醇混合溶液的烧瓶中，搅拌 3h。然后，把全部溶液平均分为两部分。一部溶液中加入 3-氨基丙基三甲基硅氧烷（APTS）进行氨基化处理，另一部分溶液中加入 3-（2，3-环氧丙氧）

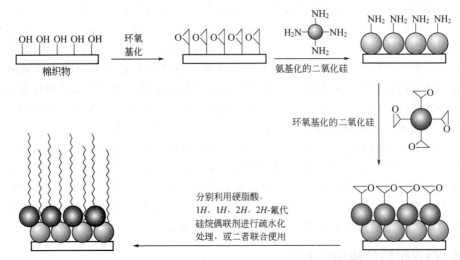

图 5-52 共价键层层组装法制备纤维基超疏水表面流程示意图

丙基三甲氧基硅烷（GPTMS）用于环氧化处理。将这两个反应过夜，所得功能化的纳米二氧化硅微粒用离心机分离，然后用甲醇洗涤 3 次，50℃真空干燥过夜，分别制得呈白色粉末的氨基化和环氧化纳米二氧化硅。

② 把 2g 棉织物放入一个带有磁力搅拌棒的圆底烧瓶中，把 6mL 环氧氯丙烷和 100mL 5％的碱性溶液混合液加入烧瓶中。在 50℃下搅拌反应 5h，产品轮流用清水和无水乙醇清洗，直到 pH 值为 7，然后在 60℃下烘干，得到环氧化的棉织物。

③ 将环氧化棉织物浸入含有质量分数为 0.5％的氨基化纳米二氧化硅的甲醇溶液中，然后将试样通过实验室用的双滚轧车进行轧液，轧余率为 70％~80％。重复上述操作两次后，在 100℃下烘 1h。然后采用同样方法，浸轧环氧基化纳米二氧化硅处理织物。

④ 为了得到疏水表面，将包覆的棉织物浸入溶有 $1H,1H,2H,2H$-全氟十二烷基三氯硅烷的甲苯中，处理 1h 后在室温下烘干。试样用甲苯冲洗，烘干，得到超疏水棉织物。

扫描电子显微镜可以看出，原始棉纤维呈现典型的纵向沟槽结构，如图 5-53(a) 所示。通过球形二氧化硅 [见图 5-53(b)] 微粒处理后，棉纤维表面呈现二氧化硅聚集，使纤维表面粗糙，因此在织物上产生双重表面结构，如图 5-53(c) 和图 5-53(d) 所示。对棉纤维表面进行改性处理可以提高基质与二氧化硅颗粒的结合性，将二氧化硅表面官能化改性一方面有利于得到稳定的双重粗糙结构；另一方面二氧化硅表面没有完全反应的官能团可以与低表面能物质发生键合。用这一方法制得的材料表现出卓越的超疏水性和优异的稳定性。纺织品表面的接触角达 170°，更重要的是该样品经过超声波处理 60min 后，纤维表面仍然存在大量的纳米颗粒，而水滴接触角只由 170°下降到 165°，表明所获得的超疏水性能具有较好的稳定性（见图 5-54）。

利用层层组装法构造粗糙表面的过程中，由于离子键作用力较弱，使得聚合物与基质之间结合牢度低，在实际应用过程中具有一定的局限性。而通过共价键结合的层层组装方法制备的多层结构表面稳定，具有较强的实用性。

5.4.2.2 溶胶-凝胶法

溶胶-凝胶法是目前制备纳米微粒最常使用的方法之一。溶胶-凝胶法可以制备多层膜、多孔结构、薄膜、纳米晶体、纳米颗粒等。通过溶胶-凝胶法构筑粗糙结构，其表面粗糙度可以通过调节溶胶-凝胶混合体系的组成以改变溶胶粒子的尺寸进行控制。

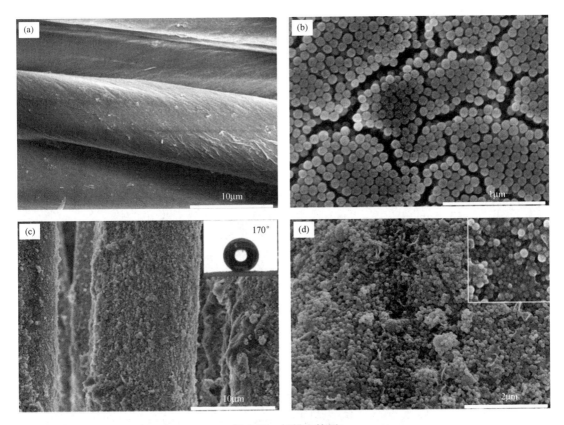

图 5-53　扫描电镜图

（a）原始棉纤维；（b）纳米二氧化硅；（c）负载纳米二氧化硅纤维；
（d）图（c）的放大图；（c）中的嵌入图为相应样品的水滴及水滴接触角值

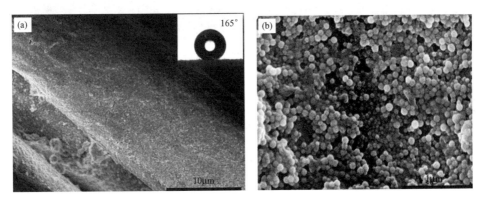

图 5-54　SEM 照片

（a）为超声 1h 后的纤维；（b）为（a）图的高倍扫描电镜图

  Bi Xu 等人通过 Stöber 溶胶-凝胶法制备二氧化硅溶胶，利用浸-轧-烘的方法将二氧化硅溶胶涂覆在棉织物表面，然后经十二烷基三甲氧基硅烷进行表面疏水化处理得到超疏水棉织物，其水滴表面接触角可达 159°。李正雄等将棉织物浸渍于二氧化硅溶胶中进行整理，以十六烷基三甲氧基硅烷为疏水改性剂，通过溶胶-凝胶方法和自组装对纯棉织物进行处理。通过这种方法制备的棉织物上水滴的接触角最高可达 151°，经过 20 次标准皂洗后还能保持一定的疏水性，织物上水滴的接触角仍然超过 95°。

作者将棉织物浸渍于二氧化钛溶胶中进行处理，然后采用全氟十二烷基三氯硅烷对织物进行低表面能化处理，获得超疏水防紫外功能的纺织品。扫描电子显微镜（见图 5-55）可以看出，原始棉纤维表面呈现天然的沟壑纹理结构，小分子低表面能物质改性后其表面变化不大。而负载 TiO_2 凝胶之后，纤维表面的粗糙度大大提高，在其基础上对其进行低表面能处理后，织物从原来的强吸湿性转变为超疏水性，接触角高达 163°。

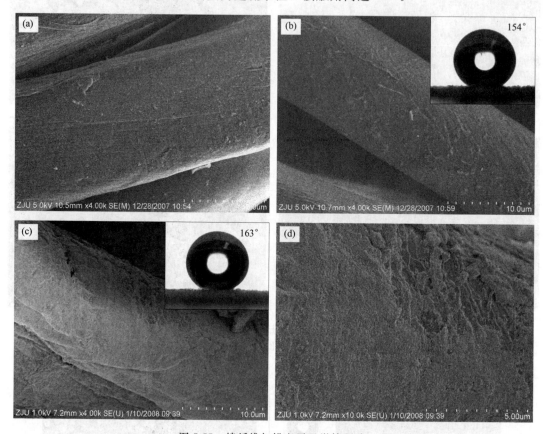

图 5-55　棉纤维扫描电子显微镜照片

（a）原始棉纤维；（b）低表面能物质改性棉纤维；（c）负载 TiO_2 后的棉纤维；（d）为（c）图的放大图

以正硅酸乙酯作为前躯体，氨水为催化剂，六甲基二硅氮烷为改性剂，制备疏水性硅溶胶，将用其处理碱减量织物，制备油水分离功能纺织品，其原理如图 5-56 所示。具体方法如下。

① 以正硅酸乙酯作为前躯体，氨水作为催化剂，将 15g 的 TEOS 溶解在 24g 的 CH_3OH 溶液中，之后向其中逐滴加入 8g NH_4OH 和 24g CH_3OH 的混合液，此时，溶液的 pH 值接近 9，再向混合的溶液中滴加 3.65mL 的 0.1mol/L HCl，紧接着搅拌反应 2h，之后，再用氨水将混合液的 pH 值调至 8，停止搅拌，陈化 16h，制备硅溶胶。向 TEOS 中滴加氨水，是为了控制水解速度，来控制生成二氧化硅粒子的粒径大小，防止 TEOS 快速水解，生成二氧化硅粒子发生团聚。同时调节溶液在碱性条件下，也是为了有效地生成粒径合适的二氧化硅粒子。

② 以 1∶8 的质量比配制六甲基二硅氮烷（HMDS）和正己烷的混合液，按照 TEOS 与 HMDS 的摩尔比为 1∶1.25 的量，将混合液添加在上述的硅溶胶中，在 60℃下反应 16h，对硅溶胶进行改性，最后将生成的硅凝胶采用真空抽滤的方式进行过滤，并使用正己烷、正

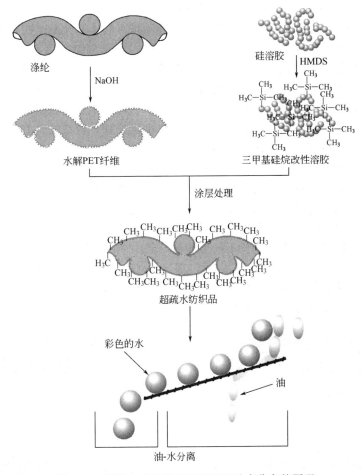

图 5-56　制备疏水性纺织的流程和油水分离的原理

丙醇进行多次的洗涤，之后再将抽滤完全的硅凝胶溶解在 45g 的正丙醇溶液中，得到疏水性硅溶胶。

　　③ 将疏水性硅溶胶采用传统的浸-轧-烘的工艺负载在涤纶织物上，浸轧两次，轧余率控制为 70％ 左右，然后在 80℃ 下烘 10min，再在 150℃ 烘干，获得具有油水分离功能的超疏水涤纶织物。

　　利用溶胶-凝胶法可以制备不同种类、不同粒径的溶胶颗粒。制备得到的溶胶颗粒又可以简单方便地负载于纤维基质表面获得双重粗糙结构。同时，一些具有特殊功能的溶胶粒子，如具有抗菌性的二氧化钛溶胶，具有抗紫外线功能的氧化锌溶胶等，通过负载于纤维基质表面可以制备多功能的纺织品。这一方法简单易行，可以实现大面积超疏水表面的制备，应用前景广阔。

5.4.2.3　水热法

　　水热法是制备和调控材料纳米结构形貌的常用方法，也是目前制备微纳双重粗糙结构常用的方法之一。最近有许多在基质上生长不同形态氧化锌制备超疏水表面的报道。该方法一般包括两个步骤：首先在基质表面做氧化锌种子，然后将做了氧化锌晶种的基质浸润在含有 Zn^{2+} 溶液中生长出氧化锌的纳米结构。再将获得的粗糙表面再用聚合物或者小分子物质进行低表面能处理得到超疏水表面。

　　Xu 和 Cai 利用水热法在棉织物上制备了超疏水表面。首先，在棉织物表面作种并生长氧化锌纳米棒，然后用十二烷基三甲氧基硅烷进行表面处理。这一方法成本低，且有良好的可重复性，可以用传统的纺织品整理设备进行处理。该方法中采用的十二烷基三甲氧基硅烷水解得到的 Si—OH 键不仅可键合于氧化锌种子表面，由于棉织物表面也含有大量的羟基，二者通过缩合作用也可以牢固地结合在一起。此外，十二烷基三甲氧基硅烷水解形成的羟基与生成的氧化锌纳米棒之间也可以产生键合交联，这样就使得氧化锌纳米棒与棉织物表面之间牢固结合，获得稳定的性能。作者也利用水热法用不同的生长液在棉织物表面生长了纳米氧化锌，并用十二烷基三甲氧基硅烷对织物进行疏水化处理，使织物具有良好的疏水性。

水热法是将基质浸润在生长液中反应，其基质不仅局限于纤维材料，还可以在多种规则或者不规则的基质表面，如硅片、玻璃以及聚合物薄膜等表面上制备超疏水表面。通过这一方法制备的超疏水表面可以应用到多种领域中，如飞行器、船舶以及一些特殊功能的表面。但是，对于采用氧化锌等具有光催化作用的纳米材料进行粗糙表面构筑时，有必要考虑该纳米材料可能会对低表面能物质发生光催化降解作用，从而影响超疏水功能的稳定性。

通过水热法在涤纶纤维表面生长不同形貌的 ZnO，并采用层层组装法在 ZnO 表面包覆 SiO$_2$ 壳层，然后采用十六烷基三甲氧基硅烷（HDTMS）对织物进行低表面能疏水化处理，同样获得了稳定的防紫外线超疏水功能纺织品，其反应原理如图 5-57 所示，ZnO 纳米棒改性纤维微观结构形貌及超疏水状态如图 5-58 所示。

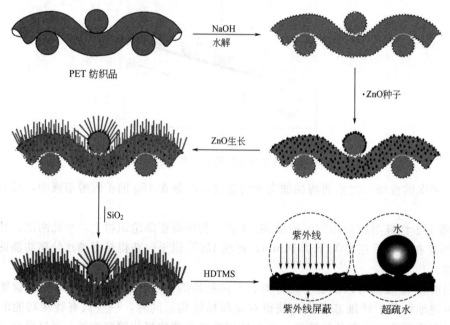

图 5-57　ZnO 纳米棒改性纤维制备超疏水防紫外线纺织品原理

对于基材表面 ZnO 纳米结构或阵列的生长，一般需要先合成 ZnO 纳米种子粒子。例如，将 0.087mmol/L 的 Zn（CH$_3$COO）$_2$ 异丙醇溶液冷却至 10℃，在 10℃ 下将 20mL 20mmol/L NaOH 的异丙醇溶液在磁力搅拌条件下逐滴加到上述溶液中。滴加完成后，体系升温至 60℃，磁力搅拌作用下继续反应 2h，即可获得粒径较小的种子 ZnO 纳米溶胶。

在纤维表面生长 ZnO 纳米结构时，常采用低温水热法。首先将市售的涤纶织物洗涤，去除表面杂质后烘干。然后用 20% 的 NaOH 溶液在 100℃ 下对涤纶织物处理 2min 得到碱减量涤纶织物。通过碱处理的涤纶织物表面暴露出亲水性的羟基和羧基，有利于在涤纶织物表面做种。将碱减量的涤纶织物浸渍在种子 ZnO 纳米溶胶中 15min，用轧车轧去多余的溶胶，

图 5-58　ZnO 纳米棒改性纤维微观结构形貌（a）及超疏水性能（b）

在 80℃下烘 20min。将此过程重复进行 3 遍以在涤纶织物表面负载足量的 ZnO 晶种。不同的 ZnO 纳米结构是在不同浓度的 $Zn(NO_3)_2 \cdot 6H_2O$ 和 $C_6H_{12}N_4$ 等物质的量浓度的混合溶液中于 93℃下生长 3h 得到的。具体方法是：将 1g 碱减量涤纶织物浸渍于 100mL 不同浓度的 $Zn(NO_3)_2 \cdot 6H_2O$ 和 $C_6H_{12}N_4$ 等物质的量浓度的混合溶液的不锈钢杯中，在红外染色机中振荡生长。

为了屏蔽 ZnO 对有机低表面能物质的光催化降解作用，需要在生长的 ZnO 纳米结构表面包覆 SiO_2 壳层。该方法可以通过静电层层自组装法利用硅酸（Na_2SiO_3）水解在生长的 ZnO 表面包覆 SiO_2 壳层来完成。具体如下：①将表面生长 ZnO 的碱减量的涤纶织物浸渍在带负电荷的聚合物电解质聚苯乙烯磺酸钠（PSS）（1g/L，溶液中含 0.5mol/L 的 NaCl）水溶液中 10min，将织物在去离子水中涤荡除去表面没有与织物稳定结合的 PSS，用轧车轧去多余的水分，PSS 改性后的织物表面带负电荷。②将织物浸渍在带正电荷的聚合物电解质聚二烯丙基二甲基氯化铵（PDDA）（1g/L，溶液中含 0.5mol/L 的 NaCl）水溶液中 10min，将织物在去离子水中涤荡除去表面没有与织物稳定结合的 PDDA，并用轧车轧去多余的水分，PDDA 改性后的织物表面带正电荷。在织物表面重复负载聚合物 4 层电解质，并在 80℃下将织物进行烘干。通过在织物表面负载聚合物电解质的方法可以使生长在织物上的 ZnO 带有大量的正电荷而利于带负电荷的 SiO_2 在其表面的包覆。③用聚合物电解质改性后的织物浸渍在浓度为 40mmol/L 的 Na_2SiO_3 溶液（溶液用 pH 值为 7.5 的磷酸缓冲溶液配制）中 10min，用去离子水涤荡去除其表面多余的 Na_2SiO_3，在 80℃下烘干。④将织物浸渍在 1g/L 的 PDDA 溶液中 10min，将织物在去离子水中涤荡除去表面没有与织物稳定结合的 PDDA，并用轧车轧去多余水分。用 Na_2SiO_3 和 PDDA 对织物表面交替改性，可以在织物表面形成 SiO_2/PDDA 包覆在 ZnO 表面。在织物表面沉积三层 SiO_2/PDDA 以达到对 ZnO 完整包覆的目的，包覆最后一层 SiO_2 后不用在其表面改性 PDDA。将表面包覆 SiO_2 的涤纶织物在 150℃下焙烘 2h，以获得致密的 SiO_2 壳层，在涤纶织物表面形成稳定的 ZnO/SiO_2 核壳结构。通过调整负载 SiO_2/PDDA 的层数可以调节在 ZnO 表面包覆的 SiO_2 壳层的厚度。

最后，将表面改性涤纶织物在室温下浸渍于 1% 的十六烷基三甲氧基硅烷（HDTMS）的乙醇溶液中 20min，多余的溶液通过轧车轧除，然后将织物在 80℃下烘干。将织物重复浸渍烘干 3 次，以赋予织物足够的低表面能物质。再将织物在 170℃下焙烘 5min，使得 HDTMS 与织物表面的 ZnO/SiO_2 核壳结构充分结合，获得稳定的防紫外线超疏水功能纺织品。

采用强碱处理棉纤维，使纤维表面负离子化，容易负载贵金属 Ag 离子，然后加入还原剂使其形成金属颗粒并逐渐长大，获得金属纳米颗粒改性的功能纺织品，再对其进行低表面能处理即可获得棉纤维基超疏水多功能纺织品，如超疏水抗菌导电功能织物。具体方法为：①在 20℃恒温条件下，配制浓度为 10％（质量分数）的 NaOH 溶液（浴比 1∶50）处理棉织物 10min，然后在水中充分淋洗，在 5％冰乙酸中浸渍，再用蒸馏水洗至中性，最后自然晾干。②分别在不同浓度 0.1mol/L 的 AgNO₃ 溶液中加入 28％的浓氨水至溶液变为无色透明，制成银氨溶液，然后将碱处理织物在银氨溶液中室温浸渍 1h（浴比 1∶20）。然后将浸渍过的织物放入浓度为 0.5mol/L 的葡萄糖溶液中进行还原反应 5min（浴比 1∶30），再将浸渍过织物的剩余的银氨溶液一并加入还原液中，反应 15min。反应后，取出织物用蒸馏水洗去浮色后自然晾干。③将负载纳米银的织物在 3％的十六烷基甲氧基硅烷乙醇溶液中浸泡 1h，80℃烘干后，130℃烘焙 1h 得到导电抗菌超疏水纺织品。其反应原理如图 5-59 所示，银纳米颗粒改性纤维微观结构形貌如图 5-60 所示。从图 5-60(a) 可以看出，纤维表面均匀布满银纳米颗粒，织物呈现超疏水性能。图 5-60(b) 显示出疏水载银棉织物具有良好的抗菌性能，且抑菌圈宽度大于 5mm。另外，织物表面 1cm 之间平均电阻为 37.22Ω，显示出良好的导电性能。

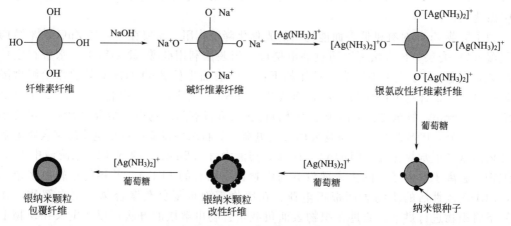

图 5-59　纳米银在棉纤维表面负载示意图

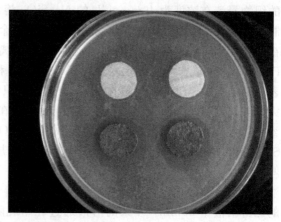

图 5-60　纳米银改性棉纤维表面结构形貌（a）及原棉织物（上排）
与疏水载银织物（下排）定性抑菌圈图（b）

5.4.2.4　纳米微粒负载法

将纳米微粒负载于纤维基质上也是在纤维基表面构筑双重粗糙结构的一种有效途径。因为棉纤维的直径为 $12\sim20\mu m$；羊毛的平均直径为 $10\sim50\mu m$；合成纤维的直径可以调节小于 $5\mu m$，甚至可细达 $0.4\mu m$。而纺织的过程就是将这些微米级的纤维纺成纱线，再将纱线织造成织物。所以，宏观上平整的织物肉眼也能辨出其实为一粗糙的表面。由于纱线中的纤维具有一定的捻度，而纱线往往是纵横交错，因此在微观上，错综复杂的纤维排列形态就构成一个机械织造的微米级粗糙表面，这就类似于超疏水荷叶表面乳突构成的微米级表面。另外，由于纱线上通常带有突出的纤维，这些突出的纤维就类似于水蝇腿上超疏水表面的刚毛。因此，如果在构成织物微米级粗糙表面的微米纤维上引入纳米级粗糙结构，则可形成典型的微纳粗糙荷叶结构，再施以低表面能物质，则可以构造出超疏水表面。

Mohammad 等通过向棉织物上引入纳米银微粒，然后通过十二烷基三甲氧基硅烷进行表面处理，得到超疏水抗菌多功能棉织物。他们首先将棉织物用 KOH 改性，使得棉织物表面带有钾离子。银离子通过离子交换作用沉积在棉织物表面，在抗坏血酸的还原作用下银离子被还原成为银原子而沉积在棉织物表面，形成双重糙度的结构表面。然后，以正辛基三乙氧基硅烷处理棉织物颗粒表面，形成超疏水涂层，$10\mu L$ 水滴在其表面的静态接触角为 $151°$。

Leng 等通过向棉织物中引入二氧化硅草莓状复合微粒制备得到超疏水表面。首先，对粒径大的二氧化硅表面进行氨基化处理。由于粒子表面带有氨基，质子化作用使得粒子表面带正电荷，经改性后的粒子通过静电吸附作用可负载于棉纤维表面。用 $SiCl_4$ 将二氧化硅粒子通过交联作用结合在纤维基质上，然后用全氟硅烷进行低表面能处理，得到的表面具有超疏水超疏油性能，并具有较高的水滴接触角和较低的滚动角。

作者制备了功能化的 ZnO/SiO_2 核/壳结构纳米颗粒，并将其负载于碱量处理后的涤纶纤维表面，然后采用十六烷基三甲氧基硅烷对织物进行低表面能疏水化处理，获得具有紫外线防护功能的超疏水涤纶纺织品，其反应原理如图 5-61 所示。该织物经紫外线照射 55h 后仍然保持超疏水性能，显示出很好的耐光稳定性，如图 5-62 所示。

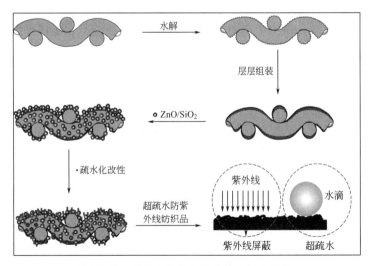

图 5-61　超疏水防紫外线纺织品制备原理

为了提高超疏水表面的包覆率和持久性，复合微粒/基质表面往往要引入一些反应性官能团，如羧基、氨基、环氧基和羟基等。通过这些反应基团的引入，可以在复合微粒与基质

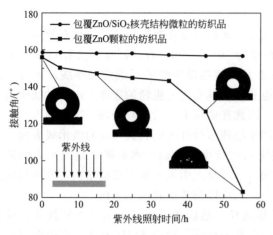

图 5-62　超疏水防紫外线纺织品的
超疏水功能稳定性

之间形成共价键而牢固地结合起来。利用这种方法可以得到双重粗糙的纤维基质表面，并且复合微粒表面未完全反应的官能团可以在进一步的疏水化处理过程中发挥重要作用。通过这一方法制备的纤维基质表面具有良好的超疏水性，同时如果用氟化物进行疏水化处理，又可以获得良好的疏油性，得到超双疏材料，具有广阔的发展空间和应用领域。

5.4.2.5　化学气相沉积法

气相沉积法是基于易挥发性物质与基质反应形成固态薄膜的过程。基质一般具有模板的作用，形成薄膜的形态取决于所选基质的形态。同时，通过调节气态反应物和反应条件，可以调节生成物的形态。

Igor Luzinov 等对涤纶织物进行了预处理，使纤维带上羟基和羧基，然后将带有环氧活性基团的纳米二氧化硅负载到纤维表面，使织物形成微纳粗糙结构，最后通过气相沉积法在该织物表面沉积一层超薄非氟代疏水聚合物，获得了具有超疏水自清洁功能的织物。

Zimmermann 等通过气相沉积法在单根纤维上沉积一层聚甲基硅氧烷得到了超疏水结构。以涤纶纤维为基质制备的超疏水表面性能稳定、持久。将其浸泡于水中两个月以后，仍然表现出优良的超疏水性能。其表面经过受压摩擦以后，超疏水性能依然稳定存在。同时，这层沉积膜对织物本身的性能，如强度、颜色、手感等并不产生影响。Li 等利用化学气相沉积法将亲水的棉纤维改性为超疏水表面。首先将纤维在乙醇溶液中洗涤干净，干燥后将其放入充满甲氧基三氯硅烷的密闭容器内，使其表面沉积一层三甲氧基硅烷。然后将棉织物置于嘧啶水溶液中使 Si—Cl 键水解。将织物用去离子水洗涤干净后在 150℃ 下焙烘 10min。由于 Si—OH 键的缩聚作用，使得生成的二氧化硅颗粒紧密地结合在棉纤维表面，得到性能优良的超疏水表面。

通过化学气相沉积法对纤维基质表面进行处理，在赋予织物超疏水性能的同时，不会影响织物原本的颜色和形态。在对成品纤维材料疏水化处理工程中凸显出巨大的优势。

5.4.2.6　纤维表面刻蚀法

采用碱处理涤纶纤维，获得的纤维表面粗糙结构将来源于纤维本体并与之成为一体，因此织物表面粗糙结构具有与纤维本身相一致的力学稳定性和耐磨性。如果控制改性条件，使长链烷基硅烷低表面能物质渗透进入纤维内部并与纤维内部和表面发生共价反应，共价反应一方面可提高低表面能物质在纤维上的结合牢度，另一方面纤维内部渗透的低表面能物质可保障纤维整体材料的低表面能性质，因此可提高织物低表面能性质的持久稳定性。稳定的织物表面粗糙结构和持久的织物低表面能性质必将使纺织材料的超疏水性能具有很好的耐机械摩擦和耐洗涤稳定性。

（1）耐用超疏水功能纺织品　利用纺织品本身微米级粗糙性，采用化学刻蚀法，使纤维表面产生凹凸不平的坑穴，在纤维表面形成微观粗糙度，从而使织物形成微纳结构粗糙表面。然后，在密闭容器中，在无溶剂条件下采用低表面能物质处理化学刻蚀后的涤纶，当处理温度大于涤纶纤维的玻璃化转变温度时，涤纶纤维大分子链段发生移动，使原本微小的空穴合并成较大的空穴，使吸附在纤维表面的低表面能物质沿着不断变化的空穴，逐个"跳跃"扩散进入纤维内部并与组成纤维的大分子的端羟基和端羧基发生共价结合，得到具有良好耐磨性及耐洗涤性的彩色超疏水涤纶纺织品，其反应原理如图 5-63（见彩插）所示。

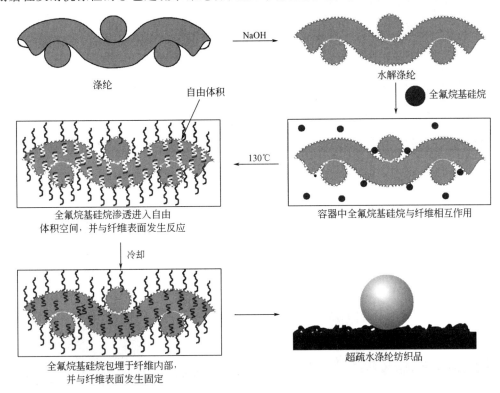

图 5-63　耐用超疏水功能纺织品制备原理示意图

对于涤纶织物的表面刻蚀，首先，用去离子水洗涤涤纶织物，去除涤纶织物表面的杂质，80℃烘干。然后，将洗涤后的涤纶织物在浓度为 380g/L 的氢氧化钠水溶液中浸渍 10min，取出涤纶织物并将其放置在双层聚乙烯薄膜的中间，在 120℃下烘 4min。最后，取出涤纶织物充分水洗，洗涤至涤纶织物表面 pH 值为 7 左右，在 80℃下烘干。

关于长链烷基硅烷对涤纶织物的疏水化处理是在红外线染色小样机中进行的。在密闭容器中，在没有溶剂存在的条件下，将碱处理涤纶织物放置在分别含有一定量的全氟烷基硅烷（PFDTS）的染杯中；然后密封染杯，在 130℃下反应 1h；当温度下降到 40℃时取出涤纶织物，将取出的涤纶织物在烘箱中 70℃烘 1h。

① 碱处理织物的纤维表面形貌　图 5-64 是原始涤纶织物的扫描电镜图。由图可知，原始涤纶织物表面光滑，无扭曲条纹，但其表面有少量杂质，这些杂质是在涤纶织物的纺纱及织造过程中造成的。汽蒸法碱处理涤纶纤维的表面被刻蚀，纤维直径变细，表面形成凹凸不平的坑穴。同时，汽蒸法碱处理后涤纶织物单位质量减轻，纤维强度下降，织物交织点的空隙增加，使得涤纶织物手感柔和。由上可知，汽蒸法碱处理后，涤纶织物的表面粗糙度增加了，具有了微纳粗糙结构，这为构筑超疏水纺织品创造了有利条件。

② 涤纶织物的疏水性　图 5-65 是水滴在织物表面的形态，（a）～（c）是 5μL 水滴在 0.5mL、0.1mL 和 0.02mL PFDTS 疏水化改性后涤纶织物上的形态，其接触角依次为 164.1°、160.7°和 161.54°，且水滴在涤纶织物表面保持球形，表明疏水化改性后的涤纶织

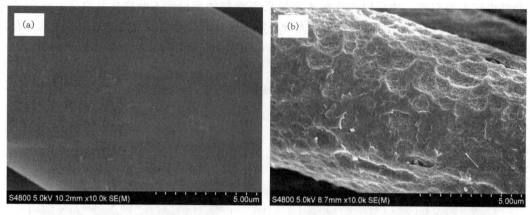

图 5-64　扫描电镜图

(a) 原始涤纶织物；(b) 汽蒸法碱处理涤纶织物

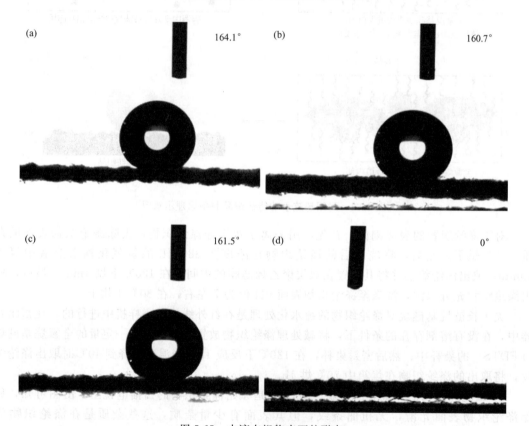

图 5-65　水滴在织物表面的形态

(a)~(d) 依次为 5μL 水滴在 0.5mL、0.1mL、0.02mL 和 0mL PFDTS 疏水化改性后涤纶织物上的形态

物具有良好的超疏水性能。(d) 是 5μL 水滴在涤纶原始织物上的形态，由图可知其接触角为 0°，且 5μL 液滴在涤纶原始织物表面马上铺展开来，渗透到织物内部，表明涤纶原始织物具有很好的亲水性。综上可知，涤纶原始织物是亲水的，而经过 PFDTS 处理后的涤纶织物由亲水性转变成超疏水性，其接触角都大于 160°。由涤纶织物的扫描电镜图可知，经碱处理后涤纶纤维表面被刻蚀产生凹凸不平的坑穴，在织物表面成功地构筑了微纳粗糙结构，实现了制备超疏水表面对粗糙度的要求；而采用 PFDTS 处理涤纶对表面进行疏水化改性，

实现了制备超疏水表面对低表面能的要求，故使涤纶织物具有超疏水性能。

③ 超疏水涤纶织物的组成分析　为了研究疏水化改性后涤纶织物的表面化学组成，对 PFDTS 疏水化改性前后的涤纶织物进行了傅里叶红外表征。图 5-66 是疏水化改性前后涤纶织物的红外谱图，由图可知，PFDTS 疏水化改性后的涤纶织物在 $1200\mathrm{cm}^{-1}$ 处出现了 C—F 的伸缩振动，这一结果表明，疏水化改性后，PFDTS 成功地接枝在了涤纶纤维表面。

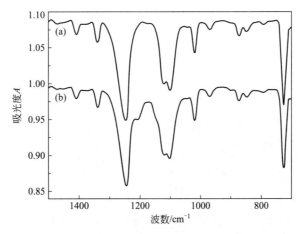

图 5-66　疏水化改性前后涤纶织物的红外谱图

为了研究 PFDTS 分子是否扩散进入了涤纶纤维内部，对 PFDTS 处理后涤纶织物横截面做了能谱分析。图 5-67(a) 是 PFDTS 处理后涤纶织物横截面的扫描图，(b) 是 (a) 的能谱图。由图可知，PFDTS 处理后涤纶织物横截面上含有 C、O、F 和 Si 元素。涤纶织物的化学组成主要为聚对苯二甲酸乙二酯，含有 C 和 O 两种元素；PFDTS 是十七氟癸基三甲氧基硅烷，含有 C、O、F 和 Si 四种元素。而 PFDTS 处理后涤纶织物横截面上含有 C、O、F 和 Si 元素，由此可知 PFDTS 成功地接枝到了涤纶织物上。图 5-67(c)～(f) 依次是 C、O、F 和 Si 元素在 PFDTS 处理后涤纶织物横截面上的分布图。由图可知，C、O、F 和 Si 四种元素分散在 PFDTS 处理后涤纶织物横截面的整个面上，F 和 Si 元素是 PFDTS 分子所具有的特征元素，由此可以证明 PFDTS 分子进入了涤纶纤维内部，且随机分布在涤纶纤维内部。这是因为 PFDTS 是在 130℃ 下处理涤纶织物，而当处理温度大于涤纶纤维的玻璃化转变温度（80℃）时，涤纶纤维大分子链段发生移动，使涤纶纤维原本微小的空穴合并成较大的空穴，从而使吸附在纤维表面的低表面能物质 PFDTS 沿着不断变化的空穴，逐个"跳跃"扩散进入纤维内部并与纤维大分子的端羟基和端羧基发生共价结合，但温度下降时，这些进入到涤纶纤维内部的 PFDTS 就被固定在涤纶纤维内部了。

④ 洗涤作用对涤纶织物疏水性的影响　采用 AATCC-63 2003 1A 的方法检测处理后涤纶织物表面超疏水性能的耐洗涤性，图 5-68(a)是 0.5mL PFDTS 处理后涤纶织物的接触角随洗涤次数的变化。由图可知随着洗涤次数的增加，涤纶织物的接触角有轻微的下降，在经过 20 次（相当于家庭洗涤 100 次）洗涤后，涤纶织物的接触角由 164.1°下降到 156.7°，依然具有超疏水性。这表明本方法制备的超疏水涤纶纺织品具有良好的耐机械洗涤性。图5-68(b) 是洗涤 100 次后超疏水涤纶织物的扫描图，由图可知洗涤 100 次后，纤维表面粗糙度有一定下降，但依然具有凹凸不平的坑穴，具有微纳粗糙结构，故洗涤 100 次后的涤纶织物依然具有超疏水性能。

⑤ 机械摩擦对涤纶织物疏水性的影响　疏水化改性后涤纶织物疏水性能的耐磨性检测

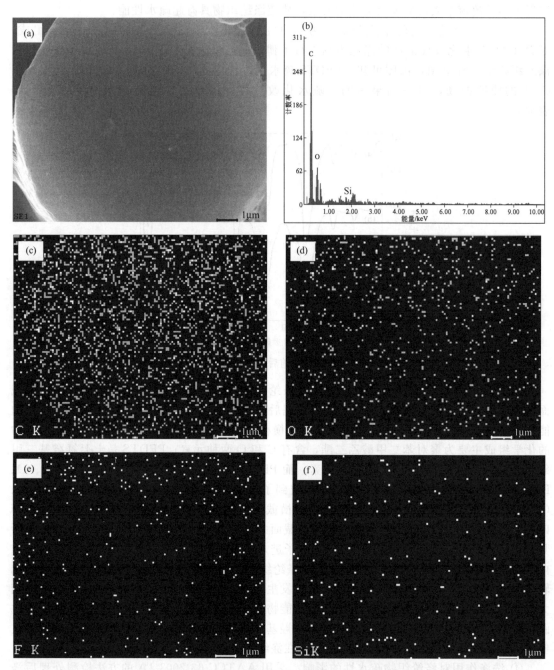

图 5-67　（a）PFDTS 处理后涤纶织物横截面的扫描图；（b）PFDTS 处理后涤纶织物横截面的能谱图；（c）～（f）依次是 C、O、F 和 Si 元素在 PFDTS 处理后涤纶织物横截面上的分布图

是通过将织物在 Y571L（A）染色摩擦色牢度仪摩擦不同次数后测其接触角的变化来表征的。图 5-69(a) 是处理后织物接触角随摩擦次数的变化情况，由图可知，经过 1500 次摩擦后，处理后涤纶织物的接触角有轻微下降，由 160.7° 下降到 157.6°，这是因为经过摩擦后，涤纶织物表面被磨平，其表面粗糙度下降，使涤纶织物超疏水性有轻微下降，但依然具有超疏水性。然而，在经过 3000 次摩擦后，涤纶织物的接触角变为 162.3°，与没有摩擦的涤纶织物相比，接触角有轻微的上升。图 5-69(b)、(d) 和 (c) 分别是处理后涤纶织物摩擦前

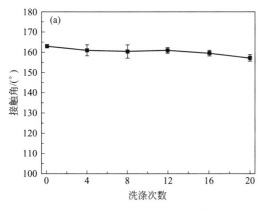
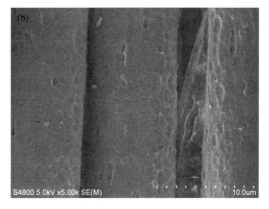

图 5-68　（a）接触角随洗涤次数增加的变化；（b）洗涤 100 次后超疏水涤纶织物的扫描图

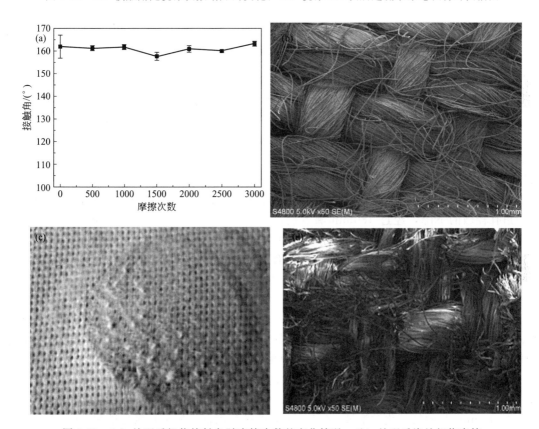

图 5-69　（a）处理后织物接触角随摩擦次数的变化情况；（b）处理后涤纶织物摩擦
前的扫描电镜图，（c）处理后涤纶织物摩擦 3000 次后涤纶织物的
照片，（d）处理后涤纶织物摩擦 3000 次后的扫描电镜图

及摩擦 3000 次后的扫描电镜图和照片，由图可知，摩擦 3000 次后，涤纶织物表面被磨坏，表面出现绒面效果，使涤纶织物表面粗糙度增加，故摩擦 3000 次后涤纶织物的接触角有所上升。综上可知通过本方法制备的超疏水涤纶织物具有很好的机械耐磨性。

　　⑥ 沸水煮对涤纶织物疏水性的影响　将疏水化改性后的涤纶织物在含有 5g/L 的皂粉溶液中，煮沸一段时间，检测其表面的接触角来判断处理后涤纶织物疏水性的耐沸水煮稳定性。图 5-70 是疏水化改性后的涤纶织物接触角随煮沸时间的变化曲线。由图可知，当

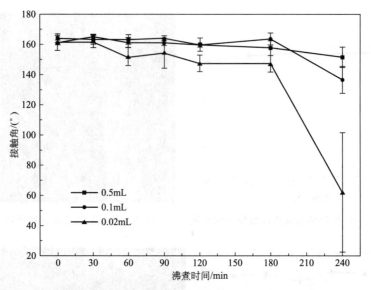

图 5-70　处理后涤纶织物接触角随沸煮时间的变化情况

PFDTS 用量为 0.02mL 时，随着煮沸时间的增加，涤纶织物的表面接触角下降，经过 240min 沸煮后，涤纶织物的表面接触角下降到 60°左右，涤纶织物由超疏水性转变为亲水性；当 PFDTS 用量为 0.1mL 时，随着煮沸时间的增加，涤纶织物的表面接触角有轻微的下降，经过 240min 沸煮后，涤纶织物的表面接触角下降到 135°左右，涤纶织物失去其超疏水性；当 PFDTS 用量为 0.5mL 时，疏水化改性后的涤纶织物在皂粉溶液中煮沸 90min 后，其表面接触角基本没变化。但是，当煮沸时间超过 90min 后，疏水化改性后的涤纶织物的接触角有轻微的下降，经过 180min 沸煮后，其表面的接触角为 157.2°，依然具有超疏水性。但是，经过 240min 沸煮后，疏水化改性后的涤纶织物的接触角下降到 151.4°，且水滴不稳定，有一定程度的渗水，随着水滴与表面接触时间的增加，其接触角下降。水滴与表面接触时间为 2min 时，沸煮后涤纶织物的接触角为 144.9°，失去超疏水性。

由上可知，随着沸煮时间的增加，涤纶织物的表面接触角下降。这可能是因为沸煮温度大于涤纶织物的玻璃化转变温度（80℃左右），扩散进入纤维内部的非结合的十七氟癸基三甲氧基硅烷能被皂粉液洗涤洗出，使涤纶织物表面自由能增加，表面的疏水性能下降。随着 PFDTS 用量的增加，涤纶织物表面疏水性的耐沸水煮稳定性增加。

⑦ 酸、碱、盐、溶剂对涤纶织物疏水性的影响　将疏水化改性后的涤纶织物浸渍在强碱、强酸、盐及溶剂中检测其耐酸、碱、盐、溶剂的稳定性。将处理后的涤纶织物浸渍在摩尔浓度为 1mol/L 的氢氧化钠溶液、0.5mol/L 的硫酸溶液、30g/L 氯化钠和 5g/L 氯化镁混合溶液、甲醇、乙醇、正丙醇、甲苯和丙酮中，浸渍 24h 后，取出涤纶织物，用去离子水充分洗涤，在烘箱中，35℃烘 2h 后检测其接触角。图 5-71 是疏水化改性后的涤纶织物在碱、酸、盐、溶剂中浸渍 24h 后的接触角，由图可知其接触角依次为 160.0°、159.4°、160.0°、159.1°、158.1°、162.6°、159.0°和 161.8°，具有很好的超疏水性。由上可知，采用本方法制备的超疏水涤纶织物的疏水性具有良好的耐酸、碱、盐及有机溶剂的稳定性。

(2) 耐磨耐洗超疏水纺织材料　利用纺织品本身微米级粗糙性，采用化学刻蚀法，使纤维表面产生凹凸不平的坑穴，在纤维表面形成微观粗糙度，从而使织物形成微纳结构粗糙表面。然后采用聚二甲基硅氧烷（PDMS）对纤维进行表面改性，制备了耐磨耐洗超疏水纺织材料，如图 5-72 所示。具体方法为：①对于涤纶织物的表面刻蚀，首先，用去离子水 75℃

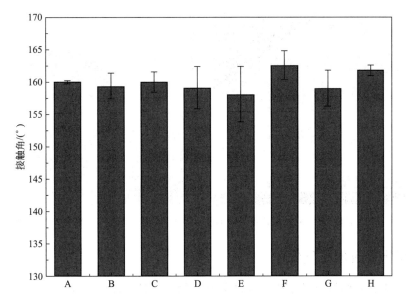

图 5-71 处理后的涤纶织物在碱、酸、盐、溶剂中浸渍 24h 后接触角的柱形
A～H 依次是碱、酸、盐、甲醇、乙醇、正丙醇、甲苯、丙酮

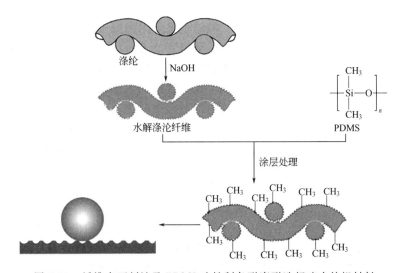

图 5-72 纤维表面刻蚀及 PDMS 改性制备耐磨耐洗超疏水纺织材料

下洗涤涤纶织物 30min，以去除涤纶织物表面的杂质，80℃烘干。然后，将洗涤后的涤纶织物在浓度为 380g/L 的氢氧化钠水溶液中浸渍 10min，取出涤纶织物并将其放置在双层聚乙烯薄膜的中间，在 120℃下烘 4min。最后，取出涤纶织物充分水洗，洗涤至涤纶织物表面 pH 值为 7 左右，在 80℃下烘干。②取聚二甲基硅氧烷 Sylgard 186（PDMS，Dow Corning 公司）弹性体 A 组分 0.25g 溶解于 30mL THF 中，形成 A 溶液；聚 0.025g Sylgard 186 固化剂溶解于 30mL THF 中，形成 B 溶液；将织物浸渍入 A 与 B 的混合溶液中，取出 80℃烘 3min，135℃焙烘 30min。扫描电子显微镜可以看出，纤维表面被碱刻蚀后形成明显的粗糙结构表面，因此经 PDMS 处理后，织物呈现超疏水性能，并且该超疏水纺织品耐家庭洗涤 180 次，耐磨 3000 次，并且可以耐酸、碱、盐以及强紫外线照射而保持其超疏水性，如图 5-73 所示。

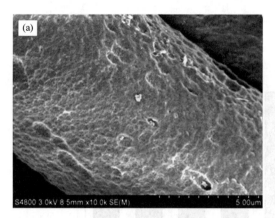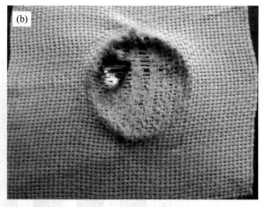

图 5-73 （a）纤维表面刻蚀后微观粗糙结构形貌和（b）织物经摩擦 3000 次后的水滴超疏水状态

5.4.3 织物表面疏水化处理

通过在基质表面构筑粗糙结构，大部分基质仍不具备超疏水性能，还需要在粗糙结构表面涂覆一层低表面能物质。常使用的反应性低表面能物质主要有氟代有机硅烷、长链脂肪酸、聚二甲基硅氧烷以及长链脂肪硅烷如图 5-74 所示。这些物质可以单独使用，也可以几种联合使用。

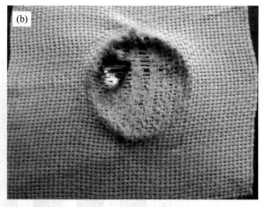

图 5-74 常用作疏水剂的低表面能物质
（a）氟代硅烷偶联剂，R^1 可以是 SH、OH、COOH、NH_2 等，R^2、R^3 可以是 Cl、OCH_3、OCH_2、CH_3 等，碳链长度从 8 到 18 不等；（b）长链有机物，带有基团 R^1；（c）以二甲氧基硅烷为单体的聚合物，R^4 一般为 3-氨丙基或者是缩水甘油脂基；（d）长链脂肪硅烷

氟硅烷是常用的低表面能物质，分子中的氟原子可以保证得到的表面具有低的表面能。这类偶联剂通过水解形成的—OH 与粗糙表面反应得到疏水表面。此外，大多数疏油表面的制备需要使用全氟代硅烷。氟化物虽然有极低的表面能，但是这类化合物价格昂贵，且对人体和环境有潜在的危害，应尽量减少或者避免这类物质的使用。因此，开发无氟或低氟代低表面能物质进行疏水化处理是十分必要的，如采用硬脂酸处理 TiO_2 或 SiO_2 粗糙后的棉织物也可以获得超疏水表面。

有许多具有低表面能的聚合物也可以用于疏水化处理。Ramaratnam 等在表面负载了环氧基化二氧化硅纳米颗粒的涤纶织物表面沉积了一层无氟聚合物薄膜得到超疏水表面。这层无氟聚合物薄膜中含有 29% 的苯乙烯和 1.4% 的顺丁烯二酸酐，通过顺丁烯二酸酐与二氧化硅表面的环氧基团反应而得到稳定的疏水性。

硅烷偶联剂可以与基质表面的亲水基团发生水解缩合反应，形成疏水薄膜。硅烷化合物与纤维表面的亲水基团可通过发生缩合反应得到超疏水表面。Gao 和 McCarthy 在聚酯纤维基质上通过硅烷化合物在其表面水解制备了"荷叶结构"。Hoefnagels 等通过原位生成法在棉织物表面生成了二氧化硅颗粒得到双重粗糙的表面结构，然后利用聚二甲基硅氧烷进行疏水化处理，将亲水性的棉纤维改性为超疏水表面，$10\mu L$ 水滴在该表面的静态接触角为 $151°$，利用不同体积（$7\sim50\mu L$）的水滴进行测试得到的滚动角为 $7°\sim20°$ 变化。Li 等在纤维基质表面制备了一层稳定透明的聚二甲基硅氧烷层，得到超疏水纤维表面。他们通过气相沉积法引入聚二甲基硅氧烷，在这一方法中，聚二甲基硅氧烷不但充当了低表面能物质的作用，同时聚二甲基硅氧烷在纤维基质表面水解形成纳米级的硅烷树脂，构筑了粗糙结构。

5.4.4　纳米材料在超疏水纺织品中的发展趋势

对于超疏水表面已经有了大量的研究。然而，对于稳定、持久的超疏水表面制备较少，将其投入到工业应用领域仍有许多工作要做。除了要解决产品耐久性的问题以外，还有许多诸如大面积制备、实用性、原材料成本等一系列问题需要考虑。

对自清洁效应表面的研究，大多数研究将目光集中在水珠可以带走表面灰尘上。这是一个复杂的过程，首先，污染物表面包括很多组分，诸如空气飞沫、水汽、食用油等。在这个方面耐洗织物或者油性防护涂层的作用更优越一些。其次，这些表面可能会因为污染物的存在而使得自清洁表面受到损伤，而不能一直保持表面的优越性能。荷叶表面可以自修复是因为其表面的蜡质层可以再生。在其他领域，具有自修复功能的材料已有应用。在以后的研究中，自清洁效应表面或防沾污表面的应用以及制备具有自修复功能的自清洁表面将会成为超疏水表面发展的一个新方向。

另外，在纤维基表面构筑同时具有超疏水性能和其他功能的多功能表面，不仅可以节约资源，拓宽纤维基材料的应用领域，同时可以提高产品的档次和附加值，创造更高的经济效益。

5.5　纳米材料在防紫外功能纺织品中的应用

5.5.1　概述

紫外线是电磁波谱中波长从 10nm 到 400nm 辐射的总称，不能引起人们的视觉。自然界的主要紫外线光线是太阳光。太阳光透过大气层时波长短于 290nm 的紫外线被大气层中的臭氧吸收了。紫外线根据波长可分为长波紫外线 UVA、中波紫外线 UVB 和短波紫外线 UVC。紫外线对人体皮肤的渗透程度是不同的。紫外线的波长越短，对人类皮肤危害越大。阳光中的短波紫外线 UVC 的波长为 200~280nm，其经过地球表面同温层时被臭氧层吸收，不能到达地球表面。中波紫外线 UVB 的波长为 280~320nm，其对人体皮肤有一定的生理作用，极大部分能被皮肤表皮所吸收，不能渗入皮肤内部。但是对皮肤可产生强烈的光损伤，使皮肤出现红肿、水泡等症状。长久照射皮肤会出现红斑、炎症、皮肤老化，严重者可引起皮肤癌。长波紫外线 UVA 的波长为 320~400nm，它是令皮肤提前衰老的最主要原因，可穿透真皮层，使皮肤晒黑，并导致脂质和胶原蛋白受损，引起皮肤的光老化甚至皮肤癌，其作用缓慢持久，具有累积性。很长时间以来，人们只知道太阳光线中的紫外线是对人体有益的，如可促进维生素 D 的合成，促进骨骼组织发育，成长期的儿童应多晒太阳多在户外活动，另外紫外线还具有杀菌等作用。近年来，随着世界各国使用氟里昂等氟氯烷类物质以及工业大气污染的日益严重，造成了地球的保护圈大气臭氧层变薄。地球表面太阳紫外线辐射增加，导致人类皮肤发病率不断上升，严重地影响了人体健康。

织物在使用过程中可以提高紫外线对人体的屏障作用，因此，提高织物的防紫外线性能，可以延缓和阻止人体因长时间照射紫外线引起的各种疾病，具有非常重要的意义。目前，生产抗紫外线功能的纺织品主要采用两种方法：①在合成纤维生产过程中掺入紫外线屏蔽剂，用共混、芯鞘等方法纺丝，使纤维具有遮蔽紫外线的功能；②在织物后整理加工时采用高温高压吸尽法、常压吸尽法、浸渍法、涂层法、微胶囊技术和印花法、溶胶-凝胶技术等方法赋予纺织品抗紫外线功能。常用的抗紫外线整理剂大多是金属、金属氧化物及其盐类。典型的如 TiO_2、ZnO、Al_2O_3、高岭土、滑石粉、炭黑、氧化铁、氧化亚铅等，最常用的是 TiO_2、ZnO。

5.5.2 基于纳米 TiO_2 的防紫外线功能纺织品

将棉织物浸渍于 TiO_2 溶胶中进行整理，以十六烷基三甲氧基硅烷为低表面能疏水改性剂，然后采用全氟十二烷基三氯硅烷对织物进行低表面能化处理，获得超疏水防紫外线功能纺织品。从图 5-75 可以看出，TiO_2 的负载极大地降低了纺织品的紫外线透过率，赋予了织物优良的紫外线屏蔽作用。

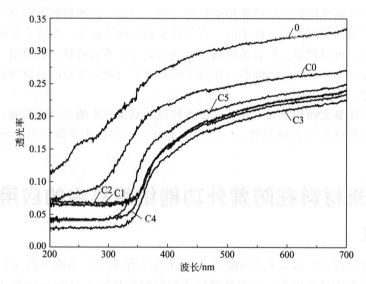

图 5-75　样品的紫外吸收光谱曲线

0—原始织物；C0—低表面能物质改性的原始织物；C1～C5—TiO_2 的质量分数分别
为 3.2%、1.6%、0.8%、0.4%、0.2% 溶胶处理并进行低表面能物质改性的织物

众所周知，TiO_2 对有机物具有很强的光催化降解作用，因此在开发户外用纺织品的过程中利用 TiO_2 优良的紫外线吸收特性的同时，有必要考虑对其光催化降解作用进行屏蔽。可通过在纳米 TiO_2 表面形成一层 SiO_2 壳层来降低其光催化性。

TiO_2/SiO_2 核壳结构复合微粒的制备方法：将 0.25g TiO_2 分散在 50mL 质量分数为 10% 的乙醇溶液中，超声分散 15min，滴加分散剂聚乙烯吡咯烷酮 PVP。磁力搅拌 20min。用氨水调节 pH 值至 9 左右，然后向溶液中滴加 2.5mL 正硅酸乙酯和 50mL 无水乙醇的混合溶液，磁力搅拌，30℃下反应 24h，离心水洗至 pH 值为 7 左右。

从图 5-76(a) 可以看出，纳米 TiO_2 颗粒的粒径为 20nm 左右，其粒径大小分布均匀。经过 SiO_2 直接包覆后，从图 5-76(b) 中可以看出，TiO_2 表面形成了一层 SiO_2 壳层，其厚度大约为 10nm。

将复合微粒整理液及纳米 TiO_2 分散液的固含量调节到 0.4%，对涤纶原布进行碱减量处理（碱减量工艺为：NaOH 20g/L，促进剂 1227 2g/L，浴比 1∶40，温度 90℃，时间 60min）。首先把涤纶减量布浸渍于 1g/L 含浓度为 0.5mol/L 氯化钠的二烯丙基二甲基氯化铵溶液中，10min 后水洗，用轧车轧匀，在 80℃下烘干，再将织物浸渍于固含量为 0.4% 的

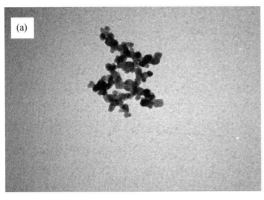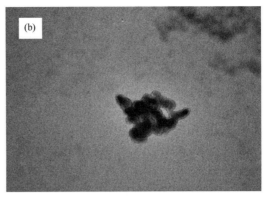

图 5-76　微粒的透射电镜图

（a）纳米 TiO_2 分散液；（b）TiO_2/SiO_2 复合微粒

复合微粒整理液中，10min 后用轧车轧匀，在 80℃下烘干，重复三次，最后在 150℃下烘焙 2min。

从图 5-77(a) 可以看出，经碱量处理后的涤纶纤维其表面失去原来的光泽，出现了挖蚀的斑痕。图 5-77(b) 是负载纳米 TiO_2 后涤纶纤维的扫描电镜图，由图可知在涤纶纤维表面稀稀疏疏地负载了一定数量的纳米 TiO_2 颗粒，且纳米 TiO_2 在纤维表面的负载不均匀，但纳米 TiO_2 颗粒大小均匀，无明显团聚现象。

图 5-77　织物的扫描电镜图

（a）涤纶碱减量织物；（b）负载纳米 TiO_2 后涤纶碱减量织物；（c）负载 TiO_2/SiO_2 后的涤纶碱减量织物

图 5-78 是碱量率为 40.3％的碱量涤纶织物整理前后在波长 190～800nm 之间的透过率，(a) 表示涤纶碱量织物；(b) 表示负载了直接包覆法 PVP 改性制备的 TiO_2/SiO_2 颗粒的整理后涤纶碱量织物；由图可知，波长为 200～340nm 时，未整理的碱量率为 40.3％的涤纶织物的透过率大约为 5.25％，而负载了直接包覆法 PVP 改性制备的 TiO_2/SiO_2 颗粒的整理后涤纶织物的透过率大约为 3.75％。结果表明，负载了直接包覆 PVP 改性制备的 TiO_2/SiO_2 颗粒的整理后涤纶织物的紫外线透过率与碱量涤纶织物相比大大降低了，说明负载了直接包覆 PVP 改性制备的 TiO_2/SiO_2 颗粒的整理后涤纶织物具有一定的防紫外线性能。

5.5.3　基于纳米 ZnO 的防紫外线性功能纺织品

ZnO 纳米结构易生长、形貌易调控，有许多在不同基材上生长不同形态氧化锌改性材料的报道。该方法一般包括两个步骤：首先在基质表面做氧化锌种子，然后将做了氧化锌晶种的基质浸润在含有 Zn^{2+} 的溶液中，生长出氧化锌的纳米结构。为了屏蔽纳米氧化锌对表面有机物的光催作用，常采用惰性无机物对其进行包覆。具体制备过程如下。

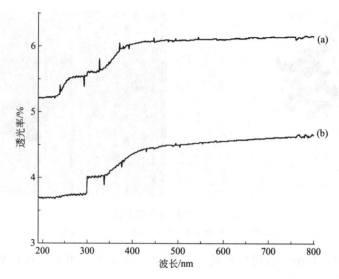

图 5-78 碱量率为 40.3% 的涤纶织物整理前后在波长 190~800nm 之间的透光率
(a) 涤纶碱量织物；(b) 负载 TiO₂/SiO₂ 的涤纶碱量织物

(1) 种子 ZnO 纳米粒子的合成 将 0.087mmol/L 的 Zn(CH₃COO)₂ 异丙醇溶液冷却至 10℃，在 10℃ 下将 20mL 20mmol/L NaOH 的异丙醇溶液在磁力搅拌条件下逐滴加入到上述溶液中。滴加完成后，体系升温至 60℃，磁力搅拌作用下继续反应 2h，即可获得粒径较小的种子 ZnO 纳米溶胶。

(2) 织物表面水热法生长 ZnO 首先将市售的涤纶织物洗涤，去除表面杂质后烘干。然后用 20% 的 NaOH 溶液在 100℃ 下对涤纶织物处理 2min，得到碱减量涤纶织物。通过碱处理的涤纶织物表面暴露出亲水性的羟基和羧基，有利于对织物进行进一步的处理。

对涤纶织物表面做种。将碱减量的涤纶织物浸渍在种子 ZnO 纳米溶胶中 15min，用轧车轧去多余的溶胶，在 80℃ 下烘 20min。将此过程重复进行 3 遍以在涤纶织物表面负载足量的 ZnO 晶种。不同的 ZnO 纳米结构是在不同浓度的 Zn(NO₃)₂·6H₂O 和 C₆H₁₂N₄ 等摩尔浓度的混合溶液中于 93℃ 下生长 3h 得到的。具体方法是将 1g 碱减量涤纶织物浸渍于 100mL 的 Zn(NO₃)₂·6H₂O 和 C₆H₁₂N₄ 等摩尔浓度的混合溶液中的不锈钢杯中，在红外染色机中振荡生长。

(3) SiO₂ 壳层在织物表面 ZnO 的包覆 在生长 ZnO 的织物表面包覆 SiO₂ 壳层的可以通过层层沉积法利用硅酸（Na₂SiO₃）水解包覆，其流程如下。

① 将表面生长 ZnO 的碱减量的涤纶织物浸渍在带负电荷的聚合物电解质 PSS（1g/L，溶液中含 0.5mol/L 的 NaCl）水溶液中 10min，将织物在去离子水中涤荡除去表面没有与织物稳定结合的 PSS，用轧车轧去多余的水分，PSS 改性后的织物表面带负电荷。

② 将织物浸渍在带正电荷的聚合物电解质 PDDA（1g/L，溶液中含 0.5mol/L 的 NaCl）水溶液中 10min，将织物在去离子水中涤荡除去表面没有与织物稳定结合的 PDDA，并用轧车轧去多余的水分，PDDA 改性后的织物表面带正电荷。在织物表面重复负载聚合物 4 层电解质，并在 80℃ 下将织物进行烘干。通过在织物表面负载聚合物电解质的方法可以使生长在织物上的 ZnO 带有大量的正电荷，而利于带负电荷的 SiO₂ 在其表面进行包覆。

③ 用聚合物电解质改性后的织物浸渍在浓度为 40mmol/L 的 Na₂SiO₃ 溶液（溶液用 pH 值为 7.5 的磷酸缓冲溶液配制）中 10min，用去离子水涤荡去除其表面多余的 Na₂SiO₃，在 80℃ 下烘干。

④ 将织物浸渍在 1g/L 的 PDDA 溶液中 10min，将织物在去离子水中涤荡除去表面没有与织物稳定结合的 PDDA，并用轧车轧去多余水分。用 Na_2SiO_3 和 PDDA 对织物表面交替改性，可以在织物表面形成 SiO_2/PDDA 包覆在 ZnO 表面。在织物表面沉积三层 SiO_2/PDDA 以达到对 ZnO 完整包覆的目的，包覆最后一层 SiO_2 后不用在其表面改性 PDDA。将表面包覆 SiO_2 的涤纶织物在 150℃下焙烘 2h 以获得致密的 SiO_2 壳层，在涤纶织物表面形

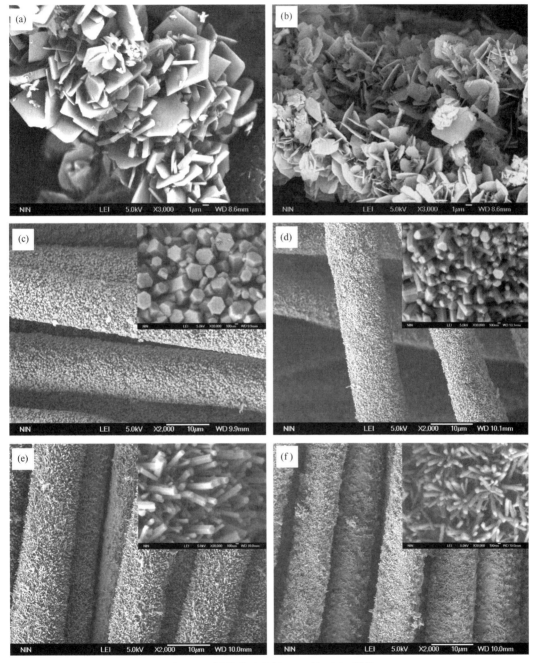

图 5-79　纤维表面生长 ZnO 的 SEM 照片

$Zn(NO_3)_2 \cdot 6H_2O$ 和 $C_6H_{12}N_4$ 的浓度比分别为 (a) 0.250：0.250，(b) 0.150：0.150，(c) 0.100：0.100，(d) 0.040：0.040，(e) 0.030：0.030 和 (f) 0.025：0.025，图中插图为更高倍数的电镜照片

成稳定的 ZnO/SiO$_2$ 核壳结构。通过调整负载 SiO$_2$/PDDA 的层数可以调节在 ZnO 表面包覆的 SiO$_2$ 壳层的厚度。

不同浓度下生长的 ZnO 的织物表面形貌如图 5-79 所示。得到的 ZnO 有片状结构和正六边形的棒状结构，其形貌受生长液中 Zn^{2+} 浓度的影响。当 Zn^{2+} 的浓度处于 0.15～0.25mol/L 之间时，得到的 ZnO 为片状，如图 5-79(a) 和 (b) 所示。当 Zn^{2+} 的浓度为 0.25mol/L 时，其表面生长的片状 ZnO 的直径和厚度分别为 10μm 和 1μm。而当 Zn^{2+} 浓度为 0.15mol/L 时，生长的 ZnO 的直径和厚度都有所减少，分别约为 6μm 和 0.2μm。生长的片状 ZnO 直径和厚度都会随着 Zn^{2+} 浓度的降低而减少。从图 5-79(b) 可以看出，当 Zn^{2+} 的浓度为 0.15mol/L 时，在片状的 ZnO 之间有少量棒状 ZnO 生成。说明随着 Zn^{2+} 的浓度的降低，体系中生长的 ZnO 由片状结构向棒状结构过渡。由图 5-79(c)～(f) 可以看出，当生长液的浓度低于 0.10mol/L 时，在织物纤维表面生成的棒状 ZnO 均匀环绕在纤维表面，且从图中高倍的扫描电镜照片可以看出，织物表面生长的棒状 ZnO 为标准的六棱柱结构，且其直径也随着生长液中 Zn^{2+} 的浓度的降低而减少。同时，ZnO 纳米棒在织物表面的覆盖率也随着生长液中 Zn^{2+} 的浓度降低而下降。在涤纶纤维表面生长的典型的六棱柱型 ZnO 纳米棒的直径范围在 50～300nm 之间变化，且其长度在 500～1000nm 之间变化。

由图 5-80 所示的 XRD 曲线中可以看出，未处理涤纶织物的 XRD 曲线 [见图 5-80(a)] 没有检测出衍射特征峰，表明涤纶织物的结构对 ZnO 的 XRD 曲线无干扰峰。在 0.25mol/L 的 Zn^{2+} 浓度下生长片状 ZnO 的涤纶织物的 XRD 曲线 [见图 5-80(b)] 也没有检测出衍射特征峰，说明该条件下制备得到的片状 ZnO 是非晶结构。可能由于当生长液中的 Zn^{2+} 浓度在 0.10～0.25mol/L 之间时，Zn^{2+} 的含量足够来满足 ZnO 沿各个方向上的生长，而不能形成规整的晶体结构，其结构与盘状晶体 ZnO 的结构不同。然而对生长液中的 Zn^{2+} 浓度≤0.1mol/L 时获得的涤纶织物进行 XRD 检测可以发现，检测到的衍射峰与铅锌矿 ZnO 标准卡片（JCPDS card No.36-1451）完全匹配，由此可知生成的棒状 ZnO 是结构规整的铅锌矿晶体结构。图 5-80 中 (c)、(d) 和 (e) 的 XRD 曲线中并没有出现诸如 Zn(OH)$_2$ 等杂质的

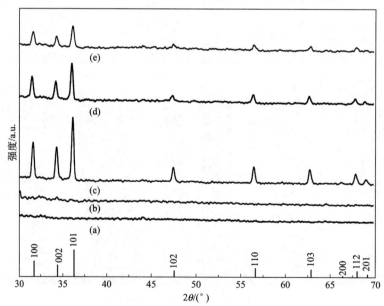

图 5-80　(a) 碱减量涤纶织物的 XRD 曲线和生长氧化锌后的织物的 XRD 曲线
生长液 Zn(NO$_3$)$_2$·6H$_2$O 和 C$_6$H$_{12}$N$_4$ 的摩尔浓度比分别为 (b) 0.250：0.250，
(c) 0.10：0.10, (d) 0.040：0.040, (e) 0.030：0.030

特征峰，这说明在以上条件下得到的物质全部为 ZnO。同时，由 XRD 曲线显示，在涤纶织物表面生长的 ZnO 纳米棒倾向于沿 c 轴生长，这是因为沿 ZnO 的 [101] 晶面排布原子的稳定性大大高于 [002] 和 [100] 晶面。这一结果也印证了 ZnO 纳米棒是规则的正六棱柱结构。因为当生长液中的 Zn^{2+} 浓度降低至 $0.10mol/L$ 以下时，体系中的 Zn^{2+} 不足以满足晶体每个晶面的生长，而优先满足形成稳定晶型方向的需求，即沿 c 轴生长形成正六棱柱型 ZnO 纳米棒。此外，对比图 5 80 中 (c)、(d) 和 (e) 曲线的衍射峰可以发现，(c) 的衍射峰明显高于 (d) 和 (e)，这说明当生长液中的 Zn^{2+} 浓度为 $0.10mol/L$ 时，得到的 ZnO 的结晶状况良好且形成的 ZnO 晶体的量相对较多。以上结论说明当生长液中的 Zn^{2+} 浓度足以满足所有方向生长的时候，得到的 ZnO 为非晶态；而当生长液中的 Zn^{2+} 浓度不足以满足所有方向生长的时候，优先满足 c 轴的生长而形成结晶良好的 ZnO 纳米棒。如此可以通过控制生长液中 Zn^{2+} 的浓度来控制得到的纳米 ZnO 的形貌和尺寸，将生长液中 Zn^{2+} 的浓度控制在一定的浓度下可以获得具有良好防紫外线性能的 ZnO 纳米棒，使得通过在织物表面生长 ZnO 制备具有良好紫外线防护性能的织物成为可能。

对比图 5-81 可以发现，利用 Na_2SiO_3 水解得到的 SiO_2 壳层能均匀地包覆在 ZnO 表面，并可以清晰地观测到 ZnO 纳米棒的轮廓。

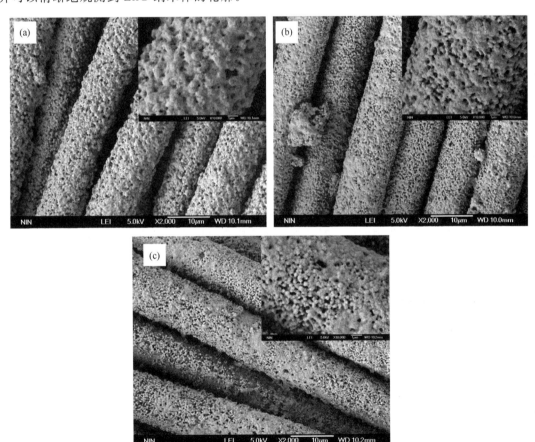

图 5-81　生长 ZnO 并包覆 SiO_2 壳层的 SEM 照片

$Zn(NO_3)_2 \cdot 6H_2O$ 和 $C_6H_{12}N_4$ 的浓度比分别为 (a) 0.100：0.100，
(b) 0.040：0.040，(c) 0.030：0.030，图中插图为更高倍数的电镜照片

织物的紫外线防护性能可以通过对织物的紫外线透过率的测试来进行快速表征。如图

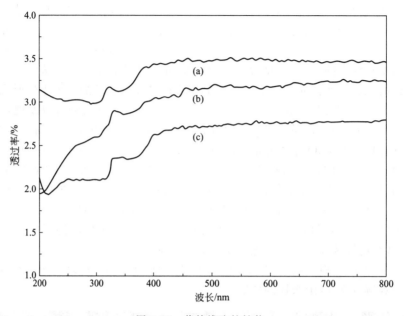

图 5-82　紫外线防护性能

(a) 原始涤纶样品；(b) 生长氧化锌样品和 (c) 生长 ZnO 并包覆 SiO_2 样品

5-82 所示，曲线 (a) 为碱减量处理涤纶织物的光线透过率曲线，曲线 (b) 为在织物表面生长 ZnO 后的涤纶织物的光线透过率曲线。对比 (a) 和 (b) 可以发现，表面生长 ZnO 的织物在紫外区和可见光区的透过率相对于未生长 ZnO 的涤纶织物都有明显的降低，且其在紫外线区域，尤其是在波长为 280～370nm 的紫外线区比其在可见光区域的大，由此可见 ZnO 在织物表面的生长有利于提高织物的紫外线防护性能。ZnO 是一种宽禁带半导体材料，紫外线区域的光子能量可以激发其导带电子向禁带发生跃迁，吸收紫外线，然后将能量以热能和光能的形式释放，从而达到紫外线吸收的作用。另外，对比图 5-82 中曲线 (b) 和 (c) 可以发现，在织物表面包覆一层 SiO_2 壳层以后，织物的紫外线透过率有所下降，这是由于在将 SiO_2 壳层负载在织物表面后，对纤维表面的缝隙起到了一定的填充作用，从而进一步提高了织物对光线的反射率，因此使得织物的光线透过率在可见光和紫外线区域均是有所降低，即进一步提高了织物的紫外线防护性能。

5.5.4　纳米材料在防紫外纺织品中的发展趋势

利用具有紫外线吸收作用的无机纳米材料对纤维进行功能化是一条制备防紫外功能纺织品的有效途径，关于这方面的报道比较多。在利用这些纳米材料的紫外线吸收作用的同时，需要考虑材料的多种性能可能引起的矛盾，如光催化材料与有机基材的共存相容性。同时，关于无机纳米材料功能化纺织品后，材料耐用性方面也应在未来的工作中引起重视，如纺织品防紫外线功能的耐磨性、耐洗性、耐候性等。

参 考 文 献

[1]　陈国宝. 环保型高性能自交联涂料印花粘合剂 FL 的制备. 印染助剂，2007，24 (4)：34-36.
[2]　唐增荣. 特种印花综述. 印染助剂，2005，22 (8)：1-10.
[3]　El-Molla M M，Schneider R. Development of ecofriendly binders for pigment printing of all types of textile fabrics. Dyes and Pigments，2006，71：130-137.
[4]　张敬芳，李雪峰，王夏琴. 丙烯酸酯类涂料印花粘合剂的研究进展. 印染助剂，2011，28 (11)：5-8.

［5］　高洁，宋旭梅，李青山等．纳米粘合剂在涂料印花中的应用．纺织科学研究，2003，2：14-17.

［6］　韩静，吴丹，权衡．环保型有机硅改性/纳米原位复合聚丙烯酸酯粘合剂的制备．武汉纺织大学学报，2012，25（6）：50-54.

［7］　王春会，李树材．纳米 TiO_2/阴离子水性聚氨醋粘合剂的研究．中国胶黏剂，2006，15（3）：1-3.

［8］　朱虹，杨振．环保型改性丙烯酸酯类涂料印花粘合剂的分析与表征．涂料工业，2009，9（11）：33-36.

［9］　李安．无机纳米粉体改性亚胺环氧粘合剂的研究．桂林：桂林工学院，2007.

［10］　徐宝华．免熔烘无甲醛纳米粘合剂水性胶乳的合成与应用．上海：东华大学，2005.

［11］　Erinc M，Van Dijk M，Kouznetsova V G. Multiscale modeling of residual stresses in isotropic conductive adhesives with nano-particles. Computational Materials Science，2013，66：50-64.

［12］　Zhai L L，Ling G P，Wang Y W. Effect of nano-Al_2O_3 on adhesion strength of epoxy adhesive and steel. International Journal of Adhesion & Adhesives，2007，28：23-28.

［13］　Fu Heqing，Yan Caibin，Zhou Wei，et al. Nano-SiO_2/fluorinated waterborne polyurethane nanocomposite adhesive for laminated films. Journal of Industrial and Engineering Chemistry，2014，20：1623-1632.

［14］　Wernik J M，Meguid S A. On the mechanical characterization of carbon nanotube reinforced epoxy adhesives. Materials and Design，2014，59：19-32.

［15］　Perelshtein I，Applerot G，Perkas N，et al. Antibacterial properties of an in situ generated and simultaneously deposited nanocrystalline ZnO on fabrics. ACS Applied Materials & Interfaces，2009，1（2）：361-366.

［16］　Vigneshwaran N，Nachaner P，Balasubramanyar H，et al. A novel one-pot "green" synthesis of stable silver nanoparticles using soluble starch. Carbohydrate Research，2006，341（12）：2012-2018.

［17］　张德锁，廖艳芬等．一步法原位生成纳米 Ag-ZnO 复合整理棉织物．纺织学报.2014，35（3）：92-97.

［18］　Dawson T L. Nanomaterials for textiles processing and photonic applications. Coloration Technology，2008，124（5）：261-272.

［19］　Service R F. Chemistry：nanotubes：The next asbestos. Science，1998，281（5379）：940-942.

［20］　Geppert M，Hohnholt M，Gaetjen L，et al. Accumulation of iron oxide nanoparticles by cultured brain astrocytes. Journal of Biomedical Nanotechnology，2009，5（3）：285-293.

［21］　Murr I. E. Nanopatriculate materials in antiquity：The good，the bad and the ugly. Materials Characterization，2009，60（4）：261-270.

［22］　Fouda M. M. G，Abdel-Halim E. S，Al-Deyab Salem S. Antibacterial modification of cotton using nanotechnology. Carbohydrate Polymers，2013，92（2）：943-954.

［23］　Buffet-Batallon S，Tattevin P，Bonnaure-mallet M，et al. Emergence of resistance to antibacterial agents：the role of quaternary ammonium compounds—a critical review. International Journal of Antimicrobial Agents，2012，39（5）：381-389.

［24］　张泽豪，袁凡舒等．二甲基二烯丙基氯化铵改性棉纤维的制备及杀菌性能研究．中国化工学会年会论文集，2013.

［25］　Zhang Zehao，Yuan Fanshu，et al. Preparation and antibacterial of fiber cotton modified by dimethyl diallyl ammonium chloride. Proceedings of the 2013 Annual Meeting of Chinese Chemical Society. 2013.

［26］　Lamzato S，Chen J. H，Mab S，et al. Antibacterial resin monomers based on quaternary ammonium and their benefits in restorative dentistry. Japanese Dental Science Review，2012，48（2）：115-125.

［27］　Marini M，Bondi M，Iseppi R，et al. Preparation and antibacterial activity of hybrid materials containing quaternary ammonium salts via sol-gel process. European Polymer Journal，2007，43（8）：3621-3628.

［28］　马慧敏，朱彩艳等．新型 N-（3-醛基-4-羟基苄基）型季铵盐的合成及其抗菌活性．合成化学，2014，2（22）：230-233.

［29］　Ma Huimi，Zhu Caiyang，et al. Synthesis and antibacterial activities of novel N-（3-aldehyde-4-hydroxybenzyl）quaternary ammonium salt. Chinese Journal of Synthetic Chemistry. 2014，2（22）：230-233.

［30］　高党鸽，陈琛，马建中．纳米 ZnO 在纺织行业中的应用进展．印染，2012，38（24）：43-49.

［31］　高党鸽，陈琛，马建中．$P_{DMDAAC-AGE-MAA}$/纳米 ZnO 复合材料的合成及性能．高分子材料科学与工程，2014，30（8）：12-17.

［32］　Dhandapani P，Siddarth A S，Kamalasekaran S，et al. Bio-approach：：Ureolytic bacteria mediated synthesis of ZnO nanocrystals on cotton fabric and evaluation of their antibacterial properties. Carbohydrate Polymers，2014，3（103）：448-455.

［33］　Perelshtein I，Applerot G，Perkas N，et al. Antibacterial properties of an in situ generated and simultaneously deposited nanocrystalline ZnO on fabrics. ACS Applied Materials & Inerfaces，2009，2（1）：361-366.

［34］　Perelshtein I，Ruderman Y，Perkas N，et al. Enzymatic pre-treatment as a means of enhancing the antibacterial activity and stability of ZnO nanoparticles sonochemically coated on cotton fabrics. Journal of Materials Chemistry，2012，22（10）：736-742.

［35］　Kango S，Kalia S，Celli A，et al. Surface modification of inorganic nanoparticles for development of organic-inorganic nanocomposites—A review. Progress in Polymer Science，2013，38（8）：1232-261.

［36］　Šimšíková M，Antalík M，Kaňuchová M，et al. Cytochrome c conjugated to ZnO-MAA nanoparticles：The study of interaction and influence on protein structure. International Journal of Biological Macromolecules，2013，59（8）：

235-241.

[37] Dutta R K, Nenavathu B P, Gangishetty M K. Correlation between defects in capped ZnO nanoparticles and their antibacterial activity. Journal of Photochemistry and Photobiology B: Biology, 2013, 126 (5): 105-111.

[38] Abramov O V, Gedanken A, Koltypin Y, et al. Pilot scale sonochemical coating of nanoparticles onto textiles to produce biocidal fabrics. Surface and Coatings Technology, 2009, 204 (5): 718-722.

[39] Dermenci K B, Genc B, Ebin B, et al. Photocatalytic studies of Ag/ZnO nanocomposite particles produced via ultrasonic spray pyrolysis method. Journal of Alloys and Compounds, 2014, 586 (15): 267-273.

[40] Messaoud M, Chadeau E, Chaudouët P, et al. Quaternary ammonium-based composite particles for antibacterial finishing of cotton-based textiles. Journal of Materials Science & Technology, 2014, 30 (1): 19-29.

[41] Brunner T J, Wick P, Manser P, et al. In vitro cytotoxicity of oxide nanoparticles: Comparison to asbestos, silica, and the effect of particle solubility. Environmental Science & Technology, 2006, 40 (14): 4374-4381.

[42] Sontakke T K, Jagtap R N, Singh A D, et al. Nano ZnO grafted on MAA/BA/MMA copolymer: An additive for hygienic coating. Progress in Organic Coatings, 2012, 74 (3): 582-588.

[43] Caklr B A, Budama L, Topel Ö, et al. Synthesis of ZnO nanoparticles using PS-b-PAA reverse micelle cores for UV protective, self-cleaning and antibacterial textile applications. Colloids and Surfaces A: Physicochemical and Engineering Aspects, 2012, 414 (12): 132-139.

[44] Longcheng Xu, Jianming Pan, Jiangdong Dai, Zhijing Cao, Hui Hang, Xiuxiu Li and Yongsheng Yan. Magnetic ZnO surface-imprinted polymers prepared by ARGET ATRP and the application for antibiotics selective recognition. RSC Advances, 2012, 13 (2): 5571-5579.

[45] Joanna F K. The effect of the cationic structures of chiral ionic liquids on their antimicrobial activities. Tetrahedron, 2013, 69 (21): 4190-4198.

[46] 陈琛. 季铵盐聚合物/纳米氧化锌复合材料的合成及其性能研究. 陕西科技大学硕士论文, 2013, 6.

[47] 高党鸽, 陈琛, 马建中, 杜颖. 一种新型织物用季铵盐共聚物/纳米 ZnO 复合材料的制备方法, 专利号: ZL201210324826.4.

[48] 高党鸽, 陈琛, 马建中, 吕斌. 原位聚合法制备织物用聚合物/纳米 ZnO 复合材料的方法, 申请号: 201310082562.0. (实审)

[49] 薛涛, 曾舒等. 铈掺杂纳米氧化锌抗菌粉的研制及其结构性能分析. 中国稀土学报, 2006, 24 (增刊): 45-48.

[50] 刘志华. 稀土铈在羊毛和棉织物抗菌整理上的研究. 青岛大学硕士学位论文, 2007.

[51] 武晓伟, 施亦东等. 稀土纳米 TiO₂ 在棉织物上的抗菌性能. 印染, 2007, 6: 11-13.

[52] 曹云娜, 张健飞. 掺杂型纳米 TiO₂ 织物的抗菌动力学研究. 纺织学报, 2008, 29 (10): 78-81.

[53] 徐燕鸣, 郁慧等. 具有核壳结构的纳米二氧化钛负载银离子掺杂稀土离子抗菌剂的合成、表征及抑菌活性研究. 稀土, 2009, 30 (2): 65-70.

[54] 吴佳卿. 氮产掺杂纳米 ZnO 的制备及其抗菌防紫外性研究. 苏州大学硕士学位论文, 2009.

[55] 丁艳, 马歌等. M²⁺ (M=Cu、Cd、Ag、Fe) 掺杂氧化锌纳米粉晶的抗菌性能. 无机化学学报, 2014, 30 (2): 293-302.

[56] 周谨. 稀土在纺织品功能整理中的应用. 纺织导报, 2014, 6: 126-129.

[57] 徐利容. AgCl/TiO₂ 纳米复合溶胶的制备及对棉织物的抗菌整理. 东华大学硕士学位论文, 2006.

[58] 郭登峰. 壳聚糖-银复合抗菌整理剂及其对棉和丙纶非织造布抗菌整理的研究. 东华大学硕士学位论文, 2006.

[59] 郭洋. 银系无机复合抗菌剂整理棉类抗菌织物的研究. 西北大学硕士学位论文, 2008.

[60] 张文娟, 王潮霞. SiO₂/TiO₂ 复合溶胶防紫外线/抗菌性能研究. 化工新型材料, 2009, 37 (6): 38-40.

[61] 肖肖, 朱平, 张林. 银/丙烯酸酯复合抗菌剂的制备及对棉织物整理. 纺织科技进展, 2009, 2: 27-29.

[62] 陈晓丽. SiO₂ 载银复合抗菌剂的色泽改性及其在纺织品中的应用. 太原理工大学硕士学位论文, 2010.

[63] 阎琳, 孙妍妍等. 棉织物抗菌、拒水拒油整理及整理效应研究. 产业用纺织品, 2014, 4: 27-30.

[64] 李莉, 张聚华, 傅吉全. 纳米 TiO₂/抗坏血酸对真丝织物防紫外整理研究. 丝绸, 2014, 51 (1): 9-14.

[65] 张德锁, 廖艳芬等. 一步法原位生成纳米 Ag-ZnO 复合整理棉织物. 纺织学报, 2014, 35 (3): 92-97.

[66] 邹承淑, 张洪杰, 商成杰. 织物抗菌卫生整理的发展概况. 印染, 2002 (增刊): 58-59.

[67] 商成杰, 邹承淑, 张洪杰. 国内外织物抗菌卫生整理丽进展. 印染助剂, 2003, 20 (5): 1-4.

[68] 李燕飞, 安玉山. 抗菌剂和抗菌织物加工方法及展望. 山东纺织科技, 2003, 6: 45-48.

[69] 李红, 郑来久. 亚麻织物抗菌整理研究. 印染助剂, 2005, 22 (1): 15-19.

[70] 龚兴建, 陆凯. 抗菌材料的发展及其在纺织品上的应用. 2005, 33 (1): 22-24.

[71] 冯德才, 刘小林等. 抗菌剂与抗菌纤维的研究进展. 合成纤维工业, 2005, 28 (4): 40-42.

[72] 陈仪本, 施庆珊, 邹海清. 纺织品常用抗菌剂. 针织工业, 2006, 8: 25-29.

[73] 郭登峰, 郭腊梅. 纺织品抗菌整理现状及发展趋势. 广西纺织科技, 2006, 35 (3): 38-42.

[74] 陈仕国, 郭玉娟等. 纺织品抗菌整理剂研究进展. 材料导报, 2012, 26 (4): 89-94.

[75] 何源, 徐成书, 师文钊. 织物抗菌整理研究进展. 印染, 2013, 16: 50-54.

[76] Jiang L, Wang R, Yang B, et al. Binary cooperative complementary nano-scale interfacial materials. Pure Appl. Chem, 2000, 72: 73.

[77] Zhang X, Shi F, Niu J, et al. Superhydrophobic surfaces: from structural control to functional application. Mater Chem, 2008, 18: 621-633.

[78] Li X M, Reinhoudt D, Crego-Calama M. What do we need for a superhydrophobic surface? A review on the recent progress in the preparation of superhydrophobic surfaces. Chem. Soc. Rev, 2007, 36: 1350-1368.

[79] Levkin P A, Svec F, Frechet J M. Porous polymer coatings: a versatile approach to superhydrophobic surfaces. Adv. Funct. Mater, 2009, 19: 1993-1998.

[80] Bhushan B, Jung Y C, Koch K. Lotus-like biomimetic hierarchical structures developed by the self-assembly of tubular plant waxes. Langmuir, 2009, 25: 1659-1666.

[81] Tuteja A, Choi W, Ma M, et al. Designing superoleo-phobic surfaces. Science, 2007, 318: 1618-1622.

[82] Barthlott W, Neinhuis C. Purity of the Sacred Lotus, or Escape from Contamination in Biological Surfaces. Planta, 1997, 202 (1): 1-8.

[83] Neinhuis C, Barthlott W. Characterization and Distrib-ution of Water-Repellent, Self-Cleaning Plant Surfaces. Ann Bot, 1997, 79 (6): 667-677.

[84] Sun T L, Feng L, Gao X F, et al. Bioinspired surfaces with special wettability. Acc. Chem. Res, 2005, 38: 644-652.

[85] Callies M, Quere D. On water repellency. Soft Matter, 2005, 1: 55-61.

[86] Yong C J, Bharat B. Wetting Behavior of Water and Oil Droplets in Three-Phase Interfaces for Hydrophobicity/ philicity and Oleophobicity/philicity. Langmuir, 2009, 25: 14165-14173.

[87] Cassie A B D, Baxter S. Wettability of porous surfaces. Trans. Faraday Soc, 1944, 40: 546-551.

[88] Whymana G, Bormashenko E, Stein T. The rigorous derivation of Young, Cassie-Baxter and Wenzel equations and the analysis of the contact angle hysteresis phenomenon. Chem Phys Lett, 2008, 450 (4-6): 355-359.

[89] Shibuichi S, Onda T, Satoh N, et al. Super water-repellent surfaces resulting from fractal structure. Phys. Chem, 1996, 100: 19512-19517.

[90] Shibuichi S, Onda T, Satoh N, et al. Super-water-repellent fractal surfaces. Langmuir, 1996, 12: 2125-2127.

[91] Khetan S, Joshua S, Katz, et al. Sequential crosslinking to control cellular spreading in 3-dimensional hydrogels. Soft Matter, 2009, 5, 1601-1606.

[92] Zhao Y, Tang Y W, Wang X G, et al. Superhydrophobic cotton fabric fabricated by electrostatic assembly of silica nanoparticles and its remarkable buoyancy. Applied Surface Science, 2010, 256 (22): 6736-6742.

[93] Xue C H, Jia S T, Zhang J, et al. Superhydrophobic surfaces on cotton textiles by complex coating of silica nanoparticles and hydrophobization. Thin Solid Films, 2009, 517: 4593-4598.

[94] Xue C H, Jia S T, Zhang J, et al. Preparation of superhydrophobic surfaces on cotton textiles. Sci. Technol. Adv. Mater, 2008, 9: 035008.

[95] Xu B, Cai Z S, Wang W M, et al. Preparation of superhydrophobic cotton fabrics based on SiO₂ nanoparticles and ZnO nanorod arrays with subsequent hydrophobic modification. Surf Coat Tech, 2010, 204 (9-10): 1556-1561.

[96] 李正雄, 邢彦军, 戴瑾瑾. 棉织物溶胶-凝胶法的超疏水整理. 印染助剂, 2008, 25 (9), 31-33.

[97] Xue B, Cai Z S. Fabrication of a superhydrophobic ZnO nanorod array film on cotton fabrics via a wet chemical route and hydrophobic modification. Appl. Surf. Sci, 2008, 254: 5899-5904.

[98] 薛朝华, 童斌, 贾顺田 等. 纳米 ZnO 在棉纤维表面的生长及织物拒水整理研究. 印染助剂, 2010, 27 (10): 14-16.

[99] Wu X D, Zheng L J, Wu D. Superhydrophobic perpendicular nanopin film by the bottom-up process. Langmuir, 2005, 21: 2665-2667.

[100] Tuteja A, Choi W, Ma M L, et al. Designing Superoleophobic Surfaces. Science, 2007, 318: 1618-1622.

[101] Gao X F, Jiang L. Biophysics Water-repellent legs of water striders. Nature, 2004, 432: 36.

[102] Mohammad S K, Mohammad E. Yazdanshenas. Superhydrophobic antibacterial cotton textiles. Colloid and Interface Sci, 2010, 351 (1): 293-298.

[103] Leng B X, ShaoZ Z, Ming W H. Superoleophobic Cotton Textiles. Langmuir, 2009, 25: 2456-2460.

[104] Ramaratnam K, Tsyalkovsky V, Klep V, et al. Ultrahydrophobic textile surface via decorating fibers with monolayer of reactive nanoparticles and non-fluorinated polymer. Chem. Commun, 2007, 43 (43): 4510-4512.

[105] Zimmermann J, Reifler F A, Fortunato G, et al. A Simple, One-Step Approach to Durable and Robust Superhydrophobic Textiles. Adv. Funct. Mater, 2008, 18: 3662-3669.

[106] Li S H, Xie H B, Zhang S B, et al. Facile transformation of hydrophilic cellulose into superhydrophobic cellulose. Chem. Commun, 2007, 46: 4857-4862.

[107] Hoefnagels H F, Wu D, de With G, et al. Biomimetic superhydrophobic and highly oleophobic cotton textiles. Langmuir, 2007, 23: 13158-13163.

[108] Xue C H, Jia S T, Chen H Z, et al. Superhydrophobic cotton fabrics prepared by sol－gel coating of TiO₂ and surface hydrophobization. Sci. Technol. Adv. Mater, 2008, 9: 035001.

[109] Dorrer C, Ruhe J. Some thoughts on superhydrophobic wetting. Soft Matter, 2009, 5: 51-61.

[110] Ramaratnam K, Tsyalkovsky V, Klep V, et al. Enantioselective organocatalytic hydrophosphination of α, β-unsaturated aldehydes. Angewandte Chemie, 2007, 46 (24): 4507-4510.

[111] Gao L C, McCarthy T J. "Artificial Lotus Leaf" Prepared Using a 1945 Patent and a Commercial Textile. Langmuir, 2006, 22: 5998-6000.

[112] Daoud W A, Xin J H, Tao X M. ZnO nanorods grown on cotton fabrics at low temperature. Am. Ceram. Soc, 2004, 87: 1782-1784.

[113] Tsujii K, Yamamoto T, Onda T, et al. Super oil-repellent surfaces. Angew. Chem. Int. Ed, 1997, 36: 1011-1012.

[114] Nicolas M, Guittard F, Géribaldi S. Synthesis of Stable Super Water - and Oil - Repellent Polythiophene Films. Angew. Chem. Int. Ed, 2006, 45: 2251-2254.

[115] Blossey R. Self-cleaning surfaces—virtual realities. Nat. Mater, 2003, 2: 301-306.

[116] Chao-Hua Xue, Zhi-Dong Zhang, Jing Zhang and Shun-Tian Jia, Lasting and self-healing superhydrophobic surfaces by coating of polystyrene-SiO$_2$ nanoparticles and polydimethylsiloxane, Journal of Materials Chemistry A, 2014, 2 (36): 15001-15007.

[117] Chao-Hua Xue, Ya-Ru Li, Ping Zhang, Jian-Zhong Ma, and Shun-Tian Jia, Washable and Wear-Resistant Superhydrophobic Surfaces with Self-Cleaning Property by Chemical Etching of Fibers and Hydrophobization, ACS Applied Materials & Interfaces, 2014, 6 (13): 10153-10161.

[118] 薛朝华, 张平, 姬鹏婷, 贾顺田, TiO$_2$/SiO$_2$核壳结构微粒的合成及超疏水防紫外线功能织物的制备, 陕西科技大学, 2013, 45, 31 (6): 45-50.

[119] Chao-Hua Xue, Peng-Ting Ji, Ping Zhang, Ya-Ru Li, Shun-Tian Jia, Fabrication of superhydrophobic and superoleophilic textiles for oil-water separation, Applied Surface Science, 2013, 284: 464-471.

[120] Chao-Hua Xue, Wei Yin, Ping Zhang, Jing Zhang, Peng-Ting Ji and Shun-Tian Jia, UV-durable superhydrophobic textiles with UV-shielding properties by introduction of ZnO/SiO$_2$ core/shell nanorods on PET fibers and hydrophobization, Colloids and Surfaces A: Physicochemical and Engineering Aspects, 2013, 427: 7-12.

[121] Chao-Hua Xue, Ping Zhang, Jian-Zhong Ma, Peng-Ting Ji, Ya-Ru Li and Shun-Tian Jia, Long-lived superhydrophobic colorful surfaces, Chemical Communications, 2013, 49 (34): 3588-3590.

[122] Chao-Hua Xue and Jian-zhong Ma, Long-lived superhydrophobic surfaces, Journal of Materials Chemistry A, 2013, 1 (13), 4146-4161.

[123] 薛朝华, 尹伟, 贾顺田, 马建中, 纤维基超疏水功能表面的研究进展, 纺织学报, 2012, 33 (4): 151-158.

[124] Chao-Hua Xue, Jia Chen, Wei Yin, Shun-Tian Jia, Jian-Zhong Ma, Superhydrophobic conductive textiles with antibacterial property by coating fibers with silver nanoparticles, Applied Surface Science, 2012, 258 (7): 2468-2472.

[125] Chao-Hua Xue, Wei Yin, Shun-Tian Jia and Jian-Zhong Ma, UV-durable superhydrophobic textiles with UV-shielding properties by coating fibers with ZnO/SiO$_2$ core/shell particles, Nanotechnology, 2011, 22 (41), 415603.

[126] Chao-Hua Xue, Shun-Tian Jia, Jing Zhang and Jian-Zhong Ma, Large-area fabrication of superhydrophobic surfaces for practical applications: an overview, Science and Technology of Advanced Materials, 2010, 11 (3), 033002.

[127] 薛朝华, 童斌, 贾顺田, 张静, 纳米ZnO在棉纤维表面的生长及织物拒水整理研究, 印染助剂, 2010, 27 (10): 14-16.

[128] Chao-Hua Xue, Rui-Li Wang, Jing Zhang, Shun-Tian Jia, Li-Qiang Tian, Growth of ZnO nanorod forests and characterization of ZnO-coated nylon fibers, Materials Letters 2010, 64 (3): 327-330.

[129] 薛朝华, 贾顺田, 张静, 二氧化钛溶胶-凝胶法制备含氟超疏水棉织物, 印染 2009, 35 (23): 1-3.

[130] Chao-Hua Xue, Shun-Tian Jia, Jing Zhang, Li-Qiang Tian, Superhydrophobic surfaces on cotton textiles by complex coating of silica nanoparticles and hydrophobization, Thin Solid Films, 2009, 517 (16): 4593-4598.

[131] Chao-Hua Xue, Shun-Tian Jia, Jing Zhang, Li-Qiang Tian, Hong-Zheng Chen, Mang Wang, Preparation of superhydrophobic surfaces on cotton textiles, Science and Technology of Advanced Materials, 2008, 9 (3): 035008.

[132] Chao-Hua Xue, Shun-Tian Jia, Hong-Zheng Chen, Mang Wang, Superhydrophobic cotton fabrics prepared by sol-gel coating of TiO$_2$ and surface hydrophobization, Science and Technology of Advanced Materials, 2008, 9 (3): 035001.

[133] Lingling Wang, Xintong Zhang, Bing Li, Panpan Sun, Jikai Yang, Haiyang Xu, and Yichun Liu. Superhydrophobic and Ultraviolet-Blocking Cotton Textiles. ACS Appl. Mater. Interfaces 2011, 3, 1277-1281.

[134] 朱平. 功能纤维及功能纺织品. 北京: 中国纺织出版社, 2006.

[135] 阎克路. 染整工艺与原理: 上册. 北京: 中国纺织出版社, 2009.

[136] 陈国强, 王祥荣. 染整助剂化学. 北京: 中国纺织出版社, 2009.

[137] Luo J, Wu Q, Huang H, et al. Studies of fluorinated methylacrylate copolymer on the surface of cotton fabrics. Textile Research Journal, 2011, 81 (16): 1702-1712.

[138] Aramendia E, Mallégol J, Jeynes C, et al, Distribution of surfactants near acrylic latex film surfaces: A comparison of conventional and reactive surfactants (surfmers). Langmuir, 2003. 19 (8): 3212-3221.

[139] Riess G, Labbe C, Block copolymers in emulsion and dispersion polymerization, Macromol. Rapid Commun. 2004, 25, 401-435.

[140] Ho K M, Li W Y, Wong C H, et al. Amphiphilic polymeric particles with core—shell nanostructures: emulsion-based syntheses and potential applications. Colloid Polym Sci, 2010, 288: 1503-1523.

[141] Zhou J H, Zhang L, Ma J Z. Fluorinated polyacrylate emulsifier-free emulsion mediated by poly (acrylic acid) -b-poly (hexafluorobutyl acrylate) trithiocarbonate via ab initio RAFT emulsion polymerization. Chemical Engineering Journal, 2013, (223): 8-17.

[142] 周建华, 张琳. 一种苯丙无皂乳液的制备方法. ZL201210053914.5. 2012-03-05.

[143] 周建华, 张琳. 一种含氟聚丙烯酸酯无皂乳液的制备方法. ZL201210054975.3. 2012-03-05.

[144] 周建华, 陈欣, 马建中等. 阳离子含氟聚丙烯酸酯无皂乳液的制备方法. CN 104031204A. 2014-06-06.

[145]　周建华，段昊，王海龙．无皂乳液聚合制备含氟防水防油剂的方法．CN 103570860A．2013-10-24.

[146]　周建华，王海龙，马建中，鲁妮．一种含氟高分子表面活性剂的制备方法．CN 103483513A．2013-09-09.

[147]　周建华，张琳，马建中．一种窄分子量分布两亲性嵌段共聚物的制备方法．CN 102002136A．2011-04-06.

[148]　周建华，沈晓亮，马建中等．一种高分子表面活性剂的制备方法．CN 101864049A，2010-10-20.

[149]　马建中，沈晓亮，周建华等．一种丙烯酸树脂乳液的制备方法．CN 101875709A．2010-11-03.

[150]　Song X, Zhai J, Jiang L, Fabrication of superhydrophobic surfaces by self-assembly and their water-adhesion properties. The Journal of Physical Chemistry B, 2005. 109（9）：4048-4052.

[151]　Sun M, Luo C, Xu L, et al. Artificial lotus leaf by nanocasting. Langmuir, 2005. 21（19）：8978-8981.

[152]　周建华，张琳．有机硅及纳米二氧化硅改性丙烯酸树脂无皂乳液的制备方法．ZL200910219225.5. 2009-12-01.

[153]　周建华，张琳，马建中．纳米二氧化硅改性硅丙无皂乳液的制备方法．ZL201010540499.7. 2010-11-11.

[154]　Zhou J H, Zhang L, Ma J Z. Synthesis and properties of nano-SiO$_2$/polysiloxane modified polyacrylate emulsifier-free emulsion. Polymer-Plastics Technology & Engineering, 2011, 50（1）：15-19.

[155]　周建华，张琳，沈晓亮．纳米 SiO$_2$/有机硅改性聚丙烯酸酯复合材料性能研究．功能材料，2010，增刊（Ⅰ）：176-179.

[156]　周建华，张琳，陈超等．有机硅及纳米二氧化硅改性聚丙烯酸酯无皂乳液的合成和性能．精细化工，2010，27（5）：480-485.

[157]　周建华，张琳．纳米 SiO$_2$ 改性硅丙无皂乳液皮革涂饰剂的合成和应用．中国皮革，2010，39（11）：41-45.

[158]　Kim D H, Lee Y H, Park C C, et al. Synthesis and surface properties of selfcrosslinking core-shell acrylic copolymer emulsions containing fluorine/silicone in the shell. Colloid and Polymer Science, 2014, 292（1）：173-183.

[159]　周建华，段昊，马玉蓉等．核壳型纳米 SiO$_2$ 改性含氟聚丙烯酸酯乳液稳定性的研究．化工新型材料，2014，42（4）：119-125.

[160]　周建华，段昊，马玉蓉．纳米 SiO$_2$/有机氟改性聚丙烯酸酯无皂乳液的合成及应用．陕西科技大学学报，2014，32（1）：39-44.

[161]　周建华，鲁妮，段昊，马玉蓉．核壳型纳米 SiO$_2$/含氟聚丙烯酸酯无皂乳液的制备方法，公开号：CN103289010A，申请日：2013.05.23.

[162]　周建华，张琳，陈超等．有机硅及纳米二氧化硅改性聚丙烯酸酯无皂乳液的合成和性能．精细化工，2010（5）：480-485.

[163]　钟诚，陈智全，杨伟国等．电解质对浓悬浮液中胶体颗粒扩散特性的影响．物理学报，2013，62（21）：188-192.

[164]　傅和青，黄洪，陈焕钦．引发剂及其对乳液聚合的影响．合成材料老化与应用，2004，33（3）：39-42.

[165]　赵兴顺，丁小斌，郑朝晖等．含氟丙烯酸酯共聚乳液的制备及表征．功能高分子学报，2004，16（4）：436-440.

[166]　孔胜男．含氟聚丙烯酸酯多元共聚物乳液的合成及性能研究．济南：山东大学，2013.

[167]　Morita M，Ogisu H，Kubo M. Surface properties of perfluoroalkylethyl acrylate/n-alkyl acrylate copolymers. Journal of Applied Polymer Science，1999，73（9）：1741-1749.

[168]　肖新颜，王叶，徐蕊等．可聚合乳化剂合成含氟丙烯酸酯无皂乳液及其性能．化工进展，2009，28（4）：650-655.

[169]　Schindler W D，Hauser P J. Chemical finishing of textiles. Woodhead Publishing，2004.

[170]　徐彦，邢朋，谢洪德等．有机硅/丙烯酸酯弹性膜的制备及其力学性能．有机硅材料，2007，21（6）：321-324.

[171]　陈松林，朱长健，王慧庆等．含氟丙烯酸酯共聚乳液的制备及表征．化学推进剂与高分子材料，2009，7（3）：59-62.

[172]　廖文波，瞿金清，李忠等．功能化聚丙烯酸酯乳液的表面改性及产物性能．华南理工大学学报（自然科学版），2011，39（1）：12-17.

[173]　丁建军，梅一飞．丙烯酸氟烷基酯聚合物涂膜憎水性能研究．中国建材科技，2008，（2）：38-41.

[174]　Zhao F，Zeng X，Li H，et al. Preparation and characterization of nano-SiO$_2$/fluorinated polyacrylate composite latex via nano-SiO$_2$/acrylate dispersion. Colloids and Surfaces A：Physicochemical and Engineering Aspects，2012，396：328-335.

[175]　戚栋明，申兴丛，徐杰等．TiO$_2$晶型对整理棉织物性能的影响．纺织学报，2011，32（10）：88-92.

[176]　Chen X，Mao SS. Titanium dioxide nanomaterials：synthesis, properties, modifications, and applications. Chem Rev. 2007，107（7）：2891-2959.

[177]　周建华，王林本，马建中等．一种核壳结构纳米 TiO$_2$/含氟聚丙烯酸酯无皂复合乳液的制备方法．CN 103396520A．2013-08-05.

[178]　Li Z R，Fu K J，Wang L J，et al. Synthesis of a novel perfluorinated acrylate copolymer containing hydroxyethyl sulfone as crosslinking group and its application on cotton fabrics. Journal of Materials Processing Technology，2008，205（1-3）：243-248.

[179]　张凯，沈慧芳，张心亚等．无皂苯丙乳液的粒径与成核机理．高分子材料科学与工程，2008，24（12）：50-54.

[180]　施光义，徐军．高固含量丙烯酸酯无皂乳液的研制．中国胶粘剂，2011，20（2）：5-9.

[181]　Chern C S，Lin C H. Particle nucleation loci in emulsion polymerization of methyl metharcrylate. Polymer，2000，41：4473-4481.

[182]　徐继红，李庄，苏瑞文．无皂乳液聚合制备 MMA/BA/MAA 三元共聚物乳胶粒及表征．化工新型材料，2009，37（6）：58-60.

[183] 潘菲，艾春玲，易英等．含氟丙烯酸酯复合乳液的制备及性能．材料保护，2012，45（1）：17-20.

[184] 肖新颜，杜沛辉，万彩霞等．含氟丙烯酸酯聚合物乳液的合成及涂膜性能研究．新型建筑材料，2007，（1）：36-40.

[185] 胡哲．纳米二氧化钛/丙烯酸酯核-壳复合乳液的制备及其性能研究．广州：华南理工大学，2012.

[186] 任玮，邓桦，环加华．棉织物的纳米 TiO_2 抗紫外及抗菌整理研究．天津工业大学学报，2008，27（2）：40-44.

[187] Gao D G，Chen C，Ma J Z，Duan X Y，Zhang J. Preparation，characterization and cooperative antibacterial activity of polymer dimethyl diallyl ammonium chloride-allyl glycidylether-mathacrylic/nano-ZnO composite. Chemical Engineering Journal，2014，258：85-92.

第**6**章 ◂◂◂◂◂

纳米材料在涂层类成膜物质中的应用

　　成膜物质主要是指能单独形成有一定强度、连续干膜的物质，是涂料的基础组分，对涂料和涂膜的性能起决定性作用。它可将涂料中其他不可成膜组分粘接起来，形成涂膜。没有成膜物质，涂料不可能形成连续的涂膜，也不可能粘接颜料并较牢固地黏附在基材的表面。成膜物质的种类很多，主要是树脂和乳液，如醇酸树脂、丙烯酸树脂、环氧树脂、苯丙乳液、纯丙乳液、硅丙乳液、丙烯酸酯乳液等。它们应用广泛，几乎涉及所有行业，如皮革、纺织、造纸、油墨、建筑、家具等。随着其应用领域的变化，各行业对成膜物质的要求也有所不同。但无论如何，随着人们生活水平的日益提高，各行业对成膜物质都有一个共同的需求，即在满足其基本性能的同时，要求成膜物质还具有一定的特殊性能，如高强度、抗菌、耐黄变、透湿等。纳米材料的出现，无疑为满足此类要求提供了新途径。本章结合全书的结构特点重点介绍纳米材料在轻纺行业用成膜物质中的应用。

6.1 皮革涂饰剂

6.1.1 概述

　　皮革涂饰剂是一种均匀涂布于皮革表面的多组分混合体系，主要由成膜物质、着色剂、溶剂和助剂组成。它通过黏合作用在皮革表面形成一层或多层薄膜，不仅能改善皮革的外观和风格，而且能增加皮革的功能，大大提高产品的附加值。皮革涂饰剂中的成膜物质是整个涂层的关键与核心，决定着整个涂层的牢度和性能。按照成膜物质的种类，可将皮革涂饰剂分为酪素类涂饰剂、硝化纤维类涂饰剂、聚丙烯酸酯类涂饰剂和聚氨酯类涂饰剂。其中，聚丙烯酸酯类涂饰剂是使用最早和最普遍的皮革涂饰剂，其性价比在皮革涂饰剂中是最优异的；酪素类涂饰剂由于具有环境友好且与皮革结构相近的特点也被广泛采用。

　　纳米材料具有一系列的特殊效应，因此将纳米材料应用于皮革涂饰剂中可赋予皮革涂饰剂一些卓越的性能。目前，将纳米材料应用于皮革涂饰剂中有两种方式：一种是作为填料在皮革涂饰剂配方中添加；另一种是将纳米材料引入皮革涂饰剂的成膜物质中。以第一种方式引入，由于皮革涂饰剂的配制过程中，机械作用力较小且体系具有一定的黏度，因此纳米材料在整个涂饰剂中难以分散均匀，应用效果不佳。所以，大多数的研究都集中在第二种方式上，即将纳米材料通过各种方式引入皮革涂饰剂的成膜物质中。本节内容主要从纳米材料改性皮革涂饰剂中的成膜物质角度进行介绍，且主要是纳米材料改性聚丙烯酸酯和酪素类皮革涂饰剂的进展。

6.1.2 聚丙烯酸酯基纳米 SiO₂ 皮革涂饰剂

纳米二氧化硅除具有纳米材料的特殊效应外，还具有化学性能比较稳定的优异特性。将纳米二氧化硅引入皮革涂饰剂的成膜物质中可使成膜物质的力学性能、耐水性能及耐热性能等综合性能得以提高。其引入的方式可采用共混法、原位聚合法和双原位法三种方式。

6.1.2.1 共混法制备聚丙烯酸酯基纳米 SiO₂ 皮革涂饰剂

共混法制备聚丙烯酸酯/纳米二氧化硅皮革涂饰剂指将纳米二氧化硅与聚丙烯酸酯通过物理共混的方式复合在一起。纳米二氧化硅的来源可以是市售的，也可以是自己制备的。制备纳米二氧化硅溶胶的方式有两种：一种是采用酸催化方式；另一种是采用碱催化方式。

(1) 酸催化 酸催化方式的制备过程为：将正硅酸乙酯（TEOS）溶于适量的无水乙醇中，温度达到设定值后，将所需的二次蒸馏水和盐酸溶于适量的无水乙醇中，并逐滴滴加到反应瓶中，控制体系 pH 值，继续反应一定时间即可获得纳米二氧化硅溶胶。酸催化的机理分为两步。

① 酸水解过程 在酸性催化剂作用下，H^+ 首先进攻正硅酸乙酯分子中的一个—OR 基团并使之质子化，造成电子云向该—OR 基团偏移，使硅原子核的另一侧表面空隙加大并呈亲电子性；由于—OR 基团的供电子能力比—OH 基团更强，酸催化反应过程中正电荷过渡状态随水解产物中—OH 基团增多而变得不稳定，因此，酸催化下正硅酸乙酯的水解速率越来越慢。当以 HCl 为催化剂时，由于 Cl^- 尺寸较大，难以直接进攻硅原子，因此 Cl^- 必须在 H^+ 的帮助下才能参加水解。此时的水解反应机理为亲电反应，Cl^- 进攻硅原子的困难导致 TEOS 水解速率明显慢于碱催化。由于水解及以后聚合形成的—OH 或—OSi 基团不利于稳定正电荷并增加位阻，因此酸催化时 TEOS 的水解产物以 $Si(OR)_3OH$ 为主。酸性条件下正硅酸乙酯的水解模型如图 6-1 所示。

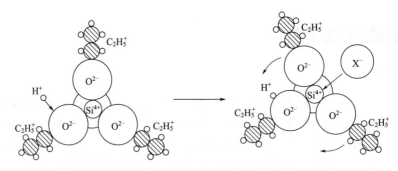

图 6-1 酸性条件下 TEOS 水解机理

② 酸缩聚过程 缩合反应是包括羟基之间的脱水缩合反应和硅羟基与硅乙氧基之间的脱醇缩合反应：

$$Si(OEt)_3OH + HOSi(OEt)_3 \rightleftharpoons (EtO)_3SiOSi(OEt)_3 + H_2O$$
$$Si(OEt)_3OH + ROSi(OEt)_3 \rightleftharpoons (EtO)_3SiOSi(OEt)_3 + ROH$$

这些反应的逆反应分别为水解和醇解反应，缩聚反应可以在酸性或碱性两种情况下发生。无论是在哪一种情况下，缩聚反应首先是 H^+ 或 OH^- 与水解产物快速反应形成带电荷的中间体，接着是电中性的硅原子缓慢进攻带电的中间体（见图 6-2），与水解反应一样，缩聚反应速率也取决于位阻效应和中间过渡状态的带电情况。因此，对于酸催化反应，由于供电子基团的存在，使带正电荷的中间过渡状态趋于稳定，所以 $(RO)_3SiOH(RO)_2Si(OH)_2$ 缩聚反应的速率快，而 $(RO)_2Si(OH)_2ROSi(OH)_3$ 缩聚反应的速率慢。这意味着对于酸催化反应，水解反应的第一步速率最快，第一步水解产物的缩聚反应速率也最快。因此，首先形成一个开放的三维网络结构，随之发生进一步的水解和交错缩聚反应。

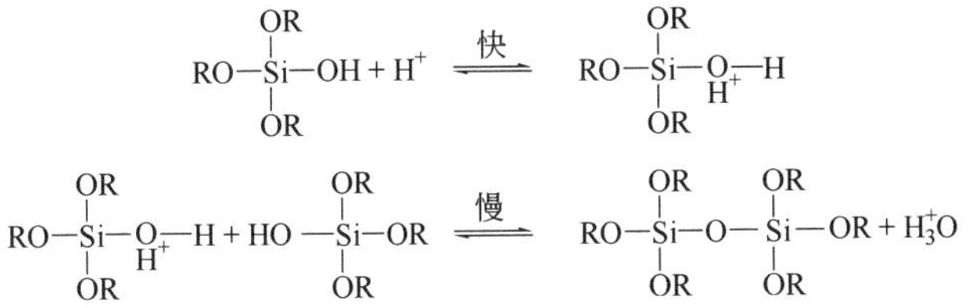

$$
\begin{array}{c}
\underset{\underset{OR}{|}}{\overset{\overset{OR}{|}}{RO-Si-OH}}+H^+ \underset{}{\overset{快}{\rightleftharpoons}} \underset{\underset{OR}{|}}{\overset{\overset{OR}{|}}{RO-Si-O^+-H}}
\end{array}
$$

$$
\begin{array}{c}
\underset{\underset{OR}{|}}{\overset{\overset{OR}{|}}{RO-Si-O^+-H}}+\underset{\underset{OR}{|}}{\overset{\overset{OR}{|}}{HO-Si-OR}} \underset{}{\overset{慢}{\rightleftharpoons}} \underset{\underset{OR}{|}}{\overset{\overset{OR}{|}}{RO-Si-O-Si-OR}}+H_3^+O
\end{array}
$$

图 6-2 酸性条件下 TEOS 的缩聚过程

通过酸催化方式制备的纳米二氧化硅溶胶的形貌如图 6-3 所示，可以看出纳米 SiO_2 粒子在溶胶中分布均匀，无团聚现象，而且粒径均匀，为 20nm 左右。然而当向酸催化方式制备纳米二氧化硅溶胶的体系中引入表面活性剂后，发现纳米 SiO_2 溶胶中粒子的粒径明显减小，由 20nm 左右减小至 5nm 左右（见图 6-4）。表明表面活性剂的加入对纳米二氧化硅粒子的粒径和形貌有一定影响，添加表面活性剂有利于制备粒径小且均匀的球形纳米颗粒。表面活性剂因其双亲结构而吸附于体系表面，大大降低了系统的表面能，从而具有防止原生粒子团聚的功能。同时，由于表面活性剂链的空间位阻效应，使得吸附有表面活性剂的微粒彼此不易靠近，降低了被吸附粒子团聚的趋势。并且在粒子外层组成微乳液外壳的表面活性剂分子又阻止了原生纳米粒子的团聚，使之保持良好的分散性与稳定性。

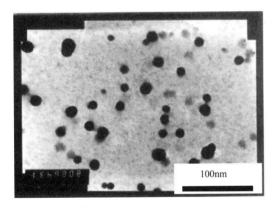

图 6-3 纳米 SiO_2 溶胶的
透射电镜照片

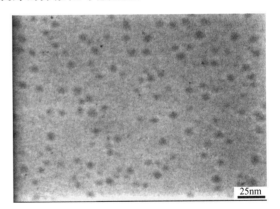

图 6-4 加入表面活性剂后纳米
SiO_2 溶胶的透射电镜照片

酸催化方式制备的纳米二氧化硅溶胶在与聚丙烯酸酯物理共混后，其乳胶粒形貌如图 6-5 所示，可知纳米粒子在复合乳液中分散均匀。加入纳米粒子后，乳胶粒的粒径增大，表明聚丙烯酸酯通过物理吸附包覆在纳米粒子表面。

由所形成的聚丙烯酸酯/纳米 SiO_2 复合乳液薄膜性能可知，纳米二氧化硅溶胶制备过程中混合试剂（盐酸、无水乙醇、二次蒸馏水）的滴加速度、搅拌速度和表面活性剂种类及物理共混过程中溶胶用量和共混温度等条件对最终复合薄膜的物理机械性能均有较大影响。

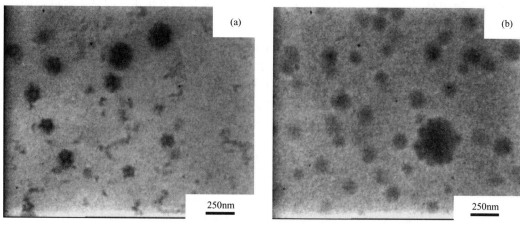

图 6-5　透射电镜照片
（a）聚丙烯酸酯乳液；（b）聚丙烯酸酯/纳米 SiO₂ 复合乳液

　　表 6-1 为制备 SiO_2 溶胶混合溶剂滴加速度不同时复合薄膜的物理机械性能。在相同温度、浓度条件下，加料时间的长短直接影响单位时间内进入反应系统中反应物的量，影响反应体系中的瞬间盐酸浓度，从而影响反应体系的 pH 值。随着加料时间的延长，单位时间内进入反应器中盐酸的量将减少，溶液的相对 pH 值将升高，有利于正硅酸乙酯的水解与缩聚，因此所得溶胶中 SiO_2 粒子的粒径变大，影响复合薄膜的物理机械性能。而混合试剂的滴加速度过快，加料时间过短，则会造成局部酸浓度过高，同样也会加快正硅酸乙酯的水解和缩聚，增大纳米粒子的粒径，影响粒径的单分散性。

表 6-1　制备 SiO_2 溶胶混合溶剂滴加速度不同时复合薄膜的物理机械性能

滴加速度 /(滴/min)	固含量 /%	抗张强度 /MPa	断裂伸长率 /%
20	32.7	3.674	492.03
40	37.3	3.424	477.05
60	36.3	3.787	558.835
80	30.3	2.212	416.23

　　表 6-2 为制备 SiO_2 溶胶搅拌速度不同时复合薄膜的物理机械性能。搅拌速度对 SiO_2 溶胶粒径的分布范围影响很大。机械力作用下的分散主要是借助外界剪切力或撞击力等机械能使纳米粒子在介质中充分分散的一种形式。事实上，这是一个非常复杂的分散过程，通过对分散体系施加机械力引起体系内物质的物理、化学性质变化以及相伴随的一系列化学反应才会达到分散的目的。由表 6-2 可知，搅拌速度越快，越有利于反应物混合均匀而生成粒径均匀的粒子，从而有利于提高复合薄膜的物理机械性能。

表 6-2　制备 SiO_2 溶胶搅拌速度不同时复合薄膜的物理机械性能

搅拌速度	抗张强度/MPa	断裂伸长率/%
低	3.198	353.7
中	3.052	400.62
高	4.558	383.05

　　表 6-3 为制备 SiO_2 溶胶表面活性剂不同时复合薄膜的物理机械性能。可知在制备 SiO_2

溶胶时加入具有一定长度烷基（Y-2 是具有一定长度的烷基阳离子表面活性剂）的阳离子表面活性剂，对复合薄膜的物理机械性能的提高比较显著，这是由于一定长度的碳链分子具有特定的空间结构，用溶胶-凝胶法制备的 SiO_2 粒子表面吸附有 OH^-，这些阳离子表面活性剂极易吸附在 SiO_2 粒子表面，改变其表面性质，使 SiO_2 粒子的距离保持在氢键作用范围之外，达到阻止其团聚的目的。而且具有一定长度烷基的阳离子表面活性剂能在溶液中形成胶束，吸附并覆盖在微粒上，从而可起到抑制晶核生长、控制粒径大小的作用。另外，由于烷基的包覆阻止了杂质离子对 SiO_2 粒子的吸附，从而保证了纳米 SiO_2 的纯度。其中，对复合薄膜的物理机械性能提高贡献最大的表面活性剂为 Y-2，是由于它具有最适长度的烷基链，因此它的上述作用最为明显。另外，在酸催化溶胶-凝胶制备纳米 SiO_2 的初期加入表面活性剂 Y-2，还可增加有机相与无机相之间的作用力。

表 6-3　制备 SiO_2 溶胶表面活性剂不同时复合薄膜的物理机械性能

名　称	类型	pH 值	抗张强度/MPa	断裂伸长率/%
Y-1	阳离子型	6～8	2.77	432.06
Y-2	阳离子型	9～10	4.18	550.55
Y-3	阳离子型	6～8	3.40	620.35
Y-4	阳离子型	6～8	5.46	538.87
Y-5	阳离子型	6～8	—	—
Y-6	阳离子型	6 左右	4.97	534.13
L-1	两性	6～8	—	—
L-2	两性	9～10	—	—
F-1	非离子型	6～7	4.47	518.25
F-2	非离子型	6～7	—	—
F-3	非离子型	10～12	—	—
D-1	—	7 左右	3.90	581.93
空白			2.87	462.96

注：1. 空白是没有加表面活性剂制备的纳米 SiO_2 溶胶。

2. "—"表示溶胶在复合之前已经凝胶，无法与聚丙烯酸酯进行复合。

非离子表面活性剂（F-1）对复合涂饰剂的物理机械性能有一定提高作用，这种非离子表面活性剂为多元醇型表面活性剂，由于多元醇表面活性剂是以羟基作为其亲水基，酯烃基作为疏水基，其酯中的双键以及羟基对于润湿是有利的。而醇中的氢离子能同 SiO_2 发生氢化反应，提高纳米粒子的分散性，因此制备纳米 SiO_2 时，采用多元醇型表面活性剂进行处理是获取分散性良好的纳米粒子的一种手段。

另外，pH 值对复合涂饰剂的物理机械性能的影响不大，Y-5 与 Y-3、Y-4 的 pH 值均为 6～8，且都是阳离子型表面活性剂，但是与聚丙烯酸酯复合后复合涂饰剂物理机械性能却有较大区别。表明表面活性剂的类型与结构是影响复合薄膜物理机械性能的主要因素。

SiO_2 溶胶用量发生变化时将直接影响复合薄膜的物理机械性能，见表 6-4。SiO_2 溶胶用量对复合薄膜的抗张强度影响较大，当 SiO_2 溶胶用量小于 4% 时，不能提高复合薄膜的抗张强度。而复合薄膜的断裂伸长率在引入 SiO_2 溶胶后有大幅度提高。但就复合薄膜的抗张强度和断裂伸长率而言，SiO_2 溶胶的用量并不是越多越有利于复合薄膜物理机械性能的提高。另外，SiO_2 溶胶的用量对复合涂饰剂体系的稳定性也有较大影响，当 SiO_2 溶胶用量大于 6% 时，得到的复合树脂乳液极不稳定，有大量凝聚物生成。

表 6-4 SiO₂ 溶胶用量不同时复合薄膜的物理机械性能

溶胶用量	1%	2%	3%	4%	5%	6%
抗张强度/MPa	2.72	3.32	3.21	3.8	5.19	4.365
断裂伸长率/%	579.66	581.46	577.31	583.11	563.25	538.98

注：聚丙烯酸酯膜的抗张强度为 4.71MPa，断裂伸长率为 400.2%。

共混温度对复合薄膜的物理机械性能也有较大影响（见表 6-5），常温下共混所得复合薄膜的物理机械性能较好。这是由于溶胶向凝胶转变的时间随共混温度的升高而逐渐减小，这种变化趋势可从温度对胶体颗粒热运动速率的影响得到说明。升高温度使胶体粒子布朗运动加速，质点间碰撞频率增大，SiO₂ 粒子的粒径增大，导致复合薄膜的物理机械性能下降。

表 6-5 共混温度不同时复合薄膜的物理机械性能

温度/℃	抗张强度/MPa	断裂伸长率/%
50	3.198	353.70
常温	5.376	505.83

纳米 SiO₂ 的引入除对聚丙烯酸酯薄膜的物理机械性能产生影响外，还对其耐水性与耐溶剂性具有显著影响。由表 6-6 和表 6-7 可知，加入纳米 SiO₂ 后，聚丙烯酸酯薄膜的耐水性和耐溶剂性均大幅提高。这是由于纳米 SiO₂ 的引入大大限制了聚合物链段的运动。

表 6-6 纳米 SiO₂ 引入对聚丙烯酸酯薄膜耐水性的影响

试　样	吸水率/%	耐水性提高率/%
聚丙烯酸酯	71.43	60.49
聚丙烯酸酯/纳米 SiO₂ 复合涂饰剂	10.94	

表 6-7 纳米 SiO₂ 引入对聚丙烯酸酯薄膜耐溶剂性的影响

丙酮浸渍/min	聚丙烯酸酯/%	聚丙烯酸酯/纳米 SiO₂ 复合涂饰剂/%	耐丙酮性处理提高率/%
15	66.67	13.04	53.63
60	88.10	27.54	60.56

采用示差扫描量热仪对引入纳米 SiO₂ 前后聚丙烯酸酯的热行为进行研究，见图 6-6 所示。引入纳米 SiO₂ 溶胶后聚丙烯酸酯的 T_g 转变消失，表明纳米 SiO₂ 的引入可以改善聚丙烯酸酯遇冷发脆的缺点。

将所获得的聚丙烯酸酯/纳米 SiO₂ 复合乳液应用于皮革涂饰，涂饰后革样的扫描电镜照片和能谱见图 6-7 所示。引入纳米 SiO₂ 后聚丙烯酸酯涂饰革样的表面亮度明显提高，且革样表面的 Si 元素含量明显高于纯聚丙烯酸酯涂饰的革样。由革样的原子力显微镜照片（见图 6-8）可知，引入纳米 SiO₂ 后聚丙烯酸酯涂饰革样的表面凸起高度最大值仅为 21.85nm，这一数值比纯聚丙烯酸酯涂饰革样表面凸起高度最大值降低了 63.75%，这是由于纳米粒子的粒径（20nm 左右）小于聚丙烯酸酯乳胶粒的粒径（100nm 左右），纳米粒子更有利于对革样表面凹凸部位进行填充，致使涂饰后革样的表面更平整，粗糙度降低。

（2）碱催化　碱催化法制备纳米 SiO₂ 溶胶的过程与酸催化基本相同，唯一的区别是将盐酸调整为氨水。由于催化剂的改变，溶胶-凝胶法制备纳米二氧化硅的机理也有所不同。在碱催化条件下，由于阴离子 OH⁻ 半径较小，将直接对硅原子核发动亲核进攻，形成五配

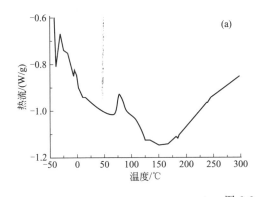 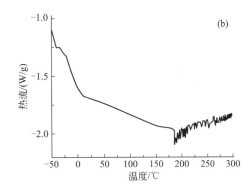

图 6-6　DSC 曲线

（a）聚丙烯酸酯乳液；（b）聚丙烯酸酯/纳米 SiO$_2$ 复合乳液

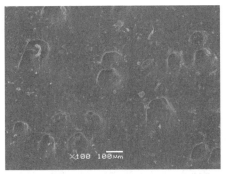 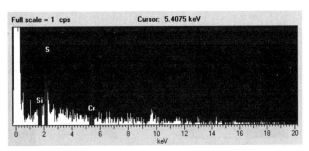

(a) 聚丙烯酸酯涂饰革样

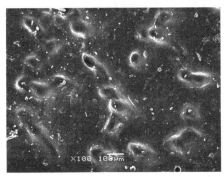 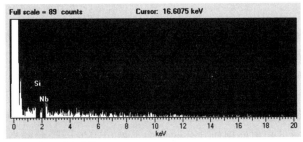

(b) 聚丙烯酸酯/纳米SiO$_2$复合涂饰剂涂饰革样

图 6-7　涂饰后革样的扫描电镜照片（左）和能谱图（右）

位的过渡态，OH$^-$ 的进攻使硅原子核带负电，并导致电子云向另一侧的 OR$^-$ 基团偏移，致使该基团的 Si—O 键被削弱而最终断裂，完成水解反应。由于正硅酸乙酯的水解属 OH$^-$ 直接进攻硅原子核的亲核反应机理，中间过程少，且 OH$^-$ 的离子化半径小，因此，相较于酸催化，正硅酸乙酯的水解速率较快。水解形成的硅酸是一种弱酸，它在碱性条件下脱氢后则成为一种强碱，必定要对其他硅原子核发动亲核进攻，并脱水聚合，但这种聚合方式因位阻效应很大而聚合速率较慢。由于碱催化系中水解速率大于聚合速率，且正硅酸乙酯水解较完全，因此可认为聚合是在水解已基本完全的条件下在多维方向上进行的，并形成一种短链交联结构。随聚合的继续，短链间的交联不断加强而形成颗粒状聚集体。虽然碱催化与酸催化的机理有所不同，但通过碱催化方式制备的纳米二氧化硅溶胶的形貌及其所形成的聚丙烯

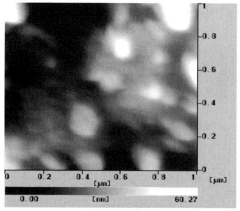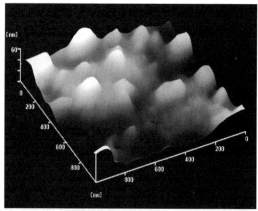

(a) 聚丙烯酸酯涂饰革样

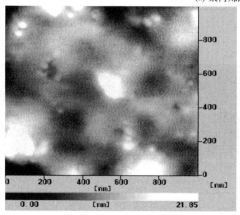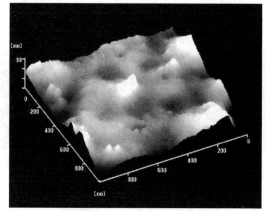

(b) 聚丙烯酸酯/纳米SiO₂复合涂饰剂涂饰革样

图 6-8　革样的原子力显微镜照片

酸酯/纳米 SiO₂ 复合乳液的各种性能均与酸催化方式获得的相类似，且各种因素的影响规律也基本一致，因此作者在这里不再赘述。

6.1.2.2　原位聚合法制备聚丙烯酸酯基纳米 SiO₂ 皮革涂饰剂

原位聚合法制备聚丙烯酸酯/纳米二氧化硅皮革涂饰剂即是在纳米 SiO₂ 的存在下使丙烯酸酯类单体发生聚合反应。其制备过程为将市售的纳米 SiO₂ 粉体加入丙烯酯类单体中，通过超声处理使其分散均匀，然后引发丙烯酸酯类单体进行乳液聚合。由于二氧化硅表面带有一定的活性基团，这些活性基团在乳液聚合条件下可与聚丙烯酸酯链段发生作用，从而使聚丙烯酸酯的线型结构转变为网状结构。图 6-9 是原位聚合法制备聚丙烯酸酯/纳米 SiO₂ 复合乳液的结构示意图。

原位聚合法制备聚丙烯酸酯/纳米 SiO₂ 复合乳液中，纳米 SiO₂ 粉体种类及纳米 SiO₂ 粉体用量是重要的影响因素。图 6-10 是纳米 SiO₂ 粉体种类对聚丙烯酸酯/纳米 SiO₂ 复合乳液成膜力学性能的影响。采用 1 号表面带双键的纳米 SiO₂ 粉体和采用 3 号表面带氨基的纳米 SiO₂ 粉体制备的纳米复

R¹、R²分别为烷基基团

图 6-9　原位聚合法制备聚丙烯酸酯/纳米 SiO₂ 复合乳液的结构示意图

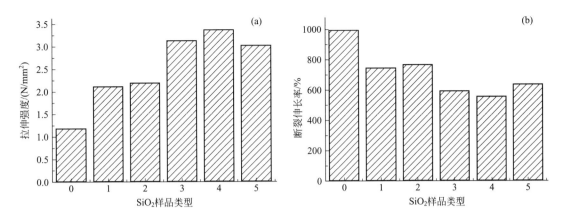

图 6-10　纳米 SiO_2 种类对聚丙烯酸酯/纳米 SiO_2 复合薄膜抗张强度（a）和断裂伸长率（b）的影响

0 号—不加入纳米 SiO_2 粉体；1 号—表面带有不饱和双键的纳米 SiO_2 粉体；

2 号—表面带有环氧基的纳米 SiO_2 粉体；3 号—表面带有氨基的纳米 SiO_2 粉体；

4 号—表面碳链为 6 的纳米 SiO_2 粉体；5 号—表面碳链为 8 的纳米 SiO_2 粉体

合乳液成膜透明、柔软，其他的乳液成膜略发白。引入纳米 SiO_2 粉体后，复合薄膜的抗张强度均有显著提高，断裂伸长率均有所降低。纳米 SiO_2 粉体种类不同时复合薄膜的抗张强度提高程度不同，且抗张强度增加越大，其断裂伸长率就降低越多。虽然理论上无机纳米粒子可以起到同步增强增韧的作用，但一般只有超细的无机纳米粒子在聚合物基体中均匀分散时才能起到增韧作用。细小的无机纳米粒子表面缺陷少，非配对原子多，比表面积大，与聚合物发生物理或化学结合的作用能强，粒子与基体间的界面黏结可承受更大的载荷，从而达到既增强又增韧的目的。这里所述的纳米 SiO_2 粉体为市售的，由于在原位聚合前未进行进一步的改性处理，因此很容易发生团聚，造成复合薄膜的应力集中较为明显，当受到外力作用时，产生的微裂纹会变成宏观开裂，导致断裂伸长率下降。

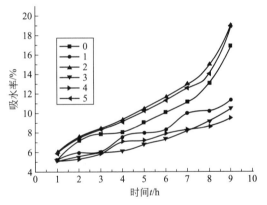

图 6-11　纳米 SiO_2 粉体种类对聚丙烯酸酯/纳米 SiO_2 复合薄膜耐水性的影响

0 号—不加入纳米 SiO_2 粉体；1 号—表面带有不饱和双键的纳米 SiO_2 粉体；2 号—表面带有环氧基的纳米 SiO_2 粉体；3 号—表面带有氨基的纳米 SiO_2 粉体；4 号—表面碳链为 6 的纳米 SiO_2 粉体；5 号—表面碳链为 8 的纳米 SiO_2 粉体

图 6-11 是纳米 SiO_2 粉体种类对聚丙烯酸酯/纳米 SiO_2 复合乳液成膜耐水性的影响。采用 1 号（表面带双键）、3 号（表面带有氨基）和 5 号（表面碳链长为 8）纳米 SiO_2 粉体制备的聚丙烯酸酯/纳米 SiO_2 复合薄膜的吸水率均比不加入纳米 SiO_2 的聚丙烯酸酯成膜低，但 2 号（表面带环氧基）和 4 号（表面碳链长为 6）纳米 SiO_2 粉体的加入却使乳液成膜的吸水率增加。虽然纳米 SiO_2 表面带有一定的羟基，但在制备聚丙烯酸酯/纳米 SiO_2 复合乳液时，羟基会与聚丙烯酸酯进行作用，减少了聚合物膜与水分子作用时的氢键作用，因此聚合物膜的耐水性增强。但 2 号和 4 号纳米粉体的加入使聚合物膜耐水性下降，可能是因为聚合过程中丙烯酸酯类单体没有对其进行充分的包裹，纳米 SiO_2 表面的羟基暴露较多。

图 6-12 是纳米 SiO_2 粉体种类对聚丙烯酸酯/纳米 SiO_2 复合薄膜耐紫外屏蔽性的影响。纳米 SiO_2 加入后聚丙烯酸酯/纳米 SiO_2 复合薄膜的紫外吸收性均有所增加，并在 $\lambda =$ 230nm 附近有一强度不一的吸收峰。因为二氧化硅本身对紫外线具有屏蔽防护作用，当材料制成超细粉体时，微粒的尺寸与光波波长相当或更小，小尺寸效应将导致光吸收性显著增强，使得纳米二氧化硅成为一种可利用的抗紫外剂。

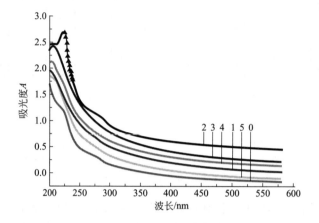

图 6-12 纳米 SiO_2 粉体种类对聚丙烯酸酯/纳米 SiO_2 复合薄膜耐紫外屏蔽性的影响

0 号—不加入纳米 SiO_2 粉体；1 号—表面带有不饱和双键的纳米 SiO_2 粉体；
2 号—表面带有环氧基的纳米 SiO_2 粉体；3 号—表面带有氨基的纳米 SiO_2 粉体；
4 号—表面碳链为 6 的纳米 SiO_2 粉体；5 号—表面碳链为 8 的纳米 SiO_2 粉体

纳米 SiO_2 粉体用量对聚丙烯酸酯/纳米 SiO_2 复合薄膜力学性能、耐水性及耐紫外屏蔽性能的影响见图 6-13～图 6-15 所示。随纳米 SiO_2 粉体用量的增加，复合薄膜的断裂伸长率和耐水性呈现先提高后降低的趋势，紫外吸收性则逐渐增大。

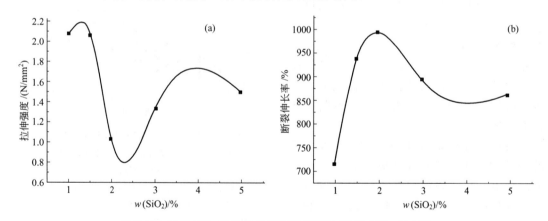

图 6-13 纳米 SiO_2 粉体用量对聚丙烯酸酯/纳米 SiO_2 复合薄
膜抗张强度（a）和断裂伸长率（b）的影响

采用原位聚合法制备的聚丙烯酸酯/纳米 SiO_2 复合乳液的粒径及形貌如图 6-16 和图 6-17所示。与聚丙烯酸酯乳液相比，聚丙烯酸酯/纳米 SiO_2 复合乳液的乳胶粒粒径和粒径分布都有所增大。聚丙烯酸酯/纳米 SiO_2 复合乳液中白色的为圆形乳胶粒，粒径约为100nm，但乳胶粒间相互黏结。黑色的为纳米 SiO_2 粉体，粒径约为 20nm，纳米粉体分布不均匀，以聚集成团的状态出现在乳胶粒表面。

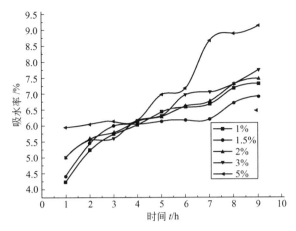

图 6-14　纳米 SiO₂ 用量对聚丙烯酸酯/纳米 SiO₂ 复合薄膜耐水性的影响

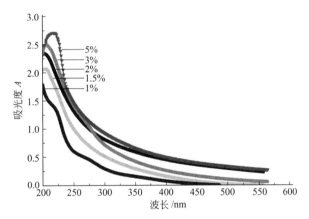

图 6-15　纳米 SiO₂ 用量对聚丙烯酸酯/纳米 SiO₂ 复合薄膜耐紫外屏蔽性的影响

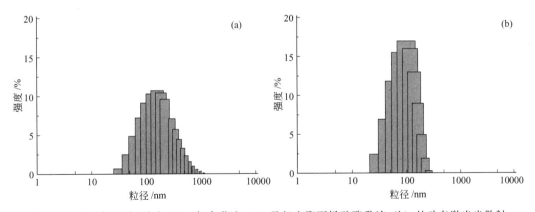

图 6-16　聚丙烯酸酯/纳米 SiO₂ 复合乳液（a）及相应聚丙烯酸酯乳液（b）的动态激光光散射

6.1.2.3　双原位法制备聚丙烯酸酯基纳米 SiO₂ 皮革涂饰剂

丙烯酸酯类单体的自由基聚合反应与 TEOS 的水解缩合反应分别属于"链式聚合反应"和"逐步聚合反应"，两者的反应条件及形成过程均不同，双原位法即是使这两种不同的反应在同一体系中同时发生。其制备过程如图 6-18 所示。首先将丙烯酸酯类单体和纳米 SiO₂ 的前躯体（TEOS 和偶联剂）在乳化剂的存在下充分分散，使丙烯酸酯类单体和纳米 SiO₂

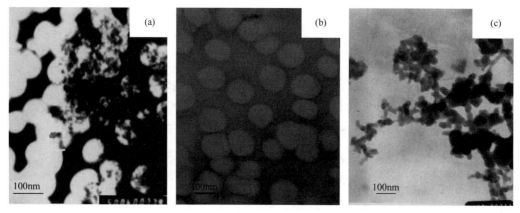

图 6-17 聚丙烯酸酯/纳米 SiO_2 复合乳液（a）及相应纯聚丙烯酸酯乳液（b）和纳米 SiO_2（c）的透射电镜照片

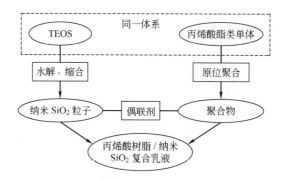

图 6-18 双原位法制备聚丙烯酸酯/纳米 SiO_2 复合乳液的示意图

的前驱体均匀分布在乳化剂形成的胶束或乳胶粒中，达到一定反应条件后，使纳米 SiO_2 的生成和单体的聚合同时进行，从而得到相容性好的聚丙烯酸酯/纳米 SiO_2 复合乳液。由于纳米 SiO_2 表面的—OH 与聚丙烯酸酯聚合物链可产生氢键作用，同时，偶联剂水解后与纳米 SiO_2 表面的硅羟基作用，偶联剂一端与纳米 SiO_2 表面相连，另一端与有机基体相连，如图 6-19 所示。因此经改性后的纳米 SiO_2 能够增强 SiO_2 粒子与有机基体的相容性，所形成的复合乳液具有三维网状结构，其理想结构如图 6-20（见彩插）所示。

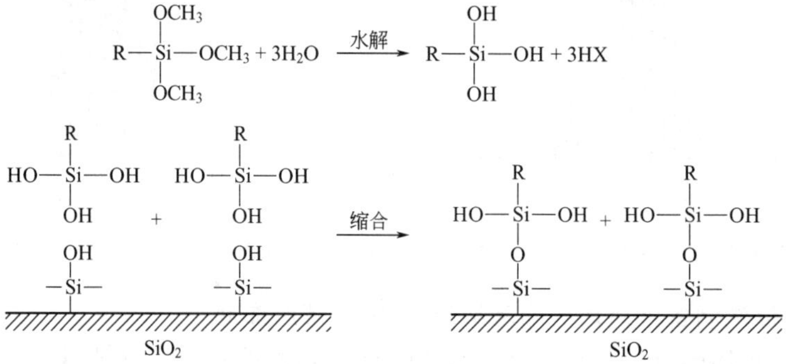

图 6-19 偶联剂与纳米 SiO_2 的作用

由上述机理可知硅烷偶联剂在整个体系中扮演着重要的角色，包括硅烷偶联剂的种类和用量。图 6-21 是采用不同硅烷偶联剂制备的聚丙烯酸酯/纳米 SiO_2 复合乳液的透射电镜照

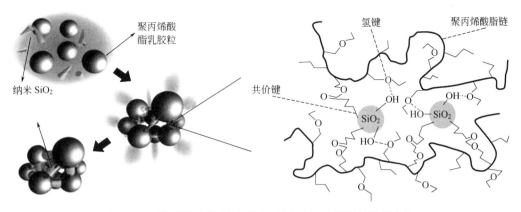

图 6-20　聚丙烯酸酯/纳米 SiO_2 复合乳液的理想结构示意图

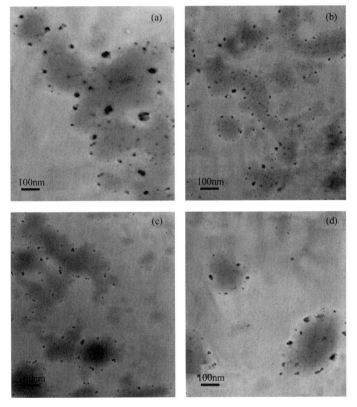

图 6-21　采用不同硅烷偶联剂制备的聚丙烯酸酯/纳米 SiO_2 复合乳液的透射电镜照片
（a）无硅烷偶联剂；（b）VTMO；（c）MEMO；（d）VTEO

片。与图 6-22 聚丙烯酸酯乳液的透射电镜照片相比，复合乳液的乳胶粒粒径变大，乳胶粒之间存在黏结现象，不再呈圆形均匀分布。当硅烷偶联剂种类不同时，复合乳液的乳胶粒形貌具有一定的变化。未加硅烷偶联剂制备的复合乳液，纳米 SiO_2 分布于复合乳胶粒的表面和内部，其粒径为 30～80nm 分布不均匀。加入硅烷偶联剂制备的复合乳液，纳米 SiO_2 均匀地黏附在聚丙烯酸酯的表面，粒径约 20nm 且分布均匀。因为 TEOS 原位水解生成纳米 SiO_2 的速度比较快，加入硅烷偶联剂后其自身水解产生一定的羟基，可以与生成的纳米 SiO_2 表面的羟基作用，减弱彼此之间的氢键作用，保证纳米 SiO_2 的分散。加入 3-(甲基丙

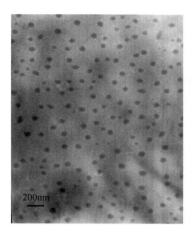

200nm

图 6-22　聚丙烯酸酯乳液
的透射电镜照片

烯酰氧）丙基三甲氧基硅烷（MEMO）和乙烯基三甲氧基硅烷（VTMO）制备的复合乳胶粒中纳米 SiO_2 的粒径约为 20nm，而加入乙烯基三乙氧基硅烷（VTEO）制备的复合乳胶粒中纳米 SiO_2 的粒径约 40nm。因为前两种硅烷偶联剂中带甲氧基，而 VTEO 带乙氧基，后者位阻较大，水解速度较慢。TEOS 的水解速度较快，在其还未与纳米 SiO_2 表面的羟基作用之前，TEOS 原位水解生成纳米 SiO_2 就已经发生部分团聚。这一点通过动态激光光散射测定结果可以进一步印证（见表 6-8）。

图 6-23(a) 是采用不同硅烷偶联剂制备的聚丙烯酸酯/纳米 SiO_2 复合乳液的 DSC 曲线。加硅烷偶联剂制备的复合乳液的玻璃化转变温度较未加硅烷偶联剂制备的复合乳液有一定提高，未加硅烷偶联剂制备的复合乳液的玻璃化转变温度是 $-34.2℃$，采用 VTEO、MEMO 和 VTMO 制备的复合乳液的玻璃化转变温度分别是 $-8.1℃$、$-8.8℃$ 和 $-15.4℃$。因为有机硅烷偶联剂的加入有助于纳米 SiO_2 与聚丙烯酸酯的相互作用，使聚丙烯酸酯的线型结构转变成网状结构，交联度增加限制了高聚物的链段运动，玻璃化转变温度升高，但结晶性会下降。图 6-23(b) 中的 XRD 测试结果即验证了这一结论。与不加硅烷偶联剂制备的复合乳液相比，加入硅烷偶联剂制备的复合乳液 XRD 谱图中尖峰的强度显著下降。

表 6-8　采用不同硅烷偶联剂制备的聚丙烯酸酯/纳米 SiO_2 复合
乳液及相应聚丙烯酸酯的动态激光光散射测定结果

试样	粒径/nm	PDI	ζ/mV
聚丙烯酸酯乳液	97.7	0.021	-34.8
聚丙烯酸酯/纳米 SiO_2 复合乳液(不加硅烷偶联剂)	192.4	0.135	-31.2
聚丙烯酸酯/纳米 SiO_2 复合乳液(加 MEMO)	168.6	0.057	-33.8
聚丙烯酸酯/纳米 SiO_2 复合乳液(加 VTMO)	166.9	0.075	-33.4
聚丙烯酸酯/纳米 SiO_2 复合乳液(加 VTEO)	189.0	0.102	-22.4

注：PDI 为粒径分布系数。

表 6-9 是硅烷偶联剂种类对聚丙烯酸酯/纳米 SiO_2 复合薄膜力学性能的影响。采用 VTMO 制备的聚丙烯酸酯/纳米 SiO_2 复合薄膜的综合力学性能最好，断裂伸长率为 819.17%，抗张强度为 $0.32N/mm^2$，已满足皮革中底层用软性树脂的要求。由于硅烷偶联剂对有机相和无机相起到了桥键的连接作用，使之形成网状结构。硅烷偶联剂 VTMO 的侧链较短，在水解过程中位阻较小，较快地对 TEOS 水解产生的纳米 SiO_2 粒子进行表面改性，纳米 SiO_2 在体系中分散均匀，力学性能较好。而侧链较长的硅烷偶联剂对纳米 SiO_2 粒子改性不充分，造成界面缺陷，从而导致其力学性能较差。硅烷偶联剂的种类除对聚丙烯酸酯/纳米 SiO_2 复合薄膜的力学性能产生影响外，对其耐水性也有重要影响，且其影响规律类似于力学性能，见图 6-24 所示。

表 6-9　采用不同硅烷偶联剂制备的聚丙烯酸酯/纳米 SiO_2 复合薄膜的力学性能

有机硅烷偶联剂种类	外观	断裂伸长率/%	抗张强度/(N/mm²)
VTEO	无色、较透明、柔软	997.85	0.172
VTMO	无色、透明、柔软	819.17	0.320
MEMO	无色、透明、较软	448.21	0.136

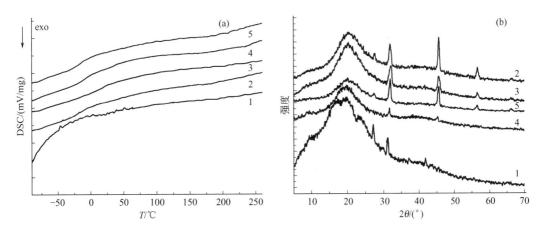

图 6-23　采用不同硅烷偶联剂制备的聚丙烯酸酯/纳米 SiO₂ 复合乳液及相应
聚丙烯酸酯乳液的 DSC（a）及 XRD（b）测试结果

1—聚丙烯酸酯乳液；2~5—聚丙烯酸酯/纳米 SiO₂ 复合乳液；其中 2 为不加
有机硅烷偶联剂，3 为加 VTMO，4 为加 MEMO，5 为加 VTEO

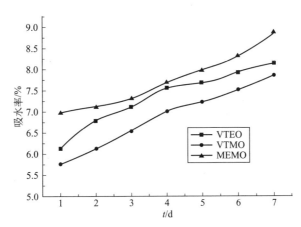

图 6-24　硅烷偶联剂种类对聚丙烯酸酯/纳米 SiO₂ 复合薄膜耐水性的影响

表 6-10 是硅烷偶联剂用量对聚丙烯酸酯/纳米 SiO₂ 复合薄膜力学性能的影响。偶联剂主要是在纳米 SiO₂ 与聚丙烯酸酯间形成"桥键"。随着偶联剂用量的增加，由于形成的"桥键"不断增多，会使最终形成的复合薄膜强度增加，韧性降低。然而，硅烷偶联剂用量对聚丙烯酸酯/纳米 SiO₂ 复合薄膜耐水性的影响却不同于力学性能。随硅烷偶联剂用量的增加，复合薄膜的耐水性先提高后降低（见图 6-25）。因为当硅烷偶联剂用量过大时，较多的硅烷偶联剂会裸露在外，其水解生成的羟基并没有产生架桥作用，当有水存在时，其易于和水形成氢键作用而吸收水分，因此导致耐水性下降。

表 6-10　硅烷偶联剂用量对聚丙烯酸酯/纳米 SiO₂ 复合薄膜力学性能的影响

VTMO 质量分数/%	外观	断裂伸长率/%	抗张强度/(N/mm²)
0	无色、较透明、柔软	1298.19	0.126
2	无色、透明、柔软	1306.18	0.204
4	无色、透明、较软	1377.94	0.310
6	无色、不太透明、较软	819.17	0.320
8	无色、不太透明、较软	690.49	0.377

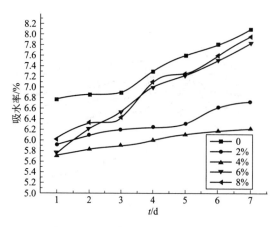

图 6-25 硅烷偶联剂用量对聚丙烯酸酯/纳米 SiO₂ 复合薄膜耐水性的影响

根据聚丙烯酸酯/纳米 SiO₂ 复合乳液制备过程中采用表面活性剂的不同，其制备可分为常规乳液聚合法和无皂乳液聚合法。有关常规乳液聚合法其聚合机理较为常见，在这里不再赘述。关于无皂乳液聚合一般是采用两亲性共聚物或可反应性乳化剂代替常规乳化剂，其中采用可反应性乳化剂的聚合机理与常规乳液聚合相类似，唯一不同的仅是乳化剂可以参与聚合反应，最终成为聚合物链端的一部分。因此，这里就采用两亲性共聚物进行无皂乳液聚合制备聚丙烯酸酯/纳米 SiO₂ 复合乳液的机理进行介绍。通过对聚丙烯酸酯/纳米 SiO₂ 复合乳液制备过程中不同反应阶段的样品进行动态激光光散射测试（见图 6-26）和透射电镜观察（见图 6-27），可得知聚丙烯酸酯/纳米 SiO₂ 复合乳液的聚合机理。动态激光光散射测试发现乳胶粒尺寸为正态分布，随着聚合反应时间的推移，乳胶粒的尺寸分布曲线沿乳胶粒的尺寸轴由左向右移动，说明乳胶粒的尺寸在不断增大。透射电镜观察表明用作乳化剂的两亲性共聚物 P(BA/VAc/AM) 的粒径约为 100nm，呈圆形颗粒。在两亲性共聚物 P(BA/VAc/AM) 中加入 TEOS 后，两亲性共聚物之间会出现少量黏结现象，并且 TEOS 也会部分发生水解产生纳米 SiO₂ 溶胶粒子；当继续反应加入丙烯酸酯类单体时，表面存在有自由基残基的两亲性共聚物形成类似胶束的聚集体，这些聚集体继续吸收单体进行聚合反应，体系内乳胶粒的粒径分布较不均匀，分布在 10~100nm。最后，TEOS 进行水解缩合不断产生纳米 SiO₂ 粒子，硅烷偶联剂也进行水解产生硅羟基，从而对纳米 SiO₂ 粒子进行改性。纳米 SiO₂ 粒子通过硅烷偶联剂作用于聚丙烯酸酯的表面，形成粒径为 120~150nm 的草莓状复合乳胶粒子。

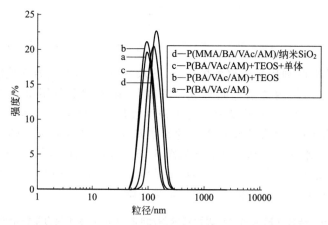

图 6-26 聚丙烯酸酯/纳米 SiO₂ 复合乳液无皂聚合过程中不同阶段样品的动态激光光散射结果

由上可知，采用两亲性共聚物进行无皂乳液聚合制备聚丙烯酸酯/纳米 SiO₂ 复合乳液的机理遵循均相成核机理，其过程如图 6-28 所示。主要内容是指反应最初在水相中进行，引发剂在水相中分解产生自由基，直接与溶于水中的单体在水相中加成聚合，进行链增长，生成两亲性共聚物 P(BA/VAc/AM) 即低聚物。该两亲性共聚物 P(BA/VAc/AM) 作为表

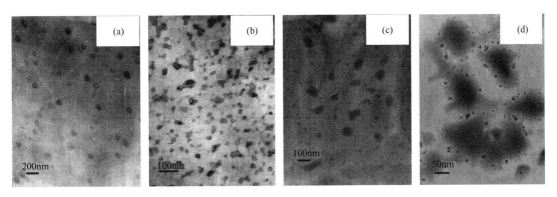

图 6-27　聚丙烯酸酯/纳米 SiO₂ 复合乳液无皂聚合过程中不同阶段样品的透射电镜照片

（a）P（BA/VAc/AM）；（b）P（BA/VAc/AM）＋TEOS；（c）P（BA/VAc/AM）＋TEOS＋部分单体；
（d）聚丙烯酸酯/纳米 SiO₂ 复合乳液

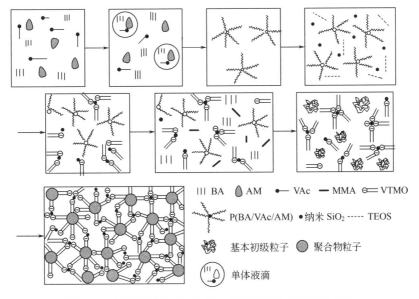

图 6-28　聚丙烯酸酯/纳米 SiO₂ 复合乳液的无皂聚合机理

面活性剂进行乳液聚合，P（BA/VAc/AM）形成具有表面活性的低聚物聚集体，当加入 TEOS 和硅烷偶联剂后，TEOS 和硅烷偶联剂进行水解，烷氧基变成 Si—OH；随后，Si—OH 之间进行脱羟基反应，对纳米 SiO₂ 粒子表面进行改性。通过相似相溶原则，表面带有乙烯基三甲氧基的纳米 SiO₂ 粒子可以增溶进 P（BA/VAc/AM）的聚集体中。在过硫酸钾作引发剂的聚合过程中，链增长速率较快，低聚物的链长达到临界链长，就会由于超过其溶解能力而沉淀，而常规乳液聚合过程中的低聚物是不会发生沉淀的，沉淀的低聚物自身卷曲缠结，从水相中析出，形成初级粒子，使聚合物分子链端基的亲水基团位于粒子表面。这些初级粒子表面电荷密度低，自身不稳定，粒子之间发生相互聚集，从而最终成长为稳定的乳胶粒子。这一原理也为透射电镜测定中观察到的部分聚丙烯酸酯/纳米 SiO₂ 复合乳胶粒内部含有纳米 SiO₂ 粒子提供了理论依据。

6.1.3　聚丙烯酸酯基纳米中空 SiO₂ 皮革涂饰剂

近年来，随着人们生活水平的不断提高，对皮革制品的档次追求愈加突出，不仅在色泽、色彩等方面要求至善至美，还在舒适性、功能化等方面提出了更高的要求。皮革透水汽、透气等卫生性能是皮革产品舒适性的主要体现，也是保证皮革产品优于合成革的重要元素。但皮革经过聚丙烯酸酯涂饰后，其在皮革表面形成的涂层较为致密，严重堵塞了人体散发的水汽扩散至外界的通道，对皮革制品的透水汽性能产生了严重的影响。

纳米中空 SiO₂ 微球具有无毒、低密度、高熔点、高比表面积、可以容纳客体分子等特性被广泛应用于环境保护、生物医药、电子等领域。其不仅具有常规 SiO₂ 纳米粒子的优异性能，还具有特殊的中空结构。该中空结构可为客体分子提供场所，也可为其提供通道，使客体分子穿过中空结构的壳层，达到对客体分子的储存、释放等功能。结合中空 SiO₂ 所具有的特点，将中空 SiO₂ 微球引入到聚丙烯酸酯皮革涂饰剂中，利用中空 SiO₂ 特殊的中空结构，增加聚丙烯酸酯涂饰剂内部自由体积的大小和数目，使水汽分子顺利通过，可获得具有高透水汽性能的聚丙烯酸酯/纳米中空 SiO₂ 皮革涂饰剂。

其制备过程为：首先采用模板法制备中空 SiO₂ 微球，然后将其和去离子水/异丙醇的混合液混合搅拌均匀，超声处理，获得分散良好的白色悬浮液。将白色悬浮液与聚丙烯酸酯乳液混合搅拌一定时间后，继续超声处理，然后将混合乳液转入三口烧瓶中，80℃恒温水浴下搅拌 6h，冷却至常温，得到聚丙烯酸酯/中空 SiO₂ 纳米复合乳液。

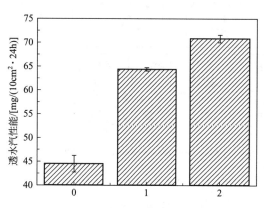

图 6-29　纳米粒子种类对聚丙烯酸
酯薄膜透水汽性能的影响
0—纯聚丙烯酸酯薄膜；1—聚丙烯酸酯/实心
SiO₂ 复合薄膜；2—聚丙烯酸酯/中空 SiO₂ 复合薄膜

图 6-29 是实心 SiO₂ 微球和中空 SiO₂ 微球对聚丙烯酸酯薄膜透水汽性能的影响。当聚丙烯酸酯薄膜中引入纳米粒子后，无论是实心 SiO₂ 微球还是中空 SiO₂ 微球，聚丙烯酸酯薄膜的透水汽性能均明显提升。这是由于纳米微球的引入影响了聚丙烯酸酯薄膜内部的自由体积大小，也影响了水汽分子透过聚合物通道的曲度。水汽分子在聚丙烯酸酯薄膜内部扩散，其扩散速率可由扩散系数（D）表示，方程（6-1）是水汽分子在聚丙烯酸酯薄膜中扩散系数的计算方法：

$$D = \frac{A}{\tau} \exp\left(-B\frac{V}{V_f}\right) \qquad (6\text{-}1)$$

式中，A、B 是常数（A 与透过物质的体积和形貌有关；B 取决于透过物质和聚合物的种类）；τ 是透过物质透过聚丙烯酸酯薄膜的通道曲度；V 是聚合物的实际体积；V_f 是聚合物内部的自由体积。由方程（6-1）可以看出，决定聚丙烯酸酯薄膜透水汽性能的主要有两个方面：自由体积和水汽分子通道的曲度。当自由体积较大和水汽分子通道的曲度较低时，聚丙烯酸酯薄膜的透水汽性能较优，反之，则较差。将纳米微球引入聚丙烯酸酯薄膜中时，由于纳米微球与聚丙烯酸酯薄膜基体之间存在空隙，在一定程度上增加了聚丙烯酸酯薄膜内部的自由体积，使聚丙烯酸酯薄膜的透水汽性能增加。同时，采用物理共混法将纳米微球引入到聚丙烯酸酯薄膜中时，纳米微球可部分打断聚合物链的曲度，使水汽分子透过聚丙烯酸酯薄膜的通道曲度降低。另外，纳米微球表面存在一定数目的羟基，使聚丙烯酸酯薄膜内部的亲水基团数目增加，也提升了聚丙烯酸酯薄膜的透水汽性能。在上述三种因素的共同影响下，导致引入纳米二氧化硅的聚丙烯酸酯薄膜的透水汽性能明显优于纯聚丙烯酸酯薄膜的透水汽性能。

但另一方面，从图 6-29 还可以看出，中空 SiO₂ 微球对聚丙烯酸酯透水汽性能的提升作

用大于实心 SiO_2 微球。这一结果说明纳米微球内部的中空部分也是影响聚丙烯酸酯透水汽性能的关键因素之一。水分子在聚丙烯酸酯/中空 SiO_2 复合薄膜中的扩散主要包括以下几个过程：①水分子在聚丙烯酸酯中扩散，到达聚丙烯酸酯与中空 SiO_2 微球之间的空隙区域；②水分子在聚丙烯酸酯与中空 SiO_2 微球之间的空隙内扩散，到达中空 SiO_2 微球的外壳；③水分子在中空 SiO_2 微球的壳层内扩散，到达 SiO_2 内部空腔；当中空 SiO_2 微球空腔内部的水汽分子足够多，达到一定水汽压力时，空腔里面的水汽分子将向外扩散，依次经历中空 SiO_2 微球的壳层-聚丙烯酸酯与中空 SiO_2 微球之间的空隙区域-聚丙烯酸酯。水汽分子在复合薄膜内部扩散，重复经过以上步骤，最后扩散至复合薄膜的另一面，达到透水汽的目的。中空 SiO_2 微球具有特殊的中空结构，将其加入聚丙烯酸酯中，其中空部分增加了聚丙烯酸酯薄膜内部的自由体积，另外，中空 SiO_2 与聚合物链之间的空隙也提升了聚丙烯酸酯薄膜内部的自由体积，在二者共同作用下，使聚丙烯酸酯/中空 SiO_2 复合薄膜的透水汽性能明显增加。同时，当中空 SiO_2 微球引入到聚丙烯酸酯中时，中空微球在一定程度上降低了聚丙烯酸酯链的长度，降低了水汽分子透过聚合物的通道曲度，使复合薄膜的透水汽性能增加。

图 6-30 是实心 SiO_2 微球和中空 SiO_2 微球对聚丙烯酸酯薄膜力学性能的影响。由图可以看出，当聚丙烯酸酯中引入纳米微球以后，复合薄膜的抗张强度有一定程度上升，断裂伸长率呈现下降趋势。由于纳米粒子本身具有刚性，且具有较大的比表面积，当纳米粒子在基体中分散良好时，能够与聚丙烯酸酯基体间产生强烈的相互作用，从而提高了薄膜的抗张强度。理论上，粒径较小的无机粒子表面缺陷少，比表面积大，且非配对原子多，将其均匀分散在聚合物基体间，能与聚合物间发生物理或化学结合，且结合能力较强，可以对纳米复合材料起到增韧的作用。但是实心 SiO_2 微球和中空 SiO_2 微球均有较高的比表面积和比表面能，很容易发生团聚，导致其在聚丙烯酸酯基体中呈现偏聚状态分布，使复合薄膜的应力集中现象较为明显。当材料受到外力作用时，容易产生微裂纹，进而变成宏观开裂，导致复合薄膜的断裂伸长率降低。

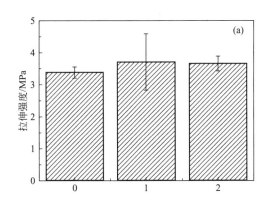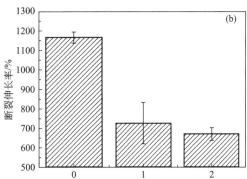

图 6-30　纳米粒子种类对聚丙烯酸酯薄膜抗张强度（a）和断裂伸长率（b）的影响

0—纯聚丙烯酸酯薄膜；1—聚丙烯酸酯/实心 SiO_2 复合薄膜；2—聚丙烯酸酯/中空 SiO_2 复合薄膜

图 6-31 是实心 SiO_2 微球和中空 SiO_2 微球对聚丙烯酸酯薄膜耐水性能的影响。由图可以看出，引入纳米微球均使聚丙烯酸酯薄膜的 24h 吸水率提升，耐水性变差。这是由于纳米微球表面具有大量的羟基，当将纳米微球引入聚丙烯酸酯中时，增加了聚丙烯酸酯薄膜内部亲水基团的数目，导致薄膜的耐水性变差，同时纳米微球与聚丙烯酸酯基体间存在空隙，一部分水分子可以储存在该空隙内部，使聚丙烯酸酯薄膜的耐水性能变差。由图 6-31 还可以看出，中空 SiO_2 微球对聚丙烯酸酯薄膜耐水性能影响最大。这是由于除了 SiO_2 表面含有的羟基以及其与聚丙烯酸酯基体间的空隙外，中空 SiO_2 微球还具有特殊的中空结构，可以

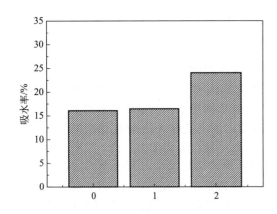

图 6-31　纳米粒子种类对聚丙烯酸酯薄膜耐水性能的影响

0—纯聚丙烯酸酯薄膜；1—聚丙烯酸酯/实心 SiO_2 复合薄膜；2—聚丙烯酸酯/中空 SiO_2 复合薄膜

容纳更多的水分子，导致聚丙烯酸酯/中空 SiO_2 复合薄膜的吸水率提升，耐水性能变差。

上述研究结果表明，与实心纳米 SiO_2 微球相比，中空 SiO_2 微球可显著提升聚丙烯酸酯薄膜的透水汽性能；同时，聚丙烯酸酯/中空 SiO_2 复合薄膜的力学性能良好。然而，对于中空 SiO_2 微球来说，其空腔大小、壳层厚度也是影响聚丙烯酸酯薄膜透水汽性能的重要因素。

图 6-32 是中空 SiO_2 的空腔大小对聚丙烯酸酯薄膜透水汽性能的影响，当在聚丙烯酸酯薄膜中引入相同质量的中空 SiO_2 微球后，由于不同样品中中空 SiO_2 微球的空腔大小不同，导致中空 SiO_2 微球的数目（$N_{(Hss)}$）也不同。方程（6-2）是中空 SiO_2 微球引入聚合物中的自由体积计算方程：

$$V_f = N_{(Hss)} V_{(PSs)} \tag{6-2}$$

式中，V_f 是聚丙烯酸酯薄膜的自由体积；$N_{(Hss)}$ 是中空 SiO_2 微球的数目；$V_{(PSs)}$ 是一个 PS 微球模板的体积。$N_{(PSs)}$ 的计算方法可用方程（6-3）表示：

$$N_{(PSs)} = N_{(Hss)} \tag{6-3}$$

$$N_{(PSs)} = \frac{V_{(PS)}}{V_{(PSs)}} = \frac{m_{(PS)}/\rho_{(PS)}}{4\pi r_{(PSs)}^3/3} \tag{6-4}$$

式中，$\rho_{(PS)}$ 是聚苯乙烯微球的密度；$V_{(PS)}$、$m_{(PS)}$ 是聚苯乙烯微球的总体积和质量；$V_{(PSs)}$ 是一个聚苯乙烯微球的体积。由方程（6-2）和方程（6-3）可知，由中空 SiO_2 微球空腔引入到聚丙烯酸酯薄膜中的自由体积为方程（6-5）：

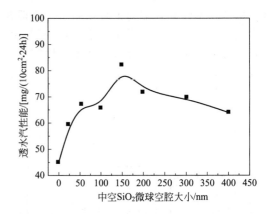

图 6-32　中空 SiO_2 微球空腔大小对聚丙烯酸酯薄膜透水汽性能的影响

$$V_f = \frac{m_{(PS)}/\rho_{(PS)}}{V_{(PSs)}} V_{(PSs)} = m_{(PS)}/\rho_{(PS)} \tag{6-5}$$

由于 $m_{(PS)}$ 和 $\rho_{(PS)}$ 均是常数，因此 V_f 也是常数。由方程（6-5）可以看出，当将相同质量的中空 SiO_2 微球引入到聚丙烯酸酯薄膜中时，中空 SiO_2 微球的空腔大小对薄膜的自由体积没有明显影响。但是当中空 SiO_2 微球空腔大小不同时，引入到聚丙烯酸酯薄膜中的中空 SiO_2 微球数目不同。中空 SiO_2 微球的数目可由方程（6-6）表示：

$$N_{(Hss)} = \frac{V_{(SiO_2)}}{V_{(Hss)}} = \frac{m_{(SiO_2)}/\rho_{(SiO_2)}}{4\pi[r_{(Hss)}^3 - r_{(PSs)}^3]/3} \tag{6-6}$$

因此，由方程（6-3）、方程（6-5）和方程（6-6）可得方程（6-7）：

$$r_{(Hss)}^3 = \left[\frac{m_{(SiO_2)}\rho_{(PS)}}{m_{(PS)}\rho_{(SiO_2)}} + 1\right] r_{(PSs)}^3 \tag{6-7}$$

将方程(6-7) 代入方程(6-6) 中，可得：

$$N_{(Hss)} = \frac{3m_{(PS)}/\rho_{(PS)}}{4\pi} \times \frac{1}{r^3_{(PSs)}} \tag{6-8}$$

由于 $m_{(PS)}$、$\rho_{(PS)}$ 均是常数，所以 $[3m_{(PS)}/\rho_{(PS)}]/4\pi$ 可采用常数"b"表示，因此方程(6-8) 可变形为：

$$N_{(Hss)} = \frac{b}{r^3_{(PSs)}} \tag{6-9}$$

由方程（6-9）可知，在中空 SiO_2 的质量保持不变时，其空腔粒径与数目成反比，当中空 SiO_2 的空腔粒径较小时，其数目较多。将中空 SiO_2 引入到聚丙烯酸酯中，中空 SiO_2 的空腔越小，自由体积的分布指数越大，因此，聚丙烯酸酯薄膜的透水汽性能提升幅度越大。同时，当中空 SiO_2 的数目增加时，中空粒子和聚丙烯酸酯聚合物链间的空隙数目增加，导致聚丙烯酸酯薄膜中的自由体积增大，最终使透水汽性能增加。但当中空 SiO_2 微球的粒径太小时，其比表面能较大，使得纳米粒子容易团聚，导致聚丙烯酸酯薄膜中的自由体积分布指数降低，聚合物和中空微球之间的空隙数目降低，复合薄膜的透水汽性能逐渐降低。

图 6-33 是中空 SiO_2 微球壳层厚度对聚丙烯酸酯薄膜透水汽性能的影响。自由体积的计算如方程（6-10）所示：

$$V_f = N_{(Hss)} \times \frac{4\pi r^3_{(PSs)}}{3} \tag{6-10}$$

式中，$N_{(Hss)}$ 是中空 SiO_2 微球的数目，其计算见方程（6-11）：

$$N_{(Hss)} = \frac{m_{(SiO_2)}/\rho_{(SiO_2)}}{4\pi[(r_{(PSs)}+h_{(Hss)})^3 - r^3_{(PSs)}]/3} \tag{6-11}$$

由方程（6-10）、方程（6-11）可以看出，当中空 SiO_2 微球的质量相同时，中空 SiO_2 的壳层厚度会影响薄膜中自由体积。当中空 SiO_2 的壳层厚度增加时，复合薄膜中中空 SiO_2 的数目减少，自由体积减小，且中空 SiO_2 微球与聚丙烯酸酯间的边界空隙数目降低，因此透水汽性能降低。同时，当中空 SiO_2 微球的壳层厚度增加时，水汽分子透过中空 SiO_2 壳层的难度增加，阻碍作用明显，也导致复合薄膜的透水汽性能逐渐降低。但当中空 SiO_2 微球的壳层太薄时，SiO_2 壳层本身发生塌缩，未形成球形结构，复合薄膜的透水汽性能也有所降低。

除中空 SiO_2 微球的结构对聚丙烯酸酯薄膜的透水汽性能产生影响外，其用量也是不可忽略的重要因素。图 6-34 是中空 SiO_2 微球用量对聚丙烯酸酯薄膜透水汽性能的影响。当中

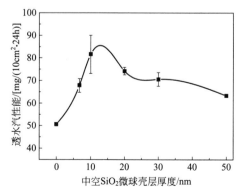

图 6-33　中空 SiO_2 微球壳层厚度对聚
丙烯酸酯薄膜透水汽性能的影响

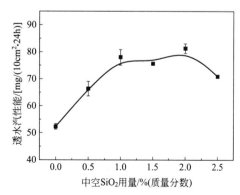

图 6-34　中空 SiO_2 微球用量对聚丙
烯酸酯薄膜透水汽性能的影响

空 SiO₂ 微球的用量增多时，聚丙烯酸酯薄膜内部的自由体积增加，同时，中空 SiO₂ 微球和聚丙烯酸酯基体间的空隙数目增加，导致聚丙烯酸酯薄膜的透水汽性能有所提升。但当中空 SiO₂ 微球的用量超过 2.0%（质量分数）时，复合薄膜的透水汽性能逐渐降低。这主要与中空 SiO₂ 微球的团聚有关。

图 6-35 是纯聚丙烯酸酯薄膜（a）、聚丙烯酸酯/中空 SiO₂ 复合薄膜（b）的 SEM 照片及聚丙烯酸酯/中空 SiO₂ 复合薄膜的 EDS 能谱（c）。可知聚丙烯酸酯/中空 SiO₂ 复合薄膜中存在大量的中空结构微球。对中空结构进行 EDS 分析，谱图中出现了 C、O、Si 等元素，其中 C、O 是聚丙烯酸酯的主要成分，Si 元素的存在则证明中空结构是中空 SiO₂ 微球。表明聚丙烯酸酯与中空 SiO₂ 微球复合过程中的各种作用并未影响中空 SiO₂ 微球的形貌，中空 SiO₂ 微球在聚丙烯酸酯薄膜中并未发生壳层塌陷，球形结构完整。

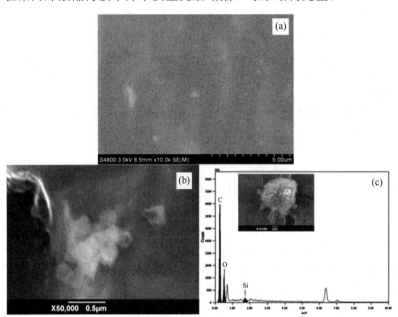

图 6-35　纯聚丙烯酸酯薄膜（a）、聚丙烯酸酯/中空 SiO₂ 复合
薄膜（b）的 SEM 照片及聚丙烯酸酯/中空 SiO₂ 复合薄膜的 EDS 能谱图（c）

由上述结果可知，聚丙烯酸酯/中空 SiO₂ 复合薄膜的透水汽机理如图 6-36 所示。当水汽分子透过聚丙烯酸酯薄膜时，需要依次经历聚丙烯酸酯基体、聚丙烯酸酯基体与中空 SiO₂ 微球之间的空隙结构、中空 SiO₂ 微球的壳层和中空 SiO₂ 微球的空腔。当中空 SiO₂ 微球内部的水汽压力达到一定程度时，水汽分子开始向外扩散，从而达到透水汽。在此过程中，中空 SiO₂ 微球为水汽分子透过聚丙烯酸酯薄膜提供了"捷径"和"中转站"，使得水汽分子的通道曲度降低。同时，将中空 SiO₂ 引入到聚丙烯酸酯中，扰乱了原来聚丙烯酸酯分子链的排列，也打断了部分聚合物链，降低了聚合物链的长度，从而使水汽分子透过聚丙烯酸酯薄膜的通道曲度降低，如图 6-37（见彩插）所示。

6.1.4　聚丙烯酸酯基双尺寸纳米 SiO₂ 皮革涂饰剂

近年来，超疏水涂膜因卓越的自清洁效果引起了人们的广泛关注。超疏水涂膜一般是指涂膜表面对水的静态接触角在 150° 以上的涂膜。它突出的自清洁、防腐蚀、超疏水等性能，使其具有潜在的应用价值。制备双尺寸纳米 SiO₂ 复合粒子构筑具有合适粗糙度的表面，对制备的双尺寸纳米 SiO₂ 复合粒子进行表面改性并将其引入乳液聚合中，再采用有机氟对乳胶粒表面进行改性，以降低涂膜表面能，最终可制备出具有超疏水功能的皮革涂饰剂。

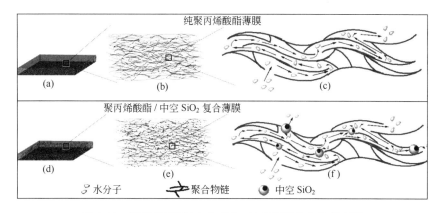

图 6-36　聚丙烯酸酯/中空 SiO_2 复合薄膜透水汽机理图

（a）纯聚丙烯酸酯薄膜；（b）纯聚丙烯酸酯薄膜的微观结构；
（c）纯聚丙烯酸酯薄膜的透水汽示意图；（d）聚丙烯酸酯/中空 SiO_2 复合薄膜；
（e）聚丙烯酸酯/中空 SiO_2 复合薄膜的微观结构；（f）聚丙烯酸酯/中空 SiO_2 复合薄膜的透水汽示意图

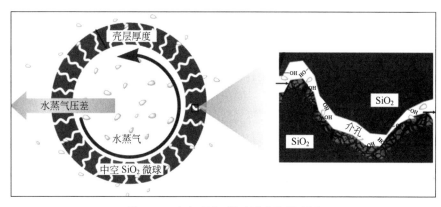

图 6-37　中空 SiO_2 微球透水汽机理图

　　双尺寸纳米 SiO_2 复合粒子的制备过程见图 6-38 所示。首先采用 KH550 对球形小粒径纳米 SiO_2 粒子改性和 KH560 对球形大粒径纳米 SiO_2 粒子改性，使纳米 SiO_2 粒子表面分别带有氨基和环氧基 ［改性反应见式（6-12）、式（6-13）、式（6-14）和式（6-15）］。反应式（6-12）、式（6-14）分别为 KH550、KH560 的水解反应，水解过程中硅原子周围的 RO 基被羟基所取代，并生成对应的醇。反应式（6-13）、式（6-15）分别为水解后的 KH550、KH560 表面羟基与 SiO_2 表面羟基的脱水、缩合反应。该反应使 SiO_2 表面分别带上氨基和环氧基，然后球形小粒径纳米 SiO_2 粒子表面的氨基和球形大粒径纳米 SiO_2 粒子表面的环氧基发生共价组装。其具体过程为：在碱性条件下，氨基脱去一个氢离子后带有负电荷，向环氧基团上取代基较少的碳原子进攻，使其开环，通过 N—C 共价键相连，该反应属于 SN_2 亲核取代（见图 6-39）。

$$C_2H_5O{-}\underset{\displaystyle OC_2H_5}{\overset{\displaystyle OC_2H_5}{Si}}{-}(CH_2)_3{-}NH_2 + 3H_2O \longrightarrow HO{-}\underset{\displaystyle OH}{\overset{\displaystyle OH}{Si}}{-}(CH_2)_3{-}NH_2 + 3C_2H_5OH \qquad (6\text{-}12)$$

$$HO{-}\underset{\displaystyle OH}{\overset{\displaystyle OH}{SiO_2}}{-}OH + HO{-}\underset{\displaystyle OH}{\overset{\displaystyle OH}{Si}}{-}(CH_2)_3{-}NH_2 \longrightarrow HO{-}\underset{\displaystyle OH}{\overset{\displaystyle OH}{SiO_2}}{-}O{-}\underset{\displaystyle OH}{\overset{\displaystyle OH}{Si}}{-}(CH_2)_3{-}NH_2 + H_2O \qquad (6\text{-}13)$$

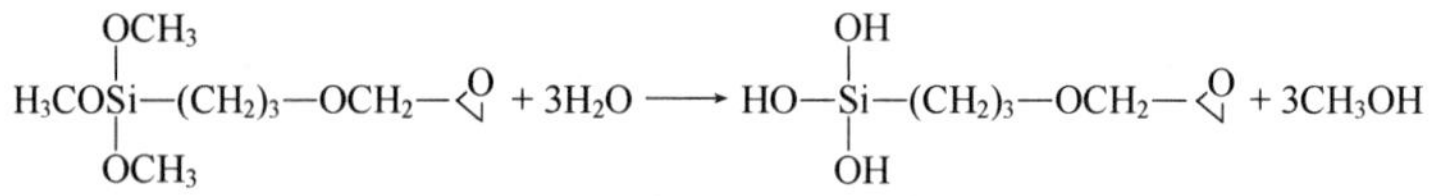

$$H_3COSi(CH_2)_3-OCH_2-\overset{O}{\triangle} + 3H_2O \longrightarrow HO-Si(CH_2)_3-OCH_2-\overset{O}{\triangle} + 3CH_3OH \qquad (6\text{-}14)$$

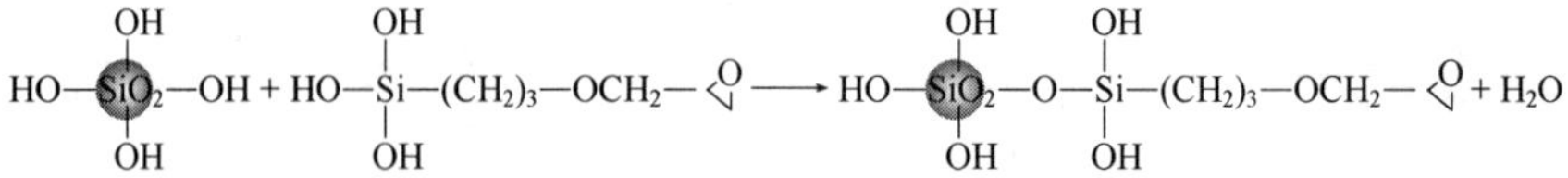

$$HO-\overset{OH}{\underset{OH}{SiO_2}}-OH + HO-\overset{OH}{\underset{OH}{Si}}-(CH_2)_3-OCH_2-\overset{O}{\triangle} \longrightarrow HO-\overset{OH}{\underset{OH}{SiO_2}}-O-\overset{OH}{\underset{OH}{Si}}-(CH_2)_3-OCH_2-\overset{O}{\triangle} + H_2O \qquad (6\text{-}15)$$

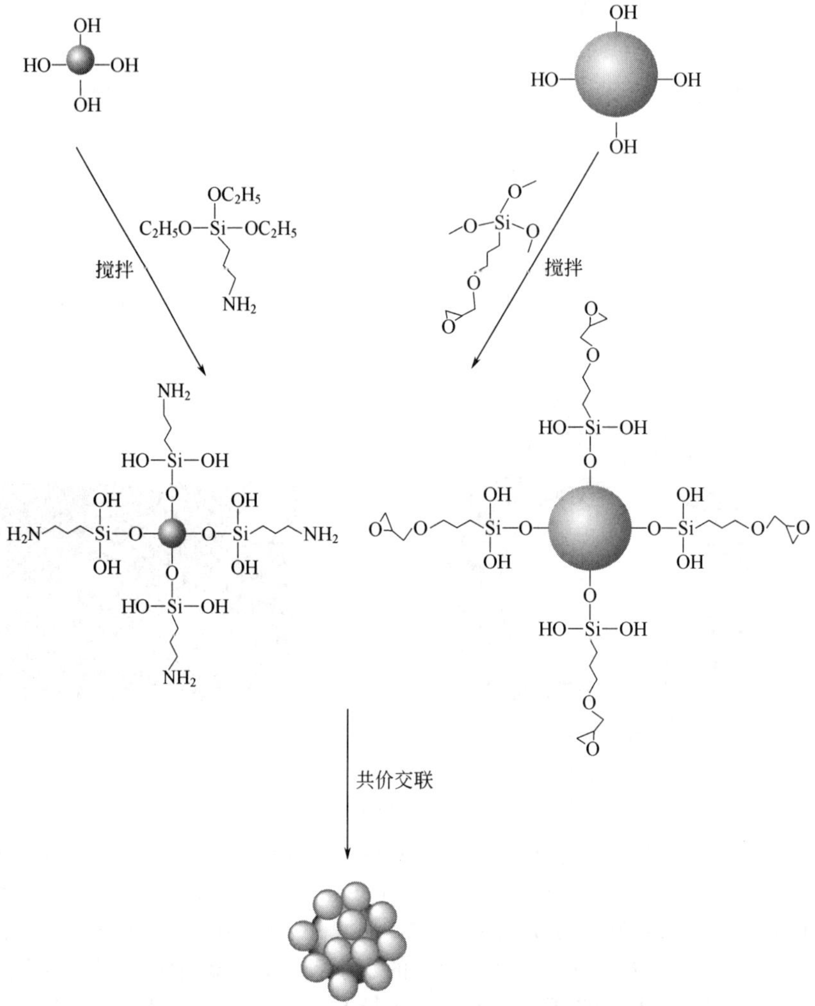

图 6-38　双尺寸纳米 SiO_2 复合粒子的制备机理图

　　自组装形成的双尺寸纳米 SiO_2 复合粒子的形貌见图 6-40 所示，可看到大粒径 SiO_2 的表面具有很多小粒径 SiO_2，呈现典型的双尺寸结构。

　　采用原位乳液聚合法将双尺寸纳米 SiO_2 复合粒子引入含氟聚丙烯酸酯乳液中，其制备过程为：在 50℃ 加入双尺寸纳米 SiO_2 复合粒子分散液和碳酸氢钠溶液，搅拌 10min，加入部分单体和部分引发剂，搅拌 20min，升温至 80℃，反应 1h。滴加核层引发剂和核层预乳化液，3～4h 滴加完毕，保温反应 1h。再滴加壳层引发剂和含有氟单体的壳层预乳化液，1.5～2h 滴加完毕，升温至 85℃，保温反应 1h，冷却至室温，调节体系 pH 值为 6～7，即得含氟聚丙烯酸酯/双尺寸纳米 SiO_2 复合乳液。

　　在此过程中，为了使双尺寸纳米 SiO_2 复合粒子更好地参与乳液聚合，在乳液聚合过程中以及聚合结束后均可稳定存在，除采用含有双键的 KH570 对双尺寸纳米 SiO_2 复合粒子

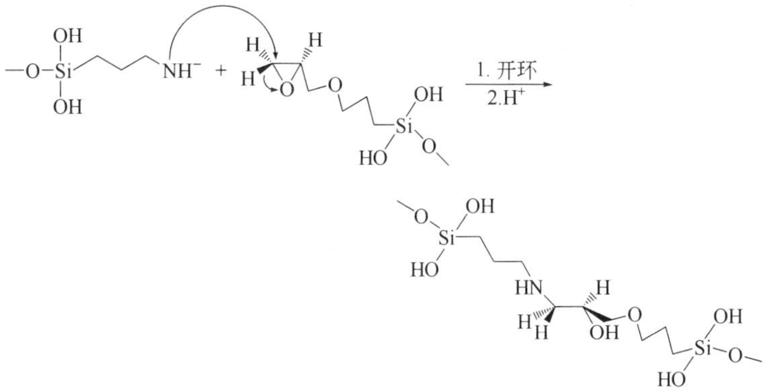

图 6-39　氨基与环氧基反应机理

图 6-40　双尺寸纳米 SiO_2 复合粒子场发射扫描电镜照片

进行改性十分必要外，改性后的双尺寸纳米 SiO_2 复合粒子的分散方式也非常关键。

表 6-11 为不同分散方式对双尺寸纳米 SiO_2 复合粒子的分散效果。仅采用单一的超声分散或物理剪切均不能达到预期的分散效果，最佳的分散方式为超声分散辅助物理低速剪切。

表 6-11　双尺寸纳米 SiO_2 复合粒子的分散效果

编号	分散方式	分散结果
1	将双尺寸纳米 SiO_2 复合粒子、单体及少量乳化剂的水溶液混合超声 20min	烧杯壁有析出
2	将双尺寸纳米 SiO_2 复合粒子、单体及少量乳化剂的水溶液混合高速剪切 20min	烧杯壁有粒子析出
3	将双尺寸纳米 SiO_2 复合粒子和少量乳化剂的水溶液混合超声 20min，加入单体高速剪切 20min	烧杯壁有少量粒子析出
4	将双尺寸纳米 SiO_2 复合粒子和少量乳化剂的水溶液混合超声 20min，加入单体低速剪切 20min	烧杯壁无粒子析出

由 1 号和 2 号可以看出，将改性的双尺寸纳米 SiO_2 复合粒子加入单体中，再与乳化剂水溶液超声或高速剪切，因为仅采用超声分散时，双尺寸纳米 SiO_2 复合粒子虽可得到乳化剂分子的包覆，但单体分子与双尺寸纳米 SiO_2 复合粒子的作用较弱，得不到稳定的分散液。而仅采用物理高速剪切时，单体分子虽可进入乳化剂分子中，但双尺寸纳米 SiO_2 复合粒子由于其尺寸较大，难以进入乳化剂分子内部或仅有少量进入乳化剂分子内部，分散体系不稳定，因此仍不能得到稳定的分散液。

对比 3 号和 4 号可以看出，在超声分散后采用物理高速剪切，仍有少量粒子析出。而降低剪切速率时，可以得到分散效果较好的双尺寸纳米 SiO_2 复合粒子分散液。这是因为双尺寸纳米 SiO_2 复合粒子经 KH570 改性后，其表面由亲水性转变为疏水性，当采用超声分散辅助物理低速剪切的分散方式时，在超声分散的过程中团聚的双尺寸纳米 SiO_2 复合粒子被超声过程中产生的空化作用"打散"，同时疏水化的双尺寸纳米 SiO_2 复合粒子表面被乳化剂分子包覆，双尺寸纳米 SiO_2 复合粒子依靠其表面负电荷产生的静电作用及吸附的乳化剂分子的空间位阻效应分散稳定。在物理低速剪切过程中缓慢加入丙烯酸酯类单体，可使单体分子缓慢地从单体珠滴中扩散，进入乳化剂分子内部，吸附在双尺寸纳米 SiO_2 复合粒子表面的疏水基团上，起到稳定双尺寸纳米 SiO_2 复合粒子的作用，形成稳定的 O/W 体系。双尺寸纳米 SiO_2 复合粒子的分散机理见图 6-41。

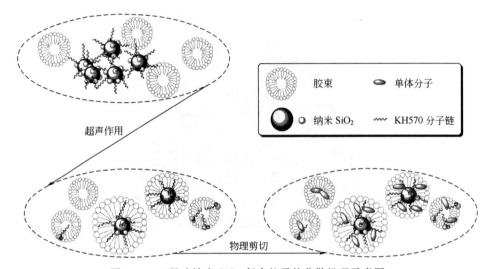

图 6-41　双尺寸纳米 SiO_2 复合粒子的分散机理示意图

采用 KH570 对双尺寸纳米 SiO_2 复合粒子进行改性时，改性 pH 值是一个不容忽视的因素，它不仅会对 KH570 的接枝率产生影响，还会对最终双尺寸纳米 SiO_2 复合粒子的等电点造成影响。

图 6-42 为改性 pH 值对双尺寸纳米 SiO_2 复合粒子表面接枝率的影响。因为双尺寸纳米 SiO_2 复合粒子的等电点在 pH 值为 6.96 左右 [见图 6-43(a)]，当改性 pH 值低于其等电点时，双尺寸纳米 SiO_2 复合粒子表面带正电荷，且改性 pH 值越低，正电荷密度越大，其对 KH570 分子中 C═O 键的吸引力越大，因此其与 KH570 分子中 Si—OH 间的缩合概率越小，接枝率越低。当改性 pH 值大于双尺寸纳米 SiO_2 复合粒子等电点时，纳米 SiO_2 表面带负电荷，易于吸引 KH570 分子中的 Si—OH，有利于双尺寸纳米 SiO_2 复合粒子表面羟基与 KH570 分子中的 Si—OH 以氢键的形式"头对头"地定向排列，进而促使 Si—OH 之间发生缩合反应，接枝率增大。改性 pH 值越大，纳米 SiO_2 表面负电荷密度越大，对 KH570 分子中 Si—OH 的吸引力越大，两者缩合反应的概率就越大，因而接枝率越大。但当在较高 pH 值时（pH＞11），NaOH 会对纳米 SiO_2 表面进行刻蚀，对双尺寸纳米 SiO_2 复合粒子形貌产生影响。

图 6-43 为未改性、改性 pH 值为 2 及改性 pH 值为 10 的双尺寸纳米 SiO_2 复合粒子的 Zeta 电位测定结果。曲线上 Zeta 电位为零的点所对应的 pH 值即为双尺寸纳米 SiO_2 复合粒子的等电点。由图 6-43(a)、(b) 和(c) 可知，未改性的双尺寸纳米 SiO_2 复合粒子等电点为

6.96，改性 pH 值为 2 的双尺寸纳米 SiO_2 复合粒子等电点为 3.43，改性 pH 值为 10 的双尺寸纳米 SiO_2 复合粒子等电点为 5.19。表明改性后双尺寸纳米 SiO_2 复合粒子的等电点降低，且改性 pH 值越低，等电点越低。

　　由于改性 pH 值不同时，KH570 对双尺寸纳米 SiO_2 复合粒子的接枝率和最终双尺寸纳米 SiO_2 复合粒子的等电点具有较大影响，因此，也会影响到乳液聚合的稳定性。图 6-44 为不同 pH 值下 KH570 改性的双尺寸纳米 SiO_2 复合粒子对乳液聚合稳定性的影响。随着双尺寸纳米 SiO_2 复合粒子改性 pH 值的升高，乳液聚合的凝胶率先增大后减小。

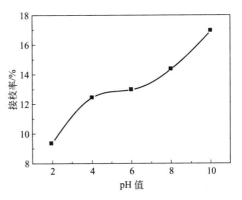

图 6-42　改性 pH 值对双尺寸 SiO_2
复合粒子表面接枝率的影响

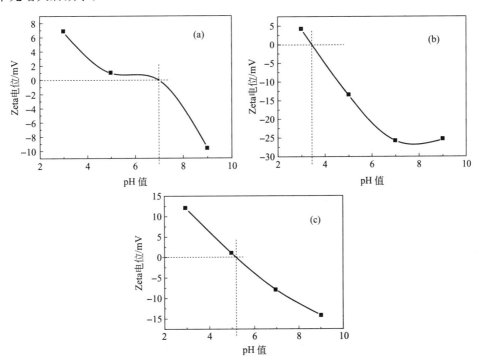

图 6-43　双尺寸纳米 SiO_2 复合粒子的 Zeta 电位测定结果

（a）未改性的双尺寸纳米 SiO_2 复合粒子的 Zeta 电位；（b）改性 pH 值为 2 的双尺寸纳米 SiO_2 复合粒子的 Zeta 电位；（c）改性 pH 值为 10 的双尺寸纳米 SiO_2 复合粒子的 Zeta 电位

　　由双尺寸纳米 SiO_2 复合粒子的表面接枝率和 Zeta 电位可知，改性 pH 值为 2 的双尺寸纳米 SiO_2 复合粒子的等电点为 3.43，在中性条件下对改性的双尺寸纳米 SiO_2 复合粒子分散时，其表面带有较多的负电荷，可以依靠静电作用使其自身稳定，乳液聚合稳定性较好。当双尺寸纳米 SiO_2 复合粒子改性 pH 值较高时，双尺寸纳米 SiO_2 复合粒子等电点较高，在中性条件下其表面的负电荷较弱，虽然依靠静电作用难以使自身稳定，但由于此时改性的双尺寸纳米 SiO_2 复合粒子表面接枝的疏水性链段较多，因此其易于进入表面活性剂的胶束中，与单体稳定存在，分散稳定性较好。而采用改性 pH 值为 4 和改性 pH 值为 6 的双尺寸

纳米 SiO_2 复合粒子所制备的乳液凝胶率较高，是因为这两种改性条件下，一方面双尺寸纳米 SiO_2 复合粒子之间静电作用较弱；另一方面双尺寸纳米 SiO_2 复合粒子表面没有充足的 KH570 分子包覆，分散稳定性较差，导致了乳液聚合稳定性下降。

在保证乳液聚合稳定性及乳液放置稳定性良好的前提下，为尽可能提高薄膜表面的粗糙度，在乳液聚合过程中加大双尺寸纳米 SiO_2 复合粒子的用量是十分必要的。图 6-45 为双尺寸纳米 SiO_2 复合粒子用量对复合薄膜接触角的影响。随着双尺寸纳米 SiO_2 复合粒子的用量从 1% 增大至 7% 时，复合薄膜与水的接触角有轻微增加。

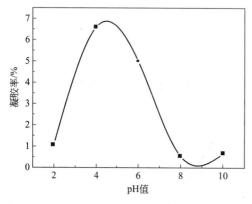 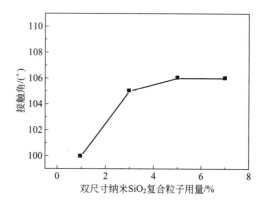

图 6-44　不同 pH 值下 KH570 改性的双尺寸纳米　　　　　　图 6-45　双尺寸纳米 SiO_2 复合粒子
SiO_2 复合粒子对乳液聚合稳定性的影响　　　　　　　　　用量对复合薄膜接触角的影响

图 6-46 为含氟聚丙烯酸酯/双尺寸纳米 SiO_2 复合薄膜及其相应含氟聚丙烯酸酯薄膜表面的扫描电镜照片。与含氟聚丙烯酸酯薄膜相比，含氟聚丙烯酸酯/双尺寸纳米 SiO_2 复合

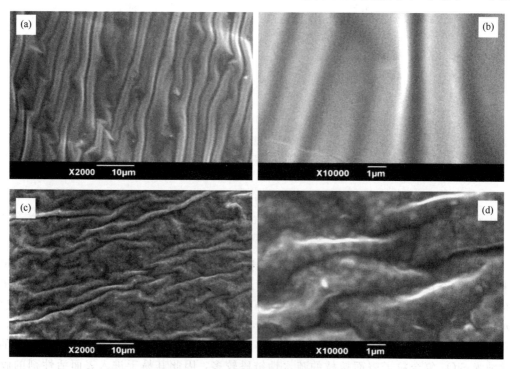

图 6-46　薄膜表面的 SEM 照片
（a），（b）含氟聚丙烯酸酯薄膜；（c），（d）含氟聚丙烯酸酯/双尺寸纳米 SiO_2 复合薄膜

薄膜表面的形貌更为复杂和粗糙。含氟聚丙烯酸酯/双尺寸纳米 SiO_2 复合薄膜表面除了存在沟壑和突起外，在复合薄膜中还均匀分布着球状的白色物质。对其进行 EDS 分析，020为复合薄膜表面沟壑的能谱分析，021 为复合薄膜表面凸起的能谱分析，022 为复合薄膜表面白色物质的能谱分析，分析结果见图 6-47 所示。可知无论是复合薄膜表面的凸起、沟壑还是白色物质均含有 C、O、F 和 Si 元素，而含氟聚丙烯酸酯薄膜表面的凸起和沟壑中无 Si元素，表明复合薄膜表面凸起和沟壑中的 Si 元素是乳液聚合时双尺寸纳米 SiO_2 复合粒子引入的。

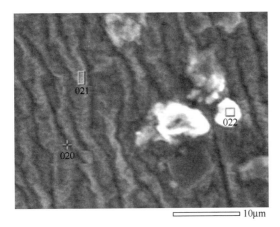

元素含量 /%	020	021	022
C	41.73	46.86	30.14
O	39.48	40.40	53.51
F	5.87	3.63	12.71
Si	12.93	9.10	3.63

图 6-47　含氟聚丙烯酸酯/双尺寸纳米 SiO_2 复合薄膜表面的 SEM-EDS 分析

图 6-48 为含氟聚丙烯酸酯/双尺寸纳米 SiO_2 复合薄膜截面的 EDS 能谱分析，008、009和 010 依次由薄膜-空气界面向薄膜-玻璃界面变化，可知氟元素沿着薄膜-空气界面向薄膜-玻璃界面呈梯度递减分布。根据以上结果，可以推测出含氟聚丙烯酸酯/双尺寸纳米 SiO_2复合乳液的成膜机理如图 6-49 所示。

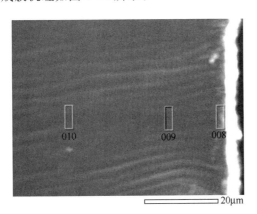

涂膜	008	009	010
C/%	68.55	73.88	78.32
O/%	25.46	20.82	16.99
F/%	5.99	5.30	4.69

图 6-48　薄膜截面的 SEM-EDS 分析

6.1.5　聚丙烯酸酯基纳米 ZnO 皮革涂饰剂

据相关资料显示，纳米 ZnO 形貌丰富多样，且不同形貌的纳米 ZnO 具有不同的光催化性，导致其抗菌性也随着浓度、比表面积及粒径的变化而有所不同。同时，纳米 ZnO 具有良好的紫外吸收性，因此，可将不同尺寸的球形 ZnO 及不同形貌的纳米 ZnO 引入聚丙烯酸酯中，获得具有良好抗菌性能和耐黄变性能的皮革涂饰剂。

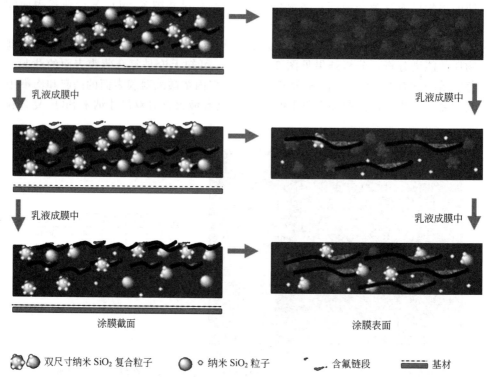

图 6-49　含氟聚丙烯酸酯/双尺寸纳米 SiO_2 复合乳液的成膜机理示意图

6.1.5.1　抗菌型聚丙烯酸酯基纳米 ZnO 皮革涂饰剂

采用水热法获得具有不同尺寸的球形 ZnO 及不同形貌的纳米 ZnO，然后采用原位乳液聚合的方式获得具有良好抗菌性能的纳米氧化锌类皮革涂饰剂。其制备过程为：首先采用聚丙烯酸分别对不同尺寸的球形纳米 ZnO 及不同形貌的纳米 ZnO 进行分散，然后依次加入乳化剂以及部分丙烯酸酯类单体，水浴加热至一定温度后反应一段时间，将剩余单体和引发剂的水溶液缓慢滴加到体系中进行反应，即得抗菌性能良好的聚丙烯酸酯/纳米 ZnO 复合乳液。

图 6-50 是含不同形貌纳米 ZnO 的聚丙烯酸酯乳液的 TEM 照片。透射电镜照片中尺寸在 100nm 左右的白色球状物质即为聚丙烯酸酯乳胶粒，黑色物质为纳米 ZnO。从透射电镜结果中可以明显地看到各种不同形貌的纳米 ZnO，且绝大部分纳米 ZnO 均位于乳胶粒的外部。但是，球形、片状、短棒状 ZnO 在聚丙烯酸酯乳液中粒子之间有轻微的聚集。

图 6-51 是不同形貌纳米 ZnO 对复合薄膜抗菌性能的影响。与纯聚丙烯酸酯薄膜相比，聚丙烯酸酯/纳米 ZnO 复合薄膜的抗菌性能明显提高；且纳米 ZnO 用量越多，复合薄膜的抗菌性能越好。这是因为纳米 ZnO 本身具有良好的抗菌性，且纳米 ZnO 是聚丙烯酸酯/纳米 ZnO 复合薄膜的主要抗菌成分，因此纳米 ZnO 用量直接决定复合薄膜的抗菌性。然而，与其他几种形貌纳米 ZnO 相比，加入球形 ZnO 及花状 ZnO 所得复合薄膜的抗菌性能最好。当 ZnO 用量为 5％时，聚丙烯酸酯/球形 ZnO 复合薄膜对白色念珠菌的抑菌圈宽度为 8.2mm，聚丙烯酸酯/花状 ZnO 复合薄膜对白色念珠菌的抑菌圈宽度为 8.0mm，远远优于这两种复合薄膜分别对霉菌的抑菌圈宽度为 3.2mm 及 3.0mm。

将含不同形貌纳米 ZnO 的聚丙烯酸酯乳液应用于皮革涂饰，革样的抗菌性能见图 6-52 所示。未涂饰革样（原皮）对白色念珠菌及霉菌的抑菌率分别为 66.67％ 及 80.00％；与未

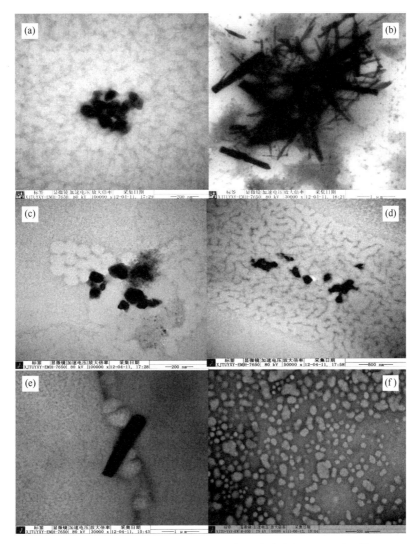

图 6-50　含不同形貌纳米 ZnO 的聚丙烯酸酯乳液的 TEM 测试结果

(a) 球形 ZnO；(b) 花状 ZnO；(c) 短棒 ZnO；(d) 片状 ZnO；(e) 针状 ZnO；(f) 无

涂饰革样相比，采用纯聚丙烯酸酸酯乳液涂饰后革样对白色念珠菌的抑菌率为 66.67%，对霉菌的抑菌率为 70.0%，抑菌效果降低。采用含不同形貌纳米 ZnO 的聚丙烯酸酯乳液涂饰后革样的抗菌效果显著提高，其中聚丙烯酸酯/球形 ZnO 纳米复合乳液、聚丙烯酸酯/花状 ZnO 纳米复合乳液涂饰后革样的抗菌效果较好；采用聚丙烯酸酯/球形 ZnO 纳米复合乳液涂饰后革样对白色念珠菌及霉菌的抑菌率分别为 77.78% 和 93.33%；采用聚丙烯酸酯/花状 ZnO 纳米复合乳液涂饰后革样对白色念珠菌及霉菌的抑菌率分别为 75.0% 和 96.33%。这是因为聚丙烯酸酯/纳米 ZnO 复合乳液中的纳米 ZnO 具有良好的抗菌作用，当微生物与涂层接触时，涂层中抗菌组分 ZnO 的存在可有效地抑制微生物的生长。因此，采用含不同形貌纳米 ZnO 的聚丙烯酸酯乳液涂饰后革样的抗菌效果显著提高。由于球形 ZnO、花状 ZnO 本身要比其他几种形貌的纳米 ZnO 抗菌效果好，故采用聚丙烯酸酯/球形 ZnO 纳米复合乳液和聚丙烯酸酯/花状 ZnO 纳米复合乳液涂饰后革样的抗菌效果较好。

图 6-53 是球形 ZnO 平均尺寸对复合薄膜抗菌性能的影响。聚丙烯酸酯/纳米 ZnO 复合

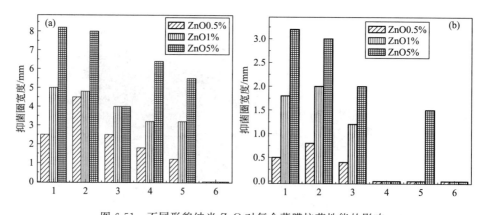

图 6-51　不同形貌纳米 ZnO 对复合薄膜抗菌性能的影响

（a）对白色念珠菌的影响；（b）对霉菌的影响

1—ZnO；2—花状 ZnO；3—短棒 ZnO；4—片状 ZnO；5—针状 ZnO；6—无

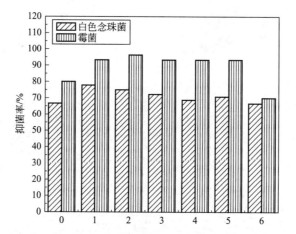

图 6-52　采用含不同形貌纳米 ZnO 的聚丙烯酸酯纳米复合乳液涂饰后革样的抗菌性能

0—原皮；1—球形 ZnO；2—花状 ZnO；3—短棒 ZnO；4—片状 ZnO；5—针状 ZnO；6—无

薄膜的抗菌性随着纳米 ZnO 尺寸的增大而降低。因为球形 ZnO 尺寸越小，越容易与微生物接触，破坏细菌的细胞壁结构，导致细胞壁内外渗透压平衡失调，从而杀死细菌。当 ZnO 平均尺寸为 100nm 左右时所得复合薄膜的抗菌性最好，对白色念珠菌及霉菌的抑菌圈宽度分别为 5.0mm 和 1.8mm。

有关纳米 ZnO 的抗菌机理报道较多，但有关纳米 ZnO 抗菌作用的准确机理仍不明确。目前主要有：①体系中强氧化物质的影响；②锌离子的释放作用；③由于反应体系 pH 值变化引起细胞膜的破坏。为了更加清楚地了解球形 ZnO、花状 ZnO 的抗菌机理，对处理前后白色念珠菌进行 TEM 观察。

图 6-54 分别是未处理的白色念珠菌、聚丙烯酸酯/球形 ZnO 纳米复合薄膜和聚丙

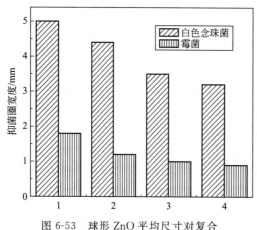

图 6-53　球形 ZnO 平均尺寸对复合
薄膜抗菌性能的影响

1—100nm；2—200nm；3—400nm；4—600nm

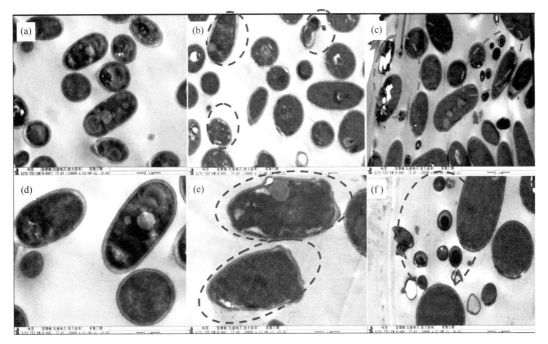

图 6-54　处理前后白色念珠菌的 TEM 照片

(a)，(d) 未处理的白色念珠菌；(b)，(e) 聚丙烯酸酯/球形 ZnO 纳米复合薄膜处理后的

白色念珠菌；(c)，(f) 聚丙烯酸酯/花状 ZnO 纳米复合薄膜处理后的白色念珠菌

烯酸酯/花状 ZnO 纳米复合薄膜处理后的白色念珠菌的 TEM 照片。处理前白色念珠菌细胞为规则的椭圆形结构，细胞长度约为 $4\mu m$，直径约为 $1.8\mu m$。采用聚丙烯酸酯/球形 ZnO 纳米复合薄膜处理后白色念珠菌的 TEM 照片中出现了许多破损及变形的细胞。而采用聚丙烯酸酯/花状 ZnO 纳米复合薄膜处理后白色念珠菌的 TEM 照片中除破损及变形的细胞外，还出现了大量凋亡的细胞。但是，在聚丙烯酸酯/球形 ZnO 纳米复合薄膜、聚丙烯酸酯/花状 ZnO 纳米复合薄膜处理后白色念珠菌细胞中未见纳米 ZnO 粒子。

图 6-55 分别是未处理的白色念珠菌、聚丙烯酸酯/球形 ZnO 纳米复合薄膜和聚丙烯酸

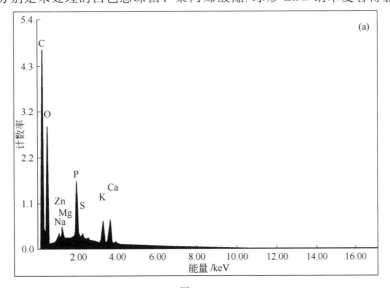

图 6-55

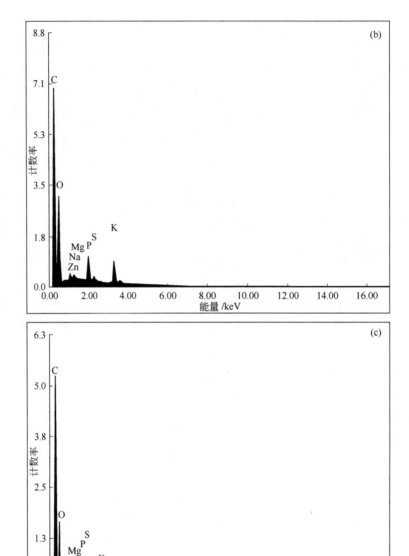

图 6-55 处理前后白色念珠菌的 EDS 谱图
（a）未处理的白色念珠菌；（b）聚丙烯酸酯/球形 ZnO 纳米复合薄膜处理后白色念珠菌；
（c）聚丙烯酸酯/花状 ZnO 纳米复合薄膜处理后白色念珠菌

酯/花状 ZnO 纳米复合薄膜处理后白色念珠菌的 EDS 谱图。处理前后白色念珠菌的 EDS 谱图中均出现了 C、O、P、S、K、Na、Mg、Zn 等元素的特征峰。显而易见，C、O、P、S 均为微生物的主要成分。然而，K、Na 等元素的出现可能是由于试验过程中使用的缓冲液中含有磷酸氢二钠、磷酸二氢钾、氯化钠及氯化钾的缘故，而水中含有少量的 Mg^{2+}、Zn^{2+} 导致 EDS 谱图中出现 Mg、Zn 两种元素的信号峰。

但是，由表 6-12 处理前后白色念珠菌的元素含量可知，聚丙烯酸酯/球形 ZnO 纳米复合薄膜处理后白色念珠菌中锌元素含量为 2.26%，远远高于聚丙烯酸酯/花状 ZnO 纳米复合薄膜处理后白色念珠菌（0.22%）以及未处理的白色念珠菌（0.21%）。上述结果表明：

聚丙烯酸酯/球形 ZnO 纳米复合薄膜中锌离子易于渗透到微生物细胞内部，导致其死亡。然而，正常白色念珠菌细胞内部钙离子含量较高（2.19%），而破损及死亡的细胞中几乎未检测到钙离子，这可能是由于细胞渗透压平衡的破坏导致钙离子流失。

表 6-12　处理前后白色念珠菌细胞中各元素的含量

元素	质量分数/%		
	1	2	3
CK	50.04	55.37	61.28
OK	39.57	36.52	31.84
ZnL	00.21	02.26	00.22
MgK	01.22	00.62	00.67
PK	03.87	02.18	02.60
SK	00.44	00.55	00.64
NaK	00.68	01.10	01.20
KK	01.78	01.40	01.55
CaK	02.19	—	—

注：1—未处理过白色念珠菌；2—聚丙烯酸酯/球形 ZnO 纳米复合薄膜处理后白色念珠菌；3—聚丙烯酸酯/花状 ZnO 纳米复合薄膜处理后白色念珠菌。

　　由上述测试结果可知，聚丙烯酸酯/球形 ZnO 纳米复合薄膜、聚丙烯酸酯/花状 ZnO 纳米复合薄膜的抗菌机理如图 6-56 所示。聚丙烯酸酯作为载体，本身没有抗菌作用，但是它可有效地防止 ZnO 纳米粒子之间的团聚，并增大纳米 ZnO 和微生物细胞的接触机会。球形 ZnO 尺寸较小，锌离子较容易从复合薄膜表面溶出，溶出的锌离子可通过电荷作用，聚集、吸附在微生物的细胞壁上，破坏细胞壁中的蛋白质，影响细胞内外的渗透压平衡。最终，破坏细胞结构。此外，锌离子可与细胞内部的 DNA、RNA 结合，阻碍微生物的繁殖。因此，锌离子的溶出、释放作用在聚丙烯酸酯/球形 ZnO 纳米复合薄膜的抗菌性能中起主导作用，且复合薄膜的抗菌性随着 ZnO 用量的增加而增强。聚丙烯酸酯/花状 ZnO 纳米复合薄膜良好的抗菌性能主要是由花状 ZnO 的光催化作用所致。在光照条件下，聚丙烯酸酯/花状 ZnO 纳米复合薄膜表面产生大量电子和空穴。空穴可与 ZnO 表面的—OH 反应，生成羟基自由

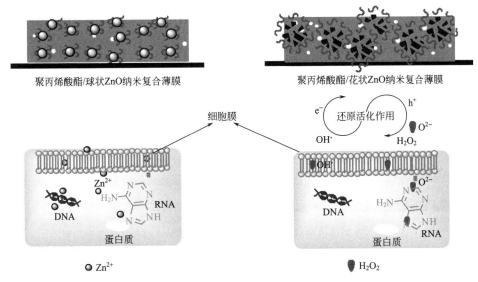

图 6-56　聚丙烯酸酯/球形 ZnO 纳米复合薄膜及聚丙烯酸酯/花状 ZnO 纳米复合薄膜的抗菌机理

基（OH·）、超氧负离子（O^{2-}）以及双氧水（H$_2$O$_2$）。羟基自由基（OH·）、超氧负离子（O^{2-}）表面带负电较难渗透到细胞膜表面，但是它可与微生物的外部接触，造成细胞壁、细胞膜的破损。H$_2$O$_2$ 可渗透到细胞内部，破坏细胞内部的蛋白质、磷酸、DNA 等，进而杀死细菌。

图 6-57 分别是纯聚丙烯酸酯薄膜、聚丙烯酸酯/球形 ZnO 纳米复合薄膜、聚丙烯酸酯/

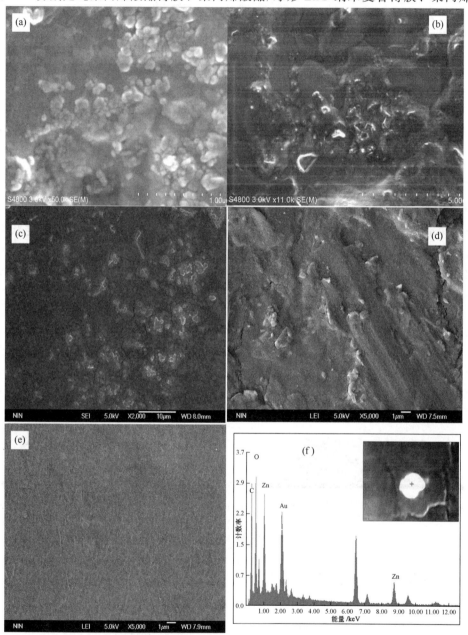

图 6-57　纯聚丙烯酸酯薄膜、聚丙烯酸酯/球形 ZnO 纳米复合薄膜和聚
丙烯酸酯/花状 ZnO 纳米复合薄膜的 SEM 照片

（a），（b）聚丙烯酸酯/球形 ZnO 纳米复合薄膜表面和截面的 SEM 照片；

（c），（d）聚丙烯酸酯/花状 ZnO 纳米复合薄膜表面和截面的 SEM 照片；

（e）纯聚丙烯酸酯薄膜表面的 SEM 照片；（f）聚丙烯酸酯/球形 ZnO 纳米复合薄膜的 EDS 谱图

花状 ZnO 纳米复合薄膜的 SEM 照片。纯聚丙烯酸酯薄膜表面光滑平整［见图 6-57(e)］，聚丙烯酸酯/球形 ZnO 纳米复合薄膜及聚丙烯酸酯/花状 ZnO 纳米复合薄膜表面及截面上出现了许多白色物质。对其进行 EDS 分析，如图 6-57(f) 所示，能谱中出现了 C、O、Zn、Au 等主要元素，其中 C、O 为聚丙烯酸酯的主要成分，Au 的出现是由于测试过程中对薄膜进行了喷金处理，而 Zn 元素的出现证明了 SEM 图中的白色物质为 ZnO。由图 6-57(a) 可知，球形 ZnO 可均匀地分散在聚丙烯酸酯基体中。但是，聚丙烯酸酯/球形 ZnO 纳米复合薄膜截面的 SEM 照片中［见图 6-57(b)］ZnO 数目相对较少。由图 6-57(c)、(d) 可知，长度为 3~4μm 的棒状 ZnO 均匀地分散在聚丙烯酸酯基体中，但因为花状 ZnO 尺寸较大，在成膜过程中 ZnO 较难完整地暴露在涂膜表面，且纳米粒子分散过程中的超声作用以及乳液聚合过程中的机械搅拌等作用可在一定程度上破坏花状 ZnO 的结构，因此较难观察到形貌较为完整的花状 ZnO。

图 6-58 是纯聚丙烯酸酯薄膜、聚丙烯酸酯/球形 ZnO 纳米复合薄膜和聚丙烯酸酯/花状 ZnO 纳米复合薄膜的固体核磁共振谱图。聚丙烯酸酯薄膜的固体核磁共振谱图中出现了各种不同的信号峰。其中，14.3、19.9 和 31.4 处的信号峰分别与图 6-59 中聚丙烯酸酯链段上 1、2、3 位置的甲基碳原子的信号峰相对应；42.1、46.0 和 51.9 处的信号峰分别为聚丙烯酸酯中亚甲基的碳原子（与图 6-59 中的 4、5、6 位置相对应）；核磁共振谱图中 64.6 和 175.8 处的信号峰分别为丙烯酸丁酯和聚丙烯酸中—CH 和 C＝O 的信号；核磁共振谱图中 110 处较宽的信号峰则是测试时使用的氧化锆转子的出峰。聚丙烯酸酯薄膜、聚丙烯酸酯/球形 ZnO 纳米复合薄膜和聚丙烯酸酯/花状 ZnO 纳米复合薄膜的固体核磁共振谱图没有明显区别。但是仔细观察后发现：与纯聚丙烯酸酯薄膜相比，聚丙烯酸酯/花状 ZnO 纳米复合薄膜在 175.8 处 C＝O 的半峰宽变得光滑、平缓。然而，聚丙烯酸酯/球形 ZnO 纳米复合薄膜中 C＝O 的信号未发生变化，表明花状 ZnO 可与改性剂聚丙烯酸上的羧基发生离子键作用，致使聚合物链上 C＝O 的信号发生变化。球形 ZnO 与聚丙烯酸之间的相互作用较弱，C＝O 的信号变化较小。

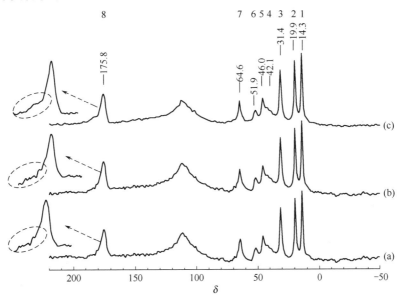

图 6-58　聚丙烯酸酯薄膜（a）、聚丙烯酸酯/球形 ZnO 纳米复合薄膜（b）及聚丙烯酸酯/花状 ZnO 纳米复合薄膜（c）的固体核磁共振谱图

表 6-13 是纯聚丙烯酸酯薄膜、聚丙烯酸酯/球形 ZnO 纳米复合薄膜和聚丙烯酸酯/花状

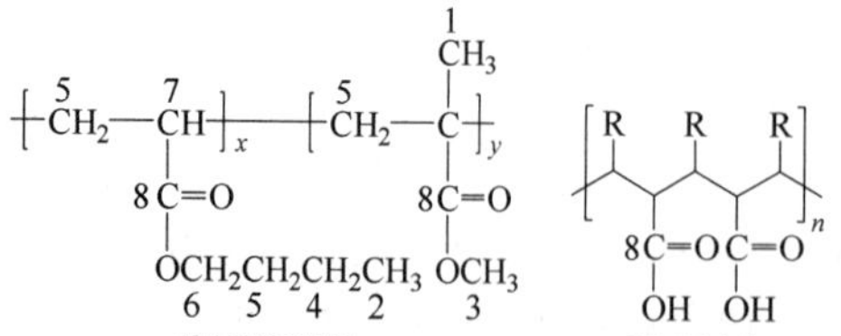

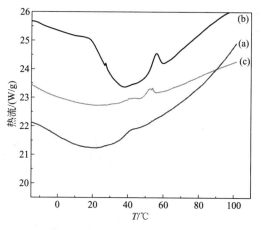

图 6-59 聚丙烯酸酯及聚丙
烯酸的结构示意图

ZnO 纳米复合薄膜中不同基团弛豫时间的测定结果。纯聚丙烯酸酯薄膜中—CH、—CH₂、—CH₃ 的弛豫时间分别为 11.4s、0.5s 和 1.11s，聚丙烯酸酯/球形 ZnO 纳米复合薄膜中 —CH、—CH₂、—CH₃ 的弛豫时间分别为 0.58s、0.19s 和 0.92s，聚丙烯酸酯/花状 ZnO 纳米复合薄膜中—CH、—CH₂、—CH₃ 的弛豫时间分别为 5.44s、0.34s 和 0.44s。加入纳米 ZnO 以后，复合薄膜中各基团的弛豫时间明显降低。表明纳米 ZnO 的加入可降低复合薄膜中各基团碳原子的运动性。因此，当核磁共振信号作用于聚丙烯酸酯/纳米 ZnO 复合薄膜表面以后，信号会很快地反射回来。所以，聚丙烯酸酯/纳米 ZnO 复合薄膜中各基团的弛豫时间明显降低。上述结果表明：纳米 ZnO 已经成功地引入到聚丙烯酸酯基体中。

表 6-13 纯聚丙烯酸酯薄膜、聚丙烯酸酯/球形 ZnO 纳米复合薄膜和聚丙烯酸酯/花状 ZnO 纳米复合薄膜中不同基团的弛豫时间测定结果

样品	T_1/s		
	—CH	—CH₂	—CH₃
纯聚丙烯酸酯薄膜	11.4	0.5	1.11
聚丙烯酸酯/球形 ZnO 纳米复合薄膜	0.58	0.19	0.92
聚丙烯酸酯/花状 ZnO 纳米复合薄膜	5.44	0.34	0.44

图 6-60 为纯聚丙烯酸酯薄膜、聚丙烯酸酯/球形 ZnO 纳米复合薄膜和聚丙烯酸酯/花状 ZnO 纳米复合薄膜的 DSC 测定结果。与纯聚丙烯酸酯薄膜相比，聚丙烯酸酯/球形 ZnO 纳米复合薄膜和聚丙烯酸酯/花状 ZnO 纳米复合薄膜在 50～60℃ 处出现了明显的熔融吸热峰。表明随着测试温度的升高，聚丙烯酸酯薄膜的结晶度提高。表 6-14 是纯聚丙烯酸酯薄膜、聚丙烯酸酯/球形 ZnO 纳米复合薄膜和聚丙烯酸酯/花状 ZnO 纳米复合薄膜的玻璃化转变温度及热熔变值测定结果。纯聚丙烯酸酯薄膜、聚丙烯酸酯/球形 ZnO 纳米复合薄膜和聚丙烯酸酯/花状 ZnO 纳米复合薄膜的玻璃化转变温度分别为 33.39℃、34.78℃ 和 38.40℃。表明随着纳米 ZnO 的

图 6-60 纯聚丙烯酸酯薄膜 (a)、聚丙烯酸酯/球形 ZnO 纳米复合薄膜 (b) 和聚丙烯酸酯/花状 ZnO 纳米复合薄膜 (c) 的 DSC 测定结果

加入，复合薄膜的玻璃化转变温度有所提高。因为聚丙烯酸酯/纳米 ZnO 复合薄膜中，改性剂聚丙烯酸和 ZnO 之间存在着离子键作用，这种离子键作用可以阻碍聚合物链段的运动，进而提高复合薄膜的玻璃化转变温度。此外，与纯聚丙烯酸酯薄膜相比，聚丙烯酸酯/纳米 ZnO 复合薄膜中 ZnO 与聚合物链之间存在着较强的界面作用，这种强的界面作用也会在一定程度上提高复合薄膜的玻璃化转变温度。

表 6-14　纯聚丙烯酸酯薄膜、聚丙烯酸酯/球形 ZnO 纳米复合薄膜和聚丙烯酸酯/花状 ZnO 纳米复合薄膜的玻璃化转变温度及热熔变值

样品	$T_g/℃$	$C_p/[J/(g·℃)]$
纯聚丙烯酸酯薄膜	33.39	0.923
聚丙烯酸酯/球形 ZnO 纳米复合薄膜	34.78	0.449
聚丙烯酸酯/花状 ZnO 纳米复合薄膜	38.40	0.219

　　由上可知，聚丙烯酸酯/纳米 ZnO 复合乳液及薄膜的界面作用及分布机理如图 6-61 所示。首先，带负电荷的改性剂聚丙烯酸（PA30）与带正电的纳米 ZnO 通过电荷作用相互吸引，聚丙烯酸分子包覆在 ZnO 表面；然后，PA30 表面的羧基与纳米 ZnO 发生离子键作用，该反应在一定程度上阻碍了纳米 ZnO 之间的相互聚并。由于 ZnO 表面的 PA30 分子具有静电稳定剂的作用；另外，PA30 分子本身与聚丙烯酸酯具有良好的相容性。因此，通过 PA30 的桥梁作用，PA30 改性 ZnO 可均匀地分散在聚丙烯酸酯乳液中［见图 6-61(b)］。此外，纳米复合乳液中表面活性剂 SDS 的存在也可在一定程度上提高无机纳米粒子在聚丙烯酸酯乳液中的分散稳定性。图 6-61(c) 为聚丙烯酸酯/球形 ZnO 纳米复合薄膜和聚丙烯酸酯/花状 ZnO 纳米复合薄膜的结构示意图。随着水分的挥发，聚丙烯酸酯乳胶粒之间相互聚并、挤压，最终获得聚丙烯酸酯/纳米 ZnO 复合薄膜。由于球形 ZnO 尺寸较小，而花状 ZnO 尺寸较大，且其表面疏松多孔，因此，球形 ZnO 可较好地分散在聚丙烯酸酯基体中，而花状 ZnO 的存在可提高聚丙烯酸酯基体表面的孔隙数。

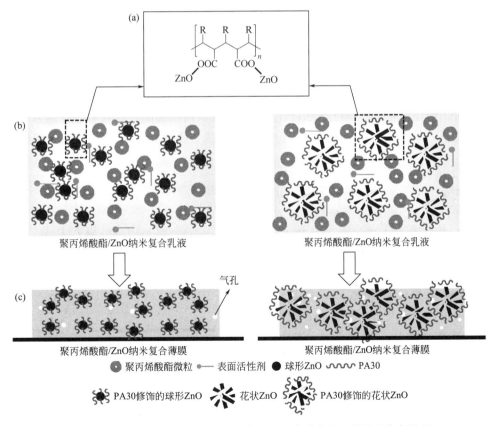

图 6-61　聚丙烯酸酯/纳米 ZnO 复合乳液及薄膜的界面作用及分布机理

6.1.5.2 耐黄变型聚丙烯酸酯基纳米 ZnO 皮革涂饰剂

当前市场上的皮革产品种类繁多，琳琅满目，但是广泛应用于高档手套、汽车坐垫及鞋类革中的白色及浅色革在使用过程中很容易受到周围各种环境的影响而发生黄变现象，一旦发生黄变，就会大大影响浅色皮革产品的美观效果，且会使得浅色皮革的应用性能有所损伤。利用纳米氧化锌良好的紫外吸收性能，以醋酸锌为锌源，通过双原位法可获得耐黄变型皮革涂饰剂。

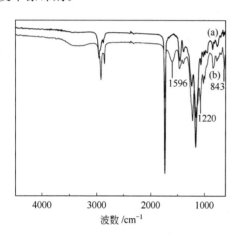

图 6-62　薄膜的红外光谱图
(a) 纯聚丙烯酸酯薄膜；(b) 双原位法
聚丙烯酸酯/纳米 ZnO 复合薄膜

其制备过程为：首先将纳米 ZnO 的前驱体 $ZnAc_2$ 和催化剂氨水加入到体系中发生水解反应生成纳米 ZnO 粒子；然后加入乳化剂水溶液，将 1/3 丙烯酸酯类单体的混合液加入体系中并于 70℃下保温反应 30min，然后分别滴加剩余的 2/3 单体混合液和引发剂水溶液，滴加时间为 1.5～2h，滴加完毕后升温至 80℃并持续反应 2h，即得耐黄变型聚丙烯酸酯/纳米 ZnO 复合乳液。

图 6-62 为双原位法聚丙烯酸酯/纳米 ZnO 复合薄膜的红外光谱图。与纯聚丙烯酸酯薄膜谱图 (a) 相比，双原位法聚丙烯酸酯/纳米 ZnO 复合薄膜谱图 (b) 中 1596cm^{-1} 处出现的新的吸收峰属于复合薄膜中 NH_3^+ 的不对称变形振动峰。1220cm^{-1} 处出现了 C—H 键的不对称变形振动峰，该 C—H 键是与纳米 ZnO 粒子之间发生氢键作用的—CH_3 上的 C—H 键；843cm^{-1} 处的吸收峰属于与纳米 ZnO 粒子之间发生氢键作用的—CH_2—的面内摇摆振动峰，谱图 6-62(b) 中新出现的吸收峰说明薄膜中纳米 ZnO 的存在，表明乳液聚合过程中成功生成了纳米 ZnO 粒子。

图 6-63 为双原位法聚丙烯酸酯/纳米 ZnO 复合乳液的动态激光光散射结果。聚丙烯酸酯/纳米 ZnO 复合乳液的平均粒径为 131.8nm，而纯聚丙烯酸酯乳液的平均粒径为 64.2nm，前者大于后者，表明复合乳液中的纳米 ZnO 粒子发生了团聚或者纳米 ZnO 粒子被聚合物部分包裹。

图 6-64 为双原位法聚丙烯酸酯/纳米 ZnO 复合乳液及相应聚丙烯酸酯乳液的透射电镜照片，其中，纯聚丙烯酸酯乳液在采用透射电镜观察前进行了磷钨酸染色，由于纳米 ZnO 经染色后，其与乳胶粒对电子束有不同的衍射效应导致 ZnO 无法被观察到，因此聚丙烯酸酯/纳米 ZnO 复合乳液未进行染色。由图 6-64(a) 可知，纯聚丙烯酸酯乳液的平均粒径为 60～70nm，但粒径分布不是很均匀；图 6-64(b) 中白色球状部分是聚丙烯酸酯乳胶粒，灰色部分为纳米 ZnO，可以看到乳胶粒的平均粒径约为 130nm，纳米 ZnO 粒子分布在乳胶粒周围，粒径约为 50nm。该结果与

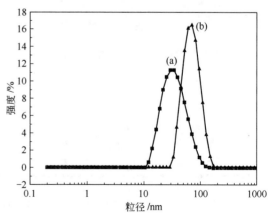

图 6-63　乳液的动态激光光散射结果
(a) 纯聚丙烯酸酯乳液；(b) 双原位法聚丙
烯酸酯/纳米 ZnO 复合乳液

DLS 的结果一致。

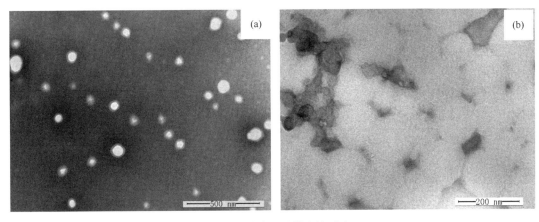

图 6-64　乳液的透射电镜照片

（a）纯聚丙烯酸酯乳液；（b）双原位法聚丙烯酸酯/纳米 ZnO 复合乳液

　　图 6-65 为聚丙烯酸酯/纳米 ZnO 复合薄膜截面的扫描电镜照片。与截面较光滑的纯聚丙烯酸酯薄膜相比，聚丙烯酸酯/纳米 ZnO 复合薄膜的截面有大量纳米 ZnO 粒子，结合 FT-IR 的结果可知，纳米 ZnO 粒子通过双原位法成功引入到聚丙烯酸酯基体中。

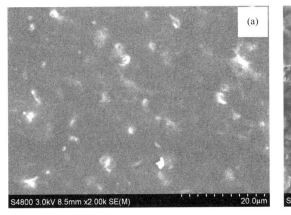

图 6-65　薄膜截面的扫描电镜照片

（a）纯聚丙烯酸酯薄膜；（b）双原位法聚丙烯酸酯/纳米 ZnO 复合薄膜

　　由于采用醋酸锌作为锌源，水解生成纳米氧化锌，且醋酸锌的水解和单体的聚合同步进行，因此醋酸锌的加入方式及用量对于乳液聚合过程及最终乳液中纳米氧化锌的含量有重要影响，导致其耐黄变性能也将发生变化。

　　表 6-15 为 $ZnAc_2$ 加入方式对聚丙烯酸酯/纳米 ZnO 复合乳液及薄膜外观的影响。可知 $ZnAc_2$ 的加入方式对聚丙烯酸酯/纳米 ZnO 复合乳液及薄膜的外观无显著影响，乳液均呈乳白色且有明显蓝光，薄膜平整光滑不发黏。但其对凝胶率的影响较大，随着 $ZnAc_2$ 滴加量的增多，复合乳液的凝胶率呈现先降低后升高的趋势，即复合乳液的聚合稳定性先变好再变差，且在第 3 种 $ZnAc_2$ 加入方式下，复合乳液的凝胶率最低，聚合稳定性最佳。因为前期一次性加入的 $ZnAc_2$ 越多，在碱性条件下，$ZnAc_2$ 水解生成的纳米 ZnO 粒子就会越多，搅拌过程中纳米粒子就会发生多次碰撞，导致凝胶较多。当滴加的 $ZnAc_2$ 较多时（第 3 种到第 5 种加入方式），前驱体液滴水解生成的纳米 ZnO 粒子在水相中难以扩散，反而会诱导单

体分子在其表面发生聚合反应，因此凝胶率也较高。由于凝胶率较高时，生成的纳米 ZnO 大多进入凝胶中，留在复合薄膜中的纳米粒子相对较少，因此对于紫外线的屏蔽作用较弱，最终复合薄膜的黄变因数就会较大，耐黄变性能就会较差。图 6-66 为 ZnAc₂ 加入方式对聚丙烯酸酯/纳米 ZnO 复合薄膜黄变因数的影响。也证实了采用第 3 种 ZnAc₂ 加入方式时，聚丙烯酸酯/纳米 ZnO 复合薄膜的黄变因数最低，耐黄变性能最佳，而采用其他 ZnAc₂ 加入方式时，复合薄膜的黄变因数较高，耐黄变性能较差。

表 6-15　ZnAc₂ 加入方式对聚丙烯酸酯/纳米 ZnO 复合乳液及薄膜外观的影响

ZnAc₂ 加入方式	复合乳液的外观	凝胶率/%	复合薄膜的外观
1. 与部分单体一起加入	乳白色,蓝光明显	1.21	平整光滑不发黏
2. 1/2 ZnAc₂ 与部分单体一起加入,剩余与引发剂一起滴加	乳白色,蓝光明显	0.93	平整光滑不发黏
3. 1/3 ZnAc₂ 与部分单体一起加入,剩余与引发剂一起滴加	乳白色,蓝光明显	0.45	平整光滑不发黏
4. 1/4 ZnAc₂ 与部分单体一起加入,剩余与引发剂一起滴加	乳白色,蓝光明显	1.03	平整光滑不发黏
5. 全部与引发剂一起滴加	乳白色,蓝光明显	3.84	平整光滑不发黏

图 6-67 为 ZnAc₂ 用量对聚丙烯酸酯/纳米 ZnO 复合薄膜黄变因数的影响。随着 ZnAc₂ 用量的增加，聚丙烯酸酯/纳米 ZnO 复合薄膜的黄变因数逐渐降低，耐黄变性能逐渐提高。因为随着 ZnAc₂ 用量增多，体系中水解生成的纳米 ZnO 粒子就会增多，纳米 ZnO 的紫外屏蔽功能就会愈加显著，从而使得复合薄膜在紫外线作用下发生黄变的程度减弱，复合薄膜的耐黄变性能大幅提升。

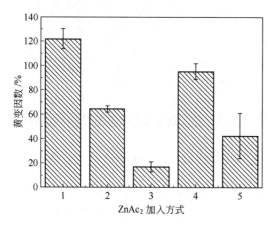

图 6-66　ZnAc₂ 加入方式对聚丙烯酸酯/纳米 ZnO 复合薄膜黄变因数的影响

1—与部分单体一起加入；2—1/2ZnAc₂ 与部分单体一起加入，剩余与引发剂一起滴加；3—1/3ZnAc₂ 与部分单体一起加入，剩余与引发剂一起滴加；4—1/4ZnAc₂ 与部分单体一起加入，剩余与引发剂一起滴加；5—全部与引发剂一起滴加

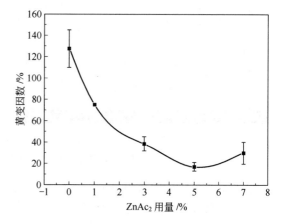

图 6-67　ZnAc₂ 用量对聚丙烯酸酯/纳米 ZnO 复合薄膜黄变因数的影响

硅烷偶联剂在反应过程中扮演着连接纳米 ZnO 和聚丙烯酸酯链段的桥梁角色。纳米 ZnO 与聚丙烯酸酯链段间的相互作用越多且越均匀，纳米 ZnO 在聚丙烯酸酯基体中的分布越好，抵抗黄变作用越强。因此，硅烷偶联剂的种类和用量也是影响耐黄变性能的主要

因素。

图 6-68 为硅烷偶联剂种类对聚丙烯酸酯/纳米 ZnO 复合薄膜黄变因数的影响。表 6-16 为硅烷偶联剂乙烯基三甲氧基硅烷（A-171）、乙烯基三乙氧基硅烷（A-151）和乙烯基三异丙氧基硅烷（AC-76）的结构式。比较三种硅烷偶联剂的支链，A-151 和 AC-76 的支链较长，经其改性后的纳米 ZnO 表面形成的交联密度较小，因此，暴露出来的纳米 ZnO 较多，对紫外线的吸收作用较强，复合薄膜的黄变因数较小，耐黄变性能较好。

表 6-16　硅烷偶联剂的结构式

简写	全称	结构式
A-171	乙烯基三甲氧基硅烷	$CH_2{=}CH{-}\underset{\underset{OCH_3}{\vert}}{\overset{\overset{OCH_3}{\vert}}{Si}}{-}OCH_3$
A-151	乙烯基三乙氧基硅烷	（乙烯基三乙氧基硅烷结构式）
AC-76	乙烯基三异丙氧基硅烷	（乙烯基三异丙氧基硅烷结构式）

图 6-69 为硅烷偶联剂 A-151 用量对聚丙烯酸酯/纳米 ZnO 复合薄膜黄变因数的影响。随着 A-151 用量的增加，体系中的交联密度越大，能够承受紫外线作用的能力逐渐增强，复合薄膜的黄变因数降低，耐黄变性能提高。但进一步增加 A-151 的用量，由于 A-151 的分子空间位阻作用，体系中未能参与反应的双键数目增多，在紫外线的作用下薄膜发生黄变，耐黄变性能降低。

6.1.6　酪素基纳米复合皮革涂饰剂

随着全球石油资源的日益枯竭和非降解合成高分子材料造成的环境污染问题日益严重，可再生资源和环境友好型材料的开发和利用受到越来越多的关注。在皮革工业领域，酪素作为水性涂饰材料之一，由于耐高温、卫生性能好，加之含有多种活性基团易于被改性，自 19 世纪 20 年代被应用以来便一直占据着重要地位。然而，作为蛋白质，酪素涂层耐水性差和易脆裂等缺陷限制了其进一步应用，因此必须对其进行改性才能满足工业的需求。国内外对酪素的改性研究较多，改性采用的外源物质主要有丙烯酸酯、聚氨酯、有机硅、密胺树脂等，改性方法大多采用乳液聚合。在作者的研究中，突破传统乳液聚合，在无皂乳液聚合体系中对酪素进行一系列改性。首先采用己内酰胺及聚丙烯酸酯改性酪素获得核壳乳液，并将其应用于皮革涂饰剂。结果显示：与纯酪素相比，改性乳液形成的涂层耐水性和柔韧性有所提升，但卫生性能与力学性能仍有待进一步提高。为解决该问题，进一步获得高性能（如增强增韧、高透气、自清洁）酪素基皮革涂饰剂，将具有特殊效应的纳米粒子引入酪素基体制备纳米复合皮革涂饰剂不失为一种有效途径。在该方面研究中，作者以己内酰胺改性酪素为

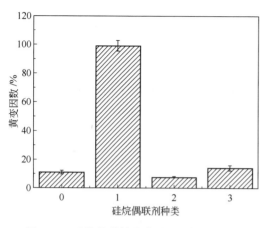

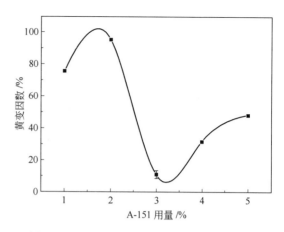

图 6-68　硅烷偶联剂种类对聚丙烯酸酯/纳
米 ZnO 复合薄膜黄变因数的影响
0—无；1—A-171；2—A-151；3—AC-76

图 6-69　A-151 用量对聚丙烯酸酯/纳米 ZnO
复合薄膜黄变因数的影响

自乳化剂，分别采用单原位、双原位及 Pickering 聚合技术向基体中引入纳米 SiO₂ 粒子，获得核壳结构的酪素基纳米复合乳液，并将其应用于皮革涂饰剂。从理论上讲，这类杂化材料理应具有优异的力学性能、疏水性、化学稳定性、透气性及透水汽性等。

6.1.6.1　单原位法制备酪素基纳米 SiO₂ 复合皮革涂饰剂

所谓单原位法，即是在纳米 SiO₂ 的存在下使丙烯酸酯类单体与酪素发生共聚反应。其制备过程为：在装有搅拌器和冷凝装置的 250mL 三口烧瓶加入酪素、三乙醇胺和去离子水，升温至 65℃，搅拌 2h 后，升温至 75℃，向体系中滴加质量分数为 25% 的己内酰胺水溶液；待反应 2h 后，加入市售纳米 SiO₂ 粉体高速搅拌 30min，将乳液倒入烧杯中，在超声波作用下分散一定时间后再转移至三口烧瓶中继续搅拌 30min；将称好的丙烯酸酯类单体倒入体系，搅拌 30min 后滴加 APS 引发剂水溶液，待滴加完毕后，保温反应一定时间，停止反应后室温冷却，出料，即获得单原位法制备的酪素基纳米 SiO₂ 复合乳液。

在该过程中，采用的纳米粒子为市售的纳米 SiO₂ 粉体。由于市售粉体种类较多（主要是表面性质差异较大），不同的表面性质直接影响着其与聚合物基体的作用方式及作用力强弱，从而在一定程度上影响着复合乳液的综合性能。因此，纳米粒子的种类与用量对复合乳液的性能具有显著影响。

图 6-70 是纳米 SiO₂ 种类对复合薄膜耐水性的影响。薄膜吸水率越低，说明其耐水性越强。分析图 6-70 可知纳米 SiO₂ 种类对复合薄膜耐水性影响较大。这主要是由于不同种类的纳米 SiO₂ 粉体表面含有的活性基团不同，因而其与聚合物基体发生作用的活性点不同，在这种情况下，纳米 SiO₂ 在复合体系中与聚合物作用的方式也不相同。

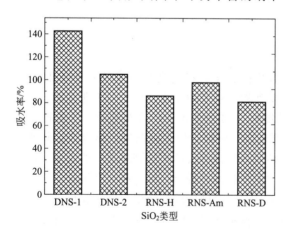

图 6-70　纳米 SiO₂ 种类对复合薄膜耐水性的影响
DNS-2—双层有机链修饰 SiO₂；RNS-H—表面含氢键的 SiO₂；
RNS-D—表面含双键的 SiO₂；RNS-Am—表面含酰胺
键的 SiO₂；DNS-1—单层有机链修饰 SiO₂

当采用 RNS-D 时，酪素基复合薄膜的吸水率最小，说明其耐水性最强。这和该纳米粉体表面活性基团有直接关系。对于 RNS-D 来说，其表面含有的活性基团为双键，在引发剂作用下，其较容易产生自由基，并与丙烯酸酯或酪素链段上的活性自由基发生自由基聚合反应，从而参与到改性酪素的反应中。在这种情况下，容易形成以纳米粒子为交联点的网状结构的复合薄膜，致密的网状结构会阻止水分子向薄膜内部的渗透，从而提高薄膜的耐水性。另外，采用 RNS-H 及 RNS-Am 时所得复合薄膜的耐水性仅次于采用 RNS-D 的复合薄膜，这和 RNS-H、RNS-Am 与聚合物基体之间产生一定氢键作用有关。具体地，对于 RNS-H、RNS-Am 来说，其表面分别含有氢键及酰胺键，参与自由基共聚反应的可能性较小，但是可以与聚合物之间发生一定的键合作用如氢键作用，从而提高有机相与无机相的结合牢度，进而提高复合乳液的相容性。然而，与 RNS-D 相比，RNS-H 及 RNS-Am 与聚合物的作用力明显较弱。也就是说，有机相与无机相作用力越强，所形成的复合薄膜越稳定，致密性越强，越容易阻碍水分子的渗透与穿过。

为了进一步分析纳米 SiO_2 种类对复合薄膜力学性能的影响，对不同种类纳米 SiO_2 引入后所得复合薄膜进行了断裂伸长率及抗张强度的测试，结果见图 6-71。不难看出：SiO_2 种类对复合薄膜拉伸性能影响较为明显。对比发现，当将 RNS-

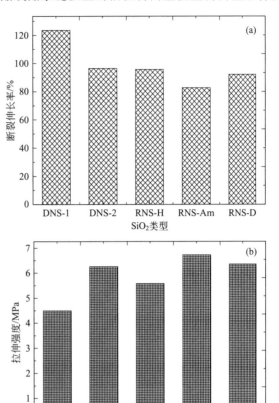

图 6-71　纳米 SiO_2 种类对复合薄膜力学性能的影响

D 引入体系进行原位无皂乳液聚合时，复合薄膜的力学性能最优。分析原因为 RNS-D 含双键，其可以参与自由基聚合反应，参与聚合反应程度越大，无机相和有机相的相容性越强，从而较大程度地发挥出无机纳米粒子特殊的增强增韧性，进而赋予基体薄膜优异的力学性能。

综合性能最优的纳米粒子 RNS-D 用量对乳液稳定性的影响见表 6-17。可以看出：RNS-D 引入对乳液耐化学稳定性没有影响，这和酪素本身性质是相关的。当 RNS-D 用量增大至 0.7％时，乳液的离心稳定性变差。这可能是因为：虽然纳米粉体 RNS-D 表面含有双键，但当其用量过大时，只有一部分能够参与聚合物基体的自由基聚合反应，过量的纳米粒子未参与聚合反应，使得其在聚合物基体中的分散均匀性变差。

表 6-17　RNS-D 用量对乳液稳定性的影响

RNS-D用量/%	耐碱稳定性	耐酸稳定性	耐电解质稳定性	离心稳定性
0	稳定	不稳定	稳定	稳定
0.1	稳定	不稳定	稳定	稳定

续表

RNS-D 用量/%	耐碱稳定性	耐酸稳定性	耐电解质稳定性	离心稳定性
0.3	稳定	不稳定	稳定	稳定
0.5	稳定	不稳定	稳定	稳定
0.7	稳定	不稳定	稳定	不稳定
0.9	稳定	不稳定	稳定	不稳定

为了考察 RNS-D 用量对复合薄膜耐水性的影响，测试了不同 RNS-D 用量下复合薄膜在水中浸泡 24h 的吸水率，结果见图 6-72。从图 6-72 中可以看出：随着 RNS-D 用量的逐渐增加，复合薄膜的 24h 吸水率先降低后提高，说明耐水性先增强后减弱。当 RNS-D 加入量小于 0.5% 时，薄膜的吸水率随其用量的增大而降低，说明耐水性有所提升。这是由于当 RNS-D 较少时，其在聚合物基体中的分散较为均匀，同时，由于 RNS-D 参与了聚合物基体的自由基反应，促使无机纳米粒子在复合体系中起到了交联点的作用，因此复合薄膜形成了交联的网状立体结构，阻碍了水分子的进入。而当 RNS-D 用量大于 0.5% 时，薄膜耐水性呈现下降的趋势，这是因为过量的无机 SiO_2 粒子在聚合物基体中未能参与聚合，因而纳米粒子容易发生自身团聚现象，进而导致复合体系中组分之间的相容性较差，从而降低了复合薄膜的致密性，为水分子的穿过与渗透提供了便利条件，导致复合薄膜耐水性下降。

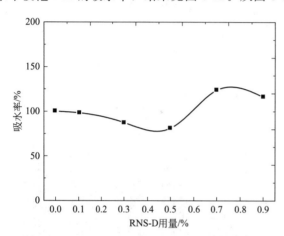

图 6-72　RNS-D 用量对复合薄膜 24h 耐水性的影响

图 6-73 是 RNS-D 用量对复合薄膜力学性能的影响。随着 RNS-D 用量的增加，复合薄膜的断裂伸长率总体呈现递减趋势，抗张强度呈先增后减的趋势。具体来看，当 RNS-D 用量小于 0.5% 时，随着 RNS-D 用量的逐渐增加，复合薄膜的断裂伸长率逐渐降低，抗张强度逐渐升高，说明复合薄膜的耐屈挠性逐渐减弱，而强度逐渐提升。这是由于在此用量范围内，RNS-D 在聚合物基体中分散性较好，由于其表面含有可参与自由基反应的双键，因此其与聚合物之间具有良好的键合牢度和相容性。在这种情况下，无机纳米粒子作为交联点使复合薄膜形成了网状立体结构。RNS-D 用量越多，复合薄膜的交联度越大，薄膜的致密性越好，强度增大。但是，交联度较大会使得高分子中链与链之间的相对滑移性受到限制，从而导致薄膜的断裂伸长率降低。当 RNS-D 用量大于 0.5% 时，由于其在聚合物基体中的分散性变差，使得纳米粒子形成一

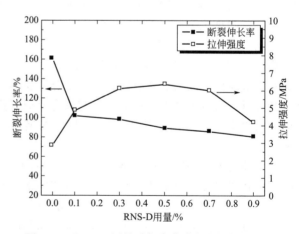

图 6-73　RNS-D 用量对复合薄膜力学性能的影响

定程度的团聚，由于应力集中而使得复合薄膜的强度降低。

　　将单原位酪素基纳米 SiO_2 复合乳液应用于山羊服装革涂饰，并与市场上同类产品的应用性能进行对比分析。涂饰革样力学性能（包括断裂伸长率及抗张强度）的对比结果见图 6-74。可以看出：与国外同类产品相比，采用单原位法所制备的复合乳液更能赋予涂饰革样较为优异的强度，但是革样的耐曲挠性稍逊。单原位酪素基纳米 SiO_2 复合乳液与市场同类产品涂饰革样的卫生性能（透气性和透水汽性）测试结果见图 6-75。通过对比发现：采用单原位酪素基纳米 SiO_2 复合乳液涂饰革样的卫生性能与国外同类产品涂饰革样的卫生性能基本相当。另外，通过对比图 6-76 中涂饰革样的 24h 吸水率数据，可知与国外同类产品相比，单原位酪素基纳米 SiO_2 复合乳液涂饰后革样具有更为优异的耐水性。

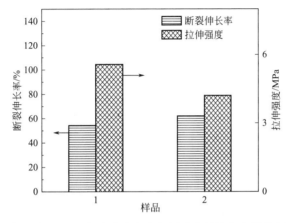

图 6-74　酪素基纳米 SiO_2 复合乳液与市场同类产品涂饰革样的力学性能对比
1—单原位法制备的酪素基纳米 SiO_2 复合乳液；2—市场上同类的国外产品

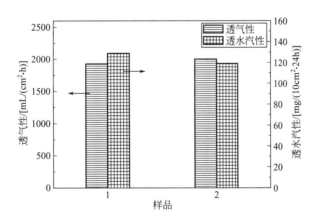

图 6-75　酪素基纳米 SiO_2 复合乳液与市场同类产品涂饰革样的卫生性能对比
1—单原位法制备的酪素基纳米 SiO_2 复合乳液；2—市场上同类的国外产品

　　为了获得单原位法引入纳米 SiO_2（RNS-D）前后乳胶粒的微观形貌变化规律，对不含 RNS-D 的乳胶粒（即己内酰胺-丙烯酸酯共改性酪素）及含有 0.5％RNS-D 的酪素基纳米 SiO_2 复合乳胶粒分别进行 TEM 检测，结果见图 6-77。从图中可以看出，与不含 SiO_2 的乳液相比，采用单原位法制备的复合乳胶粒呈现出更加规整的球形结构。乳胶粒大小为纳米级，且粒径分布均一。说明在该无皂乳液聚合体系中，成功发生了丙烯酸酯类单体及纳米粒子对酪素的改性，且生成了结构稳定、分布均一的复合乳胶粒。然而，可以看到：在复合乳

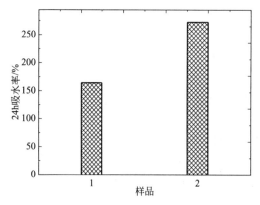

图 6-76　酪素基纳米 SiO_2 复合乳液与市场
同类产品涂饰革样的 24h 吸水性对比
1—单原位法制备的酪素基纳米 SiO_2
复合乳液；2—市场上同类的国外产品

胶粒周围有少量颜色较深的粒子，这可能是由于有少量的 RNS-D 未能进入胶束内部参与聚合反应，而发生了团聚的缘故。

为更进一步分析单原位乳液中乳胶粒的粒径分布情况，对其进行 DLS 测试，并与不含 SiO_2 乳液的测试结果进行对比，结果如图 6-78 所示。结合前期研究结果，可知和纯酪素相比，改性酪素的粒径有大幅度减小，均为 100nm 以下，且粒径分布指数明显降低，说明无皂乳液聚合成功发生且生成结构稳定的乳胶粒。与不含纳米 SiO_2 的乳液相比，采用单原位法将 RNS-D 引入后乳胶粒粒径变小，这一方面是由于采用了超声分散的缘故；另一方面也是因为纳米 SiO_2 粒子和乳胶粒的有机相之间发生了一定的键合作用，从而更加牢固地键合到乳胶粒表面。

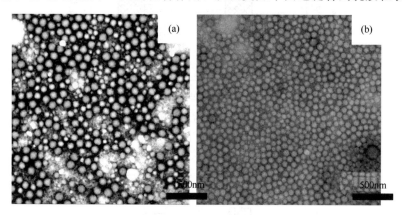

图 6-77　乳胶粒 TEM 图
（a）不含纳米 RNS-D；（b）含 0.5% RNS-D

为了考察采用单原位引入纳米 SiO_2 粒子是否对复合薄膜的疏水性有所影响，测试了单原位复合薄膜表面的水滴接触角，并与不含 RNS-D 的改性酪素薄膜接触角进行了对比，结果见图 6-79。通过分析图 6-79 可知，通过单原位法制备酪素基复合乳液时，纳米 SiO_2 的引入在一定程度上提高薄膜的疏水性。这是由于 RNS-D 表面含有双键，参与了体系中的自由基聚合反应，一方面，聚合反应封闭了酪素分子中的极性基团，如—COOH、—OH 及—NH_2 等；另一方面，RNS-D 的存在促进了具有交联网状结构的薄膜的形成，且使得薄膜的粗糙度有一定程度的提高，从而为其疏水性的增加提供了有利条件。尽管如此，RNS-D 的引

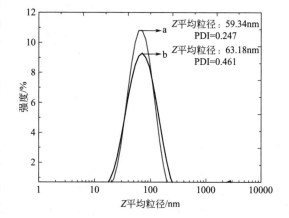

图 6-78　不含 RNS-D（a）及含 0.5%
RNS-D（b）的乳液 DLS 粒径分布图

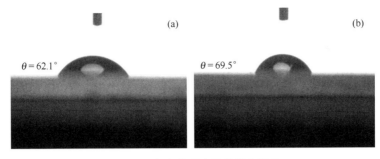

图 6-79 复合薄膜水滴接触角照片

（a）不含纳米 RNS-D；（b）含 0.5％ RNS-D

入对复合薄膜疏水性的提高贡献不大，这可能是因为市售 RNS-D 粉体表面活性基团较少，因而并未全部参与到与聚合物之间的聚合反应中。未参加反应的纳米粒子与聚合物基体之间的相容性较差，从而为水分子的渗透或穿过提供了便利条件，阻碍了薄膜疏水性的提高。

结合上述酪素基纳米 SiO_2 复合乳液的表征结果，采用图 6-80 可对单原位法制备酪素基纳米 SiO_2 复合乳胶粒的机理进行阐释。在整个过程中，CA-CPL 充当乳化剂的角色，疏水基朝内，亲水基朝外。其内部结构为亲油性分子，为丙烯酸酯及含双键的 RNS-D 提供聚合场所。通过超声波分散的作用，单体和 RNS-D 均匀分散在乳胶粒核层，继而在引发剂的作用下产生自由基，通过自由基共聚反应对酪素进行改性，最终形成核层均匀分散有无机纳米 SiO_2 的核壳复合乳胶粒。

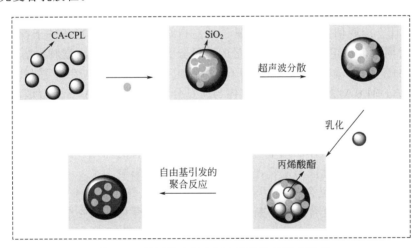

图 6-80 单原位法制备复合乳胶粒的形成机理

与此同时，为进一步阐明单原位酪素基纳米 SiO_2 复合乳液性能、成膜性能及涂饰应用性能的关系，建立了单原位酪素基纳米 SiO_2 复合乳液成膜机理模型图，见图 6-81。和一般的乳液成膜过程大体相似，在该复合乳胶粒成膜过程中，随着水分的蒸发，乳胶粒经过了扩散及聚并融合的过程。在融合的过程中，壳层组分首先相互融合形成一个连续相，核层粒子均匀分布在连续相中，而无机 SiO_2 粒子则均匀分布在乳胶粒的内部或周围。

6.1.6.2 双原位法制备酪素基纳米 SiO_2 复合皮革涂饰剂

双原位法即在聚丙烯酸酯链段原位生成的前提下，采用纳米 SiO_2 的前驱体正硅酸乙酯（TEOS）代替市售纳米 SiO_2 粉体，在聚合过程中原位生成纳米粒子；同时，引入含有双键的 γ-甲基丙烯酰氧基丙基三甲氧基硅烷（KH570）作为偶联剂，以增加有机相无机相之间

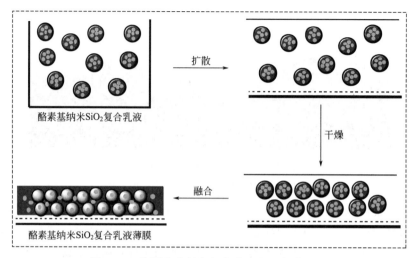

图 6-81　单原位法制备复合乳胶粒的成膜机理

的结合牢度。硅烷偶联剂在聚合过程中可以起到桥键作用，将有机相和无机相有机地连接起来，从而对复合体系的稳定性起到重要的促进作用。具体来讲，一方面，在引发剂的作用下，含有双键的硅烷偶联剂可以和酪素主链或侧链上活泼原子发生自由基聚合反应，从而接枝到酪素链上；另一方面，TEOS 与 KH570 均可以发生水解，生成大量硅羟基，两者之间可以通过发生缩合反应形成具有交联网状结构的复合材料。

其制备过程为：将一定量的酪素、三乙醇胺与去离子水按照一定比例加入 250mL 装有搅拌棒、温度计、冷凝回流装置及恒压漏斗的三口烧瓶中，在 65℃条件下搅拌一定时间；升温至 75℃时同时以恒定速度滴加一定量的质量分数为 40％的己内酰胺水溶液与 KH570；待 KH570 滴加完毕后，滴加一定量的 TEOS，滴加完毕后保温反应 2h。然后，按一定比例将一定量的 BA、MMA 及 VAc 的混合单体与质量分数为 10％的 APS 水溶液同时滴加入反应器中，保持反应 2h。逐渐自然降温至室温，出料，即可获得双原位酪素基纳米 SiO$_2$ 复合乳液。

在此过程中，纳米前驱体的用量、偶联剂的用量及两者的加入方式直接影响着乳胶粒的结构稳定性，进而对复合乳液与复合薄膜的性能产生显著影响。

前驱体 TEOS 用量对复合薄膜力学性能的影响见图 6-82。从图 6-82 中可以发现：随着TEOS 用量的逐渐增大，复合薄膜的断裂伸长率和抗张强度均呈现先增后减的趋势。这是由于当 TEOS 用量小于 8％时，水解生成的纳米 SiO$_2$ 粒子数量较少，因此其在有机体中的分散程度较好，这有利于更彻底地发挥纳米粒子的增强增韧效应。而当其用量大于 8％时，水解生成的纳米 SiO$_2$ 粒子数量增大，分散均匀程度下降，进而导致部分纳米粒子发生自身团聚，使得纳米粒子的团聚成为应力集中点，从而影响了复合薄膜的力学性能。

图 6-83 显示了 TEOS 用量对复合薄膜 24h 耐水性能的影响。随着 TEOS 用量逐渐增大至 8％，复合薄膜的吸水率逐渐降低，说明膜的耐水性逐渐增强；但当其用量增至 10％时，复合薄膜的吸水率增大，说明膜的耐水性降低。复合薄膜的耐水性变差，一方面，可以通过TEOS 用量较大时生成纳米 SiO$_2$ 粒子发生团聚及团聚导致的有机相与无机相相容性变差的原因来解释；另一方面，当 TEOS 用量过大时，过量的 TEOS 水解生成的表面含有—OH的纳米 SiO$_2$ 会游离在聚合物基体中，极性基团的存在增加了基体对水分子的亲和力和吸引力，从而使得复合薄膜的吸水率增加，导致耐水性下降。

为了考察采用双原位法在酪素基材中引入纳米 SiO$_2$ 后是否能赋予复合材料对紫外线的

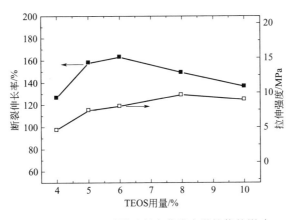

图 6-82　TEOS 用量对复合薄膜力学性能的影响

屏蔽功能，对不同 TEOS 用量下复合乳液的紫外透过率进行了测定。由于酪素乳液的最大吸收波长为 287nm，因此，将波长固定至 287nm 处，对稀释后酪素基复合乳液的紫外透过率进行检测，结果见图 6-84。从图中可以看出：随着 TEOS 用量的增大，复合乳液的紫外透过率减小，表明其对紫外线的吸收率增大。这是因为 TEOS 水解生成无机纳米 SiO_2 粒子，其本身具有紫外吸收的特性。

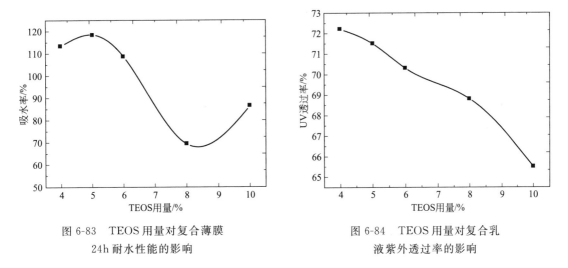

图 6-83　TEOS 用量对复合薄膜　　　　图 6-84　TEOS 用量对复合乳
24h 耐水性能的影响　　　　　　　　液紫外透过率的影响

在采用纳米前驱体通过原位水解法生成纳米粒子的过程中，前驱体的水解速率对于无机纳米粒子的粒径大小及分布起着决定性作用，而前驱体的水解速率由其引入方式决定。分别采取四种不同的方式引入 TEOS 与 KH570，并测试不同加料方式下所获乳液的各项性能。

表 6-18 是 TEOS 及 KH570 加入方式对乳液稳定性的影响结果，可以看出，加料方式对乳液的耐化学稳定性没有影响，但对离心稳定性有一定影响。当采用加入方式 1、3、4 时，乳液具有较为优异的离心稳定性；而当采用加入方式 2，即滴加己内酰胺水溶液的同时滴入 TEOS，反应一定时间后滴入 KH570 的加料方式时，乳液的离心稳定性不好。可能的原因为：在 KH570 加入前，TEOS 已经发生了较为剧烈的水解，并生成了大量的硅羟基，硅羟基之间发生了缩聚反应，造成了无机纳米 SiO_2 粒子的团聚，从而形成稳定性欠佳的乳液。

表 6-18 TEOS 及 KH570 加入方式对乳液稳定性的影响

TEOS 及 KH570 加入方式	离心稳定性	耐酸稳定性	耐碱稳定性	耐电解质 稳定性
1	稳定	不稳定	稳定	不稳定
2	不稳定	不稳定	稳定	不稳定
3	稳定	不稳定	稳定	不稳定
4	稳定	不稳定	稳定	不稳定

注：加入方式 1，TEOS 及 KH570 混合，并与己内酰胺水溶液同时滴加；加入方式 2，TEOS 与己内酰胺水溶液同时滴加，TEOS 滴完 30min 以后，滴入 KH570；加入方式 3，KH570 与己内酰胺同时滴加，KH570 滴完 30min 以后，滴入 TEOS；加入方式 4，TEOS 及 KH570 混合与丙烯酸酯类单体同时滴加。

TEOS 及 KH570 加入方式对复合薄膜力学性能的影响见图 6-85。从图 6-85 可知：采用方法 3，即 KH570 与己内酰胺水溶液同时滴加，KH570 滴完反应 30min 以后，滴入 TEOS 的加料方式，所制备的复合薄膜断裂伸长率最高，抗张强度较大。在该种加料方式下，疏水单体 KH570 会首先进入 CA-CPL 胶束内部，随着其水解的进行，KH570 会由于表面生成羟基亲水性增强而逐渐向胶束表面转移；TEOS 引入后也会由于水解而从胶束内部逐渐向表面迁移，随着水解过程的继续进行，存在于胶束表面的 KH570 水解后与纳米 SiO_2 表面的 Si—OH 发生缩合反应，这样，KH570 的一端便连接上了无机纳米 SiO_2，另一端带有不饱和双键，随后可在引发剂的作用下与丙烯酸酯类单体及酪素通过自由基聚合反应进行共聚，从而与有机体相连。在这种情况下，KH570 作为硅烷偶联剂的桥梁作用便被较好地发挥出来，复合乳液中有机相与无机相之间的相容性因而加强，纳米粒子的增强增韧性也被更大程度地发挥出来，从而赋予复合薄膜较高的断裂伸长率和抗张强度。

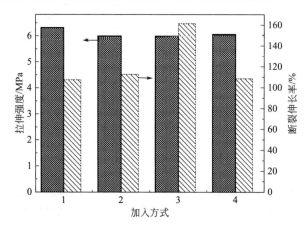

图 6-85 TEOS 及 KH570 的加入方式对复合薄膜力学性能的影响

1—TEOS 及 KH570 混合，并与己内酰胺水溶液同时滴加；2—TEOS 与己内酰胺水溶液同时滴加，TEOS 滴完 30min 以后，滴入 KH570；3—KH570 与己内酰胺同时滴加，KH570 滴完 30min 以后，滴入 TEOS；4—TEOS 及 KH570 混合与丙烯酸酯类单体同时滴加

TEOS 及 KH570 的加入方式对复合薄膜耐水性的影响见图 6-86。从图 6-86 中可以看出：方法 3 制得乳液的成膜 24h 吸水率较低，表明复合薄膜的耐水性较好。如前所述，在该种加料方法下，KH570 作为硅烷偶联剂的桥键作用发挥得更加彻底，其较大程度地增加了有机相与无机相的界面结合牢度，进而改善了复合薄膜中有机相与无机相的相容性，形成以纳米 SiO_2 为交联点的立体网状结构复合薄膜，网状结构的形成使复合薄膜的致密性增加，水分子不容易渗透进去。另外，KH570 的引入也在较大程度上对纳米 SiO_2 粒子表面进行了改性，使其表面的羟基大大减少，减弱了对水分子的吸附作用，从而阻碍了水分子的进一步

穿透或渗透，有效提高了复合薄膜的耐水性。

　　KH570 用量对复合薄膜耐水性和力学性能的影响分别见图 6-87 及图 6-88。随着 KH570 用量的增加，复合薄膜吸水率逐渐减小，说明复合薄膜的耐水性逐渐增强。之所以出现这种现象是因为随着 KH570 含量的增加，其对纳米 SiO_2 粒子表面的改性程度增大，连接有机相和无机相的作用也更大程度地得以发挥，纳米 SiO_2 粒子的自团聚反应减少，分散均匀性提高。同时，复合薄膜的交联程度越大，越易于形成以纳米粒子为交联点的致密网状立体结构复合薄膜，致密的结构使得水分子难以进入，从而赋予复合薄膜很好的耐水性。

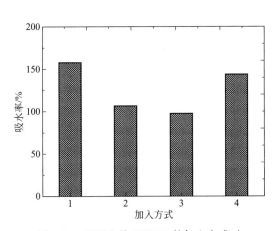

图 6-86　TEOS 及 KH570 的加入方式对
复合薄膜 24h 耐水性能的影响

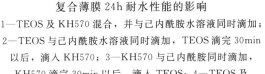

1—TEOS 及 KH570 混合，并与己内酰胺水溶液同时滴加；
2—TEOS 与己内酰胺水溶液同时滴加，TEOS 滴完 30min
　以后，滴入 KH570；3—KH570 与己内酰胺同时滴加，
　KH570 滴完 30min 以后，滴入 TEOS；4—TEOS 及
　KH570 混合与丙烯酸酯类单体同时滴加

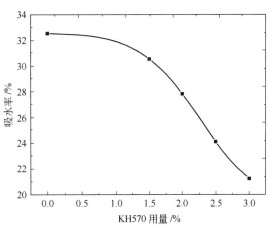

图 6-87　KH570 用量对复合薄
膜 24h 耐水性的影响

　　从图 6-88 可知，KH570 的引入对于复合薄膜的力学性能影响较大。基本趋势为：随着 KH570 用量的增加，复合薄膜断裂伸长率降低，抗张强度提升。分析原因为：偶联剂在体系中起着连接无机相和有机相的桥梁作用，也促使了纳米复合材料形成以纳米 SiO_2 为交联点的网状结构。这种网状结构的形成虽然可在一定程度上提升复合薄膜的刚性或强度，却也导致分子链之间的相对滑移或运动受到限制，从而降低复合薄膜的柔韧性。

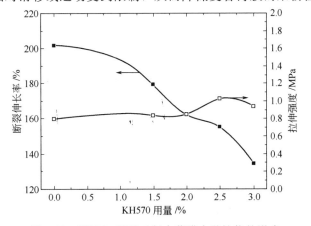

图 6-88　KH570 用量对复合薄膜力学性能的影响

为了阐明双原位反应过程中单体是否成功参与聚合过程，对 TEOS、KH570、复合薄膜与对比薄膜（不含 SiO_2）分别进行了 FT-IR 的表征，结果见图 6-89 及图 6-90。通过对比两图发现，酪素基纳米 SiO_2 复合材料在 $1600cm^{-1}$ 处没有发现有残留碳碳双键的特征峰，说明单体完全参与了自由基聚合反应；同时，$1700cm^{-1}$ 附近酯键的特征峰增强，表明聚丙烯酸酯链段生成且接枝到了酪素上；另外，$680cm^{-1}$ 及 $1080cm^{-1}$ 附近来源于 Si—O—Si 的特征峰及 $3300cm^{-1}$ 处来源于 Si—OH 振动峰的出现也进一步说明了 TEOS 和 KH570 成功参与反应，TEOS 生成的含有—OH 的纳米 SiO_2 与 KH570 水解生成的—OH 进行了有效的缩合反应，因此，成功获得了酪素基纳米 SiO_2 复合材料。

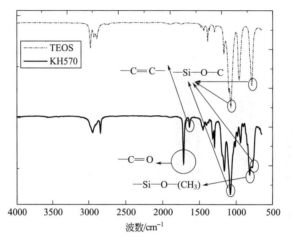

图 6-89　TEOS 与 KH570 的 FT-IR 谱图

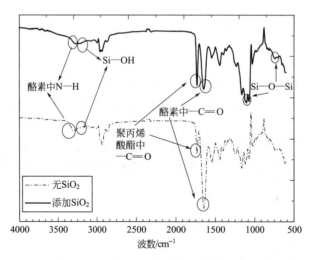

图 6-90　不含 SiO_2 的改性酪素与酪素基
纳米 SiO_2 复合材料的 FT-IR 谱图

为了考察 KH570 的引入对复合乳胶粒微观形貌及粒径的影响，采用 TEM 对双原位法获得的乳胶粒，包括含有 KH570 与不含有 KH570 的乳胶粒分别进行了表征，结果见图 6-91。明显可以看到：在图 6-91(a) 中，采用 KH570 时所获得的乳胶粒呈现均一的核壳结构，且形状为规则的球形，乳胶粒粒径在 80nm 左右，这与不含 SiO_2 的己内酰胺-丙烯酸酯共改性酪素乳胶粒相比，粒径增加了约 10nm，说明成功生成了壳层包裹有无机 SiO_2 的核壳复合乳胶粒，且壳层的厚度大约为 10nm。与图 6-91（a）中含有 KH570 的复合乳胶粒相比，图 6-91（b）中的不加 KH570 时乳胶粒的粒径大小差异明显，且核壳结构规整度较差，说明壳层 SiO_2 粒子包覆程度不均。这是由于作为无机物质和有机物质的界面之间的"分子桥"，KH570 既可与有机基体发生作用，也可以和无机纳米粒子发生反应。因此，若不采用 KH570，体系中的无机纳米 SiO_2 粒子与有机体之间的键合作用力较弱，有机相与无机相之间的界面作用力较小，导致复合基体中组分之间的相容性较差，从而影响了乳胶粒的粒径大小及胶体的稳定性。

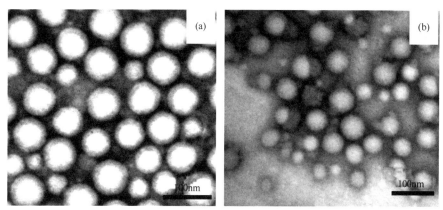

图 6-91　双原位法制备的酪素基 SiO_2 的 TEM 照片
（a）含有 KH570；（b）不含 KH570

复合乳胶粒成膜的微观结构的 SEM 表征结果见图 6-92。通过分析发现：双原位法制备的酪素基 SiO_2 复合乳液成膜的结构较为紧实，这是由于 SiO_2 的存在在复合薄膜中起到了交联点的作用，促使薄膜形成了较为致密的网状交联结构。同时，可以明显看到在薄膜表面有均匀分布的凸起粒子，分析其可能是纳米 SiO_2 粒子。为了验证该想法，对凸起进行了光电子能谱（EDX）分析，结果见图 6-93。在图中发现了较高含量的硅元素，可以确定其主要为 SiO_2 粒子。结合 TEM 结果，可以证实确实得到了含有 SiO_2 壳层的核壳复合乳胶粒。

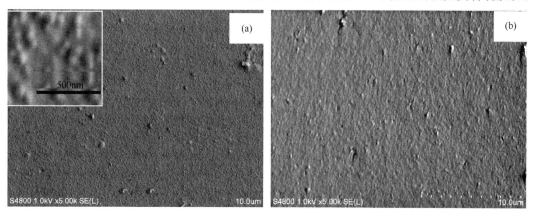

图 6-92　酪素基复合薄膜的表面及截面 SEM 图
（a）复合薄膜表面；（b）复合薄膜截面

为了获得酪素基薄膜的表面主要化学组成，采用 XPS 对其进行了表面分析，结果如图 6-94 所示。从图 6-94 中可以看出：在 530.6eV、399.6eV、283.4eV、167.1eV 与 100.8eV 结合能处出现的峰分别归属于 O 1s、N 1s、C 1s、S 2p 与 Si 2p。图中也包含了除过氢原子

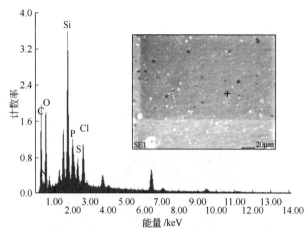

元素	质量分数 /%	原子分数 /%
CK	39.34	50.61
NK	07.96	08.78
OK	30.09	29.06
SiK	11.57	06.37
PK	04.06	02.02
SK	02.38	01.15
ClK	04.61	02.01
基体	校正	ZAF

图 6-93　复合薄膜表面凸起的 EDX 结果

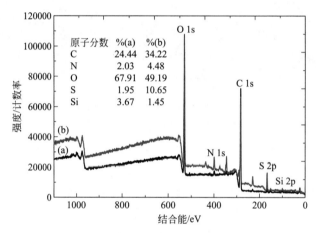

图 6-94　酪素基薄膜的 XPS 谱图

(a) 含有 SiO_2；(b) 不含 SiO_2

外的各原子在表面组成中的浓度。通过计算得知：在聚丙烯酸酯改性酪素薄膜表面 (b)，硅元素的浓度为 1.45%，这可能是由于合成反应是在玻璃容器内发生的，因而薄膜中带有少量的玻璃中的硅成分。而在聚丙烯酸酯改性酪素/SiO_2 纳米复合薄膜表面，硅元素的浓度为 3.67% (a)，初步推断薄膜表面含有 SiO_2 组分。说明 TEOS 成功发生了水解反应和缩合反应，且获得了壳层含有 SiO_2 的复合乳胶粒。仔细分析，可以借助 XPS 数据来阐明 SiO_2 与聚合物基体之间的作用力和作用性质。对于纯 SiO_2 来说，其 XPS 谱图中会在结合能为 284.5eV 与 286.0eV 处出现 C 1s 峰，532.6eV 处出现 O 1s 峰，且在 103.2eV 结合能处出现 Si 2p 峰。根据报道，对应的结合能不同，则表明该原子所处的价态不同。对于 Si 2p，Si—O 基团、Si—C 基团及 SiO_2，其结合能不同，分别为 101.1eV、102.4eV 和 103.4eV。因此，可以根据出峰对应的结合能来判断原子所处的价态和其存在的状态。以 C 1s 出峰在 284.8eV 处为校准标准，对所测结果进行校正。通过对比，发现与标准数据相差 1.4eV 的偏差，因此实际数据的计算应以现有数据加上偏差值。在酪素基 SiO_2 复合薄膜表面，Si 2p 的结合能为 100.684eV，加上偏差，则其实际结合能为 102.084eV。根据分析，说明 Si 的存在形式大多为 Si—O 基团。因此，可知在膜的表面形成了以 SiO_2 粒子为交联点的网状结构。同时，在结合能为 101.1eV 处没有出现 Si—C 峰，说明表面没有 KH570 存在，也就是说有机链段和无机粒子之间没有发生实质性的化学作用。

为了考察通过双原位法引入 SiO₂ 粒子后对复合薄膜耐热稳定性的影响，对酪素基 SiO₂ 复合薄膜和不含 SiO₂ 的己内酰胺-丙烯酸酯共改性酪素薄膜分别进行了 TG 分析，结果见图 6-95。

通过对比发现两条失重曲线的基本走势一致，均经历了 2 个比较明显的失重阶段。第一个阶段是 200~400℃之间，该阶段主要是一些小分子分解造成的；相较而言，含有 SiO₂ 的复合薄膜失重速率较慢，其最快分解温度在 376.81℃附近，此时约

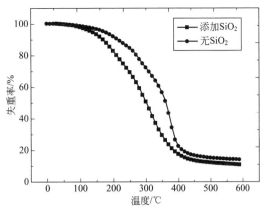

图 6-95 酪素基薄膜的 TG 曲线

失重 37.1%；而不含 SiO₂ 的薄膜失重较快，其最快分解温度较低，在 301.01℃附近，在该温度时约失重 61.2%；这就反映出 SiO₂ 的引入能在较大程度上提高薄膜的耐热稳定性。分析原因为：一方面，无机纳米粒子具有一定的纳米效应，其和一般材料相比更具有耐热性等；另一方面，其在复合薄膜中起到了交联点的作用，形成了具有网状交联结构的致密薄膜，网状结构限制了分子链的运动，导致热量要穿透薄膜进行传递比较难，因此，复合薄膜表现出了更为优异的耐热性。另外，将双原位法所得薄膜的 TG 曲线和纯酪素的 TG 曲线相比，可以发现其比纯酪素的最快分解温度（330.2℃）要高一些，进一步反映了其具有较好的耐热稳定性。

图 6-96 显示了 KH570 对复合薄膜耐热稳定性的影响。不难看出：在体系中加入 KH570 后，材料的最快热分解温度由 373.4℃提至 378.39℃，从一定程度上反映出 KH570 的引入对材料的耐热稳定性有正面贡献。这是由于偶联剂的加入作为无机相和有机相的桥梁，增加了材料的交联度与致密度；同时，偶联剂参与偶联反应，使材料由线性结构向三维网状结构转变，从而可以提高材料的耐热性能。

为了考察酪素基复合材料的生物降解性，对其进行了降解前后失重率和微观形貌的检测与表征，并与 CA-CPL、PBA 及 CA-CPL-BA 等进行了对比。从图 6-97 中可以看出：与 CA-CPL 相比，PBA、CA-CPL-BA 及酪素基 SiO₂ 复合材料的失重率均较低，说明生物降

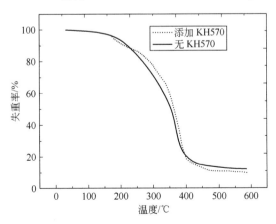

图 6-96 KH570 对复合薄膜耐
热稳定性的影响

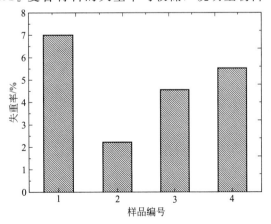

图 6-97 薄膜降解 14d 的失重率
1—CA-CPL；2—PBA；3—CA-CPL-BA；
4—CA-CPL-BA/SiO₂

解性较差。这是由于在体系中，含较多亲水链段的酪素分子主要赋予材料生物降解性，因此，其所占比例越小，材料的生物降解性越差。PBA 的生物降解性最差，这和其结构中疏水链段的性质有关。与 CA-CPL-BA 相比，酪素基 SiO_2 复合材料的生物降解性有所提升，说明纳米 SiO_2 粒子的存在更加有利于微生物对其进行作用，从而发生降解。

结合图 6-98 可以发现，酪素基 SiO_2 复合薄膜在降解前后的微观形貌发生了明显的变化。其表面出现了较为明显的裂缝和孔洞，截面则出现了非均相的结构，这均是在土壤中微生物作用下产生的现象。以上结果说明，酪素基 SiO_2 复合材料具有一定的生物降解性。

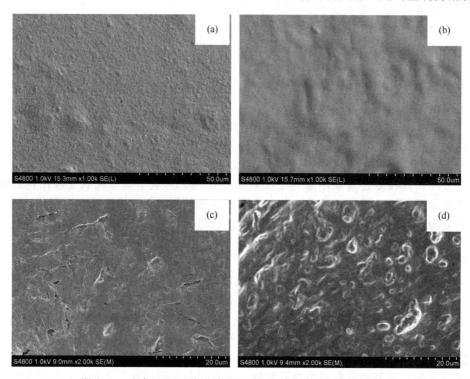

图 6-98 酪素基 SiO_2 复合薄膜表面（a）与断面（b）及其降解 14 天后薄膜表面（c）与断面（d）的 SEM 图

结合上述表征结果，采用 KH570 与不采用 KH570 的情况下复合乳胶粒的形成机理可用图 6-99(a) 与 (b) 分别阐释。在图 6-99(a) 中，当采用 KH570 时，CA-CPL 在体系中充当乳化剂的角色，其中，亲水基朝外，疏水基朝内，形成胶束结构。这种胶束结构可以为亲油性单体，如 KH570、BA、MMA 等提供聚合场所。当 KH570 加入体系初期，其疏水性较强，先进入胶束内部，然而，随着水解的进行，不断生成羟基，亲水性逐渐增强，逐渐向胶束外层扩散。这样一来，在胶束外部则含有大量羟基。随着 TEOS 的加入，反应体系发生相似的水解过程，因此，其也会逐渐扩散至乳胶粒外层，并含有大量羟基。在这种情况下，羟基的缩合作用促使体系形成以 SiO_2 粒子为交联点的网状结构。接着，丙烯酸酯类单体进入胶束内部，并在引发剂作用下发生聚合反应，从而将聚丙烯酸酯链段接枝到酪素链段上；同时，在引发剂的作用下也会引发硅烷偶联剂和酪素之间发生共聚反应，从而将硅烷链段引入酪素链段。最终获得具有明显核壳结构的酪素基 SiO_2 复合乳胶粒。然而，在图 6-99(b) 中，当不采用 KH570 时，TEOS 水解生成的纳米 SiO_2 未能很好地键合在乳胶粒表面，从而使得 SiO_2 壳层包裹程度不均匀，因此乳胶粒的核壳结构的规整度遭到一定破坏。综上所述：在硅烷偶联剂的作用下，更有利于形成壳层包裹均匀且完整的均一复合乳胶粒。

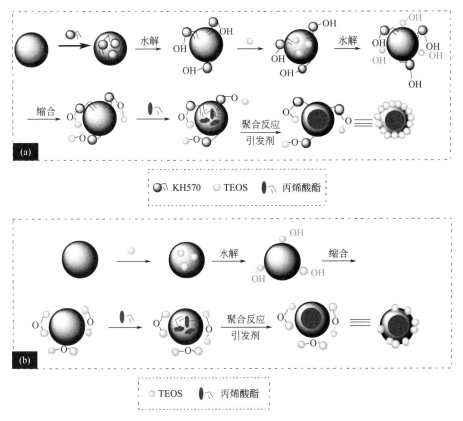

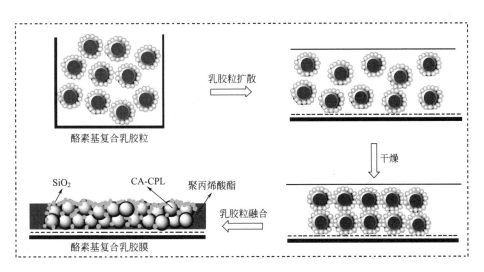

图 6-99　酪素基纳米 SiO_2 复合乳胶粒形成机理示意图

(a) 含 KH570；(b) 不含 KH570

图 6-100　双原位法制备酪素基纳米 SiO_2 复合乳胶粒的成膜机理

　　双原位法制备酪素基 SiO_2 纳米复合乳胶粒的成膜机理如图 6-100 所示。在复合薄膜形成的过程中，随着水分的蒸发，复合乳胶粒经历了扩散、相互靠近及融合的过程，最终形成了复合薄膜。在融合聚并的过程中，核壳型的乳胶粒开始挤压变形，玻璃化温度较低的核层聚合物（聚丙烯酸酯）开始融合形成连续相，而玻璃化温度较高的壳层

（酪素及无机纳米 SiO_2）则成为分散在连续相中的非连续相，最终形成了图中所示的有机无机杂化薄膜。

6.1.6.3　Pickering 法制备聚丙烯酸酯/有机硅/纳米 SiO_2 改性酪素无皂复合乳液

有大量文献报道，经表面适当改性的纳米 SiO_2 粒子，在乳液聚合中可以起到稳定剂的作用，即 Pickering 乳液聚合。该方法可以有效避免传统乳液聚合中存在的乳化剂易迁移造成复合薄膜稳定性差的缺陷。为进一步提高改性酪素乳液的稳定性及复合薄膜的物理机械性能，作者在聚丙烯酸酯改性酪素的基础上，引入乙烯基硅油（Vi-PDMS）和经 KH-570 表面改性的纳米 SiO_2 粒子。具体来说，首先制备稳定的 CA-CPL/SiO_2 双组分 Pickering 乳化剂，再引入有机硅链段、聚丙烯酸酯链段和纳米粒子，制备聚丙烯酸酯/乙烯基硅油/纳米 SiO_2 改性酪素 P（BA/MMA/Vi-PDMS）/CA-CPL/SiO_2 复合乳液。

其制备过程为：在 250mL 的三口烧瓶中，按比例加入一定量的酪素、TEA 和水，将水浴温度升至 65℃，恒温搅拌 2h，使酪素充分溶胀；将温度升至 75℃，再加入少量的 CPL 溶液，恒温反应 2h，得到 CA-CPL 乳液；加入适量的氨水（$NH_3 \cdot H_2O$）于三口烧瓶中，调节 CA-CPL 乳液的 pH 值至 8.5 左右，加入适量的 KH-570，将水浴温度调至 70℃，滴加一定量的正硅酸乙酯（TEOS），滴加完毕后保温反应 4h，得到 CA-CPL/SiO_2 乳液，作为乳化剂使用；称取一定量的 BA、MMA（BA∶MMA 的质量比为 3∶1）、Vi-PDMS 和 CA-CPL/SiO_2 乳液，在高剪切乳化机下以搅拌速率 1500r/min 下乳化 10min，制得预乳液；在打底的 CA-CPL/SiO_2 乳液中加入 1/3 份的预乳液，搅拌 20min，使其混合均匀，再加入 1/3 份的引发剂水溶液，保持体系温度 75℃反应 30min，得到种子乳液；再将剩余 2/3 份的预乳液和引发剂以恒定速度滴加，滴加完后，体系温度保持 75℃反应 2h，即制得 P(BA/MMA/Vi-PDMS)/CA-CPL/SiO_2 乳液。

由于酪素等电点为 4.6，当体系 pH 值接近于 4.6 时，容易使酪素絮凝析出而导致乳液不稳定。为避免此问题，采用 $NH_3 \cdot H_2O$ 作为催化剂和 pH 调节剂，使 TEOS 在碱性条件下进行水解缩聚反应。$NH_3 \cdot H_2O$ 的浓度，即体系的 pH 值对 TEOS 的水解产生很大影响。表 6-19 和图 6-101 分别是 pH 值对 CA-CPL/SiO_2 稳定性和表面张力的影响。

表 6-19　pH 值对 CA-CPL/SiO_2 稳定性的影响

pH 值	24h 放置稳定性	离心稳定性
7.2	分层	分层[①]
8.0	稳定	稳定
8.5	稳定	稳定
9.0	稳定	稳定
9.5	稳定	稳定

① 乳液离心稳定性较差，出现微量沉淀，沉淀量为 2.13%。

由表 6-19 和图 6-101 可知，体系 pH 值对乳液的稳定性和表面张力的影响较大。7.2 为 CA-CPL 乳液的 pH 值，当加入碱催化剂 $NH_3 \cdot H_2O$ 时，CA-CPL/SiO_2 乳液的稳定性提高。在碱催化条件下，TEOS 的水解属于亲核反应机理，OH^- 直接进攻硅原子核。体系的 pH 值不同，分散在水中的 SiO_2 表面化学特性就由吸附到颗粒表面的 H^+ 和 OH^- 所决定。纳米 SiO_2 在水溶液中可显示正电、负电和电中性，从而影响 SiO_2 在水体系中的分散稳定性。当 pH 值大于 8 时，乳液均稳定，纳米 SiO_2 分散性较好。在此 pH 值范围内，CA-CPL/SiO_2 表面张力随着 pH 值的增大而减小，因为加入过多的 $NH_3 \cdot H_2O$ 会导致复合薄膜的吸水性增强。

硅源浓度，即 TEOS 用量对生成的 SiO_2 的粒径等有较大的影响，从而会对乳液及膜的性能产生明显影响。

表 6-20 为 TEOS 用量对 CA-CPL/SiO_2 稳定性的影响结果。由表可知，TEOS 用量为 $2.5\% \sim 10\%$ 时，CA-CPL/SiO_2 乳液的放置稳定性和离心稳定性无明显变化，但用量为 15% 时，乳

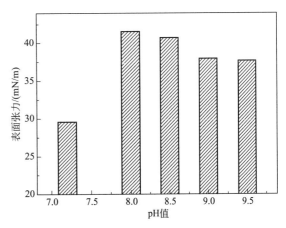

图 6-101　pH 值对 CA-CPL/SiO_2 表面张力的影响

液经离心后出现微量沉淀，说明其离心稳定性较差。在该反应体系下，油性 KH-570 在 CA-CPL 的自乳化作用下进入酪素胶束内部，随着水解反应的进行，其逐渐向外层迁移，使得水解生成的—OH 伸向外端，与 SiO_2 表面的—OH 形成氢键作用，从而将纳米 SiO_2 粒子包裹到酪素分子外层。当 TEOS 的用量增加到一定程度，酪素分子上的接枝点减少，使得多余的纳米 SiO_2 存在水体中而发生自身团聚，因此，在离心作用下产生沉淀物。

表 6-20　TEOS 用量对 CA-CPL/SiO_2 稳定性的影响

TEOS 用量/%	24h 放置稳定性	离心稳定性
2.5	稳定	稳定
5.0	稳定	稳定
7.5	稳定	稳定
10	稳定	稳定
15	稳定	微量沉淀①

① 乳液离心稳定性较差，出现沉淀，沉淀率为 4.81%。

TEOS 用量对 CA-CPL/SiO_2 乳液的表面张力的影响如图 6-102 所示。由图 6-102 可看出，引入纳米 SiO_2 粒子后，乳液的表面张力均减小，且随着 TEOS 用量的增加，CA-CPL/SiO_2 乳液的表面张力呈现先减小后趋于不变的趋势。说明引入纳米 SiO_2 粒子后有助于降低 CA-CPL/SiO_2 乳液的表面张力，提高 CA-CPL/SiO_2 乳液的表面活性。

表 6-21 为 TEOS 用量对复合薄膜的外观影响情况，由表可知，TEOS 用量对复合薄膜外观影响较大。当 TEOS 用量大于 10% 时，可能由于制得的乳液不稳定，导致复合薄膜不均匀，表面有油感。当用量为 5% 时，制得的复合薄膜最均匀，遮盖性较好。

表 6-21　TEOS 用量对复合薄膜外观的影响

TEOS 用量/%	复合薄膜外观
2.5	成膜较均匀,遮盖性较好
5.0	成膜均匀,遮盖性好
7.5	成膜较均匀,遮盖性较好
10	成膜不均匀,表面有油感
15	成膜不均匀,表面有油感

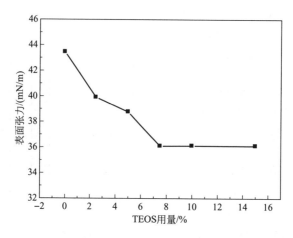

图 6-102　TEOS用量对 CA-CPL/SiO$_2$ 表面张力的影响

　　图 6-103 为 TEOS 用量对复合薄膜力学性能的影响。随着 TEOS 用量的增加，复合薄膜的抗张强度和断裂伸长率呈现略微减小的趋势。当 TEOS 用量（2.5%）过少时，生成的纳米 SiO$_2$ 较少，以 SiO$_2$ 为交联点的交联程度较小，复合薄膜的抗张强度较小，延伸性较大。当 TEOS 用量为 7.5%～10% 时，复合薄膜的力学性能随着 TEOS 用量的增大而增强，可能因为在此用量范围内，生成的纳米 SiO$_2$ 粒子适中，在有机体中分散均匀，有利于发挥纳米材料的增强增韧效应。随着 TEOS 用量的继续增大，生成较多的纳米 SiO$_2$ 粒子，在聚合物基体中分散均匀度下降，纳米粒子的团聚成为复合材料的应力集中点，从而使得材料的力学性能下降。

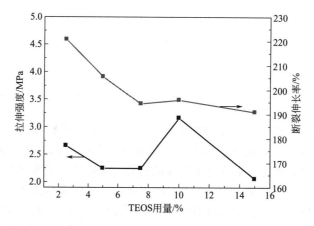

图 6-103　TEOS用量对复合薄膜的力学性能的影响

　　图 6-104 为不同 TEOS 用量对复合薄膜吸水率的影响。由图可知，随着 TEOS 用量的增大，复合薄膜的吸水率整体呈现减小趋势。可能是因为随着 TEOS 用量的增加，生成的 SiO$_2$ 增多，包裹在酪素外层的 SiO$_2$ 增多。在成膜中，以 SiO$_2$ 为交联点形成的交联网状结构随着 TEOS 用量的增多而增强，从而阻止了水分子的进入，使得复合薄膜的吸水率降低，耐水性提高。

　　硅烷偶联剂 KH-570 在 P（BA/MMA/Vi-PDMS）/CA-CPL/SiO$_2$ 体系中起着"分子桥"的作用，双键的一端通过自由基反应接枝酪素分子，而活性官能基团通过 Si—O—Si 化学键连接纳米 SiO$_2$ 粒子。所以，KH-570 的用量对聚合反应能否顺利进行起着至关重要的作用。

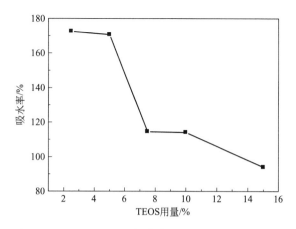

图 6-104　TEOS 用量对复合薄膜的 24h 吸水率的影响

固体颗粒稳定乳液的能力与其表面的亲疏水性有关。Binks 等研究发现：SiO_2 颗粒表面接枝硅烷偶联剂的程度不同，亲疏水性也就不同。图 6-105 是 KH-570 用量对 CA-CPL/SiO_2 表面张力的影响。由图可知，当 KH-570 用量为 20%，CA-CPL/SiO_2 的表面张力最小，即此时表面活性最大。这可能是由于 KH-570 用量为 20% 时，硅烷偶联剂较好地改善了 SiO_2 的表面亲水性，使得 CA-CPL/SiO_2 乳液的亲水亲油性达到平衡。

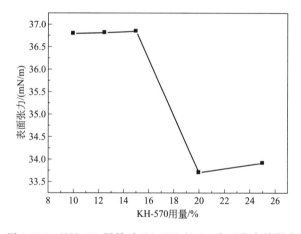

图 6-105　KH-570 用量对 CA-CPL/SiO_2 表面张力的影响

KH-570 用量对 P(BA/MMA/Vi-PDMS)/CA-CPL/SiO_2 复合薄膜力学性能的影响如图 6-106 所示。由图可知，KH-570 用量对复合薄膜的力学性能影响不大。图 6-107 为 KH-570 用量对复合薄膜吸水率的影响。随着 KH-570 用量的增加，复合薄膜的吸水率总体呈现先减后增的趋势，说明复合薄膜的耐水性先提高后降低。当 KH-570 的用量为 20% 时，复合薄膜的吸水率最小，耐水性最好。之所以出现这种现象，是因为随着 KH-570 用量的增加，其对纳米 SiO_2 粒子的表面改性程度增大，减少了裸露在水相中的—OH 数量，且使得有机相和无机相很好地连接在一起，使得 SiO_2 粒子的分散性提高。同时，聚合物的交联程度越大，以纳米粒子为交联点的网状结构越明显，致密的结构能赋予复合薄膜优越的耐水性。但是随着 KH-570 用量的继续增大，复合薄膜的吸水率增大，耐水性下降，是由于过多 KH-570 会使部分乳胶粒之间发生交联反应，乳胶粒发生聚并，导致乳胶粒粒径不均一，降低了复合薄膜的致密性，从而降低了复合薄膜的耐水性。

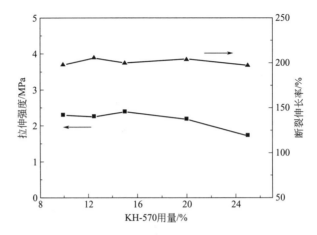

图 6-106　KH-570 用量对复合薄膜力学性能的影响

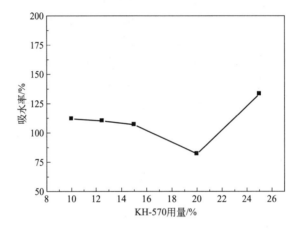

图 6-107　KH-570 用量对复合薄膜 24h 吸水率的影响

图 6-108 为 CA-CPL/SiO$_2$ 和 P(BA/MMA/Vi-PDMS)/CA-CPL/SiO$_2$ 的 TEM 图。从图中可以看出，CA-CPL/SiO$_2$ 和 P(BA/MMA/Vi-PDMS)/CA-CPL/SiO$_2$ 乳胶粒呈现明显的核壳结构。其中，P(BA/MMA/Vi-PDMS)/CA-CPL/SiO$_2$ 乳胶粒中核层为 P(BA/MMA/Vi-PDMS)，壳层为 CA-CPL 和纳米 SiO$_2$ 粒子层。乳胶粒粒径约为 90nm，且粒径大小均一。

为了进一步确定 P(BA/MMA/Vi-PDMS)/CA-CPL/SiO$_2$ 乳胶粒的尺寸与分布情况，对乳液进行了 DLS 测试，结果如图 6-109 所示。乳胶粒的粒径大小为 113nm 左右，粒径分布较窄（PDI＝0.290）。这与 TEM 结果相吻合，说明成功制备了粒径均一的核壳乳胶粒。

P(BA/MMA/Vi-PDMS)/CA-CPL/SiO$_2$ 乳胶粒的形成机理如图 6-110 所示。己内酰胺接枝到酪素分子上，增长了疏水链段，使得 CA-CPL 具有较好的乳化性。在 CA-CPL 的乳化作用下，油溶性的 KH-570 部分增溶到胶束内部，随着 KH-570 的不断水解逐渐向胶束外部迁移，使水解生成的极性基团—OH "裸露" 在胶束表面。前驱体 TEOS 在一定条件下水解生成表面含羟基的纳米 SiO$_2$ 粒子，通过缩合反应，SiO$_2$ 粒子键合在 CA-CPL 胶粒外层。引入乙烯基单体和引发剂后，乙烯基单体和引发剂进入胶束内部，KH-570 和乙烯基单体通过自由基聚合接枝到酪素分子上，从而形成稳定的核壳乳胶粒，其中 P(BA/MMA/Vi-PDMS) 分布在乳胶粒核层，CA-CPL 和纳米 SiO$_2$ 分布在壳层。

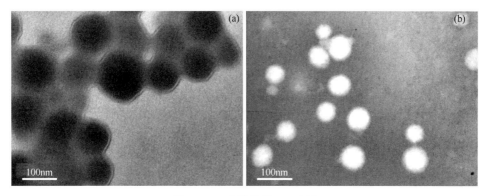

图 6-108 乳胶粒的 TEM 图

(a) CA-CPL/SiO$_2$；(b) P(BA/MMA/Vi-PDMS)/CA-CPL/SiO$_2$

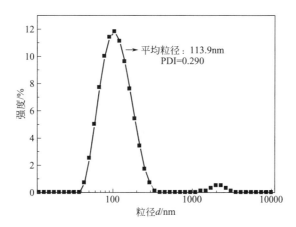

图 6-109 P(BA/MMA/Vi-PDMS)/CA-CPL/SiO$_2$ 的 DLS 图

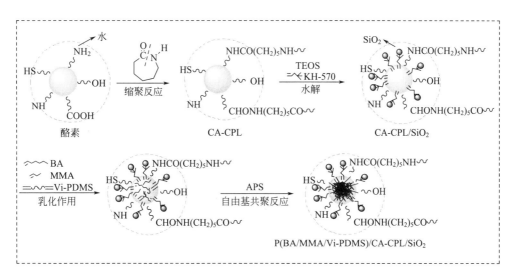

图 6-110 P(BA/MMA/Vi-PDMS)/CA-CPL/SiO$_2$ 乳胶粒的形成机理

将 P(BA/MMA/A-151)/CA-CPL 乳液、P(BA/MMA/Vi-PDMS)/CA-CPL 乳液和 P(BA/MMA/Vi-PDMS)/CA-CPL/SiO$_2$ 乳液应用于山羊服装革应用涂饰实验，以革样力学性能、卫生性能、吸水性和耐摩擦性为考察指标，将其与 P(BA/MMA)/CA-CPL 乳液涂饰革样的性能进行对比分析。涂饰革样性能检测结果如图 6-111～图 6-113、表 6-22 和表 6-23 所示，其中，革样 1、革样 2、革样 3 和革样 4 分别表示在配方和工艺相同的条件下，采用 P（BA/MMA）/CA-CPL 乳液、P（BA/MMA/A-151）/CA-CPL 乳液、P（BA/MMA/Vi-PDMS）/CA-CPL 乳液和 P（BA/MMA/Vi-PDMS）/CA-CPL/SiO₂ 乳液涂饰的革样。

图 6-111 为革样抗张强度和断裂伸长率的结果。从图中可以看出，与革样 1 相比，革样 2 和革样 3 的抗张强度略有下降，断裂伸长率略有增大；革样 4 的抗张强度和断裂伸长率都大幅提高。这是因为 P（BA/MMA/A151）/CA-CPL 乳液和 P（BA/MMA/Vi-PDMS）/CA-CPL 中引入了柔性的有机硅链，增加了酪素基聚合物链的柔顺性，从而使得涂层的延伸性有所提高；P（BA/MMA/Vi-PDMS）/CA-CPL/SiO₂ 中同时引入柔性的有机硅链和纳米 SiO₂ 粒子，对涂层起到了同步增强增韧的效果；图 6-112 为革样撕裂强度的结果。从图中可以看出，革样 2、革样 3 和革样 4 的撕裂强度较革样 1 均有所提高。结合图 6-111 结果，说明有机硅和纳米 SiO₂ 粒子的引入可以提高酪素涂层的综合力学性能。

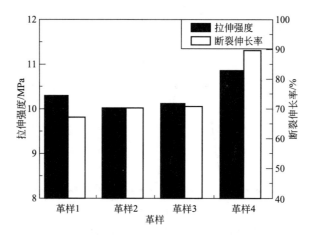

图 6-111　涂饰革样的抗张强度和断裂伸长率

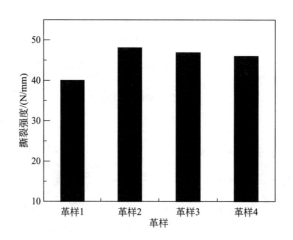

图 6-112　涂饰革样的撕裂强度

图 6-113 为改性酪素乳液涂饰革样的卫生性能对比结果，可以发现：革样的透水汽性基本相当。与革样 1 相比，革样 2 的透气性下降，分析原因为：A-151 在乳液聚合中发生一定程度的水解交联反应，使得酪素基聚合物形成一定的交联网状结构，阻碍了气体分子的透过。革样 3 和革样 4 的透气性有所提高，这是因为引入的长链乙烯基硅油具有螺旋结构，存

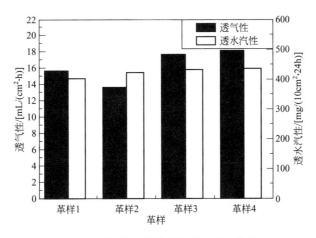

图 6-113　涂饰革样的透气性和透水汽性

在于酪素基聚合物中有利于气体分子的通过。

表 6-22 为乳液涂饰革样的吸水性对比结果。从表中可知，革样 2、革样 3 和革样 4 的吸水率较革样 1 均有所降低，说明其耐水性均较革样 1 提高。分析原因：革样 2 中所采用乳液引入的 A-151 可以增加酪素基聚合物的网状交联程度；革样 3 所使用乳液中引入的乙烯基硅油具有较低的表面能，其同样可以提高酪素涂层的疏水性；而革样 4 采用乳液在乙烯基硅油改性的基础上引入纳米 SiO_2 粒子，形成以 SiO_2 粒子为交联点的网状结构，阻碍水分子的进入。结果表明，有机硅和纳米 SiO_2 引入均可以提高酪素涂层的耐水性。

表 6-22　涂饰革样的吸水性

革样	15min 吸水率/%	24h 吸水率/%
革样 1	184.30	255.80
革样 2	174.08	227.32
革样 3	160.12	230.5
革样 4	142.65	197.08

表 6-23 为改性酪素乳液涂饰革样的耐摩擦性对比结果。由表中可以看出，涂层的耐干擦性较好，均达到 4 级以上，而耐湿擦性还有待进一步提升。革样 2 和革样 3 的耐湿擦性较好。可能是因为 P(BA/MMA/A-151)/CA-CPL 乳液和 P(BA/MMA/Vi-PDMS)/CA-CPL/SiO_2 乳液在成膜时形成较强的交联网状结构，且聚合物中部分—OH 与皮革中的极性基团发生作用，增加了聚合物和皮革之间的附着力。

表 6-23　涂饰革样的耐干湿擦性

革样	耐湿擦性/级	耐干擦性/级
革样 1	0	4~5
革样 2	1~2	4~5
革样 3	0~1	4~5
革样 4	1~2	5

6.2 织物涂层剂

6.2.1 概述

织物涂层整理是指在织物表面单面或双面均匀地涂布一层或多层高分子化合物，使织物正反面能产生不同功能和外观的一种表面整理技术。涂布的高分子化合物称为纺织品涂层整理剂简称涂层剂（又叫涂层胶）。20世纪70年代以来，织物的聚合物涂层整理技术取得了引人注目的发展，具有优异性能的涂层织物相继被开发出来。通过涂层整理可以赋予织物不同的功能，如防水、阻燃、透湿、抗静电、防风、防绒、防油、防酸、防污、保暖、隔热、遮光、防腐蚀、防霉以及丰满柔软的手感和特殊的光泽等，同时也可以改变织物的外观，获得珠光效果、反光效果、双面双色效果、皮革外观效果、光泽效果等。所制得的涂层织物可以应用到各行各业及日常生活中，可以用来制作雨衣、雨披、防寒服、夹克衫、工作服等服装，也可用作产业用布和装饰用布，例如遮阳布、送风管道、帐篷、苦布、车衣、子弹带、行军背包、贴墙材料、铺地材料、椅子及沙发面料等。目前，世界上涂层整理的纺织品已占纺织品总量的30%，而涂层剂消耗量以质量计已达纺织助剂总量的约50%。因此，涂层剂研究备受人们的关注。

涂层技术产品的研发工作中有个趋势，是依靠添加剂获得功能，即涂层剂本身不是产生功能的主体，只是添加剂的载体，它对添加剂中的功能组分起着传递和控制释放的作用。而最热门的添加剂就是纳米材料，例如，微米级或纳米级的二氧化钛、二氧化硅、氧化锌、氧化铝以及金属铝、银的粉末，它们有屏蔽紫外线、抗菌等功能。纳米材料的功能源于它巨大的表面积，表面积的增加使表面的活性分子或分子团数量大增，产生意想不到的效果。例如，铝的纳米粒子（粒径小于50nm），可用作芳纶织物的透明涂层剂，数层这样的织物可阻挡枪弹或刺刀的穿透；棉织物上涂上含锌或硅纳米粒子的聚氨酯涂层剂，可以降低热释放的峰值；在聚酯或聚酰胺织物上涂上含硅或铝纳米粒子的聚丙烯酸酯涂层剂，撕破强度有明显提高。

聚丙烯酸酯类涂层剂和聚氨酯类涂层剂是当今广泛使用的织物涂层整理剂。

聚丙烯酸酯类涂层整理剂一般由硬单体和软单体共聚而成。所用的单体需要根据性能要求进行选择，以丙烯酸酯单体为主单体，使得基体树脂对织物有良好的黏附性能，且其皮膜柔软、耐光、耐热、耐老化。常用的硬单体主要有（甲基）丙烯酸甲酯、苯乙烯、醋酸乙烯酯等；软单体则有丙烯酸乙酯（EA）、丙烯酸丁酯（BA）、丙烯酸2-乙基己酯等。为提高其粘接力、交联性、防水性，可加入（甲基）丙烯酸、（N-羟甲基）丙烯酰胺、丙烯腈（AN）、（甲基）丙烯酸羟乙（丙）酯等功能性单体或交联单体，可使大分子链交联，形成网状结构，以提高涂膜的力学性能、耐水性和对织物的粘接力。聚合引发剂一般用过氧化物如过硫酸铵（APS）等。聚丙烯酸酯类的优点是涂层不易泛黄、耐老化、透明度高、耐洗性好、黏着力强，缺点是耐水压低、耐寒性差、手感不爽、弹性低、易折皱。不过由于聚丙烯酸酯类生产成本较低，目前生产和销售量仍最大。品种不仅有防水透湿、阻燃、防风、遮阳及泡沫涂层等多种功能，而且还有兼具几种性能的多功能产品，目前已有较大量的商品生产。

聚氨酯类涂层剂是由柔性链段（软段）和刚性链段（硬段）反复交变组成的嵌段聚合物，软段由聚醚或聚酯等多元醇组成，硬段由多异氰酸酯组成。常用的多异氰酸酯主要有甲苯二异氰酸酯、二苯基甲烷二异氰酸酯、1,6-己烷基二异氰酸酯、异佛尔酮二异氰酸酯、苯二亚甲基二异氰酸酯、4,4'-二环己基甲烷二异氰酸酯、环己烷二亚甲基二异氰酸酯等。其特点是涂层弹性优异、手感柔软、强度高、耐磨、耐溶剂、耐低温，并能形成多孔性薄膜，防水透湿性好，但成本较高。

目前，主要将纳米二氧化硅、纳米二氧化钛、纳米氢氧化铝、三氧化二锑或是二氧化硅气凝胶通过超声分散添加在聚丙烯酸酯乳液或是聚氨酯乳液中，对其防水透湿性、隔热性、阻燃性、防紫外线性进行研究。

6.2.2　防水透湿型织物涂层剂

防水透湿织物又称为"会呼吸的织物"，是指水在一定压力下不渗入织物，而人体散发的汗气能通过织物扩散传递到外界，不致在皮肤和衣服间积累或冷凝，使人感觉到发闷的功能性织物。防水性是指织物对具有一定压力的外部水或者具有一定动能的雨水以及各种服装外的雪、露、霜等液态水透过时产生的阻抗性能，该性能除了与织物的表面能及表面粗糙度有关外，主要取决于外加压力或水滴动能、织物缝隙孔洞的尺寸或者织物的松紧度；透湿性即汗液在织物中的吸收、传递、扩散的性能，主要与纤维对水分子的吸收以及织物中纤维与纤维之间、纱线和纱线之间的通道或空隙等有关。

英国锡莱（Shirley）研究所设计的文泰尔（Ventile）防雨布是最早的防水透湿织物。Ventile 是一种细号低捻度纯棉纱高密织物，当其处于干燥状态时，经纬纱线间孔隙约为 $10\mu m$，汗液（气）可通过纱线、纤维间孔隙向外界扩散；在浸湿后棉纤维横向膨胀，纱线、纤维间孔隙减小为 $3\sim4\mu m$，水（直径通常为 $100\sim3000\mu m$）较难透过，从而表现出防水性。它的出现标志着防水透湿织物正式走向市场。目前，市场上性能较好的防水透湿织物是由美国 Gore 公司开发的 Gore-Tex，最初的 Gore-Tex 产品是以聚四氟乙烯（polytetrafluoroethylene，简称 PTFE）树脂为原料经拉伸形成的微孔薄膜。薄膜孔径范围 $0.2\sim5\mu m$，小于轻雾的直径（$20\sim100\mu m$），而远大于水蒸气分子的直径（$0.0003\sim0.0004\mu m$），这使得水蒸气能通过这些永久的物理微孔通道扩散，同时水滴不能通过，而且 PTFE 薄膜是拒水的，因而这样的薄膜具有优良的防水透湿性能。但是随着穿着时间的增长，其防水透湿效果逐渐变差，甚至会出现面料渗水的现象。为解决这一问题，1979 年日本润工社和高尔公司合作推出了由 PTFE 膜和聚氨酯构成的双组分第二代薄膜，利用聚氨酯组分仅让水蒸气分子通过的高度选择透过性克服了第一代产品的缺点。拜耳（Bayer）实验室对具有水汽渗透性亲水性聚氨酯（PU）的成功发明使得 PU 微孔涂层织物和亲水 PU 薄膜织物的研制兴起，采用聚氨酯材料或不同类型的聚氨酯复合、聚醚聚酯共聚物等制成的非微孔膜型材料（亲水性薄膜）的研究异常活跃，新工艺、新品种不断面世，主要有日本东丽（Toray）公司用湿法凝固工艺生产的微孔 PU 涂层织物 Entrant，比利时 UCB Specialty Chemicals 公司用相位倒置工艺生产的微孔 PU 涂层织物 Ucecoat2000(s) 以及亲水 PU 涂层织物 Ucecoat NPU，德国 Bayer 公司生产的亲水 PU 涂层织物 Impraerm 等。

聚丙烯酸酯类乳液作为一类防水透湿涂层剂，具有加工成的织物柔软、胶膜透明度高、耐候性好，具有良好的抗水、防绒等性能，但是由于防水透湿性相对较低、舒适性较差的缺点，使其应用受限。针对聚丙烯酸酯乳液缺陷进行改性的主要技术包括多组分杂化改性技术，如环氧树脂、聚氨酯改性丙烯酸乳液；交联改性，如采用双丙酮丙烯酰胺制备室温自交联型聚丙烯酸酯乳液；无机纳米材料改性，一般选用的纳米材料为二氧化硅、二氧化钛等。作者将二氧化硅溶胶与聚丙烯酸酯乳液复合制备聚丙烯酸酯/SiO_2 纳米复合乳液，并将其用于织物的防水透湿涂层整理，有利于改进聚丙烯酸酯涂层剂的防水透湿性能。

其制备方法为：先将乳化剂、甲基丙烯酸缩水甘油酯和一定量的去离子水一起加入带有冷凝装置和搅拌装置的三口烧瓶中，在一定温度下搅拌；将部分甲基丙烯酸甲酯、丙烯酸丁酯和丙烯酸加入到三口烧瓶中，升温搅拌一定时间；滴加剩余单体和引发剂，滴完后保温反应；冷却，用氨水调节 pH 值，出料，制得乳液 A；将正硅酸乙酯、十八烷基三甲基氯化铵（1831）溶解于一定量的无水乙醇中，在一定温度的水浴中加热搅拌一定时间；将无水乙醇、水和氨水混合试剂滴加到体系中，控制其 pH 值为 8，反应一段时间，降温出料，制得 SiO₂ 溶胶。按照 SiO₂ 溶胶占乳液适当的用量称取溶胶，在一定的转速和温度下加入乳液 A 中，制得聚丙烯酸酯/SiO₂ 复合乳液 B。按照制备溶胶的方法，不加正硅酸乙酯制备空白溶液；按照占乳液适当的用量称取不含溶胶的空白溶液，在一定的转速和温度下加入乳液中，制得聚丙烯酸酯乳液 C。按照 SiO₂ 溶胶占乳液适当的用量称取溶胶，在一定的转速和温度下加入涂层剂 A 中，用超声分散 10min，制得聚丙烯酸酯/SiO₂ 复合乳液 D。

由于 SiO₂ 溶胶的制备过程中使用了溶剂，为排除溶剂对乳液性能及其应用性能的影响，将纯丙乳液 A 与溶剂复合制得乳液 C，作为对比乳液对其性能进行了考察。超声处理有利于纳米材料的均匀分散，分别采用常规方法和超声处理方法将纯丙乳液与 SiO₂ 溶胶进行复合，制得聚丙烯酸酯/SiO₂ 复合乳液 B、D。

如表 6-24 所示，纯丙乳液 A 与 SiO₂ 溶胶复合前后，其离心稳定性、稀释稳定性均良好，在放置和离心的过程中均未出现分层、沉淀、破乳等现象。一般认为 Zeta 电位的绝对值大于 30mV 表示复合乳液的体系是稳定的。由表 6-24 中 4 种乳液的离心稳定性、稀释稳定性和 Zeta 电位值可以看出各乳液均稳定，SiO₂ 溶胶以及溶剂的加入均使乳液的稳定性提高。这是可能因为 SiO₂ 溶胶与乳胶粒之间产生相互作用，减弱了乳胶粒间的碰撞，降低失稳的可能性，提高了体系的稳定性。相对于乳液 A，乳液 C 的稳定性提高，这可能是体系中溶剂乙醇的引入使得乳胶粒表面羧基双电层与水的作用变为与水和乙醇的共同作用，此外溶胶体系中 1831 的加入使得其吸附于乳胶粒表面，提高了乳胶粒间的空间障碍，使得体系变得稳定。相对于乳液 A，乳液 D 的 Zeta 电位绝对值提高，但是小于乳液 B、C 的绝对值，这可能是超声作用会使乳胶粒表面的水化层产生一定程度的破坏，使 Zeta 电位降低。

表 6-24　聚丙烯酸酯/SiO₂ 复合乳液的稳定性及 Zeta 电位

乳液	A	B	C	D
离心稳定性	√	√	√	√
稀释稳定性	√	√	√	√
Zeta 电位/mV	−36.4	−48.4	−47.1	−45.8

注：A 为纯丙乳液；B 为聚丙烯酸酯/纳米 SiO₂ 乳液；C 为聚丙烯酸酯-溶剂乳液；D 为超声处理的聚丙烯酸酯/纳米 SiO₂ 乳液。"√"表示乳液稳定，无破乳、分层、沉淀等现象。

图 6-114 所示为聚丙烯酸酯乳液成膜的红外图谱，$1732.0cm^{-1}$ 处表示酯键中 C＝O 的伸缩振动峰，$1164.9cm^{-1}$ 和 $1066.5cm^{-1}$ 分别为酯键中 C—O—C 的反对称和对称伸缩振动峰；在 $910cm^{-1}$ 左右没有出现环氧基的特征峰，且羧基中的 O—H 在 $3300\sim2500cm^{-1}$ 处的出峰较弱，这可能是由于环氧基与羧基发生了酯化反应；$942cm^{-1}$ 处的出峰为羧基在指纹区的特征峰；$2958.7cm^{-1}$ 为主链侧甲基的特征吸收峰；$1645cm^{-1}$、$910cm^{-1}$ 及 $990cm^{-1}$ 处均未出现 C＝C 的特征吸收峰，表明单体充分反应。

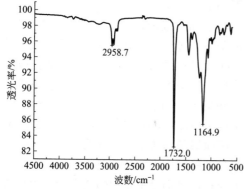

图 6-114　聚丙烯酸酯乳液成膜的红外图谱

图 6-115 所示为采用超声法制备聚丙烯酸酯/SiO₂ 复合乳液的透射电镜，白色圆球

状部分为乳胶粒，黑色球状为溶胶，粒径均为 100～120nm，SiO₂ 溶胶在乳液中分散均匀。

图 6-116 所示为复合薄膜的吸水率随时间的变化趋势，随着时间的增加，各复合薄膜的吸水率均呈现先升高后降低的趋势，吸水能力为 $A_1 \approx D_1 > C_1 > B_1$，在 1～2h 内膜的吸水率急剧上升是因为乳液在合成后均调节 pH 值为弱碱性，乳胶粒及聚合物分子链上的羧基失去质子，显示出强的结合水的能力。此外，复合薄膜中可能残留的部分乙醇，随着在水中浸泡时间的增加，被水逐渐替换出来，也会导致膜的吸水率降低。

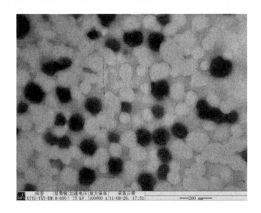

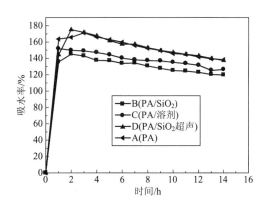

图 6-115　聚丙烯酸酯/纳米
SiO₂ 乳液的 TEM 照片

图 6-116　复合薄膜吸水率
随时间的变化趋势

达到平衡后，纯丙乳液薄膜 A_1 的吸水率在 160％左右，纯丙乳液与溶剂共混薄膜 C_1 的吸水率降低为 145％左右，这可能是由于薄膜中乙醇的溶出导致的。采用常规法将纯丙乳液与 SiO₂ 溶胶复合后薄膜的吸水率降低为 140％左右，采用超声法制备的聚丙烯酸酯/纳米 SiO₂ 复合薄膜的吸水率约为 160％，这表明纳米 SiO₂ 的均匀分散有利于提高薄膜的吸水率。

从表 6-25 中可以看出，纯丙乳液薄膜的断裂强度为 1.4MPa，采用常规法将纯丙乳液与 SiO₂ 溶胶复合后薄膜 B_1 的断裂强度提高为 3.0MPa，纯丙乳液与溶剂共混薄膜 C_1 的断裂强度提高为 3.1MPa，这表明此时采用常规法制备聚丙烯酸酯/纳米 SiO₂ 复合薄膜强度的提高主要是由溶剂引起的，由于溶剂乙醇进入到聚合物分子链间削弱了分子链间的应力，使分子链变得规整，从而提高了薄膜的断裂强度。对比 A_1、B_1 与 D_1 可知，采用超声法制备的聚丙烯酸酯/纳米 SiO₂ 复合薄膜的断裂强度提高至 4.2MPa，表明纳米 SiO₂ 的引入能够有利于提高薄膜的强度。

表 6-25　薄膜的断裂强度及断裂伸长率

膜	A_1	B_1	C_1	D_1
断裂强度/MPa	1.4	3.0	3.1	4.2
断裂伸长率/%	483.0	416.0	453.4	513.5

注：A_1 为纯丙乳液的薄膜；B_1 为聚丙烯酸酯/纳米 SiO₂ 乳液的薄膜；C_1 为聚丙烯酸酯-溶剂乳液的薄膜；D_1 为超声处理的聚丙烯酸酯/纳米 SiO₂ 乳液的薄膜。

与纯丙乳液薄膜 A_1 的断裂伸长率 483.0％相比，薄膜 B_1 的断裂伸长率下降为 416.0％，而经过超声处理后薄膜 D_1 断裂伸长率为 513.5％，有一定提高。这表明乳液 B 断裂伸长率的下降是由于纳米 SiO₂ 的加入且分散不均匀导致的，超声作用有利于纳米材料的分散更均匀。

综合断裂强度和断裂伸长率的结果可知，采用超声法制备的聚丙烯酸酯/纳米 SiO₂ 复合薄膜的强度和韧性都有一定程度提高，表明经过超声处理后，SiO_2 溶胶分散均匀，在成膜的过程会抑制聚合物分子链移动，使薄膜表现出较好的力学性能，体现了纳米 SiO_2 同步增强增韧的作用。

采用聚丙烯酸酯/纳米 SiO_2 乳液对织物进行涂层整理，所用的织物为尼丝纺，规格为：$70D \times 160D$ 228T，将织物剪成 $15cm \times 15cm$ 的布样。取 20g 乳液，用氨水调 pH 值至 7.5，搅拌，制成涂层胶；涂层后用烘箱于 80℃下烘干，然后在 125℃下焙烘 2min，称量织物涂层前后的变化，计算上胶量。

表 6-26 为分别采用各乳液对织物进行涂层整理后织物的静水压值与透湿量值。从表中可以看出，织物的上胶量都保持在 $71g/m^2$ 左右时，纯丙乳液涂层整理后织物 A_2 的静水压值为 $550mmH_2O$，采用聚丙烯酸酯-溶剂乳液涂层整理后织物 C_2 的静水压与采用聚丙烯酸酯/纳米 SiO_2 乳液涂层整理后织物 B_2 的静水压值均大于 $1200mmH_2O$，且织物 B_2 的背面有润湿现象，表明 B_2、C_2 的防水性比 A_2 有很大的提高，B_2 防水性能弱于织物 C_2。将采用超声处理制得的聚丙烯酸酯/纳米 SiO_2 乳液进行涂层整理后织物 D_2 的静水压为 $794mmH_2O$，相对于织物 A_2 有较大的提高，但是明显小于织物 B_2、C_2，表明 SiO_2 溶胶的加入可以提高涂层的防水性能，同时溶剂也会对织物的静水压有一定影响。在上胶量基本相同的条件下，涂层织物的透湿量略有差异，但是差别不大。

表 6-26　涂层织物的静水压和透湿量

涂层织物	A_2	B_2	C_2	D_2
上胶量/(g/m^2)	$71 \sim 75$	$71 \sim 75$	$71 \sim 75$	$70 \sim 71$
静水压/mmH_2O	550	>1200	>1200	794
涂层背面现象	干燥,有三滴水珠冒出	润湿,无水珠冒出	干燥,无水珠冒出	干燥,有三滴水珠冒出
透湿量/$[g/(m^2 \cdot 24h)]$	240	260	240	230

注：A_2 为采用纯丙乳液涂层整理的织物；B_2 为采用聚丙烯酸酯/纳米 SiO_2 乳液涂层整理的织物；C_2 为采用聚丙烯酸酯-溶剂乳液涂层整理的织物；D_2 为采用超声处理制得聚丙烯酸酯/纳米 SiO_2 乳液涂层整理的织物。

图 6-117 为涂层整理织物的表面形貌，从中可以看出，纯丙乳液涂层整理的织物 A_2 和聚丙烯酸酯/纳米 SiO_2 复合乳液涂层整理的织物 D_2 表面成膜均匀连续，但出现褶皱，且织物 D_2 比织物 A_2 的表面较为平整。这可能是由于聚合物和织物在相同温度下的收缩程度不同所导致，而且乳液 D 与织物收缩的同步性要高于乳液 A。图 6-118 为涂层整理织物的截面形貌，比较织物的截面形貌可以看出，乳液在织物表面形成一层薄膜，但是在织物 A_2 薄膜表面下存在细微的裂纹，而织物 D_2 中则无明显缺陷，这可能是导致其静水压高于 A_2 的原因。

6.2.3　隔热型织物涂层剂

SiO_2 气凝胶是一种纳米多孔轻质材料，其特殊结构使其具有热导率低、密度小、比表面积大的特点，许多领域已显示出广阔的应用前景。在气凝胶合成、结构分析、应用方面已有大量研究。在气凝胶合成中，干燥方法是关键的一步，主要有超临界干燥和常压干燥。超临界干燥不存在气液界面，可以避免毛细作用对气凝胶结构的影响，制备结构完整不塌陷的气凝胶产品。但是超临界干燥设备昂贵，操作复杂，具有危险性，不利于气凝胶大规模的生产。东华大学蔡再生课题组以甲基三甲氧基硅氧烷（MTMS）为前驱体，通过溶胶-凝胶法，常压干燥制备气凝胶。以自制的气凝胶为功能粒子分别添加至聚丙烯酸酯和聚氨酯乳液中，在织物表面涂层，制备隔热纺织品。

将 PA 类黏合剂和去离子水按 2∶8 的质量比配成乳液，气凝胶占乳液质量分数 0～

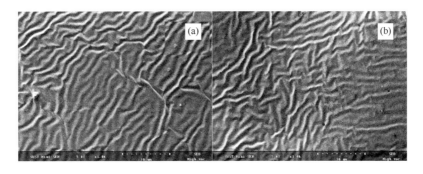

图 6-117　涂层织物的表面形貌（×1000）

（a）纯丙乳液涂层整理的织物（A_1）；（b）聚丙烯酸酯/纳米 SiO_2 乳液涂层整理的织物（D_2）

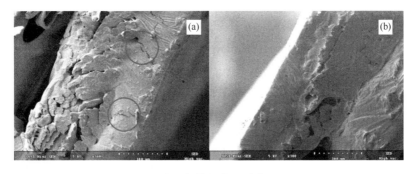

图 6-118　涂层织物的截面形貌（×300）

（a）纯丙乳液涂层整理的织物（A_1）；（b）聚丙烯酸酯/纳米 SiO_2 乳液涂层整理的织物（D_2）

14%，制得隔热涂层剂，对棉织物进行涂层，涂层织物的隔热效果见表 6-27。

表 6-27　PA 基气凝胶涂层织物的隔热性能

温差/℃ ＼ 时间/min	0	5	10	15	20	25	30
原布	0	31.5	42.1	46.2	47.6	48.4	49.5
气凝胶 0	0	32.4	42.9	47	48.5	49.5	50.6
气凝胶 2%	0	30.3	41.2	45.3	46.6	47.3	48.4
气凝胶 4%	0	29.4	40.1	44.2	45.3	46	47
气凝胶 6%	0	28.2	38.8	43.1	43.9	44.7	45.9
气凝胶 8%	0	26.4	36.5	41.4	42.8	43.2	44.6
气凝胶 10%	0	24.9	34.9	39.1	41	42.3	43.3
气凝胶 12%	0	27.9	38.2	42.7	43.4	44.5	45.2
气凝胶 14%	0	27.8	38	42.5	43.1	44.1	44.9

从表 6-27 中可以看出，未做处理的原布温差最大，没有 SiO_2 气凝胶的涂层织物隔热效果与原布接近，说明黏合剂没有隔热作用。含有 SiO_2 气凝胶的涂层织物较原布隔热性能显著提高，SiO_2 气凝胶热导率为 0.039W/(m·K)，织物热导率为 0.101W/(m·K)。热导率是指在稳定传热条件下，1m 厚的材料，两侧表面的温差为 1℃，在 1s 内，通过 $1m^2$ 面积传递的热量。热导率越小的物质，保温性能越好。SiO_2 气凝胶的热导率小于织物的热导率，故 SiO_2 气凝胶涂覆在织物表面可起到阻隔热量传递的作用。当涂层剂中气凝胶质量分数低于 10% 时，织物隔热效果随着 SiO_2 气凝胶含量的增加而逐渐变好；当涂层剂中气凝胶质量

分数大于 10% 时，织物隔热效果有所下降，因为气凝胶含量过高导致涂层时有固体析出，织物隔热效果反而略有下降。说明 SiO_2 气凝胶最佳涂层浓度为 10%（质量分数）。

将 PU 类黏合剂 W-1930 和去离子水按 2:8 的质量比配成乳液，SiO_2 气凝胶占乳液质量分数为 0~10%，制得隔热涂层剂，涂层织物的隔热效果见表 6-28。

表 6-28　PU 基气凝胶涂层织物的隔热性能

温差/℃＼时间/min	0	5	10	15	20	25	30
原布	0	31.5	42.1	46.2	47.6	48.4	49.5
气凝胶 0	0	32.6	43	47.1	48.5	49.6	51.1
气凝胶 2%	0	32	42.6	46.9	48.1	49.2	50.5
气凝胶 4%	0	29.1	40.3	44.7	46.9	47.7	48.9
气凝胶 6%	0	28	39.1	43.5	45.6	46.4	47.3
气凝胶 8%	0	26.9	37.5	42	44.1	44.6	45.6
气凝胶 10%	0	25.2	35.9	40.2	42.3	42.7	43.6

从表 6-28 可以看出，PU 基涂层织物的隔热性能与 PA 基涂层织物类似，随着涂层剂中气凝胶质量分数的增大，涂层织物的隔热性能变好，当气凝胶质量分数为 10% 时，涂层织物的温差较原布降低了 5.9℃。说明 PA 类和 PU 类黏合剂都适用于 SiO_2 气凝胶在织物上涂层。

二氧化钛具有高折射率、高光散射力和高耐候性等性能，是一种性能优异的白色填料。二氧化钛在自然界有三种结晶形态：金红石型、锐钛矿型和板钛型。板钛型是不稳定的晶型，在工业上没有使用价值。锐钛矿型在常温下是稳定的，但在高温下要向金红石型转化。

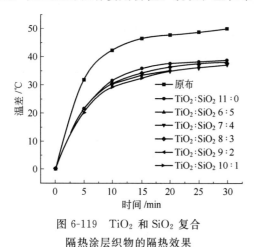

图 6-119　TiO_2 和 SiO_2 复合
隔热涂层织物的隔热效果

金红石型二氧化钛是最稳定的结晶形态，且结构致密。与锐钛矿型相比，其具有较高的密度、介电常数和折射率及较低的热传导性。研究表明 TiO_2 涂层织物隔热性能显著，是反射型隔热涂层织物。蔡再生课题组选用金红石型 TiO_2 为功能粒子，探索 TiO_2 和 SiO_2 气凝胶复合隔热涂层，保持 TiO_2 和 SiO_2 气凝胶总的质量分数 22% 不变，改变 TiO_2 和 SiO_2 的质量比为 6:5、7:4、8:3、9:2，制得的复合隔热涂层织物隔热效果如图 6-119 所示。

由图 6-119 可以看出，TiO_2 和 SiO_2 复合隔热涂层织物有显著的隔热效果，且当 TiO_2 和 SiO_2 质量比为 7:4 时，复合隔热涂层效果最好。经过 30min 光源照射后温差较原布低 13.4℃。单独 SiO_2 气凝胶涂层，织物隔热效果最好时温差较原布低 6.8℃。可见 TiO_2-SiO_2 气凝胶复合涂层织物隔热效果优于两者单独使用。

6.2.4　其他性能的织物涂层剂

聚氨酯涂层弹性优异、手感柔软、强度高、耐磨、耐溶剂、耐低温，并能形成多孔性薄膜，防水透湿性好，但成本较高。Su 等将 TDI 和羟基封端的聚丁二烯在乙酸乙酯溶剂中混合，在二月桂酸二丁基锡催化下，制得异氰酸酯基封端的聚氨酯预聚物。再将聚氨酯预聚物、3,3′-二氯-4,4′-二氨基二苯基甲烷（或羟基封端硅油）扩链剂和微米二氧化硅（或纳米二氧化硅）混合，依次经机械、超声处理后制得涂层剂，经喷涂制得复合涂层，该涂层具有类似荷叶效应的自清洁功能，接触角达 168°，滑行角小于 0.5°。

根据聚氨酯和聚丙烯酸酯在性能上的互补性，利用高分子共聚的原理，以少量的水性聚氨酯对聚丙烯酸酯改性，采用蒙脱土插层技术，制备水性聚氨酯改性聚丙烯酸酯/蒙脱土纳米复合织物涂层整理剂（PUAM 纳米复合乳液），应用于纺织品的拒污、拒水、阻燃、抗菌等多功能纳米涂层整理具有较好的开发前景。

利用高新技术制备的纳米 TiO_2 粒径仅 10~50nm，能透过可见光，并反射或吸收散射波长为 200~400nm 的紫外线，对 UVA 和 UVB 有很好的屏蔽作用，且具有优异的水分散性、无毒、无味、无刺激性。涂层剂中添加 0.8% 的 TiO_2 就可使织物具有良好的防紫外线功能，且这种织物耐水洗性良好。采用超声波对纳米 TiO_2 进行分散，将分散好的含有纳米 TiO_2 的甲苯溶液加入到聚氨酯中，再加入其他助剂，用搅拌机将其搅拌均匀即可。

6.3 油墨连接料

随着我国石油资源的日益枯竭和人们环保意识的增强，水性油墨因具有低有机挥发物含量、不易燃烧以及低毒性等优点，作为一种"绿色印刷"材料在印刷行业如软包装和食品包装中发展迅猛。但国内市场上的水性油墨与国外水性油墨相比，还存在一定缺陷，如光泽度、耐水性及耐洗刷性较差。目前国内印刷行业使用的水性油墨产品主要来自进口，且价格较高。因此，亟须开发一种具有自主知识产权的高性能水性油墨。水性油墨连接料是水性油墨的"心脏"，起到分散色料的作用，使油墨具有必要的光泽和干燥性。它是影响油墨性能的关键因素。因此，开发一种高性能水性油墨的关键是开发一种高性能的水性油墨连接料。

酪素类产品在油墨连接料中显示了一定的应用前景。改性的酪素产品具有优异的延伸率、耐曲挠性能，并保持了酪素成膜物质的优点，除此之外，该类产品还有助于保护人们的生活环境，节省宝贵的石油资源以及提升我国水性油墨产品的国际竞争力。

作者在聚丙烯酸酯改性酪素的基础上，将纳米 SiO_2 引入基体，获得了具有固含量低、黏度适中，且印刷适性优异的酪素基纳米复合油墨连接料。其制备过程为：将装有回流冷凝管、恒压滴液漏斗、精密增力电动搅拌器和控温仪的 250mL 三口烧瓶置于 65℃ 水浴中，加入酪素、三乙醇胺和去离子水，搅拌 2h，待酪素溶解均匀后，升温到 75℃，开始滴加己内酰胺水溶液，滴加完毕后，恒温反应 2h。然后，先加入一定比例的 KH570 后，将剩余 KH570 与丙烯酸酯类单体混合，同时滴加单体和引发剂，滴加完毕后，反应一定时间；随后加入三元两亲共聚物，保温一定时间后，降至室温，即得丙烯酸酯/KH570 共改性酪素乳液；在此基础上，引入 SiO_2 溶胶进行复配制备复合乳液。

SiO_2 溶胶用量对改性酪素/纳米 SiO_2 复合乳液稳定性的影响见表 6-29。可以看出：SiO_2 溶胶用量对乳液的稀释稳定性、静置稳定性和耐酸性影响不大。然而，离心稳定性、耐碱性和耐盐性变化显著。在离心稳定性方面，加入 SiO_2 明显优于未加 SiO_2 乳液，这是由于 SiO_2 表面含有很多羟基，可与聚合物很好地发生作用，防止 SiO_2 的聚并，从而促进复合乳液的稳定。然而，随着 SiO_2 溶胶用量的增加，乳液的稳定性下降。当 SiO_2 用量大于 20% 时，乳液的耐碱性不好，这是由于 SiO_2 粒子浓度过大，形成游离态增多，从而形成团聚，导致乳胶粒子粒径迅速增大，乳液稳定性下降。耐盐性较差可能是由于 SiO_2 与钙离子的盐析作用破坏了乳液颗粒表面较弱的水化膜，引起乳胶粒凝聚，导致乳液不稳定。

表 6-29　SiO₂ 用量对改性酪素/纳米 SiO₂ 复合乳液稳定性的影响

SiO₂ 用量/%	物理稳定性			化学稳定性		
	稀释稳定性	静置稳定性	离心稳定性	耐酸性	耐碱性	耐盐性
0	稳定	稳定	少许沉淀	不稳定	稳定	稳定
10	稳定	稳定	稳定	不稳定	稳定	不稳定
20	稳定	稳定	稳定	不稳定	稳定	不稳定
30	稳定	稳定	稳定	不稳定	不稳定	不稳定
40	稳定	稳定	稳定	不稳定	不稳定	不稳定
50	稳定	稳定	稳定	不稳定	不稳定	不稳定

　　图 6-120 和表 6-30 是 SiO₂ 溶胶用量对改性酪素/纳米 SiO₂ 复合薄膜外观的影响。从中可知，随着 SiO₂ 含量的增加，复合薄膜外观由泛黄到泛蓝，复合薄膜硬度逐渐增加，说明纳米粒子起到了一定的增强作用。由图 6-120 中（f）可知，当 SiO₂ 溶胶用量过高时，复合薄膜表面有肉眼可见的小颗粒，这是由于 SiO₂ 过量团聚所致。

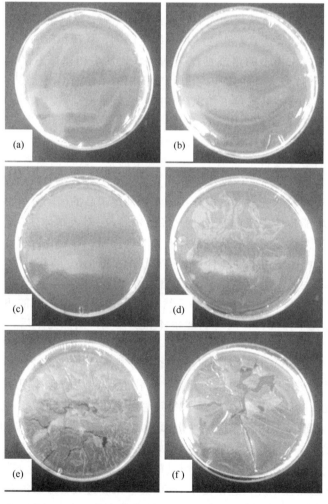

图 6-120　SiO₂ 用量对改性酪素/纳米 SiO₂ 复合薄膜外观的影响

（a，b，c，d，e，f 参见表 6-30）

表 6-30　SiO₂ 用量对改性酪素/纳米 SiO₂ 复合薄膜外观影响

样品名称	SiO₂ 用量/%	膜外观
a	0	膜泛黄,平整,较脆
b	10	膜稍泛蓝,平整,较脆
c	20	膜稍泛蓝,平整,较脆
d	30	膜稍泛蓝,平整,中间出现裂痕
e	40	膜全部裂为小块
f	50	膜泛蓝,裂为小块,表面有肉眼可见小颗粒

　　SiO₂ 溶胶用量对改性酪素/纳米 SiO₂ 复合乳液成膜耐水性、吸水率、耐酸性及耐碱性的影响见表 6-31。从表中可知,SiO₂ 溶胶用量对薄膜的耐水性、吸水率、耐酸性及耐碱性影响不大。薄膜耐碱性不好是由于酪素结构中含有大量羧基,使得其链段易在碱中发生舒展、溶胀所致。

表 6-31　SiO₂ 用量对改性酪素/纳米 SiO₂ 复合薄膜性能影响

SiO₂ 用量/%	耐水性	吸水率/%	耐酸性	耐碱性
0	+++	0.29	++++	膜很快脱落
10	+++	0.04	++++	膜很快脱落
20	+++	0.084	++++	膜很快脱落
30	+++	0.084	++++	膜很快脱落
40	+++	0.12	++++	膜很快脱落
50	+++	0.04	++++	膜很快脱落

注:"+"代表较好,"+"数量越多,表示该项指标评价结果越好。

　　将复合乳液配制成水性油墨连接料,测试 SiO₂ 溶胶用量不同时薄膜的耐水性、吸水率、耐酸性、耐碱性及接触角,结果见表 6-32 所示。SiO₂ 用量对复合薄膜吸水率、耐酸性、耐碱性及接触角没有较大影响。然而,复合薄膜的耐水性随 SiO₂ 用量的增加而增强,这是由于 SiO₂ 自身的性质(如粒径较小、比表面积大和表面能高等),在成膜过程中发生化学反应,在薄膜表层或有机相和无机相界面与聚合物发生交联,或者发生自组装生成富集薄膜表面的玻璃状憎水薄膜。涂层中的交联结构增加了有机相与无机相的相容性,玻璃状憎水涂层的形成有利于提高涂层的耐水性。

表 6-32　SiO₂ 用量对水性油墨连接料成膜性能的影响

SiO₂ 用量/%	耐水性	吸水率/%	耐酸性	耐碱性	接触角/(°)
0	++++	0.63	+++++	膜很快脱落	74
10	++++	0.63	+++++	膜很快脱落	72
20	++++	0.21	+++++	膜很快脱落	68
30	++++	0.12	+++++	膜很快脱落	77
40	++++	0.04	+++++	膜很快脱落	64
50	+++++	0.021	+++++	膜很快脱落	71

注:"+"代表较好,"+"数量越多,表示该项指标评价结果越好。

　　图 6-121 是 SiO₂ 溶胶、改性酪素乳液和改性酪素/纳米 SiO₂ 复合乳液的 FT-IR 谱图。在 SiO₂ 的谱图中,$3417cm^{-1}$ 来源于 Si—OH 基团的伸缩振动吸收峰,$1010\sim1100cm^{-1}$ 可归属于 Si—O—Si 基团的伸缩振动吸收峰。改性酪素/SiO₂ 复合乳液谱图与改性酪素乳液谱图基本相似,但与改性酪素乳液相比,在 $1095cm^{-1}$ 处出现尖峰,且未出现硅溶胶 Si—OH 基团的伸缩振动吸收峰,这是因为引入 SiO₂ 后,SiO₂ 表面的 Si—OH 与硅烷偶联剂上的 Si—O(CH₃)₃ 水解的—Si—OH 形成氢键或者自身缩合形成 Si—O—Si 键所致,说明 SiO₂

与乳胶粒存在氢键作用。

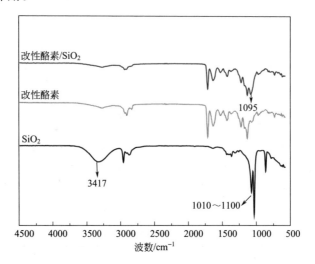

图 6-121　SiO_2 溶胶、改性酪素乳液和改性酪素/SiO_2 复合乳液的 FI-IR

SiO_2 溶胶用量对改性酪素/纳米 SiO_2 复合乳液粒径和 Zeta 电位的影响见表 6-33。随着 SiO_2 用量的增加，乳液的粒径依次变大，Zeta 电位基本呈现减小趋势。复合乳液的乳胶粒粒径增大是因为当 SiO_2 与改性酪素乳液通过物理共混的方式形成复合乳液后，部分的 SiO_2 颗粒会通过氢键等作用吸附在聚丙烯酸酯改性酪素乳胶粒上，从而形成粒径增大的双层复合粒子。当乳胶粒粒径变大，其所带负电荷减少，Zeta 电位降低。

表 6-33　SiO_2 用量对复合乳液粒径及 Zeta 电位的影响

SiO_2 用量/%	Z 粒径/nm	Zeta 电位/mV
0	90.15	−28.4
10	98.45	−27.3
20	104.9	−25.4
30	117.2	−22.7
40	126.3	−24.5
50	118.32	−22.7

SiO_2 溶胶、改性酪素乳液及改性酪素/纳米 SiO_2 复合乳液中乳胶粒的粒径分布情况对比见图 6-122 所示。SiO_2 溶胶的平均粒径为 60nm，改性酪素乳液的平均粒径为 90nm，改性酪素/纳米 SiO_2 复合乳液的粒径为 98nm。复合乳液粒径增大是由于 SiO_2 与改性酪素乳液通过物理共混的方式形成复合乳液后，部分的 SiO_2 颗粒会通过氢键等作用结合在改性酪素乳胶粒上所致。

SiO_2 溶胶、改性酪素乳液及改性酪素/纳米 SiO_2 复合乳液的 TEM 照片见图 6-123。从图 6-123(c) 可知 SiO_2 溶胶粒径为 20～100nm。就分布均一性来看，SiO_2 粒径分布不均，有部分团聚现象。从图 6-123(a) 可知改性酪素乳胶粒呈规则球形，粒径为 60～70nm，具有明显核壳结构。从图 6-123(b) 可知改性酪素/纳米 SiO_2 复合乳胶粒呈规则球形，具有明显核壳结构，粒径为 90nm 左右。比较图 6-123(a) 及 (b) 可以明显看出，加入 SiO_2 的改性酪素/纳米 SiO_2 复合乳胶粒粒径比未加 SiO_2 的改性酪素乳胶粒粒径增加了 20nm 左右，且改性酪素/SiO_2 复合乳胶粒的壳层明显变厚，说明 SiO_2 包覆在最外层，且其厚度约为 20nm。

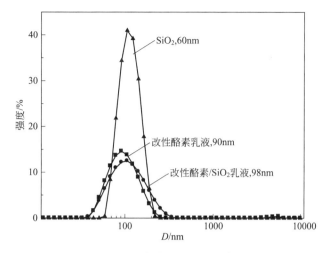

图 6-122　SiO$_2$ 溶胶、改性酪素乳液和改性酪素/纳米 SiO$_2$ 复合乳液
中乳胶粒的粒径大小及分布

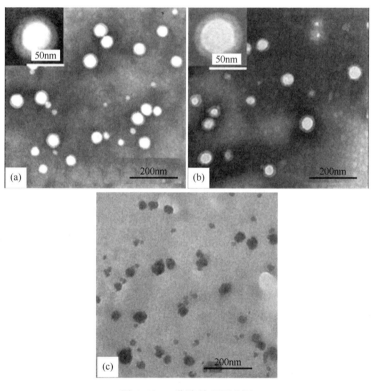

图 6-123　乳胶粒 TEM 图
（a）改性酪素乳液；（b）改性酪素/纳米 SiO$_2$ 复合乳液；（c）SiO$_2$ 溶胶

　　SiO$_2$ 溶胶用量对改性酪素/纳米 SiO$_2$ 复合乳液耐紫外屏蔽性的影响见图 6-124。不同用量 SiO$_2$ 溶胶加入后改性酪素/纳米 SiO$_2$ 复合乳液的紫外线吸光度均有所不同。结果显示，相比改性酪素/纳米 SiO$_2$ 复合乳液，加入 10％的 SiO$_2$ 溶胶后，乳液的耐紫外屏蔽性最好。众所周知，SiO$_2$ 本身对紫外线线具有屏蔽防护作用，而将材料制成超细粉体如纳米尺寸，使微粒的尺寸与光波波长相当或更小时，小尺寸效应将导致光吸收显著增强，这使得纳米 SiO$_2$ 成为一种可利用的抗紫外线剂。因此，当将 SiO$_2$ 引入聚合物基体中且其在聚合物中分

散性较好时，有利于充分发挥其纳米效应，从而改善聚合物的耐紫外屏蔽性。

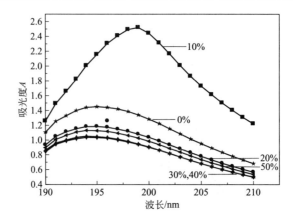

图 6-124　SiO_2 溶胶用量对改性酪素/纳米 SiO_2 复合乳液耐紫外屏蔽性影响

6.4 建筑涂料

建筑涂料是一种用于建筑物表面，起防护、装饰或其他特殊功能的涂料。建筑涂料通常包括外墙涂料、内墙涂料、地坪涂料、防火涂料以及功能性建筑涂料等，被涂物大多为非金属材料。由于建筑涂料具有施工简便、工期短、自重轻、节省原料、维修方便等特点，因此比其他饰面材料具有特别的优越性。一般建筑涂料由成膜物质、颜料和溶剂三部分组成。涂料按溶剂分类，可分为水性涂料和溶剂型涂料。这两种类型涂料相比，无论从安全、成本，还是从环保方面考虑，水性涂料无疑是涂料发展的主流方向。水性涂料的成膜物质主要包括丙烯酸树脂、醇酸树脂、聚酯树脂、环氧树脂及聚氨酯树脂等。

将纳米材料应用于建筑涂料的成膜物质可赋予建筑涂料以下几方面的作用。

① 提高高分子基建筑涂料与建筑物表面的黏结强度。纳米材料能使涂料组分分子间、涂料与建筑物表面产生强大而持久的界面作用力，从而使高分子基建筑涂料与建筑物表面的黏结强度得到大幅度的提高。这是由纳米材料的强表面效应所带来的。

② 增加高分子基建筑涂料的韧性和延展性，提高涂料的机械强度。由于纳米粒子链间的相互作用得到极大的强化，原子在外力作用变形的条件下容易迁移，从而使高分子基建筑涂料的韧性和强度得到很大的提高，同时由于分子间所具有的很强的相互作用，涂膜层的机械强度也得到很大的提高。如纳米 SiO_2 具有这一作用。

③ 提高高分子基建筑涂料的抗紫外线能力和耐候性，增加涂料的使用年限。如对紫外线有强吸收能力的纳米 TiO_2 的使用就可起到这种作用。这是因为这一类纳米材料特殊的光学性质使之具有很强的紫外线吸收能力，大大降低了紫外线对高分子材料分子链的攻击，大大减少了活性自由基的产生，保护了高分子链不被紫外线所降解。

④ 提高高分子基建筑涂料的耐热性，使涂料层在日光曝晒下不起壳、不开裂。

⑤ 提高高分子基建筑涂料的耐雨水冲刷能力。

⑥ 改善高分子基建筑涂料涂膜色泽。由于纳米粒子尺寸小于可见光波长，它本身对可见光不形成障碍，但它所带来的强相互作用会使涂层表面更加紧密，使色泽更加细腻鲜亮。

⑦ 提高高分子基建筑涂料涂膜的光洁度，同时赋予涂膜一定的自洁能力，使涂膜经常保持清洁并易于清洗。

⑧ 赋予高分子基建筑涂料微裂痕自修复功能。由于纳米粒子在受到应力作用时可在高分子链间产生微小移动，从而使应力从应力集中点分散开，当应力分散后，高分子柔性链将自动复原而使微裂痕自动修复，以此提高涂膜对环境的耐受能力和使用寿命。

⑨ 赋予高分子基建筑涂料抗菌作用。如 Ag 纳米载体的使用，就能充分发挥 Ag 的抗菌灭菌作用。

⑩ 改善高分子基建筑涂料的表面硬度和耐磨性，从而提高涂膜耐冲刷、耐风沙侵蚀能力，提高涂膜的耐候性。这是因为相关纳米材料晶粒尺寸已小至打开位错源的应力比它本身的屈服力还大。

⑪ 减少高分子基建筑涂料的单位面积用料量。由于涂膜质量的提高和施工条件的改善，能够较容易地涂刷出薄而均匀、质量优良的涂膜，省料省时省工。

⑫ 减少高分子基建筑涂料施工时的成膜时间。由于纳米材料能够在很大程度上改善组分的流动性，并缩短成膜固化时间，减少施工用时，同时提高了涂膜的质量，降低了成膜过程对环境条件的要求，这对施工方和用户都是有利的。

⑬ 减少高分子基建筑涂料的溶剂使用量和挥发量，有利于施工的安全和环境保护，符合世界发展趋势。

正是由于上述多方面的优势，目前有关纳米材料在建筑涂料中的研究十分广泛。如 Mizutani 等采用乳液聚合法制备了以纳米 SiO_2 粒子为核、聚丙烯酸酯为壳的核壳型聚丙烯酸酯/纳米 SiO_2 复合乳液，并将其应用于建筑涂料，与不含纳米 SiO_2 粒子的聚丙烯酸酯涂料相比，该涂料具有更优异的耐溶剂性、耐沾污性以及阻燃性。Zhang 等采用乳液聚合法以 MMA、BA、MAA 及纳米 TiO_2 为原料，成功制备了核壳型 P（MMA/BA/MAA）/纳米 TiO_2 复合乳液，并对纳米 TiO_2 存在下的聚合动力学及聚合机理进行了研究。陈凯等用十六烷基三甲基溴化铵改性纳米 $CaCO_3$ 粒子，然后采用种子乳液聚合法成功制备了聚丙烯酸酯/纳米 $CaCO_3$ 复合胶黏剂。结果表明，纳米 $CaCO_3$ 粒子的引入有效改善了胶黏剂的热稳定性、耐碱性以及粘连性。黄毅以聚丙烯酸酯乳液为基料，通过添加纳米二氧化钛和载银抗菌剂制备了抗菌型聚丙烯酸酯类内墙涂料，研究表明，添加 0.5% 纳米二氧化钛的内墙涂料在紫外灯照射下的抗菌率可达 98%，加入 1.5% 载银抗菌剂的内墙涂料在无光条件下的初始抗菌率达 99%。刘成楼等以零挥发性聚丙烯酸酯乳液为基料，钛白粉为颜料，多孔结构的硅藻土和定型相变储能材料为填料，以纳米二氧化钛/氧化锌为无机杀菌剂，并在多种助剂的配合下，制备了具有防霉抗菌、净化空气、调节空气湿度的内墙涂料。王廷勋等利用纳米二氧化硅/聚丙烯酸酯复合乳液配制外墙弹性涂料，不但可消除保温后墙体材料变化可能造成的各种隐患，而且耐沾污性能及各项力学指标都表现突出，且当其添加量比其他乳液少 10% 时便能达到其他乳液的效果。

作者采用物理共混法、乳液聚合法以及原位乳液聚合法三种方法分别将纳米 SiO_2 引入聚丙烯酸酯墙体乳液中，考察了纳米 SiO_2 引入方法对乳液稳定性的影响，结果见表 6-34 所示。物理共混法所得乳液的离心稳定性及放置稳定性较差；乳液聚合法凝胶率较高，放置稳定性较差；原位乳液聚合法凝胶率较低，乳液的离心稳定性一般，但放置稳定性较好。在此基础上，随后又研究了原位乳液聚合法中 TEOS 引入方式对乳液稳定性的影响。

由表 6-35 TEOS 引入方式对乳液稳定性的影响可知，改变 TEOS 的加入方式，乳液聚合的凝胶率变化不大，均在 1% 以内。这说明改变 TEOS 的加入方式不会对乳液的聚合稳定性造成太大影响。但随着 TEOS 加入时段向聚合工艺后期的推移，乳液的离心沉淀率逐渐降低，放置稳定性逐渐变差。这可能是由于随着 TEOS 加入时段向聚合工艺后期的推移，乳液中未发生水解的 TEOS 量逐渐增加，导致乳液中生成的纳米 SiO_2 粒子的浓度逐渐减

表 6-34 纳米 SiO₂ 引入方式对乳液稳定性的影响

纳米 SiO₂ 引入方式	纳米 SiO₂ 来源	凝胶率/%	离心沉淀率/%	乳液放置两周稳定性
不引入纳米 SiO₂	—	0.344	0.186	稳定性良好,无絮凝,无沉淀
物理共混法	SiO₂	—	0.847	稳定性一般,无絮凝,有少量沉淀
	RNS-D	—	1.014	稳定性一般,无絮凝,有少量沉淀
乳液聚合法	SiO₂	2.171	0.476	稳定性一般,无絮凝,有少量沉淀
	RNS-D	1.002	0.642	稳定性很差,无絮凝,有较多沉淀
	KH-570 改性 SiO₂	4.060	0.386	稳定性一般,无絮凝,有少量沉淀
原位乳液聚合法	TEOS	0.878	0.616	稳定性良好,无絮凝,无沉淀

注:"—"表示没有。

小,因此乳液的离心沉淀率逐渐减小。但随着乳液放置时间的延长,乳液中未发生水解的 TEOS 会逐渐水解生成纳米 SiO₂ 粒子,使乳液产生絮凝现象,而且乳液中未发生水解的 TEOS 浓度越大,絮凝现象越严重,因此随着 TEOS 加入时段向聚合工艺后期的推移,乳液的放置稳定性逐渐变差。基于上述情况,考虑将 TEOS 在种子聚合前加入,并利用氨水调节乳液的 pH 值,促进 TEOS 水解生成纳米 SiO₂ 粒子,然后再引发乳液聚合。

表 6-35 TEOS 引入方式对乳液稳定性的影响

TEOS 加入方式	凝胶率/%	离心沉淀率/%	乳液放置两周稳定性
种子聚合前	0.878	0.616	稳定性良好,无絮凝,无沉淀
种子泛蓝后,保温前	0.767	0.486	稳定性一般,极少量絮凝,无沉淀
核预乳液一起	0.649	0.388	稳定性较差,少量絮凝及沉淀
核预乳液滴完后,保温前	0.822	0.384	稳定性很差,大量絮凝及沉淀
壳预乳液一起	0.782	0.377	稳定性很差,大量絮凝及沉淀
壳预乳液滴完后,保温前	0.541	0.370	稳定性很差,大量絮凝及沉淀

表 6-36 为氨水及 NaHCO₃ 加入情况对乳液稳定性的影响。当不加入 NaHCO₃ 时,氨水用量过大,乳液聚合会产生大量凝胶,而适当减少氨水用量,乳液聚合凝胶率也会相应降低,但仍然较高;当同时加入 NaHCO₃ 及较少量氨水时,乳液凝胶率较低,乳液放置稳定性良好。这可能是因为不加 NaHCO₃ 时,氨水催化 TEOS 水解生成纳米 SiO₂ 粒子的速度较快,TEOS 在种子乳液聚合前即大量水解生成纳米 SiO₂ 粒子,从而导致乳液聚合凝胶率较高,并且氨水用量越大,其催化 TEOS 水解的速率越快,种子乳液聚合前纳米 SiO₂ 粒子的浓度越高,乳液聚合的凝胶率越大。当同时加入氨水及 NaHCO₃ 时,NaHCO₃ 一定程度上限制了氨水催化 TEOS 水解的速率,使 TEOS 能够在种子乳液聚合前后逐渐水解生成纳米 SiO₂ 粒子。氨水与 NaHCO₃ 间的协同作用既保证了 TEOS 在整个乳液聚合过程结束时能够完全水解,又不致使 TEOS 水解过快对乳液聚合稳定性产生较大影响,因此乳液聚合稳定性及乳液放置稳定性均较好。

表 6-36 氨水及 NaHCO₃ 对乳液稳定性的影响

氨水及 NaHCO₃ 的加入情况	种子乳液聚合前 pH 值	凝胶率/%	离心沉淀率/%	乳液放置两周稳定性
不加氨水,加 NaHCO₃	7~7.5	0.878	0.616	稳定性良好,无絮凝及沉淀
加氨水,不加 NaHCO₃	8~9	大量凝胶	—	—
加氨水,不加 NaHCO₃	7~7.5	3.388	—	稳定性很差,出现大量沉淀
加氨水,加 NaHCO₃	7.5~8.0	0.433	0.283	稳定性良好,无絮凝及沉淀

注:"—"表示该数据没有或未测。

TEOS 用量不但决定着乳液的稳定性，还决定着乳液中最终 SiO₂ 的含量，因此对乳液的性能具有重要影响。表 6-37 为 TEOS 用量对乳液稳定性的影响。随着 TEOS 用量的增加，乳液聚合凝胶率及乳液离心沉淀率均逐渐增大，乳液放置两周稳定性逐渐降低。这是因为乳液聚合过程中，TEOS 水解生成的纳米 SiO₂ 粒子一部分被包裹在乳胶粒子内部，一部分仍分散于水相中，随着 TEOS 用量的增加，乳液水相中分散的纳米 SiO₂ 粒子的浓度也逐渐增大，因此乳液的聚合稳定性及离心稳定性均逐渐降低。此外，TEOS 的用量越大，乳液聚合完毕后，乳液中残留的未水解 TEOS 的量也越多，在乳液放置过程中，TEOS 逐渐水解生成的纳米 SiO₂ 粒子也越多，因此乳液的放置稳定性随 TEOS 用量的增加逐渐变差。

表 6-37　不同 TEOS 用量下乳液的稳定性

TEOS 占单体总质量分数/%	凝胶率/%	离心沉淀率/%	乳液放置两周稳定性
0	0.344	0.186	稳定性良好,无絮凝及沉淀
1	0.529	0.211	稳定性良好,无絮凝及沉淀
2	0.433	0.283	稳定性良好,无絮凝及沉淀
3	0.926	0.384	稳定性一般,有极少量絮凝及沉淀
4	2.453	0.539	稳定性很差,出现大量絮凝及沉淀
5	2.904	0.663	稳定性很差,出现大量絮凝及沉淀

由上可知，要想将纳米 SiO₂ 成功地引入墙体乳液中，必须考虑纳米 SiO₂ 的引入方式、引入量等各种影响因素，否则可能会产生乳液聚合过程不稳定、乳液放置稳定性变差等反效果。

6.5 纳米材料在涂层类成膜物质中的发展趋势

随着人们生活水平的不断提高，对于各类涂层的功能性要求愈加突出。在涂层类成膜物质的改性中除可应用上述提及的纳米材料外，还有一些具有潜在应用价值的纳米材料，如碳纳米管（CNTs）、石墨烯（Graphene）、纳米二氧化钛、蒙脱土等，也具有广阔的应用空间。碳纳米管作为一维纳米材料，质量轻，具有异常的力学、电学性能。CNTs 拉伸强度达到 $50\sim200$ GPa，是钢的 100 倍，密度却只有钢的 1/6，至少比常规石墨纤维高一个数量级。它的弹性模量可达 1TPa，与金刚石的弹性模量相当，约为钢的 5 倍。对于具有理想结构的单层壁的碳纳米管，其拉伸强度约 800GPa。碳纳米管的结构虽然与高分子材料的结构相似，但其结构却比高分子材料稳定得多，是目前可制备出的具有最高比强度的材料。石墨烯是一种由碳原子构成的单层片状结构的新材料，是一种由碳原子以 sp^2 杂化轨道组成六角形呈蜂巢晶格的平面薄膜，只有一个碳原子厚度的二维材料。它是已知的世上最薄、最坚硬的纳米材料，几乎是完全透明的，只吸收 2.3% 的光，热导率高达 5300W/(m·K)，高于碳纳米管和金刚石，常温下其电子迁移率超过 15000cm²/(V·s)，又比碳纳米管或硅晶体高，而电阻率只有 $10^{-8}\Omega$·cm，比铜或银更低，为世上电阻率最小的材料。纳米二氧化钛具有杀菌、防紫外线、自清洁的功效。因此，将这些纳米材料应用于成膜物质的改性中，可赋予成膜物质更多的功能，如高强度、保温性、导电性、抗菌性等，有利于开发更多种类的功能型涂料。

参 考 文 献

[1]　马建中，王学川，强西怀等．皮革化学品的合成原理与应用技术．中国轻工业出版社，2009.
[2]　林健．催化剂对正硅酸乙酯水解-聚合机理的影响．无机材料学报，1997，12（3）：363-369.

[3] 马建中，刘凌云，张志杰等．纳米二氧化硅改性丙烯酸树脂的研究．中国皮革，2004，33（9）：31-36.

[4] 马建中，胡静，刘凌云等．复合涂饰剂的组分－纳米 SiO_2 溶胶的制备．中国皮革，2005，34（9）：38-41.

[5] 马建中，刘凌云，胡静，张志杰，吕生华，杨明来，吕斌，杨宗邃．丙烯酸树脂/纳米 SiO_2 复合涂饰剂的制备方法．中国专利：ZL 200510041689.3，2005-02-05.

[6] 胡静，马建中．丙烯酸树脂/纳米 SiO_2 复合涂饰剂的合成与应用．中国皮革，2005，34（13）：31-35.

[7] 张志杰，马建中．丙烯酸树脂/纳米 SiO_2 复合涂饰剂的合成研究．皮革科学与工程，2005，15（2）：8-11.

[8] 张志杰，马建中．丙烯酸树脂/纳米 SiO_2 复合涂饰剂的合成研究续．皮革科学与工程，2005，15（3）：7-11.

[9] 马建中，张志杰．酸催化溶胶凝胶法制备的纳米 SiO_2/丙烯酸树脂复合涂饰剂的应用研究．中国皮革，2005，34（19）：23-27.

[10] 马建中，胡静．纳米复合涂饰剂的组分——纳米 SiO_2 溶胶的制备．中国皮革，2005，34（9）：38-41，50.

[11] 胡静，马建中．无皂丙烯酸树脂/SiO_2 纳米复合涂饰剂的应用．北京皮革，2005，（19）：75-78.

[12] 胡静，马建中，管建军．无皂丙烯酸树脂/SiO_2 纳米复合皮革涂饰剂的研究．涂料工业，2006，36（8）：8-12.

[13] Ma Jianzhong, Zhang Zhijie, Liu Lingyun, et al. Application of acrylic resin coating agent modified by nano SiO_2. JSLTC，2006，90（4）：188-192.

[14] 马建中，胡静，张志杰，杨明来，吕斌，张新强，杨宗邃．乳液聚合原位生成纳米 SiO_2/丙烯酸树脂复合涂饰剂的制备方法．中国专利：ZL200610105137.9，2006-12-08.

[15] 马建中，胡静，邓维钧，郑新建，王华金，刘分地，杨宗邃，王勇能．改性丙烯酸树脂涂饰剂的制备方法．中国专利：ZL 200710019017.1，2007-11-07.

[16] Jianzhong Ma, Jing Hu. The acrylic resin leather coating agent modified by nano-SiO_2. Journal of composite materials，2006，40（24）：2189-2201.

[17] Jianzhong Ma, Jing Hu, Zongsui Yang. Preparation of acrylic resin/nanonano-SiO_2 for leather finishing agent. Materials and Manufacturing Processes，2007，22（7）：782-786.

[18] Jianzhong Ma, Jing Hu, Zhijie Zhang. Polyacrylate/silica nanocomposite materials prepared by sol-gel process. European polymer journal，2007，43：4169-4177.

[19] Jianzhong Ma, Jing Hu, Zongsui Yang. Preparation of acrylic resin/modified nano-SiO_2 via sol-gel method for leather finishing agent. journal of sol-gel science and technology，2007，41：209-216.

[20] Jing Hu, Jianzhong Ma, Weijun Deng. Synthesis of alkali-soluble copolymer（butyl acrylate/acrylic acid）and its appl. European Polymer Journal，2008，44（3）：2695-2701.

[21] Jing Hu, Jianzhong Ma, Weijun Deng. Properties of acrylic resin/nano-SiO_2 leather agent prepared via emulsifier-free. Materials letter，2008，62（2）：2931-2934.

[22] 胡静，马建中，邓维均．有机硅烷偶联剂对聚丙烯酸酯/纳米二氧化硅复合材料性能的影响．功能材料，2008，39（12）：2065-2071.

[23] Jianzhong Ma, Junli Liu Yan Bao. Effect of polymerizable emulsifier on the properties of polyacrylate/nano-SiO_2 leather finishing agent. 12th International Wool Research Conference，608-610.

[24] Junli Liu, Jianzhong Ma, Yan Bao, et al. Effect of long-chain acrylate on the properties of polyacrylate/nano-SiO_2 composite leather finishing agent. Polymer-Plastics Technology and Engineering. 2011，50. 1546-1551.

[25] 马建中，鲁娟，鲍艳，时春华．一种高疏水型皮革涂饰剂的制备方法．中国专利：ZL 201210412153.8，2012-10-25.

[26] 马建中，鲁娟，鲍艳，张晓艳，郑莹．一种含氟聚丙烯酸酯/双尺寸纳米 SiO_2 复合乳液的制备方法．中国专利：ZL 201210465296.5，2012-11-19.

[27] Yan Bao, Jianzhong Ma, Junli Liu, et al. Polyurethane/polyacrylate/silica nanocomposite prepared by seeded emulsion polymerization. Journal of the Society Leather Technologists and Chemists，2013，97（6）：238-243.

[28] Yi Chen, Yan Liu, Haojun Fan, Hui Li, Bi Shi, Hu Zhou, Biyu Peng. The polyurethane membranes with temperature sensitivity for water vapor permeation. Journal of Membrane Science，2007，287（2）：192-197.

[29] Yan Bao, Yongqiang Yang, Jianzhong Ma. Fabrication of monodisperse hollow silica spheres and effect on water vapor permeability of polyacrylate membrane. Journal of Colloid and Interface Science，2013，407：155-163.

[30] Yan Bao, Yongqiang Yang, Chunhua Shi, et al. Fabrication of hollow silica spheres and their application in polyacrylate film forming agent，Journal of Materials Science，DOI 10. 1007/s10853-014-8530-7.

[31] 鲍艳，杨永强，马建中，刘俊莉．氧化锌为模板制备中空二氧化硅微球及其对聚丙烯酸酯薄膜性能的影响．硅酸盐学报，2014，42（7）：95-101.

[32] 鲍艳，杨永强，马建中，刘俊莉．一种聚丙烯酸酯/中空二氧化硅纳米复合皮革涂饰剂的制备方法．中国专利：ZL201210232395.9，2012-07-06.

[33] 鲍艳，杨永强，马建中，刘俊莉，时春华，王潇．一种高透水汽型聚丙烯酸酯纳米复合皮革涂饰剂的制备方法．实审专利：201210540281.0，2012-12-13.

[34] 马建中，刘易弘，鲍艳，刘俊莉．聚丙烯酸酯/纳米 ZnO 复合皮革涂饰剂的制备方法．实审专利：201310022550.8，2013-03-15.

[35] Junli Liu, Jianzhong Ma, Yan Bao, et al. Preparation of polyacrylate/ZnO nanocomposite. Materials Science Forum. 2011，694. 430-434.

[36] Jianzhong Ma, Junli Liu, Yan Bao, et al. Morphology-photocatalytic activity-growth mechanism for ZnO nano-

structures via microwave-assisted hydrothermal synthesis. Crystal Research and Technology，2013，48（4）：251-260.

[37] Jianzhong Ma，Junli Liu，Yan Bao，et al. Synthesis of large-scale uniform mulberry-like ZnO particles with microwave hydrothermal method and its antibacterial property. Ceramics International，2013，39（3）：2803-2810.

[38] Jianzhong Ma，Yihong Liu，Yan Bao，et al. Research advances in polymer emulsion based on "core-shell" structure particle design，Advances in Colloid and Interface Science 197-198（2013）118-131.

[39] Junli Liu，Jianzhong Ma，Yan Bao，et al. Nanoparticle morphology and film-forming behavior of polyacrylate/ZnO nanocomposite. Composites Science and Technology，2014，98：64-71.

[40] Junli Liu，Jianzhong Ma，Yan Bao，et al. Polyacrylate/surface-modified ZnO nanocomposite as film-forming agent for leather finishing. International Journal of Polymeric Materials，2014.

[41] 马建中，刘俊莉，鲍艳，吕斌，刘易弘，鲁娟. 聚丙烯酸酯/纳米 ZnO 复合涂饰剂及其制备方法. 中国专利：ZL 201110205895.9，2011-07-22.

[42] 马建中，刘俊莉，鲍艳，朱振峰，刘辉. 一种抗菌型皮革涂层材料的制备方法. 实审专利：201210412176.9，2012-10-25.

[43] 刘俊莉，马建中，鲍艳. 聚合物/碳纳米管复合材料的研究进展. 中国皮革，2010，39（15）：46-50.

[44] 刘俊莉，马建中，鲍艳. 聚丙烯酸酯/纳米 TiO₂ 复合材料的制备与性能. 2010 第 10 届中国国际纳米科技研讨会，194.

[45] 刘俊莉，马建中，鲍艳等. 聚丙烯酸酯/纳米 TiO₂ 复合材料的制备与性能. 功能材料，2012，2（43）：209-212.

[46] 马建中，鲍艳，王兵. 采用双原位同步法制备聚丙烯酸酯-纳米二氧化钛复合涂饰剂的方法. 中国专利：ZL 201210229415.7，2012-07-04.

[47] 马建中，刘海腾，周建华，孙友昌. 纳米二氧化硅包覆的多壁碳纳米管改性丙烯酸树脂涂饰剂的制备方法. 中国专利：ZL 201210297022.X，2012-08-21.

[48] 鲍艳，王兵，马建中. 聚丙烯酸酯/纳米 TiO₂ 复合皮革涂饰剂的研究. 功能材料，2012，2（43）：268-272.

[49] 鲍艳，马建中，刘俊莉，王兵，周晨晨. 一种采用反应性乳化剂制备聚丙烯酸酯/蒙脱土复合皮革涂饰剂的方法. 中国专利：ZL201110350895.8，2011-11-09.

[50] 孙友昌，马建中，鲍艳，刘海腾，于玉龙. 一种碳纳米管原位改性丙烯酸树脂类皮革涂饰材料的制备方法. 中国专利：ZL 201110117842.1，2011-05-09.

[51] 马建中，王华金，鲍艳，吕斌. 一种乳胶涂料用纳米级硅丙核壳型复合乳液的制备方法. 中国专利：ZL 201010102676.3，2010-01-27.

[52] 马建中，吴喜元，鲍艳. 一种内墙乳胶涂料用耐水抗泛白硅丙复合乳液的制备方法. 实审专利：201210412661.6，2012-12-03.

[53] Mizutani T，Arai K，Miyamoto M，et al. Application of silica-containing nano-composite emulsion to wall paint：A new environmentally safe paint of high performance. Progress in Organic Coatings，2006，55（3）：276-283.

[54] Zhang J M，Sun X Q，Wang C H，et al. Synthesis and kinetics study of TiO₂/P（MM-B-MAA）composite particles by emulsion polymerization. Ciesc Journal，2009，60（10）：2640-2649.

[55] 陈凯，何晓娜，方小兵等. 纳米 CaCO₃ 对聚丙烯酸乳液胶粘剂性能的影响. 浙江理工大学学报，2010，27（1）：59-63.

[56] 黄毅，彭兵，柴立元等. 两种无机抗菌剂在内墙涂料中的抗菌性能研究. 化学建材，2006，22（2）：1-4.

[57] 刘成楼，唐国军. 调温调湿抗菌内墙涂料的研制. 现代涂料与涂装，2012，15（4）：6-9.

[58] 王廷勋，李京龙，颜小洋等. 硅丙乳液弹性涂料的研究及在保温墙体上的应用. 中国涂料，2011，26（4）：59-61.

[59] Wang N G，Zhang L N，Lu Y S，et al. Properties of crosslinked casein/water-borne polyurethane composites. Journal of Applied Polymer Science，2004，91（1）：332-338.

[60] 兰云军. 皮革化学品的制备—理论与实践. 北京：中国轻工业出版社，2001：126-129.

[61] 杨宗邃，盛克敏，潘津生. 酪素的改性及其在皮革涂饰应用中的新进展. 中国皮革，1990，19（6）：6-9.

[62] 孟辉，唐丽，郑文慧. 密胺树脂改性酪素皮革涂剂的合成与应用. 皮革化工，2003，20（4）：21-23.

[63] Somanathan N，Jeevan R G，Sanjeevi R. Syhthesis of casein graft poly（acrylonitrile）. Polymer Journal，1993，25（9）：939-946.

[64] 樊丽辉，刘杰，周明等. 聚氨酯改酪素皮革涂饰剂的制备与应用. 皮革化工，2006，23（2）：26-28.

[65] 樊丽辉，唐丽，荣星等. 有机硅改性酪素皮革涂饰剂的合成与应用. 皮革化工，2004，21（6）：23-26.

[66] 魏世林，李艳英，刘镇华. 聚氨酯改性酪素的研究. 皮革科学与工程，1999，9（1）：1-5.

[67] 徐卫国，杨文堂，王新等. 羟甲基丙烯酸树脂改性酪素皮革顶涂剂合成与应用的探讨. 皮革化工，1997，5（2）：14-17.

[68] 申晓庆，兰云军，许晓红. 酪素改性的技术手段与改性产品的性能特点. 西部皮革，2009，31（13）：31-34.

[69] 李运涛，王廷平，杨军胜. 改性酪素涂饰剂的研制及应用表征. 中国皮革，2007，36（7）：37-39.

[70] 戴红，张宗才，林波等. 酪素的改性及改性产品的性能. 皮革科学与工程，1998，8（3）：47-51.

[71] 李继，余学军，徐丹等. 聚硅氧烷和己内酰胺双改性酪素涂饰剂的研制. 皮革化工，1998，15（6）：19-20.

[72] 兰云军，银德海，黄秀娟. 皮革涂饰用酪素及其改性产品. 西部皮革，1999，21（6）：41-43.

[73] 杨宗邃，盛克敏. 皮革涂饰粘合剂——改性酪素 CAAS 系列的研究. 中国皮革，1991，20（9）：7-12.

[74] 马建中，兰云军，王利民等. 制革整饰材料化学. 北京：中国轻工业出版社，1998：416-457.

[75] Qi D，Bao Y，Huang Z，et al. Anchoring of polyacrylate onto silica and formation of polyacrylate/silica nanocomposite particles via in situ emulsion polymerization. Colloid and Polymer Science，2008，286 (2)：233-241.

[76] Wang M S，Xu G，Zhang Z J，et al. Inorganic-organic hybrid photochromic materials. Chemical Communications，2009，46 (3)：361-376.

[77] Cho S J，Bae I S，Jeong H D，et al. A study on electrical and mechanical properties of hybrid-polymer thin films by a controlled TEOS bubbling ratio. Applied Surface Science，2008，254 (23)：7817-7820.

[78] Ma J Z，Xu Q N，Gao D G. Study on synthesis and performances of casein resin grafting modified by caprolactam/acrylic esters/vinyl acetate/organic silicone. Advanced Materials Research，2010，123-125：1267-1270.

[79] Beltran A B，Nisola G M，Cho E，et al. Organosilane modified silica/polydimethylsiloxane mixed matrix membranes for enhanced propylene/nitrogen separation. Applied Surface Science，2011，258 (1)：337-345.

[80] Zhou J H，Zhang L，Ma J Z. Synthesis and properties of nano-SiO$_2$/polysiloxane modified polyacrylate emulsifier-free emulsion. Polymer-Plastics Technology and Engineering，2011，50 (1)：15-19.

[81] Ho K M，Li W Y，et al. Amphiphilic polymeric particles with core-shell nanostructures：Emulsion-based syntheses and potential applications. Colloid and Polymer Science，2010，288 (16-17)：1503-1523.

[82] 周建华，张琳. 纳米 SiO$_2$ 改性硅丙无皂乳液皮革涂饰剂的合成和应用. 中国皮革，2010，39 (11)：41-44.

[83] 张静，籍保平，李博等. 酸性条件下牛乳酪蛋白纯体系稳定性的研究. 西北农林科技大学学报（自然科学版），2004，32 (9)：43-46.

[84] 柳建宏，于杰，何敏等. KH570 用量对纳米 SiO$_2$ 接枝改性的影响. 胶体与聚合物，2010，28 (1)：19-21.

[85] Zhang X，Wu Y Y，He S Y，et al. Structural characterization of sol－gel composites using TEOS/MEMO as precursors. Surface & Coatings Technology，2007，201 (1)：6051-6058.

[86] Chmielewska B，Czarnecki L，Sustersic J，et al. The influence of silane coupling agents on the polymer mortar. Cement & Concrete Composites，2006，28 (2)：803-810.

[87] 郭中宝，刘杰民，范慧俐等. 硅烷偶联剂对环氧改性有机硅树脂耐高温性能的影响. 化学建材，2006，22 (6)：28-32.

[88] Radhakrishnan C K，Sujith A，Unnikrishnan G，et al. Effects of the blend ratio and crosslinking system on the curing behaviour，morphology，and mechnical properties of styrene-butadiene rubber/poly (ethylene-covinyl acetate) blend. Journal of Applied Polymer Science，2004，94 (2)：827-837.

[89] 江海亮，应海艳. 硅烷偶联剂对化学交联 EVA 及其性能的影响. 塑料工业，2010，38 (5)：63-67.

[90] 马英子，肖新颜. 核壳型纳米 SiO$_2$/含氟聚丙烯酸酯复合乳液的合成与表征. 化工学报，2011，62 (4)：1145-1148.

[91] Qunna Xu，Jianzhong Ma，Jianhua Zhou，Yuyu Wang，Jing Zhang. Biodegradable Core-shell Casein Based Silica Nano-composite Latex via Double-in-situ Polymerization：Synthesis，Characterization and Mechanism，Chemical Engineering Journal，2013 (228)：281-289.

[92] Jianzhong Ma，Qunna Xu，Jianhua Zhou，Jing Zhang，Limin Zhang，Huiru Tang，Lihong Chen. Synthesis and Biological Response of Casein Based Silica Composite Film as Drug Carrier，Colloids and Surfaces B：Biointerfaces，2013，http：//dx. doi. org/10. 1016/j. colsurfb. 2013. 06. 011.

[93] Jianzhong Ma，Qunna Xu，Dangge Gao，Jianhua Zhou. Blend Composites of Caprolactam-modified Casein and Waterborne Polyurethane for Film-forming Binder：Miscibility，Morphology and Properties. Polymer Degradation and Stability，2012，97 (8)：1545-1552.

[94] 辛秀兰. 水性油墨. 北京：化学工业出版社，2005：14-29.

[95] 黄志彬，张润阳，李玉平等. 纳米 SiO$_2$/聚丙烯酸酯复合乳液的制备及应用. 材料保护，2007，40 (12)：39-42.

[96] Zhao F C，Zeng X R，Li H Q，et al. Preparation and characterization of nano-SiO$_2$/fluorinated polyacrylate composite latex via nano-SiO$_2$/acrylate dispersion. Colloids and Surfaces A：Physicochem. Eng. Aspects，2012，(396)：328-335.

[97] 潘晓赟. 基于酪蛋白的纳米粒子制备及其应用的研究. 上海：复旦大学，2008.

[98] Pan X Y，Mu M F，Hu B，et al. Micellization of casein-graft-dextran copolymer prepared through maillard reaction. Biopolymers，2006，81 (1)：29-38.

[99] Somanathan N，Jeevan R G，Sanjeevi R. Syhthesis of casein graft poly (acrylonitrile). Polymer Journal，1993，25 (9)：939-946.

[100] Rajib G C，Santanu P. Core/shell nanopartieles：classes，properties，synthesis，Mechanisms，Characterization，and Applications. Chemical Reviews，2012，112：2373-2433.

[101] 宋孟恩，张志国，朱晓丽，孔祥. 接枝共聚制备 PMMA-干酪素核壳纳米颗粒. 济南大学学报，2009，23 (3)：229-232.

[102] 朱晓丽，吴莉莉，孔祥正. 干酪素存在下丙烯酸丁酯的乳液聚合及聚丙烯酸丁酯/干酪素核壳结构乳胶粒的形成. 化学学报，2011，9 (69)：1107-1114.

[103] 吴莉莉. 核壳纳米微球的制备及其对药物的包覆与释放. 济南：济南大学，2011.

[104] 吴莉莉，朱晓丽，孔祥正. PMMA/CA 核壳纳米微粒的制备与表征. 高分子学报，2011，(4)：427-434.

[105] 宁红梅. 改性酪素－明胶皮革涂饰剂的研究. 明胶科学与技术，1997，17 (4)：190-193.

[106] 马建中，李娜，鲍艳. 多元单体接枝改性酪素树脂的合成及表征. 中国塑料，2009，23 (6)：54-59.

[107]　Ma J Z，Xu Q N，Zhou J H，et al. Nano-scale core-shell structural casein based coating latex：Synthesis，characterization and its biodegradability. Progress in Organic Coatings，2013，76：1346-1355.

[108]　孟勇，翁志学，单国荣等．核壳结构聚硅氧烷/丙烯酸酯复合乳液（Ⅰ）：乳化剂对乳液聚合过程及粒径分布和粒子形态的影响．化工学报，2006，56（9）：1794-1799.

[109]　田立朋，王力．表面活性剂对二氧化硅溶胶稳定性的影响．硅酸盐通报，2009，28（6）：1322-1326.

[110]　Watanabe M，Tamai T. Sol-gel reaction in acrylate polymer emulsions：The effect of particle surface charge. Langmuir，2007，23：3062-3066.

[111]　徐群娜，马建中，高党鸽，吕斌．基于改性酪素制备水性油墨连接料的现状与展望．包装工程，2010，31（3）：114-118.

[112]　乔滢寰，马建中，徐群娜，周建华．无皂法制备有机硅/丙烯酸酯共改性酪素皮革涂饰剂的研究．中国皮革，2013，42（3）：30-34.

[113]　甘长凤，徐群娜，周建华，马建中．三元两亲共聚物作乳化剂制备核壳型改性酪素皮革涂饰剂的研究．中国皮革，2013，5（42）：37-41.

[114]　甘长凤，徐群娜，周建华，马建中．聚丙烯酸酯类乳液型水性油墨连接料的研究进展，材料导报，2013.

[115]　乔滢寰，马建中，徐群娜，周建华．无皂乳液聚合法制备改性酪素乳液的研究进展．现代化工，2013.

[116]　Xu Qun-na，Ma Jian-zhong，Zhou Jianhua，Li Na. Synthesis and performance of polyacrylate modified casein/nano SiO$_2$ leather finishing agent using soap-free emulsion polymerization. Functional Materials and Applictions，Chongqing，2011：554-557.

[117]　甘长凤，马建中，徐群娜等．三元两亲共聚物作乳化剂制备核壳型改性酪素皮革涂饰剂的研究．第九届全国化学品交流会论文集．北京，2012：37-41.

[118]　乔滢寰，马建中，徐群娜等．无皂法制备有机硅/丙烯酸酯共改性酪素皮革涂饰剂的研究．第九届全国化学品交流会论文集．北京，2012：77-80.

[119]　马建中，徐群娜，周建华，高党鸽．双原位法制备酪素基纳米 SiO$_2$ 复合皮革涂饰剂的方法．国际专利：201110394826.7，2011-12-02.

[120]　马建中，徐群娜，周建华．一种改性酪素载药薄膜的制备方法．中国专利：201210476118.2，2012-11-22.

[121]　马建中，甘长凤，徐群娜，周建华．水性油墨用低固含量酪素基乳液及其制备方法．中国专利：201210229416.1，2012-07-04.

[122]　马建中，乔滢寰，周建华，徐群娜．一种无皂聚合法制备丙烯酸酯/硅烷偶联剂共改性酪素皮革涂饰剂的方法．中国专利：201210567608.3，2012-12-24.

[123]　马建中，徐群娜，高党鸽，吕斌．一种原位无皂种子乳液聚合法制备改性酪素纳米 SiO$_2$ 复合成膜剂的方法．中国专利：201110057116.5，2011-03-10.

[124]　刘颖．纳米二氧化硅的修饰及其纳米复合材料的制备．天津：天津大学，2006.

[125]　Binks B P，Clint J H. Solid wettability from surface energy components：relevance to Pickering emulsions. Langmuir，2002，18（4）：1270-1273.

[126]　柳建宏，于杰，何敏等．KH-570 用量对纳米 SiO$_2$ 接枝改性的影响．胶体与聚合物，2010，28（1）：19-21.

[127]　徐群娜．酪素基无皂核壳复合乳液的合成、结构与性能研究．西安：陕西科技大学博士论文，2013.

[128]　Joseph N，Balaji N. The Effect of Interpenetrating Polymer Network Formation on Polymerization Kinetics in An Epoxy-acrylate System. Polymer，2006，47：1108-1118.

[129]　Decker C，Masson F，Schwalm R. Weathering Resistance of Water Based UV-cured Polyurethane-acrylate Coatings. Polymer Degradation and Stability，2004，83：309-320.

[130]　晏欣，江盛玲，陈航涛．室温自交联聚丙烯酸酯乳液的合成及力学性能．弹性体，2009，19（1）：29-32.

[131]　Cui X J，Zhong S L，Yan J，et al. Synthesis and Characterization of Core-shell SiO$_2$-fluorinated Polyacrylate Nanocomposite Latex Particles Containing Fluorine in the Shell. Colloids and Surfaces A，2010，360：41-46.

[132]　Lu Z H，Liu G J，Duncan S. Poly（2-hydroxyethyl acrylate-co-methyl acrylate）/SiO$_2$/TiO$_2$ Hybrid Membranes. Journal of Membrane Science，2003，221：113-122.

[133]　李燕杰，胡晓兰，申丙星等．改性纳米 SiO$_2$/丙烯酸酯复合涂料的性能．厦门大学学报：自然科学版，2008，47（5）：696-700.

[134]　张志杰，马建中，胡静等．原位生成纳米 SiO$_2$/丙烯酸树脂皮革涂饰剂的研究．精细化工，2006，11：1112-1117.

[135]　李颖．防水透湿织物及其设计机理．中国纤检，2008，11：42-44.

[136]　黄机质，张建春．防水透湿织物的发展与展望．棉纺织技术，2003，31（2）：69-72.

[137]　马建中，胡静，刘凌云等．纳米复合涂饰剂的组合—纳米 SiO$_2$ 溶胶的制备．中国皮革，2005，34（9）：38-41.

[138]　Wang D，Sun G，Xiang B，et al. Controllable Biotinylated Poly（ethylene-co-glycidyl methacrylate）（PE-co-GMA）Nanofibers to Bind Streptavidin-horseradish Peroxidase（HRP）for Potential Biosensor Applications. European Polymer Journal，2008，44（7）：2032-2039.

[139]　何晓燕，张健，黄辉等．聚苯乙烯-聚甲基丙烯酸缩水甘油酯嵌段共聚物的合成与表征．功能高分子学报，2009，22（2）：173-179.

[140]　Zheng Y P，Zheng Y. Effects of Nanoparticles SiO$_2$ on the Performance of Nano Composites. Materials Letters，2003，57：2940-2944.

[141] 曹同玉，刘庆普，胡金生．聚合物乳液合成原理性能及应用．北京：化学工业出版社，2007：598-641.

[142] 高党鸽，张文博，马建中等．防水透湿织物的研究进展．印染，2011，37（21）：45-50.

[143] 马建中，张文博，高党鸽等．聚丙烯酸酯/纳米 SiO$_2$ 织物涂层整理剂的性能研究．高分子材料科学与工程，2012，28（12）：59-62.

[144] 马建中，张文博，高党鸽，王刚．纳米 SiO$_2$ 改性聚丙烯酸酯制备织物防水透湿涂层剂的方法．CN 201210058908.9.2012-07-25.

[145] Meng Q B, Lee S I, Nan C W, et al. Preparation of Waterborne Polyurethanes Using An Amphiphilic Diol for Breathable Waterproof Textile Coatings. Progress in Organic Coatings, 2009, 66 (4): 382-386.

[146] Veiga M J. Polyvinyl Chloride Coated Fabrics for Use in Air Bags. US 2010129575. 2010-05-27.

[147] Rolf D, Lucia Z. Coating Composition for Leather or Textile Material. EP 1970415. 2008-09-17.

[148] Wolfgang B, Joachim H. Coating Agent for Sun Protection Articles. US 2005261408. 2005-11-24.

[149] 郭奎顺．一种功能型纺织涂层胶及其制备方法．CN 101624779A. 2010-01-13.

[150] Su C H. Facile Fabrication of A Lotus-effect Composite Coating via Wrapping Silica with Polyurethane. Applied Surface Science, 2010, 256 (7): 2122-2127.

[151] 何晓娜，彭志勤，方小兵，胡国樑．纳米 SiO$_2$ 粉体/聚丙烯酸酯复合涂层乳液的研究．化工进展，2010，29：246-250.

[152] 施冠成，华载文．织物涂层用聚丙烯酸酯乳液的新进展．中国纺织大学学报，1997，23（5）：122-125.

[153] 邓桦，忻浩忠，江怡怡．TiO$_2$ 纳米材料防紫外线涂层整理．印染，2005，15：11-13.

[154] 郑今欢，钟幼芝，邵建中，刘今强．纳米抗紫外防水涂层织物的研究．印染，2005，17：7-10.

[155] 鲍俊杰，钟达飞，谢伟，许戈文．改性水性聚氨酯技术进展．聚氨酯工业，2006，21（3）：1-5.

[156] 罗瑞林．涂层技术的新动向．染整技术，2006，28（9）：12-14.

[157] 叶毓辉，康伟．纳米二氧化钛防紫外线转移涂层整理．针织工业，2011，11：33-35.

[158] 阳建斌，伏宏斌，郑雄．水性聚氨酯/聚丙烯酸酯/蒙脱土纳米复合纺织品涂层整理剂的研究进展．成都纺织高等专科学校学报，2011，28（3）：14-19.

[159] 叶毓辉，杨友红，董晶泊，何玉兰．针织物纳米 TiO$_2$ 防紫外转移涂层．印染，2011，15：31-33.

[160] 黄良仙，郭能明，杨军胜，安秋凤．织物涂层剂研究新进展．印染助剂，2012，29（1）：10-15.

[161] 贺香梅．SiO$_2$ 气凝胶的常压干燥制备及在隔热纺织品中的应用．上海：东华大学，2014.

[162] 何晓娜．纳米阻燃粉体/聚丙烯酸酯复合乳液及涂层的制备与性能研究．杭州：浙江理工大学，2011.

[163] 杨仁党，陈克复，陈奇峰，杨飞．合成胶乳性能剖析及在纸张涂布时的黏结机理．中国造纸学报，2006，21（2）：98-101.

[164] 马文彦．可聚合表面活性剂乳化 SAE 表面施胶剂的合成及改性研究．广州：华南理工大学，2010.

[165] 杨小刚，贾淑香，田边弘往，侯保荣．无溶剂超厚膜环氧涂层海洋腐蚀模拟试验研究．中国港湾建设，2012，2：76-80.

[166] 邓俊英．聚苯胺微纳米结构的制备及其在防腐蚀技术中的应用研究．青岛：中国科学院海洋研究所，2010.

[167] Yan Bao, Chunhua Shi, Yongqian Yang, et al. Effect of hollow silica spheres on water vapor permeability of polyacrylate film. RSC Advance, 2015, DOI: 10.1039/c4ra14649b.

[168] 刘凌云．丙烯酸树脂/纳米 SiO$_2$ 复合涂饰剂的研究．西安：陕西科技大学硕士论文，2004.

[169] 张志杰．原位生成纳米 SiO$_2$/丙烯酸树脂复合涂饰剂的研究．西安：陕西科技大学硕士论文，2006.

[170] 胡静．无皂聚丙烯酸酯/纳米 SiO$_2$ 复合乳液的合成、性能及其聚合机理的研究．西安：陕西科技大学博士论文，2009.

[171] 刘俊莉．抗菌型聚丙烯酸酯基纳米复合乳液的合成与性能研究．西安：陕西科技大学博士论文，2013.

[172] 杨永强．聚丙烯酸酯/中空二氧化硅纳米复合皮革涂饰剂的制备及应用研究．西安：陕西科技大学硕士论文，2014.

[173] 刘易弘．耐黄变型聚丙烯酸酯/纳米 ZrO 皮革涂饰剂的合成及应用研究．西安：陕西科技大学硕士论文，2014.

[174] 鲁娟．基于"粒子设计"的超疏水型皮革涂饰材料结构及性能研究．西安：陕西科技大学硕士论文，2013.

第**7**章 ◄◄◄◄◄

纳米材料在其他轻纺行业中的应用

轻纺行业作为我国的传统优势产业，是国民经济的重要组成部分。该行业包括皮革、纺织、食品、造纸等 19 个领域，是涵盖衣、食、住、行、用、娱乐等消费领域的产业组合群。随着人们物质文化生活水平的日益提高，以及轻工行业的日益发展，该行业对高新技术与高新材料的需求日益迫切。在前几章内容中，作者主要结合自身的研究经历，介绍了纳米材料在制革行业及纺织行业的应用现状。本章则结合全书的结构特点，重点介绍纳米材料在造纸、食品、鞋材及塑料等领域中的应用。

7.1 纳米材料在造纸行业中的应用

7.1.1 概述

造纸术是中国古代四大发明之一，人类文明史上的一项杰出发明创造。随着人类社会的不断进步，纸张的类型越来越多，依其用途及品质特性可分为文化用纸（包括铜版纸、轻涂纸、新闻用纸等）、工业用纸（如牛皮纸、瓦楞纸、涂布白纸板等）、包装用纸（如玻璃纸、包装纸等）、家庭用纸（如卫生纸、面纸、餐巾纸等）、资讯用纸（如影印纸、传真纸等）及特殊用纸（如宣纸、防油纸、钞票纸等）六大类。然而无论是何种类型的纸张，目前都在保证其基本用途的前提下追求着更高的性能和突破。纳米材料的产生为造纸行业达到这一持久性目标提供了可能性。

7.1.2 纳米材料在加工纸涂料中的应用

涂布加工现已成为造纸工业中一个重要的分支，涂布加工用的涂料组成主要包括黏合剂、颜料、其他助剂和溶剂。造纸涂料是涂覆在基纸上的一种以颜料和胶黏剂为基础材料的混合物。颜料的作用是赋予纸张较好的印刷适印性，胶黏剂的作用是将颜料粒子相互黏合并将颜料粒子粘到原纸上。颜料涂料的主要性质有流变性、流平性和保水性。颜料涂料对涂布纸直接有关的性能有光学性能、整饰性能和印刷适性。

纳米材料在加工纸涂料中可能的发展前景及应用领域有下列各方面。

① 纳米级碳酸钙用作纸张涂料中颜料粒子时，能改善涂层的色相，有利于涂布纸光泽和白度的改善。由于纳米碳酸钙粒子不仅粒度小，粒子形状有多种可供选择，并且粒径分布窄，能够保证白料颜色的纯正。使用纳米级粒子，由于粒径小，对纸的光学性质如不透明度、光泽及印刷光泽度的提高有利。某些纳米粒子还可以产生特殊的光学效果，如散射时随观察角度不同而变色，可适用于生产有特殊用途的涂布纸。

② 使用纳米级粒子，能够改变涂料制备液的流变性能。由于纳米级粒子具有的表面效应和量子尺寸效应，可用于控制涂料液制备的电位、pH 值及粒度性能，以实现应用纳米技术达到制备涂料的高浓低黏目的，另外，超细粒子粉末有助于涂料液的稳定，避免沉淀分层。

③ 利用二氧化钛、二氧化硅纳米粒子的表面效应。由于它对紫外线具有较强的屏蔽作用，在建筑行业中将它填充于涂料中，可显著增加外墙建筑涂料的紫外线吸收性，提高涂层的耐候性。将其加入到纸张涂料中，能同样提高纸张涂层的耐老化性，并有效保持纸层结构，减缓纸张因光照老化的速度。但要注意的是，要获得最佳的紫外线屏蔽效果，纳米粒子的粒径有一定的范围，并不是越小越好，例如根据拉诺克、米顿和韦伯公式，锐钛矿型二氧化钛在粒径为 70～180nm 时才对紫外线有最好的散射能力。

④ 通过加入纳米级粒子，实现涂料加工纸的功能化，如绝缘、导电、抗菌性能，但实现这些功能，载体不仅仅限于纸类材料。

7.1.2.1 纳米 $CaCO_3$ 的应用

纳米级碳酸钙由于粒子的超细化，其晶体结构和表面电子结构发生变化，产生了普通碳酸钙所不具有的性能特点。将其添加到涂料中具有良好的光泽、透明、稳定、快干等特性，特别是当其粒径小于 20nm 时，其补强作用与白炭黑相当。

肖仙英等在纸张涂料中加入纳米 $CaCO_3$，并与普通 $CaCO_3$ 性能进行对比。涂料配方见表 7-1，纳米 $CaCO_3$ 与普通 $CaCO_3$ 性能指标比较见表 7-2，涂布纸物理性能检测见表 7-3。

表 7-1　涂料配方

用料	规格或要求	浓度或固含量/%	用量比/%（质量分数）			备注
			底涂	中涂	面涂	
高岭土	折干	92.755(固)		80		白色颜料共 100 份
非纳米 $CaCO_3$	折干	98.600(固)		20		
氧化淀粉	75℃糊化	48.280(固)	5.5		3	对白色颜料
聚醋酸乙烯乳液	CY-101		16.5		17	对白色颜料
分散剂	TD-01			0.6		对白色颜料
增白剂	90℃的热水			0.2		对白色颜料
消泡剂				适量		
白料加水	清水					
涂料加水	清水					

注：底涂指涂料固含量 40%，白料固含量 45%；面涂指涂料固含量 50%，白料固含量 55%。

实验结果表明：①加入 5% 纳米 $CaCO_3$ 的涂料，在 pH 值和温度都相近的情况下，黏度比未加入时有明显增大。这符合黏度理论：当粒子粒度越小，其摩擦越大，黏度也越大。②纳米 $CaCO_3$ 的加入有利于涂层几种重要性能指标的提高，IGT 值、K&N 油墨吸收性、平滑度等。但是纳米 $CaCO_3$ 的加入量对于性能的提高并不成正比。当纳米 $CaCO_3$ 的加入量为 10% 时，纸张的各种性能都有所降低。这可能是纳米 $CaCO_3$ 本身不能加得太多，太多反而会影响纸张的性能；也可能是由于纳米颗粒表面能高，处于热力学非稳定状态，纳米粒子

表 7-2　纳米 $CaCO_3$ 与普通 $CaCO_3$ 性能指标对比

项目	纳米 $CaCO_3$	普通轻质型	普通重质型
密度/(g/cm³)	2.55	2.65	2.70
平均粒径/nm	40	≤1500	≤2700
pH 值	8.7~9.5	8.7~9.7	8.0~9.0
水分质量分数	≤0.01	≤0.05	≤0.01
BET 比表面积/(m²/g)	≥24	≥2.8	≤1.0
$CaCO_3$ 质量分数	0.965	≥0.965	≥0.965
白度/%	≥98	≥97	≥89
粒子形状	立方体状部分成链	纺锥状	无规则
加热减量/%	44±1	44±1	44±1
表面处理方法	树脂酸	未处理	未处理
外观	白色粉末	白色粉末	白色粉末
活化率/%	≥95	—	—

表 7-3　涂布纸物理性能检测值

项目	IGT 值/(m/s)	白度/%	K&N 油墨吸收性/%	粗糙度/(mL/min)
空白试验	0.213	80.846	32.339	641.7
1 号机涂	0.383	80.327	36.301	511.7
2 号机涂	0.168	80.025	33.226	815

注：1. 其他成分不变的情况下，调整纳米 $CaCO_3$ 在普通 $CaCO_3$ 中的比例，分别如下：0 号（空白值）瓷土：$CaCO_3=80:20$，1 号瓷土：普通 $CaCO_3$：纳米 $CaCO_3=80:15:5$，2 号瓷土：普通 $CaCO_3$：纳米 $CaCO_3=80:10:10$。

2. IGT 抗张拉毛强度为 7 次平均值，粗糙度为 6 次平均值。

的分散不充分，极易聚集成团，从而影响了纳米 $CaCO_3$ 的分散应用效果。仅采用一般的机械分散法和分散剂达不到理想的分散效果。实验所采用的分散剂是聚丙烯酸钠，主要考虑到它对于瓷土和 $CaCO_3$ 的分散效果较好，而且在分散原理上有着一定的优势（它除了通过形成阴离子被颜料吸附形成双电层的途径来达到分散作用外，还会在颜料粒子周围形成覆盖层），是较好的选择。但依然存在着一些问题：一方面，纳米 $CaCO_3$ 表面亲水疏油，呈强极性，一般的有机分散剂难以将其均匀分散，与有机质之间没有结合力，易造成界面缺陷，导致材料性能下降，而所选用的聚丙烯酸钠恰恰又是有机分散剂；另一方面，实验采用的分散剂是常规大颗粒涂料所采用的分散剂，可能这种分散的机理不适应于纳米粒子的分散。所以可能正是这种原因，导致了纳米 $CaCO_3$ 含量增加时，纸张的一些性能反而出现降低的现象。另外，从理论上看，纳米 $CaCO_3$ 的表面积大，需用的胶黏剂量应该相应增加，这其中的比例关系有待于实验验证。③纳米 $CaCO_3$ 对涂层的白度影响不大，似乎有违于纳米 $CaCO_3$ 白度高可以很好地改善白度的设想。空白实验中，所用的 $CaCO_3$ 白度可以达到 97% 以上，几乎与纳米 $CaCO_3$ 的白度（≥98%）一样。值得注意的是：第一，实验的误差可能对白度影响很大。首先是上光时，上光时间的差异（时间越长，白度越低），其次是白度仪的仪器误差；第二，实验没有对涂布纸进行压光。从理论上说，粒子粒度越小，在压光时就越容易被压黑，从而影响白度。所以在实际生产应用中，结果可能会使得白度降低。

华东化工学院（现华东理工大学）报道将表面改性后的纳米 $CaCO_3$ 调整一定比例加入到纸张涂布用胶乳中，通过高速分散，使其分散均匀，然后造纸厂配成涂料涂布于原纸表面作为涂布纸底涂，并经过轧光后，即得涂布纸样品。未改性胶乳同步做对比涂布实验。涂布后的纸张裁成相同尺寸，放于老化箱内做老化性能的对比实验。参加实验的有未改性试样，有纳米 $CaCO_3$ 改性样，有纳米 ZnO 样，有 BASF 公司样品（纳米 ZnO 的选用是由于其在化妆品等领域广泛作为抗紫外线剂使用），在这里与纳米 $CaCO_3$ 做效果对比。经过实验可以看出：①纳米材料的加入对纸张的老化性能有较为明显的改善，说明纳米粒子不仅对紫外线有一定的吸收性，而且有较好的隔热性；②对于纸张贮存过程面临的自然老化，纳米 $CaCO_3$ 隔热效果较好，但作为抗紫外线试剂，纳米 ZnO 更佳。

马毅璇等将表面改性后的纳米 $CaCO_3$ 加入到纸张涂布用胶乳中，通过高速分散，然后由造纸厂配为涂料涂布于原纸表面作为涂布纸底涂，并经过轧光后得到涂布纸样品。试验结果表明，纳米材料的加入对纸张的老化性能有较为明显的改善，纳米粒子不仅对紫外线有一定的吸收性，而且有较好的隔热性。

唐艳军等以阳离子表面活性剂、偶联剂及脂肪酸为表面改性剂获得表面性能不同的 3 种纳米 $CaCO_3$ 改性产品，将改性纳米 $CaCO_3$ 加入纸张涂料体系中，制得不同配方的纸张涂料，并对涂料的稳态剪切流变行为和动态黏弹性进行了研究。结果表明，与加入普通 $CaCO_3$ 的传统涂料相比，含纳米 $CaCO_3$ 的纸张涂料具有较高的表观黏度、动态弹性模量和黏性模量，相位角则较低。表面亲油疏水的纳米 $CaCO_3$ 能够很好地与胶乳、增稠剂等聚合物胶体结合，弹性模量较大；而表面亲水的纳米 $CaCO_3$ 所制得的纸张涂料动态黏弹性较小。

王革对纳米 $CaCO_3$ 在铜版纸中的应用进行了探索。将不同晶型和粒径的两个纳米 $CaCO_3$ 样品在涂布配方中使用，发现涂层的油墨吸收速度大大提高，但铜版纸的光泽度及印刷光泽度受到较大影响。

张恒、陈克复等研究纳米级 $CaCO_3$ 对涂料以及涂布纸性能的影响，适当的纳米 $CaCO_3$ 用量能够提高涂布纸性能的表面强度和油墨吸收性，但用量过大时，若分散不佳，粒子的团聚将导致涂布纸性能下降。

7.1.2.2 纳米 SiO_2 的应用

纸张涂料结构体系是一种带有剪切稀化和黏弹特性的流体，无机纳米粒子的加入对涂料流变性能有一定的改善作用。张恒研究了纳米 SiO_2 对纸张涂料流变学性能的影响，结果表明，在低剪切力场下，加入纳米 SiO_2 后，纸张涂料屈服应力提高，而 Casson 黏度降低；在高剪切力场下，加入纳米 SiO_2 后，纸张涂料高剪切黏度没有明显变化。其机理研究表明，这是因为纳米 SiO_2 主要是通过表面的不饱和羟基与涂料中的细小粒子形成氢键，这些氢键在低剪切力作用下不易断裂，因此就有较高的屈服应力。而在高剪切力作用下易于断开，对高剪切黏度影响就不明显。另外，涂料的黏弹性实验表明，纳米 SiO_2 的加入，涂料黏弹性明显增强。在相同的涂料固含量下，加入纳米 SiO_2 后，涂料的动态弹性模量增大一倍，而黏性模量则略有提高，这说明加入纳米 SiO_2 后涂料体系中粒子间的相互作用增强，这种相互作用对体系的弹性贡献更大。但实验证明，与涂料中传统的增稠剂 CMC、PVA 等相比，纳米 SiO_2 在改善纸张涂料流变性方面远远不如前者；纳米粒子由于其粒径极小，在涂料中只能与邻近的粒子存在作用力，并且多与其中粒径相当的胶乳粒子和极细小的颜料粒子发生联结，其网状结构强度不及前者，因此对黏弹性的增加有限。

王宝等在纸张涂料中加入纳米 SiO_2，并将其应用于纸张涂布，涂布纸样的性能见表 7-4。

结果表明：纳米 SiO_2 颗粒小，比表面积大，表面原子数多，表面能高，表面原子严重配位不足，具有很强的表面活性与超强的吸附能力，添加在涂料中，可提高分子间的键力以及涂料与基纸之间的结合强度，所以改善了涂料的保水性，纸张表面强度也得到提高。纳米 SiO_2 具有常规材料所不具备的特殊光学特性，对 UVA、UVB 反射率高达 85% 以上，故添加在涂料中可以达到屏蔽紫外线的目的。将涂布纸样暴露在日光下照射 3d 后，检测结果证明配有纳米 SiO_2 的涂料可以降低涂布纸的返黄速度。此外，纳米 SiO_2 具有的小尺寸效应还使其产生淤渗作用,在涂层界面形成致密的"纳米涂膜",从而改善了涂布纸的表面平滑度、光泽度,降低了表面吸收质量,同时也使涂布纸的油墨吸收性降低。

表 7-4　涂布纸样性能

名称	含 SiO_2 纸样	对比纸样
定量/(g/m^2)	257	261
涂布量/(g/m^2)	18	20
紧度/(g/m^3)	0.87	0.91
白度/%	79.4	78.6
平滑度/s	385	354
光泽度/%	58.1	56.8
印刷光泽度/%	89.7	91.5
表面强度/(m/s)	1.74	1.43
油墨吸收性/%	25	30
表面吸收质量/(g/m^2)	25.4	32.5
颜色变化(-b 值降低)/%	16	38

潘青山等采用溶胶-凝胶法制备 SiO_2 胶体溶液并添加到涂料中。在涂料中原位生成纳米 SiO_2 粒子,研究了其涂布纸纸样的各项指标,结果见表 7-5。通过对比可见,在相同的涂布量下,添加纳米粒子的涂布纸纸样的平滑度、光泽度、表面强度都比普通不含纳米粒子的纸样要好。这可能是由于纳米粒子的粒径较小,减少了纸面的小凹痕和小凸痕,使纸片趋于光滑。但吸收油墨能力有所下降,由于纳米 SiO_2 独特的网状结构,形成致密的纳米涂层,且纳米 SiO_2 颗粒小、比表面积大、表面原子数多、表面能高,使得表面原子严重配位不足,具有很强的表面活性与超强吸附能力,添加在涂料中,可提高分子间的键合力以及涂料与基纸之间的结合强度,使纸张对吸收油墨能力有所下降,阻碍了油墨浸透到纸的反面,同时也改善了涂料的保水性,纸张表面强度也得到提高。研究还发现,添加纳米粒子的涂布纸样的白度和普通不含纳米粒子的纸样的白度差不多,表明纳米粒子的组分对涂层的光学性能影响不明显,不能有效地提高涂层的白度,其原因可能是因为涂层中绝大部分为不透明的颜料粒子,纳米 SiO_2 粒子含量太少,导致其优异的光散射效果难以发挥。

表 7-5　涂布纸样的性能

名称	纳米二氧化硅纸样	对比纸样
定量/(g/m^2)	260	260
涂布量/(g/m^2)	18	18
紧度/(g/m^3)	0.89	0.90
白度/%	80.8	80.1
平滑度/s	385	355
光泽度/%	58.2	56.9
印刷光泽度/%	90.2	91.2
表面强度/(m/s)	1.74	1.43
油墨吸收性/%	26.7	27.2

王进等对纳米 SiO_2 分散液及彩色喷墨打印纸涂料的流变性能进行了研究,结果表明浓度对纳米 SiO_2 分散液的流变性能有很大影响。增大纳米 SiO_2 分散液的浓度,表观黏度和弹性模量都有很大的提高。纳米 SiO_2 分散液的这种流变性能也决定了其在分散时存在一个较低的分散浓度,当高于此分散浓度时,必然会引起纳米 SiO_2 分散液黏度的攀升。另外,在彩色喷墨打印纸涂料中,聚乙烯醇加入到纳米 SiO_2 分散液中,涂料的弹性模量得到一定

程度的提高；固色剂与涂料中的纳米 SiO_2、胶黏剂和辅助添加剂等发生化学键作用，引起涂料微絮聚，形成不可逆的、强度高的较小的三维网状结构，增加了涂料的初始剪切黏度和初始弹性模量，以及提高了涂料结构抗剪切的性能。

同济大学波耳固体物理所用含有磨木浆的市场现成新闻纸作原纸，涂纳米 SiO_2 与不涂纳米 SiO_2 的新闻纸作对比防晒试验，涂有无机纳米材料的新闻纸不发黄发脆，而不涂纳米材料的新闻纸试样则发黄发脆。这种工艺又可在彩喷纸或普通喷墨打印纸上应用。目前国产彩喷纸或普通黑白喷墨打印纸，存在着喷墨后耐晒牢度与进口纸的差距问题，但如果涂好喷墨涂料干燥以后，再用"上光胶乳"与纳米溶液混合后作一次面涂工艺，则既可解决耐晒质量差的问题，又可提高产品表面光泽，升级产品质量档次。当然上光合成胶的选择以及如何与纳米粒子分散、相溶是成功与否的关键。

7.1.2.3　功能化纳米涂料的应用

(1) 静电屏蔽　利用纳米粒子的静电屏蔽性，可制得静电屏蔽涂料，用于家电的静电保护。与传统的炭黑填充的防静电涂料相比，其具有更优异的防静电性能，而且由于不同纳米粒子吸收不同的可见光波段，因此可通过选用不同的纳米粒子来调节防静电涂料的颜色。

(2) 高效柔性　保温隔热膜的纳米材料涂布加工，也可引申为与卡纸产品复合，发展其他涂布复合纸张。掺杂改性的纳米多孔 SiO_2 气凝胶材料是一种轻质高效保温隔热材料，在 $500℃$ 的热导率可低达 $0.035W/(m·K)$，是目前保温隔热性能最好的固态材料。针对材料优异的隔热性能以及机械强度方面存在的不足，近年来，国际上以美国桑地亚国家实验室的 Brinker、劳伦兹利莫尔国家实验室的 Hurbish 为代表，开展了纳米多孔薄膜的研究。有报道显示，美国正尝试将这种纳米多孔薄膜用于红外光电探测器的隔热保护。通过对材料纳米结构的控制、表面修饰技术的应用以及隔热性能的设计与优化，能够形成一种高效柔性纳米复合隔热保护膜材料，从而以包裹的方式解决隔热问题。如果将芳纶合成纸与此纳米薄膜复合，便能形成一种比芳纶纸更柔软的纳米复合隔热保护膜材料。这种纳米隔热材料如果涂在细密度高、机械强度高的原纸上，可以制成各种隔热包装纸。

(3) 高清晰数码相纸　高清晰数码相纸是高分辨率彩色喷墨打印机专用相纸。除具有表面平整、光泽度高、彩色墨水的吸收固定性能强等高光泽相纸所具有的特点外，最显著的特点是清晰度高、图像达到照片质量，广泛用于计算机打印高精度的图片及数码相机成像用纸。打印的图像具有色彩鲜艳、自然清晰、表面光亮、分辨率高、色彩还原性好等特点，整体效果可以接近普通彩色感光照片。随着电脑的普及及数码相机进入家庭，对这一高档产品的市场需求会日益增加。

随着电脑的高速发展，作为电脑终端产品的打印机市场十分活跃，新技术、新品种不断涌现。其中喷墨打印机由于价格优势深受广大用户的青睐，市场占有率迅速增加，作为配套耗材之一的彩色喷墨打印纸用量日益增加。目前，日本 Epson 公司的打印纸、彩喷纸、光面相纸、照片纸技术及研发水平处于世界领先地位。国内多家科研机构对彩色喷墨打印纸进行了研发，湖南省造纸研究所率先在国内研究成功，并于 2000 年 12 月通过了省级鉴定，其研究的光面相纸也于 2001 年 12 月通过了省级鉴定，目前正致力于广告喷绘写真材料及低成本彩喷纸的开发，并积极进行与之配套的高档工业涂布纸的基地建设。除此之外，其在数码相纸的研究方面也处于国内领先水平。

由于彩色感光照片在成相中使用分子级曝光材料，使得图像更清晰，而一般彩喷纸使用涂料级填料，粒径为 $0.5\sim1\mu m$，使得图像有颗粒感。一般光面相纸使用 $50\sim200nm$ 的填料，清晰度、光泽度有所提高。本技术采用 $5\sim12nm$ 的纳米级的 SiO_2，采用纳米包裹技术，使固色剂与纳米 SiO_2 充分混合，在涂布表面形成纳米级的 SiO_2 与固色剂的微细颗粒，使得喷墨的微粒与纳米级颗粒进行结合，再通过调整纳米材料的吸收值来调整油墨的吸收与扩散速率，来达到高清晰度的画质要求。通过与高分辨率的彩色喷墨机配套进行图片处理，来取代目前的感光照片。在这一领域，国外 Epson、富士、柯达等大公司也处于研发阶段。

(4) 石头纸　石头纸（又名石科纸）是将纳米级碳酸钙涂布到基材上而制成的。据介绍，任何物质在到达纳米级时，都是可涂布的。由于石头富含碳酸钙成分，所以在实际应用中成为首选原料。出于技术的要求，我国台湾龙盟科技所用的"石头"原料全部是从德国进口的纳米级碳酸钙成品。目前石头纸定位于特种文化用纸，大力推出的还只有彩色喷墨打印相纸，但是，新闻纸、铜版纸等印刷纸的纸样已经出来，大规模生产指日可待。

这种新的彩色喷墨打印相纸与传统同类产品相比，具有以下优势：①由于它不是用木纤维制造，而是由纳米级石粉浆涂布到基材上，颗粒形状使纸的表面由无数个孔洞组成，因此吸墨率高，喷墨打印品不易被侵蚀，也能够防水；②传统木浆纸有木纤维，容易晕墨，而石头纸无纤维，不存在晕墨现象，所以喷墨打印后清晰度高，可达到 2880dpi 精度，打印效果特别好；此外，石头纸表面不覆膜，表面无机物不会与墨发生化学反应，从而避免了脱色现象的发生；③与传统彩色喷墨打印纸用墨量相比，石头纸更省墨。石头纸 720dpi 精度与传统纸 1440dpi 精度清晰度相同，而精度越高消耗的墨越多，在同等清晰度要求下，石头纸会节省一半的墨；④石头纸所用原料是无机物，既不与墨发生反应，也不与空气中的酸碱成分发生反应，因此不会变色泛黄，更适合于贵重文件的保存；传统相纸有保存期限的要求，开封 2 个月后就不能使用了，而石头纸轻易地解决了这个问题，放置多久都不存在过期不能用的问题；⑤易回收，石头纸暴晒 3 个月后会风化成石粉，易于环保。

石头纸的造纸工艺与传统造纸工艺有严格的区别，它更接近于塑料制作工艺，生产设备也更类似于制造塑料的设备。而且，其工艺流程也不像传统造纸那么复杂。两者的一个重要区别是石头纸的制作不是用浆去抄纸，因此它的整个工艺过程不用一滴水。相对于传统纸巨大的耗水量，这是个革命性的进步。另外，石头纸造纸工艺对环境的要求比传统工艺更严格，要求十分精细、干净，如果有一丁点的杂质，也会影响到纸的表面光洁度和平滑度等。石头纸不但扩大了造纸资源的可利用空间，还有利于环保，同时降低了生产成本。石头纸与传统彩色喷墨打印相纸相比，成本只是它的 25%，售价只是它的 1/3 甚至还不到。当然也有它的不足：产品规格还不是很齐全，大幅、宽幅产品还是空白，还仅局限在 A1、A2、A3、A4 这些常规小幅面范围内。

7.1.3　纳米材料在助留助滤剂中的应用

用于增加填料、细小纤维、施胶剂等助剂留着的试剂称作助留剂，助滤剂的作用是提高配料抄纸网部的滤水性、脱水速度。滤水作用与助留作用在促进纤维和填料的凝聚这一点上是相通的，所以助滤剂往往同时又是助留剂。助留、助滤剂的使用量近几年一直在大幅度上升，主要是受以下因素的影响：造纸机车速的提高，碱性造纸系统填料使用量的增加，废纸的大量回用以及新闻纸中使用填料的发展趋势。这类助剂分为：阴离子型、非离子型、阳离子型和两性离子型，它们可以单独使用或结合使用。但目前是朝着阳离子型及两性型聚合电解质的方向发展。一般可作为助留助滤剂的物质有三大类，即无机盐、天然聚合物和合成聚合物，后两种也称为聚合电解质。

阴离子二氧化硅胶体与阳离子聚合物共用，组成双组分助留助滤系统。在造纸湿部使用时，二氧化硅粒子能在纤维周围絮凝聚合配料中的细小组分，从而改善浆料组织结构和降低细小组分的流失，对改善纸机的运行和纸张的匀度，降低浆内添加物的用量，产生显著效果。

最近，对纳米或微米颗粒/聚合物助留系统的发展已经延伸到用阳离子颗粒来代替传统的阴离子颗粒。与传统的助留系统相比，阳离子纳米或微米颗粒/聚合物助留系统，同样可以加强滤水和改善纸张成形，而且由于其阳离子微粒与填料和纤维的有效结合，可以减少白水封闭循环系统的问题。

在现代高速纸机湿布配料中，引入新一代阴离子胶体 SiO_2（ACS）与阳离子聚合物，如阳离子改性淀粉（CS）、阳离子聚丙烯酰胺（CPAM）共用时，可在湿部配料系统中产生粒径为 $3\sim5nm$、比表面积达 $500\sim1000m^2/g$ 的氧化硅粒子，这种微粒能在纤维周围絮聚配料中的细小组分，从而改善浆料组织结构和降低细小组分的流失，对改善纸机的运行和纸张匀度、降低浆内添加物的用量均可产生相当显著的效果。CS 和 CPAM 在冲浆泵和旋翼筛之

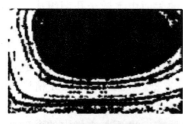
(a) 中度剪切

(b) 高度剪切

图 7-1　中高度剪切下高级纸浆料的抗剪切强度

前加入，使纤维、填料、细小纤维发生初始絮聚，这些初始絮聚物在冲浆泵和旋翼筛内受到剪切作用后，淀粉聚合物链断裂，絮聚物被破坏。而这些分散了的絮聚物将与 ACS 粒子反应，形成更小、更密和更强的絮聚物。纳米粒子系统能够在网上和白水中再絮聚，这是该系统在高湍动状态下具有高抗剪切能力的原因所在（见图 7-1）。

Duncan 等对该系统中 SiO_2 纳米粒子的作用机理解释为：先进的 SiO_2 纳米粒子可以提供很强的电中和作用和架桥作用，由于这种桥是纳米尺度上的，应该确切地叫作纳米桥（nano-bridge）。其纳米桥作用和电中和作用的结合，可以产生更细小、更密集、抗剪切力更强的微絮凝（微絮凝的尺寸越小，抗剪切力的能力就越强）。微絮凝不仅可以增加填料含量和加强细小纤维留着，还可以在高剪切力的情况下强化胶体留着。而当剪切力移除时又会产生很强的再絮凝作用，从而改善纤维的回收效率，减轻废水负荷。这些电中和组分的优化还可以在不影响留着的同时，适当减少 CPAM 的用量。而高分子质量 CPAM 用量的减少通常可以改善纸张成形。

(a) 低微聚体

(b) 高微聚体

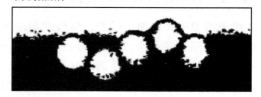

图 7-2　ACS 的高低微聚体

相对于最新发展的高效 ACS 来说，早期的 ACS 产品表面积很低，结构也大不一样。如今，第三代的 ACS 具有很高的微聚集度（见图 7-2）。SiO_2 球体间的键是很强的共价硅氧烷键，在纸机上受到剪切时不会断裂。

张红杰等在对阳离子微粒与阴离子聚合物复配的微粒助留系统进行研究时，其微粒尺寸最小的只有 $2\sim3nm$，纳米微粒助留剂具有尺寸小、数量大、比表面积大和负电性高等优点。

Xiao 等对 SiO_2 纳米颗粒进行表面改性，在其表面引入季铵基团使其带正电。改性 SiO_2 颗粒的表面性质用 ζ 电位和电荷密度来表征。动态絮凝实验表明，单独使用阳离子 SiO_2 纳米颗粒对高岭土絮凝的贡献很小；但当其与高分子质量、低电荷密度的阴离子聚合物共用时，可以显著改善细小高岭土颗粒的絮凝。其作用机理为，高岭土表面对阳离子 SiO_2 纳米颗粒的吸附，既可以部分中和高岭土表面电荷，还可以更容易使高岭土颗粒与阴离子聚合物链产生桥联。这种桥联过程可以在高岭土高效絮凝的同时减少聚合物的用量。

7.1.4　纳米材料在表面施胶剂中的应用

表面施胶又称表面涂胶，它是指在纸的表面均匀地涂上一层胶料，以达到下列目的。

① 提高纸和纸板的憎液性能和适印性能。表面施胶是在表面上涂一层胶料，可以提高纸页的憎液性和吸墨性，改进纸张的印刷和书写性能，使印迹清晰，颜色均匀。

② 提高纸和纸张的物理强度和表面性能。表面施胶可以提高纸的挺硬度和物理强度，使表面紧密细腻、光滑、手感好，降低纸页的透气度，增加表面强度，在印刷时减少掉毛掉粉，并使纸板具有良好的耐久性和耐磨性能，提高纸张的光泽度、挺硬性和湿强度等。

③ 减少纸页的两面差和变形。

④ 减少胶料的流失。

国内表面施胶主要从 20 世纪 80 年代开始，目前使用对象主要是涂布原纸、印刷书写纸和胶版纸等。表面施胶的优点是：上胶成本低，可加强施胶效果；减轻用内部施胶剂引起的纸的强度的下降，提高纸的表面性能；通过对纸张的表面处理能赋予印刷高级化、高速化和适印性，使纸页产生新的功能等。

根据制备方法及原料来源可将表面施胶剂大致分为：天然高分子表面施胶剂如壳聚糖、各种树胶等；天然改性高分子表面施胶剂如改性淀粉、氧化淀粉、交联淀粉等；合成高分子表面施胶剂如聚乙烯醇、聚丙烯酰胺等三大类。

李建文等采用高分子分散剂加入苯乙烯、丙烯酸丁酯和甲基丙烯酰氧乙基三甲基氯化铵的无皂聚合，不添加有机溶剂和乳化剂，合成了阳离子纳米产品 YNBJ-2。YNBJ-2 乳液平均粒径为 77.4nm，表面张力为 46.886mN/m，其乳液颗粒的 Zeta 电位为 +30mV。当 YNBJ-2 吨纸用量为 0.6kg 时，白纸板无需浆内施胶，反面 Cobb 值可达 44g·m。当其吨纸用量为 2.5kg 时，瓦楞纸板可达 A 级标准。与纸厂现用工艺相比，纸板 Cobb 值降低 4.5%，环压指数、裂断长、耐破指数、耐折度分别提高 8.3%、7.5%、4.7% 和 16.6%。

纳米表面施胶剂 DS-SS610 涂布于纸张表面时羧酸离解，与纸中的 Al^{3+}、Ca^{2+} 等阳离子组分相互作用，而疏水基团苯环则在纤维表面定向分布，从而获得施胶效果。与一般表面施胶剂相比，纳米表面施胶剂 DS-SS610 能有效提高纸张表面强度、挺度，增强纸张的抗水性，消除纸张的表面强度两面差。

7.1.5　纳米材料在功能纸中的应用

7.1.5.1　抗菌纳米纸

利用超微细技术生产亚微米及纳米级的无机抗菌剂，如银、铜、锌等离子和光催化抗菌剂如纳米级氧化钛、氧化锌、氧化硅等。它们能将细菌及其残骸一起杀灭和消除，同时还能分解细菌分泌的毒素，而传统的抗菌剂就无法消除细菌残骸和毒素。另外纳米抗菌剂也克服了大多数有机抗菌剂存在的耐热性差、易挥发、易分解产生有害物质、安全性能差等特点。将这些纳米无机抗菌剂混入造纸浆料，就可将纸张抗菌产业化如物理抗菌复合纤维无纺布医用食品包装纸、高级生活用纸等。

352 轻纺化学产品工程中的纳米复合材料——合成与应用

现在对纸张用抗菌剂的研究，较多集中在纳米改性抗菌沸石的研究上。纳米改性后，抗菌沸石通过缓慢释放所置换的 Ag^+、Cu^{2+}、Zn^{2+} 等，达到较高的抗菌作用，其中银沸石抗菌剂的抗菌效果优异。而光催化型无机抗菌剂目前主要为锐钛矿型 TiO_2 抗菌纳米粒子，其抗菌机理是基于光催化反应。TiO_2 纳米光催化抗菌剂起作用必须具备两个条件：①必须有合适的光照射，主要是 300～400nm 的紫外线；②必须有 O_2 参与。

7.1.5.2 抗静电耐磨的纳米纸

将 0.1%～0.3% 的纳米二氧化钛、三氧化二铬、氧化锌、三氧化二铁、二氧化锡等粉体掺入到造纸浆料中造纸，该纸具有优良的耐磨、抗水、耐腐蚀性、良好的静电屏蔽性能，大大降低其静电效应，可大幅度地提高包装产品的安全系数，适用于高精密仪表电器、光洁度要求很高的不锈钢材料及各种合金材料的包装衬纸。

7.1.5.3 可染色、抗紫外线纳米纸

把纳米级颜料加入纸浆中，可制成色彩鲜艳、色牢度较好的纸张。将纳米级的二氧化钛、铬黄、氧化铁红等粉体添加到化学纤维中，吸收紫外线效果好，可以屏蔽紫外线的过度照射，可制成耐光的亚光高白纸和色彩鲜艳的有色纸，并具有抗紫外线功能。

7.1.5.4 导电纸

Lvov 研究组在用分层纳米涂布技术对纤维进行改性的研究中发现，用多个聚噻吩/聚丙烯酰胺（polythiophene/polyallylamine）双层对纤维改性，抄成的纸张具有导电性，而且其导电性正比于纤维表面该双层的沉积数。这种导电纸及其制造方法可以用在具有监控电和光/电信号功能的智能纸的开发中。

Wu 等将石墨烯和聚酰亚胺的水悬浮液进行过滤，然后通过退火处理成功制备了具有优异耐折性的石墨烯纸张，其形貌如图 7-3 所示。发现石墨烯纸的电导率可以高达 2200S/cm，远高于所报道的其他类似材料。热导率达到 313W/(m·K)，且具有高达 22000MPa 的拉伸模量。

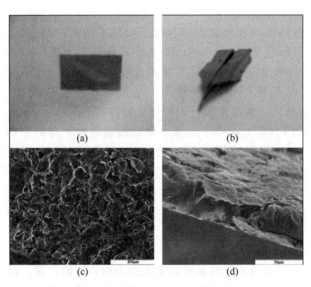

图 7-3　石墨烯纸及其耐折性
(a) 石墨烯纸；(b) 石墨烯纸折叠面；(c) 石墨烯纸表面形貌；(d) 石墨烯纸折叠边缘形貌

Imai 等在造纸加工过程中引入碳纳米管制备了碳纳米管/纤维素复合纸。当碳纳米管含量为 0.5%～16.7% 时，复合纸张的电导率从 0.05S/m 提升到 671S/m，高于其他聚合物类

材料，且在微波区域的介电常数最高。这主要是由于在纸张中形成了均匀的碳纳米管网络，如图 7-4 所示。与其他碳材料相比，碳纳米管/纤维素复合纸的电导率均有所提高（见图 7-5），且力学性能不会降低。

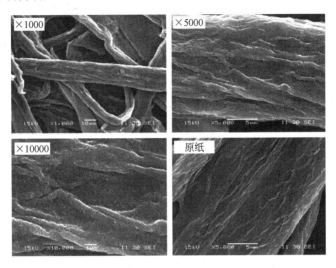

图 7-4　碳纳米管/纤维素复合纸及其原纸的扫描电镜照片

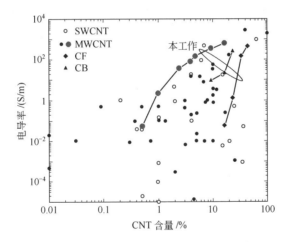

图 7-5　电导率随碳纳米管含量的变化

7.1.5.5　磁性纸

Small 等采用氨水和四水氯化亚铁为原料合成了平均尺寸为 12～26nm 的磁性四氧化三铁纳米粒子。该纳米粒子的饱和磁化强度为 62～70emu/g，矫顽磁场为 19～122Oe。然后将四氧化三铁纳米粒子添加到纸浆纤维的悬浮液中，通过强烈搅拌制备了磁性纤维素纤维。扫描电镜显示纤维表面完全被铁氧体纳米粒子所包覆，且纳米粒子与纤维素纤维结合后磁性能没有发生损失（见图 7-6，见彩插）。

7.1.5.6　柔性电极纸

Yue 等将纳米级硅粉（Si）和羧甲基纤维素（CMC）添加到多壁碳纳米管（MWCNT）的水悬浮液中并超声处理，然后通过杂化纤维膜过滤 Si/MWCNT 的复合悬浮液制备了一种 Si/MWCNT 复合薄膜，最后通过烧结制备了 Si/MWCNT 纸张，其制备过程如图 7-7 所示。扫描电镜及透射电镜显示纳米级的硅粒子通过多壁碳纳米管的包裹作用均匀分散在整个电极

图 7-6 四氧化三铁包覆的纤维素纤维的光学显微镜照片（a）、
扫描电镜照片（b）和铁元素分布图（c）

纸中（见图 7-8）。热烧结之后，硅含量高达 35.6% 的 Si/MWCNT 电极纸的柔韧性相较烧结之前显著提高。经过 30 次循环使用之后的比容量依然保持在 942mA·h/g，容量衰减率为每个循环 0.46%。

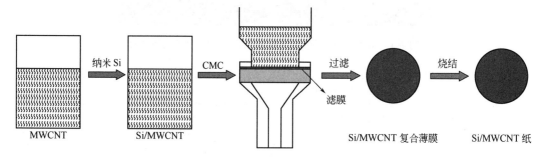

图 7-7 Si/MWCNT 柔性电极纸的制备示意图

7.1.5.7　超疏水纸

相较于塑料，纸和纸箱作为包装材料在成本和环保方面具有显著的优势。然而，由于其较差的拒水性能使其应用受到限制。Chen 等将疏水性的纳米粒子和聚二甲基硅氧烷（PDMS）均匀分散在有机溶剂中形成改性剂，然后加入水性套印清漆中进行乳化，通过印刷过程使纳米粒子和聚二甲基硅氧烷沉积在纸张表面，从而达到超疏水的目的，其构筑过程如图 7-9 所示。研究发现，随着改性剂比例的增加，纸张表面沉积的纳米粒子越来越多。当改性剂比例达到 40% 时，疏水性纳米粒子均匀沉积并完全覆盖整个纸张表面，且此时纸张与水的接触角大于 150°，继续增加改性剂比例，接触角基本上不再发生变化（见图 7-10 和图 7-11）。

7.1.6　纳米材料在改性纤维中的应用

纤维表面性质对纸张抄造和纸张质量非常重要。近年来，有人利用分层自组装技术对纤维表面进行分层纳米涂布，以实现对纤维的表面改性。分层纳米涂布是将带有相反电荷的聚合电解质或纳米颗粒连续沉积在纤维表面（见图 7-12）。将经过表面改性的纤维加入到浆料中抄造纸张，可以改善纸张强度、适印性、不透明度和平滑度等。

Zheng 等用多种聚合电解质对木纤维进行了分层纳米涂布的研究，他们用 3～4 个聚阳离子/聚阴离子双层来涂布，根据涂层的分子组成不同，改性后的纤维表面和内腔可以形成 5～40nm 厚的聚合物薄膜。将带有正电荷和负电荷的改性纤维以 1:1 的比例混合后抄纸，

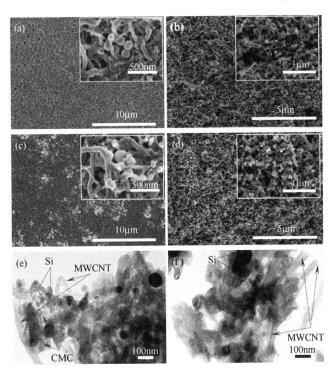

图 7-8　Si/MWCNT 薄膜（a）和（b）和纸张（c）和（d）的扫描电镜照片，（a）和（c）为表面，
（b）和（d）为断面；Si/MWCNT 薄膜（e）和纸张（f）的透射电镜照片

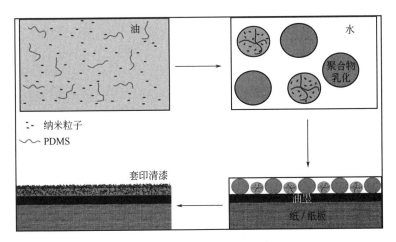

图 7-9　超疏水纸张的构筑示意图

纸张拉伸强度可以增加 1 倍。此外，他们对二次纤维的改性研究发现，将带有正电荷的改性二次纤维加入到带有负电荷纤维的原浆中抄纸，可以显著增加纸张的拉伸强度和撕裂强度。当原浆中改性二次纤维含量高达 40％时，手抄片的拉伸强度仍不会降低。

　　Lu 等分别用直径为 30～80nm 的 TiO_2、SiO_2 球形纳米颗粒和直径为 50nm 的管状纳米级埃洛石对硫酸盐针叶木纤维进行涂布。扫描电镜显示这些连续的纳米颗粒涂层可以完全沉积在纤维上（见图 7-13）。用不同大小和形状的纳米颗粒对纤维涂布，可以使得纤维表面具有不同的微细结构。SiO_2 纳米颗粒较为松散地附着在纤维表面，而 TiO_2 纳米涂层则有更加聚集的外观，由于管状纳米级埃洛石的长度为 (600 ± 200)nm，所以它们在纤维表面形成

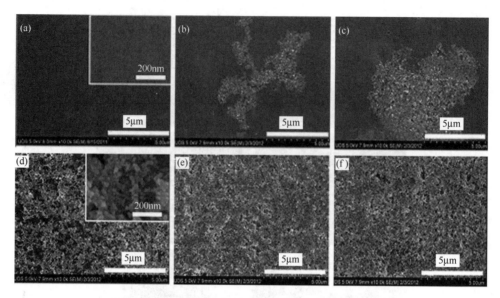

图 7-10　改性剂比例不同时纸张表面的扫描电镜照片
(a) 0%；(b) 10%；(c) 20%；(d) 40%；(e) 70%；(f) 100%

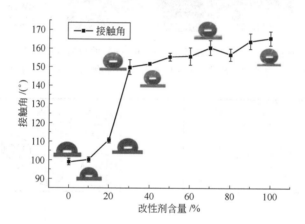

图 7-11　改性剂比例对纸张与水接触角的影响

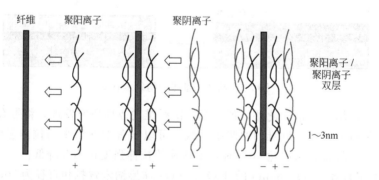

图 7-12　纤维表面吸附带相反电荷聚合电解质的分层自组装示意图

了任意定向的疏松的网状结构。4 层 TiO_2、SiO_2 和埃洛石涂层的厚度分别为 92nm、116nm 和 230nm。手抄片白度检测显示，用纳米 TiO_2 改性纤维抄成纸张的白度比普通纤维抄成纸张的白度高 4%。用纳米颗粒改性的纤维抄纸，在保持与普通纸张拉伸强度相近的情况下，其空隙率比普通纸张高 30％～50％。

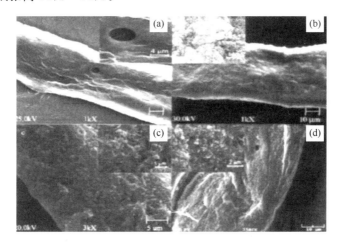

图 7-13　纳米涂布前后纤维表面的扫描电镜图
（a）未经涂布的原始纤维；（b）涂有 4 层纳米 SiO_2 的纤维；
（c）涂有 4 层管状纳米级埃洛石的纤维；（d）涂有 4 层纳米 TiO_2 的纤维

纳米自组装技术应用于纤维改性的研究才刚刚开始。该技术对二次纤维的改性将会大大增加二次纤维的利用率。

湖北通山鄂南造纸二厂在造纸废水中加入纳米填料和化学助剂，经过强烈的机械混合和化学助剂的高度分散作用，使纤维与纳米填料紧密连接，新抄的纸增加了纤维间的结合力，并填平纤维间的凹坑。经合理工艺加工，获得理想强度和密度、表面平整光滑的再生纸，用这种纸生产出合格的包装箱，同时解决了造纸废水对环境造成的二次污染。

7.1.7　纳米材料在造纸行业中的发展趋势

纳米材料目前已渗透至造纸加工过程中的多个工段，尤其是对于开发具有功能性的纸张研究火热，如抗菌、抗紫外线、抗静电、导电、超疏水等。然而，纳米材料在造纸工业中的优势和魅力还没有完全受到重视，研究工作并不深入，且研究工作相对于其他领域略显不足，现有研究工作多限于实验室阶段，工业化应用较少。但是可以预见，随着纳米技术的迅速发展，纳米材料的使用将贯穿造纸工业生产的全过程，在造纸生产中施展自己的特异功能，为造纸工业注入新的生机与活力。

7.2　纳米材料在食品中的应用

7.2.1　概述

由于纳米材料在常态下能表现出普通物质不具有的特性，这使得纳米材料和纳米技术极具潜力且备受瞩目。纳米技术的出现为食品工业的发展提供了一个崭新的平台，食品工业也正在努力将纳米技术应用于从农庄到餐桌的全过程。例如：采用纳米材料固化酶，用于食品加工和酿造业，可大大提高生产效率；用纳米膜技术可以分离食品中多种营养和功能性物质等；运用纳米技术将可食用的物质原料按照人们的指令对原子、分子工程技术编程，重新组合、配制，从而生产出健康所需要的食品。与此同时，纳米材料在医药上的许多应用正逐步地被应用于食品行业。不仅使食品生产的工艺得到了改进，效率得到了提高，还产生了许多新型的食品和具有更好功效和特殊功能的保健食品。纳米技术使基因工程变得更加可控，人们可根据自己的需要，制造多种多样、便于人体吸收的纳米生物"产品"，农、林、牧、副、渔业也可能因此产生深刻变革，人类的食品结构也将随之发生变化。用纳米生物工程、化学工程合成的"食品"将极大地丰富食品的数量和种类，与之相适应的包装材料也将应运而生。

7.2.2 纳米材料在食品加工中的应用

关于纳米技术在食品加工中应用比较成功的例子是纳米材料固定化酶、纳米微化（微粒、微胶囊、微乳化）和纳米膜分离技术等。

7.2.2.1 纳米材料固定化酶

酶的固定化方法和技术研究一直是酶工程研究的重点之一，其核心是如何将游离的酶通过一定的方式与水不溶性的载体相结合，同时保持酶的催化活性和催化特性。传统的酶固定方法包括包埋法、交联法、吸附法和共价结合法。近年来，随着结构生物学、蛋白质工程和材料科学的发展，新型载体和技术引起了广泛的关注，其中包括以纳米粒子为基础的酶的固定化。将纳米材料作为酶固定化的新型载体，能够体现出良好的生物相容性、较大的比表面积、较小的颗粒直径、较高的载酶量以及在溶液中稳定存在的优点。

根据纳米材料物理形态的差异，对酶进行固定的微粒状态有纳米球、纳米线、纳米管、纳米膜、纳米块及纳米囊等。其中，以纳米粒最为常见。一般地，用于酶固定的纳米载体材料有磁性纳米载体（如磁性 SiO_2 纳米颗粒、磁性 Fe_3O_4 纳米颗粒、磁性 Al_2O_3 纳米颗粒等）以及非磁性纳米载体（如壳聚糖纳米胶囊、聚苯乙烯纳米微粒、泡沫陶瓷等）。在食品工业中，运用纳米材料固定化酶用于食品加工和酿造业，由于纳米微粒小，表面积大，可以在很大程度上提高酶的利用率和生产效率。

7.2.2.2 纳米微化技术

自 20 世纪 80 年代以来，微乳的理论和应用研究获得了迅速的发展，微乳化技术已应用于微胶囊、纳米颗粒和纳米胶囊的制备。纳米微胶囊技术以安全无毒的天然材料为基础，经一定处理，在其自组或重组过程中形成微胶囊（10～150nm），并将人体必需的微量元素或营养功能因子包裹其中（见图 7-14）。经处理后，不但可以改变这些营养功能因子的溶解性质，扩大其应用范围，同时由于保护作用，它们在生物体中的利用率也得以提高。并且这种纳米微胶囊可以经调节酸碱度和温度等达到控制释放。

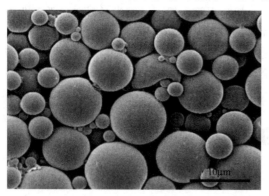

图 7-14 纳米微胶囊

孙宝国院士、陈坚教授等围绕食品中香精、香料的纳米微化等技术开展了广泛而深入的研究。例如，孙宝国院士与河南京华食品科技开发有限公司合作开发了新型的纳米级咸味香精包埋加工技术，并已广泛应用于食品加工行业。

采用纳米微化技术制备纳米乳化剂，其在食品工业中可以起到良好的去污效果。如人们开发出尺寸为 400～800nm 的纳米乳化剂，它除了乳化去污外，还可以促进不同种类病原体细胞膜的溶解，比如细菌、孢子等的溶解，从而达到抑菌效果。图 7-15 为纳米乳化剂的作用机理示意图。在一定条件下，纳米材料将单体吸附于自身表面，随后，单体在纳米材料表面发生聚合和链增长形成高分子链段，并最终形成纳米乳化剂颗粒。

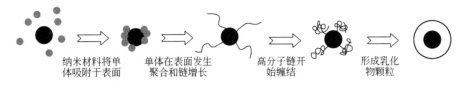

纳米材料将单　　　单体在表面发生　　　高分子链开　　　形成乳化
体吸附于表面　　　聚合和链增长　　　始缠结　　　物颗粒

图 7-15　纳米乳化剂原理示意图

通过微化技术，也可获得纳米食品。所谓纳米食品，是指利用纳米技术对食品进行加工和处理，使食品或其有效成分具有纳米粒子的特征。它应该包含两方面的含义：一是指食品或其主要成分的平均分散粒径介于 1～100nm，具有纳米粒子的明显特征；二是指食品中加入了纳米级的添加剂或功能元素，从而改变了食品的吸收、防腐，甚至功能等特性。纳米食品的一般生产原理是利用纳米超微化技术将食品原料进行细化。目前比较常用的是超微粉碎技术，而纳米微胶囊食品的制备主要是应用纳米微胶囊技术。BASF 公司已成功研发多种纳米胶囊化的类胡萝卜素，使其在果汁、饮料和人造黄油的生产中得以广泛使用。芬兰保利希食品公司采用纳米技术，将植物固醇制成纳米微粒，并在一定温度下将纳米微粒均匀地加入到人造黄油中，从而解决纯植物固醇的溶解性难题，扩展了其应用领域。北京奈诺生物科技有限公司利用纳米技术开发出了纳米级木耳素等植物纳米食品，并且该公司已具备将植物纳米产品形成产业化的能力，该公司将黑木耳所含的营养物质，如蛋白质、钙、铁、钾、钠、胡萝卜素等人体所必需的营养成分和卵磷脂、脑磷脂、鞘磷脂、麦角甾醇、木耳多糖等有效成分进行提取、浓缩，并通过纳米射流系统进行处理而形成纳米级微粒产品。秦皇岛太极环纳米制品有限公司采用纳米植物粉体球磨技术成功研制出纳米茶、纳米咖啡等纳米食品。

7.2.2.3　纳米添加剂

在食品加工过程中，添加的纳米颗粒以其尺寸小、比表面积大和表面活性高的特点，可有效提高食品的口味，改善食品的质地和颜色，提高食品中营养成分被吸收的概率，为人们的健康带来益处。

纳米技术用于食品添加剂的生产可以减少添加剂的用量，使其很好地分散在食品中，提高利用率，也可以利用超微粉体的缓释作用来保持较长的功效，还可以提高其稳定性和安全性。日本报道了纳米材料制备的安全高效色素。利用无机发光材料、结合蛋白质或者其他高分子材料，通过控制结构和尺寸，使发光材料在溶液中呈现不同色泽。该色素的光热稳定性皆好于现有的人工色素和天然色素，且安全性很高。

7.2.2.4　纳米膜技术

纳米膜的研究成功无疑将推动食品功能成分的分离和应用。用纳米膜技术纳滤可以分离食品中的多种营养和功能性成分。纳滤是介于超滤和反渗透之间的一种膜分离技术，它能截留分子量在 200～1000Da 的范围内的物质，孔径为几纳米，纳滤膜表面有一层均匀的超薄脱盐层，它比反渗透膜要疏松得多，且操作压比反渗透低。纳滤目前用于浓缩乳清及牛奶调味液脱色提取、鸡蛋黄中的免疫球蛋白回收、大豆低聚糖调节酿酒发酵液组分、浓缩果汁分离氨基酸等方面。通过修整纳米膜，使其功能化，可以根据尺寸和化学特性上的差异有效分离食物成分，解决一般性膜的选择性差和得率低的问题。Manin 开发出尺寸小于 1nm 的纳米膜，应用于天然有机分子的分离，取得了良好的分离纯化效果。该项技术对工业化生产还显昂贵，使其广泛使用受到了一定的限制。但将来对于某些高生理活性的蛋白质、肽、维生素和矿物质等的精细化加工具有广阔的应用前景。

另外，美国研发出一种纳米过滤器，牛奶经过该过滤器，可以滤出其中的细菌等有害物质，与传统的加热杀菌相比，这种牛奶的口感更好、营养成分更高。

7.2.3 纳米材料在食品保鲜和包装中的应用

食品中蛋白质丰富，水分含量高，很容易滋生微生物而引起腐败变质，大大缩短了食品的保质期。同时，在食品流通过程中，通过人与人、人与物、物与物交叉也容易使一些有害微生物在食品包装表面得以传播，进而污染食品及人类。因此，对食品保鲜盒包装材料提出了较高的要求。

咨询公司 Helmut Kaiser 在 2007 年公布的一份市场调研报告中指出，全球纳米复合食品包装材料的种类已经从 2003 年的不足 40 种发展至 2006 年的 400 余种，预计在未来 10 年内，纳米复合包装材料将会占到整个食品包装产值的 1/4，销售额将达到 1000 亿美元。运用纳米材料研发的包装系统可以修复小的裂口和破损，可以适应环境的变化，并且能在食品变质的时候提醒消费者。此外，纳米材料可以改进包装的渗透性，提高阻隔性，改进抗损和耐热，形成抗菌表面，防止食物变质。在食品包装领域，近几年来，国内外研究最多的纳米材料是聚合物基纳米复合材料，即将纳米材料以分子水平或超微粒子的形式分散在柔性高分子聚合物中而形成的复合材料。

从目前研究方向和市场应用来看，纳米复合食品包装材料出现了"智能"和"活性"包装材料以及纳米复合可降解包装材料为基础的新型包装材料。

用于食品包装的纳米复合高分子材料的微观结构不同于一般材料。其微观结构排列紧密有序，优越的性能体现在低透氧率、低透湿率、阻隔二氧化碳和具有抗菌表面等特性，是一种食品包装的新材料。将纳米材料应用在纳米复合阻透性包装材料中，可以实现食品的保质保鲜保味，并延长食品贮藏时间。常用的聚合物有聚酰胺（polyamide，PA）、聚乙烯（polyethylene，PE）、聚丙烯（polypropylene，PP）、聚氯乙烯（polyvinyl chloride，PVC）、聚对苯二甲酸乙二醇酯（polyethylene terephthalate，PET）、液晶聚合物（liquid crystal polyester，LCP）等。常用的纳米材料有金属、金属氧化物、无机聚合物三大类。目前根据不同食品的包装需求，已有多种用于食品包装的聚合物基纳米复合材料面市，如纳米银/PE 类、纳米二氧化钛/PP 类、纳米蒙脱石粉/PA 类等，其某些物理、化学、生物学性能有大幅度提高，如可塑性、稳定性、阻隔性、抗菌性、保鲜性等，在啤酒、饮料、果蔬、肉类、奶制品等食品包装工业中已开始大规模应用，并取得了较好的包装效果。

目前，关于纳米材料用于保鲜方面的报道主要是纳米保鲜膜的研究，通过将具有一定抑菌性的无机纳米粒子（如纳米 AgO、ZnO、TiO_2 等）引入到基础材料（塑料）中，形成均匀分散的纳米复合膜材。由于 Ag 可使细胞膜上的蛋白质失活，而 ZnO 和 TiO_2 在光照下可产生强氧化性羟基而杀死细菌，且含有这些纳米粒子的膜材具有强烈的紫外吸收作用。如果采用添加有 $0.1\%\sim0.5\%$ 的纳米 TiO_2 制成的塑料薄膜来包装食品，既可以防止紫外线对食品的破坏，又可以使食品保持新鲜。所以，这样的纳米复合保鲜膜材在保持原有气调性的同时，也具有防腐性能，从而可以取得更好的保鲜效果。也有人制备多孔的纳米复合微粒，如纳米 TiO_2/SiO_2 应用于食品抗菌。

有少量研究直接在加工过程中引入纳米粒子进行保鲜，比如在保鲜包装材料中加入纳米 Ag 粉，可加速氧化果蔬食品释放出的乙烯，减少包装中乙烯含量，从而达到良好的保鲜效果。张愍等用纳米 Ag 对蔬菜汁保鲜，研究发现将纳米 Ag 溶液作为防腐剂或制成复合防腐剂添加到食品中，可以减弱加工工艺中的杀菌强度，避免高温长时间的杀菌对食品质构造成的破坏。高艳玲等针对 5 种常见的食品污染菌，选择了 5 种纳米级金属氧化物（纳米 AgO、Al_2O_3、SiO_2、ZnO、TiO_2），分别采用杯碟法和试管双倍稀释法进行抑菌效果研究，结果发现抑菌性能最好的是纳米 ZnO。陈丽等将纳米 TiO_2 粒子和其他 11 种功能材料加入到 PVC 中研制出的保鲜膜，可使富士苹果的保存期延长到 208d，同时对蔬菜也有较好的保鲜效果。另外一种广泛应用的纳米材料是蒙脱土纳米复合包装材料（见图 7-16）。由于蒙脱土具有类似石墨的层状结构，因此以蒙脱土复合聚合物为基础的包装材料表现出良好的气体阻隔性。目前，与蒙脱土复合的高分子材料有聚酰亚胺、尼龙、聚苯乙烯-聚甲基丙烯酸甲酯、聚对苯二甲酸乙二醇酯和聚苯胺等，这些复合材料几乎在所有的食

图 7-16　蒙脱土纳米
塑料膜

品内外包装中都得到了应用。例如，美国的 HMiller BrewingSH 和韩国的 Hite Brewery 公司均报道了在啤酒和碳酸饮料包装中使用蒙脱土多层聚合物塑料薄膜复合包装，以此来阻隔啤酒和碳酸饮料中气体的外逸和外界空气中氧气的侵入，保证了包装食品的感官指标，延长了食品的保质期。

聚乳酸由于具有优良的生物降解性和相容性等特点成为食品包装材料的研究热点。纳米复合生物可降解材料便是利用纳米颗粒与聚乳酸复合而成的一种新型食品包装材料，这种材料可有效解决食品包装回收再利用和环境污染问题。但聚乳酸存在结晶速率慢、性脆、熔体强度低的缺点。为此，邹萍萍等利用兼具降解性和高强度的纳米纤维素作为填充粒子来解决。具体地，以微晶纤维素为原料，通过硫酸酸解，离心，超声得到纳米纤维素；进一步通过溶液浇铸法得到高纳米纤维素含量的聚乙二醇/纳米纤维素复合填充料，并将其与聚乳酸进行熔融共混制备聚乳酸/纳米纤维素复合材料。蒙脱土/聚乳酸复合材料也已在肉制品、乳制品、糖果、谷物以及速食袋装煮食品的包装中得到了广泛的应用。表 7-6 列出了已经市场化的和某些正处于研究阶段的纳米复合可降解包装材料实例。

表 7-6　已市场化和正处于研究阶段的纳米复合可降解包装材料实例

生产企业/公司	纳米成分	作用
澳洲 Plantic 科技	纳米添加剂	生产生物可降解塑料，并提供澳大利亚 80% 的巧克力包装市场
美国 Rohm 和 Haas	Paraloid BPM-500 添加剂	增强生物可降解高分子材料聚乳酸的强度
欧盟 13 个国家的研究机构、大学和公司联合开发的"可持续包装"	蒙脱土纳米颗粒	增强聚合物纤维强度，并具有防水功能
澳洲科技和工业研究组织	纳米添加剂	用于生产可燃烧的，废弃后可用作肥料的可再生包装材料

7.2.4　纳米技术在食品检测中的应用

食品分析是食品工业一个长久和重要的研究方向，在很大程度上影响着食品工业和食品科学的发展。纳米技术在食品分析领域也得以应用，并取得了普遍和快速的发展，例如纳米技术在 HPLC 分析中的应用。纳米仿生技术在食品检测中有理解和识别病原体、检测食物腐败等潜在的应用。目前针对小剂量食品样品进行病原体的检测和定量化研究的传感器还面临着很大的挑战。基于此，纳米传感器以其特有的表面效应、体积效应和量子尺寸效应，在食品特异性检测和快速分析上具有巨大的应用前景。例如，把纳米技术和生物学电子材料相

结合研制生物纳米传感器，通过模仿植物病理学研制出电子舌和电子鼻等。

基于纳米技术，一种准确高效的 DNA 微序列分析方法得以建立。这种 DNA 微序列分析技术是以高度多孔的硅酸盐支持物为基础，将从病原体中分离得来的样本与目标 DNA 通过特定序列结合，来获得具体的 DNA 序列信息，从而达到对病原体的鉴别。同样，Purdue 大学的研究人员研制出一种生物纳米传感器，通过生物蛋白与计算机硅晶片相结合，可以检测食品中的化学污染物。研究表明，此传感器用于食品分析，具有很高的敏感度，可以达到对食品中的生物或化学污染的特异性检测。

7.2.5 纳米材料在食品行业中的发展趋势

尽管纳米食品和配料已经为我们展现了无可比拟的优越性和光明的应用前景，但是从技术理论的成熟完善到实际应用还有很长一段距离；虽然纳米保鲜技术已取得了一定的成效，但该技术的应用仅局限在基于塑料类膜材的外包装形式上，使得纳米保鲜在使用形式上受到限制，且引入的无机纳米粒子将会导致食品残留和安全性问题，这是人们所不期望的；即使食品的纳米微化技术已经相当成熟，但技术的纯天然化仍然是需要实现的目标之一。

如何促进纳米科技在食品科学研究中的进一步应用，并保证环节的绿色化是重中之重。比如，开展源于可食用资源如乳酸、壳聚糖、乳链菌肽、聚赖氨酸、淀粉和细菌纤维素等的纳米保鲜材料的研究，该材料由于既能防腐、气调，又兼具纳米微粒的特性，有望在应用中取得很好的效果。

与此同时，理论和应用并重才能体现纳米技术的巨大潜力，不只是技术的应用和规模化，生产纳米食品的绿色加工以及标准化生产也将是食品领域发展的热点方向。

7.3 纳米材料在鞋底材料中的应用

7.3.1 概述

据中国皮革协会统计，我国鞋企已达 3 万余家，年产鞋超过 120 亿双。而由于受劳动力价格提升、原材料价格上涨等因素的影响，给国内鞋企的发展带来压力，促使国内鞋企积极寻找性价比较高的材料来代替传统的制鞋材料。基于当前国际、国内的形势，将纳米材料应用于鞋材，可提高鞋材的性能，突显产品的特点，从而迎来发展的机遇。

纳米材料在制鞋行业中的应用最广泛的是聚合物/黏土纳米复合材料，其结构特点是相结构尺寸在纳米尺寸范围内达到了分子水平的相容，因而有别于通常的聚合物-无机填料体系。它不是无机相与有机相简单的加合，而是无机相与有机相在纳米至亚微米范围内的结合，形成的两相界面间存在较强的分子间力，复合后将会获得集无机有机纳米粒子诸多性质于一身的新材料，因此，关于这类材料的研究引起了人们的广泛关注。而用于制备聚合物/黏土纳米复合材料的层状硅酸盐黏土主要是有机改性蒙脱土（OMMT）。OMMT 作为一种价廉易得的材料，由于其特殊的结构，在制备纳米复合材料领域起着举足轻重的作用。

7.3.2 纳米材料在实心鞋底中的应用

7.3.2.1 纳米 OMMT 改性 EVA-g-PU 复合材料

乙烯-醋酸乙烯酯共聚物树脂（EVA）是一类具有橡胶弹性的热塑性塑料，但材料变形性大，耐磨性能差。聚氨酯（PU）由于良好的抗磨损性和抗油性在鞋用材料中应用广泛。通过 PU 预聚体的端异氰酸酯基（—NCO）与皂化 EVA 分子链上的羟基反生接枝反应，可以合成接枝共聚物 EVA-g-PU，然后通过密炼硫化制备 EVA-g-PU/OMMT 纳米复合材料。该材料可综合 EVA、PU 和 OMMT 的优点，拓宽材料的应用范围。

纳米 OMMT 改性 EVA-g-PU 复合材料可采用两种方法制备得到。

第一种方法是溶液插层法，即将一定质量的经过水解的 EVA（EVAL）溶解于甲苯中，然后在体系中加入一定量有机蒙脱土，在 80℃的条件下 EVAL 溶液插层有机蒙脱土，反应 2h 后，边搅拌边向体系中加入一定量乙醇，使插层产物沉淀出，减压抽滤，产物溶解于甲苯中，用乙醇沉淀，重复 2～3次，再用蒸馏水浸泡至中性，抽滤烘干即得 EVAL 插层蒙脱土产物。将插层产物、PU 预聚体和催化剂二月桂酸二丁基锡（DBTBL）按不同配比于 100℃下加入到

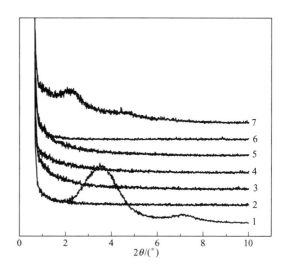

图 7-17　EVAL 溶液法插层有机蒙脱土的 XRD 谱图
1—EVA；2～7—含 OMMT 分别为 1%、3%、
5%、7%、10% 和 15%

HAAKE 流变仪中密炼 10min，转速为 60r/min。密炼均匀后，在平板硫化机上，于 100℃、表压 10MPa 下热压成型，之后冷却至室温，即得纳米 OMMT 改性 EVA-g-PU 复合材料。

第二种方法是熔融插层法，即将一定量的 EVAL、PU 预聚体和催化剂二月桂酸二丁基锡（DBTBL）按不同配比于 100℃下加入到 HAAKE 流变仪中密炼 10min，转速为 60r/min，然后再向体系中添加一定量的蒙脱土，使蒙脱土与 EVA-g-PU 接枝聚合物混合均匀，转速为 60r/min，继续密炼 10min。密炼均匀后，在平板硫化机上，于 100℃、表压 10MPa下热压成型，之后冷却至室温，即得纳米 OMMT 改性 EVA-g-PU 复合材料。

图 7-17 是 EVAL 溶液法插层 OMMT 的 XRD 谱图，由图可知，当 OMMT 的用量为15% 时，EVAL 插层 OMMT 的 X 射线衍射峰在 2.0°。与 OMMT 衍射峰在 3.5°相比，EVAL 插层 OMMT 中黏土的 d_{001} 衍射峰位置向小角度方向移动，并且衍射峰的强度减小，

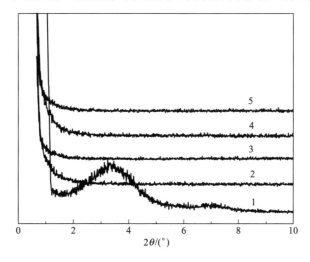

图 7-18　方法一制备的 EVA-g-PU/OMMT 复合材料的 XRD 谱图
1—OMMT；2～5—含 OMMT 分别为 1%、3%、5% 和 7%

这说明 EVAL 分子链已插层到黏土片层结构中，从而使黏土的片层被撑开得更大，并且使黏土片层的有序性下降；当蒙脱土的添加量≤10％时，EVAL 插层 OMMT 的 X 射线衍射谱图在小角位置没有衍射峰存在，这说明 EVAL 的分子链很好地插入了 OMMT 的片层结构中，OMMT 的片层结构被撑开，破坏了 OMMT 原来有序的晶体结构，形成了剥离型的结构。

由于当蒙脱土的质量分数≤10％时，EVAL 溶液插层 OMMT 即可获得剥离型的 EVAL/OMMT 复合材料，那么在 EVAL/OMMT 复合材料接枝 PU 预聚体后制备的 EVA-g-PU/OMMT 复合材料中，蒙脱土在聚合物中的分散状态如何？对方法一制备的 EVA-g-PU/OMMT 复合材料进行了 XRD 表征，结果见图 7-18。可知方法一制备的 EVA-g-PU/OMMT 复合材料的 X 射线衍射谱图在小角位置没有衍射峰存在，这说明 EVAL/OMMT 接枝 PU 预聚体后，已经被剥离的蒙脱土片层没有发生聚集，仍然是以剥离态分布在聚合物基体中。

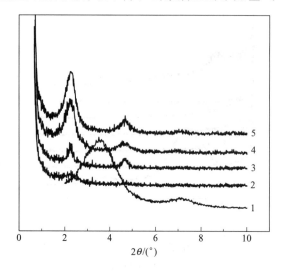

图 7-19 方法二制备的 EVA-g-PU/OMMT
复合材料的 XRD 谱图

1—OMMT；2～5—含 OMMT 分别为 1％、3％、5％和 7％

图 7-19 是采用方法二制备的 EVA-g-PU/OMMT 复合材料的 X 射线衍射谱图。可以看出，有机蒙脱土的特征衍射峰出现在 3.53°，计算得有机蒙脱土的层间距为 2.3nm。由图可知，当有机蒙脱土的添加量从 1％逐渐增加到 7％的过程中，EVA-g-PU/OMMT 复合材料的衍射峰均出现在 2.05°处，计算得有机蒙脱土的层间距为 4.1nm。这说明 EVA-g-PU 的分子链已经进入到了有机蒙脱土的层间，使得有机蒙脱土的层间距进一步被撑大了。可以看出，随着 EVA-g-PU/OMMT 复合材料中有机蒙脱土含量的增加，衍射峰的强度也随之增加。当有机蒙脱土的含量为 3％时，EVA-g-PU/OMMT 复合材料的衍射峰相对于蒙脱土含量为 5％和 7％的 EVA-g-PU/OMMT 复合材料要弱得多，这说明在 EVA-g-PU/OMMT 复合材料中部分蒙脱土形成插层型结构，部分形成了剥离型结构。

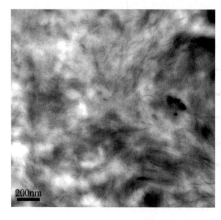

图 7-20 方法一制备的 EVA-g-PU/OMMT
复合材料的透射电镜照片

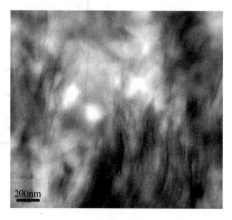

图 7-21 方法二制备的 EVA-g-PU/OMMT
复合材料的透射电镜照片

　　TEM 照片是反映蒙脱土在基体中分散状态的直接证据。图 7-20 和图 7-21 分别为采用方法一和方法二制备的有机蒙脱土含量为 3％的 EVA-g-PU/OMMT 复合材料的 TEM 照片。从图 7-20 的 TEM 照片中可以清楚地看到，蒙脱土片层是以剥离型的方式分布在复合体系中。从图 7-21 的 TEM 照片中可以看到，蒙脱土片层主要是以插层的方式分布在复合体系中，并且有少量的蒙脱土是以剥离的方式分布在复合体系中。表明采用方法一制备的 EVA-g-PU/OMMT 复合材料是剥离型复合材料，采用方法二制备的 EVA-g-PU/OMMT 复合材料是插层型复合材料，这与 XRD 的分析结果是一致的。

　　图 7-22 及图 7-23 是方法一制备的 EVA-g-PU/OMMT 复合材料的力学性能变化趋势。图 7-24 及图 7-25 是方法二制备的 EVA-g-PU/OMMT 复合材料的力学性能变化趋势。由图可知，随着有机蒙脱土质量分数的增加，采用方法一和方法二制备的复合材料的拉伸强度和撕裂强度均出现先增大后减小的趋势。当有机蒙脱土的质量分数为 3％时，复合材料的拉伸强度和撕裂强度均出现最大值。这可能是因为当蒙脱土的质量分数为 3％时，有机蒙脱土被插层的程度和其在 EVA-g-PU 基体中的分散程度最优所致。结果还显示，随着有机蒙脱土质量分数的增加，复合材料的断裂伸长率均呈现下降趋势，而复合材料的撕裂强度却呈现上升趋势。这可能是因为被插层的有机蒙脱土在复合材料基体中表现为物理交联点的作用，从而导致复合材料的断裂伸长率呈现下降趋势。

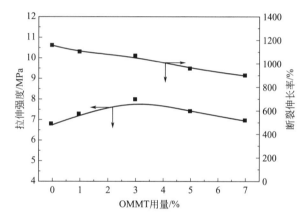

图 7-22　方法一制备 EVA-g-PU/OMMT 复合材料的拉伸强度及断裂伸长率

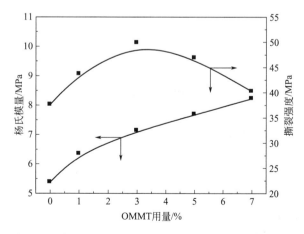

图 7-23　方法一制备 EVA-g-PU/OMMT 复合材料的杨氏模量及撕裂强度

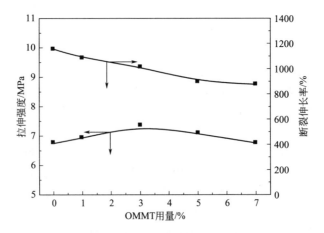

图 7-24 方法二制备 EVA-g-PU/OMMT 复合材料的拉伸强度及断裂伸长率

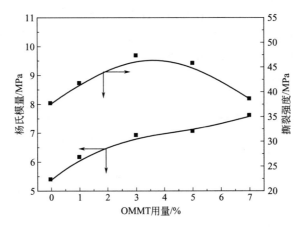

图 7-25 方法二制备 EVA-g-PU/OMMT 复合材料的杨氏模量及撕裂强度

对比方法一与方法二所制备复合材料的性能可知，方法一制备的复合材料各项力学性能要稍优于方法二制备复合材料的各项性能。究其原因，可能与蒙脱土在复合材料基体中的分散状态有关。由前面关于复合材料的 TEM 照片可知，有机蒙脱土在方法一制备的复合材料中是以剥离态均匀分布的，而蒙脱土在方法二制备的复合材料中是以插层态分布的。蒙脱土以剥离态均匀分布在复合材料基体中，其片层与复合材料基体之间的相互作用要强于插层态蒙脱土，从而致使方法一制备的复合材料的各项性能要优于方法二制备的复合材料的各项性能。

7.3.2.2 纳米 OMMT 改性 EVA-g-PU/SBR 复合材料

纳米 OMMT 改性 EVA-g-PU/SBR 复合材料可采用两种方法进行制备。

方法一：称取一定质量的按照 7.3.2.1 中方法一制备的 EVA-g-PU/OMMT 纳米复合材料与 SBR，将这两种材料在开放式双辊混炼机上混炼，温度为 60℃，混炼时间为 10min，然后将混炼后的产物裁制成正方形的薄片，按照固定的质量放入预先设定温度为 110℃的平板硫化机上热压 2h 成片材，即得 EVA-g-PU/OMMT/SBR 复合材料。

方法二：称取一定质量的按照 7.3.2.1 中方法二制备的 EVA-g-PU/OMMT 纳米复合材料与 SBR，将这两种材料在开放式双辊混炼机上混炼，温度为 60℃，混炼时间为 10min，然后将混炼后的产物裁制成正方形的薄片，按照固定的质量放入预先设定温度为 110℃的平板硫化机上热压 2h 成片材，即得 EVA-g-PU/OMMT/SBR 复合材料。

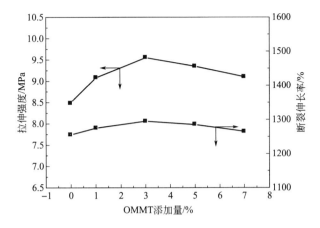

图 7-26　蒙脱土添加量对方法一制备 EVA-g-PU/OMMT/SBR 复合材料
拉伸强度及断裂伸长率的影响

EVA 水解率为 99％、含 PU 预聚体 10％（质量分数）、SBR 含量为 15％（质量分数）

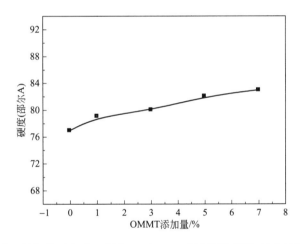

图 7-27　蒙脱土添加量对方法一制备 EVA-g-PU/OMMT/SBR 复合材料硬度的影响

EVA 水解率为 99％、含 PU 预聚体 10％（质量分数）、SBR 含量为 15％（质量分数）

　　图 7-26 和图 7-27 是方法一中蒙脱土添加量对 EVA-g-PU/OMMT/SBR 复合材料拉伸强度、断裂伸长率及硬度的影响。由图可知，随着复合材料中蒙脱土质量分数的增加，复合材料的拉伸强度与断裂伸长率呈现先上升后下降的趋势。当蒙脱土含量为 3％（质量分数）时，复合材料的各项性能最好。这可能是因为当蒙脱土的含量为 3％（质量分数）时，蒙脱土被插层的程度和其在复合材料基体中的分散程度最优所致，且蒙脱土含量为 3％（质量分数）的复合材料的拉伸强度要优于未添加蒙脱土的复合体系，这可能是因为蒙脱土片层在 EVA-g-PU 基体中以纳米尺寸分散并与基体之间具有强烈的相互作用所致。由图还可知，随着复合材料中蒙脱土质量分数的增加，复合材料的硬度呈现逐渐上升的趋势。

　　图 7-28 和图 7-29 是方法二中蒙脱土添加量对 EVA-g-PU/OMMT/SBR 复合材料拉伸强度、断裂伸长率及硬度的影响。由图可知，方法二制备的复合材料的拉伸强度和断裂伸长率的变化趋势与方法一制备的复合材料的拉伸强度和断裂伸长率的变化趋势是一致的。随着复合材料中蒙脱土质量分数的增加，复合材料的拉伸强度与断裂伸长率呈现先上升后下降的

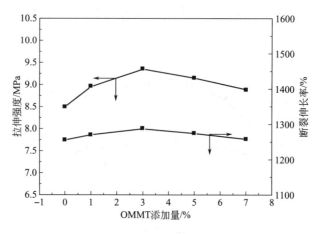

图 7-28 蒙脱土添加量对方法二制备 EVA-g-PU/OMMT/SBR 复合材料
拉伸强度及断裂伸长率的影响

EVA 水解率为 99%、含 PU 预聚体 10%（质量分数）、SBR 含量为 15%（质量分数）

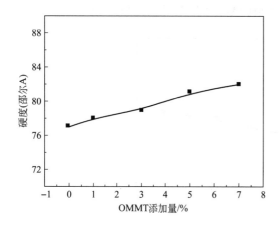

图 7-29 蒙脱土添加量对方法二制备 EVA-g-PU/
OMMT/SBR 复合材料硬度的影响

EVA 水解率为 99%、含 PU 预聚体 10%（质量分数）、
SBR 含量为 15%（质量分数）

趋势。当蒙脱土含量为 3%（质量分数）时，复合材料的各项性能最好。随着复合材料中蒙脱土质量分数的增加，复合材料的硬度呈现逐渐上升的趋势。

对比方法一与方法二的数据可知，方法一制备的纳米复合材料的各项性能要优于方法二制备的纳米复合材料的各项性能。究其原因，可能与蒙脱土在复合材料基体中的分散状态有关。由前述内容可知，蒙脱土在方法一制备的纳米复合材料中是以剥离态均匀分布的，而蒙脱土在方法二制备的纳米复合材料中是以插层态分布的。蒙脱土以剥离态均匀分布在复合材料基体中，其片层与复合材料基体之间的相互作用要强于插层态蒙脱土，从而致使方法一制备的纳米复合材料的各项性能要优于方法二制备的纳米复合材料的各项性能。

7.3.3 纳米材料在发泡鞋底中的应用

纳米材料应用于发泡鞋底材料是基于聚合物经典发泡成核理论，有机或无机纳米粒子在聚合物发泡过程中起异相成核的作用，有利于气泡的生成和生长，改善泡孔结构的均匀性，从而使发泡材料物理、力学性能增强。

乙烯-醋酸乙烯酯共聚物（EVA）发泡材料具有质量轻、柔软、减震、无毒、耐化学药品等优点，广泛用于运动鞋底、箱包内衬、保温材料、隔声材料等的制造。作为鞋底材料的使用，EVA 发泡材料依然存在易变形，抗撕裂性低，回弹性能不够高等缺陷，从而限制了它的使用。

7.3.3.1 纳米 MMT 在 EVA 基发泡鞋底中的应用

纳米 OMMT 改性 EVA 复合发泡材料的制备过程为：密炼机内腔温度加热为 100℃，

将 EVA 和蒙脱土粉体先后加入到密炼机中，再加入发泡剂（AC）、交联剂（DCP）、发泡助剂（ZnO）等密炼，混炼总时间为 10min，转速为 30r/min。混炼完毕将混合物加入双辊开炼机中，压制成厚度为 1～3mm 的薄片。室温冷却，裁片。将硫化机内嵌模具加热至 180℃，然后均匀地喷涂上脱模剂，等待水汽蒸发，将得到的材料剪碎后放入硫化机模具，放入平板硫化机中进行模压发泡，模压温度 180℃，模压时间 550s，压力 10MPa，最后冷却定型。

图 7-30(a) 为复合发泡材料的密度。加入 1phr（每百克份数，余同）的 OMMT，发泡材料密度迅速从 $0.146g/cm^3$ 降低到 $0.134g/cm^3$，继续增加 OMMT 含量，密度变化基本不大。当 OMMT 加入量到达 9phr 时，密度重新增大，这是由于 OMMT 的团聚。图 7-30(b) 为复合发泡材料的硬度。加入 1phr 的 OMMT 时，材料硬度下降，可能是由于其密度降低较大造成的。随着 OMMT 的继续加入，因为 OMMT 比 EVA 基质硬，硬度又开始有所增加。

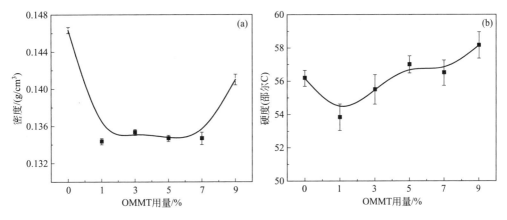

图 7-30　加入不同量 OMMT 的 EVA/OMMT 复合发泡材料的密度（a）与硬度（b）

图 7-31(a) 为复合发泡材料的回弹性。随着 OMMT 的增加，回弹性下降。这可能是材料密度变低及泡孔壁厚减小共同作用的结果。图 7-31(b) 为复合发泡材料的压缩永久变形。Keun-Wan Park 等报道了 EVA 链在黏土表面会滑移导致能量耗散，使其压缩永久变形降低。从图中可以看到，加入 1phr 的 OMMT，压缩永久变形下降。随着 OMMT 含量的增加，材料的压缩永久变形曲线出现波动，但仍高于纯 EVA 发泡材料。比较发现回弹性与压缩永久变形没有必然联系。

图 7-32 为复合发泡材料的力学性能。从图中可以看出，加入量在 5phr 以内时，随着 OMMT 的增加，发泡材料综合力学性能增加。加入 5phr OMMT 的 EVA/OMMT 复合发泡材料比纯 EVA 发泡材料具有更高的拉伸强度、断裂伸长率、撕裂强度和剥离强度，分别提高了 10.4%、18.5%、19.7%、1.2%。这是因为 EVA 分子插入到 OMMT 硅酸盐片层之间，剥离后的纳米片层被均匀地分散在基体中，能降低链段滑移的自由度，与 EVA 表面形成互相作用的网络，刚性的片层能够吸收载荷，从而提高复合材料的力学性能，起到增强增韧的效果。

7.3.3.2　ATP 在 EVA 发泡鞋底中的应用

凹凸棒黏土又称为坡缕石（ATP），是一种结晶水合镁铝硅酸盐，具有独特的三维结构和纳米棒状形貌。Rijhwani 等于 1972 年最早提出了它的结构式为 $Si_8O_{20}Mg_5(Al)(OH)_2$-$(H_2O)_4 \cdot 4H_2O$。ATP 具有较为均一的棒状结构单元，尺寸为长约 500nm，直径约 20nm；

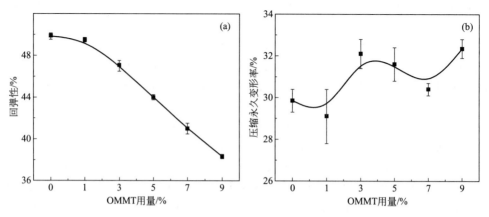

图 7-31　加入不同用量 OMMT 的 EVA/OMMT 复合发泡材料的回弹性和压缩永久变形

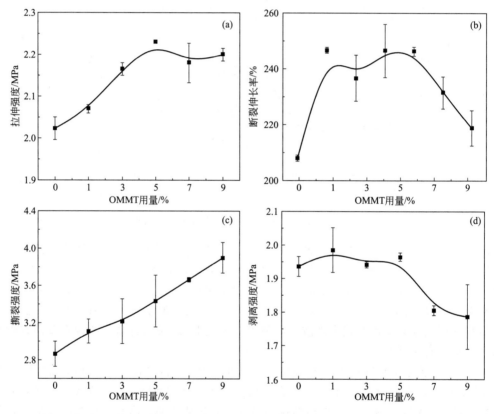

图 7-32　加入不同用量 OMMT 的 EVA/OMMT 复合发泡材料的力学性能

（a）拉伸强度；（b）断裂伸长率；（c）撕裂强度；（d）剥离强度

作为无机填料不具有氧化还原的特性，共混加工过程容易控制；ATP 所具有的比表面积和吸附能力优于其他天然的矿物质。因此，将其用于 EVA 发泡鞋底中具有极大的前景。

　　EVA/OATP 纳米复合发泡材料的制备由三个步骤完成。第一步，取 ATP 45g 分散于 APTES 的异丙醇溶液（1.05mol/L）中，80℃搅拌 5h，然后将固体颗粒过滤，80℃真空干燥至质量不发生变化，最终使游离的 APTES 受热挥发，获得有机改性的 ATP，即 OATP。第二步，100phr EVA 分别与 0.3～7phr OATP 在密炼机里熔融共混（按 OATP 用量的不

同，试样编号记为 EVA/OATP 0.3～7），温度为 100℃，转速为 30r/min，密炼时间为
10min。然后，加入其他物质，包括 3phr AC、1.1phr DCP、2phr ZnO、1.1phr ZnSt 及
0.8phr St，继续密炼 10min，温度为 100℃，转速为 30r/min。然后将混合物取出，室温下
经开炼机压成片状，室温放置 5h 以上，待发泡使用。第三步，将第二步中所得片材称取一
定质量，加入平板硫化仪中，设置发泡温度为 180℃、压力 10MPa 及时间 550s，然后卸去
压力，并将其置于 45℃恒温，获得 EVA/OATP 纳米复合发泡材料。

通常情况下，复合材料的物理机械性能与填料在基体中的分散性及填料与基体的相互作
用密切相关。填料在基体中良好的分散性及填料与基体较强的相互作用对复合材料物理机械
性能的提升是有利的。

图 7-33(a)～(d) 分别为 OATP 用量对 EVA/OATP 纳米复合发泡材料密度、撕裂强
度、剥离强度及压缩永久变形性的影响。从图 7-33 可以看出，与 EVA 发泡材料相比，
EVA/OATP 纳米复合发泡材料呈现出更低的密度及更优异的力学性能。从图 7-33(a) 可以
看出，当 OATP 的用量仅为 1phr 时，纳米复合发泡材料的密度下降明显，但当 OATP 用
量达 5phr 时，由于过量纳米粒子的团聚，产生了负面影响。

从图 7-33(b)、(c) 和 (d) 可知，随 OATP 用量的增加，EVA/OATP 纳米复合发泡
材料的力学性能呈现先增加后降低的趋势，撕裂强度、剥离强度及压缩永久变形分别可提升
36.0%、54.3%和 12.0%，可见在体积相同时，EVA/OATP 纳米复合发泡材料相比于
EVA 发泡材料成本较低且具有更加优异的力学性能，这对于工业生产具有潜在的应用前景。
分析力学性能提升的原因，可能是由于 OATP 纳米棒晶高效的分散，使得纳米棒晶围绕聚
合物基体建立起连续的网络相互作用，在聚合物经受外界载荷的情况下，网络结构被压缩，
棒晶单元的自由度降低，缓解了外界对聚合物的影响，当外界载荷卸去后，网络结构可以松
弛复原。同时，OATP 纳米棒晶与 EVA 基体间氢键的作用，可以促进外力向增强相的传
递，分担外力对聚合物主体的影响。此外，小且均匀的泡孔结构单元有利于减少应力集中的
发生，也可能是 EVA/OATP 纳米复合发泡材料力学性能提升的原因之一。然而，当
OATP 用量过多时，EVA/OATP 纳米复合发泡材料的力学性能有不同程度的下降，这可能
是由于 OATP 纳米粒子的团聚导致了不均匀泡孔结构的产生而引起的。

OATP 用量对 EVA/OATP 纳米复合发泡材料其他重要的物理机械性能（硬度、回弹
性、拉伸强度及断裂伸长率）的影响如表 7-7 所示，可以看出，这些性能可以维持在 EVA
发泡材料的水平，没有较大的改变。

表 7-7　EVA/OATP 纳米复合发泡材料的其他物理机械性能

OATP/phr	硬度/C	回弹性/%	拉伸强度/MPa	断裂伸长率/%
0	60.7	43.2	2.23	203.1
0.3	60.3	43.8	2.17	200.7
1	60.2	42.7	2.10	194.3
2	60.7	44.7	1.97	211.55
3	59.4	43.2	2.10	214.7
5	64	45.5	2.01	233.5
7	61.8	44.5	2.25	230.0

7.3.4　纳米材料在鞋底材料中的发展趋势

聚合物基纳米复合材料是一种新型材料，尤其纳米粒子的引入对材料的结构和性能有很

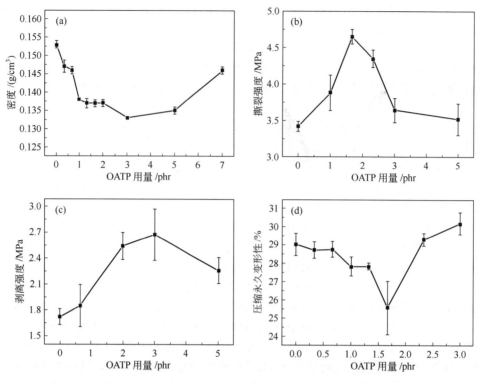

图 7-33　OATP 用量对 EVA/OATP 纳米复合发泡材料物理机械性能的影响

大的提升。随着纳米技术的进步，这将为功能聚合物发泡材料的发展提供机会。纳米粒子不仅可以改变聚合物基体的力学性能，同时也能改变材料的微观形貌，进而影响材料的性能。

虽然我国现有很多纳米材料生产企业，但其并未打开在鞋材行业中的应用市场。纳米粒子生产企业及科研单位在纳米粒子的制备及表面改性方面有优势，而鞋材加工企业在新材料的应用和加工方面有自己的专长，只有两者紧密结合，才能加快纳米粒子在鞋材行业中的应用步伐。纳米材料在鞋材中的应用将使鞋材向多功能化、绿色化发展；它除了提高材料的机械强度、附着力、防腐性和耐候性外，还将赋予材料其他特殊性能，如耐沾污、自清洁、抗菌、防霉、疏水、防臭等功能，为人类的"第二心脏"——脚提供一个清洁舒适的环境。

7.4 纳米材料在塑料中的应用

所谓塑料，是指以合成树脂或天然树脂为基础原料，加入（或不加）各种塑料助剂、增强材料和填，在一定温度、压力下，加工塑制成型或交联固化成型，得到的固体材料或制品。近年来，随着世界上对纳米材料的研究和应用不断加快，将纳米材料与塑料结合起来，赋予塑料特殊的性能逐渐成为人们关注的焦点之一。

纳米材料在塑料中的应用主要是以树脂基体为连续相，以纳米尺寸的金属、半导体、刚性粒子和其他无机粒子、纤维、碳纳米管等改性剂为分散相，通过适当的制备方法将改性剂均匀地分散于基体材料中，形成含有纳米尺寸材料的复合体系。由于分散相的纳米小尺寸效应、大的比表面积、强界面结合效应和客观量子隧道效应等特性，该塑料具有一般工程材料所不具备的优异性能。通过纳米粒子在塑料树脂中的充分分散，使塑料具有像陶瓷材料一样的刚性和耐热性，同时又保留了塑料本身所具备的韧性、耐冲击性和易加工性。目前，能实行产业化的有通过纳米粒子改性的聚乙烯、PET 聚酯、尼龙 6。

按纳米改性剂的不同，该类塑料可分为：①纳米黏土改性塑料；②刚性纳米碳酸钙粒子改性塑料；③陶瓷纳米粒子改性塑料；④碳纳米管改性塑料；⑤纳米纤维改性塑料；⑥纳米光电或金属粒子改性塑料；⑦纳米磁性粒子改性塑料；⑧纳米吸波剂改性塑料。其主要是将各种形态的纳米级金属和非金属物质（例如 $CaCO_3$、ZnO、TiO_2、Cu、SiO_2、硅藻土等）均匀地分散到树脂基体中构成的材料体系。金属和无机纳米材料的加入可以达到以下效果：改善塑料性能，例如，提高机械强度、透气透水率、耐高低温等；增加塑料的特殊性能，像防辐射性能、抗静电性能和磁性能等很多普通塑料不具备的性能。例如，纳米掺锑二氧化锡（简称 ATO），是一种 n 型半导体材料，与传统的抗静电材料相比，纳米 ATO 粉体具有明显的优势。主要表现在良好的导电性、耐候性、稳定性、浅色透明性以及低的红外发射率等方面，是一种极具发展潜力的新型多功能导电材料和隔热材料。赵宝勤等研究了用钛酸酯偶联剂对纳米 ATO 粉体进行表面改性，再用适当的分散剂将其很好地分散在聚乙烯树脂中，以之制成色母粒，吹制成塑料膜。纳米 ATO 粉体含量达 5% 时，该塑料膜具有极好的隔热保温性能，可广泛应用于冬季生产蔬菜的塑料大棚。

近年来材料界和国民经济各支柱产业对增强塑料使用性能的要求越来越高。纳米材料的问世，为新型增强塑料的合成提供了新的机遇，为传统增强塑料的改性提供了一条新的途径。把分散好的纳米颗粒均匀地添加到树脂材料中，可达到全面改善增强塑料性能的目的。作为工程材料，纳米粒子增强塑料与常规增强塑料（树脂基复合材料）相比具有下述优异的物理机械性能。

(1) 强度和高耐热性　含有少量（不超过 10%，通常为 5% 左右）黏土的塑料与常规玻纤或矿物（30%）增强复合材料的刚性、强度、耐热性相当，但其质量轻，具有高比强度、比模量而又不损失其冲击强度，能够有效降低制品的质量，方便运输。同时，由于纳米粒子小于可见光波长，纳米粒子改性的塑料具有高的光泽度和良好的透明度以及耐老化性。如加入纳米材料的环氧树脂，其结构完全不同于加粗晶粒子（白炭黑等）的环氧塑料。粗晶粒子一般作为补强剂加入，它主要分布在高分子材料的链间；而纳米材料由于表面严重的配位不足，表现出极强的活性，庞大的比表面欠氧使它很容易和环氧分子的氧发生键合作用，提高了分子间的键力。同时，尚有一部分纳米颗粒仍然分布在高分子链的空隙中，与粗晶颗粒相比，表现出很高的流动性，从而使添加纳米颗粒的环氧塑料的强度、韧性、延展性均大幅度提高。例如，在高密度聚乙烯/碳纤维二元复合材料中添加纳米 $CaCO_3$ 制得三元复合材料，纳米 $CaCO_3$ 的加入使得三元复合材料的弯曲强度和冲击强度增大；当纳米 $CaCO_3$ 含量为 10 份时，复合材料的综合力学性能最佳。另外，纳米纤维增强塑料也体现了高强度。纳米纤维增强塑料是在塑料中加入各种纳米纤维，例如玻璃纤维、导电纤维及碳纤维，用于增加塑料强度的。这类材料主要用于航天航空飞行器上。

(2) 高阻燃窒息性　有些纳米材料改性的塑料还具有很高的自熄性、很低的热释放速率（相对聚合物本体而言）和较高的抑烟性，是理想的阻燃材料。例如把聚己内酯-硅酸盐纳米塑料和未填充的聚己内酯放在火中 30s，取出后纳米材料改性的塑料就停止燃烧，并保持它的完整性；与此相反，未填充的聚合物则继续燃烧直到样品被破坏为止。如纳米黏土改性的尼龙 6，当黏土含量为 5% 时，其热释放速率的峰值（评价材料为火灾安全性的关键因素）可以下降到 50% 以上。

(3) 良好的热稳定性　硅酸盐的耐高温性用于塑料改性可使其耐热性和热稳定性明显提高。例如聚二甲基硅氧烷（PDMS)/黏土塑料和未填充的聚合物相比，其分解温度大大提高，从 400℃提高到 500℃。由此可知，由于 PDMS 分解成易挥发的环状低聚物，但纳米材料的透过性很低，从而使挥发性分解物不易扩散出去，提高了塑料的热稳定性。有专利公开了一种纳米 PBT 工程塑料及其制备方法，该纳米 PBT 工程塑料是由占质量百分比 59.4% 的 PBT、15% 的纳米 SiO_2、10% 的 POE（聚烯烃弹性体）、15% 的阻燃剂、0.1% 的增白剂以及 0.5% 的钛白粉配比后注塑成型而得到的。本发明的纳米 PBT 工程塑料在保持 PBT 工程塑料原有的电性能、热性能、耐化学腐蚀性能、耐疲劳性能等不变的前提下，降低成本可达 20%，并且冲击强度显著提高。

（4）良好的导电性　纳米导电粒子主要有配位稳定的纳米粒子、多孔固体中所含纳米粒子和金属逸散合成的纳米粒子等形式。这些纳米粒子由于具有独特的表面性能和电性能，可广泛用于材料的改性和催化剂、光电子学、微电子学等领域。例如：聚吡咯（PPY）在空气中具有较好的稳定性，但它的力学性能、加工性能和导电性能限制了其应用。在纳米 SiO_2 粒子存在下所得 PPY 粉末便于冷压成型，可用作二次电池的电极材料、免疫医学的示踪剂、离子传感器、抗静电屏蔽材料、太阳能材料。纳米 SiO_2 粒径小，可望通过纳米效应既改善材料的力学性能，又克服因力学性能改善而导致电性能下降的弊端。

（5）各向异性　纳米材料改性的塑料还具有各向异性的特点。例如在尼龙-层状硅酸盐纳米塑料中，热胀系数就是各向异性的：在注射成型时的流动方向的热胀系数为垂直方向的一半，而纯尼龙为各向同性。透射电镜照片表明 1nm 厚的蒙脱土片层分散在尼龙基体中，蒙脱土片层的方向与流动方向一致，聚合物分子链也和流动方向平行。因此，各向异性可能是蒙脱土向高分子链相向的结果。

（6）强抗老化性　众所周知，环氧塑料使用过程中一个致命的弱点是抗老化性能差，主要是太阳光辐射中 300～400nm 波段的紫外线作用所致，高分子链的降解使上述材料迅速老化。而纳米 SiO_2 与纳米 TiO_2 经适当配比，可以大量地吸收紫外线。如果将其加入到环氧树脂中可减少紫外线对环氧树脂的降解作用，从而可以延缓材料的老化。例如，将纳米无机增强成分加入聚乙烯醇、聚乳酸和生物纤维素，可制备一种抗紫外线塑料。此外，选择适当尺寸的纳米颗粒还可以设计特殊功能的玻璃钢。

（7）抗菌性　塑料制品加工中所用的辅助剂是微生物的营养源，易在表面沾染油污，在潮湿的环境中使细菌更易生长。利用纳米粒子改性塑料赋予其抗菌性是近年来应用最多的一类塑料，特别是在家电产品上。该类塑料主要是在塑料中或表面加入纳米抗菌剂，如利用纳米粒子，将银（Ag^+）设计到粒子表面的微孔中并稳定，就能制成载银抗菌材料，将这种材料加入到塑料中去就能使塑料具有抗菌防霉、自洁等优良性能，使其成为绿色环保产品。目前，已在 ABS、SPVC、HIPS、PP 塑料中得到应用。王焕玉等在塑料树脂基体中添加纳米级无机氧化物，如氧化钛、氧化锌、氧化镁、氧化银等的混合物，得到一种抗菌塑料。结果发现：纳米粒子能够对聚合物材料内部的缺陷进行很好的修复和改性，提高材料的强度、韧性、抗老化、抗菌和防腐功能，并提高了塑料制品的强度、硬度和使用寿命。该塑料制品可广泛应用于家电、食品、医药、电子、玩具及工程塑料等各个领域，特别用于经常与人接触的塑料包装和塑料制品上。邱树毅等将纳米颗粒，如 SiO_2、TiO_2、Fe_3O_4、ZnO 先与树脂、助剂制成抗菌母粒，再与基础树脂混合注塑成型得到抗菌塑料。在其研究中，采用纳米粉体为抗菌载体，抗菌功效持久、稳定，且形成的塑料各方面性能明显提高。

纳米粒子改性塑料作为一种新型低成本的升级换代改性塑料，在工业和民用等国民经济重要领域发挥着重要的作用，应用前景十分广阔。尤其是随着纳米粒子制备技术的不断发展，对纳米粒子改性聚合物机理的认识逐渐深入，以及纳米粒子在聚合物中分散技术水平（主要是设备和工艺）的提高，多功能、高性能的纳米粒子改性塑料，以及可降解型改性塑料的研究将备受瞩目。

参 考 文 献

[1] 张恒，陈克复．纳米技术及在涂布加工纸涂料中的应用．造纸科学与技术，2002，21（4）：24-29.
[2] 王宝，张长彪，赵文杰．纳米硅基氧化物在造纸涂料中的应用．纸和造纸，2002，（1）：55-56.
[3] 肖仙英，郑炽嵩，胡健．纳米技术在涂料方面的应用．中华纸业，2002，23（11）：16-18.
[4] 钱鹭生，倪星元．纳米技术在涂布加工纸领域内的应用．上海造纸，2002，33（2）：17-22.
[5] 肖仙英，郑炽嵩，胡健．纳米碳酸钙用于造纸涂料的探索．纸和造纸，2002，（2）：33-35.
[6] 刘全校，何北海，刘建华．纳米无机氧化硅材料应用于造纸涂料的研究．中国粉体技术，2004（4）：36-37.
[7] 韩玲．纳米颜料在加工纸涂料方面的应用．湖南造纸，2005，（4）：13-16.
[8] 唐艳军，李友明，宋晶．无机纳米颜料在造纸涂料中的应用．无机盐工业，2006，38（4）：15.
[9] 潘青山，张平，陈建文．原位生成纳米粒子技术在涂布纸涂料中的应用．湖南造纸，2006，（1）：14-15.
[10] 华丽，姚淑华，石中亮．沸石负载 TiO_2 光催化剂的制备及其性能研究．沈阳化工学院学报，2008，22（1）：14-18.
[11] 王莉．高新技术在造纸中的应用．印刷质量与标准化，2006（7）：17-20.
[12] 王能友．纳米材料与造纸．纸和造纸，2003，（3）：68-69.
[13] 李永慧．纳米材料在油墨及纸张中的应用．今日印刷，2007，（12）：72-73.
[14] 蓝启星．纳米材料在造纸工业中的应用．广西轻工业，2002，（4）：8-9.
[15] 陈思顺，赵书伟，丁明洁．纳米材料在造纸工业中的应用进展．纸和造纸，2006，25（6）：70-72.
[16] 黄稳水，王继徽，徐敏等．纳米改性混凝剂的研制与应用探讨．工业水处理，2003，23（7）：82.
[17] 李娜，李志健．纳米技术在造纸工业中的应用．西南造纸，2005，34（1）：46-47.
[18] 安显慧，钱学仁．纳米技术在造纸工业中的应用领域．纸和造纸，2008，27（3）：76-78.
[19] 孙根德．二氧化硅纳米化学技术在亚洲的应用．国际造纸，2001，20（5）：43-45.
[20] 李滨，李友明，唐艳军．纳米技术在制浆造纸领域的应用研究进展．中国造纸，2008，27（1）：56-61.
[21] 王能友．造纸工业中纳米材料的应用．上海造纸，2003，34（1）：36-37.
[22] 杨开吉，苏文强，沈静．纳米碳酸钙在造纸工业中的应用．上海造纸，2006，37（3）：19-21.
[23] Huang Wu, Lawrence T. Drzal. Graphene nanoplatelet paper as a light-weight composite with excellent electrical and thermal conductivity and good gas barrier properties. Carbon, 2012, 50：1135-1145.
[24] Masanori Imai, Kousuke Akiyama, Tomo Tanaka, Eiichi Sano. Highly strong and conductive carbon nanotube/cellulose composite paper. Composites Science and Technology, 2010, 70：1564-1570.
[25] Aaron C Small, James H Johnston. Novel hybrid materials of magnetic nanoparticles and cellulose fibers. Journal of Collod and Interface Science，2009，331：122-126.
[26] Lu Yue, Haoxiang Zhong, Lingzhi Zhang. Enhanced reversible lithium storage in a nano-Si/MWCNT free-standing paper electrode prepared by a simple filtration and post sintering process. Electrochimica Acta, 2012, 76：326-332.
[27] Wenting Chen, Xinling Wang, Qingsheng Tao, Jinfang Wang, Zhen Zheng, Xiaoliang Wang. Lotus-like paper/paperboard packaging prepared with nano-modified overprint varnish. Applied Surface Science, 2013, 266：319-325.
[28] 杨博葳．一种纳米材料抗紫外线塑料．中国专利：201310641433.0，2013-12-04.
[29] 赵宝勤，王丽敏，杨东辉．纳米 ATO 粉体在改性塑料中的应用．化工新型材料，2013，41（8）：179-183.
[30] 李华佳，辛志宏，胡秋辉．食品纳米技术与纳米食品研究进展．食品科学，2006，27（9）：271-274.
[31] 刘彩云，周围，毕阳等．纳米技术在食品工业中的应用．食品工业科技，2005，26（4）：185-186.
[32] 孙健平，姜子涛，李荣．纳米微胶囊技术及其在食品中的应用．食品研究与开发，2010，31（5）：184-189.
[33] 龚伟．一种纳米增强塑料及其制备工艺．中国专利：201210320448.2，2012-08-31.
[34] 周建，颜玉荣．一种纳米改性聚丙烯塑料．中国专利：201310431474.7，2013-09-22.
[35] 周经纶，王大勇，王丽红．纳米生态降解塑料购物袋．中国专利：201010240529.2，2010-07-30.
[36] 袁华寿．高性能纳米塑料地板．中国专利：201210168623.0，2012-05-29.
[37] 黄虹，王选伦，明浩．纳米 $CaCO_3$ 对 PE-HD/CF 复合材料力学性能的影响．工程塑料应用.2014，42（5）：30-35.
[38] 陆龙．纳米 SiO_2 粒子对 PET 结晶过程的影响．合成技术及应用，2006，21（2）：9-12.
[39] 潘飞，庄毅，王华平等．PET/TiO_2 复合材料非等温结晶行为的研究．合成纤维工业，2006，29（4）：17-20.
[40] 邢玉伟，刘晨光，贺爱华．原位聚合制备聚丁烯/蒙脱土纳米复合材料及其性能术．塑料工业，2014，42（5）：25-30.
[41] 陈静，刘爱学，杨军等．KH-550 改性纳米 SiO_2 和纳米 TiO_2 对 PET/PBT 聚酯合金熔融过程中的性能影响．塑料工业，2013，41（10）：5-10.
[42] 何映平．纳米材料及其在食品工业中的应用实例．热带农业科学，2001，（4）：74-76.
[43] 高艳玲，刘熙，王宗贤等．纳米金属氧化物对食品污染菌的杀抑能力研究．食品科学，2006，26（4）：45-49.
[44] 张崇才，赵志伟．纳米技术及其应用前景．材料导报，2004，18（增刊1）：19-21.
[45] 李华佳，辛志红，胡秋辉．食品纳米技术与纳米食品研究进展．食品科学，2006，27（9）：271-274.
[46] Joseph T, Morrison M. Nanotechnology in agriculture and food, A nanforum report. [2006-04-13] . http://www.nanoforum.org.
[47] Vaseashta A, Dimova-Malinovska. Nanostructured and nanoscale devices, sensors and detectors. Science and Technology of Advanced Materials, 2005（6）：312-318.
[48] Roco M C. Nanoscale science and engineering：unifying and transforming tools. AIChE Journal, 2004, 50（5）：

890-897.

[49] 刘彩云，周围，毕阳等．纳米技术在食品工业中的应用．食品工业科技，2005，26（4）：185-186.

[50] 白春礼．我国纳米科技优势与缺陷．[2006-06-06]．http://www.nm863.com.

[51] 关荣发，钱博，叶兴乾等．纳米技术在食品科学中的最新研究．食品科学，2006，27（2）：270-273.

[52] 高启禹，徐光翠，陈红丽等．纳米材料固定化酶的研究进展．生物技术通报，2013，（6）：20-25.

[53] Tosa T，Mori T，Fuse N，et al. Studies on continuous enzyme reactions Part V kinetic and industrial application of aminoacylase columnfor continuous optical resolution of acyl-dl-amino acids. J Biotechnol Bioeng，1967，9：603-615.

[54] Shakeel A A，Qayyum H. Potential applications of enzymes immobilizedon/in nano materials：A review. J Biotechnology Advances，2011，9（5）：1016-1028.

[55] 尹艳丽，王爱玲，曹健等．纳米载体固定化酶的研究．现代化工，2007，27（9）：67-70.

[56] Zuo P，Yu SM，Yang JR，et al. Research progress in support material for immobilization of horseradish peroxidase. J Materials Review，2007，21（11）：46-49.

[57] 张珊，游长江，陶潜等．磁性高分子微球的制备及其应用．广州化学，2004，29（2）：45-56.

[58] 刘宇，郭晨，王锋等．磁性 SiO_2 纳米粒子的制备及其用于漆酶固定化．过程工程学报，2008，8（3）：583-588.

[59] 陈金日，冉旭，王利．壳聚糖纳米胶囊固定化 α-淀粉酶及其特性的研究．中国酿造，2009，7（208）：81-83.

[60] 高尧来，温其标．超微粉体的制备及其在食品中的应用前景．食品科学，2002，23（5）：157-160.

[61] 吴斌，赵昕，马惠蕊．纳米食品及其重要意义．食品研究与开发，2003，24（2）：11-13.

[62] 刘宏．纳米技术与食品加工业．中国农业信息，2004（9）：44.

[63] 张劲松，高学云，张立德等．纳米红色元素硒的护肝、抑瘤和免疫调节作用．营养学报，2001，23（1）：32-35.

[64] 于霞飞，高学云．纳米超微粉在保健食品中的应用．纳米技术产业，2000（6）：35.

[65] 赵秋艳，李汴生．新型铁营养强化剂——超微细元素铁粉．食品与发酵工业，2001，27（6）：67-69.

[66] Degant O，Schwechten D. Wheat flour with increased water binding capacity and process and equipment for its manufacture：Germany，DE10107885A1. 2002-08-14.

[67] Shibata T. Method for producing green tea in microfine powder：The United States of America，US6416803B1. 2002-10-09.

[68] 周丽莉，魏静，礼彤等．超临界流体技术制备细微粒控释药物．中国药剂学杂志，2005，3（5）：316-319.

[69] 齐艳华．微乳化技术在纳米材料制备中的应用研究．化工之友，2006（10）：43-44.

[70] 田云，卢向阳，何小解等．微胶囊制备技术及其应用．科学技术与工程，2005，5（1）：44-47.

[71] 朱银燕，张高勇，洪昕林等．胶体体系中合成纳米胶囊的研究进展．日用化学工业，2003，33（6）：379-382.

[72] 王结良，朱光明，梁国正等．自组装制备纳米材料的研究现状．材料导报，2003，17（7）：67-69.

[73] 朱蓓薇．实用食品加工技术．北京：化学工业出版社，2005.

[74] 朱蓓薇．方便食品加工工艺及设备选用手册．北京：化学工业出版社，2003.

[75] 孙宝国．食用调香术．北京：化学工业出版社，2010.

[76] 孙宝国，何坚．香料化学与工艺学．北京：化学工业出版社，2004.

[77] Chen X G，Lee C M，Park H J. O/W emulsification for the self-aggregation and nanoparticle formation of linoleic acid-modified chitosan in the aqueous system. Journal of Agricultural and Food Chemistry，2003，51：3135-3139.

[78] Kim J，Grate J W，Wang P. Nanostructures for enzyme stabilization. Chemical Engineering Science，2006，61：1017-1026.

[79] Shchipunov Y A，Burtseva Y V，Karpenko T Y，et al. Highly efficient immobilization of endo-1, 3-D-glucanases (laminarinases) from marinemollusks in novel hybrid polysaccharide-silica nanocomposites with regulated composition. Journal of Molecular Cataltsis B：Enzymatic，2006，40：16-23.

[80] EI-Zahab B，Jia H，Wang P. Enabling multienzyme biocatalysis using nanoporous materials. Biotechnology and Bioengineering，2004，87（2）：178-183.

[81] Martinez-Ferez A，Guadix A，Guadix E M. Recovery of caprine milk oligosaccharides with ceramic membranes. Journal of Membrane Science，2006，176：23-30.

[82] Sarrade S J，Rios G M，Carles M. Supercritical CO_2 extraction coupled with anaofiltration separation：application to natural products. Separation and Purification Technology，1998，14：19-25.

[83] Arta R，Vatai G，Bekassy-Molnar，et al. Investigation of ultra- and nanofiltration for utilization of whey protein and lactose. Journal of Food Engineering，2005，67：325-332.

[84] 何培健，王大志，陈利琴等．纳米技术在药品和食品包装中的应用．海峡药学，2006，18（4）：197-199.

[85] 黄媛媛，胡秋辉．纳米包装材料对绿茶保鲜品质的影响．食品科学，2006，27（4）：244-246.

[86] 黄媛媛，王林，胡秋辉．纳米包装在食品保鲜中的应用及其安全性评价．食品科学，2005，26（8）：442-445.

[87] 高艳玲，刘熙，王宗贤等．纳米金属氧化物对食品污染菌的杀、抑能力研究．食品科学，2005，26（4）：45-48.

[88] Avella M，Vlieger J J D，Errico M E，et al. Biodegradable starch/clay nanocomposite films for food packaging applications. Food Chemistry，2005，93：467-474.

[89] 王丽江，陈松月，刘清君等．纳米技术在生物传感器及检测中的应用．传感技术学报，2006，19（3）：581-587.

[90] Zhao X，Hilliard L R，Mechery S J，et al. A rapid bioassay for single bacterial cell quantitation using bioconjugated nanoparticles. Proceedings of the National Academy of Sciences of the United States of America，2004，101：15027-15032.

[91]　Mao X，Yang L，Su X L，et al. A nanoparticle amplification based quartz crystal microbalance DNA sensor for detection of Escherichia coli. Biosensors and Bioelectronics，2006，21：1178-1185.

[92]　张华，王静．生物芯片技术在食品检测中的应用．生物信息学，2004，2（3）：43-48.

[93]　Kalogianni D P，Koraki T，Christopoulos T K，et al. Nanoparticles-based DNA biosensor for visual detection of genetically modified organisms. Biosensors and Bioelectronics，2006，21：1069-1076.

[94]　胡玲．新"纳米"技术及其在食品科学上的应用．食品科学，2003，24（2）：150-154.

[95]　Arora K，Chand S，Malhotra B D. Recent development in bio-molecular electronics techniques for food pathogens. Analytica Chimica Acta，2006，568：259-274.

[96]　Magan N，Pavlou A，Chrysanthakis I. Milk-sense：a volatile sensing system recognizes spoilage bacteria and yeasts in milk. Sensors and Actuators B，2001，72：28-34.

[97]　Service R F. Nanomaterials show signs of toxicity. Science，2003，300：243.

[98]　赵宇亮，柴之芳．纳米生物效应研究进展．中国科学院院刊，2005，20（3）：194-199.

[99]　高学云，张劲松，张立德．纳米红色元素硒的急性毒性和生物利用性．卫生研究，2000，29（1）：57-58.

[100]　国家纳米科学中心"纳米生物效应与安全性联合实验室"揭牌．[2006-07-30]. http://www. nm863. com.

[101]　曾晓雄，纳米技术在食品工业中的应用研究进展．湖南农业大学学报（自然科学版），2007，33：190-194.

[102]　Lin N，Huang J，Chang P-R. Surface acetylation of cellulose nanocrystal and its reinforcing function in poly（1actic acid）. Carbohydrate Polymers，2011（83）：1834-1842.

[103]　Khalil H P S，Bhat A H，Yusra A E. Green composites from sustainable cellulose nanofibrils：A review. Carbohydrate Polymers，2011，78（8）：1-17.

[104]　Kowalczyk M，Piorkowska E，Kulpinski P，et al. Mechanical and thermal properties of PLA composites with cellulose nanofibers and standard size fibers. Composotes：Part A，2011（42）：1509-1514.

[105]　Raquez J M，Murena Y，Goffin A L. Surface. modification of cellulose nanowhiskers and their use as nanoreinforcers into polylactide：A sustainably-integrated approach. Composites Science and Technology，2012（72）：544-549.

[106]　邹萍萍．聚乳酸/纳米纤维素可降解食品包装材料的制备与发泡研究．浙江大学，2013.

[107]　杨毅，邓国栋，尹强等．纳米 TiO_2/SiO_2 复合食品抗菌材料．精细化工，2001，18（12）：703-706.

[108]　Daisuke F，Giyuu K，Masahiro T，et al. Characterization of artificial nanostructures and nanomaterials. Applied Surface Science，2005，241（1）：1-3.

[109]　陈希荣．新型包装材料中应用的纳米技术．包装工程，2003，24：4-8.

[110]　Tjong S C，Haydn C. Nanocrystalline materials and coatings. Materials Science and Engineering，2004，45（1）：1-88.

[111]　Elena I S，Vera V K，Victor V K，et al. Stability of Ag nanoparticles dispersed in amphiphilic organic matrix. Journal of Crystal Growth，2004，21：325-329.

[112]　Ivan S，Branka S. Silver nanoparticles antimicrobial agent：a case study on E. coli as a model for Gram-negative bacteria. Journal of Colloid and Interface Science，2004，275（1）：177-182.

[113]　http://www. nature. com/pr/journal/v63/n5/fig _ tab/pr2008103f3. html♯figure-title.

[114]　唐伟家．阻透性包装技术进展．中国塑料，2000，14：1-7.

[115]　陈丽，李喜宏，胡云峰等．富士苹果 PVC/TiO_2 纳米保鲜膜研究．食品科学，2001，22：74-76.

[116]　周进．纳米技术在食品领域中的应用．中国食物与营养，2004，(2)：30-32.

[117]　欣溪．食品工业中的纳米技术．中外食品，2002，(7)：44-48.

[118]　Roy R，Komaoeni S，Roy DM. Gel adsorption processing for wastesolidification in "NZP" ceramics. Mater ResSoc Symp Proc，1984，32：347-356.

[119]　宋玉春．纳米复合材料插层技术研究进展与应用前景．精细石油化工进展，2001，2，(10)：30-31.

[120]　LeBaron P C，Wang Z，Pinnavaia T J. Polymer-layered silicate nanocomposites：an overview. Applied Clay Science，1999，15（1-2）：11-29.

[121]　Zhou L，Chen H，Jiang X. Modification of montmorillonite surfaces using a novel class of cationic gemini surfactants. Journal of Colloid and Interface Science，2009，332（1）：16-21.

[122]　王颖石，赵金辉，李青山等．纳米材料的应用及新进展．化工纵横，2001，(10)：9-11.

[123]　Kim S，Park S. Interlayer spacing effect of alkylammonium-modified montmorillonite on conducting and mechanical behaviors of polymer composite electrolytes. Journal of Colloid and Interface Science，2009，332（1）：145-150.

[124]　Sothornvit R，Rhim J，Hong S. Effect of nano-clay type on the physical and antimicrobial properties of whey protein isolate/clay composite films. Journal of Food Engineering，2009，91（3）：468-473.

[125]　张晓镭，赵维．有机-无机纳米复合材料的制备及其在皮革涂饰中的应用前景．中国皮革，2003，32（17）：25-28.

[126]　傅万里，刘竞超．环氧树脂/黏土纳米复合材料的研究(1)-有机蒙脱土的制备与表征．湘潭大学自然科学学报，2002，24(1)：68.

[127]　韩克清，陈业，余木火．聚合物/蒙脱土纳米复合材料的研究进展．合成技术及应用，2003，18（3）：24-27.

[128]　Sengwa R J，Choudhary S，Sankhla S. Dielectric spectroscopy of hydrophilic polymers-montmorillonite clay nanocomposite aqueous colloidal suspension. Colloids and Surfaces A：Physicochemical and Engineering Aspects，2009，

336（1）：79-87.

[129] Cao F，Bai P，Li H. Preparation of polyethersulfone organophilic montmorillonite hybrid particles for the removal of bisphenol A. Journal of Hazardous Materials，2009，162（2）：791-798.

[130] Y-X He，J-Z Ma，L Zhang，Y-Q Zhang. Novel graft copolymer EVA-g-PU：preparation and properties. Plastics，Rubber and Composites，2008，37（7）：319-324.

[131] He Yu-Xin，Ma Jian-Zhong，Zhang Li，Zhang Yu-Qing. Preparation and Characterization of Graft Copolymer EVA-g-PU. Polymer-Plastics Technology and Engineering，2008，47（12）：1214-1219.

[132] 赫玉欣，马建中，张丽，张玉清. EVA-g-PU 的制备与表征. 塑料工业，2008，36（5）：9-12.

[133] 赫玉欣，马建中，张丽，张玉清. 新型接枝共聚物 EVA-g-PU 的研究. 中国塑料，2008，22（7）：37-41.

[134] 赫玉欣，马建中，张丽，张玉清. OMMT/EVA-g-PU 纳米复合材料的研究. 复合材料学报，2009，26（2）：54-58.

[135] 徐祖耀. 相变原理. 北京：科学出版社，1998.

[136] Park K，Kim G，Chowdhury S R. Improvement of compression set property of ethylene vinyl acetate copolymer/ethylene-1-butene copolymer/organoclay nanocomposite foams. Polymer engineering and science，2008，48（6）：1183-1190.

[137] Pistor V，Lizot A，Fiorio R，et al. Influence of physical interaction between organoclay and poly（ethylene-co-vinyl acetate）matrix and effect of clay content on rheological melt state. Polymer，2010，51（22）：5165-5171.

[138] 夏琳，邱桂学，吴波震. POE 的性能及在聚丙烯中的应用. 上海塑料，2007，137（1）：33-36.

[139] Mcpherson A T. Electricalproperties of elastomers andrelatedpolymers. Rubber Chemistry & Technology，1963，36（5）：1230-1302.

[140] Xu D，Karger-Kocsis J，Schlarb A K. Rolling wear of EPDM and SBR rubbers as a function of carbon black contents：correlation with microhardness. Journal of Materials Science，2008，43（12）：4330-4339.

[141] Rijhwani M，Kanai L M. Aids for analytical chemists. Analytical Chemistry，1972，44：2404-2407.

[142] Shao L，Qiu J，Liu M，et al. Preparation and characterization of attapulgite/polyaniline nanofibers via self-assembling and graft polymerization. Chemical Engineering Journal，2010，161：301-307.

[143] Shao L，Qiu J，Lei L，et al. Properties and structural investigation of one-dimensional SAM-ATP/PANI nanofibers and nanotubes. Synthetic Metals，2012，162：2322-2328.

[144] Ma J，Duan Z，Xue C，et al. Morphology and mechanical properties of EVA/OMMT nanocomposite foams. Journal of Thermoplastic Composite Materials 2013，26：555-569.

[145] Pistor V，Lizot A，Fiorio R，et al. Influence of physical interaction between organoclay and poly（ethylene-co-vinyl acetate）matrix and effect of clay content on rheological melt state. Polymer 2010，51：5165-5171.

[146] Wu S，Wang F，Ma C M，et al. Mechanical，thermal and morphological properties of glass fiber and carbon fiber reinforced polyamide-6 and polyamide-6/clay nanocomposites. Materials Letters 2001，49：327-333.

[147] Kornmann X，Lindberg H，Berglund L A. Synthesis of epoxy-clay nanocomposites. Influence of the nature of the curing agent on structure. Polymer 2001，42：4493-4499.

[148] Zhouyang Duan，Jianzhong Ma，Chaohua Xue and Fuquan Deng. Effect of stearic acid-organic montmorillonite on EVA/SA/OMMT nanocomposite foams by melting blending. Journal of Cellular Plastics，2014，50（3）：263-277.

[149] Jianzhong Ma，Liang Shao，Chaohua Xue，Fuquan Deng，Zhouyang Duan. Compatibilization and properties of ethylene vinyl acetate copolymer（EVA）and thermoplastic polyurethane（TPU）blend based foam. Polymer Bulletin，2014，71（9）：2219-2234.

[150] Jianzhong Ma，Fuquan Deng，Chaohua Xue，Zhouyang Duan. Effect of Modification of Montmorillonite on the Cellular Structure and Mechanical Properties of EVA/Clay Nanocomposite Foams. Journal of Reinforced Plastics and Composites，2012，31（17）：1170-1179.

[151] 邓富泉，马建中，薛朝华，段洲洋. POE/EVA 复合发泡材料的研究. 功能材料，2012，4（43）：508-511.

[152] 邓富泉，马建中，薛朝华，段洲洋. EVA/OSEP 复合发泡材料的形貌及性能研究. 功能材料，2013，7（44）：418-423.

[153] 马建中，邓富泉，薛朝华，段洲洋. 发泡 EVA 轻质材料的研究进展. 中国皮革，2011，20：117-120.

[154] 马建中，段洲洋，薛朝华，邓富泉. 热塑性聚合物蒙脱土对 EVA 发泡材料性能的影响. 中国皮革，2011，18：116-119.

[155] 马建中，邓富泉，薛朝华，吕斌，段洲洋. 一种 POE/EPDM/REC 复合发泡材料及其制备方法. CN 102924802 A. 2013-02-13.

[156] 马建中，邵亮，薛朝华，邓富泉，段洲洋，吕斌. 一种复合发泡材料的制备方法. CN 102924801 B. 2014.04.16.

[157] 邵亮，马建中，薛朝华，邓富泉，段洲洋，吕斌. 一种 EVA/TPU/POE 复合发泡材料的制备方法. CN 102911430 A. 2013-02-06.

[158] 马建中，段洲洋，薛朝华，吕斌，邓富泉，周丽嫱，焦利敏，周南，陈静，张小燕. 一种超轻 EVA/MMT/SA 复合发泡材料及其制备方法. CN 102585339 A. 2012-07-18.

第**8**章 ◀◀◀◀◀

纳米材料在废水处理中的应用

水资源是一种非常宝贵的自然资源。然而，随着全球人口的增加、社会的发展以及经济的繁荣，大量的工业废水和生活废水排入水体，导致水资源环境不断遭受破坏。目前，水污染已被称作"世界头号杀手"，引发了一系列负面效应。因此，保护水资源、治理水污染已经成为当务之急。

据统计，我国工业用水量从 1980 年的 508 亿立方米增长到 2010 年的 1397 亿立方米，其中 60％以上的工业用水集中在纺织、造纸、皮革、钢铁、石化等行业。由于我国工业技术水平相对较低，导致资源消耗高，污染排放量较大，对环境的污染问题仍然严重。

与此同时，水污染事故频发威胁着居民的饮水安全和社会稳定。2012 年，广西龙江河宜州市怀远镇河段，镉含量超《地表水环境质量标准》（GB 3838—2002）Ⅲ类标准约 80 倍。2013 年，贵州都柳江水污染致 17 人砷中毒。2014 年 4 月，兰州市自来水中苯含量高达 $118 \sim 200 \mu g/L$，政府宣布 24h 内自来水不宜饮用。因此，工业废水的预防和综合治理已成为目前亟待解决的重大问题之一，维护健康的饮水环境、保护水资源安全已成了全社会关注的焦点。

自 20 世纪 90 年代以来，纳米材料发展迅速，纳米材料特有的光吸收、光发射、光学非线性等特性，使其在未来的日常生活和高技术领域有着广泛的应用前景。研究报道，纳米材料在陶瓷、催化、生物、医药等领域的应用研究，已取得许多可喜的成果。相对于其他领域而言，纳米材料在环境保护中的应用研究起步较晚，应用较少，但这丝毫不影响其在环境保护中应用的广阔前景。近年来的初步研究成果表明，纳米材料的出现及其在水处理中的研究发展，可望使污水处理技术在不久的将来会有较大的突破。本章即是基于以上背景，从造纸工业废水、制革综合废水、印染综合废水以及重金属离子废水等方面，介绍有关纳米材料在水处理中，特别是轻工行业废水处理中的应用现状及发展趋势。

8.1 造纸工业废水

8.1.1 概述

造纸废水是我国工业废水中产生量大且很难治理的污水。主要污染物包括悬浮物、易生物降解有机物和难生物降解有机物。其特点是废水量大，COD 高，废水中的纤维悬浮物多，而且含二价硫，带色，并有硫醇类恶臭气味。随着现代造纸技术的不断进步，各种纸的产量和质量都有很大提高，我国人均纸年占有量迅速增加到 20 多千克。令人遗憾的是，造纸业的迅速发展，由此造成的环境污染，尤其是水的污染触目惊心。造纸废水主要有三个来源：制浆黑液、中段水、纸机白水。其中，硫酸盐法制浆黑液中往往含有大量的酚类化合物和甲硫醚，甲硫醚在空气中氧化产生剧毒的二甲亚砜；而造纸废水中漂白工段中会产生大量的氯，含酚废水中的酚类物质与含氯元素漂白废水混合后，会与水中的 Cl^- 发生多种取代反应，生成氯苯类化合物。上述这些物质现已成为造纸废水中的主要且危害严重的污染物。因此，对造纸废水严格处理势在必行。纳米材料的出现可望给造纸工业的废水治理带来新的突破，而不少研究证明光催化氧化法处理造纸废水取得了令人满意的效果。

8.1.2 纳米 TiO_2 及其复合材料在造纸废水处理中的应用

TiO_2 属于 n 型半导体材料，其价带和导带之间的禁带宽度为 3.2eV。一般情况下，电子不会自由地从价带跃迁到导带，而当用能量大于或等于禁带宽度的光照射时，价带上的电子被激发，越过禁带进入导带，同时在价带上产生相应的空穴，即生成电子-空穴对。电子与空穴在电场的作用下，向催化剂表面迁移。迁移到表面的光生空穴是一种良好的氧化剂，它可以把吸附在表面的分子氧化成强氧化性的羟基自由基，而羟基自由基将大多数的有机污染物和无机污染物氧化成无毒的 CO_2 和 H_2O 等物质。迁移到 TiO_2 表面的光生电子还是一种强还原剂，它能直接还原有害的金属离子，与吸附在 TiO_2 表面的分子发生反应形成 O_2^- 过氧自由基离子和 OH^-。锐钛矿型 TiO_2 被认为是最有效的光氧化催化剂。基于纳米 TiO_2 巨大的比表面积、表面自由能、强力吸收紫外线、吸附废水中有机物的特性，在紫外线照射下，可产生氧化能力极强的羟基自由基（·OH），快速光催化氧化降解有机物，高效处理废水，并可有效地避免二次污染。

目前，已有不少研究利用纳米 TiO_2 强的光催化性降解各种有机污染物。饶波琼等利用纳米 TiO_2 的光催化作用，通过矿物负载，同时进行造粒研究，使其具备较高的吸附和光催化活性，解决粉状材料回收困难的问题，并进一步研究其回收利用率。结果表明：负载材料蒙脱石与粉煤灰的配比是影响颗粒材料光催化活性的主要因素，造粒过程加入适量膨润土有利于颗粒强度的提高。回收的颗粒经加热处理后，重复使用 4 次，仍具有很好的去除效果。废水处理过程中，采用絮凝-光催化氧化法联合对造纸废水进行处理，当硫酸铝投加量为 8g/L，pH 值 6.5～8.5，颗粒材料用量为 0.12g/mL，流经 2 个反应柱，光照 4.5h 后，COD 去除率和脱色率均可达 80% 以上，处理后的水符合国家造纸工业水污染物排放标准的一级标准。研究还发现，处理过程中加入适量 H_2O_2 有利于 COD 的降低，缩短光照时间。

尽管 TiO_2 氧化还原性较强，在较大 pH 值范围内稳定且价廉、无毒。但其吸收光谱只占太阳光谱中很小一部分，同时，其光量子效率也有待提高。因此，研究者从多种途径对纳米 TiO_2 进行了改性研究。

何仕均等研究了纳米 TiO_2 协同 γ 辐射处理造纸废水的影响因素和可行性。试验分别以造纸原水、厌氧出水、好氧出水作为处理对象，采用 P25 型纳米 TiO_2 和 60Co 辐射装置。研究发现：γ 辐射对造纸原水的处理效果良好，在吸收剂量为 1kGy 时，化学需氧量（COD）的去除率达到 29.5%；纳米 TiO_2 的加入和纯氧曝气能明显提高对造纸废水的处理效果。当纳米 TiO_2 的投加量为 1g/L、曝气量为 0.5L/min、吸收剂量为 1kGy 时，组合工艺对原水、厌氧出水、好氧出水的 COD 去除率分别提高到 68.85%、50.0% 和 42.86%。

黄泱等以亚甲基蓝（MB）作为表面修饰剂，采用简单的化学吸附法制备亚甲基蓝表面

修饰的纳米 TiO_2-MB 光催化剂。经表面修饰后，TiO_2-MB 光催化剂波长响应范围红移至可见光区 575nm 处，探讨了光催化剂用量、光照时间和溶液 pH 值对 TiO_2-MB 光催化降解造纸废水的影响。并研究了纳米 TiO_2-MB 对造纸废水的暗吸附规律和光降解性能。结果表明：纳米 TiO_2-MB 对造纸废水的吸附规律都较好地符合 Langmuir 和 Freundlich 吸附等温模型，属于吸热反应；在 160W 高压汞灯光照 80min，纳米 TiO_2-MB 光催化降解的造纸废水（COD 2069.8mg/L）去除率可达 94.7%，处理效果远高于避光条件下；光催化剂经 8 次使用后，仍具有较高的催化活性。

徐会颖等采用溶胶-凝胶法合成了不同 Ni 掺杂量的 Ni^{2+}/TiO_2 介孔复合材料。考察了 Ni 掺杂量、催化剂的用量、初始 pH 值、外加氧化剂等因素对光催化降解造纸废水的影响。结果表明：Ni^{2+}/TiO_2 介孔复合材料光催化降解造纸废水的最佳反应条件为：Ni 掺杂量为 2%、催化剂用量 115g/L、初始 pH＝4、通氧；光照 4h 后，废水色度去除率达 100%；反应 12h 后，废水 COD_{Cr} 去除率达到 83.14%。

上述结果表明：通过对纳米 TiO_2 进行表面修饰、掺杂改性，可显著提高其对造纸废水中有机物的处理效果。

此外，也有不少研究者采用纳米 TiO_2 或将纳米 TiO_2 和其他技术联用对造纸工业废水中的酚类化合物进行处理。Guo 等采用气质联用和高效液相色谱两种技术，在紫外线照射下，分别对存在纳米 TiO_2 和不存在 TiO_2 两种条件下，光催化降解 100mg/L 含酚废水进行了研究。结果表明：两种条件下，所得中间产物相同；当含酚废水浓度为 100mg/L 时，纳米 TiO_2 的存在并不利于含酚废水的降解；当含酚废水浓度降低时，纳米 TiO_2 光催化降解含酚废水的处理效果明显提高。

Shehukin 等以 2-氯酚溶液模拟造纸工业废水，考察了 In_2O_3-TiO_2 光催化剂对 2-氯酚溶液的光催化活性。结果表明：掺杂后的 TiO_2 光催化活性较纯 TiO_2 显著提高，最佳掺杂质量分数为 10%。Yuan 等利用溶胶-凝胶法制备了 Zn^{2+} 和 Fe^{3+} 双金属掺杂的 TiO_2 光催化剂，并将其用于处理苯酚废水。实验结果显示，Zn^{2+} 和 Fe^{3+} 双金属掺杂的 TiO_2 光催化剂较纯 TiO_2 和单一金属掺杂的 TiO_2 有更高的光催化活性，Zn^{2+}、Fe^{3+} 的最佳掺杂质量分数分别为 0.5% 和 1.0%。

Dana 等制备了掺杂 Cr^{3+}、Mn^{4+}、Co^{4+} 的 TiO_2 光催化剂。以造纸废水中常见的有机污染物二甲亚砜为模型污染物进行实验。发现掺杂 Cr^{3+}、Mn^{4+}、Co^{4+} 的 TiO_2 光催化剂性能比纯 TiO_2 均有不同程度的改善，且吸收波长明显红移至 600nm 左右，提高了对可见光的利用率；Cr^{3+}、Mn^{4+}、Co^{4+} 的最佳掺杂质量分数分别为 0.2%、0.5%、1.0%。

综上所述，纳米 TiO_2 及其复合材料在造纸废水处理中的应用已初见效果，但如何进一步提高效率、降低处理成本、实现工业化，将仍是今后研究的热点。

8.1.3　纳米铁及其氧化物在造纸废水处理中的应用

除了纳米 TiO_2 及其复合材料以外，纳米铁及其氧化物也已经应用于处理造纸工业废水中各种有机污染物。

Babuponnusami 等采用异构光电 Fenton 试剂-纳米零价铁处理含酚废水，考察了初始 pH 值、苯酚含量、H_2O_2 用量、纳米零价铁用量等因素对含酚废水处理效果的影响。结果表明：当纳米零价铁用量和 H_2O_2 用量分别为 0.5g/L 和 500mg/L，初始 pH 值、苯酚含量分别为 6.2 和 200mg/L 时，异构光电 Fenton 试剂-纳米零价铁对含酚废水处理效果最好。

冯丽等考察了不同 pH 值下，纳米零价铁降解 2,4-二氯苯酚的影响和作用。结果表明：

在酸性体系中，纳米零价铁的氧化和团聚现象有所缓解，尽管会造成一部分铁量的损失，但反应产生大量的亚铁离子参与并促进了脱氯降解反应的进行；反应过程中溶液 pH 值有逐渐升高的趋势，不同 pH 值条件下，纳米铁对氯酚的去除率随 pH 值的降低而升高，酸性条件有利于提高氯酚的还原降解速率，当 pH＝3 时，24h 内氯酚的去除率可达到 90% 以上。

柴多里等首先使用氧化沉淀法结合水热法制备纳米 Fe_3O_4，并将所制备的纳米级铁氧化合物应用于催化氧化处理模拟含邻甲苯酚废水的实验中。结果表明：该纳米 Fe_3O_4 粒径分布均匀，晶型完整，具有较大的比表面积，为典型的反尖晶石结构。含邻甲苯酚废水处理的最佳工艺条件为双氧水的浓度 20%，催化剂的用量 0.8g，反应温度 80℃。在该工艺条件下处理模拟废水邻甲苯酚的去除率为 99.61%。催化剂循环使用时，邻甲苯酚去除率的平均值为 99.76%。

冯俊生等在 Fenton 试剂的基础上加入纳米 Fe_3O_4，在气动超声的条件下处理氯苯废水，并考察了 H_2O_2、纳米 Fe_3O_4、Fe^{2+}、初始 pH 值和反应时间对 COD 去除率的影响。结果表明，原水 pH＝3，$m(COD)＝0.8$，$n(H_2O_2) : n(Fe^{2+})＝10 : 1$，纳米 Fe_3O_4 的投加量为 0.05g 时，气动超声时间 60min 后，COD 的去除率可达到 94.5%。

纳米零价铁及纳米 Fe_3O_4 在造纸废水处理中的应用虽有较好的效果，但其应用范围受体系 pH 值影响较大，如何使其在碱性条件下同样发挥作用还有待研究。

8.1.4　膨润土在造纸废水处理中的应用

目前，有关利用纳米材料巨大的比表面积对造纸工业废水中的有机污染物进行吸附的研究也有报道。

杨明平等采用溴化十六烷基三甲铵对天然膨润土进行了有机化改性处理，并在动态和静态条件下，进行了有机膨润土对焦化含酚废水的吸附实验。结果表明，在室温、pH 值为 4.0 及废水流速 10～12mL/min 的条件下，焦化含酚废水经有机膨润土和活性炭两次吸附处理后，酚、COD、油、SS 及色度的去除率分别可达到 99.7%、99.5%、100%、100%、99.8%，且处理后的水质基本达到了国家排放标准。

Fatimah 制备了 $ZrO_2/Al_2O_3/MMT$ 复合催化剂，并将其用于含酚废水的处理中。结果表明：ZrO_2 的分散性直接影响着复合材料的表面积，进而影响着 $ZrO_2/Al_2O_3/MMT$ 复合催化剂对含酚废水的处理效果。

8.1.5　其他纳米材料在造纸废水处理中的应用

除了上述介绍的纳米 TiO_2 及其复合材料、纳米铁及其氧化物、蒙脱土等，其他的纳米材料如 ZnO、MnO_x、CuO、CNTs 等也已经逐渐地应用于造纸工业废水的处理中。

Hayat 等采用沉淀法和改性的溶胶-凝胶法成功地制备了纳米 ZnO 粒子，考察了纳米 ZnO 煅烧温度、溶液 pH 值、催化剂浓度、苯酚浓度等对含酚废水处理效果的影响。结果表明：随着煅烧温度的增加，纳米 ZnO 团聚度增加，颗粒尺寸变大，其对含酚废水的处理效果降低，溶液的初始 pH 值、苯酚浓度同样影响着纳米 ZnO 对含酚废水的处理效果。

Wang 等通过简单的水热合成法制备了花冠状的 $\alpha\text{-}MnO_2$ 和海胆状的 $\delta\text{-}MnO_2$，并将在 60℃、100℃ 和 110℃ 三种条件下制备的 MnO_2 应用于含酚废水的处理中。结果表明：在 100℃ 下所制备的海胆状 $\delta\text{-}MnO_2$ 具有二维压缩片层结构，比花冠状 $\alpha\text{-}MnO_2$ 的光催化活性高。反应温度直接影响着光催化降解苯酚的反应，随着反应温度的升高，体系中产生的自由基越多，反应速率越高。

Zainudin 等考察了纳米 TiO_2/沸石/硅溶胶复合材料对含酚废水的处理效果。结果表明：

当纳米 TiO_2：沸石：硅粒子：硅溶胶＝1：0.6：0.6：1 时，反应 180min 后，50mg/L 含酚溶液的降解率可以达到 90％。纳米 TiO_2/沸石/硅溶胶复合材料光催化降解含酚废水的效果远远优于市售纳米 TiO_2 催化剂（P25），其原因主要是纳米 TiO_2/沸石/硅溶胶复合材料具有大的比表面积（275.7m^2/g）、小的尺寸（8.1nm）、高的结晶性和低的电子-空穴复合效率。

高晓明等采用水热法制备了 Cu 改性的 $BiVO_4$ 催化剂，并对其结构进行了表征，用于模拟含酚废水的降解，考察了催化剂制备条件和光催化降解工艺对该样品催化氧化去除苯酚效果的影响。结果表明，在中性条件下制备的催化剂活性最高，当空气通入量为 200mL/min、催化剂加入量为 1mg/L 时，反应 180min 后，对含酚废水的去除率最高可达 92.4％。

黄稳水等对硫酸铝和聚合氯化铝混凝剂进行了纳米改性后，对造纸黑液进行了处理。研究发现，改性后的混凝剂可使 COD_{Cr} 的去除率提高 10％～30％。张彬等以纳米级 SiO_2/$Al_2(SO_4)_3$(1：20) 作为絮凝剂，进行了废水中水溶性有机物的应用研究。实验结果表明：纳米级 SiO_2/$Al_2(SO_4)_3$ 可以去除 73％的腐殖酸，比不用纳米 SiO_2 助凝时提高 40％以上，对大分子物质的强化絮凝效果较小分子物质好。

李岚华等通过液相还原法合成了平均粒径分别为 51.0nm 和 46.4nm 的纳米 Cu_2O 和掺铁 1％的纳米 Cu_2O。以低浓度含酚废水为处理对象，采用纯的纳米 Cu_2O 及掺铁纳米 Cu_2O 为光催化剂，在可见光的照射下，考察了光催化反应时间、处理时间、催化剂的添加量、溶液初始 pH 值、催化剂重复使用性、不同光源对苯酚废水降解率的影响。结果表明：铁的掺杂量为 1％时，得到的纳米 Cu_2O 光催化活性最高，苯酚 6h 降解率达到 61.3％，TOC 去除率达 50.5％。用纯纳米 Cu_2O 作催化剂时，苯酚降解率最大对应的反应时间为 8h，降解率达 64.6％。

此外，也有不少研究对造纸工业废水中氯苯类化合物进行了处理。Tian 等采用溶剂热合成法和水热合成法制备了 MnO_x/TiO_2-CNTs 复合材料，并将其应用于催化降解氯苯类化合物。实验结果表明：将 CNTs 引入 MnO_x/TiO_2 中，可显著提高氯苯类化合物的降解效率，在 150℃和 300℃下反应时，氯苯类化合物的降解效率可以分别达到 90％和 100％。上述高的降解效率是由于活性组分良好的分散和氯苯类化合物在 CNTs 表面的选择性吸附所致。

He 等采用尿素辅助的水热反应，成功地制备了不同铜和锰负载量的介孔状 CuO-MnO_x-CeO_2 复合金属氧化物，并将其应用于光催化降解氯苯类化合物的研究中。结果表明：当 Cu 和 Mn 的原子比为 1：1 时，CuO-MnO_x-CeO_2 复合金属氧化物对氯苯类化合物的降解效果最好。

纳米材料在造纸工业废水处理中的应用已展现了广阔的前景。可以预见，随着研究的不断深入和实用化水平的提高，纳米材料将使造纸工业废水处理技术取得突破性进展。

8.2 制革综合废水

8.2.1 概述

内部资料显示，2013 年全国规模以上皮革、毛皮及制品和制鞋业利润总额 777.76 亿元，同比增长 13.41％，占轻工行业利润总额的 6.23％。皮革行业已经成为与人们生活和国民经济发展息息相关的支柱产业。耗水量巨大是皮革行业的重要特点之一。据统计，每加工生产 1t 原料皮，所产生的废水为 50～150t。每年制革工业向环境排放废水达 1 亿吨以上，约占我国工业废水排放总量的 0.3%。目前，我国对制革废水的治理远达不到环境保护的要求。因而，为了实现皮革工业的可持续发展，顺利实现二次创业，对皮革工业废水治理进行研究已经刻不容缓。

制革工业废水的特点是：排放量大，成分复杂，浓度高，色度、COD、BOD、氨、氮含量很大，碱性大，悬浮物多，并含有较多的硫化物和铬等有毒物质，很难达到国家排放标准。用纳米光催化材料可有效降解和消除有害物质。大量研究证实：染料、表面活性剂、有机卤化物、油类、氰化物等都能有效地进行光催化反应，脱色、去毒、矿化为无机小分子物质，从而消除对环境的污染。而且纳米材料廉价、无毒、稳定性好、使用寿命长、易于回收，可循环使用。因而，纳米光催化材料在制革工业废水处理中的应用，有望为我国制革废水处理提供新的综合治理方法。

8.2.2 纳米材料对制革工业废水中色度与COD的降解

制革废水中 COD 和色度的主要构成物质是油脂、表面活性剂和染料等。基于纳米光催化剂的光催化原理，能在适宜波长的光照射下，将有机物（体）催化降解矿化为无毒的 CO_2 和 H_2O。纳米 TiO_2 是当前最有应用潜力的一种光催化剂。它具有耐酸碱性好、化学性质稳定、对生物无毒、来源丰富、能隙较大、产生光生电子和空穴的电势电位高、有很强的氧化还原性等优点，并能根据需要将粉末状的 TiO_2 制成块状或薄膜状应用于制革工业废水的处理中。

吴扬等采用溶胶-凝胶法、液相沉积法分别制备玻璃及石英砂负载纳米 TiO_2 薄膜，降解制革废水中的有机污染物。结果显示：玻璃负载膜在初始 pH 值为 6.7、投加量为 0.3%、光照 40min 时，可去除 85.79% 的 COD_{Cr}；石英砂负载膜在初始 pH 值为 6.7、H_2O_2 投加量为 0.5%、光照 30min 时，COD_{Cr} 去除率为 71.91%。随后，他们针对 TiO_2 带隙宽、电子-空穴易复合的缺点，对纳米膜进行了掺杂改性试验。结果表明，高压灯及自然光为光源时，离子掺杂作用基本上随原子半径的减小而增大，且在高压灯光照 15min 后，Hg/TiO_2 膜光降解率最高，COD_{Cr} 去除率为 50.23%。

史亚君等通过将直接冻黄（难降解的有机物）和表面活性剂配制成不同初始 COD 的模拟制革废水（模拟废水和实际废水水质见表 8-1），采用锐钛矿型纳米 TiO_2 和催化助剂 $FeCl_3$ 溶液来光催化降解模拟废水，分别考察了初始 COD、光照时间、催化助剂 $FeCl_3$ 加入量、纳米 TiO_2 加入量以及初始 pH 值 5 个因素对废水中 COD 和色度的影响。

表 8-1 实验用废水水质

项目	1 号水样	2 号水样	3 号水样	4 号水样	实际废水
COD/(mg/L)	167.98	118.15	326.72	144.67	386.5
色度	3500	2700	4000	3300	1750
BOD_5/(mg/L)					8.69

结果表明：在初始 COD 为 144.67mg/L、初始 pH 值为 6、光照时间为 6h、催化助剂 $FeCl_3$ 加入量为 3.36mg/L、纳米 TiO_2 加入量为 100mg/L 的工艺条件下，纳米 TiO_2 能成功地降解废水中的直接冻黄有机染料，处理后出水的 COD 和色度去除率分别达到 65.0% 和 91.4%，且废水的可生化性大大提高。实际制革废水经过纳米 TiO_2 光催化氧化处理后，COD 和色度都大幅下降，可生化性大大提高，处理后出水的 COD 和色度去除率分别达到 65.0% 和 91.4%。

Vinodgopal 等用 $TiO_2/SnO_2/OTE$ 作工作电极，铂丝网作对电极，饱和甘汞电极作参比电极处理溶液中的有机污染物 AO7（acid orange 7），在工作电极上加＋0.83V 的正向偏压时，AO7 的浓度下降很快，在 60min 内从 50m/L 降至近为 0。

许佩瑶等采用掺杂 Fe^{3+} 和 Zn^{2+} 的纳米 TiO_2 薄膜作为光催化剂，以自然光为光源，石英砂为载体，在初始 pH 值为 6.7 的条件下，对经 Fe^{3+} 最佳掺杂膜、未掺杂膜光催化处理过的废水和预处理过的废水进行可生化性的试验研究与分析。结果表明：Fe^{3+} 掺杂纳米 TiO_2 薄膜用于光催化，可大幅度提高废水的可生化性，当热处理温度为 500℃、Fe^{3+} 掺杂比为 0.06％、Zn^{2+} 掺杂比为 0.00％ 时，COD_{Cr} 和色度的去除率分别为 45.48％ 和 96.07％。

Schrank 等用市售的 TiO_2 降解制革用的染料，降解染料的同时还原 Cr(Ⅵ)，组成了染料-Cr(Ⅵ)-TiO_2 的混合系统，这个混合系统在紫外灯的照射下，染料的降解率要高于染料-TiO_2 的单独系统。

直接黑 38 是制革工业中广泛应用的一种偶氮染料。Sauer 等也用市售的 TiO_2 对直接黑 38 进行降解，比较了 H_2O_2/UV、TiO_2/UV、$TiO_2/H_2O_2/UV$ 的光催化效果。结果表明：这三种结合方式不但能使直接黑 38 的颜色褪去，而且能降低溶液的 COD；而单独用紫外线照射只能去除染料的颜色，不能使溶液中的 COD 降低，经过比较得到了 COD 去除率依次为 $UV<H_2O_2/UV<TiO_2/H_2O_2/UV<TiO_2/UV$。

此外，TiO_2 复合材料的改性研究引起越来越多人的关注。烟台大学王全杰等以钛酸丁酯为前驱体，以表面改性后的多壁碳纳米管（MWCNT）为催化剂载体，结合超声波分散技术，采用溶胶-凝胶法制备出 TiO_2 粒子负载在碳纳米管表面的新型复合光催化剂。结果表明：TiO_2 均匀包覆在碳纳米管的表面，经 500℃ 煅烧 2h 后，纳米二氧化钛以锐钛矿型为主，粒径约 15nm，复合材料在紫外区及可见光区对光都有优良的吸收性能。并研究了 MWCNT/TiO_2 光催化剂在紫外灯照射下对单宁酸（模拟栲胶）光催化降解情况，以及 COD_{Cr} 的变化评价溶液中栲胶的降解情况。结果表明：在光照 6h 后，溶液 COD_{Cr} 值从初始的 3024mg/L 降到 2000mg/L，而用纯 TiO_2 要达到相同的效果需要 20h 以上。说明复合材料对单宁酸有很好的光催化降解效果，对研究制革植鞣废水的处理提供了参考。

孙根行等以钛酸丁酯为原料，采用溶胶-凝胶法制备了银掺杂纳米 TiO_2 薄膜，对比了当温度为 30℃，初始 pH＝7，复鞣剂降解初始 COD_{Cr} 约为 286mg/L 时，银掺杂纳米 TiO_2 薄膜与纳米 TiO_2 薄膜光催化降解丙烯酸复鞣剂的效果。结果如图 8-1 所示，可以看出，在相同条件下，银掺杂纳米 TiO_2 薄膜光催化性能明显优于纳米 TiO_2 薄膜光催化性能；离子之间的共掺杂可以使各掺杂离子的优势得到互补，利用共掺杂离子之间不同协调作用机制来

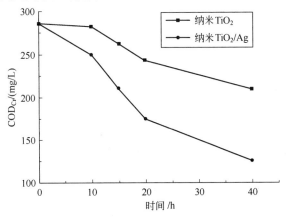

图 8-1　银掺杂纳米 TiO_2 薄膜与纳米 TiO_2 薄膜光催化降解丙烯酸复鞣剂的结果

提高 TiO_2 的光催化活性。

黄利强等将壳聚糖溶解于乙酸溶液，搅拌均匀后，加入经 500℃ 处理 3h 的纳米 TiO_2，室温充分搅拌并超声使 TiO_2 均匀分散，之后滴入 NaOH/无水乙醇混合溶液至 pH=7，再加入戊二醛，40℃ 下反应 12h，抽滤、洗涤，得到纳米 TiO_2/壳聚糖复合材料。以甲基橙超声降解反应为模型，研究了纳米 TiO_2/壳聚糖催化超声降解废水中有机污染物的性能。结果表明：在 TiO_2/壳聚糖复合材料催化下，甲基橙超声降解的效果非常明显，在超声波频率 40kHz，输出功率 50W，催化剂用量 110g/L，pH 值为 7.0，60min 降解率可达到 90%以上。

综上所述，纳米 TiO_2 光催化氧化法是一项绿色环保、有广泛应用前景的水处理新技术，它具有降解产物彻底、无选择性、不产生二次污染等传统废水处理方法无法比拟的优势，对降解染料、油脂等大分子有机物具有较好的效果，将其应用于制革工业废水的处理是一种新的有效方法。

8.2.3 纳米材料对制革工业废水中 Cr 的处理

制革行业中通常使用 Cr(Ⅲ) 进行鞣革，因此，铬鞣是导致生物圈中大量铬存在的原因，其使用量占到所有工业用铬总量的 40%。铬在自然界中通常以 Cr(Ⅲ) 和 Cr(Ⅵ) 两种形态存在。根据铬通过生物膜的溶解性和渗透性，以及随后与生物分子，如蛋白质、核酸的相互作用情况可知，Cr(Ⅵ) 比 Cr(Ⅲ) 毒性更大。然而，众所周知，Cr(Ⅲ) 可以被皮中的有机化合物和制革污泥中的无机物氧化成 Cr(Ⅵ)。因此，去除制革工业废水中的 Cr(Ⅲ) 和 Cr(Ⅵ) 至关重要。目前，有关纳米材料去除制革工业废水中铬离子的研究也有相关报道。

Sherif 等采用电化学模板导向法制备聚 PAA 纳米纤维，采用 +0.9V 电势对 Ag/AgCl，以多孔性氧化铝膜为工作电极，之后聚 PAA 纳米纤维通过 EDC/NHS 偶合过程与半胱氨酸发生共价官能化反应得到半胱氨酸改性的聚 PAA 纳米纤维。半胱氨酸改性的聚合物纳米纤维，能够快速有效地去除制革废水中的 Cr(Ⅲ)，纳米纤维用量为 0.1mg/mL，约有 99% 的 Cr(Ⅲ) 被去除，表明该材料的去除效果较好，最大去除能力约为 1.75g 铬/g（聚合物材料）。这可能是由多种因素共同造成的，如纳米纤维具有较高的比表面积，以及大量的半胱氨酸基团与重金属离子具有较强的亲和力。因此，纳米级聚合物材料在去除废水中重金属离子方面具有巨大的潜力。

周晓谦等以纳米 TiO_2 为光催化剂处理含铬废水。结果表明：随着催化剂用量的增加，含铬废水中 Cr(Ⅵ) 的降解率逐渐增大。这是由于随着催化剂用量的增加，单位体积内光催化反应点增加，然而催化剂用量增加，相应的处理成本也会增加，根据光催化反应时间与降解率的关系可知，适当的延长反应时间可以提高含铬废水的降解率，因而不必为提高降解率而单纯增加催化剂的加入量。纳米 TiO_2 光催化降解 Cr(Ⅵ) 属于光还原反应，利用光催化反应技术将 Cr(Ⅵ) 还原为 Cr(Ⅲ)，进而将 Cr(Ⅲ) 转化为 $Cr(OH)_3$ 沉淀从溶液中分离出来。

谢翼飞等研究了硫酸盐还原菌生成的生物硫铁纳米材料（纳米硫铁）的特性及其在高浓度含铬废水处理中的应用。结果表明，纳米硫铁材料粒径长为 45~80nm，长宽比 10~15，其铁硫原子比为 1107~1111，主要组分为无定形态硫化亚铁和四方硫铁矿。反应体系 pH 值、温度、投加量是影响纳米硫铁去除 Cr(Ⅵ) 的主要因素。pH 值越低，温度越高，纳米硫铁投加量越大，对 Cr(Ⅵ) 的去除速率越快。其中 pH 值对 Cr(Ⅵ) 的去除影响最大，在 pH=3、25℃、纳米硫铁与 Cr(Ⅵ) 摩尔比为 1.17:1 时，10min 即可使 Cr(Ⅵ) 浓度为

0.03mol/L 的废水达标排放，使其不仅可以用于常规含铬工业废水的处理，更可用于 Cr（Ⅵ）类污染物突发性水污染事故的应急治理，应用前景广阔。

王林采用表面活性剂辅助溶剂热法成功合成了花状多孔纳米结构的 $SnIn_4S_8$ 光催化剂，所合成的样品在可见光区域均有较强的吸收，添加聚乙烯吡咯烷酮（PVP）制备了表面有许多孔道、且均匀的平均直径为 $5 \sim 15 \mu m$ 的 $SnIn_4S_8$ 花状微球，该样品展现出较高的光催化还原 Cr(Ⅵ) 去除率（可达 97%）和较好的稳定性。这主要是因为其较大的比表面积、优越的电子-空穴分离效率和较强的可见光吸收性能 3 个特性。

作者采用简单的共沉淀法，以六水合硝酸锌作为锌源，六亚甲基四胺为碱源，成功地在陶瓷网基底上负载了具有微纳结构的中空 ZnO 微球；最后，考察了所得产物对六价铬离子的吸附性能以及该产物的重复使用性能。图 8-2 为不同反应时间对所得 ZnO 结构的影响。图 8-2(a)、（b）分别为反应时间为 1h 所得 ZnO 不同放大倍率 SEM 图；图 8-2(c)、（d）分别为反应时间为 2h 所得 ZnO 不同放大倍率的 SEM 图；图 8-2(e)、（f）分别为反应时间为 3h 所得 ZnO 不同放大倍率的 SEM 图；图 8-2(g)、

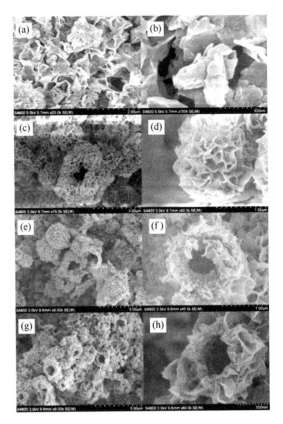

图 8-2　不同反应时间在陶瓷网上负载 ZnO 的 SEM 照片
(a)、(b) 1h；(c)、(d) 2h；(e)、(f) 3h；(g)、(h) 4h

（h）分别为反应时间为 4h 所得 ZnO 不同放大倍率的 SEM 图。从图 8-2 可知，ZnO 的整体结构是由花瓣状结构组装而成的；当反应时间从 2h 增加到 4h 时，体系中出现了中空球形结构，并且随着反应时间的增加，中空球的数量不断增加，球内腔半径逐渐增大，壁厚随之减小。

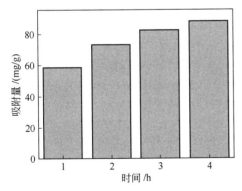

图 8-3　不同反应时间所得的样品对 Cr^{6+} 溶液的吸附量

采用上述反应时间为 4h 所得样品分别对 Cr^{6+} 溶液进行了吸附实验，结果如图 8-3 所示。随着反应时间的延长，所得样品的吸附量逐渐增大，当反应时间为 4h 时，ZnO 吸附量最大，可达 88.37mg/g。这是因为该样品为花瓣状 ZnO 组装而成的中空微纳球，孔隙多、孔体积和比表面积大，上述结构有利于对 Cr^{6+} 的吸附。

根据上述样品对 Cr^{6+} 吸附实验结果，选择了吸附性能较优（即反应时间为 4h）的样品对 Cr^{6+} 吸附性能的重复使用性进行了评价。分别将三组反应时间为 4h 所制备的样品加入 50mL 含 Cr^{6+} （500mg/L）的溶液中，让其吸附 24h，

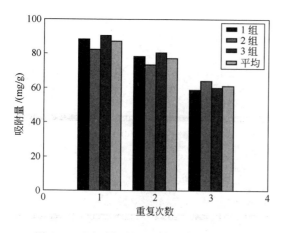

图 8-4　反应时间为 4h 所得的样品对 Cr^{6+}
吸附性能的重复使用性

测试吸附后溶液的吸光度，通过标准曲线计算得到其吸附量，重复使用三次，如图 8-4。由图 8-4 可知，样品重复使用 3 次后其吸附性能有所下降，但是重复使用 3 次后，样品对 Cr^{6+} 的吸附量仍可达到 61.22mg/g。

综上所述，目前纳米材料对铬的处理主要集中在两方面：一方面是利用纳米材料巨大的比表面积对铬进行吸附处理；另一方面是利用纳米材料强的光催化性能，将 Cr^{6+} 还原成 Cr^{3+}，接着加入碱源，生成 $Cr(OH)_3$ 沉淀，进而去除废液中的铬离子。

8.2.4　纳米材料对制革工业废水中氨氮的降解

制革废水中的氨氮含量较高，主要原因为：一方面是制革脱灰和软化过程中要用到无机铵盐，脱灰、软化工序产生的高浓度氨氮废水是制革工业废水氨氮的主要来源；另一方面制革是以加工胶原纤维——蛋白质为主要原料的过程，大量的皮蛋白被水解到废水中，随着废水中蛋白质的氨化，废水中氨氮浓度迅速升高，这使得废水中氨氮浓度很高，达到 300～600mg/L，有时候甚至出现废水越处理，氨氮浓度越高的现象。因此，进行皮革工业废水处理工程设计时，在考虑对有机污染物去除的同时，特别要考虑氨氮的去除。

Barbier 等研究了以纳米 M/CeO_2 为催化剂，O_2 为氧化剂处理氨氮废水。其中 M 是 Pt、Ru、Pd 等单独应用和组合使用，通过试验优化催化剂组成。结果发现，在温度为 200℃、氧分压为 20bar（$1bar=10^5 MPa$）的情况下，NH_3-N 质量浓度为 700mg/L 的废水去除率达 95% 以上。通过氧分压大小的控制，处理产物中 N_2 的选择率大于 90%，可有效防止 N_2O、NO、NO_2 等气体的产生。

徐锐等采用硅酸钠为黏结剂，以硅酸钠质量百分比为 6.5%，热处理温度为 300℃形成固定态纳米薄膜，制得的催化剂具有较高的活性，大大提高了皮革废水中氨氮的脱除率。结果表明：初始氨氮浓度 33～100mg/L，其最佳工艺条件为：反应温度 25～35℃，曝气量 300L/h，pH 值为 11，催化剂用量为 1.6g。

李丹丹等用电化学阳极氧化法制备了高度有序的钛基二氧化钛纳米管阵列薄膜。以二氧化钛纳米管阵列为光阳极，石墨为对电极，测试了不同 pH 值和外加电压条件下的光电流响应和光电催化氧化降解 NH_4Cl 水溶液的效率。结果表明：所制备的二氧化钛纳米管阵列具有锐钛矿和金红石的混晶结构，且主要晶型为锐钛矿型。光电流响应的强弱与光电催化氧化效率的高低相对应，降解氨氮废水的最佳条件为 pH=11，偏压为 1.0V。此外，他们还采用光化学沉积法、光还原法以及光电沉积法 3 种不同的掺杂方法，通过控制掺杂时间来控制纳米 Ag 的担载量制备出 $Ag-TiO_2$ 纳米管阵列，并用氨氮废水的光电催化降解反应来评价其催化活性，研究不同的掺杂方法以及不同的纳米 Ag 担载量对 $Ag-TiO_2$ 纳米管阵列光催化性能的影响。结果表明：适量纳米 Ag 的引入有利于光催化效率的提高，即纳米 Ag 的掺杂量存在一个最佳值，光电沉积制备样品具有最佳的光电催化效率。

陈一萍等采用静态法研究了碳纳米管（CNTs）对废水中氨氮的吸附性能。结果表明，在 pH 值为 7~9，CNTs 用量为 7mg，吸附时间为 50min 时，CNTs 对 50mg/L 的氨氮模拟废水吸附效果达到最好，且吸附数值遵循 Freundlich 等温吸附模型，吸附过程符合 Bangham 吸附速率方程。

光催化反应是近年来一种新兴的有效消除环境污染的方法，它已被广泛地应用到脱除水体中氨氮的研究中去。唐丽娜等采用光催化还原法制备了单金属 Fe、Cu 掺杂、双金属 Fe-Cu、Zn-Cu、Ag-Cu 共沉积掺杂的纳米 TiO_2 光催化剂，重点考察了影响光催化还原硝酸氮的主要因素，并对共沉积两种金属的比例对光催化活性的影响进行了考察。实验结果表明：当 $0.5\%Cu/TiO_2$ 作催化剂，CO_2 作搅拌气体，甲酸作空穴清除剂时，氮气选择性可达 88.4%。对不同比例双金属共沉积光催化剂的活性进行了考察，发现 Fe、Zn 的掺入并没有增强 Cu/TiO_2 的光催化活性。而 Ag 的加入却大大改善了其光催化活性。使用 1:1Ag-Cu/TiO_2 作光催化剂，在 CO_2 搅拌，加 0.06mol/L 甲酸的条件下，其可使硝酸氮转化率、总氮去除率分别达到 48.1%、34.2%。

陈晓慧等利用溶胶-凝胶法制备了不同比率的 CdS 掺杂 TiO_2 复合纳米颗粒催化剂，并用其进行了紫外线、日光灯和太阳光全波长光催化法去除水中氨氮和其他形式无机氮的对比实验研究。考察了添加催化剂的量、CdS 复合比率、有氧化态氮的亚硝酸根或硝酸根与氨氮共存时光催化脱氮的偶合效果、外加光源等对脱除氨氮效率的影响，并研究了后 3 个因素对 CdS 光腐蚀程度的影响。对于氨氮初始质量浓度为 50mg/L 的模拟废水，在通空气搅拌的条件下，$n(CdS):n(TiO_2)=0.17$ 的 CdS/TiO_2 催化剂脱氮效果最佳，此时经紫外线光照 2h 后脱除氨氮效率达 41.5%。

与此同时，采用纳米材料对废水中氨氮进行吸附的研究也有报道。孙玉焕等用氯化铝和碳酸钠反应所形成的羟基聚合铝作为柱化剂对膨润土进行柱撑改性，柱撑后的膨润土在 500℃煅烧，研究煅烧后柱撑膨润土对氨氮废水的处理效果、影响因素、吸附机理及其在实际氨氮废水处理中的应用。结果表明：羟基铝柱撑膨润土对浓度为 100mg/L 氨氮废水的最佳吸附条件为：pH=9，投加量为 120g/L，温度为 40℃，氨氮废水的去除率可达到 96.6%。

目前，采用纳米材料处理皮革废水中的有机污染物——氨氮已经取得了良好的效果，该技术具有广泛的应用前景，有望逐渐实现工业化。

8.3 印染综合废水

8.3.1 概述

纺织工业是我国发展比较早并且具有一定基础的工业部门，它与人民的生活息息相关，为增加出口创汇、国家积累资金发挥着极其重要的作用。根据中国纺织工业协会的统计，2010 年，中国纺织业的纤维加工总量为 4130 万吨，占世界总量的 52%~54%；全年纺织品服装出口总额达 2120 亿美元，占世界出口总额的 34%。纺织工业现已成为关乎民生的基本产业，对于中国现代化发展有着至关重要的作用，在大力发展纺织业的同时，纺织生产的用水量和排水量也有大幅度增长。2010 年，纺织废水排放量达到 24.55 亿吨，在当年统计的 39 个工业行业中位于第三位，占重点调查统计企业废水排放量的 11.6%。其中，COD 排放量约为 30.06 万吨，污染贡献率占 8.2%；氨氮排放量 1.74 万吨，占重点调查统计企业氨氮排放量的 7.1%。为使我国纺织业能够得到可持续发展，解决印染废水的污染问题显得尤为重要。

8.3.2 纳米 TiO₂ 及其复合材料在印染废水处理中的应用

TiO₂ 因具有优异的光电性能被广泛用于污水处理、空气净化、灭菌消毒、光解水获取氢能、太阳能电池等领域。但是，目前光催化技术未能得到大规模实际应用，主要由于以下几个原因：光的利用率低下，锐钛矿型的 TiO₂ 的禁带宽度为 3.2eV，只能利用太阳光中的紫外线部分，而这部分的能量不足。目前的光催化体系多以高压汞灯、黑光灯、紫外线杀菌灯等人造光源为激发光源，能量消耗很大，所以从经济角度来看，降低催化剂的带隙能，可以提高其对光的吸收性能。经过光照后产生的电子和空穴存在很高的复合速率，降低了量子利用率，如果能够有效地分离电子和空穴，就可以极大地提高光催化活性。因此，需要对纳米材料掺杂和改性来提高其光量子效率，进而提高光催化活性。此外，催化剂的回收成为难题。在水溶液中，催化剂难以回收再利用，从而限制了光催化氧化技术的实际应用。目前虽然有一些人在研究这方面的应用，但是进展不大，要广泛、大规模地应用必须要解决催化剂的负载化并使其具有高活性。

王丹军等采用溶胶-凝胶法制备了 N、S 共掺 TiO₂ 光催化剂，并以罗丹明 B 为模型污染物考察了样品的光催化活性。XRD 物相鉴定表明，所得 TiO₂ 催化剂为锐钛矿和金红石矿的混合型，金红石型的含量为 15.2%～10.6%，N 和 S 掺杂可有效抑制金红石相的生成。光催化降解实验结果表明：N、S 共掺光催化剂具有良好的可见光催化活性，自然光照射 10h，N、S 共掺催化剂（1.0% N-0.25% S-TiO₂）对染料工业废水 COD 的去除率高达 97.2%。

Yang 等采用 SnCl₄·5H₂O、硫代乙酰胺（TAA）为前驱体，在醋酸溶液中进行水热反应，制备出不同含量 SnS₂ 修饰的 TiO₂/SnS₂ 复合材料。以甲基橙溶液为目标降解染料，在不同的光照下（波长为 250～400nm、360～600nm 和 400～600nm）来研究它们的光催化活性。结果表明，复合材料的光催化活性与复合物中 SnS₂ 的含量和光照强度有关。含有 33% SnS₂ 的复合物在波长为 250～400nm 和 360～600nm 的光照下光催化降解效率最高。但是，在 400～600nm 波长的光照下，TiO₂/SnS₂ 复合材料的光降解效率随着复合物中 SnS₂ 含量的增加而增大，且复合材料的光催化活性均高于单纯的 TiO₂。

耿静漪等采用溶胶-凝胶法制备了纳米 TiO₂/AC 光催化剂，考察了 TiO₂/AC 光催化剂对亚甲基蓝的去除效果及机理。实验结果表明：活性炭载体提高了 TiO₂ 的光降解效率，当 TiO₂ 为 0.5g/L，AC 为 0.2g/L 时，光催化剂对亚甲基蓝溶液的光降解效果最好；随着亚甲基蓝溶液初始浓度的升高，催化剂的吸附及光催化降解效率均降低。

梁文珍等采用溶胶-凝胶法和常压干燥技术制备了纳米 SiO₂ 气凝胶，以纳米 SiO₂ 气凝胶为改性掺杂材料，钛酸四丁酯为反应原料，利用酸催化溶胶-凝胶法制备了 SiO₂ 气凝胶复合 TiO₂ 光催化剂。结果显示，SiO₂ 气凝胶的加入对 TiO₂ 颗粒大小和光波吸收范围影响微弱，提高了 TiO₂ 的晶型转变温度，结晶程度更加完善。SiO₂ 气凝胶质量分数为 7.5%，煅烧温度为 500℃条件下得到的复合光催化剂显示出最佳的光催化活性，且 SiO₂ 气凝胶复合 TiO₂ 光催化剂对污染物的吸附率和光降解率均高于纯 TiO₂ 样品。以自然太阳光为光源，研究了所制备的 SiO₂ 气凝胶复合 TiO₂ 光催化剂对典型偶氮染料活性黑的光催化脱色行为。结果表明：在太阳光照射下，活性黑 KN-B 脱色率达到 97% 以上，脱色率较高，且该复合光催化剂具有良好的再生性。

郝星宇等通过溶胶-凝胶法、水热法在不同模板剂 P123（EO₂₀PO₇₀EO₂₀）、F127 和 CTAB 的条件下合成介孔纳米二氧化钛，并通过采用不同晶化温度、晶化时间、煅烧温度来对介孔二氧化钛进行调控。发现以 P123 为模板，晶化温度 90℃下得到的介孔二氧化钛比

表面积可达 $138m^2/g$。采用不同硫化温度来控制硫化镉的负载过程并测定纳米 TiO_2/CdS 复合光催化剂的光吸收性能,结果表明红移范围拓展到 550nm。以介孔二氧化钛为载体采用离子交换法和共沉淀法合成纳米 TiO_2/CdS 复合光催化剂,并通过降解实验来测定其催化性能,结果表明离子交换法得到的光催化剂对有机染料的降解率可达 90％以上。

李娇等以商业 TiO_2(P25)为前驱体,采用水热法制备得到了铁系过渡金属离子掺杂的 TiO_2 纳米管。结果显示:P25 经水热反应后,生成了分散性较好的具有均匀中空管状结构的 TiO_2 纳米管,管壁多层且两端开口;生成的 TiO_2 纳米管既不是锐钛矿型,也不是金红石型,Fe^{3+}、Co^{2+} 和 Ni^{2+} 的掺杂不会对 TiO_2 纳米管的微观形貌和晶型结构产生影响;相比 P25,未掺杂和掺杂铁系过渡金属离子的 TiO_2 纳米管具有较好的光吸收能力,随着离子掺杂量的增加,样品的吸收峰出现了明显的红移。以亚甲基蓝溶液为体系,研究 Ni^{2+} 的掺杂量、pH 值、温度等因素对 Ni^{2+} 掺杂 TiO_2 纳米管吸附性能的影响,探究吸附对光催化活性的影响。实验表明,TiO_2 纳米管的吸附性能要优于作为原料的 P25,Ni^{2+} 掺杂提高了 TiO_2 纳米管的吸附能力,当 Ni^{2+} 掺杂量(摩尔分数)增加到 5％时(记为 Ni-TNTS-5),平衡吸附量达到最大值;随着 pH 值的增加,Ni-TNTS-5 的吸附性能先增大后减小,当 pH=10 时,平衡吸附量达到最大值;当温度从 20℃增加到 30℃时,Ni^{2+} 掺杂 TiO_2 纳米管的吸附能力增强;相比 P25,TiO_2 纳米管对亚甲基蓝的降解性能明显增强,Ni^{2+} 掺杂 TiO_2 纳米管的降解性能优于未掺杂的 TiO_2 纳米管,Ni^{2+} 掺杂量的大小直接影响 TiO_2 纳米管的光催化效率。

Djellabi 等将蒙脱土浸渍到四氯化钛溶液中,然后在 350℃下进行煅烧处理,制备 TiO_2/MMT 复合材料,并将其应用到龙胆紫、甲基蓝、罗丹明 B 等五种染料的降解中。结果表明 TiO_2/MMT 复合材料对五种染料的降解速率为:龙胆紫(97.1％)>甲基蓝(93.2％)>罗丹明 B(79.8％)>甲基橙(36.1％)>刚果红(22.6％)。TiO_2/MMT 复合材料与商业纳米 TiO_2(P25)的对比实验结果表明:TiO_2/MMT 复合材料具有良好的吸附性能,且其成本较低,可有效地应用于染料废水的处理中。

上述研究表明,通过对纳米 TiO_2 进行掺杂改性而抑制光生电子-空穴的复合,或对纳米 TiO_2 进行形貌调控或将其负载在其他载体上,增大其比表面积,可显著提高其对印染废水中有机污染物的去除效果。

8.3.3 纳米 ZnO 在印染废水处理中的应用

ZnO,俗称锌白,是一种两性氧化物。ZnO 晶体有三种结构:六方纤锌矿结构、立方闪锌矿结构以及氯化钠式八面体结构。纤锌矿结构在三者中稳定性最高,因而最常见。与普通 ZnO 相比,纳米 ZnO 因其特有的表面效应、体积效应、量子效应和介电限域效应等,表现出诸多特殊性能,如抗菌抑菌性、吸收和屏蔽紫外线、催化性、荧光性、压电性、磁性、导带宽以及激发能低等。由于 ZnO 晶体结构中有效离子电荷的存在及不同晶面自由能的差异,使得其 c 轴晶向具有极性;另外,ZnO 还具有两个重要的非极性晶面(2110)和(0110)。这些特性使得 ZnO 具有两个快速生长的方向以及不同的面生长速度,最终导致了纳米 ZnO 结构的多样性,被认为是各种已知氧化物材料中结构花样最多的一种。截至目前为止,已获得了各种形貌的 ZnO,例如纳米线、纳米棒、纳米管、纳米环、纳米花、纳米球、纳米弓、纳米阵列、纳米弹簧、纳米针等。

纳米 ZnO 降解有机污染物的原理与纳米 TiO_2 相同,同样是光催化氧化降解原理。在紫外线或可见光的照射下,纳米 ZnO 在水和空气中能自行分解出自由移动的带负电荷的电子（e⁻），同时留下带正电荷的空穴（h⁺），这种 h⁺ 可以激活空气中的氧和粉体表面的水，从而产生有极强化学活性的活性氧（·O₂²⁻、·OH、¹O₂），活性氧（ROS）可与大多数有机物发生氧化反应，达到去除有机污染物的目的。纳米 ZnO 作为光催化剂具有许多优点，但其较高的光生载流子复合率和较窄的光谱吸收范围限制了纳米在光催化领域的应用。因此，抑制纳米 ZnO 中光生载流子的复合、拓宽纳米的光谱吸收范围是提高其光催化活性的主要途径。

Sun 等采用微波法制备了纳米 ZnO 粉体，研究了微波辐射时间、反应物浓度和微波功率对纳米 ZnO 形貌和尺寸的影响，以紫外线下亚甲基蓝溶液的降解为模型反应，研究了不同长径比的纳米 ZnO 双节棒的光催化性能。结果表明：随着长径比的逐渐增大，纳米 ZnO 双节棒的光催化性能逐渐提高。

郝咪等采用均匀沉淀法制备纳米氧化锌，反应温度为 90℃，反应时间为 200min，尿素和六水合醋酸锌摩尔配比为 3:1，得到的纳米氧化锌产率高，苯酚的降解率达到 93%。此外，他们采用溶胶-凝胶法制备纳米 ZnO，醋酸锌 6g，草酸 10.5g，$V_{乙醇}=55mL$，$V_{水}=30mL$，十二烷基磺酸钠 0.6g，反应温度为 70℃，干燥温度为 70℃，制得的催化剂性能最好；在此基础上掺入 1% Ag 和 0.5% Cu 制得的催化剂光催化性能明显提高。以自制的光催化剂 ZnO 光催化降解含苯酚、甲基橙和氨氮的废水。实验结果显示，溶胶-凝胶法制备的 ZnO 在紫外灯照射下光催化剂降解效果最好，苯酚、甲基橙和氨氮分别在 4h、3h 和 6h 后几乎完全降解。催化剂回收重复使用数次以后降解效果仍然很好，不会失活。

作者也对纳米 ZnO 光催化降解染料废水进行了大量研究。首先，采用微波水热法，通过控制反应时间、反应温度、锌源、碱源种类及浓度等，成功制备了球形、花状、短棒状、针状、片状等不同形貌的纳米 ZnO，结果如图 8-5 和图 8-6 所示。

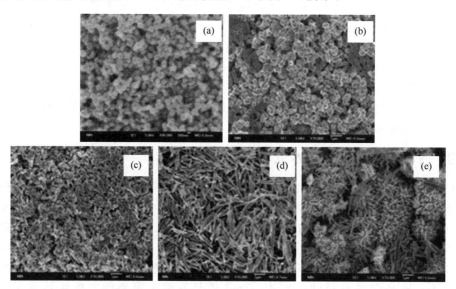

图 8-5　采用微波水热法所制备的不同形貌纳米 ZnO 的 SEM 照片
(a) 球形；(b) 短棒状；(c) 片状；(d) 针状；(e) 花状

接着，采用相同用量的不同形貌纳米 ZnO 光催化降解罗丹明 B 溶液。结果表明：采用不同形貌纳米 ZnO 光催化降解 6h 后降解效率具有明显差别。图 8-7 是不同形貌纳米 ZnO 光催化降解罗丹明 B 溶液的降解效率。

由图 8-7 可知，对于相同浓度的罗丹明 B 溶液，采用一定量的不同形貌纳米 ZnO 光催

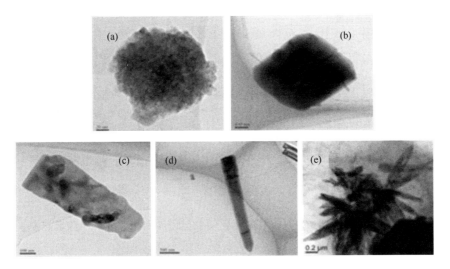

图 8-6　采用微波水热法所制备的不同形貌纳米 ZnO 的 TEM 照片
（a）球形；（b）短棒状；（c）片状；（d）针状；（e）花状

化降解 6h 后降解效率具有明显差别。花状 ZnO 对罗丹明的光催化降解效率最高，达到了 97.2%，而球形 ZnO 对罗丹明 B 溶液的降解效率最低，仅为 87.76%。上述结果表明：纳米 ZnO 的形貌、结构对其光催化作用有较大的影响。这主要是因为花状 ZnO 具有良好的紫外吸收性能以及较小的禁带宽度，可提高紫外线利用率，进而提高其光催化性能。与球形 ZnO 相比，花状 ZnO 表面特殊的尖端结构能够使其产生表面缺陷，便于裸露的 Zn 原子与罗丹明 B 分子中的氮原子结合并降解。此外，花状 ZnO 表面疏松多孔的结构有利于氧分子以及染料分子的扩散与传输。因此，花状 ZnO 的光催化作用较强。

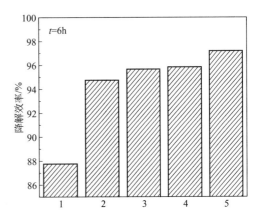

图 8-7　不同形貌纳米 ZnO 光催化
降解罗丹明 B 溶液的降解效率
1—球形；2—针状；3—短棒；4—片状；5—花状

　　作者后期对花状 ZnO 光催化降解罗丹明 B 溶液的具体过程进行了详细研究。图 8-8（a）、（b）分别是花状 ZnO 光催化降解罗丹明 B 在不同时间下的紫外吸光度及光催化降解效率。由图 8-8（a）可知，随着反应的进行，罗丹明 B 溶液在 554nm 处的紫外吸收峰明显降低。暗反应 30min 后，罗丹明 B 溶液的紫外吸收峰由反应前的 2.287 降低为 1.94，这是因为花状 ZnO 表面疏松多孔，具有较大的孔隙结构，该结构有利于将染料分子吸附到 ZnO 内部，使溶液中所含的罗丹明 B 分子数目明显降低。因此，溶液的紫外吸光度降低。随着光催化反应的进行，罗丹明 B 溶液的紫外吸光度逐渐降低，反应 6h 后罗丹明 B 溶液在 554nm 处的紫外吸光度几乎为零。

　　由图 8-8（a）中罗丹明 B 溶液在 554nm 处的紫外-可见光吸收光谱数据和光催化降解效率计算公式（8-1）得到图 8-8（b）所示花状 ZnO 光催化降解罗丹明 B 溶液在不同时间下的光催化降解效率曲线。

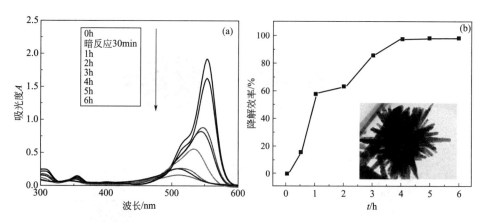

图 8-8　花状 ZnO 光催化降解罗丹明 B 溶液在不同时间的紫外吸光度（a）及降解效率（b）

$$\text{光催化降解效率}/\% = \frac{C_0 - C_t}{C_0} \times 100\% = \frac{A_0 - A_t}{A_0} \times 100\% \tag{8-1}$$

式中　C_0、A_0——反应开始时罗丹明 B 溶液的浓度及紫外吸光度；

　　　C_t、A_t——反应 t 时间后罗丹明 B 溶液的浓度及紫外吸光度。

由图 8-8（b）可知，光催化降解反应开始 1h 后，罗丹明 B 溶液的光催化降解效率达到了 57.1%；反应 2h、3h 后，罗丹明 B 溶液的光催化降解效率分别为 62.26% 和 85.22%；光催化降解反应进行 4h 后，罗丹明 B 溶液的光催化降解效率达到了 96.67%；反应后期罗丹明 B 溶液的光催化降解效率变化不大。这是因为罗丹明 B 溶液的光催化降解反应过程如下：

$$\text{ZnO} + h\nu \longrightarrow \text{ZnO}(e_{CB}^- + h_{VB}^+) \tag{8-2}$$

$$\text{H}_2\text{O} + h_{VB}^+ \longrightarrow \text{H}^+ + \cdot\text{OH} \tag{8-3}$$

$$\text{RB} + \cdot\text{OH} \longrightarrow \text{氧化产物} \tag{8-4}$$

首先，在能量大于 ZnO 禁带宽度的紫外线照射下，ZnO 表面产生大量的电子（e_{CB}^-）及空穴（h_{VB}^+），如反应式（8-2）所示；空穴（h_{VB}^+）可与 ZnO 表面吸附的水分子反应，生成羟基自由基（·OH）［见反应式（8-3）］；羟基自由基（·OH）具有很强的氧化性及较高的活性，可将染料分子迅速降解［见反应式（8-4）］。光催化降解反应开始时，体系中产生大量的羟基自由基（·OH），此时溶液中染料分子数目较多，因而反应初期光催化降解反应较快。随着反应的进行，溶液中大量的羟基自由基（·OH）被消耗殆尽，且染料分子浓度越来越低。因此，反应后期罗丹明 B 溶液的光催化降解效率变化不大。

在此基础上，作者对纳米 ZnO 进行了掺银处理，并对球形 ZnO、球形 ZnO/Ag 复合粒子、花状 ZnO、花状 ZnO/Ag 复合粒子光催化降解罗丹明 B 溶液的降解效率进行了研究。图 8-9 是采用化学吸附还原法所制备的两种不同形貌的纳米 ZnO/Ag 复合粒子的 SEM 照片。

球形 ZnO、球形 ZnO/Ag 复合粒子、花状 ZnO、花状 ZnO/Ag 复合粒子光催化降解罗丹明 B 溶液的降解效率见图 8-10 所示。

图 8-10 是 ZnO 和 ZnO/Ag 复合粒子对罗丹明 B 溶液的光催化降解效率。由图 8-10 可知，光催化反应 1h 后，球形 ZnO 和花状 ZnO 对罗丹明 B 溶液的光催化降解效率分别为 41.11% 和 55.8%，球形 ZnO/Ag 复合粒子、花状 ZnO/Ag 复合粒子对罗丹明 B 溶液的光催化降解效率分别为 53.37% 和 98.56%，掺银以后复合粒子的光催化降解效率明显提高。花状 ZnO/Ag 复合粒子的光催化效率高于球形 ZnO/Ag 复合粒子，这可能是因为花状 ZnO

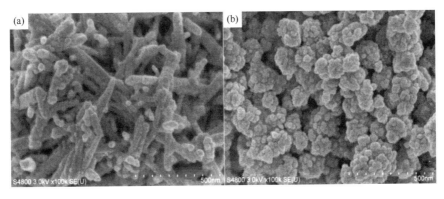

图 8-9　采用化学吸附还原法制备的 ZnO/Ag 复合粒子的 SEM 照片
（a）花状 ZnO/Ag 复合粒子；（b）球形 ZnO/Ag 复合粒子

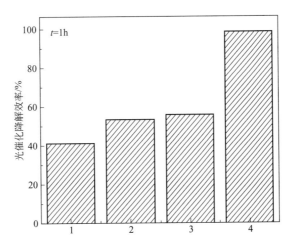

图 8-10　ZnO 及 ZnO/Ag 复合粒子的光催化降解罗丹明 B 溶液的降解效率
1—球形 ZnO；2—球形 ZnO/Ag 复合粒子；3—花状 ZnO；4—花状 ZnO/Ag 复合粒子

的光催化效率本身高于球形 ZnO，且花状 ZnO 由针状 ZnO 组成，其尖端较细，掺银以后可有效提高花状 ZnO 对电子的捕获能力，进而提高复合粒子的光催化效率。

　　为了研究花状 ZnO/Ag 复合粒子光催化降解反应全过程降解效率的变化趋势，对不同反应时间下罗丹明 B 溶液的吸光度进行测试。图 8-11（a）（见彩插）是花状 ZnO/Ag 复合粒子光催化降解罗丹明 B 溶液在不同时间下的紫外吸光度。由图 8-11（a）可知，暗反应 30min后，罗丹明 B 溶液的吸光度即由原溶液的 2.13 降低为 1.714，降低幅度较大。虽然暗反应过程中光催化降解的可能性较小，但是花状 ZnO/Ag 复合粒子本身疏松多孔，可吸附一定量的罗丹明 B 分子，降低罗丹明 B 溶液的吸光度。光催化降解 30min 后，罗丹明 B 溶液在 554nm 处的吸光度几乎为 0，反应后期溶液的吸光度变化不大。图 8-11（b）是花状 ZnO/Ag复合粒子光催化降解罗丹明 B 溶液不同时间下的降解效率。由图 8-11（b）可知，光催化反应 10min 后，罗丹明 B 溶液的降解效率达到了 80.27%，而反应 20min、30min、40min、50min 后降解效率分别为 95.2%、96.37%、96.59%、97.4%，反应 1h 后降解效率达到 98.50%。而前期实验结果显示：花状 ZnO 光催化降解罗丹明 B 溶液反应 1h 时的降解效率仅为 57.1%，表明花状 ZnO/Ag 复合粒子的光催化性能优于花状 ZnO。

　　此外，作者采用简单的共沉淀法，以六水合硝酸锌作为锌源，分别在棉布和陶瓷网基底

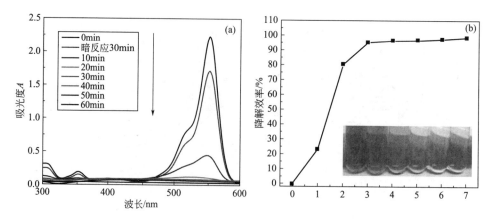

图 8-11　花状 ZnO/Ag 复合粒子光催化降解罗丹明 B 溶液在不同时间的紫外吸光度（a）及降解速率（b）

0—反应前；1—暗反应 30min；2—10min；3—20min；4—30min；5—40min；6—50min；7—60min

上负载了纳米 ZnO（见图 8-12），考察了不同反应 pH 值、反应时间下所得产物对罗丹明 B 溶液的光催化降解性能以及该产物的重复使用性能。结果表明：当反应 pH 值为 9 时，在陶瓷网上所制备样品的光催化性能最好，光催化反应 4h，降解率可达到 88%。分别将反应 pH＝9 时，反应时间为 1h、2h、3h、4h 所制备的样品加入罗丹明 B 溶液中，进行紫外线光催化降解反应，发现随着反应时间的增加，样品的光催化性能提高（见图 8-13）；且该样品重复使用 3 次后，光催化反应 6h 后，降解率仍然可达到 94.49%（见图 8-14）。

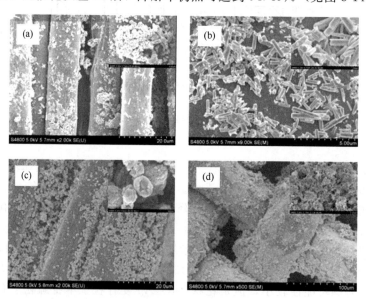

图 8-12　不同基底不同形貌 ZnO 的 SEM 照片

（a）棉布上棒状 ZnO；（b）陶瓷网上棒状 ZnO；（c）棉布上球状 ZnO；（d）陶瓷网上球状 ZnO

与此同时，作者还通过晶种诱导法在金属网表面制备 ZnO 纳米棒阵列结构（见图 8-15），并以甲基橙染料溶液为废水模拟液，考察了金属网衬底表面不同密度和尺寸的 ZnO 纳米棒阵列对甲基橙降解效率的影响。通过优化生长时间、生长温度、溶液浓度与 pH 值等实验参数，研究了不同工艺条件对 ZnO 纳米棒阵列密度和尺寸的影响，并对不同密度和尺寸的 ZnO 纳米棒阵列对甲基橙溶液光催化性能的影响进行了考察。结果表明：当反应温度、反应时间、pH 值以及六水合硝酸锌和六亚甲基四胺的浓度分别为 80℃、4h、6.7 和

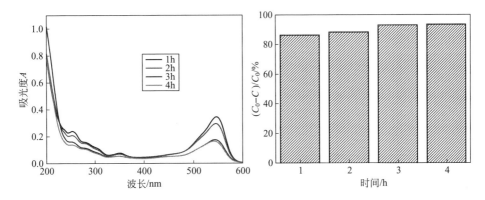

图 8-13 反应 pH＝9 不同反应时间所制备样品在光催化降解罗丹明 B 溶液（5h）
的吸光度及其对应的光催化降解率对比图

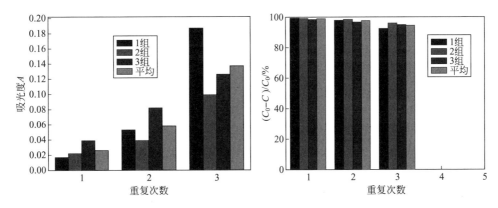

图 8-14 反应 pH＝9，反应时间为 4h 的样品 6h 光催化降解图及其对应的光催化降解率曲线图

100mmol/L 时，所制备的 ZnO 纳米棒阵列对甲基橙的光催化降解效果优异，2h 即达100％。并将得到的光催化降解甲基橙效率最高的样片，多次重复用于光催化降解甲基橙测试。由图 8-16 可以看到，最优样片初次使用时，2h 甲基橙降解率达 100％，重复使用一次后，2h 降解率达 94％，第三次用于光催化降解，其效率与第二次一致，未出现效率降低现象，说明在金属网上制备的 ZnO 纳米棒阵列稳定性较好，可重复多次用于废水中染料的光催化降解。

采用纳米 ZnO 处理印染废水中的有机污染已经取得了良好的效果，但是如何实现纳米 ZnO 的回收利用、减少纳米粉体的二次污染以及进一步提高其在可见光下的处理效果依然是今后的研究热点。

8.3.4 磁性纳米材料在印染废水处理中的应用

磁性是一种独特的物理性质，磁性材料在工程技术中的产业化应用始于 19 世纪末，经过百余年的发展，磁性材料在种类、产业规模及应用领域方面均得到了极大的扩展。在外加磁场的作用下，磁性吸附剂可以很方便地与水溶液基体快速分离开来。20 世纪 80 年代发展起来的纳米技术给传统的磁性材料注入了新鲜的血液。将物质的磁效应与物质的纳米效应结合起来，合成的磁性纳米材料无论是在材料的性能上，还是磁性上都发生了一个质的飞跃。磁性纳米材料一般是指尺寸在 1～100nm 之间的准零维纳米粒子、一维超细金属丝或二维超薄膜以及由它们组成的固态或液态磁性材料。这些材料除了在物理、化学方面具有纳米材料

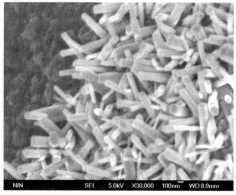

图 8-15　水浴温度 80℃所制备样品的 SEM 照片

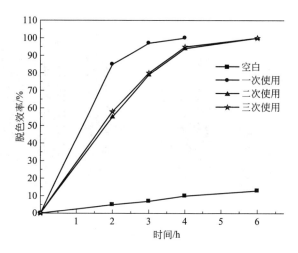

图 8-16　所得最优样品多次使用的光催化性能测试结果

的介观（即介于宏观物体与微观分子、原子）特性外，还具有特殊的磁性能——介观磁性。磁性纳米材料在污染物去除方面的原理一般是依靠其巨大的比表面积对有机污染物进行吸附而去除的。

张高生等把活性炭和铁氧化物进行复合，得到活性炭/铁氧化物磁性复合吸附材料，研究了所得复合材料吸附去除水中偶氮染料酸性橙Ⅱ的动力学、等温线及 pH 值的影响。结果表明，活性炭对水中偶氮染料酸性橙Ⅱ的高吸附性能并未因铁氧化物的存在而降低；此外，在 2～10 的 pH 值范围内，磁性炭对酸性橙Ⅱ都有很好的去除效果，克服了单一磁性物质使用 pH 值范围窄的缺点。

Zhang 等采用低毒性的 γ-(甲基丙烯酰氧)丙基三甲氧基硅烷和赖氨酸修饰 Fe_3O_4 磁性纳米粒子（结构如图 8-17 所示），并将所得的磁性粒子应用于甲基蓝、甲基橙、酸性红、亚甲基蓝等染料的处理中，研究了接触时间、染料浓度、pH 值等对其吸附性能的影响。结果表明：采用赖氨酸修饰 Fe_3O_4 磁性纳米粒子，不仅可以提高其对阴离子染料的吸附量，而且可以有效地去除水体中的阳离子染料亚甲基蓝等，且该磁性材料重复利用效果较好。

Ou 等以 $Fe_3O_4@SiO_2$ 为模板，通过简便的化学方法合成了磁球为核、硅酸镍为壳的 $Fe_3O_4@NiSiO_3$ 亚微球，研究了溶液、振荡时间、亚甲基蓝初始浓度对吸附的影响。结果表明：$Fe_3O_4@NiSiO_3$ 亚微球对亚甲基蓝的吸附动力学数据较好地符合二级动力学方程，

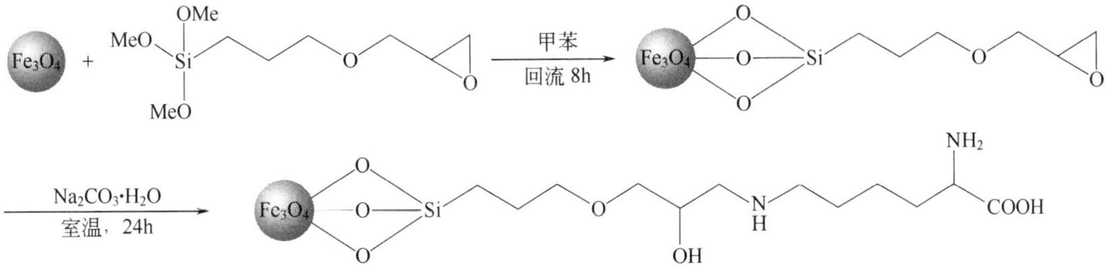

图 8-17　γ-(甲基丙烯酰氧)丙基三甲氧基硅烷和赖氨酸修饰的 Fe₃O₄ 磁性纳米粒子

表明化学吸附是该吸附过程中的控速步骤。Langmuir 模型能较好地拟合对亚甲基蓝的等温吸附数据，表明吸附剂的表面是均一的，且亚甲基蓝是以单分子层的形式吸附在吸附剂表面。

高美娟等首先采用化学共沉淀法制备得到粒径约为 15nm 的 Fe₃O₄ 磁性微球；接着，采用 3-氨丙基三乙氧基硅烷（APTES）对 Fe₃O₄ 磁性微球进行硅烷化修饰，使其末端具有丰富的—NH₂，再经过酰胺化反应，得到末端含有丰富—COOH 的磁性微球；最后，以亚甲基蓝（MB）和乙基紫（EV）模拟印染废水，研究了氨基功能化磁性微球的吸附行为，以中性红（NR）和甲基橙（MO）模拟印染废水研究了羧基功能化磁性微球的吸附行为。结果表明：氨基功能化磁性微球对 MB 的吸附受 pH 值的影响较大，45min 内吸附基本达到平衡；氨基功能化磁性微球对 EV 的吸附在 pH 值为 9.5 时，吸附效果最佳；随着浓度的增加，吸附量增大；升高温度有利于吸附的进行。羧基功能化磁性微球对 NR 的吸附在 pH 值为 4.5 时，吸附量最大；15min 内吸附基本达到平衡；在一定的浓度范围内，离子强度对吸附量没有影响。羧基磁性微球对 MO 的最佳吸附浓度 c_0 为 80mg/L。

吕洲等设计了一种新型的基于微米级具有核壳结构 Fe@Fe₂O₃ 粉末的 Fenton 试剂。实验结果表明，纳米级催化剂由于粉末颗粒比较小，形成了 Fe@Fe₂O₃ 的核壳结构。应用基于该纳米粉末催化剂的 Fenton 反应处理活性艳红 X-3B 模拟染料废水，中性条件下（pH＝7）达到较理想的处理效果，在废水浓度 200μg/mL，双氧水浓度 30mmol/L 的情况下，反应 2h，色度去除率达到 80%。但是催化剂不能回收和循环再利用，同时由于其自身的纳米级结构特点，造成了制备和贮存的不便利。基于该微米级粉末催化剂构筑 Fenton 反应体系应用于活性艳红 X-3B 模拟染料废水的处理，结果表明该催化剂不仅能在传统低 pH 值（<3）范围内达到良好的 Fenton 反应催化效果，还能在碱性条件（pH＝9）下，H₂O₂ 浓度 30mmol/L，反应 2h 之后，染料废水的色度去除率达到 93%，为传统 Fenton 体系处理效果的 10 倍以上。回收实验表明，Fe@Fe₂O₃ 稳定且具有磁性，催化剂回收重复使用 10 次，仍可以达到 80% 以上的处理效果。

Liang 等对腐殖酸钠修饰纳米 Fe₃O₄ 及其吸附罗丹明 B 的性能进行了研究。在纳米 Fe₃O₄ 表面修饰了腐殖酸钠，增加了纳米 Fe₃O₄ 的抗酸碱性，并探讨了吸附时间、pH 值、温度等因素对吸附罗丹明效果的影响。结果表明：所制备的腐殖酸钠修饰纳米 Fe₃O₄ 对水中罗丹明的最大去除率为 98.5%，吸附过程符合吸附模型，最大吸附容量为 168.81mg/g。

传统的吸附剂如活性炭等在吸附重金属离子后不易分离，易造成损失，分离时间也较长，有些吸附剂使用后丢弃在环境中容易造成二次污染。正是由于它们在分离和再生方面的困难，从而限制了它们更加广泛的应用。而磁性纳米材料由于在外加磁场的作用下很容易从溶液中分离出来，有些还可以重复使用，因而得到了越来越广泛的应用。

8.3.5 其他纳米材料在印染废水处理中的应用

除了纳米 TiO_2、纳米 ZnO、磁性纳米材料外，有关碳微球、过渡金属硫化物等纳米材料在染料废水处理中的应用研究也有报道。

黄毅等首先以葡萄糖为碳源，制备出平均尺寸约为 300nm 的胶体碳球。在此基础上，通过引入硅溶胶和正硅酸乙酯，制备了比表面积为 650m²/g 的硅溶胶碳球及其镍的复合物，对它们的甲基橙吸附性能进行了研究。实验结果表明，硅溶胶碳球对甲基橙的最大吸附量可以达到 214mg/g，镍纳米粒子的负载堵塞了部分孔道，导致对甲基橙的吸附量略微降低，但具有磁性的复合物可以达到快速磁分离的作用。其次，以乙二醇作为碳源，醋酸锌作为结构导向剂，利用简单的溶剂热法制备了高比表面积的介孔碳纳米管，这种介孔碳纳米管具有质量轻、体积大等特点；介孔碳纳米管对甲基橙的最大吸附量为 269mg/g，与镍纳米粒子复合时，由于碳纳米管的脆性会导致纳米管的破裂和聚集，影响了产物的吸附能力，但复合物对甲基橙的最大吸附量依然保持在 200mg/g 以上。

容学德等采用微乳液法合成了纳米 ZnS 粒子，并将其应用于吸附废水中的有机染料，分别考察了溶液 pH 值等因素对吸附过程和吸附效果的影响。实验结果表明：染料在水体中的形态受 pH 值影响，同时 ZnS 表面结构也受溶液 pH 值的影响。随着溶液 pH 值的增大，各种染料在纳米 ZnS 粒子上的吸附量随之降低。这是因为当 ZnS 加入染料溶液中时，水体中大量存在的水分子和羟基离子迅速靠近 ZnS 表面，由于锌离子具有正电荷以及很强的配位能力，水分子和羟基很容易与锌离子结合。与此同时，溶液中的染料分子也向 ZnS 表面聚集，取代配位水分子和羟基，自身与锌离子形成更稳定的配合物，发生吸附作用。欲使更多的染料分子结合到表面，需要有合适的 pH 值。随着 pH 值的增大，溶液中的羟基含量不断增大，与染料分子争夺表面的配位锌离子，导致染料吸附容量下降。

邹晓兰等选用珍珠贝壳作为载体，在不同温度下煅烧活化，采用水解法制备纳米 Cu_2O/珍珠贝壳复合材料，并通过催化活性实验和 XRD 表征手段对材料进行筛选。结果表明，复合材料对 B-3G 的吸附性能具有纯 Cu_2O 粉末和贝壳粉载体的特点，理论饱和吸附量为 166.67mg/g，较纯 Cu_2O 粉末提高了 200%。纳米 Cu_2O/珍珠贝壳复合材料对 B-3G 的吸附过程非常迅速，60min 后吸附基本达到平衡，此时 B-3G 的吸附去除率达到 98.2%。

Kirans 等采用十六烷基三甲基溴化铵修饰蒙脱土，并将所得的复合材料应用于酸性橙染料（AO7）的吸附降解研究中。结果表明：随着十六烷基三甲基溴化铵用量的增加，离子交换量分别为 0.5、0.1 和 1.5 时，复合材料对酸性橙染料（AO7）的降解效率由 52.74% 增加到了 94.08%，最后降低为 74.89%。当反应时间为 27min，初始 pH 值为 6，吸附量为 0.8g/L，AO7 浓度为 49mg/L 时，复合材料的最大脱色效率可达 87.19%。

纳米材料去除印染废水中的有机污染物主要是利用纳米材料的吸附性能对染料进行吸附去除，或是利用纳米光催化材料在光照条件下，将有机染料分子降解而达到去除有机污染物的目的。因此，今后的研究将会集中在研制具有吸附和光催化双重功能的纳米材料，从而有效地提高其对印染废水中有机污染物的去除能力。

8.4 重金属废水

8.4.1 概述

随着人类社会的不断发展，环境污染问题逐渐呈现在人们面前。其中，水环境中的重金属离子已经对人类的健康安全有着严重的威胁，全国大约有 1.7 亿人次饮用受到污染的水，约 90％的城市水环境恶化。如果这些水环境中有毒有害的物质不能及时得到有效的处理，就会经过长时间的生态积累，通过生物链的转移，进而危害人体以及其他生物体。因此，必须及时有效地去除水体中的重金属离子。纳米材料的基本结构决定了它超强的吸附能力，将纳米材料应用于重金属废水的处理中，可以显著提高水的质量。近年来，有关纳米材料在去除水体中重金属的研究已有相关报道。本节将从纳米金属氧化物材料、纳米吸附材料、纳米光催化技术、纳滤技术、其他无机纳米粒子、介孔材料等方面，介绍有关纳米材料在重金属离子废水处理中的应用情况。

8.4.2 纳米金属氧化物在重金属废水处理中的应用

纳米材料的大比表面积使得其具有比一般吸附材料更大的吸附容量，是一种很有发展潜力的固相吸附材料。近年来，通过设计中空、介孔、微孔、多孔、核壳、一核多壳的纳米、微纳、微米结构等来吸附处理含重金属离子的工业废水取得了明显的效果。活性氧化铝具有很多的毛细孔通道，这些孔道的表面有较高的活性，能对气体、蒸汽、液体的水分具有选择吸附本领。目前，已有学者利用活性氧化铝的这一吸附特性，将其用于重金属离子的废水处理中。

郝存江等采用溶胶-凝胶法合成了高活性的纳米 γ-Al_2O_3 材料，研究发现在 pH 值为 6～7 条件下其对金属离子 Pb^{2+}、Cd^{2+}、Cr^{6+} 有强烈的吸附能力，且符合 Freundlich 吸附方程。吸附在纳米 γ-Al_2O_3 上的 Pb^{2+} 等金属离子可用 0.1mol/L HCl 溶液进行洗脱，再生后的纳米 γ-Al_2O_3 材料的吸附能力基本不变，可以重复使用。

Han 等以非离子表面活性剂为模板，在室温下合成了介孔氧化铝，研究了制备条件（铝源和焙烧温度）对介孔氧化铝吸附性能的影响。结果表明：最佳的铝源为异丙醇铝，最佳焙烧温度为 400℃，最优吸附剂吸附 As 的最优 pH 值范围（3.0～6.5）大于商业氧化铝（5.5～6.0），其在近中性（pH＝6.6±1）的条件下，饱和吸附容量为 36.6mg/g（大于已有报道的传统氧化铝：15.5mg/g）。与此同时，他们还研究了稀土金属（Ce、Y、Eu、Pr 和 Sm）对改性介孔氧化铝吸附性能的影响，得出稀土金属 Y、Sm、Eu 和 Pr 改性的介孔氧化铝对 As 的吸附容量显著增加，分别为改性前的 1.7 倍、1.48 倍、1.44 倍和 1.37 倍，但 Ce 改性的介孔氧化铝对 As 的吸附容量略有下降（0.85 倍）。

此外，吉林大学的韩炜教授及其研究小组利用纳米铝粉制备出 AlO(OH) 纳米纤维，并将 AlO(OH) 纳米纤维与玻璃纤维、活性炭复合，去除含低浓度重金属离子的待净化溶液，取得了良好的效果。与传统的水源净化方法相比，该技术成本更低、效率更高。

除了活性氧化铝以外，纳米氧化铁也可应用于重金属废水的处理中。李军等采用溴化十六烷基三甲铵（CTA）通过简单的水解法合成了吸附性能良好的纳米 Fe_2O_3。研究结果表明：所得纳米 Fe_2O_3 对 Cr^{6+} 的吸附酸度较宽、吸附效率较高、吸附时间短，用 2.0mol/L NaOH 洗脱处理后可重复使用。此纳米金属氧化物 Fe_2O_3 对环境水样中 Cr^{6+} 的吸附效率可达到 97％以上，残留浓度小于 0.005mg/L，远低于 Cr^{6+} 的排放标准（0.01mg/L）。

吴少林等用共沉淀法将 $ZrOCl_2 \cdot H_2O$ 包裹在磁性纳米 Fe_3O_4 表面，合成了一种针对高浓度含砷含氟废水的高效新型磁性纳米吸附剂 $Fe_3O_4 \cdot ZrO(OH)_2$，考察了上述吸附剂对砷的吸附容量、反应平衡时间以及 pH 值对吸附效果的影响。实验表明，磁性纳米 $Fe_3O_4 \cdot ZrO(OH)_2$ 吸附剂对水中总砷的吸附容量可达 133.33mg/g，随着 pH 值的不断增加，吸附剂对砷的吸附量则是先增加后减少。

另外，有关铁锰复合氧化物处理含重金属离子废水的研究也有报道。刘峰等以五价锑

〔Sb(Ⅴ)〕和镉（Cd^{2+}）为对象，考察了二者单独存在和共存体系下铁锰复合氧化物（FM-BO）对其吸附性能。研究表明：单独存在体系下 Sb(Ⅴ) 和 Cd^{2+} 的吸附常数 K_F 分别为 0.48L/mg 和 1.13L/mg，而共存体系下则分别提高至 1.88L/mg 和 1.51L/mg；该体系的吸附为多层吸附且为非均相扩散过程；吸附 48h 后，Sb(Ⅴ)和 Cd^{2+} 的最大吸附量分别达到 0.32mmol/g 和 1.43mmol/g；Sb(Ⅴ)在偏酸性而 Cd^{2+} 在偏碱性范围内具有较好的吸附效果。

常方方等采用共沉淀法制备了新型铁锰复合氧化物吸附剂，并对其表面特性及除砷性能进行了初步研究。结果表明：吸附剂表面 Fe 和 Mn 的相对摩尔比为 3:1，铁锰复合氧化物对 As(Ⅴ)和 As(Ⅲ) 均表现出很强的吸附能力，并且吸附速率快，在 60min 内即可达到平衡吸附容量的 80%；该吸附剂在天然水环境的 pH 值范围内均有良好的吸附除砷能力，磷酸根、硅酸根、碳酸根等阴离子对除砷效果有不同程度的影响，其余共存阴、阳离子及天然有机物在中性水环境中对除砷效果影响不大。

曲久辉院士等采用共沉淀法制备了新型铁锰复合氧化物吸附剂，并对其表面特性及除砷性能进行了研究。结果表明：铁锰复合氧化物对 As(Ⅴ) 和 As(Ⅲ) 均表现出很强的吸附能力，并且吸附速度快，在 60min 内即可达到平衡吸附容量的 80%，同时铁锰复合氧化物在广谱 pH 范围内，对 As(Ⅴ)、As(Ⅲ) 均表现出良好的去除效果。

与此同时，纳米级水合氧化铁（HFO）因其对重金属优良的吸附性而被广泛关注，各国科学家对其吸附砷的机理和工业应用前景进行了广泛的研究。目前，南开大学污染控制与资源化研究国家重点实验室所研究出的基于 Donnan 膜效应的树脂基水合氧化铁是目前较为先进的研究成果。

然而，纳米金属氧化物材料中被研究得较多的体系是纳米 TiO_2。肖亚兵等研究发现纳米 TiO_2 在较宽酸度范围内对含砷废水中 As^{3+} 和 As^{5+} 的吸附率可达 99%。Vassileva 等研究了高比表面积的 TiO_2 对金属离子的吸附模型及其吸附行为。杭义萍等用 ICP-AES 法研究了纳米二氧化钛对 Ga^{3+}、In^{3+}、Tl^+ 的吸附性能，确定了待测金属离子的最佳吸附条件。在最佳 pH 值条件下，Ga^{3+}、In^{3+}、Tl^+ 能定量且快速地被吸附在纳米 TiO_2 材料上。研究结果还发现其相应的吸附等温线符合 Langmuir 吸附方程，而且粒径小于 30nm 的 TiO_2 对目标金属离子具有比 100nm 的 TiO_2 更大的吸附容量。

王淑勤等研究了纳米二氧化钛溶液的 pH 值、不同投加量、实验温度、吸附搅拌时间、静置时间等方面对含砷废水处理效果的影响。结果表明：溶液的酸度、温度等因素对除砷效率基本没有影响。通过对比实验发现，当纳米二氧化钛投加量为 110mg，pH 值为 6，实验温度为 25℃，吸附搅拌时间为 30min，静置时间为 30min 时，二氧化钛的最大吸附量为 2.09mg/g。用溶胶-凝胶法制备的纳米二氧化钛对模拟水样的去除效率可达 45% 左右，对实际水样的去除效率可达 40% 左右。

尽管纳米 TiO_2 具有很好的重金属离子吸附性能，但是由于粉状纳米 TiO_2 颗粒细微，造成其在水溶液中易失活和凝聚，并且不易沉降、难以回收，因此限制了其广泛应用。为解决这个问题，刘艳等采用溶胶-凝胶法将纳米 TiO_2 负载固定在硅胶上，制得颗粒均匀、牢固性好的负载型纳米 TiO_2 材料。研究结果表明，在 pH 值 8～9 范围内，Cd^{2+}、Cr^{3+}、Cu^{2+} 和 Mn^{2+} 等重金属离子可被此负载型纳米 TiO_2 定量富集，其静态吸附容量分别达到 8.3mg/g、13.1mg/g、12.6mg/g、5.1mg/g。这种负载型纳米二氧化钛既可保持纳米材料对金属离子优良的吸附性能，又可增强其稳定性，易于回收再生。此外，张小明等系统研究了纳米 TiO_2 对改性沸石去除水体中砷的处理效果。结果表明，纳米 TiO_2 改性可显著提高沸石对水体砷的吸附能力，改性后复合材料对 As(Ⅲ) 和 As(Ⅴ) 的饱和吸附容量分别达到

7.64mg/g 和 6.59mg/g，相比改性前的沸石分别提高了 10.5 倍和 6.3 倍。

8.4.3　纳米吸附材料在重金属废水处理中的应用

　　膨润土是一种以蒙脱石为主要矿物的黏土岩，又称蒙脱石黏土，具有较大的比表面积及离子交换容量，吸附性能较好；可用于废水中重金属等污染物的吸附处理。由于膨润土表面硅氧结构极强的亲水性及层间阳离子的水解，故未经改性的膨润土（原土）吸附处理有机物的性能较差。因此，人们用季铵盐阳离子表面活性剂改性膨润土，制得有机或有机-无机复合膨润土，大大改善了膨润土的吸附性能，其去除水中有机物的能力比原土高几十至几百倍。近年来，已有不少关于有机膨润土在重金属离子吸附中的报道。

　　潘嘉芬等用某厂生产的天然钙基膨润土和改性膨润土对模拟含 Pb^{2+}、Ni^{2+}、Cd^{2+} 的废水分别进行了试验研究。结果表明，天然钙基膨润土和改性膨润土对废水中的 Pb^{2+}、Ni^{2+}、Cd^{2+} 有较高的去除率，可作为重金属离子 Pb^{2+}、Ni^{2+}、Cd^{2+} 的吸附剂使用。1g 天然钙基膨润土对 Pb^{2+}、Ni^{2+}、Cd^{2+} 的最大吸附量分别为 63.6mg、3.6mg、4.5mg，吸附率分别为 97%、96%、98%。经 400℃ 高温加热改性后的膨润土对 Pb^{2+}、Ni^{2+} 的吸附率分别较原土提高 2% 和 3%。

　　Zhu 等考察了酯肽改性钠基蒙脱土对 Cu^{2+}、Zn^{2+}、Cd^{2+}、Pb^{2+} 以及 Hg^{2+} 的吸附性能。结果表明：当酯肽与钠基蒙脱土的质量比为 1∶50 时，所得复合材料具有最佳的吸附容量和吸附效率，且重金属离子在复合材料上的吸附属于单分子层吸附，该吸附过程为化学吸附。酯肽表面 N—C—O 和 C@C/C@N 功能团的存在有利于复合材料对重金属离子的络合。

　　Ijagbemi 等以镍和铜离子为研究对象，考察了重金属浓度、蒙脱土表面性能，溶液 pH 值、反应时间、温度等对镍和铜离子吸附性能的影响。结果表明：体系 pH 值对蒙脱土吸附重金属离子的吸附性能影响较大。

　　Mortarges 等用羟基铝膨润土与聚合环氧乙烷反应得到无机-有机膨润土复合材料，对废水中 Cu^{2+}、Hg^{2+}、Cd^{2+}、Ni^{2+} 等多种重金属离子有良好的去除效果。

　　张振花等以钠基膨润土（NaB）为原料，首次通过原位聚合法，将亲水性单体与疏水性单体在膨润土分散液中进行共聚，制备了两种新型双亲性丙烯酸共聚物/膨润土复合物，即共聚物 P(MAV)/NaB 复合物与交联共聚物 P(MAVM)/NaB 复合物，以 P(MAVM)/NaB 为吸附剂，分别处理含 Pb^{2+}、Cd^{2+} 废水。发现吸附处理 Pb^{2+} 废水时，25℃，当 pH=5，P(MAVM)/NaB=0.2g/L，[Pb^{2+}]=50.0mg/L 时，振荡 30min 条件下吸附效果最好，Pb^{2+} 去除率达 94.40%；处理 Cd^{2+} 废水时，25℃，pH=6，P(MAVM)/NaB=1.0g/L，[Cd^{2+}]=200.0mg/L，振荡 60min 条件下，去除率为 89.54%。

　　王冰冰等研究了凹凸棒土负载铁盐吸附剂的制备及其对 As(Ⅴ) 的吸附性能，考察了 pH 值、凹凸棒土热改性温度、粒度铁盐浓度等因素对吸附 As(Ⅴ) 性能的影响。结果表明，热改性温度为 600℃ 的凹凸棒土负载铁盐吸附剂吸附 As(Ⅴ) 的效果比 200℃ 和 400℃ 都好。当 pH 值为 6.0 时，600℃ 热改性 200~400 目的凹凸棒土负载 0.5mol/L $Fe(NO_3)_3$ 吸附剂的最大吸附量为 1.1699mg/g，重复使用时性能稳定。

　　此外，改性海泡石也已经应用到了重金属废水的处理中。改性海泡石吸附重金属离子的主要形式为表面络合吸附和离子交换吸附。海泡石经改性后其网状孔径变大，其表面更多的酸性羟基暴露，这些羟基和水分子可与重金属离子络合。研究发现：用 $NH_4Fe(SO_4)_2$ 改性后的海泡石对 Cr^{6+} 的去除效果甚好，pH 值在 3~6 之间，Cr^{6+} 浓度在 35mg/L 以内，加入 2.5g 改性海泡石，室温静置 12h，去除率可达 99.5%。罗道成等在分析 pH 值、滤速、比表面积等因素对改性海泡石吸附性能影响实验的基础上提出：在 pH=5、滤速=5mL/min、用酸改性比表面积为 $190m^2/g$ 的天然海泡石，通过双吸附柱对冶金废水中的 Pb^{2+}、Hg^{2+}、Cd^{2+} 进行动态吸附后，三种离子的去除率均达 98% 以上，低于国际最高容许排放标准。

目前，有关纳米吸附材料在重金属废水处理中的研究主要集中在蒙脱土、海泡石等具有巨大比表面积的纳米材料上，实验结果表明通过对其进行表面改性可进一步提高其吸附容量，而今后的研究将集中在如何提高这些材料的可回收利用性方面。

8.4.4 纳米光催化技术在重金属废水处理中的应用

光催化法是一种环境友好型水处理方法，利用光催化剂表面的光生电子或空穴等活性物种，通过还原或氧化反应去除水中的重金属离子。目前，实验室常用的光催化剂有 TiO_2、ZnO、WO_3、$SrTiO_3$、SnO_2、WSO_2 和 Fe_2O_3。其中 TiO_2 以良好的光催化热力学和动力学优势被更多地采用。光催化除去重金属离子可能存在 3 种机理：①光生电子直接还原金属离子；②间接还原，即由空穴先氧化被添加的有机物，然后由产生的中间体来还原金属离子；③氧化除去金属离子。例如，纳米 TiO_2 能将高氧化态汞、银、铂等贵重金属离子吸附于表面，利用光生电子将其还原为细小的金属晶体，并沉积在催化剂表面，这样既消除了废水的毒性，又可从工业废水中回收重金属。

金属铬是皮革、电镀废水中常见的重金属，常以六价、三价离子形式存在。六价铬以 $HCrO_4^-$、$Cr_2O_7^{2-}$（酸性介质）和 CrO_4^{2-}（碱性介质）等离子化合物形式存在，毒性极强。相比于六价铬，三价铬的毒性减少许多，而且在中性或碱性环境中易生成沉淀。Wang 等研究发现 TiO_2 光催化法能将 Cr^{6+} 还原成 Cr^{3+}，再通过调节 pH 值生成 $Cr(OH)_3$ 沉淀达到去除的目的。在 TiO_2-$Cr(Ⅵ)$ 光催化体系中，$Cr(Ⅵ)$ 在催化剂表面的吸附、溶液 pH 值、有机添加剂、无极阴阳离子等因素能影响其反应速率和还原效果。

虽然，TiO_2 氧化还原性较强，在较大 pH 值范围内稳定且价廉、无毒。但其吸收光谱只占太阳光谱中很小一部分，同时，其光量子效率也有待提高，研究者从多种途径对纳米 TiO_2 进行了改性研究。改性后的纳米 TiO_2 在保持纯纳米 TiO_2 优点的同时，可以显著地提高其光催化活性，扩展光吸收波长的范围。林龙利等以纳米 TiO_2 为原料，采用水热合成法制得 TiO_2 纳米管，并对所制得的材料进行表征。结果表明：用水热合成法制备的 TiO_2 纳米管不会改变其晶型，同样主要为锐钛矿型，含有少量金红石型；相比纳米 TiO_2，制得的 TiO_2 纳米管晶粒尺寸较小，增大了比表面积和孔体积，具有相对较好的分散性能，克服了纳米 TiO_2 颗粒容易团聚的现象。用所制备的 TiO_2 纳米管进行光催化还原 $Cu(Ⅱ)$ 和 $Ag(Ⅰ)$ 的实验。1h 后 Cu 和 Ag 的去除率分别达到了 83.7% 和 88.1%，且 $Cu(Ⅱ)$ 能被 TiO_2 纳米管光催化还原为相应的金属单质。研究结果表明 TiO_2 纳米管光催化法是一种很有效的处理含金属离子废水的方法，具有明显的优势和资源回收的前景。此外，由于纳米 TiO_2 具有很强的还原能力，因此在有机污水处理中，能将高氧化态银、铂等贵重金属离子吸附于材料的表面，通过光电子产生的强还原能力，将金属离子还原为细小的金属晶体，不仅除去了污水的毒性，还利于贵重金属的回收。

光催化法具有耗能低，无毒性，选择性好，常温常压，快速高效等优点，在重金属废水处理中前景广阔且日益受到重视。但从实际应用的角度出发还存在着许多问题，如重金属离子在光催化剂表面的吸附率低，光催化剂的吸光范围窄等。

8.4.5 纳滤技术在重金属废水处理中的应用

膜分离技术从 20 世纪 60 年代用于海水淡化以来，在近 40 年的时间里迅速发展，至今各种膜技术如微滤（MF）、超滤（UF）、反渗透（RO）、纳滤（NF）、电渗析（ED）、渗透蒸发（PV）等已被广泛地应用于化工、造纸、石油、食品、医药、核能等的工业废水处理中。纳米过滤（nanofiltration，NF）是一种由压力驱动的新型膜分离过程，介于反渗透与超滤之间。纳滤膜主要存在以下 2 个特点：一是膜的截留相对分子质量为 $100\sim1000$，纳滤膜存在真正的微孔，孔径处于纳米级范围；二是纳滤膜对不同价态离子的截留效果不同，对单价离子的截留率低，对二价及多价离子的截留率则相对较高，由于让大部分单价离子自由通过，使得纳滤膜只需使用较低的操作压力（一般为 $0.5\sim1.5$MPa），同时纳滤膜的通量高，相比于反渗透，纳米过滤具有设备投资低、能耗低的优点。

王少明等采用纳滤膜法浓缩较高浓度的含 Ni^{2+} 溶液，对于 Ni^{2+} 浓度为 3900mg/L，pH 值为 3 的 $NiSO_4$ 溶液，在操作压力 1.4MPa 的条件下，经截留液全循环工艺运行，纳滤淡化出水 Ni^{2+} 的截留率均保持在 99.6% 以上，浓缩液中 Ni^{2+} 质量浓度最高可能达到 23510mg/L，浓缩倍数超过 6。

有研究者采用 DK2540 型纳滤膜脱除矿山酸性废水中的重金属离子，重金属离子截留率都可以达到 97% 以上，透过液中的重金属离子基本达标排放。此外，采用纳滤膜和反渗透膜组合工艺处理电解锰工艺产生的含锰废水，含锰废水浓度为 500mg/L 时，纳滤膜对锰离子的截留率在 98% 以上，在操作压力为 2.0MPa 时，浓缩倍数为 8.2 倍；纳滤产生的透过水用反渗透膜做深入处理，反渗透膜对锰离子的截留率在 97% 以上，反渗透透过水中锰离子浓度在 0.5mg/L 以下，可以达到排放标准。

复合纳滤膜是膜分离技术研究的热点。Guiver 等以羧基化聚砜为膜材料制备复合纳滤膜；Hamxa 等制备了磺化聚苯醚复合纳滤膜；Galtseva 等制备醋酸纤维素硫酸酯纳滤膜，并研究了膜的性能；Kim 等以部分中和的聚丙烯酰胺为膜材质，复合膜的皮层通过交联剂与聚乙烯醇形成酯基交联，制备纳滤膜。同高分子材料相比，无机材料具有耐高温和耐化学溶剂等特点，无机纳滤膜的研究也受到人们的重视。Guizard 等将聚磷酸盐和聚硅氧烷沉积在无机微滤膜上制备成无机复合纳滤膜，Lin 等用气相沉积法制成了表面孔径为 0.615nm 的无机纳滤膜，均大大改进了膜的截留性能。可以预见，随着对纳滤膜技术及工艺的进一步研究和开发，它将会极大地促进重金属废水的治理和循环再生。

8.4.6　新型介孔材料在重金属废水处理中的应用

根据国际理论和应用化学联合会（IUPAC）定义，介孔材料指孔径介于 $2\sim50$nm 的多孔材料。介孔材料具有长程结构有序、孔径分布窄、比表面大（$>1000cm^2/g$）、孔隙率高且水热稳定性好等优点。因此，介孔材料是当今国际上的研究热点和前沿之一。近年来，研究者通过对材料进行化学修饰或改性处理，已制备出了诸多新型功能化介孔材料，为含Hg、Cu、Pb、Cd 等的重金属废水治理展示了诱人的前景。

马国正等以十六烷基三甲基溴化铵为模板剂，合成了 A1-MCM-41 介孔分子筛。结果表明：Cd^{2+} 能定量吸附在 A1-MCM-41 分子筛上，静态饱和吸附量为 136.86mg/g。Liu 和 Hidajat 等合成了氨基功能介孔材料 SBA-15，结果表明，产物 SBA-15 对 Cu^{2+}、Zn^{2+}、Cr^{3+} 和 Ni^{2+} 均有很强的去除力。

郭锋等通过两种不同硅烷偶联剂的水解，合成了 3 种不同复合功能化的介孔材料，分别是 MCM-41-NH-SH、MCM-41-SH-NH 和 MCM-41-SH（NH），并研究了这三种介孔材料对单金属离子[Cu（Ⅱ）、Zn（Ⅱ）、Cr（Ⅲ）、Pb（Ⅱ）]及混合重金属离子[Cu（Ⅱ）、Zn（Ⅱ）、Cr（Ⅲ）、Pb（Ⅱ）]的吸附性能。实验数据表明：3 种材料对单一重金属离子和 pH=5 时的混合重金属离子溶液的重金属离子吸附较小。当 pH=4 时，3 种材料对混合重离子溶液中 Pb（Ⅱ）和 Cr（Ⅲ）的吸附较好，吸附量最大分别为 46.85mg/g 和 56.92mg/g。

与普通材料相比，新型介孔材料具有吸附容量大、处理能力强等特点，因而在重金属废水处理中具有广泛的应用前景。

8.4.7 其他无机纳米材料在重金属废水处理中的应用

无机纳米粒子以其优越的光、电、磁等性质受到了人们的极大关注。近年来，具有特殊功能特性的无机纳米粒子成为纳米科学技术的研究热点。对于许多种难以处理的水污染治理情况，无机纳米材料有着对应的方法，能简洁、有效地将问题解决。

纳米 Fe 是一种有效的脱卤还原的纳米材料。与常规的颗粒铁粉相比，纳米 Fe 颗粒有粒径小、易分散、比表面积大、表面吸附能力强、反应活性强、还原效率和还原速度远高于普通铁粉的特点。纳米 Fe 除了可以高效还原有机氯代物以外，其对 Cr^{6+}、Pb^{2+} 和 As^{3+} 等多种重金属同样表现出良好的处理效果。美国莱海大学的环境工程学教授张伟贤领导的研究小组已经合成出了一种直径不到 50nm 的铁微粒，这些微粒能以更快的速度使地下水恢复清洁。但是，纳米 Fe 难以回收再利用。

负载型纳米 Fe 主要是利用负载物（如聚合物、硅胶、沙子和表面活性剂等）在固液表面的吸附作用，在颗粒表面形成一层分子膜阻碍颗粒间的相互接触，同时增大了颗粒之间的距离，使颗粒之间接触不再紧密。Ponder 等利用聚合松香负载纳米 Fe 去除水中的 Cr^{6+} 和 Pb^{2+}。结果表明：负载型纳米 Fe 的去除率不仅比投加量高 3.5 倍的普通铁粉高近 5 倍，而且也略高于无负载纳米 Fe 的去除率。

Geng 等成功制备了壳聚糖稳定的纳米铁粒子，与普通纳米铁相比，壳聚糖稳定纳米铁呈现了很好的分散状态。同时，采用批实验和柱实验研究了壳聚糖稳定纳米铁对地表水中 Cr(Ⅵ) 的去除能力。壳聚糖稳定纳米铁对水中 Cr(Ⅵ) 的去除能力高于 200 目铁粉和普通纳米铁，每克壳聚糖稳定纳米铁可以去除铬 148.08mg。壳聚糖稳定纳米铁对 Cr(Ⅵ) 的去除是基于吸附和还原的双重作用。地表水中的 Ca^{2+}、Mg^{2+}、CO_3^{2-}、有机物和溶解氧等因素都对 Cr(Ⅵ) 的去除产生影响。

与普通纳米 Fe 相比，负载型纳米 Fe 不仅对水体中的重金属和有机污染物有更高的去除效率，而且其重复利用性和稳定性也优于一般纳米 Fe。

此外，刘光辉等采用纳米铝粉水解法、以活性炭纤维毡为载体，制备了一种新型的复合净水材料。通过对含有低浓度 Cd^{2+}、Mn^{2+} 模拟废水的动力学以及影响吸附的因素研究，考察该净水材料的吸附性能，并在此基础上进一步研究了复合净水材料对苯酚、细菌的吸附，为环境废水污染治理领域提供了一种新方法、新思路和新材料。

8.5 纳米材料在废水处理中的发展趋势

作为 21 世纪研究热点的纳米材料，在水处理中的应用才刚开始，但已初显端倪。本章只是介绍了纳米材料在轻工行业废水处理应用中的几个方面，随着纳米材料种类、结构等不断地更新与发展，其应用的范围将不断扩大。同时，许多问题有待进一步研究深化，如纳米材料的微观结构和性能的进一步深入研究，纳米材料制备中结构的控制及性能的稳定；此外，有关纳米材料工程化、产业化的应用还有待完善。但是，可以预见，随着纳米材料研究的不断深入和发展，利用纳米材料解决污染问题将成为未来水污染治理发展的重要方向。纳米材料的不断发展和应用将会给废水处理技术的发展开创新的领域，取得令人振奋的成果，对解决全球性的水荒和水体污染问题起到十分重要的作用，并对保护环境、维护生态平衡、实现可持续发展具有重要的意义。

参 考 文 献

[1] 刘庆禄，林波．纳米材料与技术在废水处理中的应用及前景．环境科学与管理，2007，32（11）：98-101.

[2] 钱易．我国水污染现状分析及其控制策略．第三届环境与发展中国论坛论文集，2007.

[3] 黄健平，鲍姜伶．纳米材料在水处理中的应用．电力环境保护，2008，24（3）：42-44.

[4] 饶宏琼．纳米 TiO_2 光催化颗粒材料的制备及对造纸废水的处理研究．武汉：武汉理工大学，2008.

[5] 黄泱，李顺兴，傅碧玉．亚甲基蓝表面修饰纳米降解造纸废水动力学．环境工程学报，2012，6（8）：2444-2450.

[6] 何仕均，谢雷，王建龙．纳米 TiO_2 协同 γ 辐射处理造纸废水．清华大学学报（自然科学版），2008，48（12）：2001-2002.

[7] 徐会颖，周国伟，魏英勤．Ni^{2+}/TiO_2 介孔材料光催化降解造纸废水影响因素的研究．化学研究与应用，2008，20（10）：1385-1390.

[8] Zhifeng Guo，Ruixin Ma，Guojun Li. Degradation of phenol by nanomaterial TiO_2 in wastewater. Chemical Engineering Journal，2006，119：55-59.

[9] Shehukin D，Poznyak S，Kulak A，et al. TiO_2-In_2O_3：Photoeatalysts：Preparation，Charactenzations and activity for 2- chloro Phenol degradation in water. J Photoeh Photobiolo. A，2004，162（2-3）：423.

[10] Yuan Z H，Jia J H，Zhang L D. Influence of co-doping of Zn（Ⅱ）＋Fe（Ⅲ）on the photocatalytic activity of TiO_2 for phenol degaradation. Mater Chern Phys，2001，73（4）：323.

[11] Dana D，Vlasta B，Mounir AM，et al. Ivestigation of metal-doping titanium doxide photocalysts. Appl. Catal. B.，2002，37（2）：91.

[12] Arjunan Babuponnusami，Karuppan Muthukumar. Removal of phenol by heterogenous photo electro Fenton-like process using nano-zero valent iron. Separation and Purification Technology，2012，98：130-135.

[13] 冯丽，葛小鹏，王东升，汤鸿霄．pH 值对纳米零价铁吸附降解 2,4-二氯苯酚的影响．环境科学，2012，33（1）：94-102.

[14] 柴多里，刘忠煌，陈刚，杨保俊，杨少东．水热法合成纳米 Fe_3O_4 及其对含酚废水的处理．硅酸盐学报，2010，38（1）：105-109.

[15] 冯俊生，徐佩佩，赵丽华．超声-纳米 Fe_3O_4-Fenton 法处理氯苯废水实验研究．工业安全与环保，2014，40（8）：83-85.

[16] 杨明平，刘跃进，罗娟等．有机膨润土吸附处理焦化含酚废水的研究．煤化工，2006，1：42-45.

[17] Is Fatimah. Preparation of ZrO_2/Al_2O_3-montmorillonite composite as catalyst for phenol hydroxylation. Journal of Advanced Research，2014，5，663-670.

[18] Khizar Hayat，Gondal M A，Mazen M Khaled. Nano ZnO synthesis by modified sol gel method and its application in heterogeneous photocatalytic removal of phenol from water. Applied Catalysis A：General，2011，393：122-129.

[19] Yuxian Wang，Hongqi Sun，Ha Ming Ang，et al. 3D-hierarchically structured MnO_2 for catalytic oxidation of phenol solutions by activation of peroxymonosulfate：Structure dependence and mechanism. Applied Catalysis B：Environmental，2015，164，159-167.

[20] Nor Fauziah Zainudin，Ahmad Zuhairi Abdullah，Abdul Rahman Mohamed. Characteristics of supported nano-TiO_2/ZSM-5/silica gel（SNTZS）：Photocatalytic degradation of phenol. Journal of Hazardous Materials，2010，174：299-306.

[21] 高晓明，付峰，吕磊．光催化剂 Cu-$BiVO_4$ 的制备及其光催化降解含酚废水．化工进展，2012，31（5）：1039-1042.

[22] 黄稳水等．纳米改性混凝剂的研制与应用探讨．工业废水处理，2003，7：8.

[23] 张彬．纳米 SiO_2 强化絮凝处理废水中水溶性有机物的应用研究．长沙：湖南大学，2003.

[24] 李岚华．纳米氧化亚铜的制备及光催化降解苯酚的研究．重庆：重庆工商大学，2009.

[25] Wei Tian，Hangsheng Yang，Xiaoyu Fan，Xiaobin Zhang. Low-temperature catalytic oxidation of chlorobenzene over MnO_x/TiO_2-CNTs nano-composites prepared by wet synthesis methods. Catalysis Commu nications，2010，11：1185-1188.

[26] Chi He，Yanke Yu，Qun Shen，Jinsheng Chen. Catalytic behavior and synergistic effect of nanostructuredmeso-porous CuO-MnO_x-CeO_2 catalysts for chlorobenzene destruction. Applied Surface Science，2014，297：59-69.

[27] 石碧，王学川．皮革清洁生产技术与原理．北京：化学工业出版社，2010.

[28] 吴扬．纳米二氧化钛光催化氧化法处理制革废水．保定：华北电力大学，2005：10-17.

[29] 史亚君．纳米 TiO_2 光催化氧化法处理制革废水．化工环保，2006，26（1）：13-16.

[30] Dogruel S，Genceli E A，Babuna F G，et al. Ozonation of nonbiodegradable organics in tannery wastewater. J Environ Sci Heal A，2004，39（7）：1705 -1715.

[31] Vinodgopal K，Kamat P V. Enhanced rates of photocatalytic degradation of an azo dye using SnO_2/TiO_2 coupled semiconductor thin films. Environmental science & technology，1995，29（3）：841-845.

[32] 许佩瑶，康玺，朱洪涛等．掺杂 Fe^{3+} 和 Zn^{2+} 纳米二氧化钛薄膜光催化降解制革废水的试验研究．中国皮革，2007，36（13）：17-20.

[33] Schrank S G，Jose H J，Moreira R F P M. SimultaneousPhotocatalytic Cr（Ⅵ）Reduction and Dye Oxidation in a

TiO₂ Slurry Reactor. Journal of Photochemistry and Photobiology A：Chemistry，2001，147（2002）：71-76.

[34] Ticiane Pokrywiecki Sauer, Leonardo Casaril, et al. Advanced Oxidation Processes Applied to Tannery Wastewater Containing Direct Black 38-Elimination and Degradation Kinetics. Journal of Hazardous Materials，2005，135（2006）：274-279.

[35] Schrank S G，Jose H J，Moreira R F PM，et al. Comparison of different advanced oxidation process to reduce toxicity andmine ralisation of tannery wastewater. Water Sci Technol，2004，50（5）：329-334.

[36] Schrank S G，J ose H J，Moreira R F PM，et al. Applicability of fenton and H₂O₂/UV reactions in the treatment of tannery wastewater. Chemosphere，2005，60（5）：644 -655.

[37] 王全杰，王延青. MWCNT/TiO₂ 复合材料的制备、表征及光催化降解植物多酚的研究. 精细化工，2010，27（4）：323-326.

[38] 孙根行，方应森，王全杰等. 银掺杂纳米 TiO₂ 薄膜光催化降解丙烯酸复鞣剂的研究. 中国皮革，2006，35（21）：41- 44.

[39] 黄利强，郭松林，黄文树. 纳米 TiO₂ 壳聚糖催化超声降解染料废水. 广州化工，2010，38（1）：62-64.

[40] 周晓谦，卢素芝. 纳米二氧化钛处理含铬废水的研究. 辽宁化工，2004，33（10）：612-614.

[41] 谢翼飞，李旭东，李福德. 生物硫铁纳米材料特性分析及其处理高浓度含铬废水研究. 2009.

[42] 王林. SnIn4S8 纳米材料的制备及其光催化还原 Cr（Ⅵ）的研究. 大连：大连理工大学，2013.

[43] 韦泳君. 金属氧化物微纳结构材料的制备及其在水处理中的应用研究. 西安：陕西科技大学，2014.

[44] Hung C M，Lou J C，Lin C H. Catalytic wet oxidation of ammonia solution：activity of the copper-lanthanum-cerium composite catalyst. Journal of environmental engineering，2004，130（2）：193-200.

[45] 徐锐. 光催化氧化法处理焦化废水中氨氮的研究. 武汉科技大学学报，2002.

[46] 李丹丹，刘中清，颜欣等. TiO₂ 纳米管阵列光电催化氧化处理氨氮废水. 无机化学学报，2011，27（7）：1358-1362.

[47] 李丹丹，刘中清，刘旭等. Ag 掺杂 TiO₂ 纳米管阵列的制备及光电催化降解氨氮废水. 无机化学学报，2012，28（7）：1343-1347.

[48] 陈一萍，刘姣. 碳纳米管处理氨氮废水的研究. 工业安全与环保，2014，40（3）：24-30.

[49] 罗智文. 改性硅藻土吸附水中氨氮和重金属（铬）的研究. 重庆大学，2006.

[50] 唐丽娜，柳丽芬，董晓艳等. 金属掺杂二氧化钛光催化还原硝酸氮. 环境科学. 2008，29（9）：2536-2541.

[51] 陈晓慧，柳丽芬，杨凤林. CdS/TiO₂ 光催化去除水体中氨氮的研究. 感光科学与光化学，2007，25（2）：89-100.

[52] 孙玉焕，赵娇娇，马翔. 煅烧铝柱撑膨润土处理氨氮废水的试验研究. 中国非金属矿工业导刊，2013，（2）：32-34.

[53] 相会强，李冬. 纳米材料在印染废水处理中的应用进展. 染料与染色，2007，44（6）：46-49.

[54] 王丹军，郭莉，李东升等. N、S 共掺 TiO₂ 光催化剂的合成及其在废水处理中的应用. 环境化学，2010，29（5）：842-846.

[55] Feifei Yang, Gaoyi Han, Dongying Fu, et al. Improved photodegradation activity of TiO₂ via decoration with SnS₂ nanoparticles. Materials Chemistry and Physics，2013，140：398-404.

[56] 耿静漪，朱新生，杜玉扣. TiO₂-石墨烯光催化剂：制备及引入石墨烯的方法对光催化性能的影响. 无机化学学报，2012，28，257-361.

[57] 梁文珍. SiO₂ 气凝胶/TiO₂ 复合光催化剂的制备及对水中有机污染物的降解研究. 大连：大连理工大学，2011.

[58] 郝星宇. 介孔纳米 TiO₂/CdS 复合光催化剂制备、结构调控及催化性能研究. 太原：太原理工大学，2013.

[59] 关卫省，李姣，霍鹏伟，赵欢. 溶剂热法制备 N-S 共掺杂 TiO₂/MWCNT 复合材料及其光催化活性的研究. 应用化工，2013，42（4）：637-640.

[60] Djellabi R，Ghorab M F，Cerrato G，Morandi S，et al. Photoactive TiO₂-montmorillonite composite for degradation of organic dyes in water. Journal of Photochemistry and Photobiology A：Chemistry，2014，295：57-63.

[61] Fazhe Sun, Xueliang Qiao, Fatang Tan, et al. One-step microwave synthesis of Ag/ZnO nanocomposites with enhanced phtotocatalytic perfeormance. Journal of Material Science，2012，47（20）：7262-7268.

[62] 郝咪. 掺杂光催化剂的制备及其降解有机废水的研究. 北京：北京化工大学，2013.

[63] Jianzhong Ma, Junli Liu, Yan Bao, Zhenfeng Zhu, Hui Liu. Morphology-Photocatalytic Activity-Growth Mechanism for ZnO Nanostructures via Microwave-assisted Hydrothermal Synthesis. Crystal Research and Technology，2013，48（4）：251-260.

[64] 刘俊莉. 抗菌型聚丙烯酸酯基纳米复合乳液的合成与性能研究. 西安：陕西科技大学，2013.

[65] 刘俊莉，惠爱平，韦泳君，马建中. 一种具有光催化及重金属吸附功能可循环使用的废水处理材料及其制备方法. 公开专利：201410395773.4，2014-08-13.

[66] 赵燕茹. 氧化锌纳米棒阵列的制备及其在光催化降解染料中的应用. 西安：陕西科技大学，2014.

[67] 张高生，曲久辉，刘会娟等. 活性炭/铁氧化物磁性复合吸附材料的制备及去除水中酸性橙Ⅱ的研究. 环境科学学报，2006，11，1763-1768.

[68] Yan-Ru Zhang, Shi-Li Shen, Sheng-Qing Wang, et al. A dual function magnetic nanomaterial modified with lysine for removal of organic dyes from water solution. Chemical Engineering Journal，2014，239：250-256.

[69] Qianqian Ou, Lei Zhou, Shenguo Zhao, et al. Self-templated systhesis of biofunctional Fe₃O₄@MgSiO₃ magnetic

sub-microspherers for metel ions removal. Chemical Engineering Journal，2012，180：121-127.

[70] 高美娟. 功能化磁性纳米微球的构筑及在模拟印染废水处理中的应用. 延安：延安大学，2011.

[71] 吕洲. 基于微米级核壳结构 $Fe@Fe_3O_{4+x}$ 的 Fenton 试剂处理染料废水的研究. 上海：上海交通大学，2009.

[72] Liang Peng，Pufeng Qin，Ming Lei，et al. Modifying Fe_3O_4 Nanoparticles with humic Acid for Removal of Rhodamine B in Water. Journal of Hazardous，2012，209-210：193-198.

[73] 黄毅，李念武，吕洪岭等. 介孔碳-镍复合物对甲基橙吸附性能的研究. 化学研究，2012，23（2）：1-6.

[74] 黄毅. 介孔碳材料与镍复合物的制备及其甲基橙吸附性能研究. 南京：南京航空航天大学，2012.

[75] 容学德，赵钟兴. 微乳液中纳米 ZnS、CdS 微粒的合成与表征. 化工技术与开发，2012，41（6）：13-15.

[76] 贺宝元. 壳聚糖/明胶微球对活性染料吸附净洗性能研究. 西安：陕西科技大学，2012.

[77] 邹晓兰，朱校斌，于艳卿等. 纳米 Cu_2O/珍珠贝壳复合光催化材料的制备与表征. 环境化学，2011，30（8）：1480-1484.

[78] Murat Kirans，Reza Darvishi Cheshmeh Soltani，Aydin Hassani，et al. Preparation of cetyltrimethylammonium bromide modified montmorillonite nanomaterial for adsorption of a textile dye. Journal of the Taiwan Institute of Chemical Engineers，http：//dx. doi. org/10. 1016/j. jtice. 2014. 06. 007.

[79] 李广贺. 水资源利用与保护. 北京：中国建工出版社，2002.

[80] 王绍文，姜风有. 重金属废水治理技术. 北京：冶金工业出版社，1993.

[81] 李萌，张翔宇，潘利祥. 重金属废水处理技术探讨. 当代化工，2014，43（8）：1642-1645.

[82] 张立德，牟寄美. 纳米材料和纳米结构. 北京：科学出版社，2001：24-25.

[83] 郝存江，冯青琴，元炯亮等. 纳米 γ-Al_2O_3 制备及其对铅（Ⅱ）镉（Ⅱ）铬（Ⅵ）的吸附性能. 应用化学，2004，21（9）：958-961.

[84] Caiyun Han，Hongping Pu，Hongying Li，et al. The optimization of As(Ⅴ) removal over mesoporous alumina by using response surface methodology and adsorption mechanis. Journal of Hazardous Materials，2013，254-255：301-309.

[85] Caiyun Han，Hongping Pu，Hongying Li，et al. Synthesis and characterization of mesoporous alumina and their performances for removing arsenic(Ⅴ). Chemical Engineering Jouranl，2013，217：1-9.

[86] 李军，石勇，周炜. 纳米 Fe_2O_3 在处理铬（Ⅵ）废水中的应用. 环境科学与技术，2005，28（S）：146-147.

[87] 吴少林，马明，胡文涛. 磁性纳米吸附剂 $Fe_3O_4 \cdot Zr(OH)_2$ 的合成及对水中氟和砷的吸附性能. 环境工程学报，2013，7（1）：201-206.

[88] 刘峰，刘锐平，刘会娟，曲久辉. 铁锰复合氧化物同时吸附锑镉性能研究. 环境科学学报，2013，33（12）：3189-3195.

[89] 常方方，曲久辉，刘锐平. 铁锰复合氧化物的制备及其吸附除砷性能. 环境科学学报，2006，26（11）：1769-1774.

[90] Badruddoza A Z M，Shawon Z B Z，Tay W J D，et al. Fe_3O_4/cyclodex-trin polymer nanocomposites for selective heavy metals removal fromindustrial wastewater. Carbohydrate Polymers. 2013. 91（1）：322-332.

[91] 肖亚兵，钱沙华，黄淦泉等. 纳米二氧化钛对砷（Ⅲ）和砷（Ⅴ）吸附性能的研究. 分析科学学报，2003，19（2）：172-175.

[92] 杭义萍，秦永超，江祖成等. ICP-AES 研究纳米 TiO_2 材料对 Ga，In，Tl 的吸附性能. 光谱学与光谱分析，2005，25（7）：1131-1134.

[93] 王淑勤，李丹丹，宋立民. 纳米二氧化钛处理含砷废水的研究. 工业安全与环保，2007，33（7）：14-15.

[94] 刘艳，梁沛，郭ории等. 负载型纳米二氧化钛对重金属离子吸附性能的研究. 化学学报，2005，63（4）：312-316.

[95] 张小明. 纳米 TiO_2 改性沸石出去水体中砷的研究. 武汉：华中农业大学，2011.

[96] 潘嘉芬，卢杰. 天然及改性膨润土吸附废水中 Pb^{2+}、Ni^{2+}、Cd^{2+} 的试验研究. 金属矿山，2008，（9）：130-133.

[97] Zhen Zhu，Chao Gao，Yanliang Wu，et al. Removal of heavy metals from aqueous solution by lipopeptides and li-popeptides modified Na-montmorillonite. Bioresource Technology，2014：147；378-386.

[98] Christianah Olakitan Ijagbemi，Mi-Hwa Baek，Dong-Su Kim. Montmorillonite surface properties and sorption characterisics for heavy metal removal from aqueous solutions. Journal of Hazardous Materials，2009，166：538-546.

[99] 张振花. 有机高分子/膨润土复合物的制备及其在废水处理中的应用. 兰州：西北师范大学，2011.

[100] 王冰冰，李嫚，徐红波等. 凹凸棒土负载铁盐吸附剂的制备及其对 As(Ⅴ) 的吸附性能. 环境化学，2014，33（4）：656-661.

[101] Abollino O，Aceto M，Malandrino M，et al. Absorption of heavymetals on Na-montmorillonite. Effect of pH and organic substances. Water Research，2003，37（7）：1619-1627.

[102] 罗道成，易平贵，陈安国等. 改性海泡石对废水中 Pb^{2+}、Hg^{2+}、Cd^{2+} 吸附性能的研究. 水处理技术，2003，29（2）：89-91.

[103] 何洪林，商平，于华勇等. 环境矿物材料-海泡石在废水处理中的应用及展望. 净水技术，2006，25（4）：19-21.

[104] Wang Liming，Wang Nan，Zhu Lihua，et al. Photocatalytic reduction of Cr（Ⅵ）over different TiO_2 photocatalysts and the effects of dissolved organic species. Journal of Hazardous Materials，2008，152（1）：93-99.

[105] 林龙利. TiO_2 纳米管光催化同步去除水体中重金属和有机物的协同作用及其机理. 广州：广东工业大学，2012.

[106] 侯立安，刘晓芳. 纳滤水处理应用研究现状与发展前景. 膜科学与技术，2010，30（4）：1-7.

[107] 陈翠萍，谌伟艳. 膜分离技术及其在废水处理中的应用. 污染防治技术，2007，20（3）：42-45.

[108] Huang Jiajia, Zhang Xin, BaiLingling, et al. Polyphenylene sulfide based anion exchange fiber: Synthesis, characterization and adsorption of Cr (Ⅵ). Journal of Environmental Sciences, 2012, 24 (8): 1433-1438.
[109] 宋宝华，张翔宇，李萌等．纳滤与反渗透膜处理含锰废水的初步研究．膜科学与技术，2012，32 (6): 109-113.
[110] Vinodh R, Padmavathi R, Sangeetha D. Separation of heavy metals from water samples using anion exchange polymers by adsorption process. Desalination, 2011, 267 (2/3): 267-276.
[111] 王少明，王建友，卢会霞等．纳滤膜技术浓缩分离含镍离子溶液．水处理技术，2010，36 (8): 92-96.
[112] Kosutic K, Furac L, Sipos L, Kunst B. Removal of arsenic andpesticides from drinking water by nanofiltration-membranes. Separation and Purification Technology, 2005, 42: 137-144.
[113] 王洁，孙乩石，方富林等．纳滤膜处理含金属离子酸性废液．膜科学与技术，2010，30 (3): 35-38.
[114] Bing Geng, Zhaohui Jin, Tielong Li, Xinhua Qi. Kinetics of hexavalent chromuium removal from water chitosan-Fe^0 nanoparticels. Chenmosphere, 2009, 75 (6): 825-830.
[115] 牛少凤，李春晖，楼章华．纳米铁对水中Cr(Ⅵ) 和 p -NCB的同步修复机制．环境科学，2009. 30(1): 146-150.
[116] Yang Hong, Xu Ran, XueXiaoming. Hybrid surfactant-templated mesoporous silica formed in ethanol and its application for heavy metal removal. Journal of Hazardous Materials, 2008, 152 (2): 690-698.
[117] 马国正，刘聪，南俊民．Al-MCM-41介孔分子筛对镉离子吸附性能的研究．华南师范大学学报：自然科学版，2008，3: 77-81.
[118] 郭锋．介孔复合材料的复合改性及对重金属离子吸附性的研究．武汉：武汉理工大学，2012.
[119] Zhang Lingxia, Yu Chichao, Zhao Wenru. Preparation of mutilating-grafted mesoporoussilicas and their application to heavy metalions adsorption. Journal of Non-Crystalline Solids, 2007, 353 (44): 4055-4061.
[120] Choi J H, Kim S D, Noh S H. Adsorption behaviors of nano-sized ETS-10 and Al-substituted-ETAS-10 in removing heavy metal ions, Pb^{2+} and Cd^{2+}. Microporous and Mesoporous Materials, 2006, 87 (3): 163-169.
[121] 徐如人，庞文琴，于吉红等．分子筛与多孔材料化学．北京：科学出版社，2004: 1233.
[122] Zhang Lingxia, ZhangWenhua, Shi Jianlin. A new thioether functionalized organic-inorganic mesoporous composite as a highly selective and capacious Hg^{2+} adsorbent. Chemical Communications, 2003, 2: 210-211.
[123] Tsekova K, Todorova D, Ganeva S. Removal of heavy metals from industrial wastewater by free and immobilized cells of Aspergillusniger. International Biodeterioration & Biodegradation, 2010, 64 (6): 447-451.
[124] Kolodyńska D. The effect of the novel complexing agent in removal of heavy metal ions from waters and waste waters. Chemical Engineering Journal, 2010, 165 (3): 835-845.
[125] Sandhya B, Tonni A K. Low cost adsorbents for heavy metals up take from contaminated water. Journal of Hazardous Materials, 2003, 97: 219-243.
[126] Gurgel L V A, Gil L F. Adsorption of Cu(Ⅱ), Cd(Ⅱ), and Pb(Ⅱ) from aqueous single metal solutions by succinylated mercerized cellulose modified with triethylenetetramine. Carbohydrate Polymers, 2009, 77 (1): 142-149.

后　　记

本书的相关研究内容受到下列项目资助：

（1）国家高技术研究发展计划（863计划）项目："环保型纳米涂料的合成及其在纺织/皮革中的应用研究"（编号：2008AA03Z311），中华人民共和国科技部，2008.12-2010.12，负责人：马建中。

（2）国家重点基础研究发展计划（973计划）前期研究专项："皮革鞣制用功能材料的微结构设计及其与胶原纤维作用的基础研究"（编号：2011CB612309），中华人民共和国科技部，2011.04-2013.08，负责人：马建中。

（3）国家国际科技合作专项项目："抗菌型纳米生态涂料的合成及在纺织/皮革中的应用研究"（编号：2011DFA43490），中华人民共和国科技部2012.01-2013.12，负责人：马建中。

（4）国家自然科学基金："聚丙烯酸酯/纳米ZnO复合皮革涂饰剂微结构与性能调控"（编号：21376145），国家自然科学基金委，2014.01-2017.12，负责人：马建中。

（5）国家自然科学基金："酪素基中空微球皮革涂饰材料的微结构调控与性能研究"（编号：21176149），国家自然科学基金委，2012.01-2015.12，负责人：马建中。

（6）国家自然科学基金："基于'粒子设计'的超疏水型皮革涂饰材料结构及性能研究"（编号：51073091），国家自然科学基金委，2011.01-2013.12，负责人：马建中。

（7）国家自然科学基金："聚合物基/纳米二氧化硅杂化涂饰材料的结构及与皮胶原的作用"（编号：20674047），国家自然科学基金委，2007.01-2009.12，负责人：马建中。

（8）国家自然科学基金："二烯丙基二烷基季铵盐在蒙脱土中的插层环化聚合及其性能应用的研究"（项目编号：50573047），国家自然科学基金委，2006.01-2008.12，负责人：马建中。

（9）国家自然科学基金："乙烯基聚合物/蒙脱土纳米复合鞣剂与皮胶原的作用机理"（编号：50273030），国家自然科学基金委，2003.01-2005.12，负责人：马建中。

（10）国家自然科学基金："自修复超疏水表面的构筑及微观结构调控与性能相关性研究"（编号：51372146），国家自然科学基金委，2014.01-2017.12，负责人：薛朝华。

（11）国家自然科学基金："基于表面引发ATRP法的聚合物刷/蒙脱土纳米复合材料结构与鞣制性能研究"（编号：21006061），国家自然科学基金委，2011.01-2013.12，负责人：鲍艳。

（12）国家自然科学基金："聚合物基季铵化纳米氧化锌杂化材料的微结构调控及其对胶原纤维的作用机制"（编号：21104042），国家自然科学基金委，2012.01-2014.12，负责人：高党鸽。

（13）新世纪优秀人才支持计划项目："高分子助剂的合成理论与作用机理"，（编号：NCET-04-0973），中华人民共和国教育部，2005.01-2007.12，负责人：马建中。

（14）新世纪优秀人才支持计划项目："无机纳米材料改性聚丙烯酸酯皮革涂饰剂微结构与性能调控"（编号：NCET-13-0885），中华人民共和国教育部，2014.01-2016.12，负责人：鲍艳。

（15）陕西省重点科技创新团队："精细及功能化学品创新团队"，（编号：2013KCT-

08），陕西省科技厅，2013.01-2015.12，负责人：鲍艳。

（16）陕西省科技成果转化项目："聚丙烯酸酯/无机纳米复合皮革涂饰剂"，（编号：2012KTCG04-07），陕西省科技厅，2013.01-2015.12，负责人：马建中。

（17）陕西省科技计划项目："中空功能型涂饰材料的合成及在纺织/皮革中的应用研究"（编号：2011kjxx01），陕西省科技厅，2011.06-2013.12，负责人：鲍艳。

（18）教育部高等学校博士学科点专项新教师科研基金项目："基于纳米氧化锌粒子表面环化聚合及其相关性能的研究"（编号：20106125120003），中华人民共和国教育部，2011.01-2013.12，负责人：高党鸽。

（19）教育部科学技术研究重点项目："基于结构组装与化学组装的天然纤维基材料的功能集成与性能研究"（编号：212171），中华人民共和国教育部，2012.01-2013.12，负责人：薛朝华。

（20）陕西省科技统筹创新工程计划项目："环保型高性能有机氟及纳米 SiO_2 改性丙烯酸树脂无皂乳液的合成技术"（编号：2011KTC101-13），陕西省科技厅，2011.12-2013.12，负责人：周建华。